U0327783

中建八局匠心营造系列丛书

北方之钻　匠心营造

天津周大福金融中心综合施工技术

Comprehensive Construction Technologies of Tianjin Chow Tai Fook Finance Centre

邓明胜　苏亚武　刘　鹏　著

中国建筑工业出版社

图书在版编目（CIP）数据

北方之钻　匠心营造：天津周大福金融中心综合施工技术／邓明胜，苏亚武，刘鹏著.—北京：中国建筑工业出版社，2018.9
（中建八局匠心营造系列丛书）
ISBN 978-7-112-21781-6

Ⅰ.①北…　Ⅱ.①邓…②苏…③刘…　Ⅲ.①超高层建筑—建筑施工—天津　Ⅳ.①TU974

中国版本图书馆CIP数据核字（2018）第015154号

高达530m的天津周大福金融中心享有“北方之钻”的美誉，是天津滨海新区的核心标志。本专著全面介绍项目团队匠心营造钻石品质超高层建筑的综合施工技术。专著由6篇组成，第1篇璀璨之钻，介绍工程概况；第2篇精选之钻，总结施工方案优选与深化设计；第3篇智慧之钻，精粹超高层智慧建造关键技术；第4篇创新之钻，详解各专项建造的创新施工技术；第5篇纯净之钻，提炼绿色关键施工技术；第6篇服务之钻，共享超高层施工总承包管理的心得体会。

本书可供建筑施工技术人员、管理人员及建筑院校师生参考使用。

图书策划：张世武　裴鸿斌
责任编辑：王砾瑶　范业庶
责任校对：党　蕾

中建八局匠心营造系列丛书

北方之钻　匠心营造

天津周大福金融中心综合施工技术

Comprehensive Construction Technologies of Tianjin Chow Tai Fook Finance Centre

邓明胜　苏亚武　刘　鹏　著

*

中国建筑工业出版社出版、发行（北京海淀三里河路9号）
各地新华书店、建筑书店经销
北京点击世代文化传媒有限公司制版
北京富诚彩色印刷有限公司印刷

*

开本：880×1230毫米　1/16　印张：24¼　字数：632千字
2019年9月第一版　2019年9月第一次印刷
定价：395.00元
ISBN 978-7-112-21781-6
（31632）

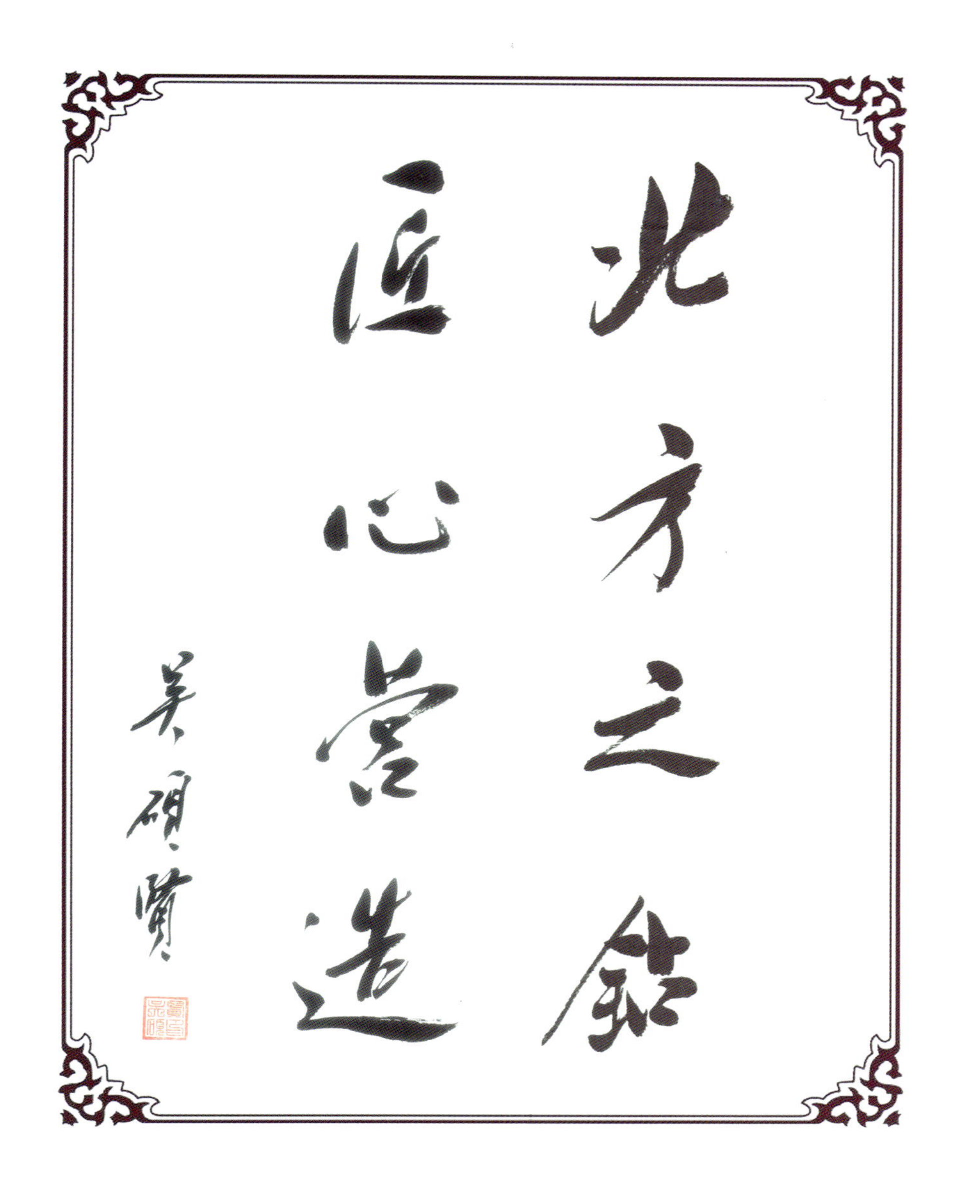

书法作者简介：

吴硕贤，建筑技术科学专家，中国科学院院士，华南理工大学建筑学院教授，亚热带建筑科学国家重点实验室第一任主任。

序 一

PREFACE

自 19 世纪 80 年代第一幢摩天楼在芝加哥诞生以来，现代超高层建筑已有一百多年的发展历史。现在，摩天大楼已成为一座城市综合实力的象征，不断刷新着城市天际线的制高点，不断地创造着富有文化内涵和底蕴的城市新地标。

我国古代先人对高楼广厦充满向往，“欲穷千里目，更上一层楼”“不畏浮云遮望眼，自缘身在最高层”。而今，随着科学技术的不断发展和综合国力的提升，我国已经开发形成了超高层成套建造技术，为我国超高层建造提供了有力支撑，强有力地促进了我国超高层建筑的高速发展。纵观我国超高层建筑的发展历程，大致可分为三个阶段，即 1985 ~ 2005 年的起步期，2006 ~ 2011 年的快速发展期，2013 年至今的发展繁荣期。在超高层建筑技术领域，我国不断创新，后来居上，在国际上享有崇高声誉。2017 年住房城乡建设部发布的《建筑业发展“十三五”规划》，明确提出要巩固保持超高层房屋建筑领域的国际技术领先地位。世界高层建筑与都市人居学会 (CTBUH) 发布的《2018 年高层建筑回顾报告》显示，2018 年中国建成了世界上数量最多、高度最高的摩天大楼，共建成 88 座 200m 以上的摩天大楼，占全球总数的 61.5%。超高层建筑不仅是一个城市的地标，在一定意义上也为城市的品质提升提供了有力支撑。

党的十九大报告明确指出，推动京津冀协同发展，构建辐射全国的经济带和环首都经济圈，这将为天津带来千载难逢的发展机遇。天津周大福金融中心工程项目正是在这种背景下建造而成的。该工程位于天津滨海新区，是集多业态为一体的大型城市综合体，设计秉承“天圆地方”的理念，外立面弧形内凹与角部外凸，通过外框钢柱交汇分离和幕墙 V 口位置变化勾勒出八条起伏的曲线，造型精美，结构复杂，工程设计和施工难度极大。

中建八局以其超前的自主创新理念和精细的工前策划，为该工程的总承包奠定了良好基础。工程开工伊始，周大福项目部就以工程为载体，践行“科技进项目，项目促科技”的思路，围绕工程总承包和工程施工的难点进行技术攻关，先后实现了包括数字建造技术在内的数十项关键技术创新，并应用于工程实际。工期完美履约，质量实现精品，安全完全受控，受到业主等相关方高度赞誉。

实践证明，推进科技进步，坚持科技创新，是推动工程建造优质高效的关键举措。在工程项目实施中，工程项目部先后针对工程实施中几十个难点技术进行专项研究，创新完成了超高层塔楼大尺度收缩的“物流通道结合悬挑电梯技术”、附着式动臂塔吊提升系统、双圆管柱变复杂方管钢柱节点构造等管理和施工的关键技术。同时工程项目部秉承绿色发展理念，大力推进绿色施工，自主研发了实现超高层泵送废料零排放的洗泵污水泥浆分离器、超高层建筑微生物降解生态厕所等多项绿色施工技术，实现了资源节约和环境保护的绿色施工目标。

“上有蔚蓝天，垂光抱琼台”，建筑与自然环境的和谐共生，是至高至美的大境界。天津周大福金融中心工程项目外立面优美灵动、内部业态丰富多样、总承包管理精细、技术创新显著，在整个施工过程中，中建八局项目部依托铁军文化和拼搏进取精神，向世人展示了管理和技术创新的光彩画卷，成就了超高水准的建造技艺和钻石般的工程品质。

作者结合天津周大福金融中心的工程实践，按璀璨之钻、精选之钻、智慧之钻、创新之钻、纯净之钻、服务之钻6个部分，综合分析和提炼关键技术，编撰成著，出版发行，无私奉献给行业共享，让读者近距离、全方位感知“北方之钻”的管理和施工技术精华，体现了作者的境界和胸怀。

相信本书的出版发行，在提供超高层建造技术创新经典案例的同时，必将推动我国超高层建造的技术进步。

中国工程院院士

中国建筑股份有限公司首席专家　肖绪文

2019年4月

序二

PREFACE

中建八局始建于1952年，企业发展经历了“兵改工、工改兵、兵再改工”的过程。作为世界五百强企业中国建筑股份有限公司的核心成员、中国建筑的排头兵及行业发展的先行者，中建八局实施“科技兴企”的大科技战略，传承及发扬铁军精神，在国际建设市场奋勇拼搏，企业实现跨越式发展。

在超高层建筑领域，中建八局作为行业旗舰不断探索新的高度。452m吉隆坡标志塔是马来西亚第一高楼，已成为“一带一路”建设的明星工程；中原福塔是全球第一高全钢结构广播电视发射塔；最新承建的西安绿地丝路国际中心项目，将以501m的高度担当未来西北第一高楼；参建了高达601m“中国第一高塔、世界第二高塔”的广州电视塔，并以超高水准建设天津周大福金融中心、南宁华润中心、重庆来福士、绿地山东国际金融中心，以及非洲最高楼埃及新首都CBD标志塔等工程，持续谱写超高层建筑传奇，不断刷新城市天际线。

在工程品质方面，河南省广播电视发射塔项目获得鲁班奖及国家优质工程奖；广州利通广场揽下鲁班奖、LEED金奖；大连裕景中心荣获钢结构金奖；本专著所撰写的天津周大福金融中心工程目前已荣获2017年AEC全球BIM大赛一等奖、2017年度中国钢结构金奖杰出大奖、2018年全国首批BIM认证荣誉白金级、2018年美国伊利诺伊结构工程师协会颁发的优秀项目奖、2019年ISA国际安全奖等荣誉。

中建八局在超高层、大型体育场馆、机场航站楼、重大会展、大型剧院、高端工业厂房、卫星发射场等领域具有核心竞争力。一系列超高层项目的成功实施，极大地促进了我国超高层建筑技术的发展，实现了超高层建造技术的自主创新。本项目成立了“苏亚武 & 刘鹏超高层技术创新工作室”，成为超高层技术人才孵化基地。

天津周大福金融中心被称为“结构最复杂的超高层建筑”。为应对其结构的复杂性，周大福团队在施工过程中不断对建造技术进行革新和突破，成果丰硕。为攻克超深基坑，自主研发了“工具化大口径溜管”混凝土浇筑技术，刷新了全国同类工程底板浇筑的最快速度纪录；落实“无BIM，不施工”理念，并建立协同设计平台，创BIM应用深度之最；自主研发的高适应性整体顶升平台被誉为“变形金刚”，成功解决了超高层塔楼核心筒施工难题。周大福团队披荆斩棘，圆梦摩天之旅，实现钻石般的工程品质，尽展铁军风采。

本项目是中建八局超高层工程的典型代表，以530m的高度在“已建成及已封顶超高层建筑类别”里位列中国长江以北第一、全国第四、全球第八。本专著是八局匠人的智慧结晶，祝贺本专著顺利出版发行。

最后，感谢建设单位、设计单位及诸多参建单位为建设“北方之钻”付出的辛勤努力，感谢各级领导和行业专家的亲切关怀，感谢周大福团队拼搏奉献匠心营造精品工程。期望本专著在总结项目核心技术的同时，学习和对比国内外同类建筑的先进技术，如切如磋，如琢如磨，共同提高，为更好地服务社会，建设美丽中国，继续贡献铁军力量。

校荣春

中建八局党委书记、董事长　校荣春

2019 年 5 月 27 日

前言

FOREWORD

天津周大福金融中心项目由香港顶级商业集团新世界发展有限公司投资建设，美国 SOM、香港吕元祥建筑师事务所、英国 Arup 等全球知名团队担纲设计。本项目高 530m，地上 103 层（含 3 个夹层），裙楼 5 层，包含甲级办公、超五星级酒店、豪华公寓、高端商场；地下 4 层，主要为商场、停车场、设备用房等功能房间。塔楼主体结构采用钢管（型钢）混凝土框架 + 混凝土核心筒 + 带状桁架体系，独特的双曲结构造型、复杂的构件节点被专家称为国内最复杂的超高层结构。四方形的基座对称弧形内凹的塔身，圆形的塔冠和八条扶摇直上的立面曲线，完美诠释着“天圆地方”的设计理念和“刚柔并济”的传统文化理念。

截至 2019 年 4 月，项目在“已建成及已封顶超高层建筑类别”位列中国长江以北第一高楼、全国第四高楼及全球第八高楼。

“披罗衣之璀璨兮，珥瑶碧之华琚”。立面玻璃板块错落有致，凹凸转换，平缓中带有微量的倾斜。白天，大厦玻璃将折射太阳光显现出各异的颜色；夜晚，婀娜的身形发出竖向洁白的光，并带有向外照射的点点星光，酷似一束荧光，直向天际。

本工程独有的艺术气息，给施工技术增添了难度。周大福团队朝气蓬勃，团结奋进、务实高效，采取系列举措营造标杆工程。

智能总承包助力提质增效。坚持“工程总承包管理”的理念组织施工总承包，以计划为主线，以设计为龙头，以采购为保障，以信息化为平台，以专业施工为抓手，以过程考核为手段，推行“全过程、全方位、全专业”的可视化智能总承包管理，依托 BIM、互联网、大数据、物联网和云计算技术，全面打造智慧工地，助力管理提质增效。项目实现全专业 BIM 模型轻量化管理、物流追踪同步化管理、节点考核模块化管理、问题协同实时化管理、资料表单流程化管理等。

“三全”BIM 助推智能建造。周大福团队采取“全员、全专业、全过程”的“三全”BIM 协同应用管理模式，采取“总包主导，统筹分包，辐射相关方”的 BIM 应用方式，覆盖图纸会审、深化设计及虚拟样板、智能加工、重大方案模拟、4D 工期、可视化交底与验收等环节，做到“无 BIM，不施工”。LOD400 精度模型 100% 指导现场施工，实现“深化零碰撞、加工高精度、现场零返工”，最终实现 LOD500 高精度模型交付运维。项目的 BIM 技术应用深度和广度被公认为行业最高水平。

统筹设计实现高效沟通。围绕“保障施工、降本增效”的理念，建立“以计划考核为手段、以 BIM 为平台”的全专业设计管控体系，项目组建机电、初装修、精装修等专业工作室，统筹所有分包协同深化设计。依托高精度 BIM 模型，实现钢结构“一件一图”、二次结构“一墙一图”、基础“一台一图”、管井“一井一图”、装饰“一门一图”等精细设计。

技术创新破解建造难题。坚持创新自主研发，破解多项超高层施工难题，形成100余项关键技术。首创溜管法38h完成3.1万m^3底板大体积混凝土浇筑，刷新同类工程浇筑速度世界纪录；世界首创“物流通道+悬挑施工电梯”技术，解决塔楼立面12.7m大距离收缩带来的垂直运输难题；直径2.3m钢管柱C80混凝土一次性顶升30m，刷新同类工程新纪录；自主研发的高适应性整体顶升平台，实现核心筒竖向结构最快两天一层的建造速度，技术水平国际先进。

匠心营造过程精品。采用人力、机械、材料、方法、环境工程质量管理方法，以“质量管理标准化、信息化”为抓手，自主研发创新应用“互联网+质量管理系统”和EBIM管理平台，实现质量管理实时监控。精心组织质量创优策划，细化创优BIM模型，统一细部节点做法，确定施工合理工序，实现全专业协同创优。精益施工、严控过程，全专业样板引路，全专业实测实量，确保结构、钢结构、机电、幕墙等质量一次成优，筑造超高层过程精品。

精细管理实现本质安全。坚持“本质安全”的理念，按“五落实、五到位”、十项“零容忍”的要求，自主研发安全管理APP软件，应用BIM+VR、二维码技术辅助安全教育和违章信息管理。高标准执行安全防护，配置钢结构工具化作业平台、机电移动式作业平台和五级泵送临时消防水系统，开展现场每日消防巡查，确保超高层施工防护和消防安全。每日公示现场临边和危险作业内容，开展可视化安全检查和验收，实行网格化分包分区责任管理，确保安全管理全覆盖。基于运输平衡的水平与垂直运输综合管理，确保超高层垂直运输安全高效运转。

全面策划实现本质绿色。以绿色建筑二星和LEED金级认证为目标，精心策划，着力打造实体绿色、本质绿色。溜管法快速浇筑、机电套管直埋安装、施工电梯滑触线供电、混凝土泵送余料处理、分离式建筑垃圾运输系统、微生物降解生态厕所、自动喷淋降尘与养护、能耗自动监控等创新技术实现超高层生态建造。累计实施绿色施工技术137项。

科技创新赢得丰硕成果。周大福团队形成的科技成果获得华夏建设科学技术奖1项；授权发明专利23项、实用新型专利93项、软件著作权6项；获得省部级以上工法6项；发表核心期刊论文50余篇。参编2项国家/行业BIM标准，囊括了中国勘察设计协会、中国建筑业协会、中国安装协会BIM大赛一等奖；荣获2017年AEC全球BIM大赛一等奖（中国区参赛作品首次获得一等奖，创造了历史）、2017年度中国钢结构金奖杰出工程大奖、2017年全国现场管理最高荣誉“全国五星级现场”大奖；2018年美国伊利诺伊结构工程师协会优秀项目奖、2018年全国首批BIM认证荣誉白金级、2019年ISA国际安全奖等。

党建联动打造精英团队。项目建设初期，局领导将本项目定位为全局头号重点工程，将党支部建立在项目部。抽调一百余名精英组建项目管理团队，并由局属各公司派优秀技术骨干到项目轮流挂职锻炼，以“搭平台、选贤才，储备优秀创未来”为主旨，针对超高层关键建造技术攻坚克难。邀请国内行业专家组建超高层建造顾问委员会，为项目成功建设保驾护航。开展项目大讲堂、双导师带徒、员工轮岗锻炼、“周大福之星”评选和全员绩效考核，凝聚项目团队的向心力、战斗力。

展望未来，任重道远。周大福项目作为中建八局超高层人才培养基地，以匠心营造钻石般的工程品质为目标，发扬“锐意创新、激情拼搏、善思善成、不断超越”的周大福精神和中建八局铁军精神，品质保障，价值创造，为后续的超高层项目输出技术和管理人才、分享工程实践经验、树立工程品质标杆。

本项目的成功实施，感谢各级主管单位和监督单位及领导的关心和支持，感谢各参建单位的鼎力支持和协作，也感谢周大福团队栉风沐雨，夜以继日奋战在施工一线。感谢中国钢结构协会；

感谢中国建筑标准设计研究院魏来主任；感谢中建股份科技部张晶波副总经理、中建股份技术中心李云贵副主任、林冰副总工等专家同仁。最后，衷心感谢原中建八局董事长、现任中建股份副总裁、中建新疆建工董事长黄克斯，以及原中建八局副总经理、现任中国建筑东北区域总部总经理、中建北方建设投资有限公司董事长崔景山，感谢两位领导多年来的关心与厚爱。

由于超高层建筑工程技术内容量大面广，本专著无法全面覆盖，期望抛砖引玉，为我国同类工程建设提供一点有益的技术参考。本书难免有不当之处，望读者批评指正，切磋交流。

2019 年 5 月

目录

CONTENTS

第1篇　璀璨之钻——天津周大福金融中心工程概况

超高层建筑施工技术的快速发展，使得建筑设计和结构设计可以追求更多个性化的造型。向天空寻求资源，拓展更多使用空间并展示城市综合实力，成为一些城市建设超高层建筑的初衷。

截至2019年4月，天津周大福金融中心主体建筑在“已建成及已封顶超高层建筑类别”位列中国长江以北第一高楼、全中国第四高楼及全球第八高楼。

本篇展示天津周大福金融中心的外景、商业区和办公区；全面介绍建筑设计概况、结构设计概况和机电及幕墙设计概况，着重分析了工程重点和难点。

第 1 章　建筑概况

项目位于天津滨海新区核心区，其地理位置得天独厚、交通网络方便快捷。天津周大福金融中心建筑造型天圆地方，采用一个近似四方形的基座，使得轮廓俊朗亦不失东方韵味。形体由下向上渐细的曲线造型，八条扶摇而上的曲线，纽带般渐近渐远最终在建筑顶端交汇，形成四片盛开的花瓣。曲面的造型凹凸有致，捕捉着流变的光与影，伴随日夜更替、四季变换，光线的方向、强度、色彩和质感也会随之改变，光线徜徉在建筑空间，作为城市的标志性空间节点和视线磁石，向滨海新区投射着钻石的光芒。

1.1　建筑外景

天津周大福金融中心工程位于天津市经济技术开发区，第一大街与新城西路交口。总用地面积 27772.35m^2，南北长约 185m，东西宽近 171m；工程总建筑面积 39 万 m^2，由香港周大福集团投资开发，涵盖甲级办公、豪华公寓、超五星级酒店等众多业态，由 4 层地下室、5 层裙楼和 100 层塔楼组成。塔楼采用“钢管（型钢）混凝土框架 + 混凝土核心筒 + 带状桁架”结构体系。办公面积约 14 万 m^2，公寓面积约 5 万 m^2；酒店面积约 6.4 万 m^2，包含 364 套客房，辅助服务设施涵盖游泳池、宴会厅、会议室、水疗中心、健身中心和特色餐厅等（图 1.1-1 ～ 图 1.1-4）。

图 1.1-1　天津周大福金融中心效果图和夜景图

图 1.1-2　天津周大福金融中心效果图一

图 1.1-3 天津周大福金融中心效果图二

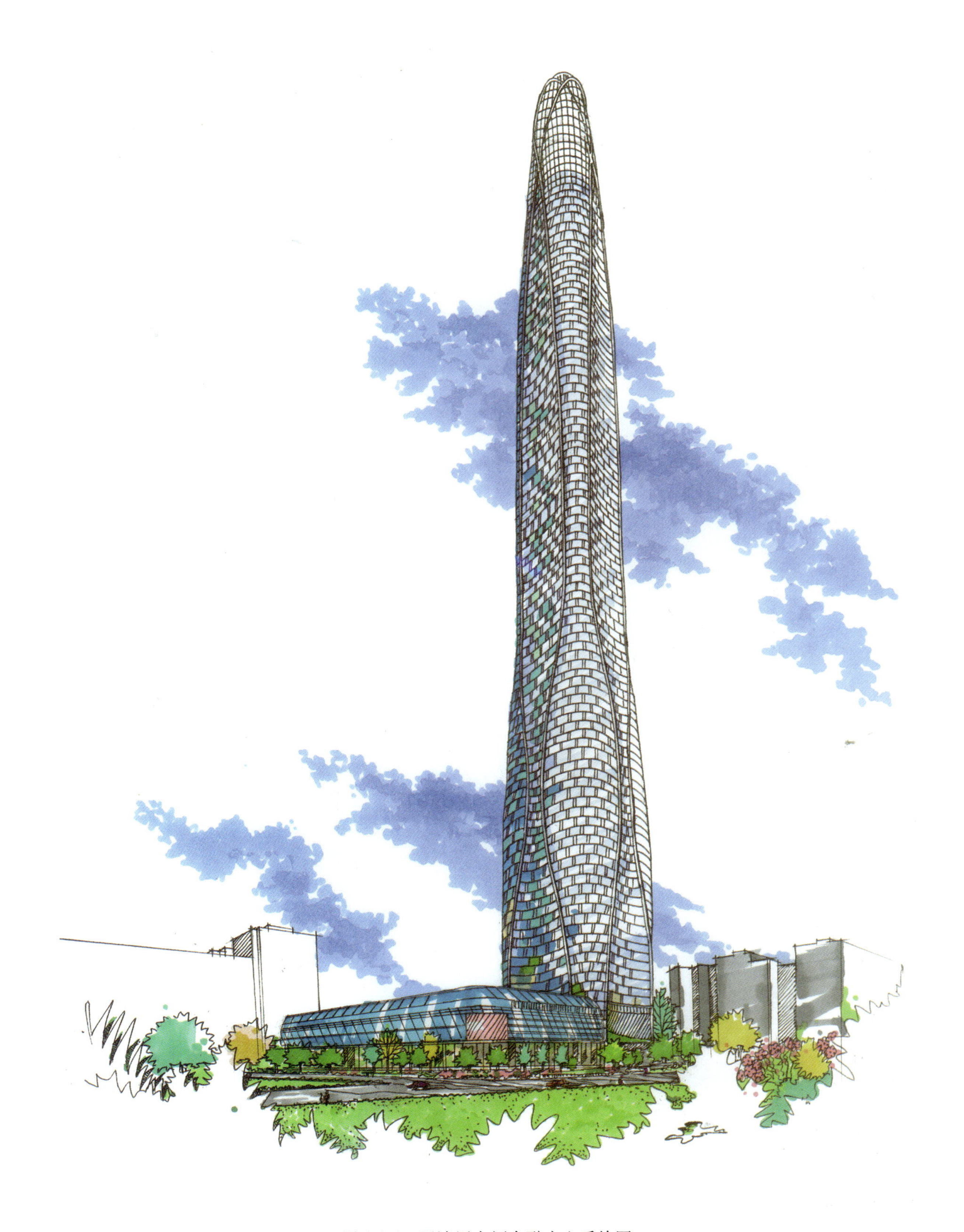

图 1.1-4　天津周大福金融中心手绘图

1.2 裙楼商业区

裙楼布置有 K11 商业艺术中心。K11 是全球首个率先把艺术· 人文· 自然三大核心元素融合，将艺术欣赏、人文体验、自然环保完美结合和互动，带出无限创意、自由及个性化的生活，并为大众带来前所未有的感官体验的品牌。

项目通过布局多元化创新商业业态来融合、传承、保育当地文化元素，匠心营造一处既能体现天津的都市灵魂，又能让人们汇聚交流的顶级休闲办公文化空间和高质量综合体（图 1.2-1～图 1.2-4）。

图 1.2-1 天津周大福金融中心裙楼效果图

图 1.2-2 天津周大福金融中心裙楼手绘图

图 1.2-3　天津周大福金融中心裙楼商业图一

图 1.2-4　天津周大福金融中心裙楼商业图二

第2章　工程概况

本章介绍天津周大福金融中心的建筑设计、结构设计、机电设计、幕墙设计概况，并从超高层垂直运输、复杂构件深化设计制作、复杂节点及厚板焊接、混凝土超高泵送、结构变形控制等多方面分析项目的重点和难点。

2.1　建筑设计概况

1. 建筑设计基本情况

建筑设计基本情况详见表2.1-1所示。

建筑设计基本情况　　表2.1-1

序号	项目	内容	
1	综述	天津周大福金融中心总建筑面积38.998万m^2，占地面积约1.5万m^2。建筑集办公、酒店、公寓、商业多种业态于一体	
2	建筑功能	本工程共分为五大功能区：功能1区为地下车库及设备用房；功能2区为商场（塔楼1～5层及裙房）；功能3区为办公区（塔楼7～43层）；功能4区为公寓及酒店（塔楼46～93层）；功能5区为塔冠设备区（塔楼94～100层）；其中，6、19、20、32、44、45、48M、58、58M、71、71M、72、88、91M层为设备及避难层	
3	建筑特点	本工程建筑表现形式和设计灵感来源于艺术和自然中的流体几何造型，与雕塑形式有异曲同工之妙。 总建筑基底面积14830m^2，容积率10.5。东西向长170.615m，南北向长209.120m。地下4层，裙房地上5层，塔楼地上103层，裙房建筑高度32.3m，塔楼建筑高度530m。塔楼为钢管（型钢）混凝土框架＋混凝土核心筒＋带状桁架结构体系。裙房为钢筋混凝土框架结构体系，抗震设防烈度为7度。 建筑的几何造型在保持建筑造型柔和视觉效果的同时，极大程度地提高了三个主要功能区域的平面效率	
4	建筑面积	总建筑面积	38.998万m^2
		地上建筑面积	29.161万m^2
		地下建筑面积	9.837万m^2

续表

<table>
<tr><th>序号</th><th>项目</th><th colspan="5">内容</th></tr>
<tr><td rowspan="2">5</td><td rowspan="2">建筑层数</td><td>地下</td><td colspan="4">地下 4 层</td></tr>
<tr><td>地上</td><td colspan="4">地上 103 层（含 3 个夹层）</td></tr>
<tr><td rowspan="4">6</td><td rowspan="4">建筑层高</td><td rowspan="2">地下</td><td>地下一层</td><td>地下二层</td><td>地下三层</td><td>地下四层</td></tr>
<tr><td>5.8m</td><td>5.45m</td><td>4.8m</td><td>5.2m</td></tr>
<tr><td rowspan="2">地上</td><td>商业区</td><td>办公区</td><td>酒店公寓</td><td>设备层</td></tr>
<tr><td>5.1 ~ 6.5m</td><td>4.7m</td><td>4.15m</td><td>4.47 ~ 10m</td></tr>
<tr><td rowspan="2">7</td><td rowspan="2">建筑高度</td><td colspan="2">基底</td><td>±0.00 绝对标高</td><td>室内外高差</td><td>建筑高度（顶）标高</td></tr>
<tr><td colspan="2">-32.300m</td><td>5.000m</td><td>0.000m</td><td>530.000m</td></tr>
<tr><td rowspan="3">8</td><td rowspan="3">外装修</td><td colspan="3" rowspan="2">屋盖</td><td>裙楼</td><td>设备屋面、屋顶餐厅、花园</td></tr>
<tr><td>塔楼</td><td>卫星天线</td></tr>
<tr><td colspan="3">外墙</td><td colspan="2">玻璃幕墙、铝板幕墙</td></tr>
<tr><td rowspan="4">9</td><td rowspan="4">室内装修</td><td colspan="3">顶棚工程</td><td colspan="2">防霉乳胶漆涂料、防火顶棚、铝扣板顶棚、矿棉板吊顶顶棚、吸声顶棚</td></tr>
<tr><td colspan="3">楼、地面工程</td><td colspan="2">耐磨防滑通体砖地面、水泥自流平地面、全钢防静电架空地板</td></tr>
<tr><td colspan="3">内墙装修</td><td colspan="2">防霉乳胶漆涂料、多孔吸声板、乳胶漆、耐火板</td></tr>
<tr><td colspan="3">门窗工程</td><td colspan="2">钢质防火门、防火隔声门、局部防火玻璃、防火卷帘门</td></tr>
</table>

2. 建筑功能分布

天津周大福金融中心集办公、酒店式公寓、酒店等众多业态于一体，结合城市活动的可能性，使其不单是形象意义上的城市标志，更是功能意义上的城市地标。

主要楼层功能分布详图见表 2.1-2。

2.2　结构设计概况

1. 结构基本概况

工程采用桩筏基础，裙楼为钢筋混凝土框架结构，塔楼采用“钢管（型钢）混凝土框架 + 混凝土核心筒 + 带状桁架”结构体系。塔楼核心筒内插有钢板、钢骨柱，外框结构由角框柱、边框柱、斜撑柱、钢梁、3 道带状桁架、帽桁架、塔冠钢结构和筒外压型钢板组合楼面组成。其中，外框柱在竖向结构先后经历“钢管混凝土柱→劲性柱→纯钢柱”的变化过程。

非桁架层结构形式如图 2.2-1 所示，桁架层结构形式如图 2.2-2 所示。

建筑功能分布表 **表 2.1-2**

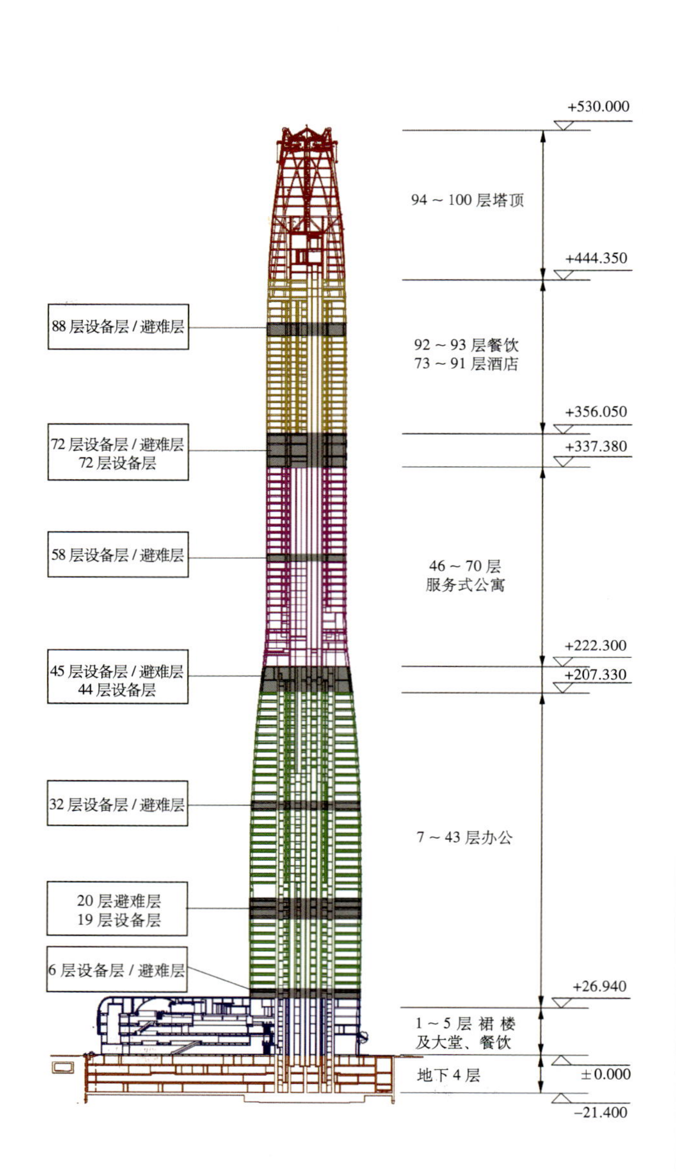

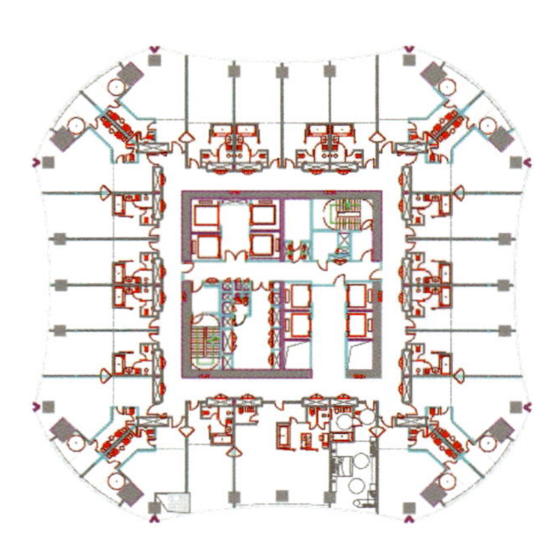

本层为塔楼 73 层酒店平面图，
建筑标高 ±356.050m，层高 3.75m

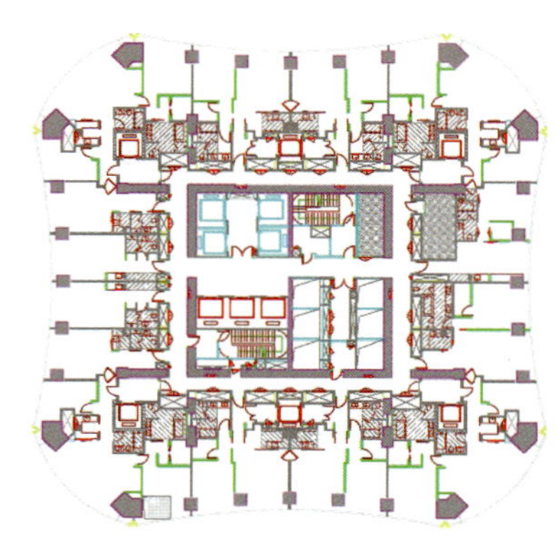

本层为塔楼 51 层服务式公寓平面图，
建筑标高 ±253.900m，层高 4.15m

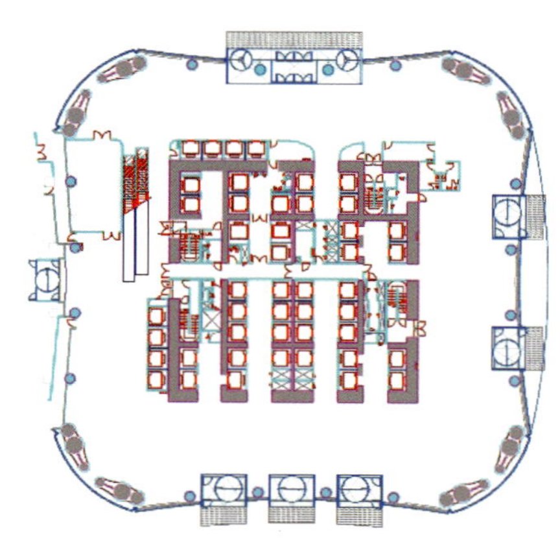

本层为塔楼首层平面图，
建筑标高 ±0.000m，层高 6.5m

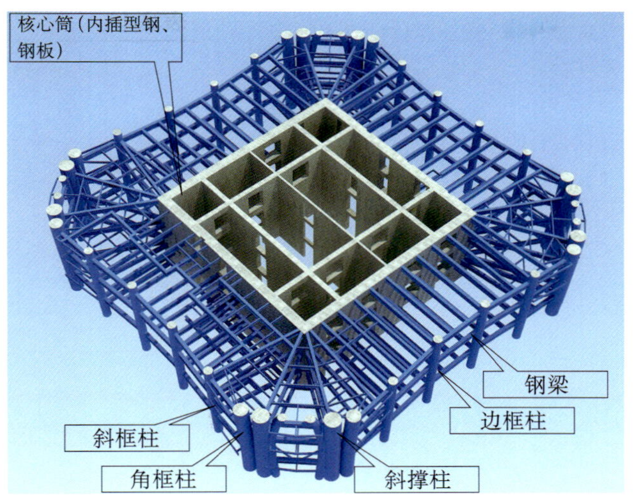

图 2.2-1　非桁架层结构形式

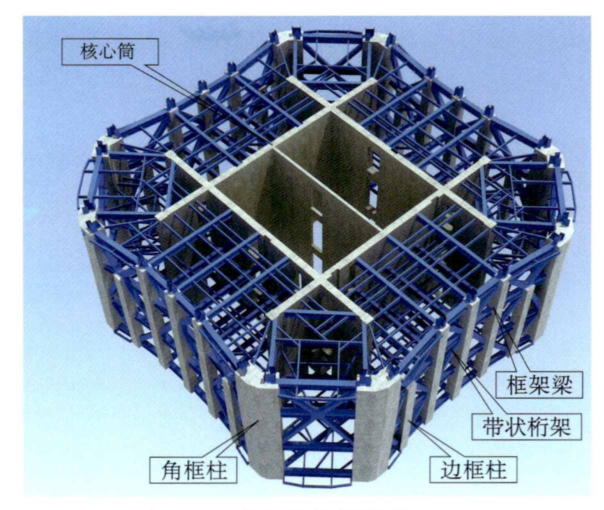

图 2.2-2　桁架层结构形式

2. 混凝土结构概况

本工程土建结构概况见表 2.2-1 所示，钢筋混凝土结构概况见表 2.2-2 所示。

土建结构概况　　　　表 2.2-1

<table>
<tr><th>序号</th><th colspan="5">内容</th></tr>
<tr><td rowspan="2">1</td><td rowspan="2">结构类型</td><td>塔楼</td><td colspan="3">钢管（型钢）混凝土 + 混凝土核心筒 + 带状桁架结构</td></tr>
<tr><td>裙楼</td><td colspan="3">钢筋混凝土框架结构</td></tr>
<tr><td rowspan="3">2</td><td rowspan="3">结构安全等级</td><td rowspan="2">塔楼</td><td colspan="2">核心筒、角柱、斜柱、环带桁架等重要构件</td><td>一级</td></tr>
<tr><td colspan="2">除重要构件外的次要构件</td><td>二级</td></tr>
<tr><td>裙楼</td><td colspan="3">二级</td></tr>
<tr><td rowspan="3">3</td><td rowspan="3">地基基础</td><td>安全等级</td><td colspan="3">一级</td></tr>
<tr><td>设计等级</td><td colspan="3">甲级</td></tr>
<tr><td>桩基设计</td><td colspan="3">甲级</td></tr>
<tr><td>4</td><td colspan="2">地下室防水等级</td><td colspan="3">一级</td></tr>
<tr><td>5</td><td colspan="2">抗震构造措施对应烈度</td><td colspan="3">8 度</td></tr>
<tr><td rowspan="8">6</td><td rowspan="3">地下抗震等级</td><td rowspan="2">地下室框架</td><td>塔楼</td><td colspan="2">地下一、二层：特一级，地下三、四层：一级</td></tr>
<tr><td>裙楼</td><td colspan="2">地下一层：特一级，地下二层：二级，地下二层以下：三级</td></tr>
<tr><td colspan="2">地下剪力墙、核心筒</td><td colspan="2">地下一、二层：特一级，地下三、四层：一级</td></tr>
<tr><td rowspan="3">地上抗震等级</td><td rowspan="2">地上框架</td><td>塔楼</td><td colspan="2">特一级</td></tr>
<tr><td>裙楼</td><td colspan="2">一级</td></tr>
<tr><td colspan="2">地上剪力墙、核心筒</td><td colspan="2">特一级</td></tr>
<tr><td>楼梯抗震等级</td><td colspan="4">同楼层</td></tr>
<tr><td>钢结构抗震等级</td><td colspan="4">塔楼二级，裙楼三级</td></tr>
</table>

钢筋混凝土结构概况 表 2.2-2

序号	内容			
1	地下结构	基础垫层	C15	250mm 厚
		基础底板	C50、C40	塔楼范围内底板 5500、5000mm 厚（局部 9900mm），裙楼底板 1400mm 厚，抗渗等级 P10
		地下室外墙	C40P12	外墙 1000mm 厚；内墙 300、350mm 厚
		地下室内墙	C40	
		地下室梁板	C40	梁 1200mm × 800mm ~ 300mm × 600mm，板 150、180、200、250、300、350mm，地下室顶板抗渗等级 P6
		框架柱	C80、C60	1800mm × 4410mm ~ 600mm × 600mm、圆柱 D=2300、1800、1200mm 等
		核心筒内剪力墙	C60	350、700、800、1500、1700、2400mm
		楼梯	C30	

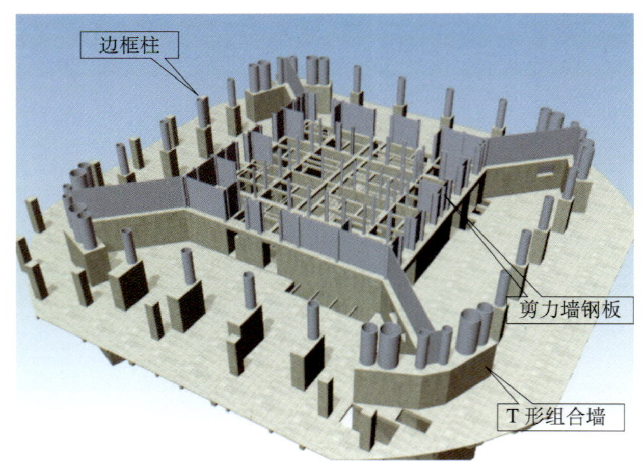

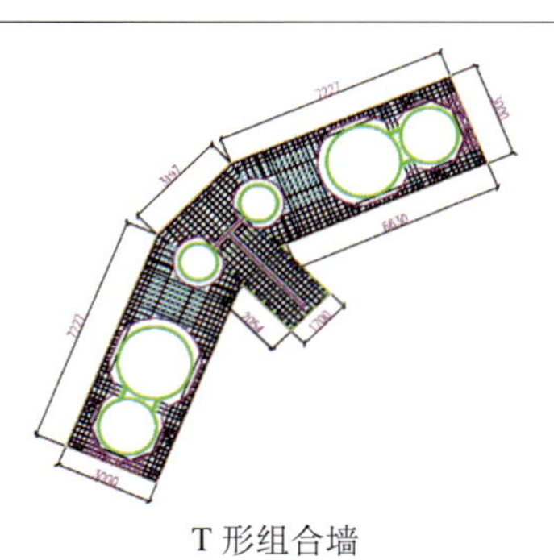
T 形组合墙

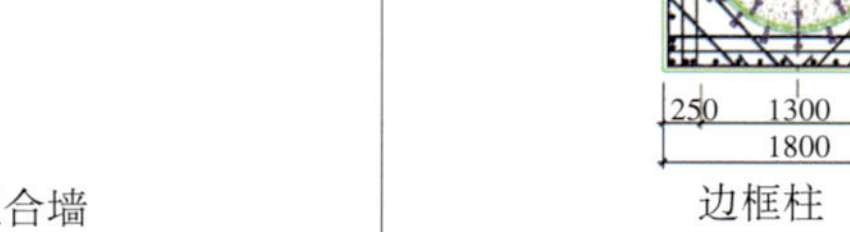

边框柱

剪力墙钢板

序号	内容			
2	上部结构	框架柱	塔楼	C80、C60	圆形钢管柱 D=2300 ~ 1000、方形钢管柱 d=1800、1200、1000mm 等
			裙楼	C50	1900mm × 1200mm ~ 800mm × 800mm、圆柱 D=1200mm
		梁、板	塔楼	C40、C30	1200mm × 1200mm ~ 200mm × 200mm、200 × 500 ~ 350 × 900mm 等，板厚 150、225、350mm
			裙楼	C40	梁 1100mm × 1300mm ~ 250mm × 500mm、板厚 130、150、200mm
		剪力墙	C60		350、800、900、1050、1250、1350、1450、1500mm
		楼梯	C30		

3. 钢结构基本概况

本工程钢结构由塔楼外框钢柱钢梁、环带转换桁架、环带桁架、帽桁架、塔冠、核心筒内插钢骨柱与钢板剪力墙、雨篷、裙楼钢柱钢梁、宴会厅桁架、天幕、屋顶钢构架等 11 个部分组成。如图 2.2-3、图 2.2-4、表 2.2-3 所示。

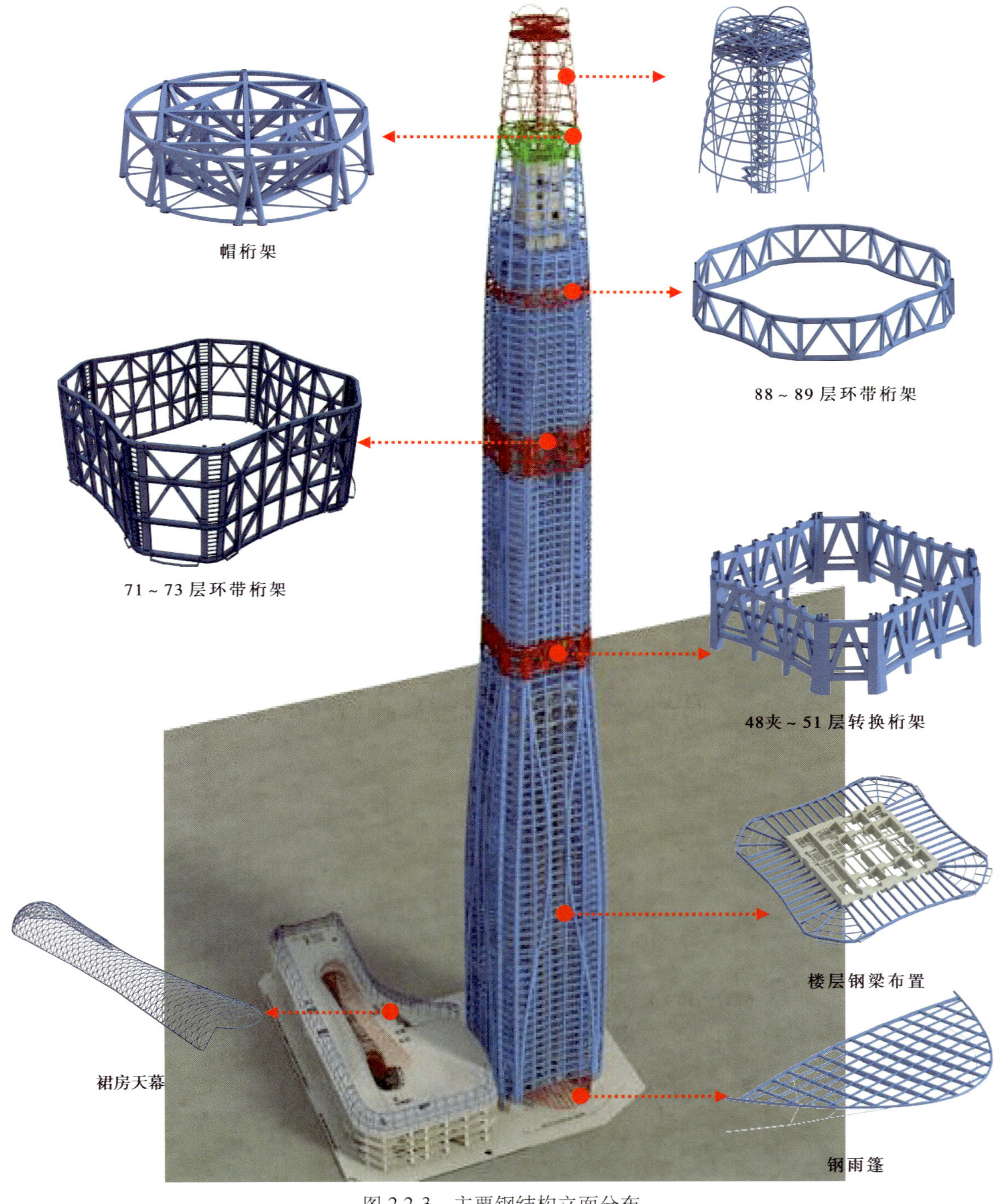

图 2.2-3　主要钢结构立面分布

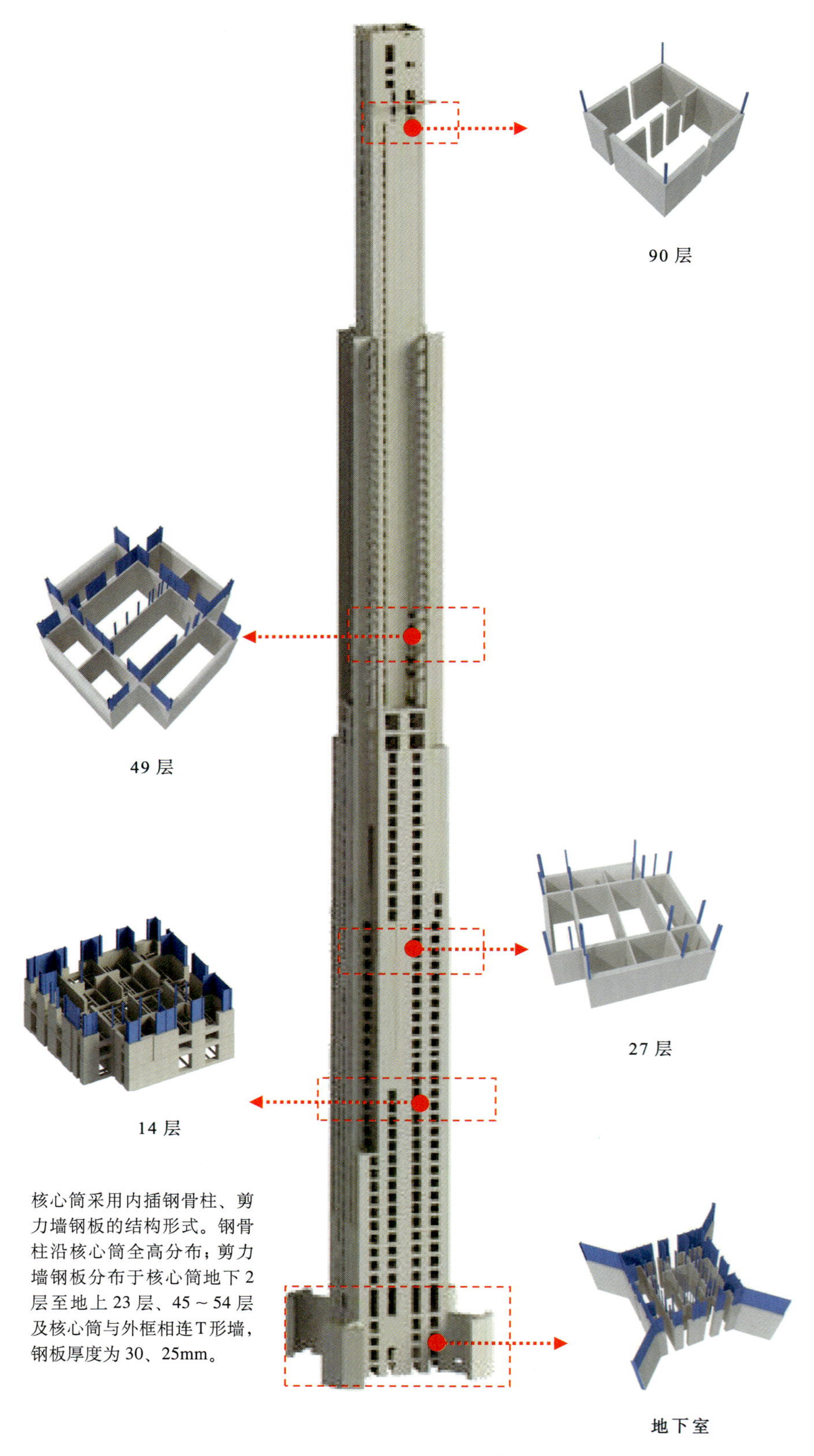

图 2.2-4 核心筒钢结构分布

钢结构概况　　表 2.2-3

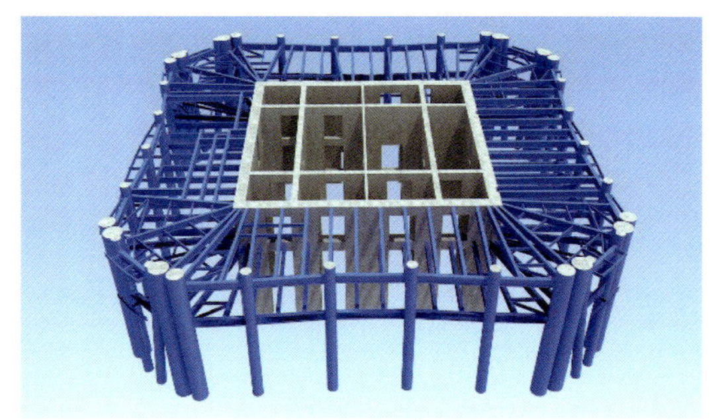

1～3 层结构

48～51 层转换桁架层结构

71～73 层环带桁架层结构

88～89 层环带桁架层结构

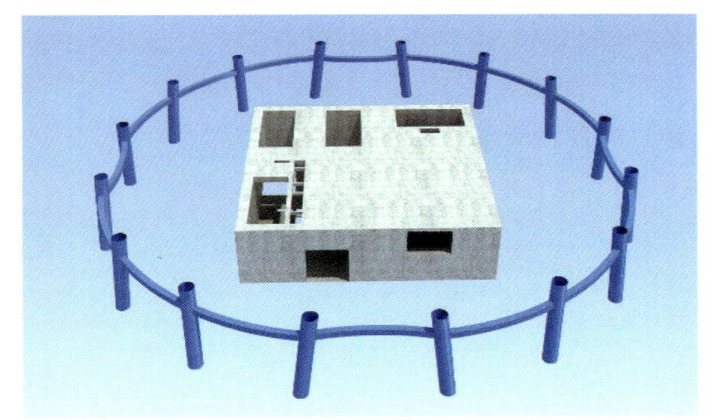

96 层结构

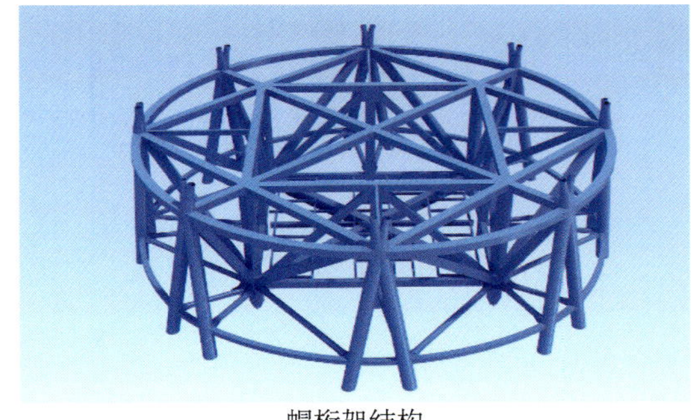

帽桁架结构

符号	A	B	C	D
抗拉强度	270	300	360	410
钢筋种类	消除应力钢丝		中强度预应力钢丝	
	光面	螺旋肋	光面	螺旋肋
符号	A^{P}	A^{H}	A^{PM}	A^{HM}
抗拉强度	1110	1110	650	650

2.3 机电设计概况

本工程机电系统划分为给水排水工程、通风空调工程、消防工程、建筑电气工程、建筑智能化工程等。其中，给水排水工程分为给水系统、中水系统、热水系统、直饮水系统、排水系统和雨水系统、室外排水系统等；通风空调工程分为采暖/空调通风系统、机械通风系统、事故通风系统、防排烟系统等；消防工程分为消火栓系统、自动喷水灭火系统、大空间智能型主动喷水灭火系统、柴油发电机房及锅炉房水喷雾灭火系统、气体灭火系统、灭火器系统、火灾自动报警系统、消防广播系统等；建筑电气工程分为配电系统（包括：高压系统、低压系统）、柴油发电系统、防雷系统、照明系统、智能电力监控系统、漏电火灾报警系统、远传计量抄表系统等；建筑智能化工程包括综合安保系统（包括：闭路电视监控系统、保安报警系统、巡更系统、门禁管理系统）、停车库管理系统、综合布线系统、无线对讲机系统、有线电视系统及卫星天线电视系统、可视对讲系统等。

1. 给水排水工程主要系统

给水系统：本工程给水及消防给水水源由新城西路及第一大街市政供水管上各引入一路 *DN*300 生活给水管，上设 *DN*300 倒流防止器和水表计量后，在基地内形成 *DN*300 供水环网，供基地内生活及消防用水，并引至地下四层各分区生活水池，各功能区分区设水表计量。酒店、酒店式公寓、办公和商业为便于管理及产权分割，给水及中水系统完全独立设置。

中水系统：卫生间便器冲水采用市政中水，其供水方式同给水。

热水系统：酒店、酒店式公寓热水采用中央热水供应系统，供水及分区来源与冷水系统相同。办公及商业不设中央热水供应系统，采用储水式电热水器供应热水至洗手盆。

排水系统：本工程排水系统采用污废分流方式设计，各区污废水均经收集后排入排水管网，经过独立化粪池处理后排入市政排水管网。

2. 消防工程主要系统

消防水系统：从基地内给水环管上引出两根 *DN*200 进水管，进水接至地下一层 864m^3 消防水池（供地库及裙楼）及 71m^3 消防传输水池，再经消防转输水泵将水送至中途转输水箱（71m^3），转输水箱分别位于 19、44 及 72 层，再至 96 层总容量 713m^3 消防水池（满足塔楼火灾延续时间内 3h 室内消火栓消防和 1h 自动喷水灭火用水量的要求）。在 72、44 及 19 设置 107m^3 减压水箱（满足 10min 灭火用水量的要求），在 97 及裙房屋顶 5 分别设置 100m^3 屋顶消防水箱。

气体灭火系统：变电器室、高低压配电间、UPS 室、集控中心、电话机房、避难层的变配电间等以及信息机房、网络机房、自动化机房、消防安保主控中心等采用七氟丙烷气体灭火系统。

3. 通风空调工程主要系统

空调通风系统：冷源：办公塔楼、裙楼及地库合用一个中央制冷系统，制冷机房设在地下 3 层；酒店式公寓和酒店分别设独立中央制冷系统，制冷机房分别设在 45 和 71 夹层。热源：商业、车库及办公采暖及热水系统由 6 台热水锅炉供热，酒店裙楼、塔楼及酒店式公寓采暖及加湿及酒店洗衣房蒸汽由 6 台蒸汽锅炉供热，锅炉房设置在地下 2 层。用户末端采暖及通风空调系统：裙楼及地库商店采用风机盘管加中央预处理新风系统；办公区电梯大堂采用定风量全空气系统，办公区域采用变风量系统；酒店及酒店式公寓客房采用4管制的风机盘管加预处理新风系统。

机械通风系统：各机电设备用房、卫生间、垃圾房、电梯机房、水箱及水泵机房、餐饮厨房及停车库等地方，采用机械通风系统。

防烟、排烟系统：所有疏散楼梯间及消防电梯前室、合用前室和避难区均设置加压送风系统，以首层、设备避难层为界，分段设置。

4. 建筑电气工程主要系统

高压系统：本工程分别从三个不同市政35kV高压变电站，提供三个独立10kV电源（两用一备，8组常用，4组备用回路，共12回路进线至多个10kV进线室），正常运行时，每路常用回路均负载50%正常负荷，当其中一路故障时，经10kV母联切换至备用的一路电源，提供原故障电路的负荷。以放射式配电接至各10kV变电站，即酒店、酒店式公寓、办公、商业及车库部分各用电点。10kV变电站设置于地下2、地下3、44、88层机电层/避难层供塔楼各区使用（图2.3-1～图2.3-3）。

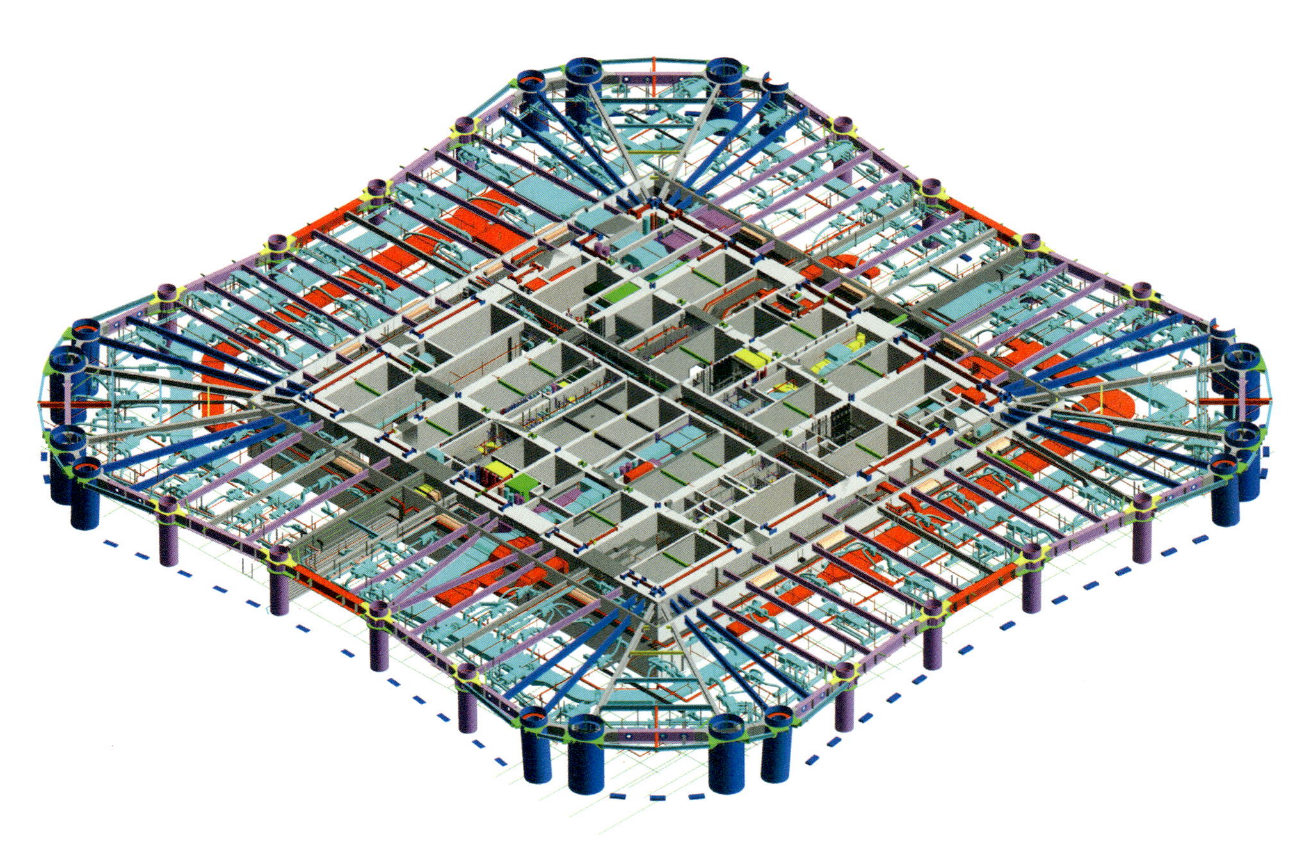

图2.3-1 塔楼办公区机电模型图一

图 2.3-2　塔楼办公区机电模型图二

图 2.3-3　机电 BIM 综合模型图

2.4 幕墙设计概况

幕墙总面积约 11 万 m^2，其中塔楼幕墙包括单元式玻璃幕墙、明框构件式幕墙、开缝挂板式铝板幕墙等，玻璃幕墙形体向上内外倾曲面设计效果，涉及 15000 块玻璃幕墙，7000 余种不同样式；裙房幕墙包括全隐框幕墙、半隐框幕墙、铝挂板幕墙、采光顶幕墙等，顶部设置 108m 长异形双曲面“米”字形网格状采光顶，外围护设置 435m 多曲面“米”字形网格状彩釉玻璃幕墙（表 2.4-1）。

幕墙构造列表 表 2.4-1

序号	位置	幕墙形式	配置	接缝
塔楼幕墙	塔楼标准层	单元式玻璃幕墙	8mmH.S.+1.52mmPVB+8mmH.S.+12A+10mmF.T. 双银 Low-E 中空夹胶超白玻璃（Low-E 镀膜在第 4 面）、8mmH.S.+1.52mmPVB+8mmH.S. 夹胶超白玻璃、12mmF.T. 防火玻璃等	3mm 厚铝单板，内填充 50mm 厚保温岩棉，单元立柱间设有竖向铝合金装饰条灯槽，凹面反光设计
	塔冠	明框构件式幕墙	8mmF.T.+1.52mmPVB+8mmF.T. 夹胶彩釉超白玻璃	横向通长 140mm 宽铝合金装饰条
	塔楼机电层及核心筒立面	开缝挂件式铝板	采用 3mm 厚铝单板，内侧填充 150mm 厚保温岩棉，铝单板外露表面采用氟碳喷涂处理	龙骨采用 Q235B 钢材，表面热浸镀锌处理
裙楼幕墙	裙楼 1 ~ 2 层	全隐框幕墙	大面部位采用 8mm（钢化）+12mm（空气腔）+10mm（钢化）超白中空玻璃，其中第二面为双银 Low-E 膜	玻璃后侧采用 3.0mm 厚铝单板作为背衬，室内侧保温岩棉采用 1.5mm 镀锌钢板封装
	裙楼 3 ~ 5 层	半隐框幕墙、铝挂板	8mm+1.52mmPVB+8mm 超白钢化夹胶彩釉玻璃	采用斜交网格式结构支撑，主受力斜立柱采用钢龙骨与主体结构连接，次龙骨采用铝合金连接
	裙楼屋面、中餐厅	采光顶幕墙	8mm+12A+8mm+1.52mm PVB +8mm 中空夹胶钢化玻璃（20% ~ 80% 彩釉不等）	采用氟碳喷涂铝合金型材

2.5 工程重点难点分析

本项目塔冠具有“两高、两大、两曲”的显著特点，建筑整体外立面为双曲面造型，内部的核心筒先后有六次缩角、收肢等重大变化，给钢结构、幕墙的深化加工安装及塔式起重机、施工电梯布置等带来极大挑战。整个项目用钢量极大，约 7 万 t，钢结构的复杂程度和加工难度更是前所未有，并加上施工场地狭小，开挖基坑极深，构件布置及机电管线错综复杂等条件制约。建筑设计及施工秉承可持续绿色建造、智能建造的理念，对核心技术不断创新，攻坚克难，确保了建设的顺利完成。

基于上述工程设计及建造环境等的特点，总结施工组织和管理的重点和难点，如表 2.5-1 所示。

施工重点、难点分析表 表2.5-1

序号	施工重点、难点	分析
1	塔楼垂直运输组织	(1) 塔楼地上100层，高达530m，施工中必然出现结构、幕墙、砌体、装饰和机电交叉作业的多层次施工工况，不同作业面人员和物料的垂直运输是超高层施工的生命线，也是制约工期的瓶颈所在； (2) 塔楼外立面和核心筒墙体平面收缩渐变多（核心筒收缩近半，最后成18m见方筒体），筒内到顶井道少，筒外侧机电管线密集，均不利于施工电梯和内爬塔式起重机的布置； (3) 塔式起重机爬升和附着与核心筒模架高度、钢骨分节高度、外框钢结构施工相互制约，要保证钢板墙、钢骨柱与钢筋绑扎、混凝土浇筑形成三个相对独立的竖向作业层，顶升平台体系（含防护）需覆盖4.5个楼层高度，加上外挂塔式起重机支承架安装间距及拆倒工况要求，塔身高度需61m，已超过ZSL750内爬塔式起重机高度54m这一常规参数配置； (4) 筒内后施工水平结构作业面位于核心筒和组合楼板作业面的中部高度，受核心筒外侧模架的阻隔，物料不便由塔式起重机直接吊运； (5) 上下班高峰期，电梯需求集中释放，运力不足尤为明显
2	平面规划与管理	(1) 红线内可利用场地狭小，现有红线外临建不能无限期占用市政道路； (2) 由于基坑分批次施工，分期移交，二期场地移交时，前期单位尚在开挖一期塔楼土方，必须解决因两家单位交叉施工带来的场地协调问题； (3) 一期场地移交时，一期裙房首道支撑及塔楼土方已完成，一期裙房土方开挖后，位于中部的塔楼区域将成为“孤岛”，必须解决一期裙房土方及支撑与塔楼结构同步施工期间的料场问题； (4) 结构施工至一定高度后，砌体、幕墙、装饰和机电等专业陆续插入，现场进入众多专业同步交叉施工的高峰期，此阶段的场地协调问题尤为突出
3	复杂构件的深化设计与分段（节）策划	(1) 由于角柱、边柱、斜柱和带状桁架、帽桁架之间形成复杂的空间交汇体系，柱截面形式和空间位置复杂多变（逐层倾斜0.1°～18.9°，角柱与斜柱连接节点呈空间倾斜并附带扭曲），组合柱及其过渡节点、带状桁架节点、帽桁架铸造节点均十分复杂，节点深化需统筹考虑制作、运输、现场安装等各个环节的难易程度； (2) 楼层四面轮廓均呈弧形内凹，塔冠由大量弯曲构件组成，定位相对困难； (3) 由于塔楼超高和内筒外框的特点，钢结构深化设计还需考虑针对结构不均匀沉降、压缩及焊接收缩而进行的构件尺寸预调
4	核心筒墙体施工	(1) 核心筒平面经历缩角、收肢、分段收缩等多次变化，墙厚变化大（最大一次缩减700mm），且内插有钢板和钢骨柱，模架体系既要适应结构的不断变化，还要方便钢结构、钢筋、模板、混凝土的立体交叉作业； (2) 钢板与钢骨柱交汇多，暗柱、暗梁和连梁部位钢筋密集，钢筋绑扎、混凝土浇筑难度大； (3) 墙体厚度大（T形墙厚达3m，核心筒外墙最厚达2.4m），钢板长，刚度大，易产生墙面裂缝
5	大截面钢管柱柱内钢筋及混凝土施工	(1) 46层（含）以下角框柱为圆形钢管混凝土柱，直径分别为2300mm和2200mm，内配圆形钢筋芯柱（直径有1520、1150mm两种，圆箍），由于钢管柱在梁柱节点处纵向加劲肋长达500mm，钢筋绑扎困难； (2) 51层角框柱为钢管混凝土柱向劲性柱的过渡节（CFT+SRC柱），截面为组合箱形，内插钢骨和配筋异常复杂密集，钢筋绑扎十分困难； (3) 由于钢管柱设计有复杂水平及纵向加劲肋，保证混凝土密实度（尤其是加劲肋与钢管夹角处）尤为重要
6	复杂节点及厚板焊接质量控制	本工程钢结构焊接量大，厚板占比高，最厚达80mm，复杂节点多，工期跨越两个冬雨期，必须采取可靠措施控制焊接变形，消除残余应力，保证焊接质量

续表

序号	施工重点、难点	分析
7	超厚基础底板施工	塔楼底板厚 5.5m，落深处厚达 8.4m，面积 5561m^2，钢筋排布密集，一次性连续浇筑混凝土达 3.06 万 m^3，不仅施工组织相对困难，而且如何控制水化热和内外温差，减少大体积混凝土有害裂缝也面临挑战
8	C80、C60 高强度混凝土超高泵送	墙柱混凝土最大泵送高度分别为 471.15m（C60）和 291.51m（C80），属高强度混凝土超高泵送，要保证工期就必须一泵到顶，如何在保证混凝土强度的前提下，最大限度地提高混凝土的可泵性和优配泵送设备是关键
9	塔楼施工测量精度控制	（1）由于塔楼超高，无论是激光垂准仪传递轴线，还是悬吊钢尺引测高程，随着传递次数的增加，均不可避免地存在较大累积误差； （2）核心筒采用顶升平台施工，水平楼板施工滞后墙体约 5 层，给轴线引测和墙体垂直度控制带来难度； （3）超高层测量精度要求高，风力、日照、温差、外界扰动等因素对测量精度的影响不容忽视
10	超高层施工安全与消防管理	（1）高空作业多，交叉施工多，尤其是幕墙插入后，安全形势空前严峻； （2）重型塔式起重机、顶升平台系统等重型设备设施的安装、同步使用、爬升、拆除过程潜在隐患多； （3）受高度所限，超高层施工过程中如发生火险，地面消防设备无计可施，消防应急难度大
11	结构变形控制	（1）施工过程中，随着各专业施工的陆续插入，各类荷载不断增加，竖向构件发生弹性压缩，但由于核心筒和外框材质不同，必然引发因不均匀压缩变形而导致附加内力； （2）沉降后浇带两侧结构沉降不均匀； （3）混凝土随着时间的推移会发生一定程度的收缩和徐变。 由于上述因素的叠加影响，易诱发塔楼总高及结构尺寸变化、定位偏差、楼面倾斜等结构变形问题，从而影响到结构的安全性
12	总包协调管理	根据招标文件，独立发包的工程多达 21 项，指定分包项目多达 26 项，总包管理协调的内容除深化设计、进度、技术、质量、职业健康安全、成本、综合事务、竣工验收及资料等方面的全面管理外，还负责综合管线图及综合留孔图的绘制、成品保护以及现场临时设施提供、垂直运输设备提供、专业交叉协调等，总承包协调管理难度大

第2篇　精选之钻——施工方案优选及深化设计

超高层建筑直耸云霄，建筑造型新颖独特，施工过程会面临诸多罕见的难题。面对诸多技术难关，需要进行方案优选和深化设计。

本篇对天津周大福金融中心建筑在地基基础施工、主体结构工程施工、垂直运输、顶升平台、钢结构深化设计及机电工程等阶段遇到的重点难点问题进行了详细的介绍与分析，并据此提出了多种有效的技术方案，选择最优施工方案，解决相应的施工难题，达到降低施工难度、提高施工技术水平的目的，为项目复杂结构的实现提供技术支持，也为类似超高层建筑提供了新的思路和经验。

第 3 章　地基基础施工方案优选

天津地区属于沿海软土地区，地下水位较高，存在多层承压水，土质不均匀，一般上部为淤泥质黏土，而下部为坚硬砂层；超高层建筑多位于繁华地段，周边配套设施、其他类型建筑领先于工程施工，造成场地狭小、环境保护要求高、出现事故影响程度大等施工限制。

该类基坑开挖深度较深，开挖规模较大，存在较多坑中坑形式，同时，大体量的土体开挖卸载将对周边环境造成较大的影响，且基坑开挖超深后将面临承压水突涌的工程风险。围护结构的质量控制、地下水的控制、围护结构强度以及变形控制，最终都是为了更好地控制土体变形，保护临近基坑周边的管线、地铁、建筑物等，减少事故发生。

3.1　超深基坑土方开挖方案

1. 技术概况

本工程基坑总面积 24700m^2，设计图纸整体分为两区（塔楼区、裙楼区）施工，两区中间设置一道临时分隔墙。其中，裙楼区基坑面积为 10700m^2，开挖深度为 23m，支护体系采用地下连续墙 + 4 道混凝土内支撑；塔楼区基坑面积为 14000m^2，又分为塔楼和副楼，主塔楼区开挖深度约 27m，支护体系采用“支护桩 +5 道环梁支撑”；副楼开挖深度为 23m，支护体系采用“地连墙围护 +4 道混凝土内支撑”，基坑安全等级为一级。基坑开挖见图 3.1-1 ~ 图 3.1-3。

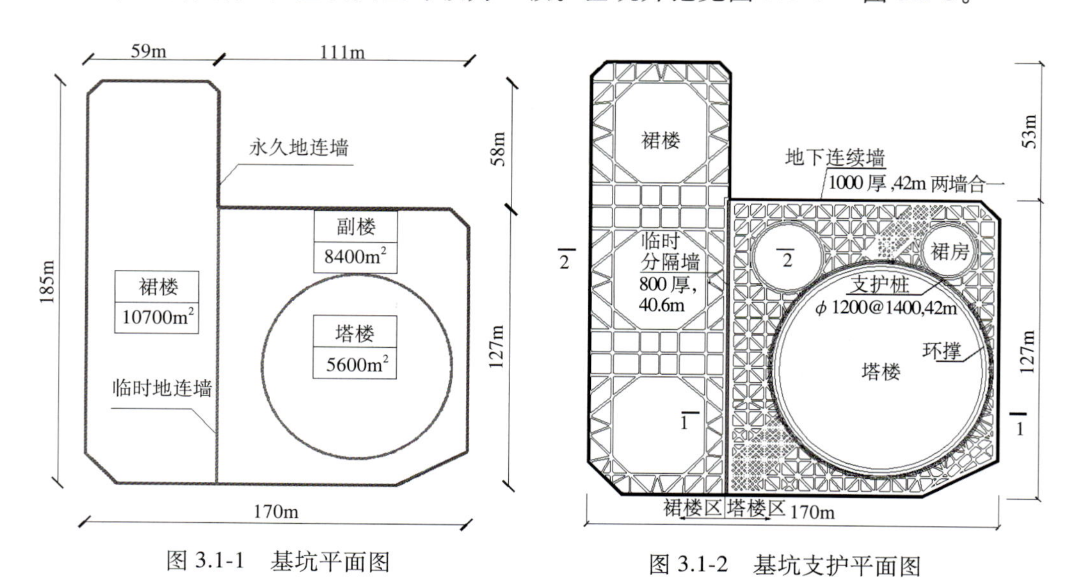

图 3.1-1　基坑平面图　　图 3.1-2　基坑支护平面图

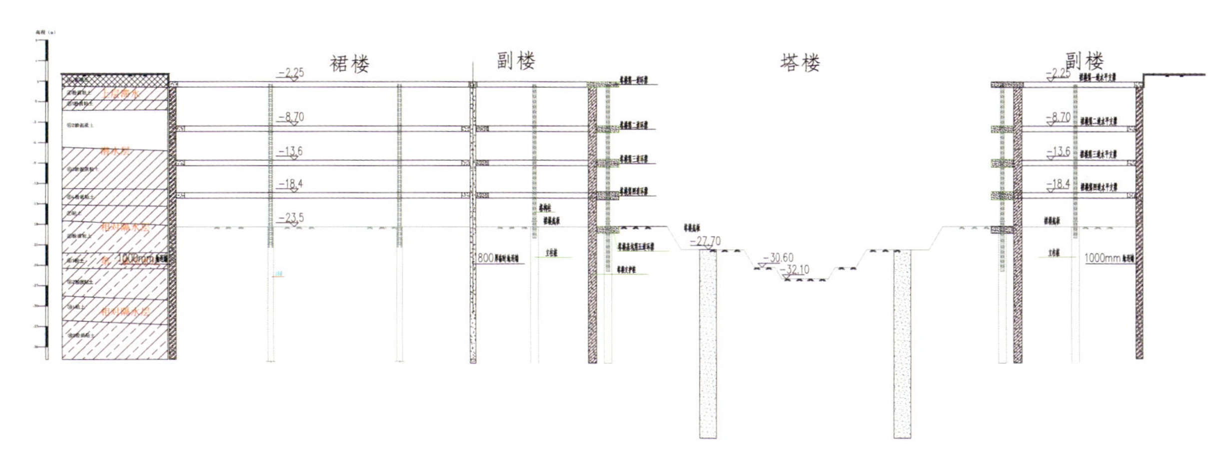

图 3.1-3　基坑剖面图

2. 技术难点

（1）本工程基坑深度达 32.3m，属超深基坑，基坑安全等级为一级，施工中突发事件可能性非常高。

（2）施工场地狭小，土方量大，工期紧。且土方出土时间为 22：00 ~ 次日 6：00，有效工作时间仅 8h，日出土量大，土方运输车辆多，容易造成交通拥堵，组织施工困难。

（3）基坑地下水位高，做好基坑降水和预防基坑渗漏是本工程的重点。

（4）周边环境复杂，做好基坑监测，信息化指导施工是本工程的关键。

3. 方案分析

目前，深基坑土方开挖多采用挖掘机进行开挖和范围不大的水平和垂直倒运；对于向上提土高度较大的情况，大多采用长臂或加长臂的挖掘机进行开挖和上提，但实际施工过程中，部分基坑土方开挖的深度较大，且受空间狭小限制，超出了加长臂挖掘机的上提和倒运高度，因此目前有垂直抓斗机、升降机等方式进行土方的垂直运输，解决了土方垂直运输的难题，但应根据各工程不同工况，选择合理的施工机具，最大程度地发挥机械的效率，解决土方工程中的瓶颈问题。

1）分阶倒土

在采用明挖或者盖挖深度较大，且当场地满足放坡并经过验算能保证土坡稳定性，形成多级放坡的条件下，可以采用分阶倒土。投入多台挖掘机进行垂直和水平运输。这是工程中最常见的深基坑出土形式，如条件允许，开挖深度不受机械的因素限制。

2）栈桥倒土

当明挖深度较大，且场地不能满足基坑放坡，围护结构外围场地狭小，无法形成行车或倒运土方工作面的情况下，为保证土方顺利上倒、形成倒运土方的车辆行走及挖掘机作业工作面，而修建的位于基坑上部，从基坑外通向基坑内的临时桥梁、平台设施。挖掘机处于栈桥上，可以进行土方上提，开挖的土方经过倒运或者直接装车外运。栈桥多采用钢筋混凝土或钢结构。利用大型挖掘机或加长臂，可将栈桥以下 10m 深度的土方进行上提外运。土方外运效率取决于所用挖掘机的效率。

3）升降机垂直出土

升降机进行土方外运既可以适用于明挖基坑，更适用于盖挖基坑，均效果较好，采用大功率装载用垂直升降机将土方车直接运至挖土面标高，基坑内通过挖掘机倒土实现水平运输，装车后利用升降机运至地面，可以达到高效快速取土的效果，大大改善了逆作法取土效率慢的问题。挖土深度不受开挖机械限制，具有土方开挖机械化程度高、施工作业条件好的优点。

4）传送带出土

可在地下工程多重内撑及超深基坑中实现土方的连续垂直运输。受空间条件影响较小，垂直皮带运输机和传统的水平皮带运输机及相关附属设备组成的深基础工程排土设备采用连续式排土，生产率高，且排土能力不受基坑深度加深的影响。当挖土深度变化后，可通过扬程调节机构使垂直皮带机及防护罩相应延伸。但是由于传送带物料依靠与带体之间的静摩擦力运行，具体在工程上实施，受土质情况、基坑尺寸、多重支撑等空间制约影响较大，具有较大的局限性。

5）坡道出土

在基坑周围条件允许的条件下，修建进入基坑的坡道，实现装卸土方车辆直接开到基坑底部装土外运，简单快捷。但是修建坡道费用较高、工期较长，后续需拆除。

4. 小结

本工程基坑属超深基坑，具有工期紧、体量大、地质条件复杂、技术复杂、环境保护要求高等特点，综合考虑现场土质实际情况、场地布置情况、工期情况、费用投入等，采用分阶倒土方式出土，投入多台挖掘机进行垂直和水平运输，结合岩土体特性，以合理坡率保证边坡自稳，加快施工速度，达到了加固边坡、保护环境的目的，并通过施工过程的严格组织与实施，确保了工程质量和施工安全。

3.2 超深基坑围护结构渗漏检测方案

1. 技术概况

工程永久地连墙墙厚1000mm，墙深42m，切断第一承压含水层，墙底部位于第二承压含水层内，地连墙接头采用十字刚性接头连接方式。

2. 技术难点

地连墙施工由前期多个单位实施，施工资料掌握不齐全。现场对地连墙接缝处进行浅挖验证，发现部分地连墙接缝存在夹泥、漏筋等质量问题，地连墙极有可能存在渗漏情况，需采取有效方法精准检测、有效加固。

3. 方案分析

地连墙渗漏检测方法有：群井抽水试验法、电阻率法、自然电场法、示踪剂法、高密度电法、超深三维成像技术等，然而这些方法多存在检测精度不高、耗时长的缺点，若精度不高，则无法精确定位渗漏点的位置。

（1）群井抽水试验法是在围护结构渗漏风险较大部位布设坑外观测井，同时在基坑内降水，当此处围护结构存在渗漏时，坑外的水位会相应有下降趋势，据此变化判定围护结构有无渗漏情况。但该方法不能判断出渗漏点的具体位置，难以准确指导渗漏封堵工作。

（2）电阻率成像技术是以岩、矿之间的电学差异为基础，通过观测和研究与这些差异有关的电场或电磁场在空间和时间上的变化规律，来查明地下构造和寻找地下电质不均匀体，通过侧向测井的屏蔽原理，在原地层倾角测井仪的极板上装有纽扣状的小电极，测量每个纽扣电极发射的电流强度，从而反映井壁地层电阻率的变化，根据反演结果，判定渗漏情况。本技术适用于对所有深基坑进行渗漏水监测，在基坑开挖前，根据施工记录及基坑环境分析结果，预判深基坑渗漏风险较大部位，并针对性地采用该技术进行监测。

（3）ECR 技术是通过对地下工程发生渗漏时水中微弱离子的运动进行高灵敏度量测，从而探测复杂地下结构的渗漏情况，在渗漏情况下，即使是微弱的渗漏，也会由于水离子的运动，产生整个地层电场的变化，对于此变化，通过开发的多通道多传感器高精度量测系统，可以把握电场异常的位置，进而探得渗漏点。适用于地表环境为土、混凝土等条件下，探测地下 0 ~ 100m 范围内的基坑、地铁、隧道的围护结构渗漏点，以及地下室外墙渗漏点的具体位置。

4. 小结

鉴于本项目的基坑已在本单位开展地基基础施工前发生了较大变形，对周边环境已经造成了较大影响。经综合考量，选用检测精度高、成本相对较高的 ECR 渗漏检测技术，达到精确判断渗漏点、精准封堵的效果。经工程实践证明，该技术可靠、成熟，对基坑安全施工指导意义明显。

3.3 超厚基础底板混凝土浇筑方案

1. 技术概况

本项目塔楼基础底板面积 5600m^2，底板厚度 5.5m，最深处 9.9m，底板主要钢筋规格为 40mm 直径 HRB500 级钢筋，用钢量约 5600t，底板混凝土量为 33600m^2，强度等级为 C50、P10。

2. 技术难点

（1）项目处于滨海新区核心闹市地段，交通拥挤，大体量混凝土浇筑需占用交通主干道，且施工场地狭小，施工组织难度极大。

（2）基础底板厚 5.5m，局部深度达到了 9.9m，混凝土等级为 C50、P10，混凝土浇筑量达 3.36 万 m^3，属于典型的高强大体积混凝土，质量要求高，确保 3.1 万 m^3 混凝土快速连续浇筑难度大。

（3）基础底板体量大，工序多，基坑暴露时间长。然而工程地处软土地区，存在明显的“时空效应”，坑底极易发生承压水突涌。所以，必须优化施工工序，缩短底板混凝土浇筑时间，及时完成底板封闭，降低基坑突涌风险。

3. 方案分析

1）方案介绍

目前，深基础大体积混凝土浇筑常常采用汽车泵、地泵、溜槽或“串筒 + 溜槽”等方式，传统底板混凝土浇筑方式有着鲜明的优缺点，具体如下：

（1）汽车泵或地泵泵送方式：优点为布料灵活；缺点为场地需求大、浇筑速度慢、泵送租赁费用高，同时地泵拆换管用时长。

（2）溜槽浇筑方式：采用钢管脚手架支撑 + 木质溜槽。优点为节省场地道路及泵送费用，且浇筑速度快；缺点为架体工程量大、搭设及拆改时间长、架体租赁费用高、安全系数低，同时脚手架搭设部位无法进行混凝土收面，且在底板内留下大量渗水通道，后期处理难度大。

（3）溜槽 + 串筒浇筑方式：通过串筒降低混凝土落差，采用脚手架 + 木质溜槽进行水平导流。优点为节省道路场地及泵送费用且浇筑速度快，较溜槽搭设架体量小；缺点为架体工程量大、搭设及拆改时间长、架体租赁费用高、安全系数低，同时脚手架搭设部位无法进行混凝土收面，且在底板内留下大量渗水通道，后期处理难度大。

2）方案创新

经过上述多种浇筑方式的比较分析，发现均存在较大缺点，需创新浇筑方式，确保底板混凝土又快又好浇筑完成。

底板混凝土采用自主研发的工具式大口径溜管体系。设置“两单三双”五道溜管，实现基坑全面覆盖，最大浇筑量达每小时 $1000m^3$。溜管系统由竖向、水平、分支溜管及分支溜槽、集束串筒、格构支撑组成。水平溜管倾斜角度为 15°，与竖向溜管均采用 377mm 大口径钢管分段制作、法兰连接。分支溜管底部设 360° 旋转装置与溜槽结合，实现覆盖无盲区。溜管布置见图 3.3-1、图 3.3-2 所示。

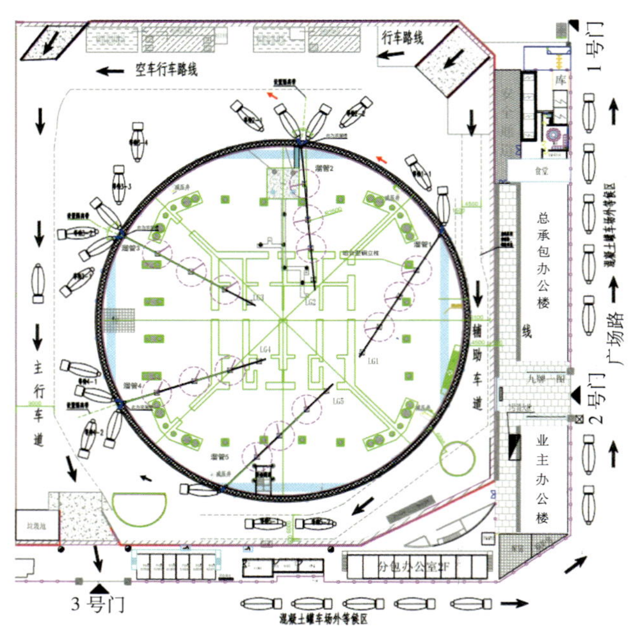

图 3.3-1　溜管布置平面图

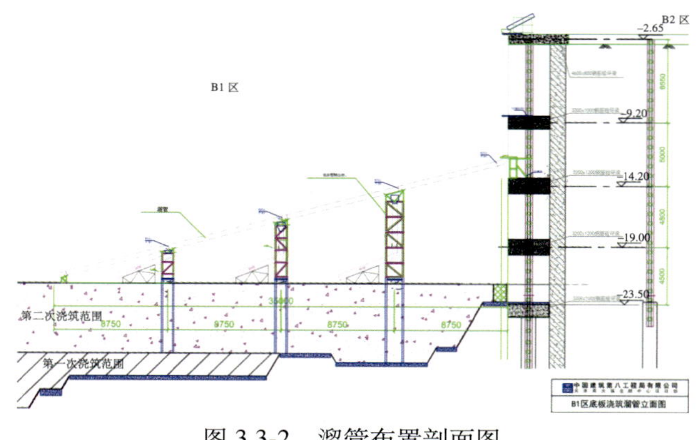

图 3.3-2　溜管布置剖面图

4. 小结

针对传统底板混凝土浇筑方式的优点和缺陷，创新采用溜管法浇筑体系，38h 浇筑 3.1 万 m^3 底板混凝土，打破国内同类工程浇筑纪录，比预计节省工期 10h 以上，实现又快又好的工程效果。

第 4 章　塔楼主体结构施工方案优选

本工程造型独特，主体结构设计复杂多变，外框角柱、边柱、斜柱、带状桁架和帽桁架之间形成复杂空间弯扭交汇体系，塔楼低区外框柱为钢管柱混凝土结构，内配钢筋笼及 C80 混凝土，塔楼高区外框柱渐变为不规则异形劲性结构，内嵌异形钢骨；核心筒自下而上呈收缩状不断变化，内插钢板剪力墙；裙楼钢天幕为变跨度单层网壳结构，所有杆件形状均不相同。

基于上述结构设计难点，综合考虑适用性、经济性、安全性、高效性等多个方面，有针对性地对主体结构主要施工方法进行对比分析，或结合现场实际情况在传统方案基础之上进行改进、创新，最终确定优选方案。

4.1　核心筒墙体施工防护架体系

1. 技术概况

核心筒地上 97 层，平面从 33.175m × 33m 的矩形，经过 5 次变化后，变为 18.8m × 18.4m。外墙厚度有 1500、1450、1350、1250、1050 和 900mm 六种，墙厚变化幅度有 50、100、150 和 200mm，外墙内侧不变、外侧向内收。最小层高 1.925m，最大层高 10m，层高变化大。内墙厚度有 800、350mm 两种，墙厚不发生变化。模架选型直接影响着施工质量与效率。

核心筒概况见图 4.1-1 ~ 图 4.1-6 所示。

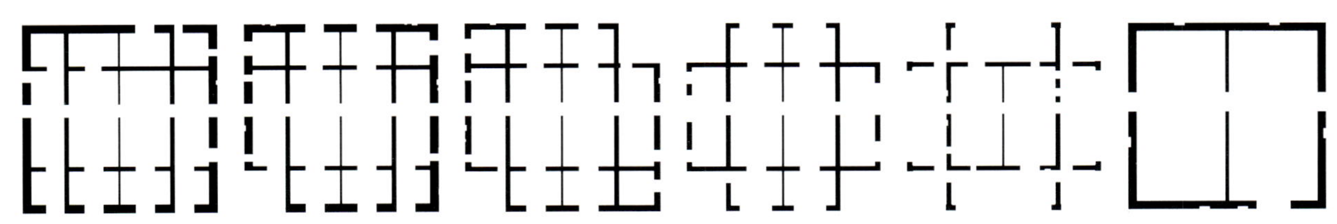

图 4.1-1　1 ~ 12 层核心筒平面图　图 4.1-2　13 ~ 32 层核心筒平面图　图 4.1-3　33 ~ 43 层核心筒平面图　图 4.1-4　44 ~ 45 层核心筒平面图　图 4.1-5　46 ~ 72 层核心筒平面图　图 4.1-6　73 ~ 97 层核心筒平面图

2. 技术难点

综上，核心筒有以下特点。

1）设计特点

(1) 平面形状变化大。初始平面由内外两圈墙体组成，有 6 种典型平面，经历 5 次较大变化：第一次左下角缩减，第二次右上角缩减，第三次左上角和右下角缩减，第四次只留下翼墙，变为井字形，第五次翼墙缩减，变为小矩形。

（2）墙体厚度、布置变化大。墙体内洞口位置变化较多，外圈墙体由 1.5m 逐渐减小为 0.9m，变化幅度最大为 200mm。

（3）层高高、变化多。最小层高为 1.925m，最大层高为 10m，总共 36 种层高变化。

（4）墙体内劲性钢构件多，位置变化大。墙体内的钢骨有型钢柱和钢板。劲性钢构件并非每层都有，在平面上的位置也不固定。

2）施工特点

（1）垂直运输压力大。混凝土结构最大高度 471.15m，材料、人员等的运输压力大，对塔式起重机依赖性高，垂直运输能力决定了工程施工速度。

（2）工期紧。根据总工期倒排的结果，核心筒结构施工平均每层只有 4.5d。

（3）风荷载大。工程地处天津滨海沿海地区，风荷载大。

3. 方案比选

针对本工程的特点，对核心筒墙体施工防护架体及模板体系提出以下技术要求：

（1）模板能自我爬升，减少对塔式起重机的依赖；

（2）模板安装与拆除便捷，适应工期要求；

（3）具有足够的强度和刚度，能为各种材料和工具提供足够尺寸、足够刚度的堆放平台，能抵抗高空风荷载；

（4）适应平面形状变化能力强，遇变化仅作较小改动或不改动；

（5）适应墙体厚度和墙体洞口位置变化，遇变化只作较小改动或不改动；

（6）适应较高的层高和较多的层高变化；

（7）能提供覆盖 4 个楼层的作业面，以满足工期要求；

（8）尽量减少对塔式起重机爬升次数的影响。

目前，超高层施工中普遍采用爬模、提模、液压整体顶升平台三种模架体系。针对本工程核心筒特点，三种模架体系各有优缺点，具体分析见表 4.1-1。

不同模板体系在本工程核心筒中使用优缺点分析 表 4.1-1

工艺名称	爬模
图例	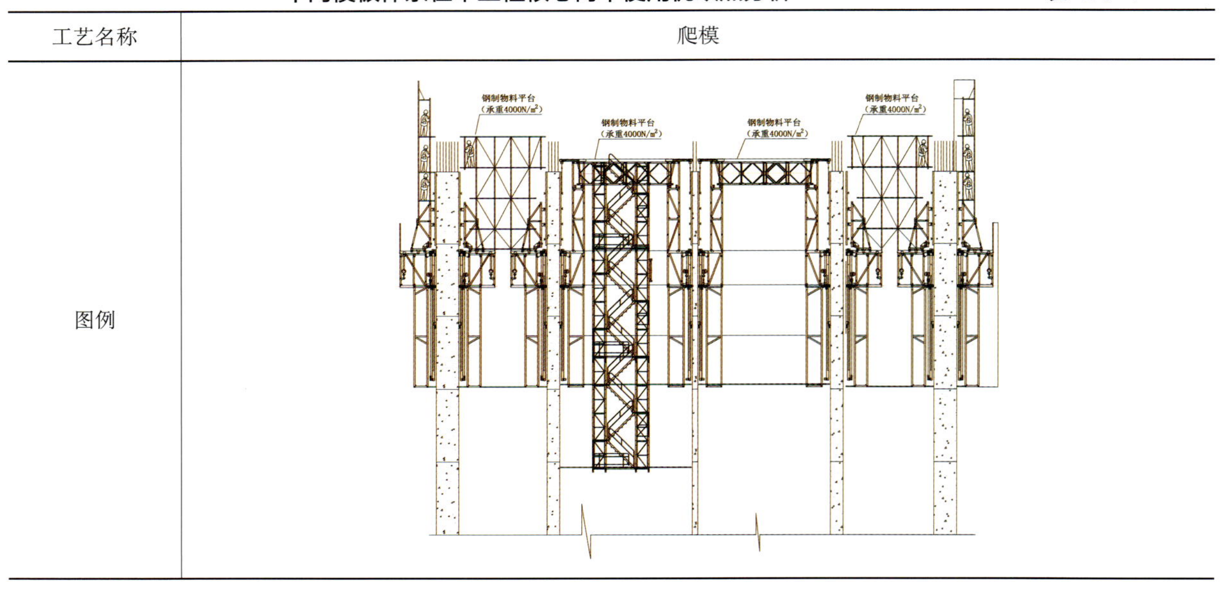

续表

工艺名称	爬模
工艺原理	液压爬升机构依附在已成型的竖向结构上，利用双作用液压千斤顶先将导轨顶升，之后架体沿导轨向上爬升，从而达到整个爬模系统的爬升
优点	可形成一个封闭、安全的作业空间。 可分区几个架体成组爬升，也可整体爬升，比较灵活。局部达到施工条件即可爬升，不需要相互等待。 可倾斜爬升，适应结构角度变化。 操作空间开阔，钢筋就位与绑扎空间大，施工效率高。 平面附着点多，整体稳定性易满足要求，可抵抗较大的风荷载；单片架体爬升时，竖向至少有两个附着点，稳定性强。 竖向附着点多，平台刚度容易满足，用钢量低，自重小，对结构附加荷载小。 绝大部分构件都可重复利用
在本工程中使用的缺点	支撑点较多，对同步性要求更高，多点位同步性保障率低。 竖向支撑位置距离新成型混凝土层较近，对混凝土早期强度要求较高，影响架体爬升，对工期不利。 高度低，提供的作业面少，对工期不利。高度提高后整体刚度不易满足。 核心筒墙厚的多次变换，适应墙厚变化能力弱。油缸行程一般为 250 ~ 450mm，系统爬升一个楼层需要多次往复伸缩，耗时较长，对工期不利。 油缸较多，漏油污染混凝土时有发生。 架体布置需要考虑尽量避开门洞、窗洞等，布置较困难。 墙体平面布置变化较大，洞口位置有变化，需要中途对架体布置进行多次调整，影响工期

工艺名称	提模
图例	
工作原理	在混凝土结构中的钢格构柱上设置提升装置，将整体操作平台向上提升
优点	形成一个封闭、安全的作业空间，核心筒墙体施工全部集中在平台系统中，机械化程度高，文明施工，速度快，形象好。墙体变截面时操作方便、简单

续表

工艺名称	提模
在本工程中使用的缺点	需要利用型钢柱作提升支撑，本工程部分墙体、部分楼层中没有型钢柱，需要自行设置型钢柱，费用较高； 工程已有型钢柱位置有变化，需要对中途架体进行调整，工作量大，影响工期。 提升机位多，同步性差
工艺名称	液压整体顶升平台
图例	
工作原理	在核心筒预留的洞口内设置顶升钢梁，利用大行程、大吨位液压油缸和支撑立柱，将上部整体钢平台向上顶升，带动所有模板与操作挂架上升，完成核心筒竖向混凝土结构的施工
优点	整体平台系统形成一个封闭、安全的作业空间，核心筒墙体施工全部工作集中在整体平台系统中，机械化程度高，文明施工，速度快，形象好。 采用大行程、大吨位液压油缸，伺服系统控制，爬升过程快捷、平稳。 全程电脑控制提升机构，同步均衡提升，无需人工参与，减少人为失误；工人劳动强度低，用工量少。 平台、架体与模板系统均采用液压系统整体顶升，其中模板系统可独立上下移动，减少了对垂直运输的依赖，提高了施工效率。 对平面变化和墙体厚度的适应性能强，针对变化操作方便、简单
在本工程中使用的缺点	支撑方式实现困难。墙体内有钢板、型钢柱等，在墙体内预留孔洞时需要将墙体主受力钢筋断开，也需要在钢板、型钢柱上开洞，对结构受力影响较大，需要提交原结构设计复核。 支撑位置设置有困难。本工程平面存在变化，外围墙体逐渐缩减，除非中途更换支撑位置，否则支撑只能布置在内圈墙体上。而这一体系需要在两片平行的墙体或相互垂直的墙体之间架设钢梁，作为液压油缸水平支撑钢梁支撑附着点。 本工程内圈存在两片平行的墙体，但其距离较远，钢梁设置困难，同时有一片墙体厚度只有800mm，需要在同一部位同时承担两个油缸的支撑点，设置上有困难，承载力也难以保证。而如果选择内圈墙体的四个内角作为支撑点，则需要在门洞上方设置支撑点，对墙体承载力要求较高，可能需要加固。但两种钢梁设置方法，均使得支撑点位太靠近内部，导致平台悬挑较大，对平台刚度要求较高，平台用钢量将较大，同时对墙体的荷载也增大，对墙体承载力要求更高

根据以上分析，本工程核心筒若采用爬模与提模，将存在较多问题需要解决，而采用智能化整体平台板体系，具有一定的优势。

传统整体平台使用也存在较多缺点，最大的问题就是立柱支撑方式，目前有两种支撑方式：附着式、横梁式，两种方式对比见表4.1-2。

支撑方案对比　　　　　　　　　　表 4.1-2

序号	内容	附着式	横梁式
1	原理图	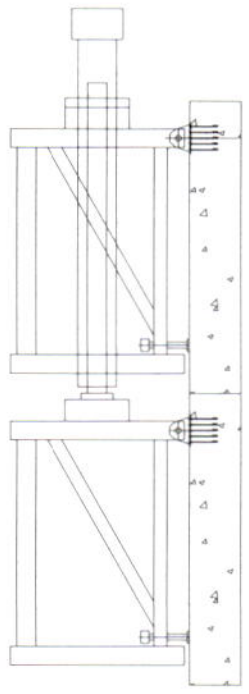	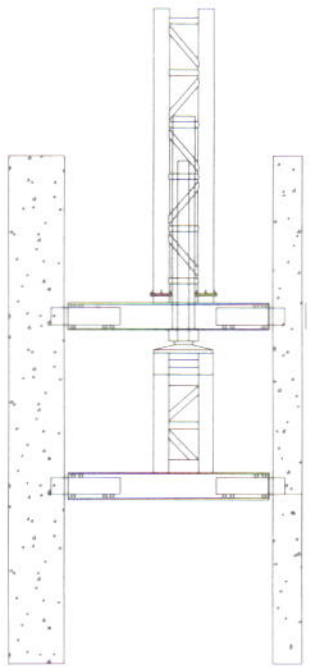
2	平面布置	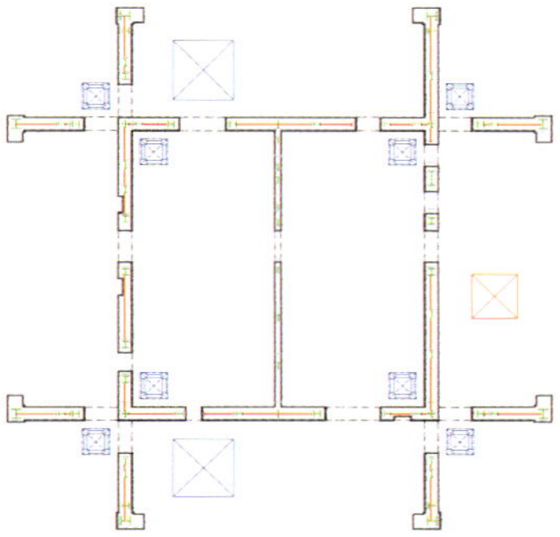	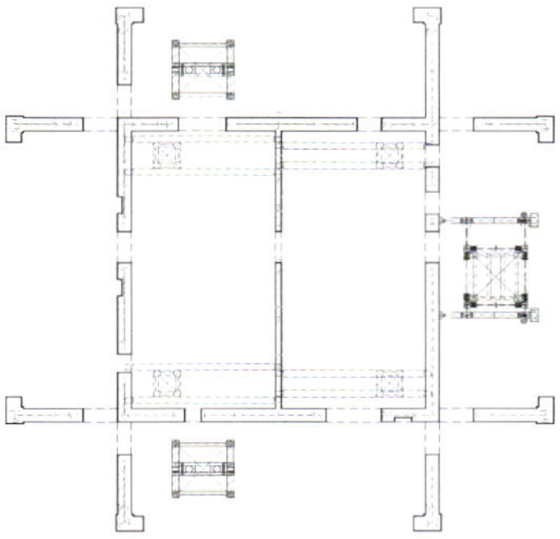
3	对墙体施加的荷载	弯矩、剪力	竖向轴压力
4	对墙体承载力要求	大，特别是对混凝土强度要求，因此需要等待更长时间才能顶升	小，且只是竖向轴压力，容易满足，极易达到顶升条件
5	立柱布置灵活性	必须选择承载力较大墙体，因此立柱布置受限，灵活性差。由于墙体布局问题，往往需要墙顶横梁式作为补充（已有多个工程采用两种类型混合使用的方式）	只要选择两道墙体共同担起顶模横梁即可，立柱布置灵活。而超高层核心筒墙体布置较多，要找到两道墙体共同担起横梁是较为容易的事情
6	整体用钢量	由于立柱布置受限，导致立柱布置位置不合理，增加整体用钢量	由于立柱布置灵活，可以根据受力情况选择最合适的位置，降低整体用钢量
7	立柱与墙体的距离，及对拆模操作的影响	小，且固定，因此立柱处模板操作困难	可调节，因此往往留有足够距离，因此立柱处模板操作便捷
8	顶升操作效率	低。①附着机构须另行倒运，无法随顶模爬升，且倒运非常困难。②每次顶升到位后就位精度要求高，就位效率低下	高。①所有配件均随顶模一同爬升。②顶升到位后只需要将牛腿深入洞口即可，洞口尺寸可远远超过牛腿，就位效率高
9	对支撑点精度的要求，以及对误差处理的难易程度	对精度要求高，水平误差超过 20mm 就难以就位，高度误差超过一定值会让不同支撑点受力不均匀，严重影响顶模系统安全，而高度误差几乎是无法调节的	对精度要求低，在洞口内水平误差超过 100mm 都不影响顶升，高度方向误差由于横梁的相互调节会使影响变小，且高度误差调节简单，只需要垫钢板即可
10	纠偏难易程度	难，一旦发生偏移，极难纠偏	易，经实践证明，只要一些简单的装备和简单的操作即可完成

根据综合比较，横梁式不管是操作便利性还是经济性方面，均有较大优势，因此本工程选择横梁式。

4. 小结

综合比较，本工程采用具有一定优势的智能化整体平台板体系，并针对整体平台立柱支撑方式进行详细对比，选择横梁式支撑模式。

4.2 钢管混凝土柱施工方案

1. 技术概况

本工程塔楼外框竖向结构多为钢管混凝土柱，其截面形式有圆形、矩形、椭圆形和多边形，钢管柱高度为首层至 59 层（291.525m），混凝土强度等级为 C80。圆形钢管柱内配置贯通主筋，并设置箍筋。见图 4.2-1。

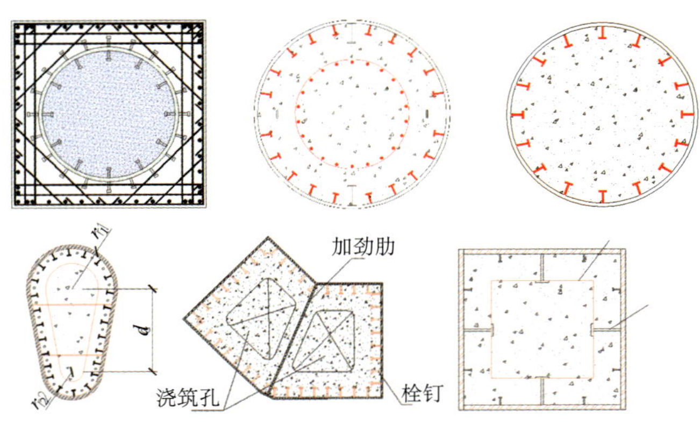

图 4.2-1 典型钢管柱截面形式图

2. 方案分析

1）钢筋安装

外框钢管柱结构在地上领先于外框水平结构安装，外框钢管柱根据吊重、层高等因素分为 2 ~ 3 层、一节 9 ~ 13.5m 高。为确保外框钢结构的施工流水节拍，钢管柱内钢筋需随钢结构的安装进度穿插进行，在下一钢管柱安装前完成钢筋安装作业。

对塔楼地上钢管柱内钢筋安装方案进行对比，如表 4.2-1 所示。

钢管柱内钢筋安装方案对比表 **表 4.2-1**

序号	方案	优点	缺点
1	先进行钢筋施工再安装钢管柱	（1）钢筋安装较为方便，工人施工空间充裕。 （2）便于钢筋安装及连接质量的检查和验收	（1）由于钢管柱为 2 ~ 3 层 1 节，钢筋绑扎长度过长，钢筋骨架容易发生倾斜。 （2）若将钢管柱分节减少至一层一节，则增加吊装、焊接工程量，影响工期。 （3）钢管柱在吊装过程中容易碰撞钢筋，钢筋骨架易发生变形或无法正常套入的情况。 （4）钢筋笼碰撞，在钢管柱安装完成的情况下，钢筋修整难度较大

续表

序号	方案	优点	缺点
2	钢管柱焊接完成后，原位绑扎钢筋	钢筋散件连接，主筋机械连接质量容易保证	(1) 工人在钢管柱内的工作量达，且施工时间较长。 (2)钢管柱内空间狭小,施工操作架难以搭设,钢筋绑扎施工较为困难。 (3) 钢筋需散件垂直运输，由于操作平台的局限性，主筋长度不能超过3m，主筋过长则工人无法竖立钢筋传递至钢管柱内。 (4) 主筋接头竖向较多，影响施工速度。 (5) 钢筋放置于操作平台上，安全隐患较大
3	钢管焊接完成后，预制钢筋笼整体吊装安装	(1) 钢筋笼在加工场预先绑扎成型，施工简便。 (2) 工人在钢管柱内仅对主筋进行连接，操作时间短，可有效节约工期	(1) 钢筋笼加工制作时尺寸要求准确。 (2) 采用整体吊装要求钢筋笼具有一定的刚度。 (3) 钢筋笼就位后不能转动，上下钢筋笼连接要求主筋定位精准，且需采用特殊套筒进行连接

通过钢管柱内钢筋安装三种方案的对比分析，综合安全、工期、成本因素，选定钢管焊接完成后，预制钢筋笼整体吊装安装方案进行钢管柱内钢筋安装的施工。

2）混凝土浇筑

国内钢管柱内混凝土浇筑常用方法有人工振捣法、高抛自密实法和顶升法三种，根据浇筑方案的优缺点对比结合本工程钢管柱特点选择最优方案。

对塔楼钢管柱混凝土浇筑方案进行对比，如表4.2-2所示。

钢管柱混凝土浇筑方案对比表　　**表4.2-2**

序号	方案	优点	缺点
1	人工振捣法	混凝土可采用普通混凝土，采用人工振捣的方法使混凝土密实，混凝土单价相对较低	(1) 混凝土浇筑需待钢柱安装完成后进行，混凝土浇筑完成后方可进行下一节钢柱安装，二者相互制约，工期较长； (2) 混凝土浇筑不宜过高，否则容易出现离析现象； (3) 钢柱内纵横隔板较多时浇筑困难，密实度无法保证； (4) 工作面狭窄、工作量大，浇筑人员需站在钢柱周边搭设的平台上，安全隐患较大； (5) 需投入大量的操作脚手架和振捣人员，施工成本较高
2	高抛自密实法	混凝土通过一定的抛落高度，利用混凝土自身的优异性能达到密实效果，不用人工振捣，减少人工的投入	(1) 混凝土浇筑需待钢柱安装完成后进行，混凝土浇筑完成后方能进行下一节钢柱安装，二者相互制约，工期较长； (2) 采用自密实混凝土，混凝土成本较高； (3) 钢柱内纵横隔板较多、节点存在斜交情况，混凝土进入钢管后，动能损失很大，很难达到高抛效果，密实度无法保证； (4) 浇筑人员需站在钢柱周边搭设的平台上，安全隐患较大； (5) 需投入大量的操作脚手架，施工成本较高
3	顶升法	(1) 混凝土浇筑与钢柱安装互不影响，较其他方法大大节约工期； (2) 混凝土浇筑质量能保证，尤其对于有复杂隔板情况； (3) 人员只需在钢柱底部操作，安全性高； (4) 可节省大量的施工操作平台、防护措施等搭拆费用，以及振捣人员投入	(1) 混凝土顶升口需提前策划并在工厂完成开孔。 (2) 现场焊接顶升泵管，质量不容易控制。 (3) 混凝土顶升完成后，需对顶升口进行焊接封堵

综合各施工方案的对比分析，结合工期、成本、安全等因素考虑，本工程钢管柱混凝土浇筑采用方案 3 顶升法，针对顶升法的一些缺点，对顶升口的设置进行了改进并实施。

3. 小结

根据以上分析进行钢管混凝土柱施工方案的选定，塔楼地上钢管柱内钢筋的安装采用在钢管焊接完成后预制钢筋笼整体吊装安装的方案，对施工进行简化，在工期节约方面具有一定优势，并详细介绍了钢管柱内钢筋施工流程；针对传统顶升法在钢管柱内混凝土浇筑中使用的一些缺点，进行部分改进，创新研发改进顶升法，可取得节约工期、保证质量、成本优化等多种综合成效，与其他方案相比具有明显优势。

4.3 超高超大异形外框劲性柱施工方案

1. 技术概况

塔楼采用“钢管（型钢）混凝土框架 + 混凝土核心筒的结构体系”结构形式，52 ～ 88 层外框柱为复杂异形型钢混凝土框架柱，与外框钢梁组合楼板连接，各层之间异形柱截面空间上存在渐变，结构最大截面尺寸 1800mm，钢筋密集，内部型钢结构布置不规则，如图 4.3-1 所示。此种超高超大异形外框劲性柱防护架体搭设，异形截面组合结构模板支设，劲性柱、组合楼板混凝土浇筑工序衔接等都存在较大施工难度。

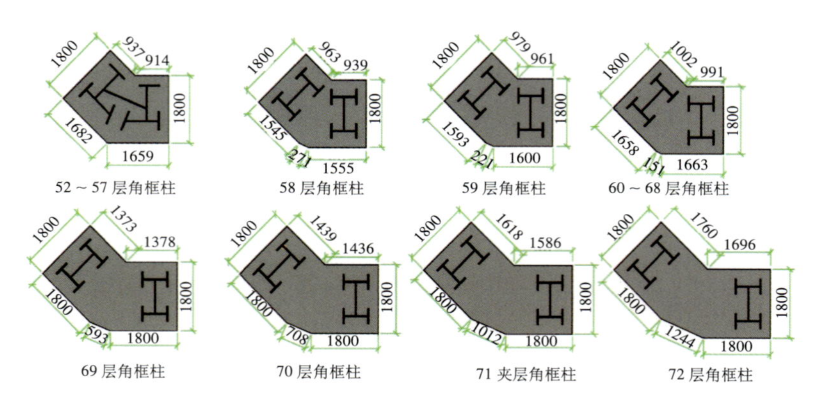

图 4.3-1 异形角（边）框柱规格尺寸图

2. 方案分析

根据现场实际工况，分别从方案可行性、经济性、安全性、施工效率等方面进行优缺点对比分析。

（1）对防护架体进行方案对比，具体分析见表 4.3-1。

防护架体施工方案对比表 表 4.3-1

方案	优点	缺点
方案一 采用爬架进行防护	施工便利、效率高	因异形劲性柱截面尺寸空间上存在渐变，爬架防护存在局限性，成本较高
方案二 采用悬挑脚手架进行防护	散搭散拆，灵活性强，解决劲性柱截面尺寸渐变问题，成本可控	效率较低

通过方案的对比，选定方案二进行施工。

因塔楼角框劲性柱截面在空间存在渐变，竖向每 2 ~ 4 层划分为一个施工段，施工段最大高度为 18.75m，每个施工段底层采用工字钢悬挑方式作为整个架体的基础，型钢与劲性柱钢骨焊接，其他位置型钢的固定方式采用抱箍钢梁方式。施工段内其他楼层设置两道拉结，分别在楼面及楼层高度局部位置。悬挑外防护标准层侧立面如图 4.3-2 所示。

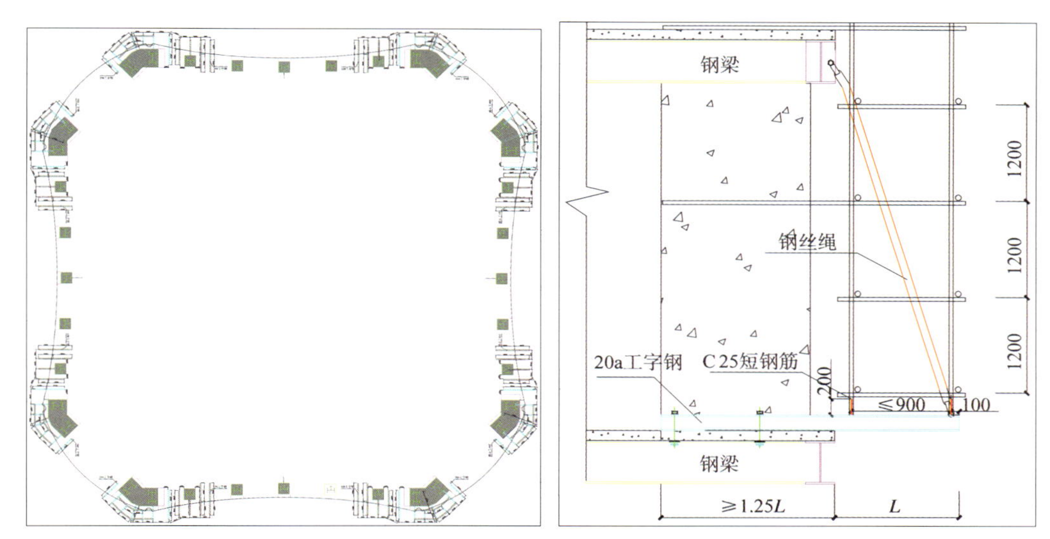

图 4.3-2　典型外防护悬挑架平面及立面图

悬挑型钢固定端采用对拉螺杆与楼板固定。悬挑钢梁固定平面如图 4.3-3 所示。

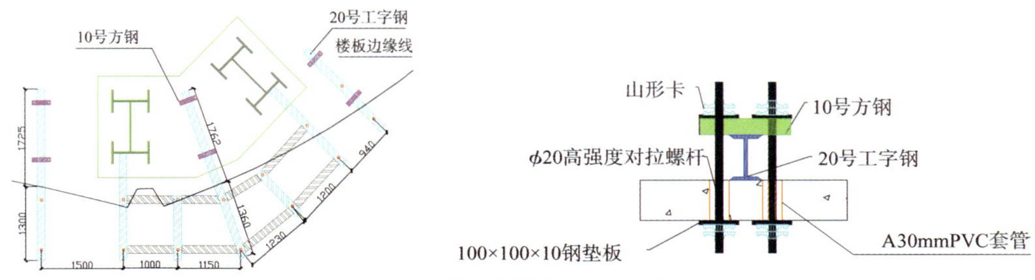

图 4.3-3　水平悬挑钢梁固定平面图

（2）对模板支设进行方案对比，具体分析见表 4.3-2。

模板支设施工方案对比　　表 4.3-2

方案	优点	缺点
方案一 采用定制钢模板	施工便利、效率高、质量好	因异形劲性柱截面尺寸空间上存在渐变，定制钢模板成本较高
方案二 采用“普通木模 + 木方”体系	散支散拆，灵活性强，解决劲性柱截面尺寸渐变问题，成本可控	效率较低、质量控制要求高，不利于工期
方案三 采用“木模 + 双槽钢柱箍 + 高强螺栓”体系	散支散拆，灵活性强，解决劲性柱截面尺寸渐变问题，可周转性强，质量成本可控	效率相对较低，但可控

通过方案的对比，选定方案三进行施工。

异形角框劲性柱采用“双槽钢柱箍 + 木模体系 + 高强螺栓对拉”模板系统，充分发挥“散支散拆”模板体系的方便及灵活性，降低异形柱模板支设操作难度。提前在钢骨上焊接对拉螺杆接驳器，与高强度螺杆进行机械连接，阳角 45° 对拉，一次成优。异形角柱模板支设如图 4.3-4 ~ 图 4.3-6 所示。

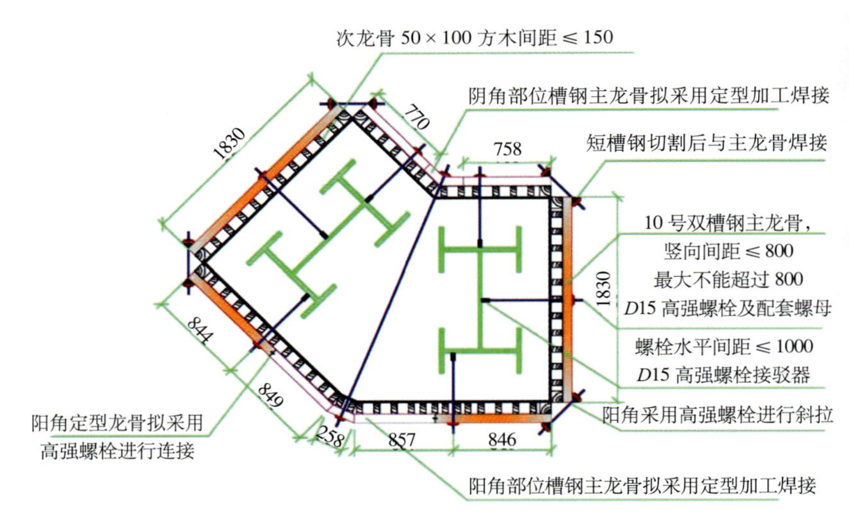

图 4.3-4 异形角柱模板支设布置平面图

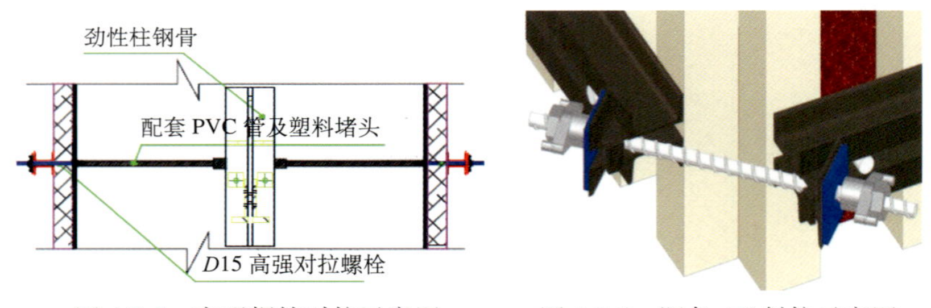

图 4.3-5 高强螺栓对拉示意图　　图 4.3-6 阳角 45° 斜拉示意图

（3）对劲性柱与组合楼板混凝土工序方案进行对比，具体分析见表 4.3-3。

劲性柱与组合楼板混凝土共享方案对比表 **表 4.3-3**

方案	内容	优点	缺点
方案一	先施工劲性柱混凝土，再自下而上施工楼板混凝土	顺序施工，质量、安全可控	不利于关键线路，劲性柱混凝土施工直接制约上层钢结构安装
方案二	先施工多个楼层楼板混凝土，再自下而上施工劲性柱	上层钢结构安装不受下层劲性柱混凝土施工影响，直接保证关键线路工期	质量、安全管理力度增大

通过方案的对比，选定方案二进行施工。

因角框异形劲性柱空间存在角度渐变、截面大小渐变，常规先采用施工下层劲性柱、再施工楼板的方法进度缓慢，且劲性柱不垂直导致常规爬模施工水平位移较频繁。创新先将外框劲性柱钢骨与外框钢梁整体安装，保证关键线路工期，再进行各层组合楼板混凝土浇筑，最后再流水式自下而上浇筑劲性柱混凝土。施工模拟如图 4.3-7、图 4.3-8 所示。

图 4.3-7　劲性柱钢骨与外框钢梁整体连续安装效果图

图 4.3-8　板柱分离效果图（先浇筑各层组合楼板）

3. 小结

超高超大异形外框劲性柱采用外悬外架替代常规爬架，发明“双槽钢柱箍 + 木模体系 + 高强螺栓对拉”模板系统，解决劲性柱空间角度渐变、截面渐变问题，最终高质完成超高超大异形外框劲性柱施工。采用混凝土浇筑工序倒置，先浇筑各层组合楼板，板柱分离，在保证施工质量安全前提下加快关键线路工期。

4.4　钢天幕安装方案

1. 技术概况及难点

1）结构概况

裙楼钢天幕为变跨度单层网壳结构，主管跨度最大约 20m，最大高度约 32m，整体长度约 105m，投影面积约 1393.27m^2。天幕由 ϕ 140 × 8 的上部交叉网格构件和 ϕ 299 × 16 的底部环梁组成，总杆件 4000 余件，所有杆件形状均不相同。天幕底部为贯通裙房一至五层的空洞。钢天幕平面分布及剖面如图 4.4-1 ~ 图 4.4-3 所示。

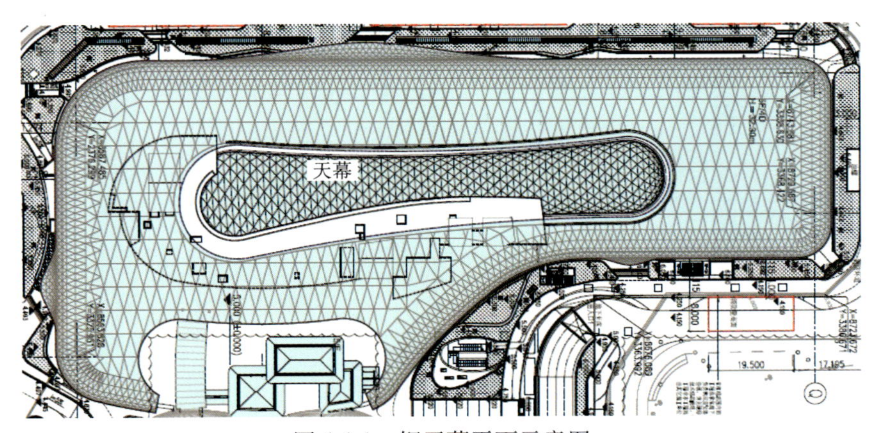

图 4.4-1　钢天幕平面示意图

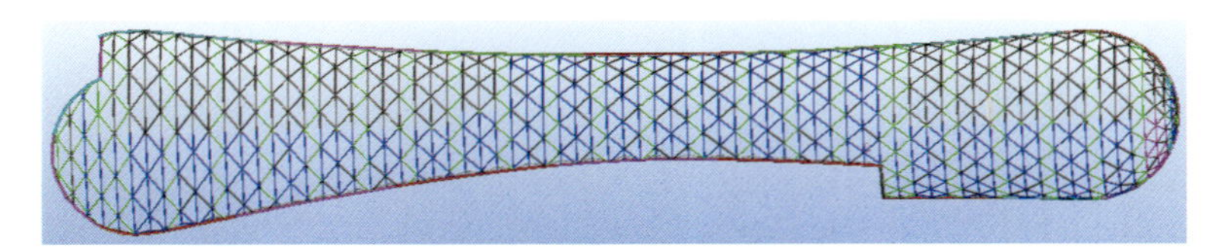

图 4.4-2　钢天幕轴测图

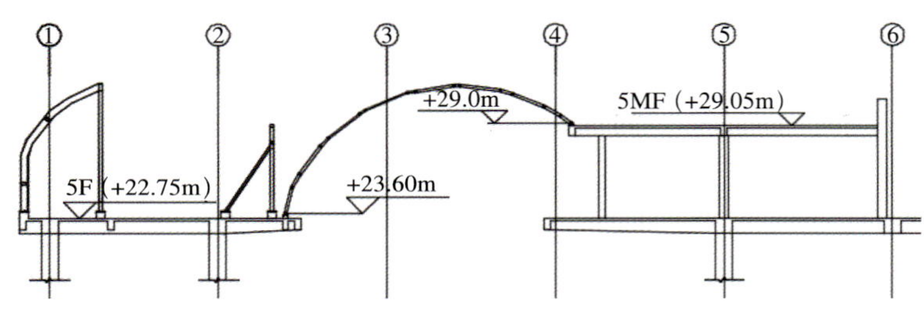

图 4.4-3　钢天幕典型剖面图

2）技术难点

（1）钢天幕主体为变跨度单层网壳结构，杆件众多、纵横交错，杆件之间的相对空间位置关系复杂，杆件拼装时空间定位难度极大。如何精确控制拼装过程中的杆件空间位置是钢天幕安装的核心问题。

（2）钢天幕跨度大，杆件截面小，分段后的网格单元稳定性较差，吊装过程中易产生较大的变形，因此吊装过程中须精确计算、合理选择吊点，增加合理的防变形措施。

（3）钢天幕杆件之间的连接形式均为相贯线坡口焊接，因杆件众多，连接节点处众多杆件汇交，焊缝相当集中，焊接时的焊缝处温度集中，产生较大的焊接应力，在不均衡的应力作用下，杆件易产生较大的变形。因此，杆件汇交节点应选择合理的焊接顺序，增加可靠的防变形固定措施。

（4）钢天幕下方投影位置处的楼板为贯通一到五层的空洞，没有可供搭设脚手架的作业面，焊接作业困难。

2. 方案分析

从施工周期、施工安全、质量、成本等多方面对三种方案进行比较分析，如表 4.4-1 所示。

方案比较　　**表 4.4-1**

名称	施工方法	详细操作	优缺点	可行性
方案一	散件进场、散件安装	所有杆件由工厂加工完成后编号分批进场，现场安装时由中间向两边逐件进行安装、焊接，形成框架后进行技术复核，发现偏差及时调整	现场施工周期长、安装精度控制难、高空作业风险大、安装费用高，质量难以保证	可行
方案二	散件进场、分块拼装、整体吊装	将天幕整体划分为若干个施工单元，每个施工单元划分为若干个块，所有杆件工厂加工完成后按单元、块统一编号打包，分批进场。现场在地面分单元、分块拼装，拼装完成后由中间向两边分块、分单元整体吊装	工厂加工简便，可快速发运至现场，整体施工周期有保障，成本低，但现场拼装质量控制难	可行
方案三	工厂拼装、整体吊装	将天幕整体划分为若干个施工单元，每个单元划分为若干块，所有杆件工厂加工完成后按单元、块在工厂进行拼装，分单元、分块进场，现场由中间向两边逐块、逐单元整体安装施工	质量有保障，工厂加工成本昂贵，受运输超宽超高限制，分单元分块数量多，施工周期长	可行

3. 小结

综合考虑施工周期、施工安全、质量、成本后，选用方案二“散件进场、分块拼装、整体吊装”的施工方法进行裙楼钢天幕的施工，精确控制拼装过程中的杆件空间位置，节省施工成本，优化施工工期。

4.5　超高层钢结构桁架安装方案

1. 技术概况及难点

1）结构概况

48M ~ 51 层转换桁架高度方向共跨越 4 个楼层，高约为 16m，最大跨度 30m，桁架总用钢量 3100t，分节后最大单根构件达 81t。桁架共 8 榀，钢柱沿高度向内倾斜且带空间扭曲，四面轮廓均呈弧形内凹。桁架层角柱为异形箱形巨柱，桁架层上弦杆、下弦杆、斜腹杆为箱体，中弦杆为 H 形，主要板厚为 30、40、60、80mm，材质为 Q390GJC。转换桁架模型示意如图 4.5-1 所示。

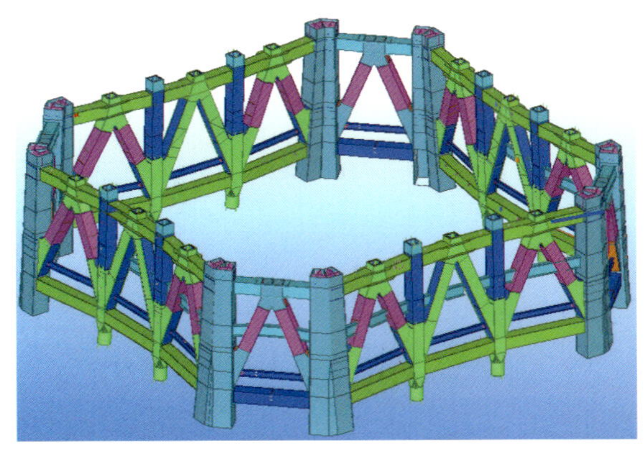

图 4.5-1　转换桁架示意图

具体构件信息如表 4.5-1 所示。

48M ~ 51 层桁架分节信息表　　表 4.5-1

序号	构件名称	规格	钢材材质	数量	总重（t）	单重（t）	焊缝长度 (m)
1	钢柱	异形箱体	Q390GJG	32	1809.45	81	167
2	上弦杆	□ 1200 × 1200 × 60	Q390GJG	16	553.21	38	153
3	中弦杆	H1100 × 500 × 30 × 40	Q390GJC	25	35.31	2	20
4	斜腹杆	□ 1200 × 1200 × 80 × 40	Q390GJG	32	552.96	23	307
5	下弦杆	□ 1200 × 1200 × 60	Q390GJG	16	251.15	16	153

2）技术难点

(1) 转换桁架跨越 4 层，构件数量多、体形大，所有安装作业均为高空作业，作业效率低，安全隐患大；

（2）转换桁架整体安装精度要求高，转换节点构造复杂，空间安装定位难度大；

（3）转换桁架构件均由厚板构成，最大板厚达 80mm，焊接质量要求高，焊接施工难度大。

2. 方案分析

从施工周期、施工安全、质量、成本等多方面对两种方案进行比较分析，如表 4.5-2 所示。

方案比较 表 4.5-2

名称	施工方法	详细操作	优缺点	可行性
方案一	散件进场、高空散装	转换桁架所有构件由工厂加工完成后发运至现场，按照先安装桁架柱—安装下弦杆—安装斜腹杆—安装上弦杆—安装中腹杆的顺序高空散件安装	高空焊接量大，焊缝质量难以保证，安全风险高，施工周期长	可行
方案二	工厂拼装、整体吊装	转换桁架将斜腹杆和中弦杆在工厂拼装成整体，其他构件散件进场，按照先安装桁架柱—安装拼装单元—安装下弦杆—安装上弦杆的顺序完成高空安装	高空作业相对减少，施工周期短，质量容易保证，但对吊装设备要求较高、加工成本高	可行

3. 小结

在吊装设备能够满足需求的前提下，综合考虑施工周期、施工安全、质量、成本后，选用方案二“工厂拼装、整体吊装”，减少了高空作业，推进了施工的顺利进行，高质高效地完成了钢结构桁架安装。

4.6 塔冠钢结构安装方案

1. 技术概况及重难点

1）结构概况

本工程塔冠位于标高 +481.15 ~ 530.00m，绝对高度 49m，总重 680t。主要包括由 8 个拱结构和环梁交叉形成的外部结构、中心钢楼梯、擦窗机层钢梁及卫星天线层钢梁四个部分，如图 4.6-1 所示。

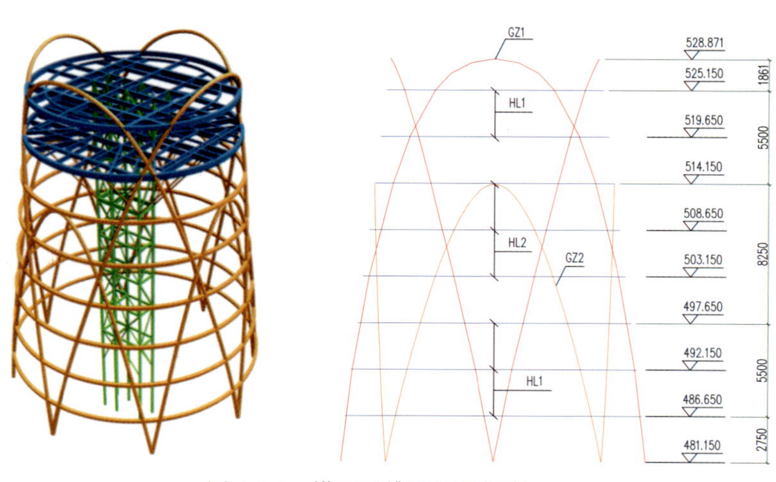

图 4.6-1 塔冠三维图示和标高

外部结构竖向构件由 4 个高度 33m 的圆管拱和 4 个高度 47.7m 的圆管拱交叉编织而成，高拱与低拱分别拱脚首尾相连形成，8 个交叉柱均布于直径 36m 的圆周上，圆管截面有 ϕ600×28、ϕ500×22、ϕ500×20 等。水平构件主要截面为□ 450×450×20×20、□ 450×450×18×18 箱形环梁，沿竖向每 5.5m 一道与拱柱相连形成 9 道圆周，随着高度增加圆周直径逐渐缩小，最终直径为 25m。

中心钢楼梯主要构件为□ 300×300×16×16 的楼梯柱和小截面热轧型钢。外形尺寸为 7.1m×3.25m。在标高 481.150～519.650m，相对高度 38.5m 范围内，外部环形结构与中心钢楼梯没有任何连接。

2）技术难点

塔冠具有“两高、两大、两曲”的显著特点：塔冠自身高达 49m，位于地上 481～530m 的建筑高度范围内，除钢楼梯外完全中空；用钢量大，达 680t，冠底直径大，达 36m；8 道环梁和 8 道高低不等的双曲倒 V 形拱结构均为曲线构件，通过拱脚首尾相连，彼此交叉形成整体空间曲面造型。主要难点如下：

（1）构件的安装：塔冠结构位于标高 481～530m 之间，在第 99 层擦窗机层以下除钢楼梯外完全中空，无水平连接，需保证施工过程中的结构受力、结构稳定及施工安全；

（2）测量精度控制：塔冠结构安装过程中，结构不但受风荷载的影响，而且日照和温度等天气变化，使结构的空间位置始终处于动态变化状态，对测量控制的方法和测量精度提出了高要求；

（3）安全防护：塔冠结构内部中空，操作面高度落差 38.5m，可用空间极其有限，安全风险高。

2. 方案类型

方案一：采用竖向临时格构式胎架逐步向上施工

自塔冠底部开始沿周圈搭设格构式支撑，支撑与支撑之间搭设通道，如图 4.6-2 所示，逐层逐步向上施工，待整体施工完成后再进行格构式支撑的拆除。

图 4.6-2　竖向临时格构式支撑胎架施工

方案二：采用水平横向支撑随结构同步向上施工

从塔冠底部开始，每隔一定距离加设水平临时支撑，如图 4.6-3 所示，支撑数量和规格根据施工验算确定，选取一根水平支撑搭设装配式内外连接通道，沿外圈环梁布置装配式环形通道，下一段结构施工完成后拆除支撑，倒运至上一段循环利用。

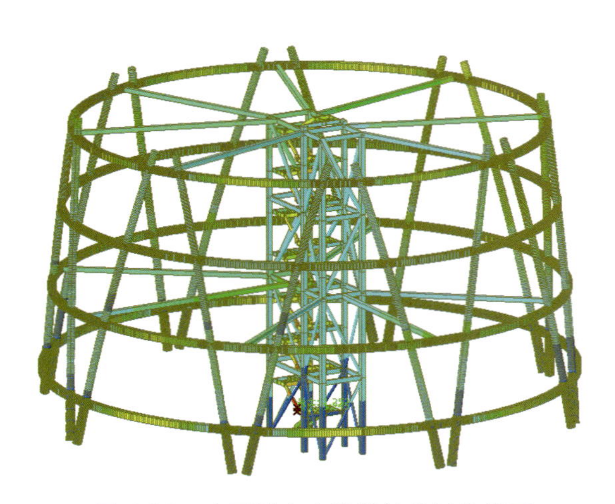

图 4.6-3 水平横向支撑随结构同步施工

3. 方案分析

从施工周期、施工安全、质量、成本等多方面对三种方案进行比较分析，如表 4.6-1 所示。

方案比较 表 4.6-1

名称	施工方法	优缺点	可行性
方案一	竖向临时格构式支撑胎架逐步向上施工	技措材料多，格构式胎架支撑需工厂统一加工，支撑和通道搭设、拆除工作量大，成本高昂，施工周期长，高空作业安全隐患大	可行
方案二	水平横向支撑随结构同步施工	随结构同步施工，技措材料相对少，施工相对比较安全，成本低，施工周期短	可行

4. 小结

综合考虑施工周期、施工安全、质量、成本后，选用方案二“水平横向支撑随结构同步施工”的施工方法进行超高中空塔冠的施工，结构安全性好，每隔一定距离加设水平临时支撑，内力变化平缓，避免了内力突变；成本低，循环使用更加环保；工艺操作简便，易于施工人员掌握操作要领。

第 5 章　垂直运输方案优选

随着建筑高度的不断攀升与建筑外形的不断变化，建造难度也随之大幅度增加。不同的结构形式、立面造型、建筑功能分布，以及高档装修、复杂的机电系统等不断为建造者们提出更高的要求。超高层建筑的垂直运输因其与所有参建方相关，成为超高层项目的重难点之一。作为项目建造过程的物流、人流运输生命线，垂直运输方案的优选需要充分体现技术方案最优原则。只有根据工程特点制定合理、高效、适用的垂直运输体系，才能保证项目顺利建造。经过方案比选，确定适合于本项目的最优垂直运输方案，高效、快速完成运输任务。

5.1　塔式起重机布置方案

1. 技术难点

本工程核心筒结构复杂，劲性钢柱及钢板墙结构历经缩角、收肢、分段收缩等多次变化后，整体平面收缩近半，整个外包筒体全部缩失。外立面变化丰富，从 2 层开始逐渐变大，16 层达到最大，然后逐渐变小；16 ~ 51 层结构变化幅度较大，单边内收 9.5m；51 ~ 88 层只有微小变化，然后再逐渐变小，最终单边内收 12.7m。外框组合角柱、环带桁架层结构复杂，构件超大、超重，施工要求高。核心筒收缩情况见图 5.1-1。

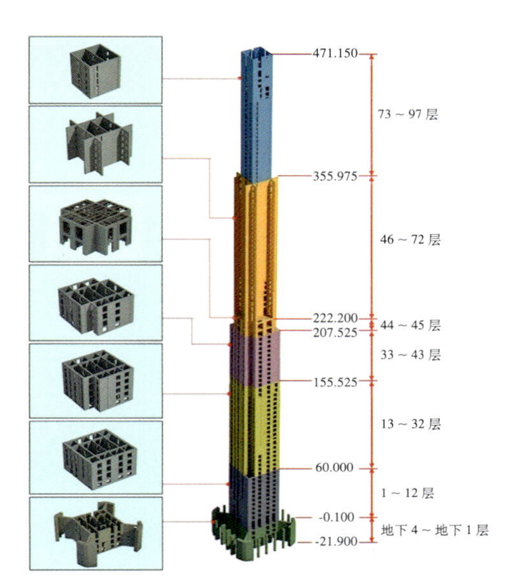

图 5.1-1　核心筒变化三维图示

工程钢结构最重构件为塔楼外框四角的大截面 JKZ、XKZ 和四边的 BKZ，由于工期紧张，考虑标准层钢柱三层一吊，单根构件最大吊重为 52 ~ 88 层边框柱，重 47.13t，角框柱重 46.48t；外框钢梁重量较轻，但数量比较多，每层 200 根左右。见图 5.1-2、图 5.1-3。

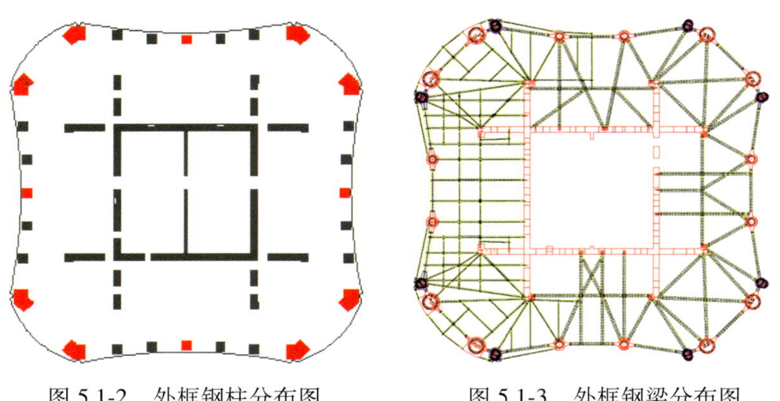

图 5.1-2 外框钢柱分布图　　图 5.1-3 外框钢梁分布图

2. 塔式起重机布置

对塔楼主体施工塔式起重机定位进行方案对比，见表 5.1-1。

施工方案对比表　　表 5.1-1

方案	优点	缺点
方案一 采用先外挂再移位外挂方式	2 台大塔外挂，2 台小塔内爬，发挥了大塔核心筒外筒未缩失阶段重要的起重吊装作用，减小了大塔型号	（1）核心筒外筒缩失后，需要拆除 1 台大塔，另一台空中平移、拆改，影响关键线路工期；（2）施工过程中垂直交叉拆改塔式起重机，安全警戒工作量大，安全隐患大
方案二 采用原位内爬转外挂方式	（1）2 台大塔、1 台小塔内爬支撑体系与外挂支撑体系合二为一，原位转换，节省工期；（2）另一台小塔外挂于核心筒外筒，缩失后拆除，不影响关键线路工期	内爬阶段支撑梁倒运困难

通过方案的对比，综合安全、工期、成本因素，选定方案二进行施工。

选用方案二充分体现了技术方案的最优唯一性。

（1）为保证塔式起重机平衡臂间安全距离不小于 2m，塔式起重机定位唯一，必要时需改造塔式起重机平衡臂长度；

（2）现场场地约束，特别是主钢构件堆场，决定主塔布置方向唯一；

（3）核心筒空间狭小，受整体平台及模架影响，需要进一步对塔式起重机支撑体系进行优化，优化方向唯一。

具体定位见图 5.1-4。

3. 小结

针对工程特点，提出了塔式起重机悬挂支撑体系合二为一技术、塔式起重机原位内爬转外挂技术、外挂塔式起重机支撑体系不对称设计技术、垂直交叉塔式起重机兜底防护技术、塔式起重

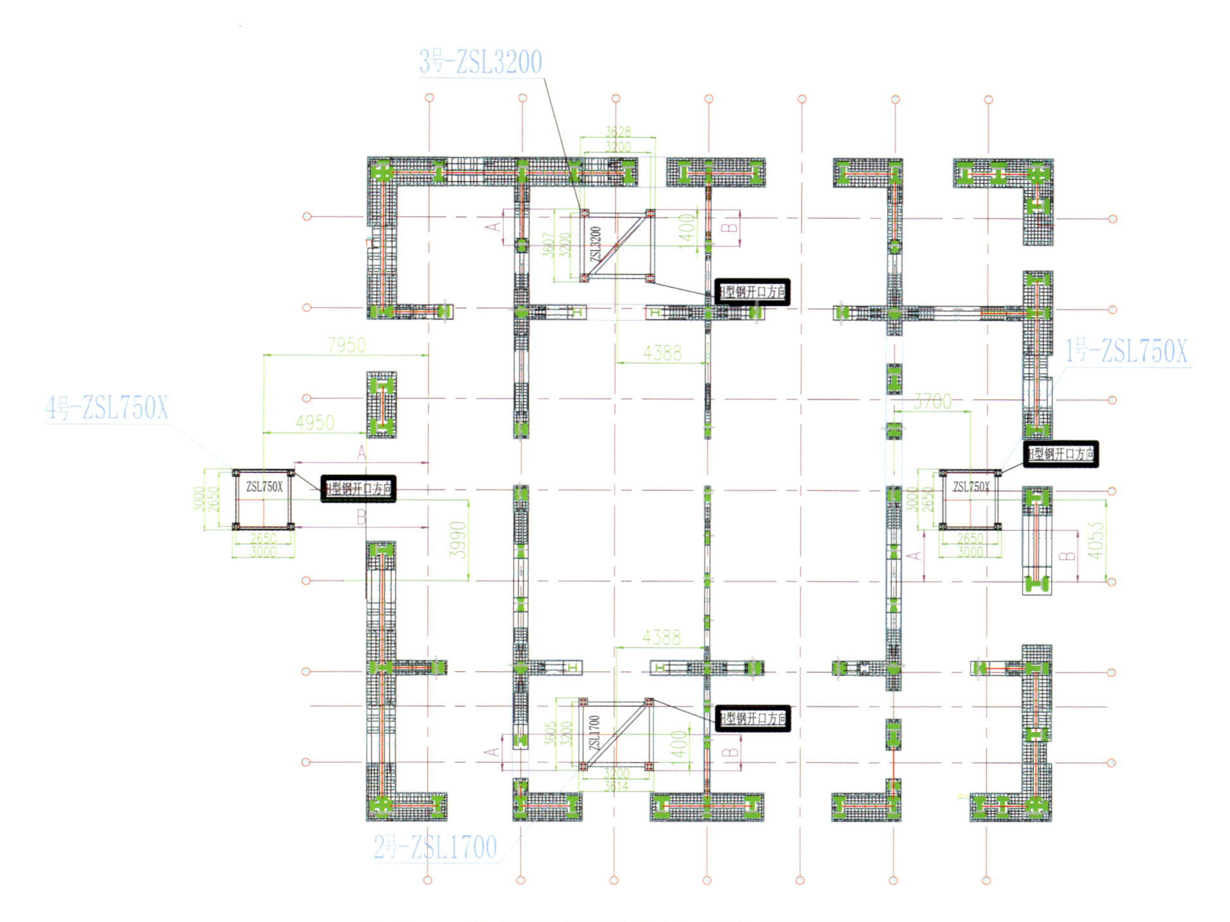

图 5.1-4　塔式起重机精确定位、爬升方向定位图

机支撑体系自倒运技术等，克服了核心筒缩失影响和外檐内收影响，满足了大型构件、设备吊装要求，安全、高效，大大缩短了支撑体系倒运、爬升占用时间，保证了垂直交叉作业安全。

5.2　施工电梯布置方案

1. 技术概况

项目楼层截面逐步内收，四边四角弧长不断变化，核心筒经过收角、收边、收肢，连续贯通井道仅为三部全高消防梯，井道尺寸狭小，见图 5.2-1。施工电梯选型、布置难度大，计算复杂，变形控制较难，安拆、管控均有较大安全风险。针对项目外檐特征、核心筒特性以及合同条件，有针对性地提出了如下布置原则：

（1）把核心筒、外框钢结构、筒内水平结构同砌筑、初装修、机电、幕墙、精装修施工分开考虑、分别设置；

（2）减少对结构施工与封闭、正式电梯安装、幕墙施工的影响，从而减少对工期的影响；

（3）利于功能分区及外檐形象。

2. 超高层建筑物流通道 + 悬挑式施工电梯技术

1）整体方案比选（表 5.2-1）

图 5.2-1 项目立面通道塔

整体施工方案对比表 **表 5.2-1**

方案	优点	缺点
方案一：通高布置通道塔	不穿楼层板，对结构影响小；不占用正式电梯井道，对正式电梯安装影响小	结构外檐的不断缩失，导致 49 层以上布置支撑、附着、走道难度较大；安装、使用以及拆卸对工期影响较大
方案二：高低区分开布置	适应了塔楼外檐变化较大的特征；降低了施工风险和安拆难度	物料、人流均需中转

通过方案对比，综合安全、进度、成本因素，选定方案二进行施工，即半高通道塔。半高通道塔—物流通道方案，采用标准化、模块化的装配式设计、安装、拆除，5 台施工电梯附着在通道塔上，通道塔附着在主体结构上，传力途径明确，安拆方便，在有效解决四边四角弧长不断变化导致的施工电梯影响区域大等的施工困难的前提下，增加了梯笼数量，减少了对阶梯递进式幕墙的影响区域，满足了低区物料的运输以及高区物料的直达转换。

2）高区方案比选（表 5.2-2）

高区施工方案对比表 **表 5.2-2**

方案	优点	缺点
方案一：占用正式电梯井道或穿越楼层板	外檐幕墙封闭完整，无外檐收口，对项目形象有利	（1）占用永久电梯井道对垂直运输转换不利，影响合约约定的井道移交时间； （2）穿越占位区所有专业均涉及收口工作，工作量小、工序多

续表

方案	优点	缺点
方案二：外悬挑施工电梯	(1) 不占用井道、不穿越楼板； (2) 仅影响布置区幕墙、精装，有利于机电系统的完整性，收口量较小	(1) 占位区幕墙、精装修等受到影响，需要开展收口工作； (2) 基础需要验算； (3) 安全风险较方案一大

通过方案对比，综合运力、工序专业影响等因素，选定方案二进行施工，即结构外悬挑施工电梯。外悬挑施工电梯方案综合考虑了工程高区的业态以酒店式公寓和酒店为主，结构变化、幕墙分隔等变化较小，能够保证机电系统的完整性，对整个工程的分区、分专业验收、调试等提供了有利条件（图 5.2-2）。

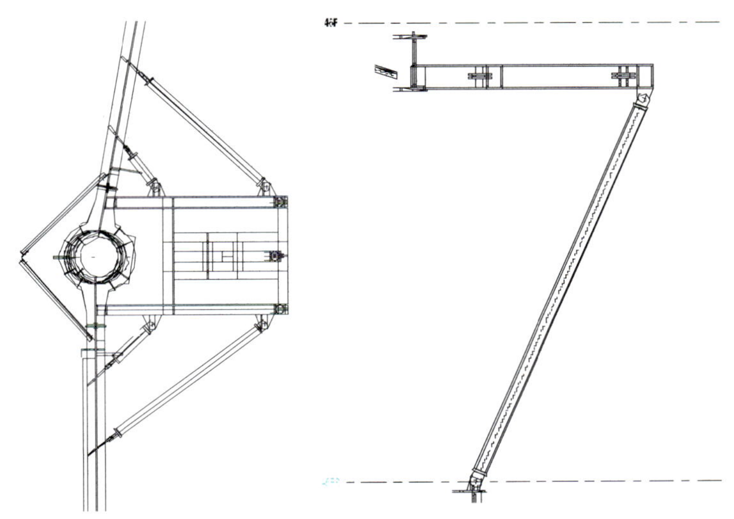

图 5.2-2　结构外悬挑电梯节点图

3. 超长滑触线供电技术方案

施工电梯供电方式方案对比见表 5.2-3。

施工电梯供电方式对比表　　**表 5.2-3**

序号	内容	试用条件	利弊
1	垂挂电缆	100m 以下项目，大部分项目在用	安装便利，易维护； 受风力影响较大，易破碎，有一定的安全隐患
2	电缆小车	100 ~ 500m 均有项目在用	
3	滑触线	0 ~ 500m，目前处于测试阶段，在用项目较少	不受风力影响，整体效果好； 安装较电缆复杂

由于本项目超高、工期紧张、垂直运输压力大、处于临海季风区，为保证项目施工安全，减少风力对施工电梯运行的影响，先行在提前安装的核心筒 1、2 号电梯上分别测试滑触线、电缆供电方式，进行进一步评估，经过 9 个月、120m 的测试，历经夏季、冬季两季的考验，滑触线使用

效果良好，最终确定项目 10 台电梯均采用全高供电滑触线，采用对接式螺栓固定空气绝缘母线槽，使用专用卡具固定在电梯标准节上，在电梯轿厢安装 2 组导线电刷，防止由于碳刷故障引起的电梯断电（图 5.2-3、图 5.2-4）。

图 5.2-3 滑触线固定节点　　图 5.2-4 滑触线安装整体效果

4. 小结

基于上述原则及方案分析，提出并采用了“超高层建筑物流通道 + 悬挑式施工电梯技术”、物流中转转运技术、电梯基础托换技术、超长滑触线供电技术等。克服了建筑外檐突变内收、办公区提前运营、超高风荷载影响等不利影响，保证了项目人员、物料有序垂直运输。

第 6 章　高适应性整体顶升平台设计

针对核心筒结构层高、结构类型、平面布置、墙体截面等变化多的特点，以本工程为依托，研发出多维可调、安全可靠、智能高效的高适应性整体顶升平台及模架体系，有效解决了 300m 及以上超高层核心筒施工及整体顶升平台设计、安装、使用、拆除中遇到的难题，与传统顶模相比，本工程高适应性整体顶升平台及模架体系在施工速度、对结构变化的适应性、施工安全性、实体结构施工质量等方面均具有明显优势。

6.1　支撑系统设计

1. 技术概况

整体顶升平台其自重及作用在平台上的荷载通过支撑立柱传递给支撑体系，支撑体系将荷载传递给核心筒剪力墙，作为荷载的传递载体，在整体顶升平台设计前，支撑系统的支撑方式的选择通过第 4.1 节的方案比选，采用横梁式支撑模式。

2. 平面设计

支撑系统的平面设计，关键点是支点布置设计。支点布置，既要考虑承载力和稳定性，又要兼顾墙体平面各阶段布局，还要考虑与塔式起重机、施工电梯等设备的协调。为考虑适应墙体各阶段布局，支点设计需从墙体最终阶段向最初阶段逆向推演，如图 6.1-1 所示。

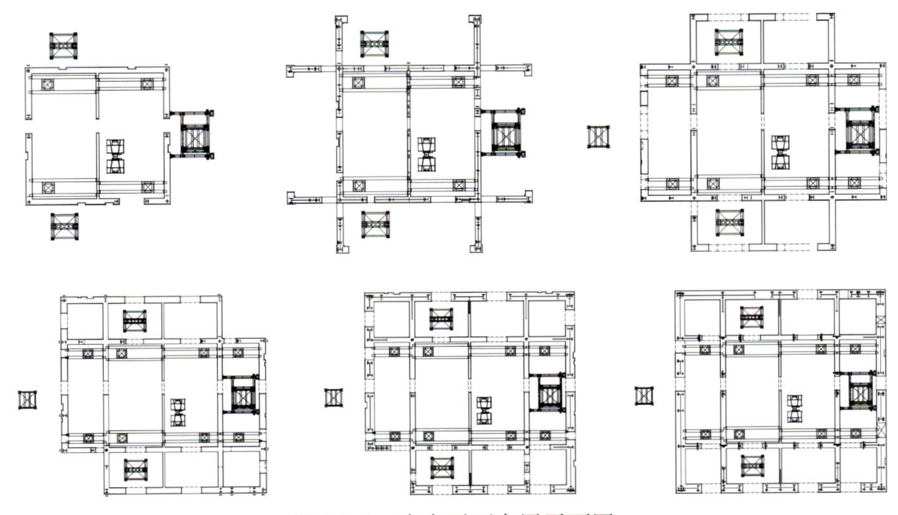

图 6.1-1　支点平面布置平面图

3. 立面设计

1）支撑系统立面上构造

顶升平台在立面上从下至上的受力构件分别为下横梁、增高柱、上横梁、立柱、桁架，如图 6.1-2 所示。

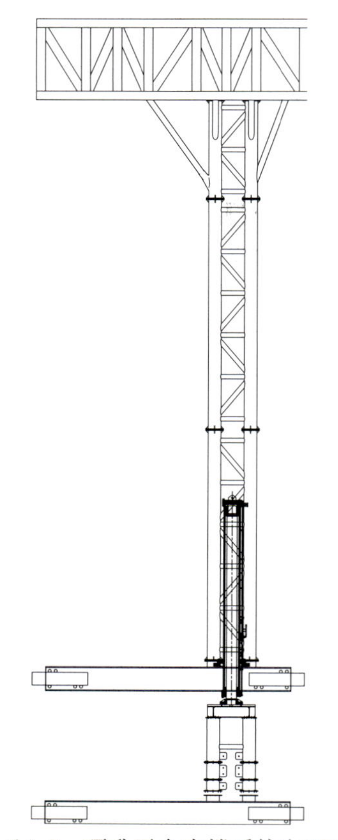

图 6.1-2 顶升平台支撑系统立面图

为便于安装和增加周转率，立柱设计成 8m 一节，上、下横梁之间的增高柱也设计成多节组合而成，且桁架与立柱、立柱各单元之间、立柱与横梁之间、增高柱各单元之间全部采用螺栓连接。

本工程油缸采用倒置式，即油缸活塞杆在下、缸体在上，且缸体设置在立柱空腔内，以便于维护与检修。油缸的活塞杆定在增高柱顶部，油缸缸体前段则与上横梁通过螺栓连接。当油缸活塞杆伸出时，上横梁与增高柱之间距离变大，从而实现顶升平台的顶升。

上、下横梁的顶部设置一个插入其内部的牛腿，此牛腿利用小千斤顶实现伸缩。当需要横梁将荷载传递给墙体时，牛腿伸出；当需要横梁向上运动时，牛腿缩回。

2）立面高度设计

立柱的总高度，由结构层高、施工步距、核心筒墙体是否有钢板剪力墙等因素决定。由于墙体内存在钢板墙，顶升平台从下到上需要为墙体养护、墙体混凝土浇筑、墙体钢筋绑扎、墙体钢板安装等提供空间，因此顶升平台在高度上需要提供 4 层多的操作空间。顶升平台立面分区图见图 6.1-3。

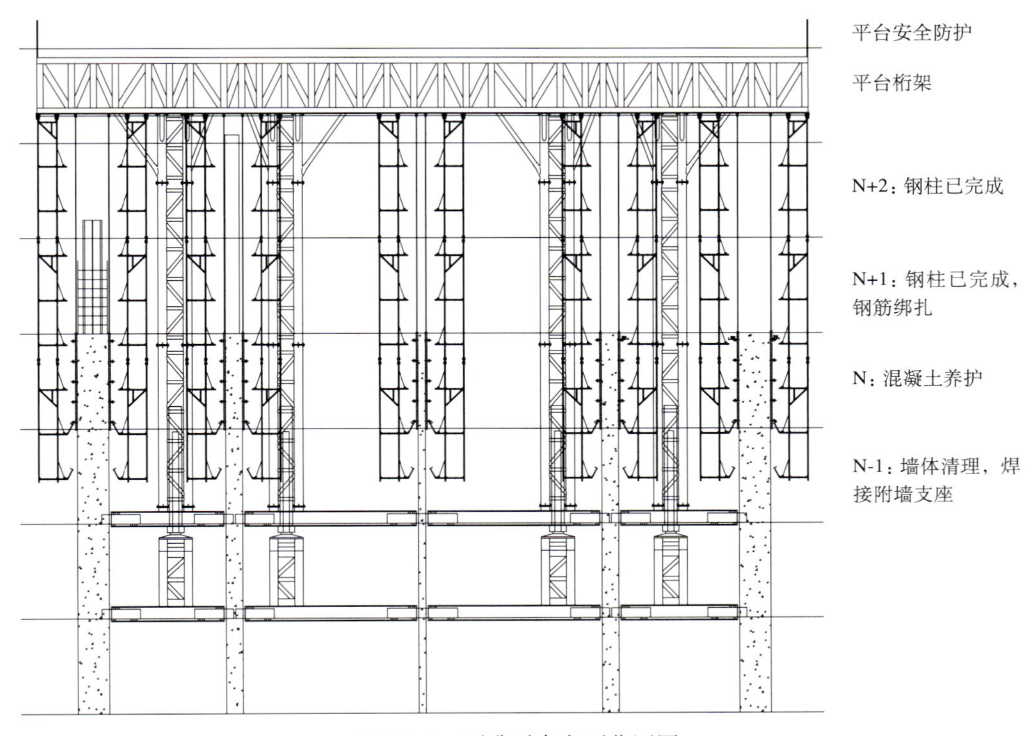

图 6.1-3　顶升平台立面分区图

上、下横梁之间的间距尺寸根据层高和顶升步距决定，根据此间距决定增高柱的长度。为保证顶升时横梁内牛腿能顺利缩回，加上增高柱后的上、下横梁的轴线间距必须比爬升步距小 50 ~ 100mm。

3）如何附着以保证安全和顶升便捷

通过设计可伸缩牛腿，将平台荷载传递给核心筒墙体，箱梁端头与墙体间预留 100mm 距离（图 6.1-4），牛腿收缩至箱梁内之后，箱梁进行提升，整体平台通过上下支撑箱梁交替支撑在核心筒剪力墙上实现整个平台的爬升；支点位置支撑立柱应充分考虑墙体支模所需要的操作空间，同时兼顾挂架防护单元宽度，避免空间狭小而影响提升。支撑设计详见图 6.1-5。

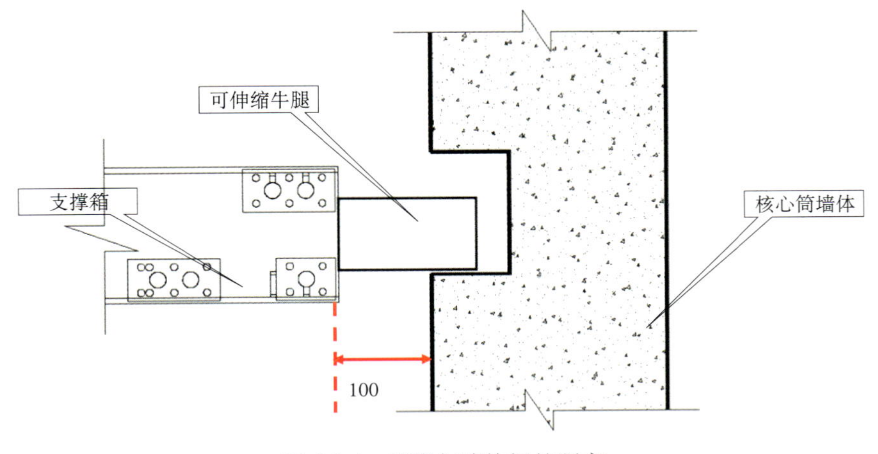

图 6.1-4　箱梁与墙体间的距离

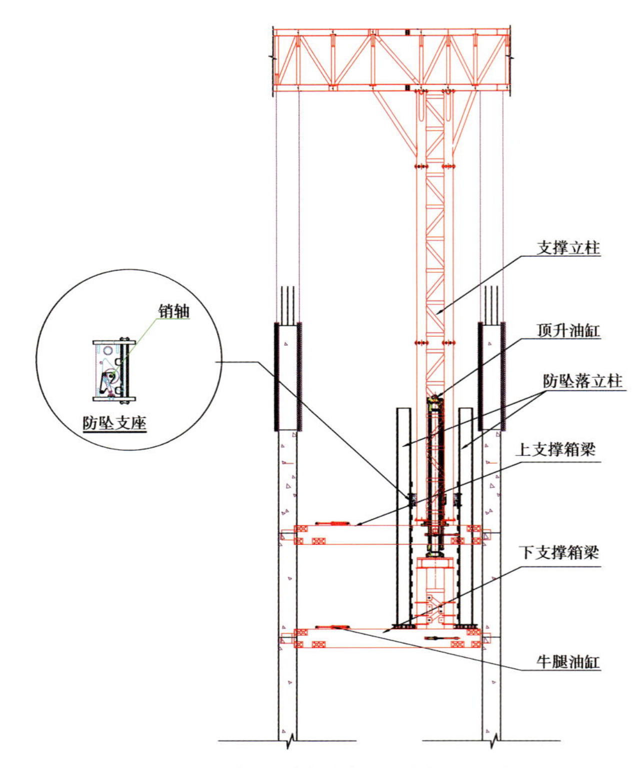

图 6.1-5 支撑（支点）设计立面示意图

4）如何降低对附着处混凝土强度的要求

工期紧，平均 4.5d 就需要进行一次顶升，核心筒混凝土强度达到能够承受牛腿返力时才可进行顶升，整体顶升平台初始阶段面积约为 1200m^2，最后阶段约为 300m^2，因此在平台初始阶段应增设支点，支点越多，平台顶升对核心筒墙体强度要求就越小。支点增设位置需随后根据整体顶升平台功能分期、荷载取值等进行确定。

4. 小结

综合比较，本工程选择横梁式支撑模式，在操作便利性及经济性方面均有较大优势，并通过平面、立面的优化设计达到理想的工程效果。

6.2 平台与附着系统深化设计

1. 技术概况

平台与附着系统是保证人员、材料等进入核心筒结构的主要运输通道，随着超高层结构施工难度增加，可爬升的施工平台（架体）越来越多地用于核心筒结构施工。如何保证能够安全、高效、快速地将施工人员运送至顶升模架作业区是超高层核心筒结构施工的主要技术难题。

2. 平台桁架的深化设计

1）桁架布置原则

（1）平台桁架与塔式起重机、施工电梯的位置关系，桁架走向需考虑这些特殊位置。

本工程核心筒最初布置 4 台动臂塔式起重机，其中 3 台布置在筒内；因此在桁架布置时需要避开塔式起重机同时需为桁架留出足够空间确保塔式起重机摆动不碰到桁架，桁架与塔身之间需要留出安全距离，确保安全。

同时，筒内布置一台定制尺寸的双笼施工电梯直接到达平台顶部。平台顶部需留出施工电梯洞口，对此部位的桁架需进行局部加固。

（2）本工程核心筒剪力墙中分布着钢骨与钢板，平台桁架布置需尽可能避开墙体内的结构。

（3）施工电梯附着设计：

筒内采用一台双笼施工电梯直接到平台顶部，为避免施工电梯导轨在顶升平台立面范围内悬挑长度过大，拟在施工电梯口位置桁架下方设计钢结构电梯框作为施工电梯导轨提供附着，确保施工电梯安全。钢结构电梯框下挂在桁架下部。

2）平台桁架及支点设计

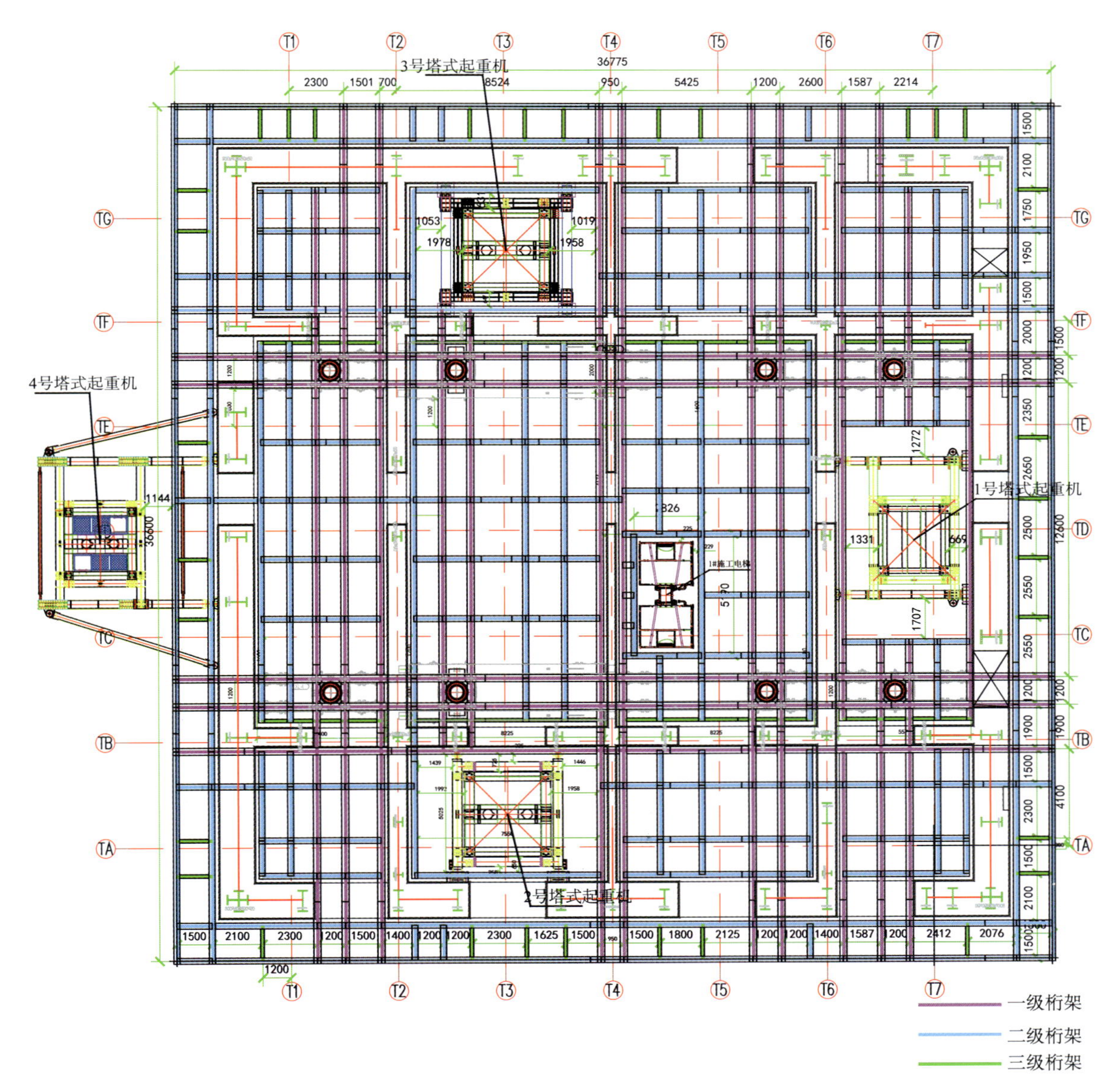

图 6.2-1　桁架平面布置图及与塔式起重机、施工电梯位置关系

结合核心筒截面变化、塔式起重机位置、钢板墙分布、钢骨柱型钢分布等进行桁架走向初步设计。经过多次试算，整体顶升平台最终确定采用 8 支点设计，外圈增加 4 个支点。受南北侧两台筒内塔式起重机影响外侧 4 支点分别布置在东西侧。

平台桁架为由上下双层 H 形钢梁、H 形竖腹杆、H 形斜腹杆组成的空间桁架，上下中心距离 2.5m。桁架剖面图详见图 6.2-1 ~ 图 6.2-3，桁架净空控制在 2.2m 以上，确保施工人员能够在桁架层施工作业，同时考虑顶升平台顶部作为材料堆场，桁架层内部将主要作为液压泵站、消防水箱、操控室、焊机房等场地，最大程度地节约平台顶部的施工场地。

根据使用功能，整体顶升平台须满足以下要求：材料堆放，工具与机械设备堆放，人员交通，人员生活需求，人员操作空间等。

整体顶升平台需根据核心筒墙体进行相应的变化，对于需要提前拆除的那部分桁架，预先做好分段设计，分段部位用锚栓连接（图 6.2-4、图 6.2-5）。

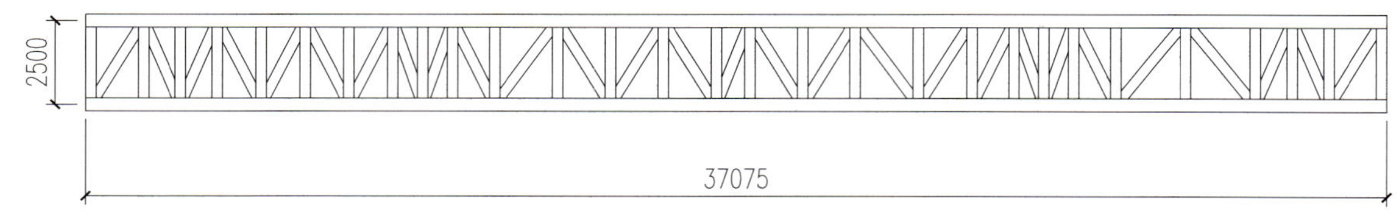

图 6.2-2 平台横向主桁架剖面图

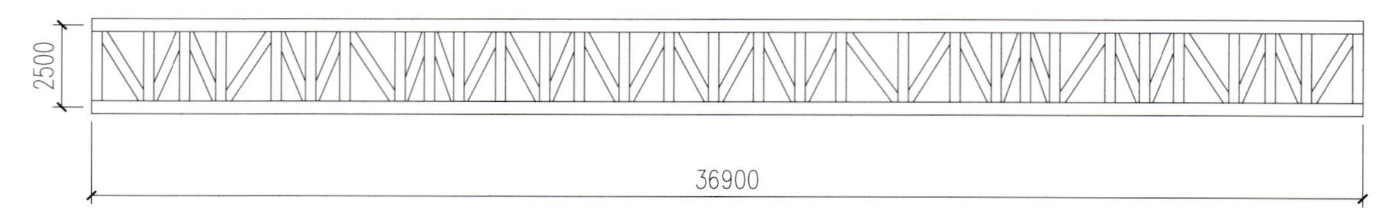

图 6.2-3 平台纵向主桁架剖面图

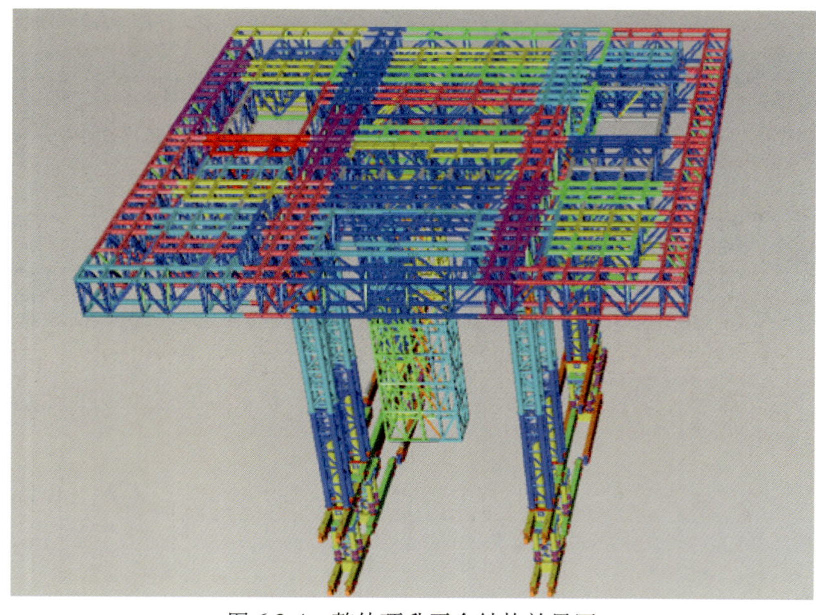

图 6.2-4 整体顶升平台结构效果图

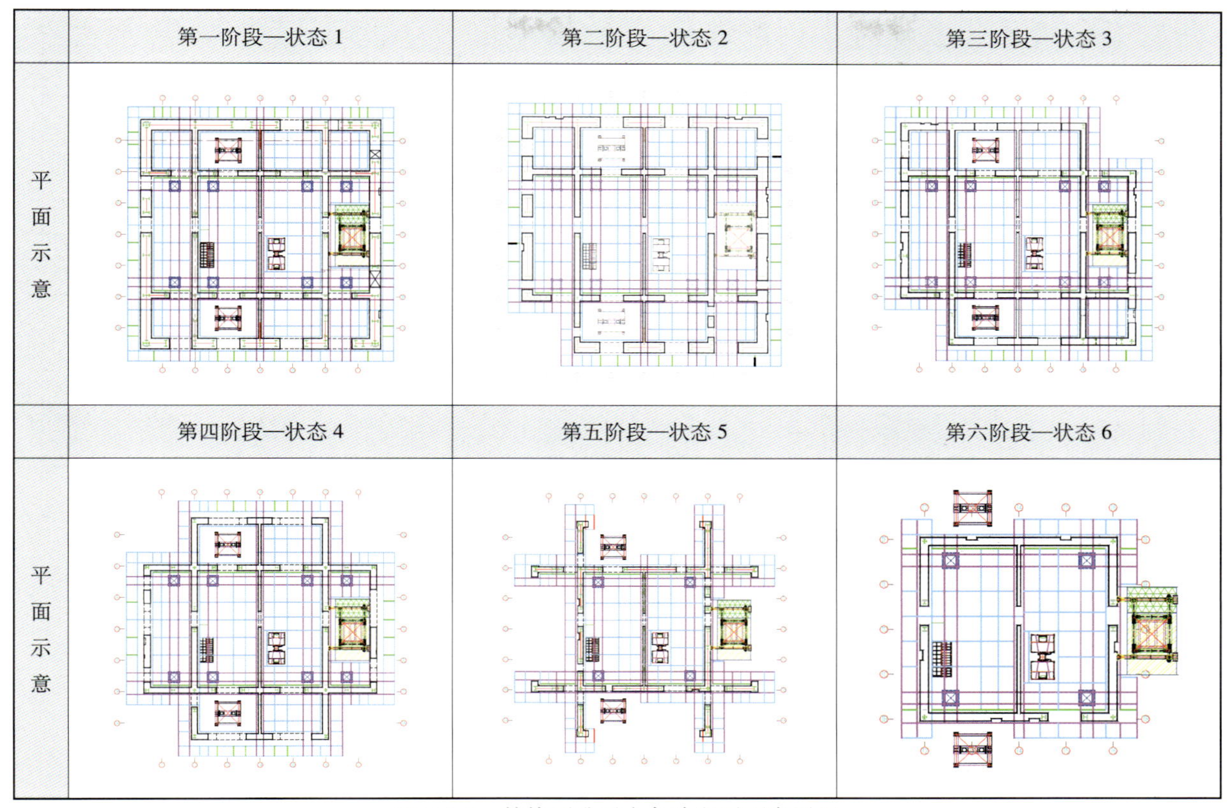

图 6.2-5　整体顶升平台各阶段平面布置图

3）平台高度设计

本工程工期紧，因此整体顶升平台在设计过程中需要充分考虑工程的工期要求，整体顶升平台在竖向尽可能满足多作业面施工的要求。整体顶升平台高度设计中需要重点考虑以下问题：

（1）满足施工作业面要求：整体顶升竖向应满足多作业面同时进行作业的要求，本工程核心筒墙体分布大量钢板及钢骨型钢，施工焊接量大，钢结构焊接应先于土建钢筋施工，因此整体顶升平台高度范围分为钢结构施工层、钢筋施工层、混凝土浇筑层、墙面清理及养护层。竖向钢结构与钢筋施工错开不相互影响与制约。因此，整体顶升平台高度范围内至少需要覆盖4个标准楼层。

（2）结合塔式起重机爬升规划进行高度确定：核心筒采用4台内爬式动臂塔式起重机进行材料的吊装，塔式起重机随核心筒的施工高度的增大进行爬升，为最大限度地避免塔式起重机爬升与整体顶升平台爬升相互制约与影响，整体顶升平台爬升规划应与塔式起重机爬升规划相协调进行，整体顶升平台高度需根据爬升规划的进行小范围调整，确保平台高度在满足爬升规划的同时最大限度地满足平台楼层的覆盖高度。顶升平台与塔式起重机爬升规划示意详见图6.2-6。

结合工期要求、结构楼层高度（4.7m × 4=18.8m）、塔式起重机爬升规划等确定平台高度，综合考虑以上因素，立柱高度设计为19.45m。为方便立柱工厂加工完成后运输至施工现场对立柱进行分段，支撑立柱采用两节8000mm和一节3420mm格构柱通过法兰连接而成，支撑立柱与支撑箱梁采用焊接连接。支撑立柱设计详见图6.2-7。

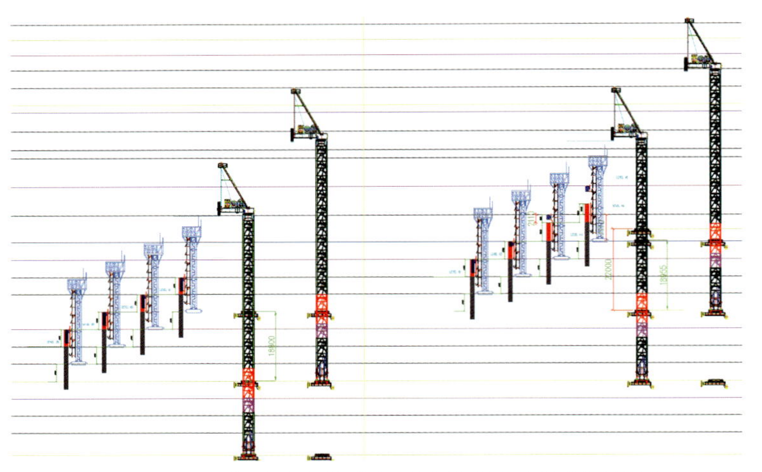

图 6.2-6　顶升平台与塔式起重机结合爬升规划示意图

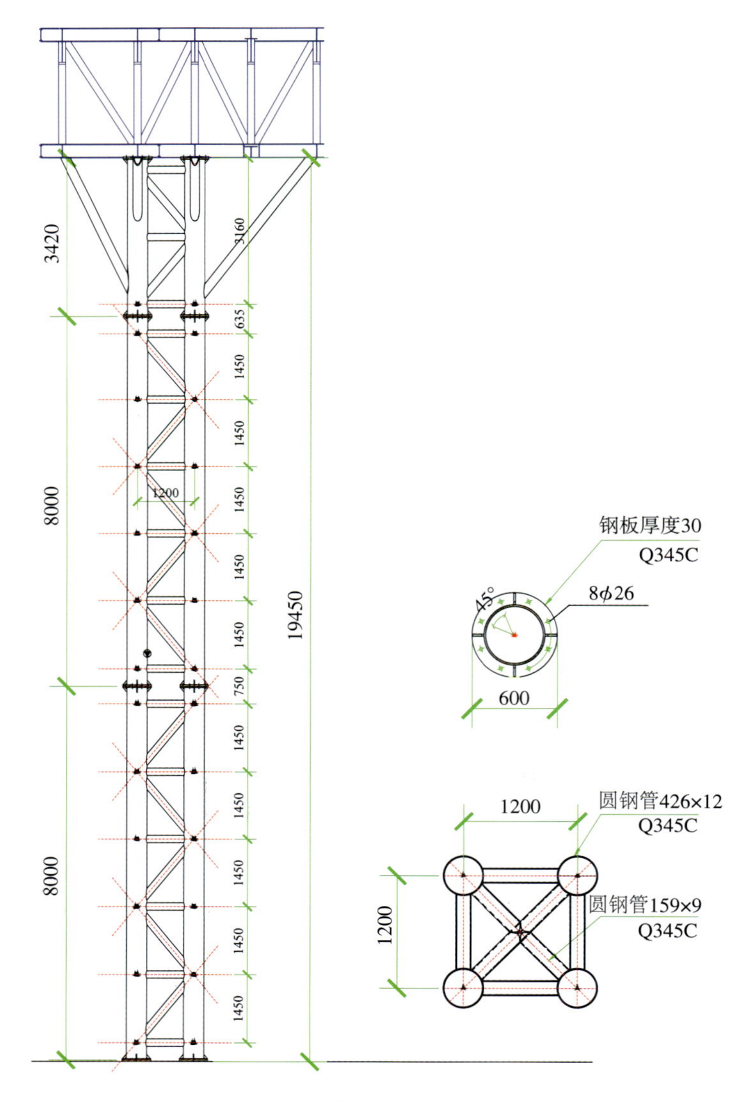

图 6.2-7　支撑立柱设计图

3. 支撑箱梁深化设计

（1）主体设计

本工程箱梁分为上下箱梁两部分，箱梁零件均采用 Q345C，箱梁长度为 5400、8225、8225、5575mm，箱梁先设定为截面为 850mm × 400mm × 40mm × 35mm（截面的大小根据有限元计算进行调整试算），材质为 Q345C。箱梁内部所用加劲板四周需要完全焊接。箱梁设计详见图 6.2-8 ～ 图 6.2-11。

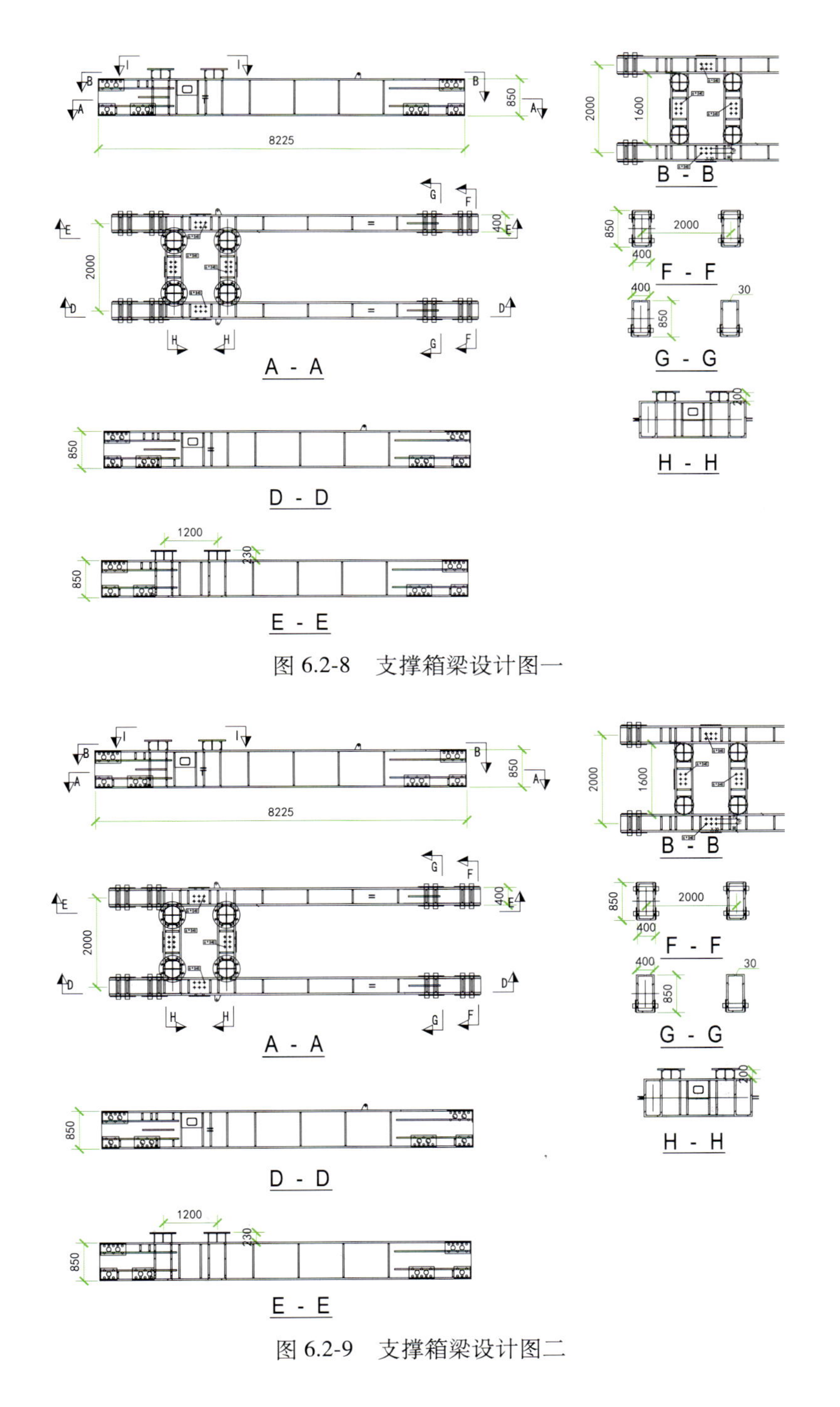

图 6.2-8　支撑箱梁设计图一

图 6.2-9　支撑箱梁设计图二

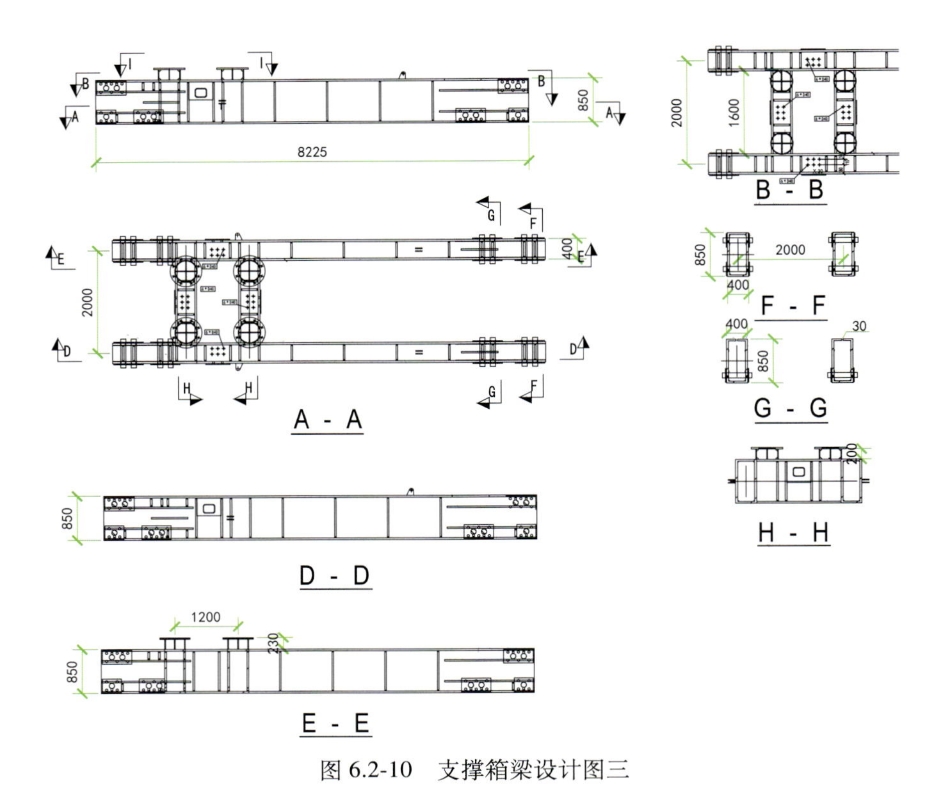

图 6.2-10 支撑箱梁设计图三

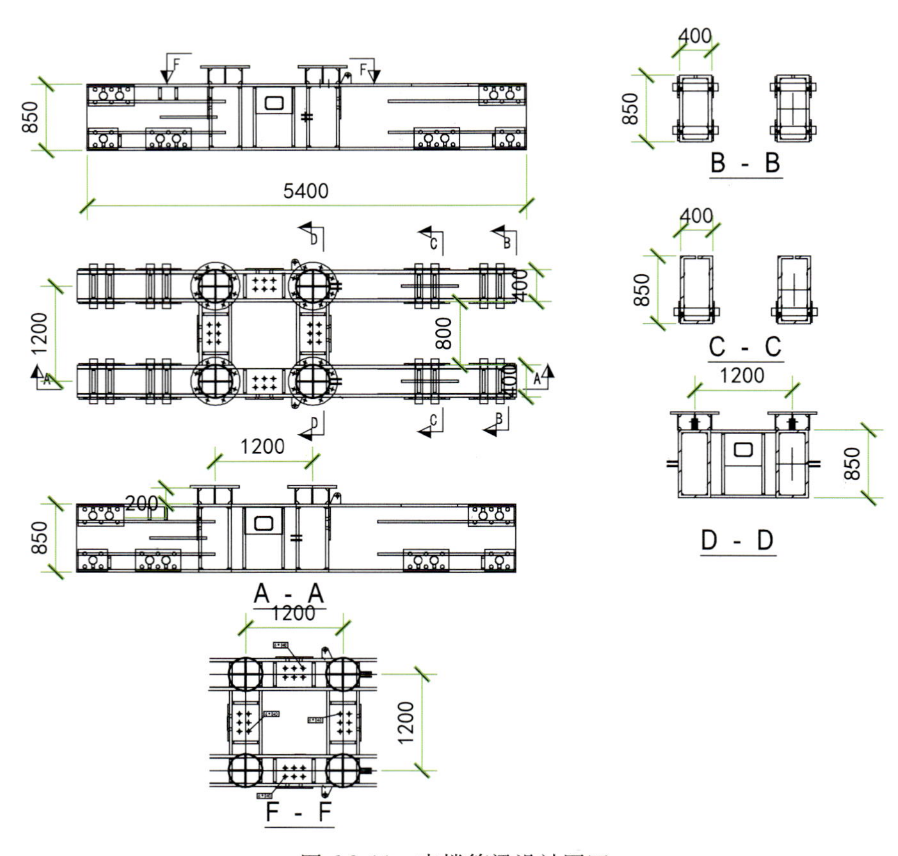

图 6.2-11 支撑箱梁设计图四

（2）牛腿设计

本工程支撑箱梁牛腿利用小油缸带动牛腿实现伸出和收回，通过利用核心筒墙体预留洞口为牛腿提供支点，小牛腿详见图 6.2-12、图 6.2-13，将平台荷载传至核心筒墙体。小牛腿的截面尺寸为 300mm × 450mm，材质为 Q345C。支撑箱梁平面布置图详见图 6.2-14。

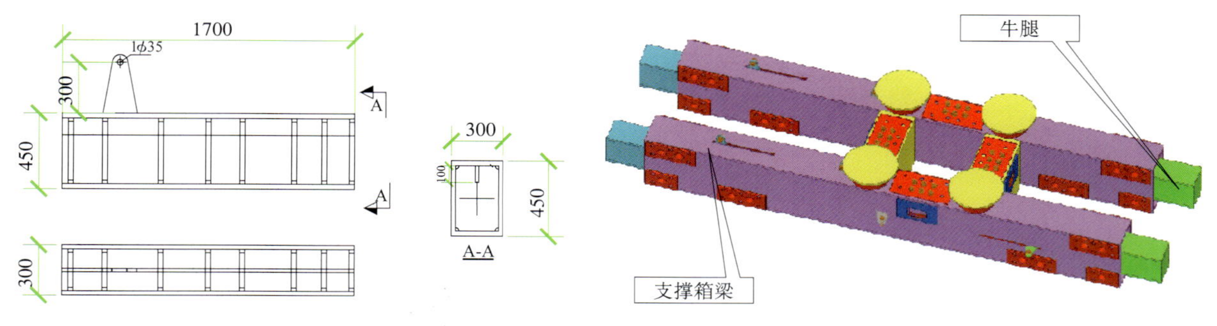

图 6.2-12　支撑箱梁牛腿设计图　　　图 6.2-13　支撑箱梁及牛腿效果图

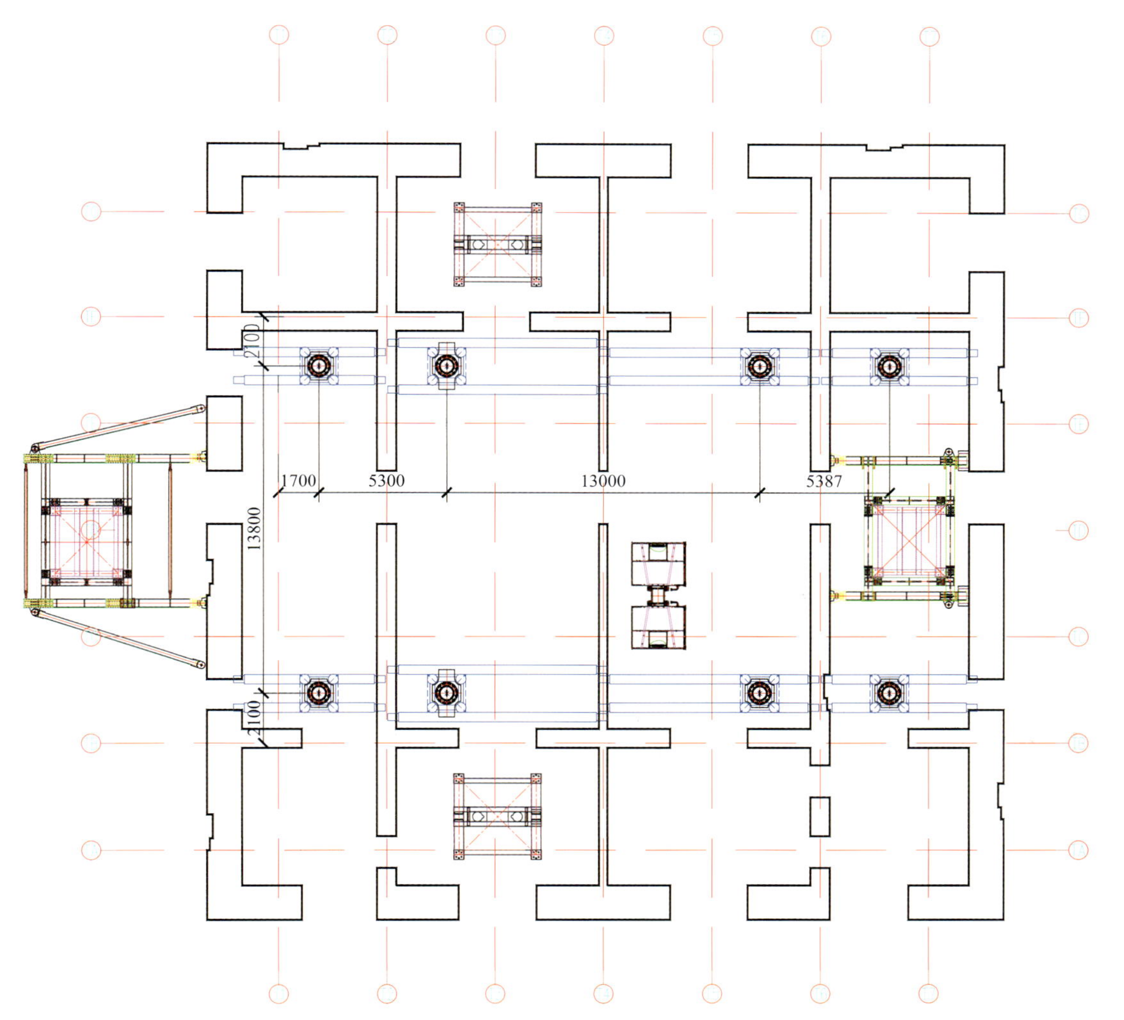

图 6.2-14　支撑系统平面布置图

4. 小结

平台与附着系统深化设计，满足桁架布置的基本原则，确保了施工安全，极大地保障了高空作业人员的安全，提高了工作效率，节省了劳动力、节省了材料、效率高，保证了施工进度，改善了高空施工作业环境，改善了施工环境，提高了施工机械化水平与施工文明水平，缓解了工程工期紧张带来的施工压力，尽可能地满足了多作业面施工的要求。

第 7 章　钢结构深化设计

本项目钢结构深化设计主要包括塔楼钢柱、钢梁、桁架、剪力墙钢板、钢雨篷、塔冠，裙楼钢柱、钢梁、天幕、屋面钢构架等。塔楼外框钢柱为深化设计的最大难点，其截面形式复杂多变，多次在圆形、箱形、组合型截面之间相互转换；节点复杂，节点尺寸大。其他部位钢结构体量大，构件数量多，类型复杂。主要包括圆形、箱形、T 形、H 形、十字形及其相应的组合形式截面，众多节点形状相似但均不相同。

钢结构深化设计中，结合结构设计对节点进行了优化，在保证结构安全的前提下采用了很多优化设计，同时完全确保质量和结构安全，对今后类似项目有宝贵参考价值。

7.1　钢结构深化设计节点和重点难点

1. 技术概况

钢结构工程体量极大，高空组对焊缝约 37.6 万 m，钢构件数量达 42000 件，50% 以上为非标构件，包括创世界之最的单层扭曲角度达 90° 的双管椭圆截面钢管柱，以及国内首创的双圆管柱转不规则方形单管柱钢结构节点和双管空间异形双曲线相切钢结构节点，结构形式极为复杂，需明确钢结构节点的形式，并针对重点难点进行深化设计。

主要典型节点形式见表 7.1-1。

钢结构典型节点形式　　表 7.1-1

序号	节点名称	分布位置	图示
1	塔楼圆管汇交节点	塔楼 17 ~ 20 层、28 ~ 36 层、45 ~ 47 层圆管柱汇交处	

续表

序号	节点名称	分布位置	图示
2	塔楼圆柱转箱形组合柱过渡节点	塔楼 48 层角框柱	
3	塔楼箱形柱转圆柱过渡节点	塔楼 91 夹 ~ 92 层	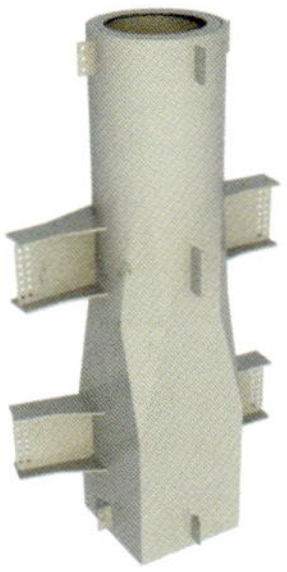
4	塔楼角框柱与斜框柱柱脚组合节点	塔楼地下 B4 层柱脚	
5	塔楼环带桁架下弦节点	塔楼 71 ~ 73 层环带桁架	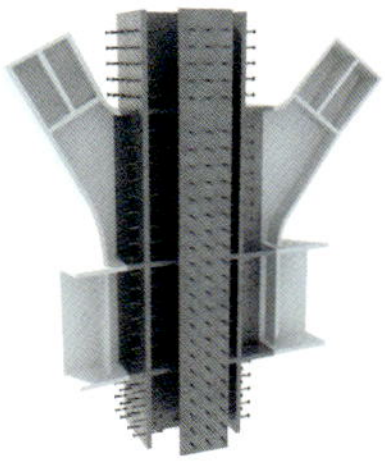
6	塔楼环带桁架中弦节点		
7	塔楼环带桁架上弦节点		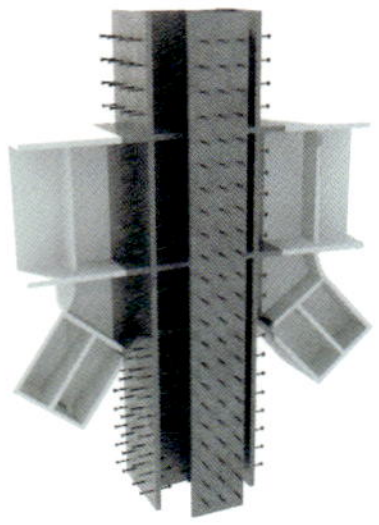

续表

序号	节点名称	分布位置	图示
8	塔楼角框柱与环带转换桁架连接节点	塔楼 48 夹～51 层转换桁架	
9	帽桁架 下弦铸钢节点	塔楼帽桁架下弦 (+471.15m)	
10	帽桁架 上弦节点	塔楼帽桁架上弦 (+481.15m)	
11	塔冠铸钢节点	塔楼塔冠与帽桁架 (+481.15m) 连接处	
12	裙楼桁架支座节点	裙楼 5 层宴会厅	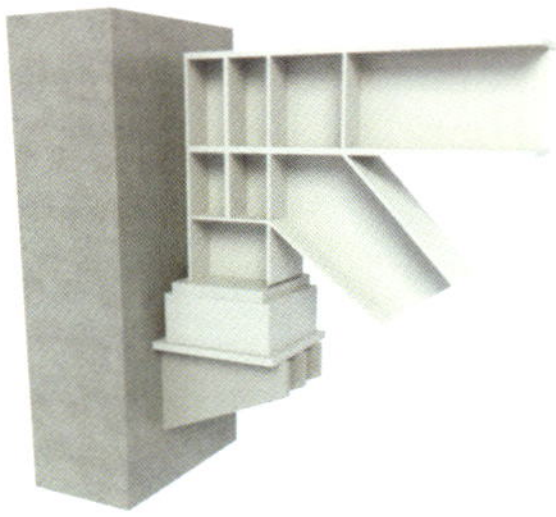

2. 技术重难点

结合本工程钢结构特点，对深化设计的重点难点作如下分析，见表 7.1-2。

深化设计重点及难点 **表 7.1-2**

序号	重点难点	对策	说明
1	钢结构工程体量大，结构形式复杂；结构外形变化大，要完成深化设计工作，人员投入多，协同作业难度大	根据工程特点，将钢结构深化分为为裙楼和塔楼两部分进行。塔楼根据楼层特点划分深化施工段，然后将人员分组分别建模出图，但各模型接合部位由专人负责	根据结构特点，将塔楼钢结构深化划分为 6 个施工段，每个施工段概况如下： (1)外框钢柱深化施工段，总用钢量约 27920t，四个角部有两根斜框柱，斜框柱与两边相连的角框柱随层高时而相交时而相离，宛如巨龙盘旋而上，形成构件截面形式变化达 8 种之多； (2) 外框楼层钢梁深化施工段，总用钢量约 17640t，无结构标准层，钢梁分布广、变化大； (3) 钢板剪力墙深化施工段，总用钢量约 12000t，分布于核心筒地下 2 层至地上 23 层、45～54 层及地下室与外框相连 T 形组合墙，单层体量大； (4) 塔冠钢结构深化施工段，总用钢量约 650t，由弯曲、倾斜拱形构件组成； (5) 桁架钢结构深化施工段，总用钢量约 4390t，桁架节点复杂、施工难度大； (6) 雨篷钢结构深化施工段，总用钢量约 150t，预应力拉索结构，深化难度大
2	(1) 沿结构标高，边框柱、角框柱内逐渐倾斜，斜框柱同时向侧面及内部两个方向倾斜，且附带空间扭曲； (2) 塔冠结构由大量弯曲钢柱、钢梁组成； (3) 楼层四面轮廓均呈弧形内凹，塔楼外框柱的平面定位难，增加建模定位难度	熟悉设计图纸，通过设计图平面定位尺寸确定每个构件倾斜角度与扭曲方向，同时用 CAD 调整好线模型，再导入 Xsteel 模型中	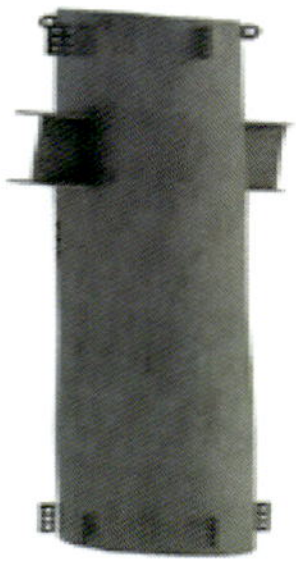 45～47 层边框柱 结合设计立面图及各层柱定位图，部分外框柱倾斜的同时附带扭曲。扭曲构件位于 17～20 层、28～36 层、45～47 层两圆管柱相交部位，其他楼层外框柱主要为空间倾斜
3	复杂截面在模型中创建难度大。有大量组合截面，截面形式变化多样，各截面转化位置转换节点多，由于塔楼结构向内不断收缩，具体尺寸均存在差异	熟悉各楼层截面组成及其变化规律，结合具体的制作、安装、焊接工艺，进行各组合截面及转换节点的深化	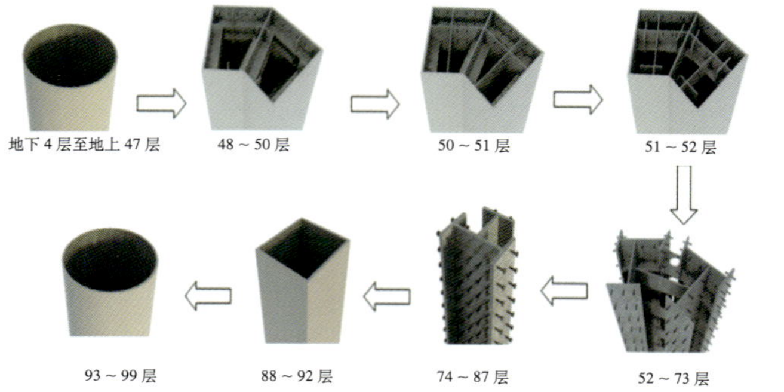 地下 4 层至地上 47 层 → 48～50 层 → 50～51 层 → 51～52 层 → 52～73 层 → 74～87 层 → 88～92 层 → 93～99 层 角框柱截面形式

续表

序号	重点难点	对策	说明
4	过渡节点、带状桁架节点、铸造节点复杂，处理难度大。节点深化要考虑到制作及运输，因此要对节点进行优化处理	熟悉各节点的构造，确定制作、焊接及安装工艺，充分考虑节点每一条焊缝，确保工人有操作空间，深化过程中充分考虑，确保制作、运输、安装无困难	
5	CFT 向 SRC 柱转换位置截面复杂，深化过程中需提前考虑现场安装的施工工艺	CFT+SRC 异形组合箱形—劲性钢柱深化过程中考虑现场安装，预留操作孔，并根据现场安装将外部箱形壁板分为 8 块	 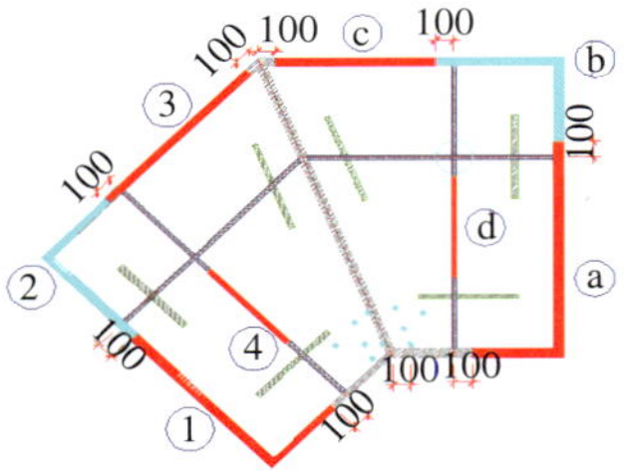

3. 小结

明确本工程钢结构特点，深化钢结构各部位的设计，采取分部进行建模，增加建模定位的准确性，确保工人有操作空间，优化施工操作，同时深化过程中保证制作、运输、安装的顺利进行。

7.2　钢结构深化设计过程

1. 技术概况

钢结构深化设计是联系结构设计、制作和安装单位的重要桥梁，严格审查设计图，严密对接工艺流程的每个阶段，把握本工程各阶段的深化设计至关重要。

2. 技术重点

1）设计图自审

组织深化设计人员进行设计图纸会审，对图纸有疑问处提交设计单位确认。同时，深化前，与土建、幕墙、机电等其他专业协调沟通，确保图纸准确性。图纸自审内容主要包括以下方面：

（1）钢结构图纸的张数、编号与图纸目录是否相符；

（2）施工图纸、施工图说明、设计总说明是否齐全，规定是否明确，三者有无矛盾；

（3）平面图所标注坐标、绝对标高与总图是否相符；

（4）图面上的尺寸、标高、预埋件的位置是否有误；

（5）钢结构的构件截面、材质与材料表所列是否一致，各个节点是否有相应的节点图，节点表达是否清晰。

2）工艺配合

本工程节点复杂，构件截面形式多变，深化设计时要综合考虑各构件制作、安装及焊接工艺，确保深化设计质量。

（1）制作工艺

针对本工程的复杂转换截面，深化过程中综合考虑制作、安装工艺，确保深化出图后，制作厂可保证质量完成构件加工，并且方便现场安装。如图 7.2-1 所示异形组合箱形—钢骨柱，钢柱对接位置深化过程中即将内部钢骨预留两块腹板，外侧箱形壁板分为 7 段，工厂按图完成构件制作，确保现场安装施工。

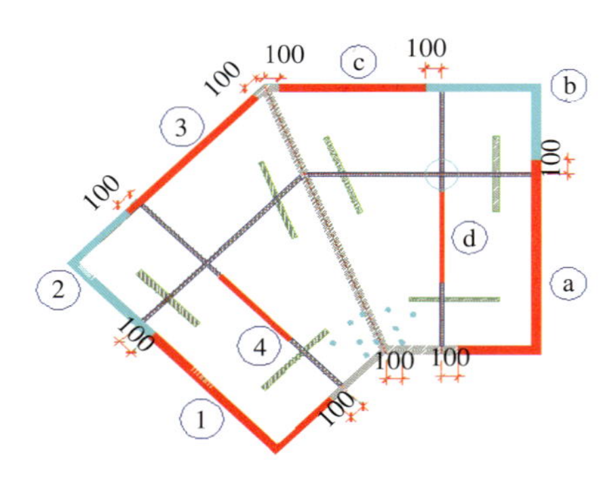

图 7.2-1　异形组合箱形—钢骨柱截面

（2）安装工艺

深化前及深化设计过程中，深化设计人员要加强与现场安装人员的沟通，明确钢柱的具体分节位置、剪力墙钢板的分段、复杂节点的安装工艺、典型结构的施工工艺及单元划分等，确保按图制作运至现场的构件符合现场施工要求。如图 7.2-2 所示，根据核心筒剪力墙钢板施工工艺，对于钢柱—剪力墙钢板—钢柱整体吊装单元，在深化过程中即将其作为一个整体。

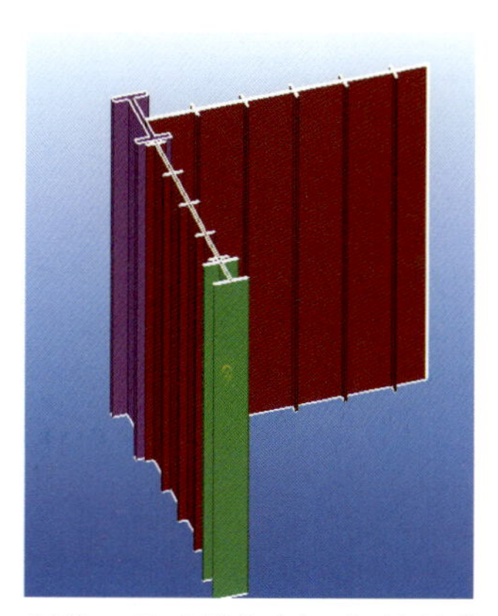

图 7.2-2　钢柱—剪力墙钢板—钢柱整体吊装单元

（3）焊接工艺

深化设计前，必须确定焊接工艺：

①根据工程设计文件对焊接提出质量要求，包括母材的材质、焊接材料的材质，焊接节点构造，焊缝坡口形式，焊缝强度等级等。同时，根据焊缝坡口形式及尺寸，确定焊接方法。

② 针对本工程复杂节点、截面，深化前深化人员应明确节点焊接顺序，对于焊接应力集中区域，进行优化。

③对于组合构件的内部对接焊缝，在深化建模时提前考虑预留操作孔，保证现场钢柱安装后可进行焊接操作。如图 7.2-3 所示，为保证内部焊缝的焊接质量，在钢柱对接位置上下各 300mm 处预留焊接操作孔，待内部焊缝焊接完成，探伤合格后，再焊接四周箱形壁板。深化设计过程即按此进行建模、出图。

图 7.2-3　异形组合箱形—钢骨柱对接示意

3）建模

深化设计是一个多人同时操作的过程，可能因为某一人随意更改模型或两人修改同一构件而导致冲突，造成工作出现错误，因此深化设计建模组的协调、配合至关重要。同时，每个划分区域的对接工作也要重点控制。深化设计建模过程控制应该从以下几方面着手：

（1）向每个建模人员下达技术交底，确定区域的划分、人员分工、区域对接人员，同时明确质量要求及构件编号规则；

（2）对于重要工作节点，如轴线创建、柱脚节点完成、代表性节点等创建完成后安排专人进行复核，确定无误后再进行后续操作；

（3）对于复杂节点，内部加劲板数量较多，建模过程中应注意检查，是否遗漏劲板、构件是否焊接为整体等；

（4）深化设计人员必须明确塔楼外框柱的扭曲变形情况及截面变化，正确定位以及过渡节点的处理，避免出错。

4）构件编号

为方便现场安装，根据构件类型进行统一编号，所有构件命名在原设计图纸名称基础上扩展，所有构件号后面流水号均为三位数，所有零件号后面流水号均为四位数，梁以楼层号为节号并按梁截面分类；柱从低往高按顺序编号。柱编号中“*”代表柱号，每根柱唯一；梁编号中“*”代表梁截面分类，以数字表示；桁架编号中，“U”代表上弦杆，“B”代表下弦杆，“W”代表腹杆，此时借助软件的报告，清楚地找出相似构件，尽可能减少图纸量，方便制作厂批量加工。

5）图纸表达

模型完成后，安排专门人员对图纸布局、尺寸线等进行调整，使图纸表达清晰、完整。

3. 小结

严格把控设计图自审，通过深层考虑各构件的制作、安装工艺流程，处理好错综复杂的节点关系，深化设计建模过程，保证模型对接的顺利，确保复杂节点的准确性，优化细节的处理，图纸表达清晰、准确，有效降低工厂制作和现场施工难度，保障现场节点钢筋穿插安装，为该工程的顺利实施奠定基础。

7.3 钢结构深化设计各方协同工作

1. 技术概况

钢结构深化设计不仅要考虑与制作、运输和现场安装的配合，还须考虑与土建、机电、幕墙、装饰等其他各专业的配合。在深化设计时应充分考虑各参建方的技术要求，并及时反映到深化图纸中，为相关各方后续的工作创造良好的技术条件。

2. 技术重点

钢结构深化设计与各专业配合的主要内容见表 7.3-1。

钢结构深化设计与各专业的主要配合内容　　表 7.3-1

序号	专业	配合内容	图示
1	设计院	深化单位设计的节点须经设计院审批	用技术核定联系单沟通
		转换截面的设计须经设计院确认	
2	土建	钢筋与构件连接位置的处理	外框架钢骨柱与通长筋采用开孔处理并加强、牛腿与通长筋采用接驳器连接
3		透气孔预先开设	异形圆管混凝土柱

续表

序号	专业	配合内容	图示
4	土建	构件分节与钢筋分节	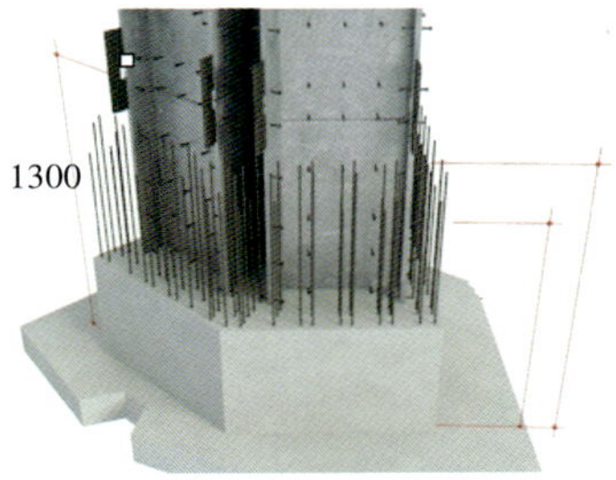 柱高出楼面 1.3m，钢筋分别高出楼面 0.6m 和 1.2m，并交替排列
5	机电	通过 BIM 和其他方式进行模型的整合来复核机电设备管道布置与楼层梁是否发生碰撞	 结构深化和机电深化整合模型图示
6		机电设备管道需贯穿剪力墙和钢梁时，在钢结构深化设计时要预留洞口，并对洞口周围进行加固	 圆孔预留、加固
7	幕墙	通过 BIM 或其他方式进行模型的整合来复核幕墙框架与楼体框架是否有碰撞（一般是封边梁与幕墙碰撞）	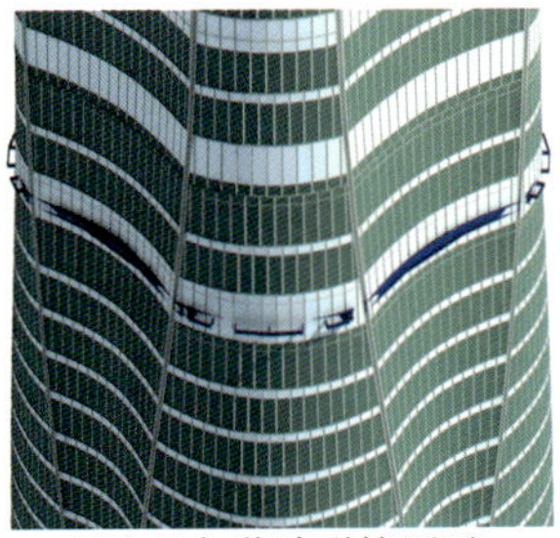 封边梁与幕墙碰撞图示
8		根据幕墙深化图来确定埋件的数量、尺寸及位置等	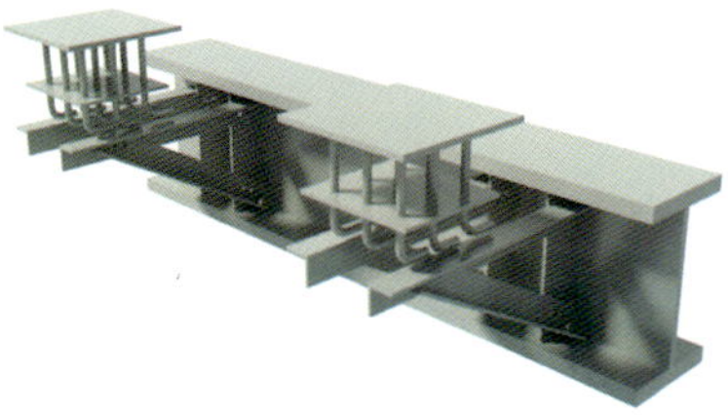 局部埋件节点模型图

续表

序号	专业	配合内容	图示
9	精装修	钢梁上附加大的荷载时（如较重的水晶吊灯等）对钢梁进行加固	钢梁局部加固
10	现场安装	根据构件重心及安装角度确定现场吊装吊耳位置	钢梁局部加固

3. 小结

钢结构深化设计全过程环环相扣，实现全面兼顾。深化设计时充分考虑各专业的协同工作，可以为钢结构工程施工提供有效支持，协同方案可在大型复杂钢结构工程施工中得到广泛应用，从而大大提高工作效率和施工质量。

第 8 章　机电工程深化设计

本工程机电系统复杂、管道密集、分区机房众多，且各系统管线均需通过狭窄的走廊和核心筒管井向外发散。与此同时，建筑结构复杂多变，建筑净空要求苛刻，机电管线可利用空间狭小，管线综合排布难度大。另外，本工程机电专业分为暖通空调、给水排水、消防、高压等内容，综合协调难度大。机电设计图纸均为招标图纸，各专业图纸缺少统筹协调，错漏空缺问题点多，远达不到施工图深度，所有专业均需通过深化设计进行施工图报审，报审流程长，设计与施工周期重叠严重。综合管线排布和多专业设计协调是机电深化设计的重点和难点。

针对上述问题开展机电深化设计，协调各专业按施工图标准完善设计图纸的过程，是一次对超高层建筑整体机电安装的虚拟建造。其深化设计内容包括：机电管线综合排布、综合基础提资、综合预留预埋图纸深化、综合检修平台提资、配合装饰装修点位深化等。

8.1　机电深化设计重难点和总体思路

1. 技术概况

本项目机电共分 9 大专业，有近百个独立运行的机电系统，根据四大功能业态的使用需求和多变的建筑布局分区设计，有多达 20 多个机电转换层和上百个设备房间，机电系统齐全且复杂，专业间交叉分界点多，净空要求高，走廊、机房和管井等区域空间狭小，可供给机电管线占用的空间有限，管线综合排布难度大（设备层走廊管线多达 10 层）。

2. 总体思路

因本工程建筑结构复杂多变，每一层建筑及结构形式均有所差异，而机电专业多，管线错综复杂，各层管线数量和走向均不相同，即使是变化较少的标准层也会因多个专业综合而不同。综合各种深化设计手段，确定本工程利用 BIM 技术进行机电综合排布的做法，直接从模型中生成施工图纸全面指导现场施工。

因模型体量大，精度高且多专业协同作业造成计算机运行速度慢，因此需将模型进行拆分。为了便于现场施工，本工程机电模型拆分为大机房、竖向管道井、水平楼层（含小机房）三大块，拆分后的这三大块要确保准确衔接，任何一个板块修改都需要同步复核对其他两个板块的影响。

本工程机电管线最为复杂的区域位于地下 3、地下 2、地下 1、5 及 5 夹层屋面以及塔楼 20 个机电层，管线最为密集的区域为核心筒走廊，其中地下 1 层核心筒管线综合优化后管线数量为 48 个，多达 10 层，2.8m 高，如图 8.1-1 所示。

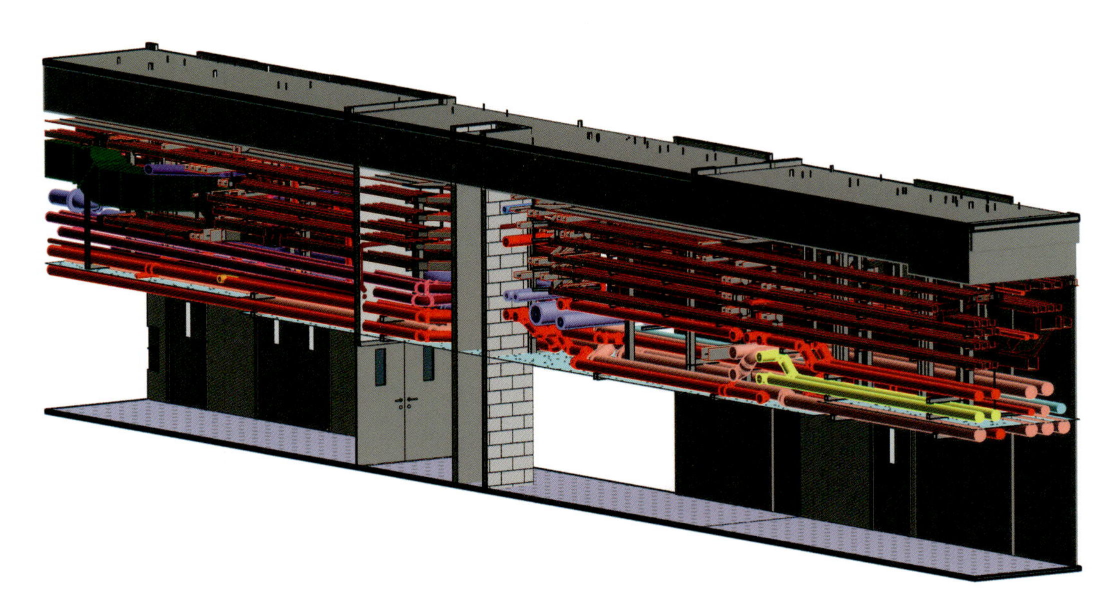

图 8.1-1 地下 1 层核心筒走廊管线最终排布

裙楼 5 及 5 夹层屋面（屋面模型如图 8.1-2 所示），设有冷却塔、发电机散热器、厨房油烟机、空调机组、排风机等众多设备及管线，同时屋面还需满足设备检修、人员疏散等要求，综合协调难度非常大。

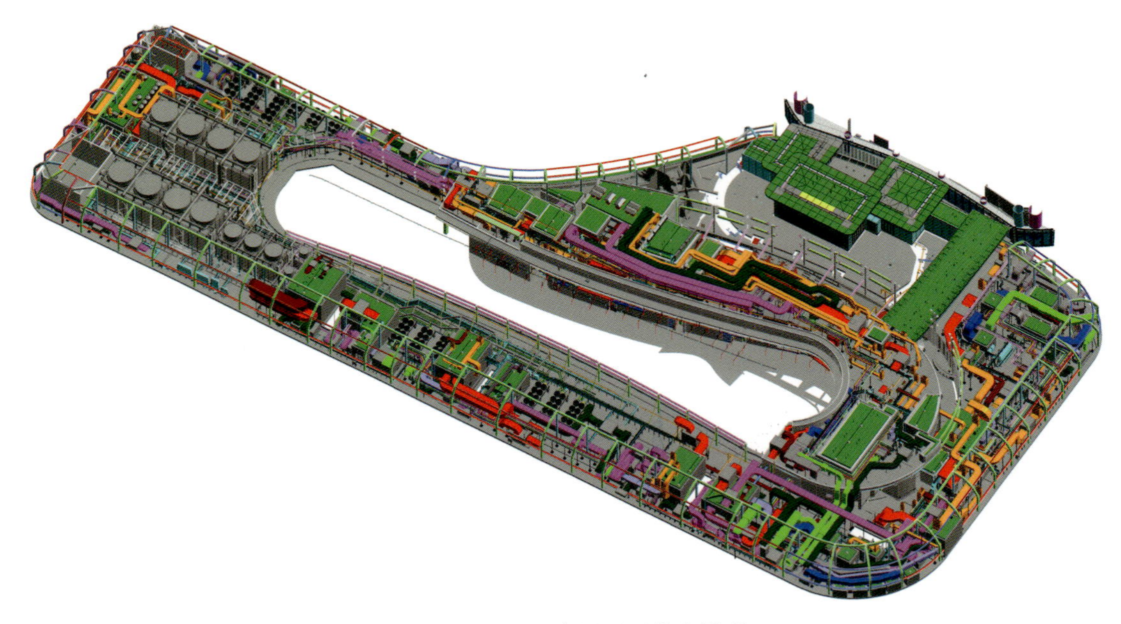

图 8.1-2 5 及 5 夹层屋面综合模型

塔楼机电层均布各类设备机房，机房狭小，设备及管线众多。以 44 层为例如图 8.1-3 所示，因机电排布对其他专业的修改提资较多，如对建筑门高调整、建筑布局调整、顶棚高度调整、对幕墙留洞提资、对钢结构检修平台提资、设备基础提资等。

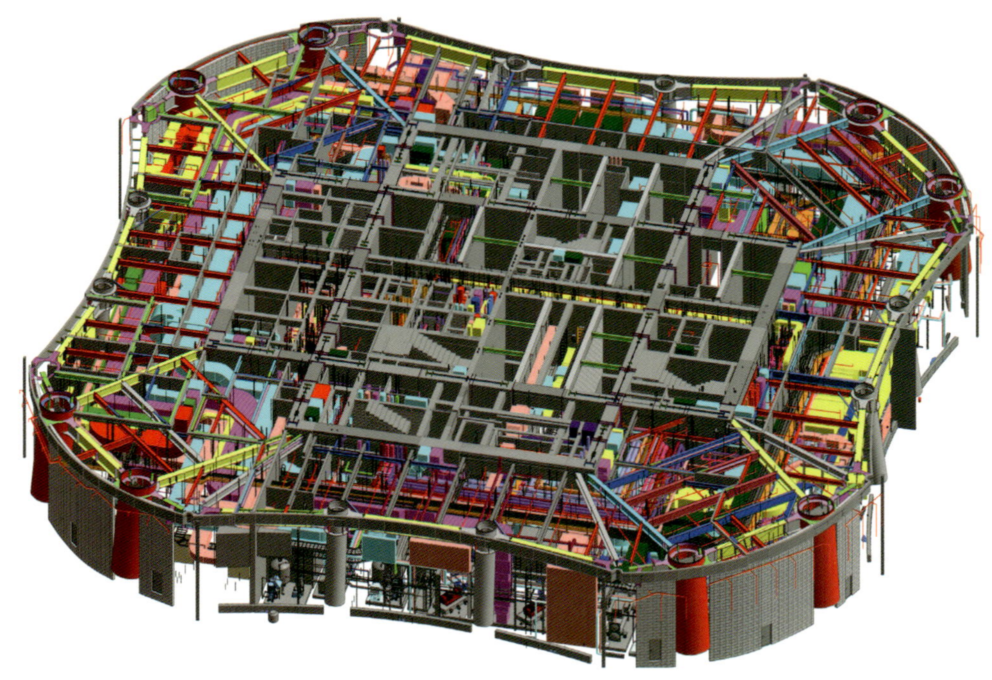

图 8.1-3　44 层机电综合模型

3. 影响因素

机电 BIM 模型分为两个阶段，第一阶段是配合机电干线施工的机电管线综合排布，第二阶段是配合精装修施工的末端点位综合排布。第一阶段是以机电为主导，协调多专业设计优化的过程，第二阶段则是以精装修为主导机电配合优化的过程。深化设计主要分析第一阶段影响 BIM 模型实施的因素。根据本工程特点，影响机电 BIM 模型实施的因素如下。

1）建筑、结构模型的提交时间安排

建筑、结构、钢结构、幕墙等专业模型是机电模型的基础，在机电排布之前这些模型理论上应首先达到 LOD300 精度，并提交给机电。为了确保机电模型的顺利实施，根据总进度计划中机电干线施工时间编排机电综合模型时间，反推其他专业模型提交时间。

2）建筑、结构等模型版本及准确性复核

（1）结构模型与现场不一致，多体现在梁的高度、折梁、洞口尺寸与现场不符。

（2）钢结构模型中钢梁上预留机电的洞口部分遗漏。

（3）建筑模型中防火门和防火卷帘与报审材料外形尺寸有差异，外墙保温、隔热顶棚、隔声/吸声顶棚、防火顶棚、耐擦洗顶棚等未在模型中体现。

（4）建筑、结构设计变更未能及时反馈在 BIM 模型中。

（5）机电单专业模型与其深化图纸不符。

针对上述问题，采取以下措施进行应对：

（1）土建模型提交给机电之前先进行自审自查，提交后由机电专业再次核对。核对无误后方可进行机电管线综合。

（2）针对模型中未完善的部分，建立销项台账，逐一对未完善内容进行修改补充；针对图纸变更，根据图纸版次、修改日期等信息建立对应的模型修改台账，每一次模型的修改都需要在台账中注明修改原因、修改时间和责任人。

(3) 在综合模型开始前，要求各单位对招标图纸进行深化报审，并根据审批意见对各专业深化图纸及模型进行审核，确保单专业已按照审核意见对图纸和模型进行修改，保证模型中的管线系统正确，数量和尺寸与图纸相符。细化机电创优模型，如图 8.1-4 所示。

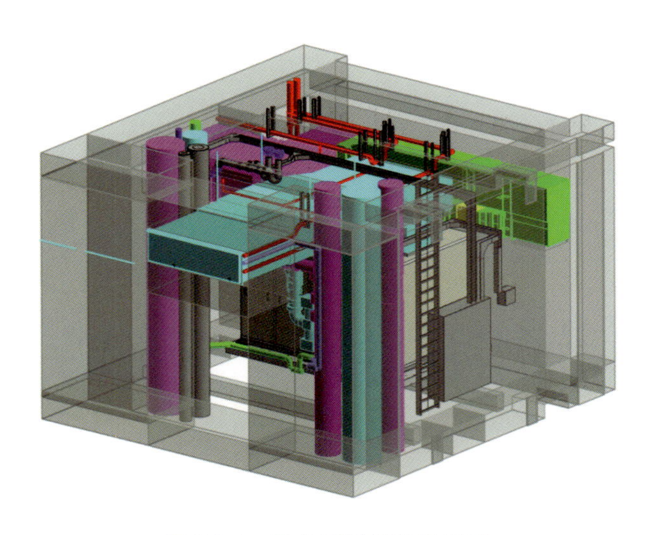

图 8.1-4 机电房间创优模型图

4. 小结

工程以 BIM 为载体，利用 Revit 协同工作功能，将建筑、结构、钢结构等相关专业模型链接进模板文件，利用局域网平台创建中心文件，在中心文件上，根据专业类别进行工作集的分配。总包进行管线综合排布方案的制定以及各专业综合协调，各专业分包按照方案在各自的工作集上进行单专业模型的调整，实时同步更新。待 BIM 综合模型审核通过后，直接生成单专业施工图进行报审和施工。

8.2 机电深化设计技术实施

1. 技术概况

机电深化设计主要包括机电管线综合排布图、综合基础深化提资图、综合检修平台深化提资图、一次结构预留预埋图、二次结构预留预埋图、综合点位提资图等图纸报审。本节从局部到整体，详细介绍本工程机电深化设计技术的实施过程。

2. 机电管线排布原则及制图标准

在机电管线综合排布前，总包向各个专业分包下发机电 BIM 模型模板文件及制图标准，用于规范模型协调和制图。模板文件对各专业管道材质、连接方式、类别及颜色等进行定义；标准中对出图比例、文字样式、尺寸样式、图框样式等绘图样式及排布原则进行详细的规定。

3. 机电管线综合排布技术

1）基于 BIM 的管线综合排布措施

因机房、管井、平面管线协调的侧重点不同，方式方法也有所差异，按照以下三个类别进行分述。

（1）机房综合排布

在机房排布前，先按照选型后的真实设备和阀门尺寸绘制相关族。在机房排布时，按照原设计图纸布置设备基础，在基础上添加对应设备，再连接设备进出主管道及阀门、附件等，然后布置水平主干线；待机房主干线布置完成后，再布置各类服务于本机房的风管、桥架、水管等，以及其他的过路管道，添加各类管道支架，配合装饰装修完善各类末端点位。

机房模型完成后从系统完整性、合理性和美观性进行验收。具体包括：各专业系统管线是否完善；管道是否按照要求保温；阀门附件按照设计图纸设置完善，位置是否合理，检修是否容易；设备尺寸是否与最终选型一致；各设备间间距是否有足够的安装、维修和操作空间；是否预留设备运输通道，通道宽度及净高是否合理和符合要求；管道转弯安装时是否碰撞墙体、机组及管线间有无碰撞；所有管道排布、路由是否合理，是否已进行优化，排布是否整齐美观；支架是否按照要求设置，是否整齐美观；基础样式、尺寸及高度是否满足减振降噪及设备安装要求等。

制冷机房排布模型如图8.2-1所示。扫描二维码可观看相应视频。

图8.2-1　制冷机房三维模型

（2）管道井综合排布

水暖管道井综合排布应先进行立管定位，然后引出分支管，对于计量的管道，分支管应布置在便于操作的位置，再进行水平管道接驳，水平管道应与平面模型中管线高度、位置及标高一致，最后进行阀门、仪表、支吊架、保温等绘制。

管道井综合模型如图8.2-2所示。扫描二维码可观看相应视频。

图8.2-2　管道井三维模型

（3）平面管线综合排布

平面管线布置时应先由机房和管道井向外梳理，尽量确保已经排布好的机房及管井管线不受影响，对于确因平面综合排布需要调整进出机房 / 管井管道，则需配合重新调整机房 / 管井排布。然后按照先走廊后房间，先初排确定管线上下位后细化排布确定管线间距及标高，再逐步精细管道交叉翻弯角度和位置，然后一步步添加阀门、仪表、保温、支架后进行碰撞检查和漫游审查。待模型审查通过后，进行施工图拆分和报审。有精装的区域还应待精装修进场后配合进行末端点位的深化。平面干线管线综合排布如图 8.2-3 所示。扫描二维码可观看相应视频。

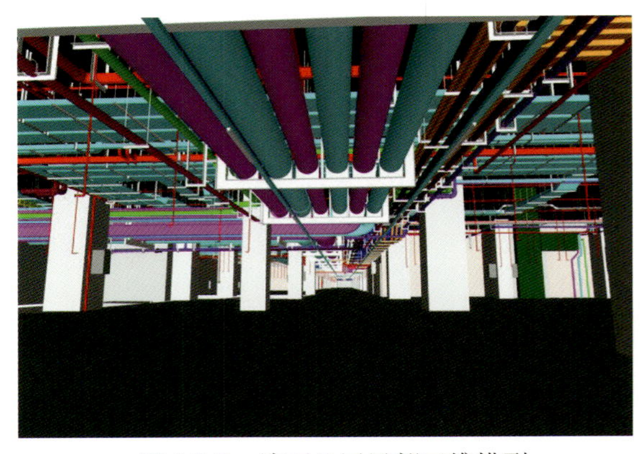

图 8.2-3　地下 3 层局部三维模型

2）对于管线排布空间不足区域的处置措施

（1）大局入手：首先应对管线密集区域进行宏观分析，管线数量明显超过空间承载力时，应首先进行管线分流，即将部分管线路由变更以均衡各区域的管线数量，最大化地利用整体空间，如将走廊区域管线移至周边净空要求不苛刻的机房内穿越，利用核心筒剪力墙上多余洞口将部分管线路由移至管道较少的筒外走廊，必要时可以考虑管道增加防火包裹或增加防火顶棚后穿越楼梯前室。

（2）专业优化：对走道管线进行完宏观调整后要对每个剖面进行精细化的瘦身，即对各系统管线大小进行仔细的复核计算，在满足原设计标准之上对管线的尺寸进行最大优化，如在合理的风速区间内尽量提高风速以缩小风管尺寸；在空间有限的条件下要尽量缩小管线间的间距，要考虑水管抱箍、法兰宽度、保温层厚度等因素，并排法兰盘可交错设置，一般情况下水管外皮或保温层外皮间距最小为 80mm，桥架水平间距最小 50mm，上下层净间距最小 150mm，用以保证施工和检修要求，综合排布时优先采用共用支架以减少支架数量并提高美观性，在特殊部位可以做返吊支架来抬高局部标高。

（3）多专业联动：对于因设计初期机电提资不到位导致的建筑结构布局与机电现实需求矛盾较大的地方要提前主动与业主和设计进行沟通，在施工前对当前的建筑结构布局进行重新提资和修改，从源头处杜绝机电综合排布出现错漏，例如建议在核心筒剪力墙或钢梁上预留管道洞口，在合适的地方就近增加管井和隔墙，改变设备机房的位置和大小等方式以配合机电路由进行更改，从而避免经过空间密集区域，达到不改变机电系统的前提下满足净空要求的目的，对于管道局部与建筑冲突的部位要进行门高和墙体的配合变更，多专业联动解决空间碰撞问题。

（4）局部特殊处理：当在主干区域布置完成，只有局部区段排布有困难时，可以考虑在保证系统完整和使用功能的前提下进行局部特殊化处理，比如将相近系统的桥架进行局部合并，将风管进行等截面变形，个别部位改为静压箱形式或非标管件进行连接（单独制作族模型进行模拟），将主干风管局部区段等截面一分为二，将系统相同但服务于不同区域的风管进行局部合并等方式来解决空间问题。

4. 机电综合预留预埋深化技术

机电工程预留预埋有：电气线管预埋，强弱电井，桥架、线槽过墙、过楼板留洞，穿人防墙管板，嵌入式配电箱预留洞；给水排水、采暖水、冷冻 / 冷却水及消防专业管道井，穿楼板、穿墙预留预埋，穿外墙防水套管，穿人防墙密闭套管；空调专业风井、基础型钢固定件预留预埋等。

在主体结构施工阶段，墙体砌筑施工阶段需要机电专业配合进行预留预埋工作。一般工程会直接根据原设计图纸中各专业点位进行预留预埋，但在后期深化过程中，管线路由走向会根据综合排布进行调整，因此会存在大量预留洞口、预埋套管废弃，需要重新剔凿开洞，影响工程质量并产生大量建筑垃圾。

本工程基于全专业 BIM 综合模型，精确定位穿楼板及墙体套管位置，做到“一墙一图”“一井一图”，颠覆了传统施工工序，创新直埋套管技术，避免了墙体打砸剔凿和套管外封堵，节省工期，节约了成本。

1）一次结构综合预留预埋深化

管道井洞口和大于 300mm 竖向墙体洞口往往在设计上已经预留，在施工前应按照各个专业图纸逐一核对，在综合排布过程中可以利用的洞口应尽量利用，若确实无法利用或者需要新增的洞口则需要在综合模型排布优化确认后报业主及顾问审核。

一次结构预留预埋还包括穿梁、穿墙、穿楼板小于 300mm 的小洞口、暗埋在墙体内的线管、线盒以及承重的基础型钢固定件等。

（1）一次结构综合预留预埋深化实施步骤

建筑结构底图准备→机电预留洞口及预埋套管定位→洞口加固深化→各专业会签→深化图纸报审。

对于因机电排布需要新增的洞口提资时应注意尽量避免穿梁、柱、暗柱，确实需要穿梁预留洞口的，洞口尺寸不大于梁高的 1/3，且洞口中心位于梁中，确实需要穿暗柱的征得结构顾问同意后可以调整暗柱位置；水平楼板上开洞尺寸大于 800mm 的，应采取加固措施。

（2）管道井综合预留预埋深化

超高层管道井往往管线较为密集，管道距墙较近，若采用传统预留大洞待机电安装完成后再行封堵的方案，会造成后期吊模困难且危险性较高等问题。因此，本项目颠覆了传统的施工工序，开创性地采用了管道井套管直埋技术。其具体实施步骤如下：

管线综合模型优化确认→套管模型绘制与复核→管道井套管定位→结构加固深化→各方会签。

管道井模型及预留预埋图纸如图 8.2-4、图 8.2-5 所示。

2）二次结构综合预留预埋深化

在机电管线综合排布优化确认完成后，可以将机电三维模型反过来链接进建筑模型中，直接在模型中进行墙体深化，具体实施步骤如下：

模型准备→墙体编号→建筑模型标注→机电预留套管定位→墙体一次深化→机电复核→墙体二次深化→深化图纸会签。

图 8.2-4 管井内管道排布

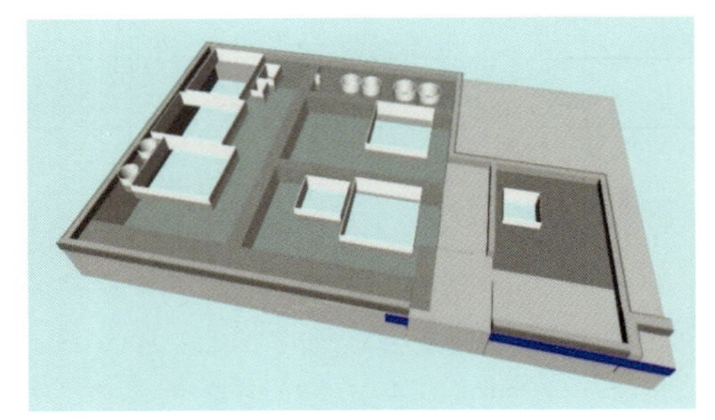

图 8.2-5 管井预留套管模型

墙体编号：根据墙体深化设计计划，确定墙体深化顺序，对优先施工的楼层部位进行墙体单独编号，使工程每一面墙体均有唯一的 ID。

建筑模型标注：墙体编码后，需要再次对建筑模型进行复核确认后移交机电专业，机电专业根据穿墙管线排布情况进行标注，精准定位套管位置、尺寸及标高。

5. 小结

通过 BIM 技术进行多专业协同设计，可以精确定位穿楼板、墙体、轻质隔墙等穿墙套管、预埋线管及线盒、开关插座等，做到“一墙一图、一井一图”，在墙体和楼板施工过程中配合进行套管直埋，可以有效地避免对墙体和楼板的打砸剔凿破坏及套管外封堵，减少了超高层垃圾排放，节省了工期，节约了成本，提高了工程质量。

8.3 机电深化设计协同工作

1. 技术概况

机电专业深化设计除单专业深化、机电各专业间提资复核、管线综合排布外，还需要与建筑、结构、幕墙、精装修、园林绿化、景观等专业配合，进行综合预留预埋图纸、综合设备基础图纸、综合检修平台图纸、综合点位图纸报审，配合卷帘门、防火门、挡烟垂壁等深化。

2. 深化设计内容

机电深化设计与各专业间配合的主要内容见表 8.3-1。

机电深化设计与各专业间配合内容 表 8.3-1

专业	深化设计内容		图示
建筑	防火门、卷帘门、检修门	因机电综合排布需要对防火门、卷帘门、检修门高度进行调整，以及配合防火门进行门磁、门禁、门锁深化设计，卷帘门的控制及配电系统复核	

续表

专业	深化设计内容		图示
建筑	墙体	因机电排布对建筑布局进行调整，墙身点位预留预埋，二次墙体套管直埋图纸深化	
结构	梁、板、墙洞口预留	过梁、过墙、穿楼板洞口预留预埋图纸深化	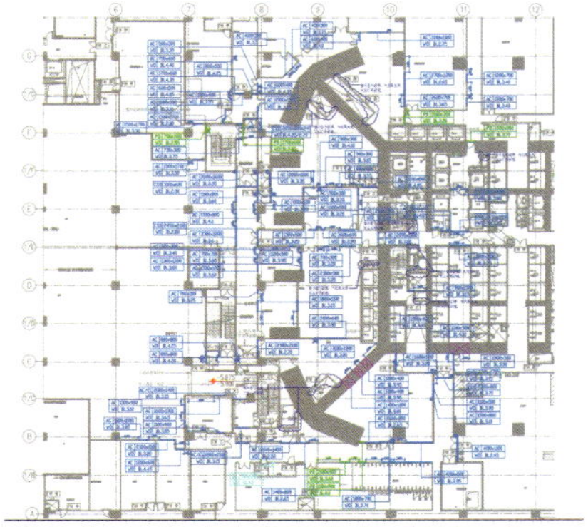
	设备基础	屋面及机房内设备及管道基础提资图深化	
	检修平台	屋面及机房内设备检修平台提资图深化	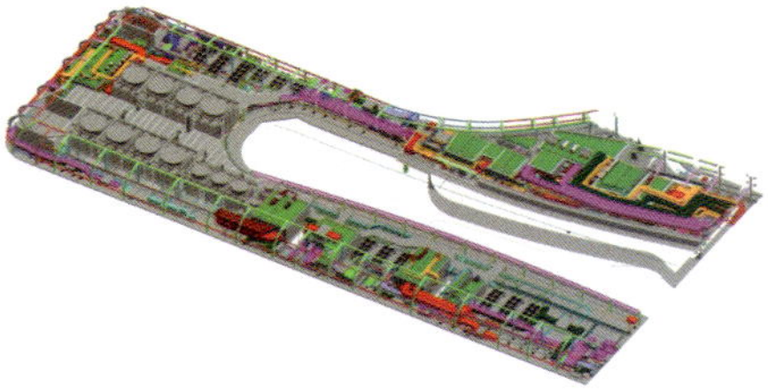
幕墙	铝板、百叶	穿铝板、百叶洞口预留预埋图纸深化	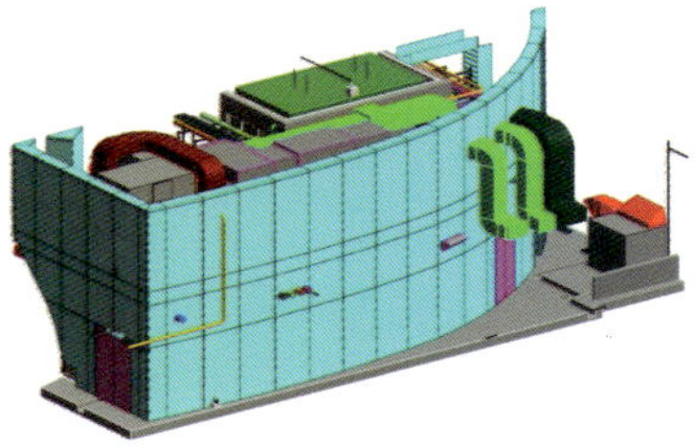

续表

专业	深化设计内容		图示
装修	顶棚、地砖、墙身	进行顶棚高度复核及提资；配合前厅顶棚造型进行机电管线调整；配合顶棚、地砖、墙身综合点位的深化	
机械设备	机械车位	进行机械车位碰撞检测，配合进行供电、控制系统复核	
	污衣槽	配合进行污衣槽控制、喷淋、排风系统深化设计	
	电梯	配合电梯进行电梯机房综合排布	
	擦窗机	进行擦窗机碰撞检测，机房供水配电系统复核	

3. 小结

在超高层建筑中，建筑结构形式多变，业态多样，各机电系统需通过设备层进行转换，管线需通过狭小的核心筒向外发散，各专业间设计图纸往往冲突较多，难以满足现场施工要求；空间小、专业多、施工协调难度大；设备多、工期紧、垂直运输压力大；机电各专业既相互独立又相互依赖，联合运行调试难度大。机电深化设计与各专业之间密切配合，降低了施工的难度，对超高层建筑机电安装具有重要的工程应用价值。在三维 BIM 模型中可以更加直观地进行多专业间设计协调，解决各专业间错漏碰缺问题，提前做好各专业间的设计配合，为施工生产保驾护航。

第3篇　智慧之钻——超高层建筑智能建造技术

用科技为建筑赋能，融合先进的建造方法和自主研发的智能建造技术助力超高层建造。运用先进制造理念和数字化、信息化技术，突破传统超高层施工技术的局限性，综合研发，高定位、高起点、高标准实施本项目，打造智慧之钻。

本篇对本项目在主体结构、钢结构、机电工程、幕墙工程等多方面智能建造技术进行了详细的介绍，建立了全员参与、全专业应用、全过程实施的“三全BIM应用”模式，整合信息资源，优化传统设计及施工，开发云平台与移动互联技术，实时监控塔楼结构变形并进行分析，做到整合、集群、协同管理，建立涵盖建筑全内容的基础信息数据平台。

第 9 章　主体结构智能建造技术

本工程具有体量大、结构复杂多变、多专业穿插施工作业多、施工工期紧、钢筋及管线密集等特点，工程建造过程中存在诸多困难与挑战。采用传统组织方法难以完美适应上述特点，工程建造过程中，项目针对主体结构施工所需，在方案编制与审核、4D 工期模拟、预留预埋及套管直埋等方面大量应用了 BIM 技术，确保了结构施工一次成优，实现现场“零”拆改、“零”返工的高质效果，结构施工速度最快实现 2d/ 层。

9.1　基于 BIM 的方案编制

1. 技术概况

BIM 技术能够有效地对项目实施提供帮助，结合施工组织设计方案，建立施工组织模型，针对柱脚、底板溜管、顶升平台、塔式起重机、施工电梯等部位的方案模拟及复核，并将模拟结果汇总，对工序、资源、平面布置综合优化，将相关内容更新至模型，并编制模拟分析报告。

2. 采取措施

1）柱脚施工方案复核

由于原结构设计时，未考虑钢结构首节柱柱脚环板，导致大量柱外钢筋与柱脚环板碰撞。针对塔楼钢柱柱脚环板钢筋密集复杂的情况，利用 BIM 技术进行钢筋重新排布（详见图 9.1-1、图 9.1-2），对 30% 的竖向钢筋进行移位，确保了现场钢筋一次绑扎到位。

图 9.1-1　柱脚钢筋重新排布 BIM 模型

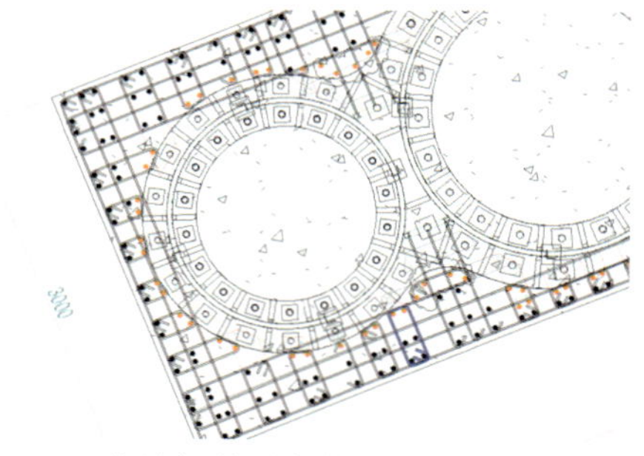

图 9.1-2　柱脚钢筋重新排布 BIM 模型导出施工图

2）底板溜管施工方案编制

针对 3.1 万 m^3 底板大体积混凝土浇筑，项目创新采用大口径溜管施工工艺。为保证溜管浇筑顺利进行，采用 BIM 技术进行溜管施工方案编制（主方案部分），分别对溜管位置选择、溜管倾斜角度、溜管辐射半径、溜管支架定位、罐车占位模拟等进行了模拟，确保了基础底板浇筑顺利进行，实现 38h 完成 3.1 万 m^3 混凝土浇筑纪录。基础底板混凝土溜管浇筑示意见图 9.1-3。扫描二维码可观看相应视频。

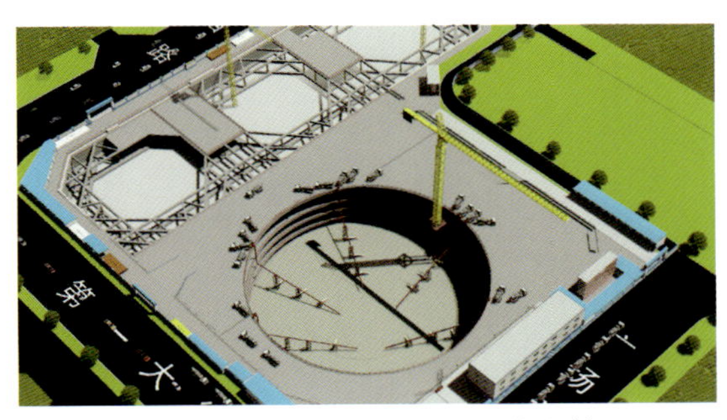

图 9.1-3　基础底板混凝土溜管浇筑

3）顶升平台方案模拟

工程核心筒采用智能整体顶升平台施工，项目自平台设计、加工、安装、顶升、拆除全过程采用 BIM 技术进行设计与模拟，确保了顶升平台 98 次顺利顶升及 4 次拆除作业。

（1）顶升平台设计

顶升平台采用模块化设计，根据各阶段施工及受力所需，拟合为初始安装状态。采用 MidasGen 软件进行设计及受力计算，模型复核受力需求后，导入 Revit 软件，进行后续加工、安装、拆除等工作（图 9.1-4）。

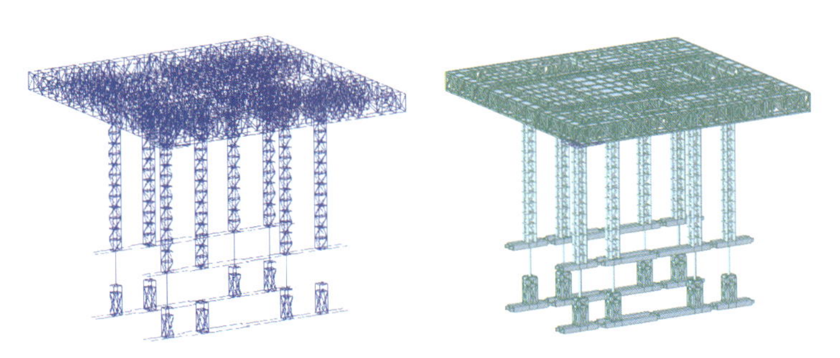

图 9.1-4　平台 MidasGen 线模及实体模型

（2）平台挂架及模板移动模拟（图 9.1-5，扫码看视频）

图 9.1-5　平台挂架及模板移动模拟

（3）平台安装顺序模拟（图 9.1-6，扫码看视频）

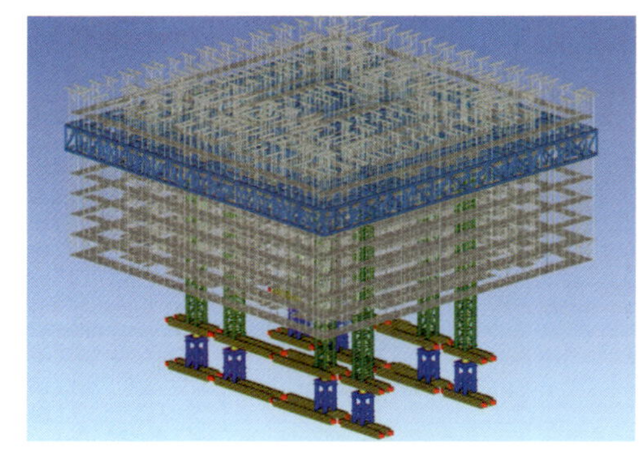

图 9.1-6 平台安装顺序模拟

（4）平台顶升模拟（图 9.1-7，扫码看视频）

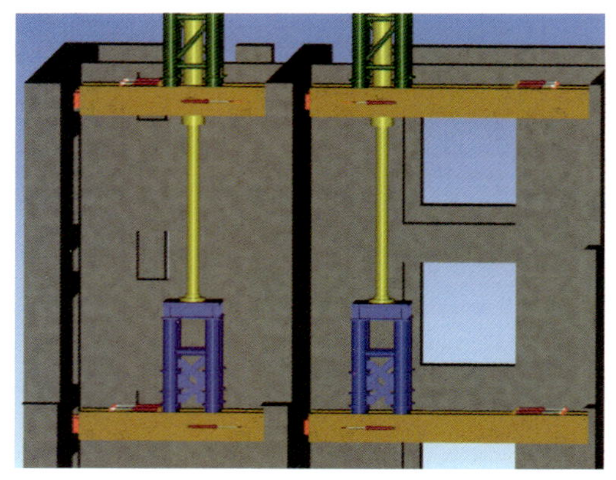

图 9.1-7 平台顶升模拟

（5）平台拆改及拆除模拟（图 9.1-8，扫码看视频）

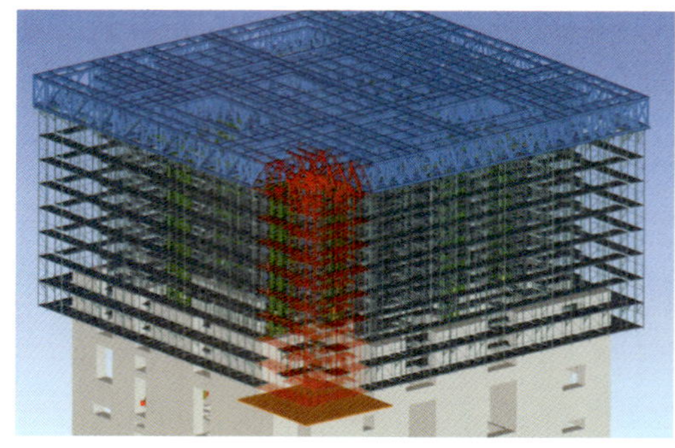

图 9.1-8 平台拆改模拟

4）塔式起重机及顶升平台爬升模拟

利用 BIM 技术对塔式起重机、顶升平台进行爬升规划，在 4D 工期中，对塔式起重机、顶升平台与其他专业施工进行整体模拟，确保塔式起重机、顶升平台顶升规划合理、与其他专业无冲突（图 9.1-9，扫码看视频）。

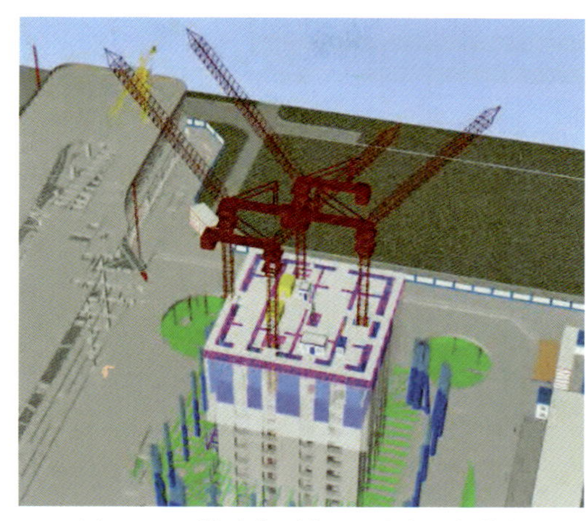

图 9.1-9　塔式起重机、顶升平台模拟

5）施工电梯方案模拟

受限于塔楼截面内收，本工程采用物流通道 + 悬挑电梯接力进行垂直运输作业，采用 BIM 技术对物流通道及悬挑电梯进行模拟，确保电梯运行平稳、接力可靠（图 9.1-10，扫码看视频）。

图 9.1-10　施工电梯方案模拟

3. 小结

以数字化手段原样复制实现建筑的施工建造，针对专项方案在施工前进行模拟，对优化工序、工艺选择、专项实施等都可起到关键作用，有利于指导现场工作，为各阶段提供协同管理平台，互联互通，统一实现，促使施工组织模型指导意义的整体提升。

9.2　基于 BIM 的 4D 工期模拟技术

1. 技术概况

基于 BIM 的 4D 工期模拟技术，通过一套施工阶段将工期管理精细化至工序节点的方法与机制，实现了三维模型与施工进度的耦合，为施工进度管理与进度优化提供依据。

2. 技术重点

工程总控节点计划确定后，各专业根据总控计划采用 Project 软件进行各专业总进度计划编制，将各专业进度计划导入 BIM 平台中，实现单专业工期模拟、多专业同步模拟，如图 9.2-1 所示。

根据模拟情况，针对本专业、专业间施工冲突问题，在平台中进行各专业进度计划调整，最终生成工程整体 4D 工期计划，如图 9.2-2 所示（扫码看视频）。

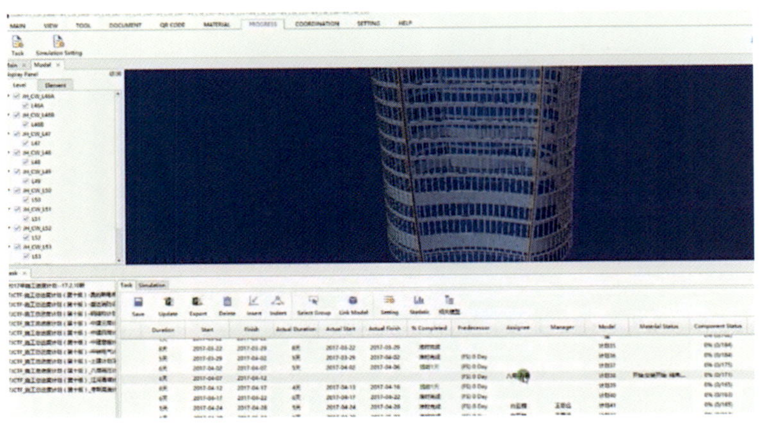

图 9.2-1 多专业同平台 4D 工期模拟

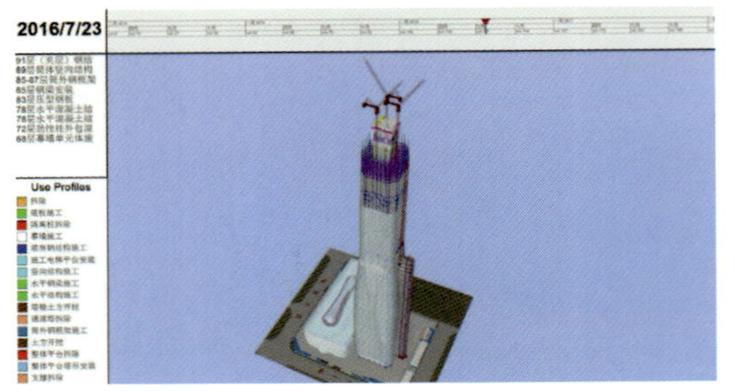

图 9.2-2 项目整体 4D 工期模拟

3. 小结

根据专项方案及进度计划实现，模型与时间轴相互关联，来实现各大型构件施工过程的 4D 模拟，完成单专业工期模拟、多专业同步模拟。通过三维动态可视化及时间轴的结合弥补了抽象数据的缺陷，在工期管理方面有显著成效。

9.3 预留预埋及套管直埋技术

1. 技术概况

针对工程各专业管线、埋件复杂繁多，大型设备临时占位所需，工程对竖向结构墙体、钢结构墙梁、水平结构、砌筑墙体、轻质隔墙等部位所需预留洞及预埋构件进行了整体规划，采用 BIM 技术实现一墙一图、一梁一图、一井一图、一门一图，确保预留洞口准确、预埋件定位精确，实现工程施工一次成优，现场“零”返工。

2. 技术重点

1）结构梁、墙洞口预留

机电、幕墙等各专业深化设计完成后，在 BIM 模型中与结构进行碰撞调整，如必须在墙、梁上开洞时，由机电专业提资开洞大小，结构专业根据提资在 BIM 模型上进行开洞、补强处理，加工厂、施工现场根据模型进行留洞，最大限度地保证各专业管线顺利穿行、结构开洞面积小、加固量小，如图 9.3-1 所示。

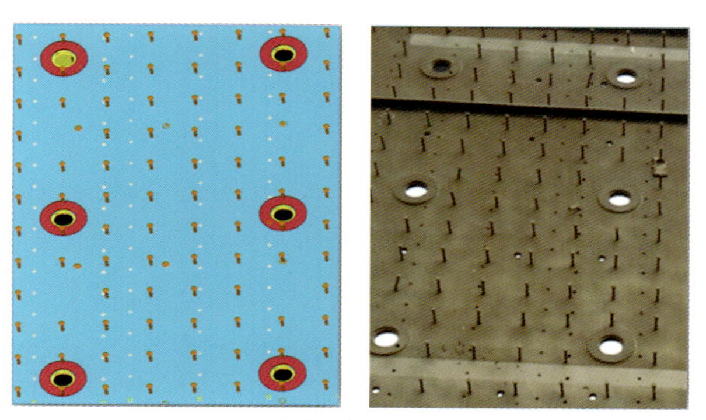

图 9.3-1　钢板墙一墙一图设计

2）水平结构板套管直埋技术

受限于其他各专业深化设计速度，水平结构施工时，往往大部分专业尚未完成对应区域所有预留预埋深化设计；同时水平结构施工时，如采用将套管一次预埋到位，往往因套管固定不牢固、放线偏差大，而造成套管预埋不准确。针对上述问题，本工程采用水平结构施工时对精度要求相对较低的单根套管进行一次直埋，对精度要求较高、管线密集部位进行留洞处理，待深化设计完成、放线到位后，进行吊模，根据 BIM 模型进行套管直埋施工（图 9.3-2），模板拆除后再行安装管线，如此避免了套管随水平结构施工预埋不准确、管线安装后无法吊模施工等问题。

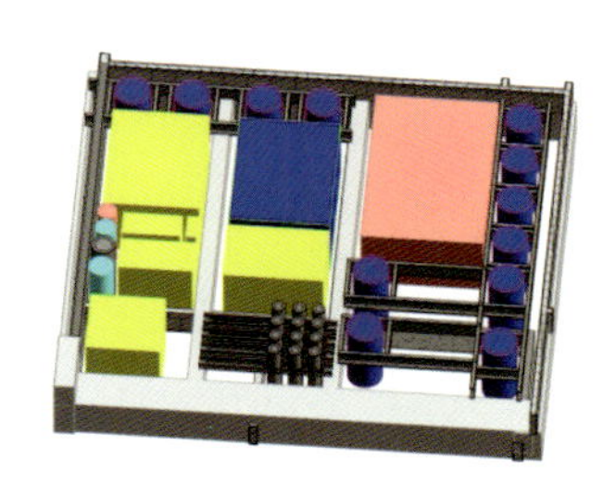

图 9.3-2　水平结构板套管直埋

3）砌筑墙体及轻质隔墙套管直埋

机电管线穿越墙体时，施工工艺一般为：施作并设置包罗所有管线的预留洞→安装管线→封堵管线与墙体间的缝隙。采用此种施工工艺，往往会造成洞口预留不准确而导致拆改扯皮现象；管线密集部位管线安装后无法封堵，导致工程质量（特别是有防火、防烟、隔声要求的部位）不合格、不满足使用要求。

本工程采用一墙一图套管直埋施工工艺，有效避免了上述问题发生：

（1）机电专业穿墙体部位带套管进行深化设计；

（2）机电专业深化设计完成（BIM 模型达到 LOD400 精度）后，将有管线穿墙位置墙体进行标识；

（3）砌筑 / 轻质隔墙专业在机电套管确定的模型中进行本专业排版模型深化，并逐墙剖切形成一墙一图；

（4）现场根据一墙一图进行套管埋设（图 9.3-3）。

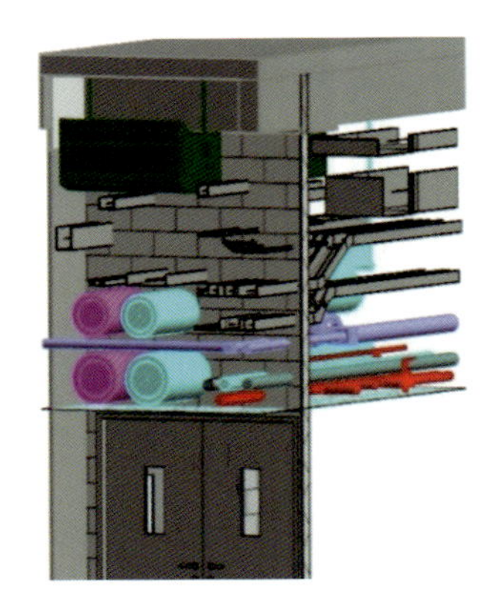  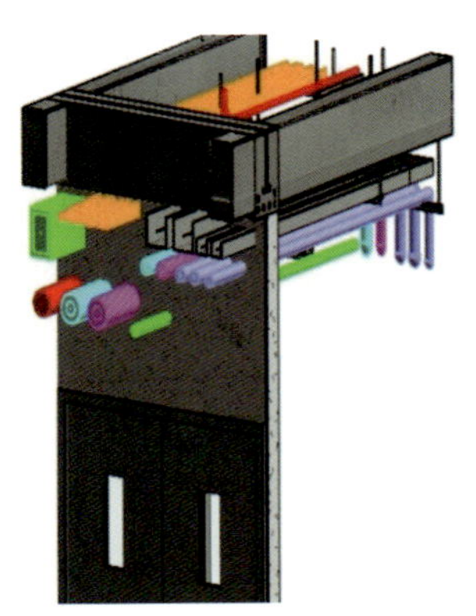 

图 9.3-3 砌筑墙体套管直埋效果

3. 小结

根据深化设计后的BIM模型，采取结构梁、墙洞口预留的措施，确保管线穿行顺利，减少施工量，保证施工面完整；水平结构施工时对精度要求相对较低的单根套管进行一次直埋，对精度要求较高、管线密集部位进行留洞处理，避免深化设计前后对接导致施工量增加问题；机电管线穿墙采用一墙一图，提高了工程质量。

第 10 章　钢结构智能建造技术

近些年，建筑行业中智能化、数字化应用在数量和范围上都大幅度提升。本工程钢结构的复杂程度和加工难度都是前所未有的，整个项目用钢量大，节点复杂，使得钢结构建造的智能化至关重要。如何保证数据采集、多元数据集成、多软件协同建模、数据库管理、建模分析等阶段的顺利进行亟需探索与细化，积极推动开展为以“智能化”“精细化”为标准的贯彻执行提供有力保障。

10.1　复杂钢结构多软件协同精细建模与加工制作技术

1. 技术难点

塔楼外框钢柱截面形式复杂多变，多次在圆形、箱形、组合型截面之间相互转换，节点复杂，节点尺寸大。其他部位钢结构体量大，构件数量多，类型复杂。主要包括圆形、箱形、T 形、H 形、十字形及其相应的组合形式截面，众多节点形状相似但均不相同。只用 Tekla 软件无法快速精确实现复杂构件的深化出图工作。

钢结构建筑的构件质量是保证钢结构建筑整体质量的基础条件，加强对其加工技术和加工过程的质量事关工程品质。构建基于 BIM 的大型钢结构构件加工管理平台是钢结构设计及施工实施全方位监测，起到实时模拟、及时预警作用的高效途径。

2. 采取措施

为解决这一问题本工程研究采用 AutoCAD+Solidworks+Tekla 等多种软件进行信息化协同精细建模深化，利用不同软件的优点，解决深化过程中存在的问题，取长补短。各类软件优缺点如表 10.1-1 所示，本技术通过 Solidworks 快速进行异形复杂截面组合构件的精确建模，完成后导入 CAD，利用 CAD 二维处理能力佳及自由接收转换模型的优点进行快速处理，然后导入 Tekla 软件，利用 Tekla 生成材料清单灵活、出图快的特点快速出图和生成各类报表。通过三个软件协同作业优劣互补，实现异形复杂构件快速建模出图。

3. 基于 BIM 的钢结构智能放样技术

以本工程弯扭汇交组合钢管柱为例，组成弯扭型构件的零部件扭曲多变、位置复杂，使用传统的数控排版方法，钢材损耗，利用率相对较低。本工程研究使用基于 BIM 的钢结构智能放样技术，指导钢板下料。对于复杂、扭曲的弧形零件，通过 BIM 软件放样生成实体模型，优化板块分割，得到多个控制点的精确空间坐标，从而在计算机上精确排版，极大地提高了下料效率和精准度，降低了弯扭构件下料过程中材料的损耗。BIM 模拟示意如图 10.1-1 所示。

AutoCAD、Solidworks、Tekla 软件优缺点 表 10.1-1

软件名称	缺点	优点
Tekla	异形建模能力差，材料尺寸存在问题，不能快速完成异形曲面零件的建模，修改困难	能快速完成常规结构的建模出图，可快速生成各类报表，材料统计方便
AutoCAD	能完成建模，材料尺寸存在问题，需进行二次开发插件，成本较高	实用、通用，能够自由地接收转换 Tekla、Solidworks 模型，二维处理能力佳
Solidworks	能快速建模，但模型过于精细，出图卡顿严重，不能生成各类报表，模型不能直接导入 Tekla	建模快，材料尺寸精确，能快速生成图纸

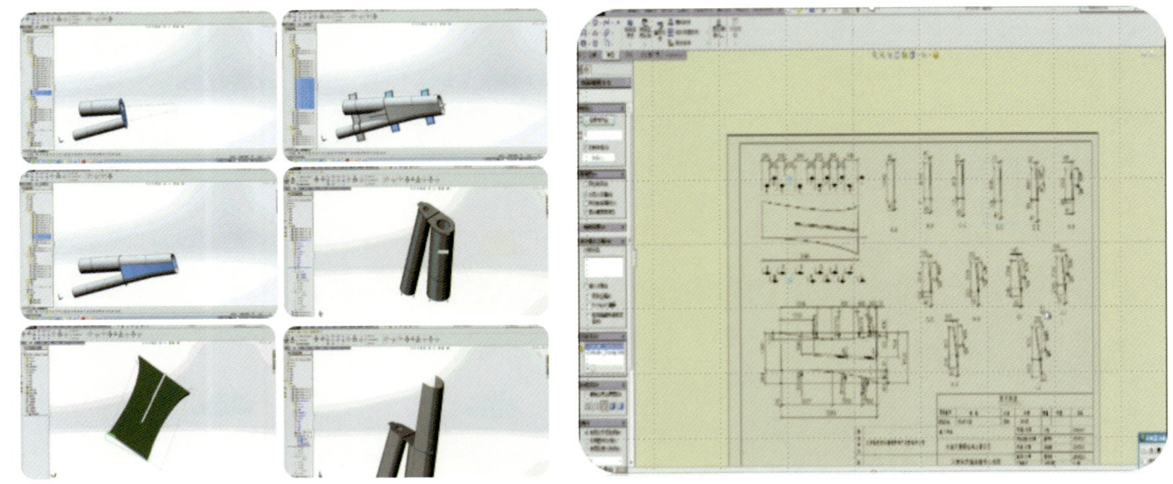

图 10.1-1 应用 BIM 软件模拟指导下料

4. 基于 BIM 的钢结构虚拟制作技术

以本工程弯扭汇交组合钢管柱为例，为方便零部件拼装，监控构件组装精度，减小焊接变形对焊接过程中的影响，使用可调节性的胎架进行构件的实体组焊工作。胎架安装过程中，由于构件的结构形式不同所使用的胎架也不相同，为提高安装效率，在胎架正式放样前采用 BIM 技术进行胎架模拟放样安装。胎架模拟示意如图 10.1-2 所示。

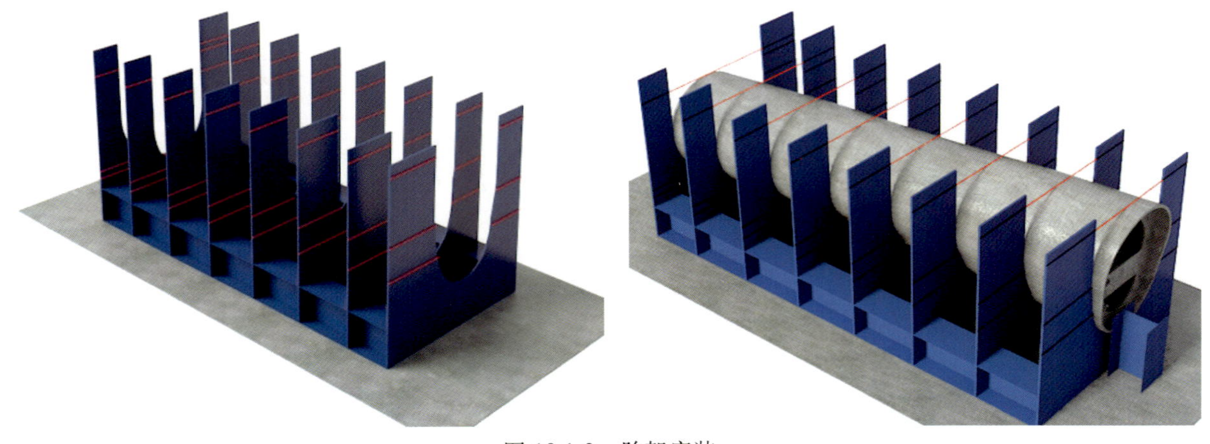

图 10.1-2 胎架安装

在安装完成的胎架上完成各零件的安装焊接工作。由于弯扭汇交组合钢管柱内部零件纵横交错、截面复杂，为保证内部所有零件可施焊性和控制焊接变形，正式组装前利用 BIM 软件进行虚拟组焊，从而确定最佳的组拼方案指导构件加工。弯扭汇交组合钢管柱 BIM 模拟组拼流程如表 10.1-2 所示。

弯扭汇交组合钢管柱 BIM 模拟组拼流程　　表 10.1-2

组拼步骤	施工内容	图示
1	将直径小的圆弧连接板放置在胎架上固定牢固，根据过渡钢板的位置控制线进行定位	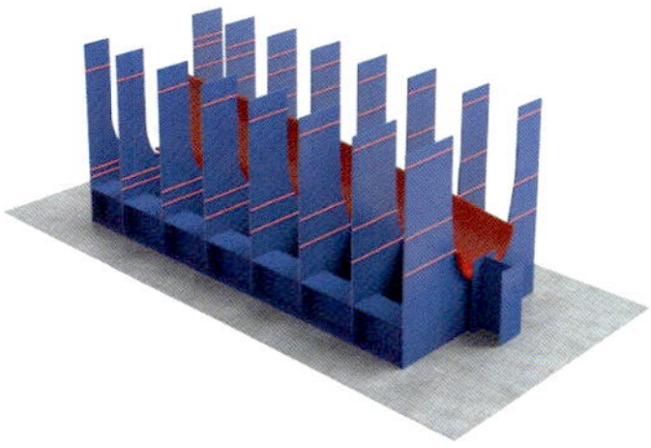
2	安装并焊接隔板	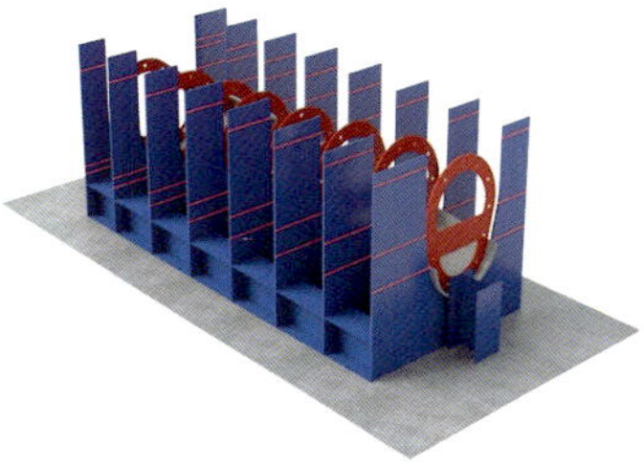
3	内侧栓钉焊接	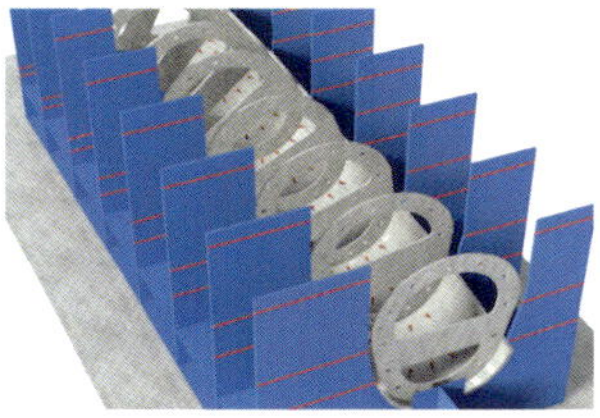
4	将两块过渡钢板安装在结构上，调整合格后焊接	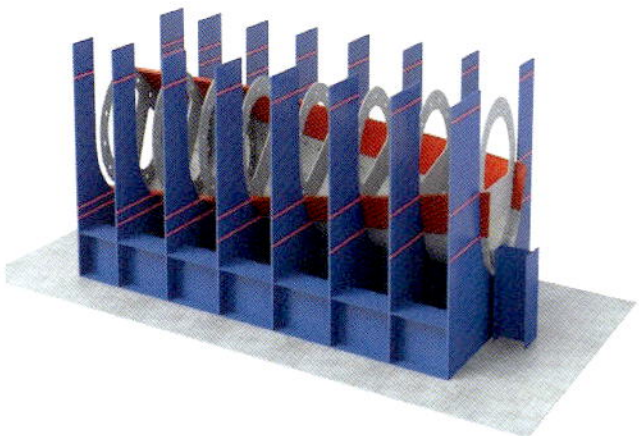
5	T 形纵向加劲肋的安装、焊接	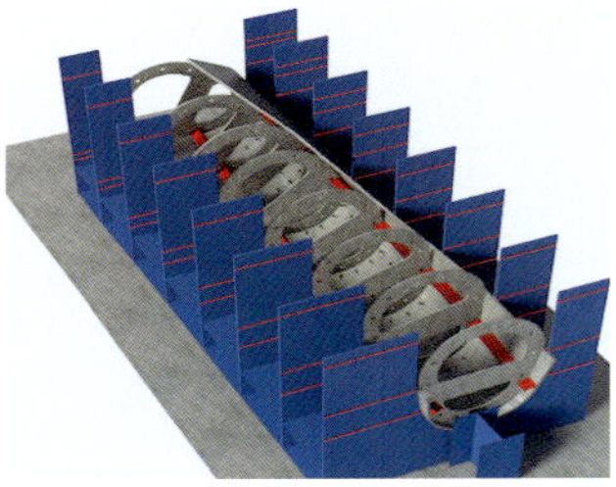

续表

组拼步骤	施工内容	图示
6	检查插板弧度，并将插板按照隔板间的间距断开	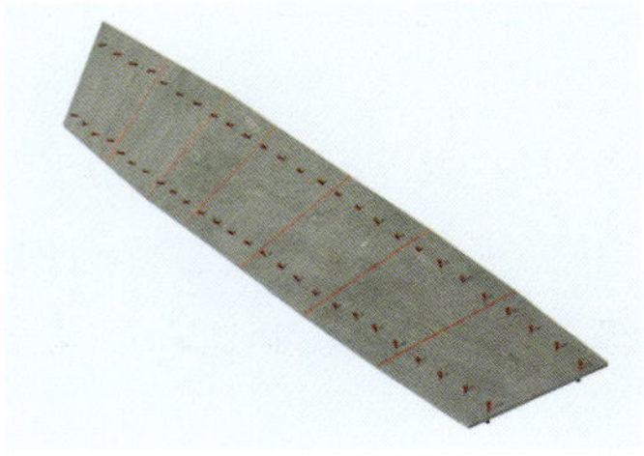
7	将分段后的插板分别安装在钢柱内，调整合格后焊接	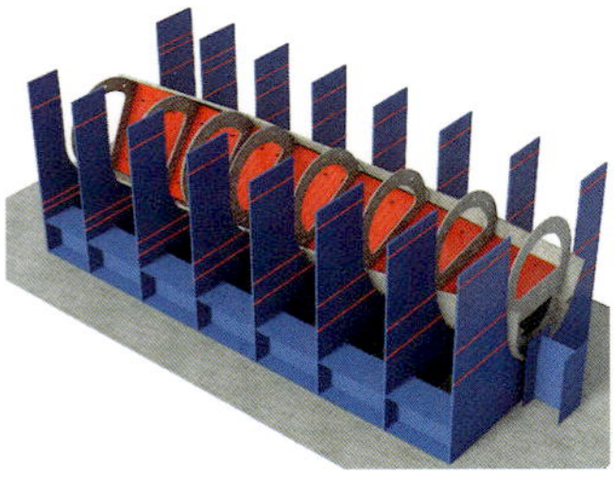
8	焊接过渡钢板上的栓钉和上侧 T 形纵向加劲肋	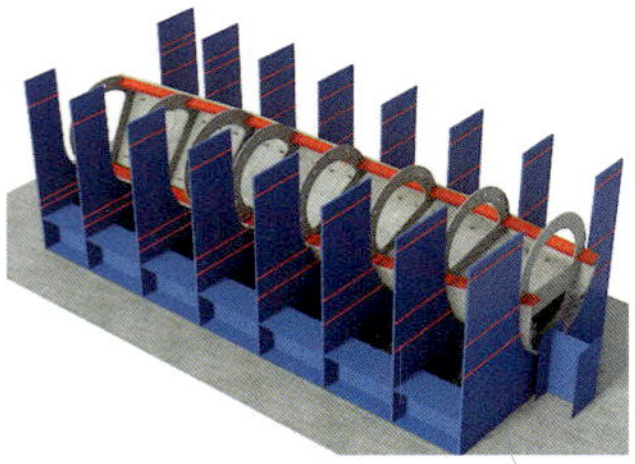
9	将大圆弧连接板安装在结构上	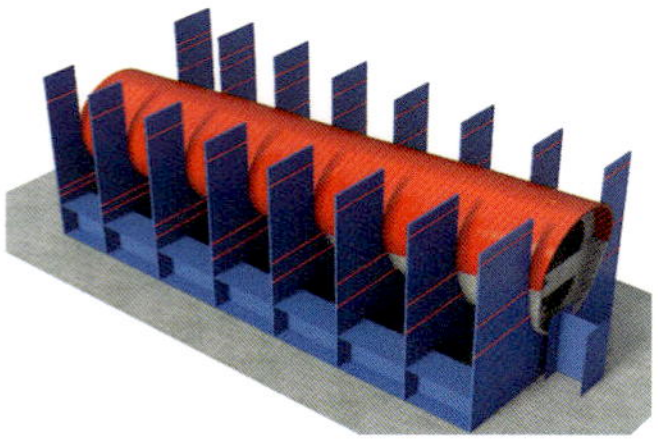
10	拉尺寸检验线检验合格后，完成钢柱焊接	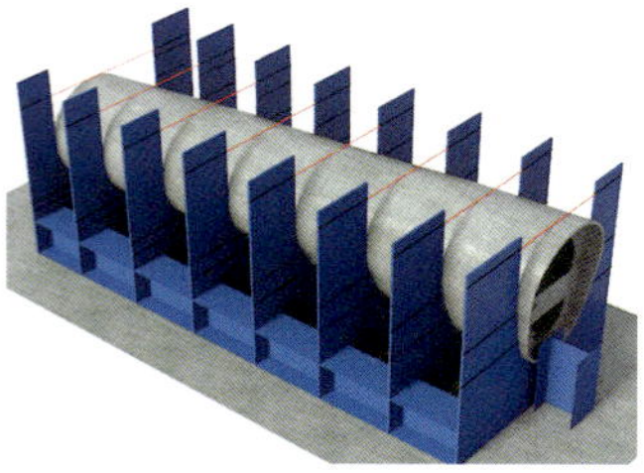
11	安装并焊接牛腿及吊耳等零部件（扫码看视频）	

5. 小结

根据各软件的优、劣势，合理给出不同状态的分层分工，各软件协同建模促进模型建立各个子过程之间的协调及优化，大大提高了模型等的准确性，提升了建模的速度，这些都为施工的顺利进行奠定了基础。

基于 BIM 的复杂钢结构加工技术，有效实现弯曲构件的精确建模，对弯扭汇交组合钢管柱进行模拟组拼，减少施工误差，确保构件的精准加工，打通了传统钢结构加工过程中的信息壁垒，解决了施工过程中信息共享和协同工作的问题，大幅提高了项目的生产效率和数字化管理水平。

10.2 基于 BIM 的复杂钢结构智能验收技术

1. 技术概况

对于截面形式复杂、空间位置多变的钢构件，本工程采用基于 BIM 的三维激光扫描智能验收技术。在构件四周合理设置多个扫描站点，通过外业扫描获得各个扫描站点数据，将各站点数据配准，结合 SCENE 三维数据处理软件进行内业处理生成三维实体模型，通过模型对比生成检查报告，从而实现对构件加工精度 360° 无死角全面检查。

2. 外业扫描

外业扫描工作选定在构件加工车间，通过布置多个标靶对已经加工成型的构件进行现场实地扫描，如图 10.2-1 所示。外业扫描过程因为一次扫描无法将整个构件完整地扫描出来，因此需要通过从不同的角度转站，不同站扫描的数据通过标靶球来定位用于后期拼接，最终获得构件每一个面的数据。

图 10.2-1 外业扫描

3. 内业处理

将外业扫描得来的各测站的点云数据导入 SCENE 软件，通过标记标靶球的方式进行拼接，得到一个完整的构件的点云数据，然后通过裁剪，删除所扫描构件周围的车间环境与构件自身之外的支架等结构的点云数据，最终只筛选出构件本身的点云数据，点云数据筛选完成后将构件的点云数据导入到分析软件 Geomagic Qualify 中进行具体的分析。

首先将点云数据和构件实际的三维模型导入进 Geomagic Qualify 软件，进行对齐操作，对齐方法主要有最佳拟合对齐、N点对齐、特征点对齐等，通常比较常用的是最佳拟合对齐，同时也可以在最佳拟合对齐之后用其他方法对齐，比较对齐结果，选择对齐拟合度更高的结果用于之后的比较工作。

点云与模型对齐完成之后就可以进行具体的分析工作，通常首先进行的是3D比较，以此来对构件的加工尺寸偏差有个整体的了解，在3D对齐步骤中对具体参数进行设置，见图10.2-2。

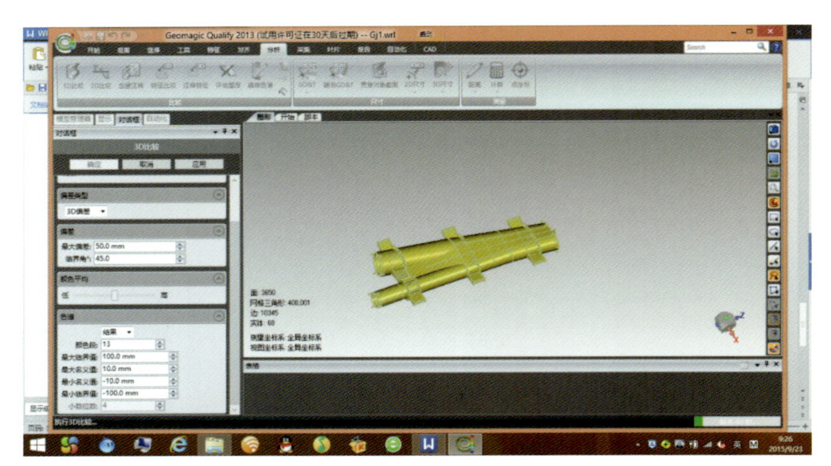

图10.2-2 3D比较参数设置

设置中可选择用不同的颜色来表示不同的偏差范围，以及每种颜色段所代表的偏差范围，比较计算完成后就可以在图形中用不同的颜色显示出该处的偏差大小以及整个构件的偏差分布，如图10.2-3所示。

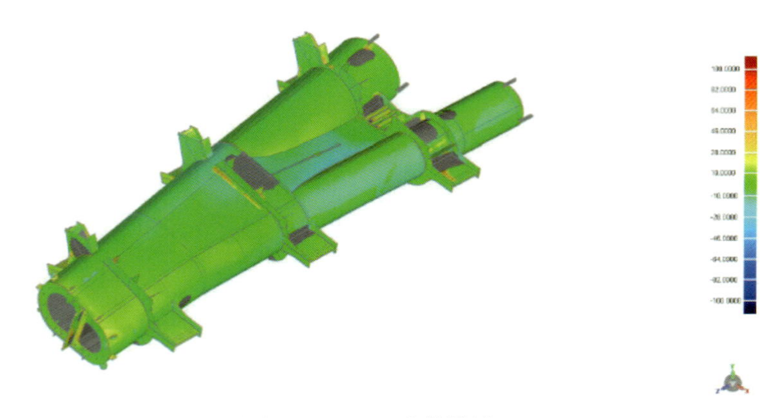

图10.2-3 3D比较结果

3D分析完成后，可以对偏差密集的区域或是关键部位，进行2D比较，如图10.2-4所示。2D比较基于构件需要分析的截面，生成的偏差数据分布也更加直观。

需要分析的截面确定之后点击计算，系统可以自动生成所选界面的剖面图并且用不同颜色段来表示出偏差分布，如图10.2-5所示。

如果对截面的具体分析不能够满足对构件尺寸分析的要求，可以创建点注释，即对构件的任何位置的点进行选定，创建出相应的注释视图，此时就会标出构件的详细尺寸偏差，见图10.2-6。

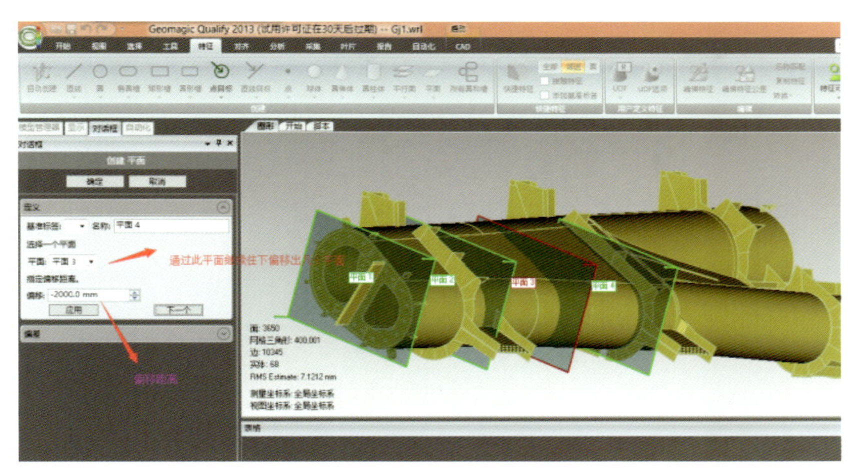

图 10.2-4　选择进行 2D 比较的截面

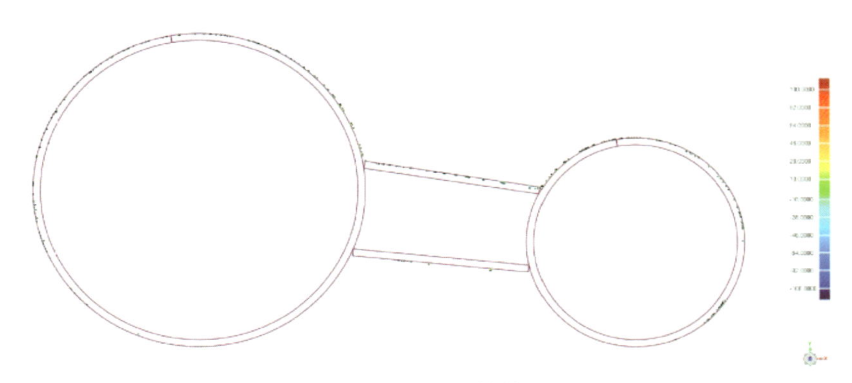

图 10.2-5　2D 比较结果

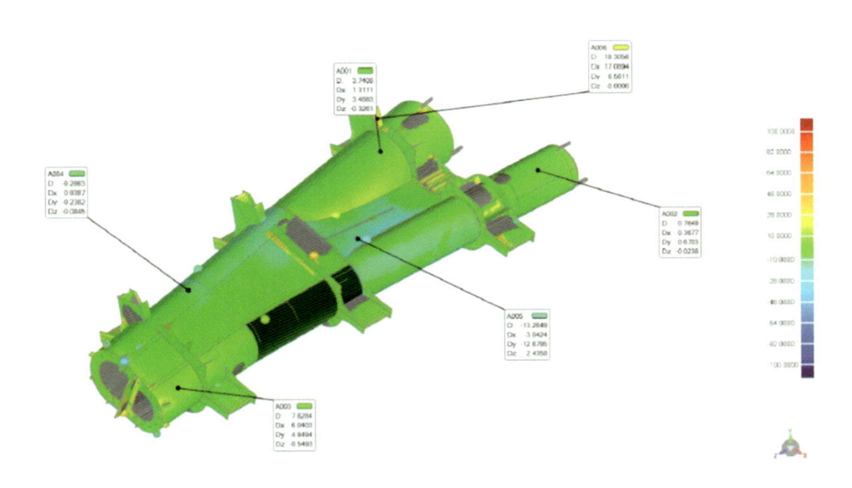

图 10.2-6　生成点注释视图

经过分析计算的偏差数据不仅可以表现在模型上，也可以以图标的形式呈现出具体的偏差分布、标准偏差分布等统计数据，以便更方便地评估构件的整体加工情况。

在点云数据的对比分析操作完成后，可以通过 Geomagic Qualify 软件对之前的所有对比分析操作生成报告并以 pdf 格式保存，方便保存与随时查看，如图 10.2-7 所示。

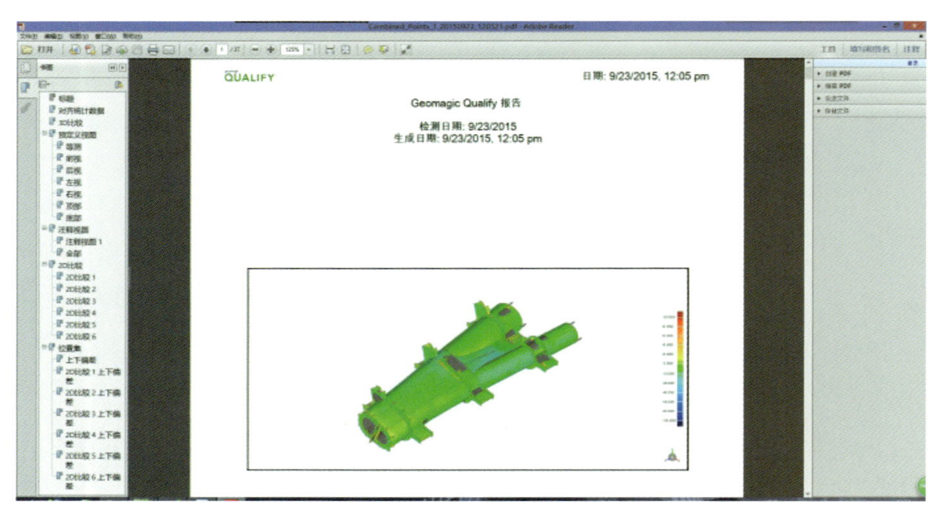

图 10.2-7 生成分析报告

4. 小结

传统测量方式采集的单点数据无法与包含建筑全信息的 BIM 模型相匹配，3D 激光扫描技术能够实现快速自动化的高密度数字信息采集，与 BIM 相结合实现智能验收，达到高密度、高精度的数据采集，准确反映建筑的几何特征，无死角地全面检查，在异形结构的测量中有传统测量方式无法比拟的优势。

10.3 基于 BIM 的钢结构虚拟预拼装技术

1. 技术难点

超高层建筑钢结构复杂节点拼接较为复杂，安装精度要求较高，为了保证复杂构件安装时的空间绝对位置，需对拼装完成后的构件进行一次针对性的检测，验证构件的加工制作精度，从而保证现场安装的质量要求，以确保下道工序的正常运转，但是进行实体预拼装需耗费较多的人力、物力，且需要耗费较长时间。

2. 采取措施

本工程基于三维激光扫描仪与 BIM 技术相结合开发出一套针对钢结构复杂节点的虚拟预拼装技术，既能节省时间与人力、物力，又能满足预拼装需要。

首先对需要进行虚拟与拼装的构件在加工完成后进行逐个扫描，采集所有构件的完整点云数据，如图 10.3-1 所示。

通过 SCENE 软件对构件的点云数据进行提取、去噪等处理之后，将所有构件的点云模型以及组合后的理论模型导入 Geomagic Qualify 软件中，进行点云模型的虚拟预拼装，并通过 3D 比较进行误差分析，如图 10.3-2 所示。

3D 分析完成后，可对偏差密集的区域或是关键部位进行点注释，如图 10.3-3 所示。例如，构件对接的关键连接部位，生成的偏差数据分布也更加直观。

经过分析计算的偏差数据不仅可以表现在模型上，也可以图表的形式呈现出具体的偏差分布、标准偏差分布等统计数据，更方便地对构件预拼装整体精度进行评估。

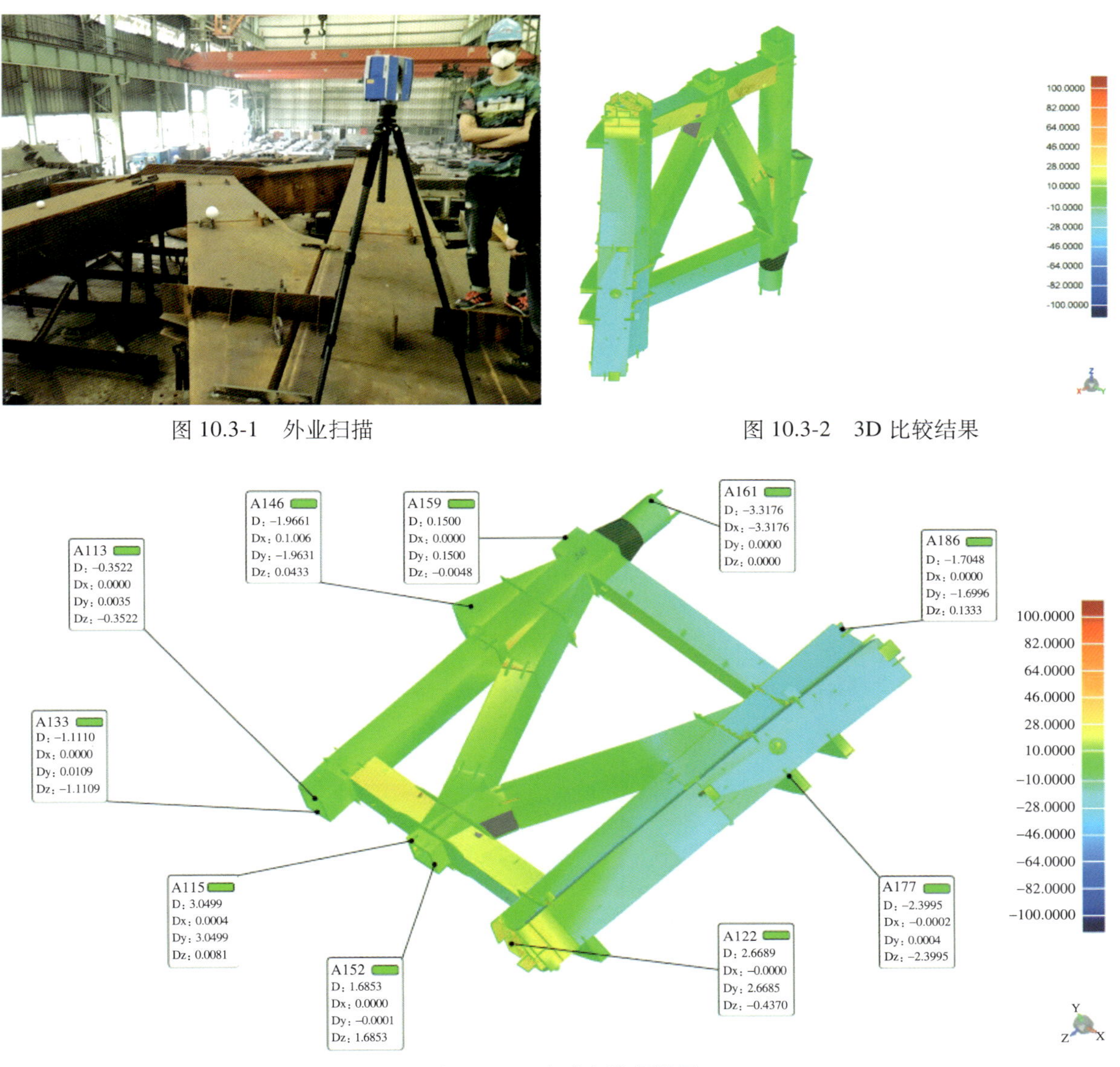

图 10.3-1　外业扫描

图 10.3-2　3D 比较结果

图 10.3-3　生成点注释视图

3. 小结

针对钢结构复杂节点基于三维激光扫描仪与 BIM 技术相结合的虚拟预拼装技术，最大优势在于其具备的高效性。虚拟预拼装可快速、高效地获得拼装性模型，进行针对性检测，大幅减少设计工作量，效率就得到质的提升。

第 11 章　机电安装智能建造技术

本项目在建筑和结构设计方面独具特征，机电系统作为其中庞大且重要的组成部分也具有其自身的特点与难点，如：机电专业均分业态独立设计，多达一百多个子系统，各系统既相互独立又相互联系，但初始设计往往综合协调不到位，存在大量的错、漏、碰、缺问题，同时，净空要求高，预留给机电的安装空间小，但大部分区域管线密集、拥堵，无法满足净空要求。

针对上述提出的问题，传统二维图纸交底根据过往经验揣摩施工往往事倍功半，现场多次拆改也很难达到预期效果。通过全专业 BIM 技术综合协调，可以全方位指导现场施工，很好地解决机电管线布置困难和多专业施工协调困难的问题。

针对机电专业模型实行全方位无死角建模，全面利用 BIM 技术指导机电专业管线施工及多专业设计施工协调。机电专业模型按照机房、管井、平面三大部分逐层拆分，拆分后的这三大部分准确衔接。

11.1　基于 BIM 的机电安装技术

1. 技术难点

本工程机电管线密集，管道之间净距小，多专业交叉作业，施工难度大。如果没有做到统筹协调多专业交叉作业、制订相关工序计划、严格要求依据 BIM 模型精准施工，将会造成 BIM 技术的实施不落地，施工管理混乱等问题出现。

2. 技术措施

针对上述问题，工程提出“无 BIM 不施工”的理念，要求各专业必须严格按照 BIM 模型施工，必须严格按照总包制订的工序计划施工。具体实施步骤如下。

1）施工图纸输出

在 LOD400 模型的基础上，对复杂节点、关键位置进行剖切，生成剖面图。利用 Revit 软件从三维 BIM 模型输出 CAD 图纸的功能，根据制图标准对平面图和剖面图中的机电管线类别、型号规格、标高、定位进行详细标注，制作综合管线图。各专业对综合模型进行拆分，形成单专业模型后，制作单专业平面图、剖面图、大样图和支架定位图。单专业施工图、综合管线图必须基于同一个 BIM 模型。

2）施工工序模拟

根据 LOD400 模型，对局部复杂部位或者关键部位，包括管廊、管井、十字交叉走廊和大型设备机房以及局部管线分层较多的部位进行施工区域划分，对每个区域进行节点划分，根据机电施工进度计划以及管线的综合排布情况，制订各节点的施工工序计划。依据施工工序计划，利用 Navisworks 软件将管线、设备的安装施工工序进行 4D 模拟，制作工序模拟视频（图 11.1-1），进行施工交底，指导复杂部位的机电管线施工。

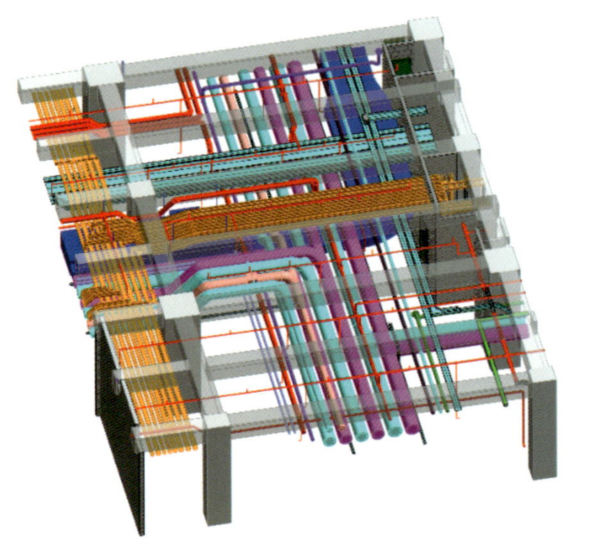

图 11.1-1 工序模拟

3）可视化技术交底

在施工之前，对施工区域管线排布情况，施工重难点，施工工序安排，进度计划及质量要求等内容向各单位作详细的技术交底。

4）可视化验收

区域施工完成后，组织各方对施工质量进行验收，首先对比施工管线位置、标高、尺寸及翻弯点等与 BIM 模型是否一致，其次对比管道支架间距、形式是否与 BIM 模型一致，第三复核检修空间是否与 BIM 模型一致，最后检查管道及支架的施工质量，包括管线水平度、支架垂直度、防火封堵、成品保护等。通过严格的现场管理，最终实现了工程施工效果与 BIM 模型 100% 一致，工程施工与 BIM 模型对比如图 11.1-2、图 11.1-3 所示。

图 11.1-2 地下 3 层 B 区施工效果与 BIM 模型对比一

图 11.1-3 地下 3 层 B 区施工效果与 BIM 模型对比二

3. 小结

覆盖全区域的可以指导施工的 LOD400 模型，强调所有专业必须严格按照模型施工，充分利用 BIM 模型的特性，把 BIM 技术的应用扩展到机电施工及管理的全过程，极大地推动施工进度，提高工程质量。

11.2 接口工序协调管理技术

1. 技术概况

施工过程是一个多工序、多单位、多工种作业，又是搭接流水、立体穿插的过程。为了确保工程质量和如期竣工，各单位各工种间协调配合至关重要。本工程机电管线密集，管道距离墙体、顶棚、楼板面过近，管线之间间距小，多专业交叉作业，施工协调难度大，如图 11.2-1 所示。因此，利用 BIM 技术提前制订合理的工序协调流程和施工计划，可以有效地减轻因工序协调不当造成负面影响，为工程施工保驾护航。

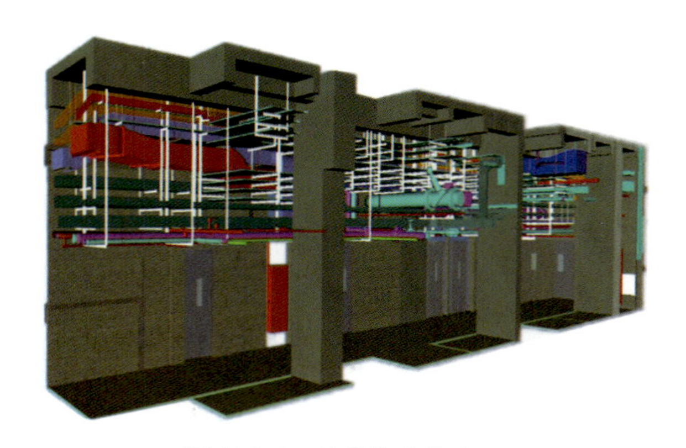

图 11.2-1 管线综合排布示例

工序协调主要包含机电专业间工序协调、机电与土建间工序协调、机电与幕墙间工序协调、机电与装饰间工序协调以及机电与外网间工序协调五大方面，其中较为繁琐的是机电专业间工序协调、机电与土建间工序协调以及机电与装饰间工序协调。以下针对机电专业间、机电与土建、机电与装饰间工序协调进行介绍。

2. 机电专业间工序协调

机电专业间工序配合主要有复杂多层管线安装配合、受电与机电系统调试、消防与机电系统联动调试、BMS 与机电各系统联动调试、室内机电管线与外网施工配合等内容。联动调试在其他章节介绍，本章主要介绍复杂多层管线安装配合技术。

机电专业间协调相对较为简单，施工之前可以根据相应区域的 BIM 模型和总进度计划要求，制订相应的工序协调计划。具体流程如下所示：

施工区域分段→分析管线排布次序→编制专项施工进度计划→制作 4D 工期模拟→完善施工工序协调计划及施工进度计划→视频交底。

在施工区域划分后，根据由上到下、由难到易的原则，对每个区域的支吊架、管道、设备安装以及各单位的人员安排制订详细工序和时间安排，再根据制订的进度安排，利用 Naviswork 软件，将进度计划及模型关联，制作 4D 工期模拟用于复核计划实施的可能性，最后完善工序计划及进度安排并进行视频交底，经各方确认后可以在现场实施（图 11.2-2）。扫码可观看施工工序模拟视频。

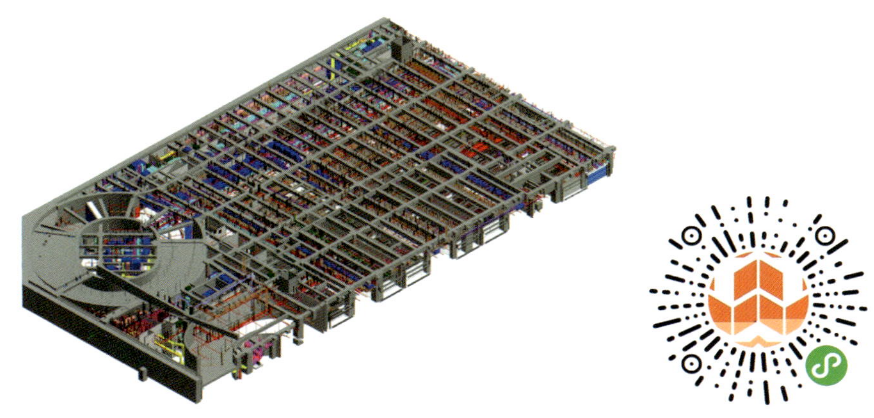

图 11.2-2　机电专业施工工序模拟

3. 机电与土建间工序协调

机电与土建间工序配合主要有预留预埋施工配合、管道井套管直埋配合工序、二次墙体套管直埋配合工序、大型设备运输与二次墙体预留配合工序、管线安装与二次墙体砌筑配合工序、地下室管线安装与顶棚涂料配合工序、管井管线施工与墙体砌筑工序、开槽配管与抹灰见白配合工序、屋面设备管线安装配合工序、防水部位的机电土建配合工序、各类机房设备管线安装与土建配合工序等。在制订工序协调计划之前应先对该位置的 BIM 模型和相关设计图纸进行分析，了解该位置所包含的具体施工专业和施工内容，明确施工要点和施工难点，然后再经过各方讨论制订切实可行的施工工序流程和计划。

主体结构预留预埋、管道井套管直埋、二次墙体套管直埋以及设备运输路线墙体预留的工序配合均在其他章节有所提及，本章主要介绍机房内工序协调。

1）管井工序协调

本工程核心筒区域设有多个相邻管道井，管井内管道尺寸大，数量多，造成机电管线施工与墙体砌筑施工协调难，以风管井最为典型。施工工序为：

PAD 风管安装→管道试验、保温→ 3 号隔墙砌筑→ LPD 风管及 SPG 风管安装→管道试验→ 2

号隔墙砌筑→消防管道安装→1号、4号外墙砌筑。

2）电梯机房工序协调

以电梯机房为例，墙体砌筑应按照专项施工方案预留曳引机运输通道，一般而言，3t以上的曳引机需在吊装就位后进行墙体砌筑，3t及以下的曳引机可以先进行墙体砌筑。机房内施工除电梯部件施工外还包括空调系统施工，照明、配电系统施工，顶棚饰面装修施工等内容。电梯部件包括机房部件、井道部件和底坑部件，机房部件包括主机、控制柜、限速器、变频器、闸箱等。

以13层电梯机房（图11.2-3）为例，曳引机重量为1.9t，尺寸1100mm×1093mm×936mm，为降低曳引机运行过程中对周边办公用房间的噪声影响，机房内设有隔声墙、隔声顶棚及浮动地台。各专业施工工序流程为：

浮动地台施工→墙体、地面施工→临时门安装→曳引机就位→爬梯、护栏安装→洞口封堵→电梯部件安装→机房内风管、风机安装→桥架、电箱安装→配管、配线及电缆敷设→隔声墙、隔声顶棚安装→灯具、开关插座、电话等末端设备安装→防火门安装→电梯运行调试。

图11.2-3 13层电梯机房

3）高低压变配电房工序协调

高低压变配电室一般设有变压器、高压开关柜、直流屏、低压开关柜、配电箱等设备。为了避免变压器运行过程中对楼板产生振动噪声，因此变压器需要设置浮动地台。浮动地台一般与结构楼板同时施工。变压器的尺寸及重量超出施工电梯轿厢尺寸及载荷能力，因此采用塔式起重机加卸料平台吊运，以19层为例，变压器尺寸为1800mm×1500mm×2100mm（长×宽×高），重量为3400kg。卸料平台搭设在接近设备安装的位置，以减少设备在楼层内的水平运输距离。为了配合垂直运输安排，变压器需要提前运输至对应楼层就位。待幕墙封闭后才能进行机房移交和设备安装。

以19层高低压变配电房为例（图11.2-4），简要介绍变配电房内工序配合。机房移交应具备以下几点要求：幕墙应按照节点计划安排做好封闭；钢结构的钢梁和钢柱做好防火喷涂；墙体砌筑完成并抹灰见白（需要预留运输通道的应按照专项方案预留运输通道），地面施工完成。本机房有无关过路风管通过，设计设有防火顶棚分隔。总施工工序为：

浮动地台施工→变压器吊装就位→幕墙封闭→墙体砌筑抹灰见白、钢结构防火喷涂→临时门安装→上层机电管线安装→钢平台吊柱安装→防火顶棚施工→顶棚下机电管线安装→设备安装就位→电缆敷设→灯具、开关插座、烟感等末端设备安装→防火门安装→设备运行调试。

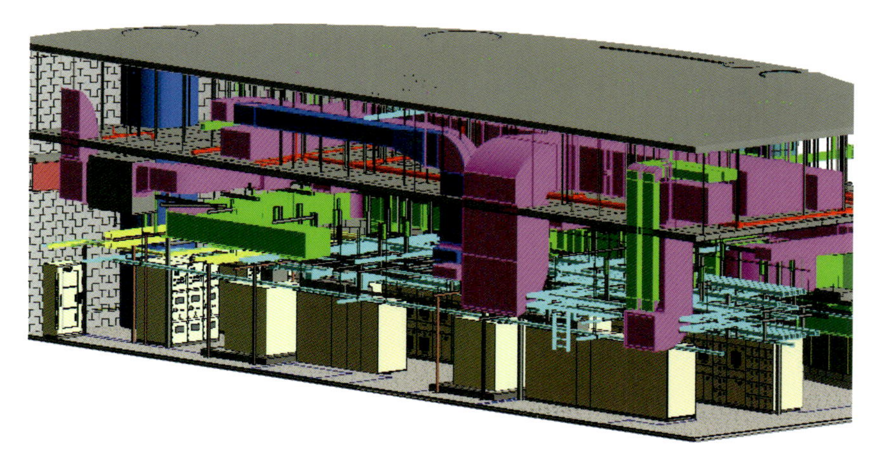

图 11.2-4　19 层高低压配电房

4. 机电与装饰间工序协调

机电与装饰间工序配合主要有机电与轻质隔墙施工配合、设备层隔热顶棚与管线安装配合、后勤区顶棚与管线安装配合、设备机房隔声墙隔声顶棚施工配合、架空地台施工配合、装饰顶棚机电点位施工配合、装饰墙面点位施工配合、卫生间洁具安装施工配合等。

因卫生间土建、精装、机电穿插作业多，装修标准要求高，因此以办公区卫生间为例介绍各专业工序协调。本工程坐便器采用后排水，坐便器水箱暗埋在装修墙体内。精装修施工前，墙体砌筑和机电干线施工基本已经完成。精装修进场后根据精装图纸对现场进行复测，若因机电管线标高过低影响顶棚安装的，对于机电可以调整的则机电配合调整，对于机电无法调整的则需反馈至设计顾问，由顾问提供解决方案。待标高问题解决后，再进行装修与机电点位的综合协调及深化图纸报审。图纸审批通过后，现场即可开始施工（图 11.2-5）。实施流程如下：

精装放线→铣洞→坐便后排及地漏排水管道安装→灌水试验→墙体砌筑、抹灰及地面找平层、防水层及保护层施工（防水层施工完成后应进行 24h 闭水试验）→水箱安装、线管线盒安装→隐蔽验收→龙骨施工→面层石材安装、地砖铺装→洁具安装→精装收尾→验收。

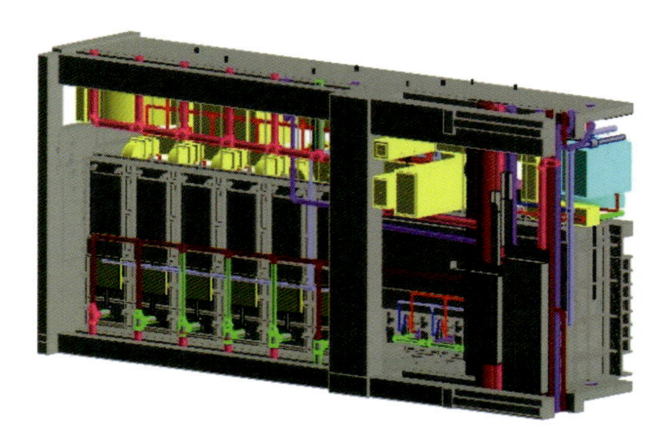

图 11.2-5　卫生间大样图

5. 小结

通过 BIM 技术将原本交错复杂、难以理清的机电管线安装图纸，直观地展示在电脑上，方便进行机电管线综合排布及机电与多专业间的设计协调。利用 BIM 技术直接输出施工图纸，将三维图纸转化为可用于现场施工的二维图纸，二维图纸与三维模型的综合应用，解决了各个专业之间的交叉碰撞问题，为施工的顺利实施提供了技术保障。同时，有了 BIM 综合模型，实现每一步施工模拟的可视化，制订详细的工序计划和各工序的人员安排，确保管线安装的有序开展，各专业间交叉施工的有序进行，提高了工程质量，加快了工程进度。

第12章　幕墙工程智能建造技术

基于建筑幕墙形式多样、造型复杂，以参数化设计为主线，以BIM表现为手段，快速完成1.5万块幕墙板块的优化和模型绘制。利用BIM软件专业模块深化构造节点，实现了复杂曲面的自然平滑过渡，保证了建筑形体的外观设计效果。玻璃规格归并，从初步设计的6652种优化至3308种，显著提高了工业化水平和加工效率。

运用三维机械设计软件生成参数化加工模型导入CAM数控加工系统，模拟修正参数进行型材、构件加工。较传统加工效率提升了17%，加工准确率达99%以上，整体加工精度控制在±0.5mm偏差范围之内。共计形成4.5万张加工图，加工各类异形复杂构件18.5万个。采用三维激光扫描结合“逆向BIM建模”技术，预先复核结构偏差预先处理调整，确保了复杂节点构造的外形效果。以BIM技术和科技研发为依托统筹分项工程协同设计、协同加工、协同安装，实现了设计、加工、安装全过程的一体化智能建造。

12.1　幕墙参数化建模

1. 技术概况

（1）幕墙参数化设计：将建筑幕墙构件中的各种真实属性通过参数的形式进行模拟和计算，并进行相关数据统计分析。在建筑信息模型中，针对不同的设计参数，快速进行造型、布局、节能、经济等各种计算和统计分析，遴选最优设计方案。

（2）幕墙参数化建模：以深化设计为主线，以BIM表现为基础，结合工业设计、数控加工等参数化设计软件，通过数据分析进行阶段模型创建、多专业协同碰撞检查、型材构件深化设计、数控系统模拟加工、施工方法验证、施工方案模拟优化等，从而不断完善深化设计，提升工厂化加工效率，指导现场施工。

本工程塔楼幕墙包含11个系统，裙楼幕墙包含4个系统。见图12.1-1、图12.1-2。

2. 塔楼幕墙参数化模型创建

1）施工模型创建

根据设计院提供的已有单元体板块控制点坐标，采用专业软件创建参数化线框模型，通过GH插件导出Revit可读取的控制点坐标文件。在Revit中根据单元体板块控制点坐标进行BIM模型创建（图12.1-3～图12.1-10）。以设计院批准的LOD100表皮模型为基础进行后续深化设计，施工模型须阶段达到LOD300、LOD400精度。

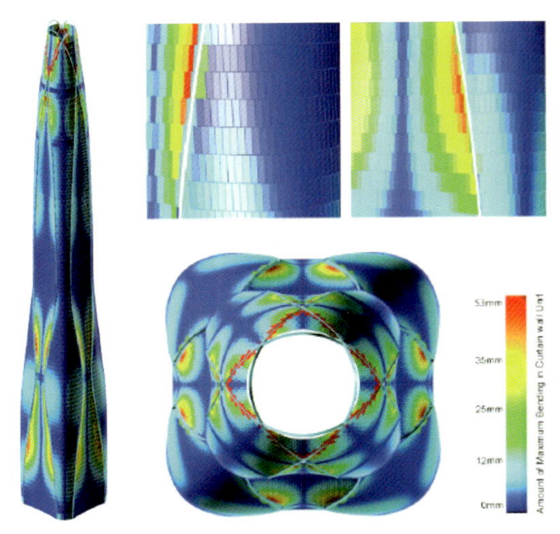

图 12.1-1 塔楼幕墙 BIM 模型

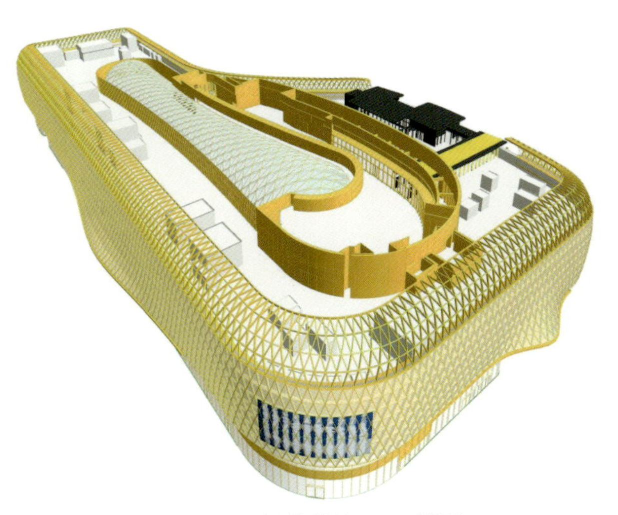

图 12.1-2 裙楼幕墙 BIM 模型

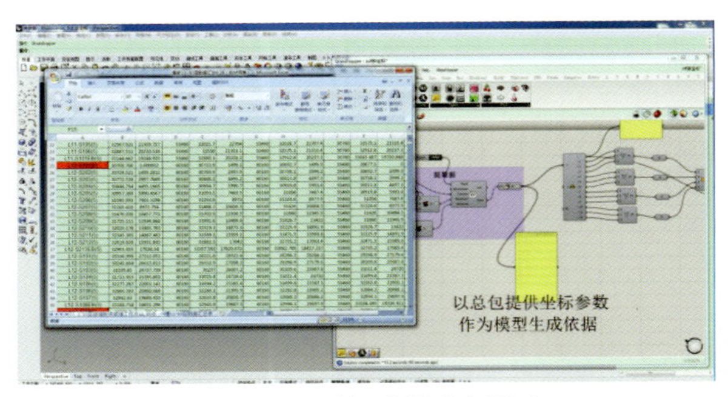

图 12.1-3 现场建筑坐标输入

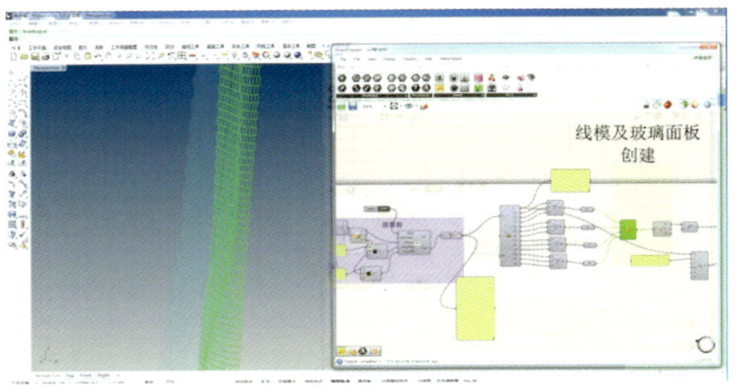

图 12.1-4 玻璃面板线模创建

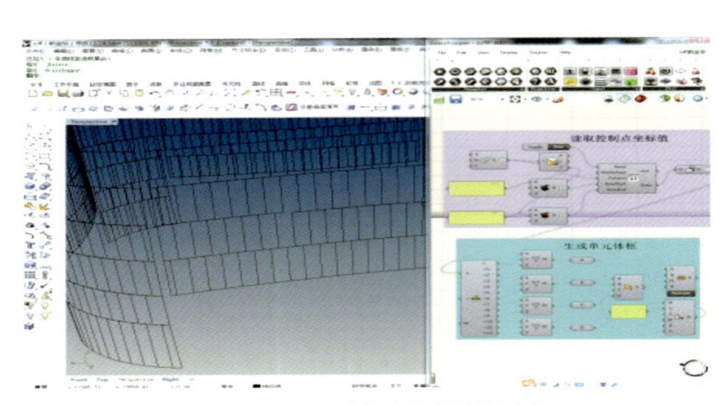

图 12.1-5 单元体线模创建

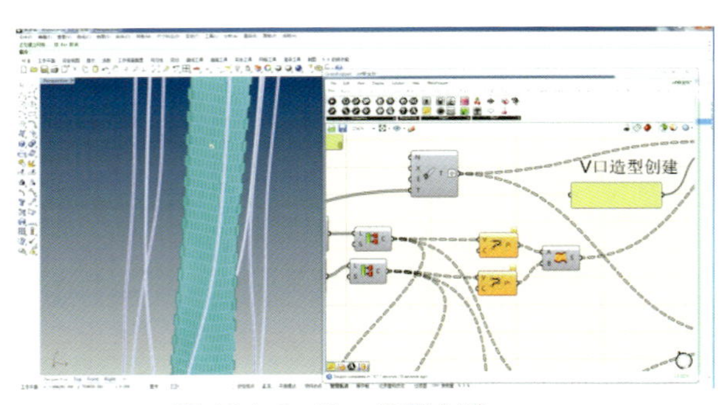

图 12.1-6 V 口造型创建

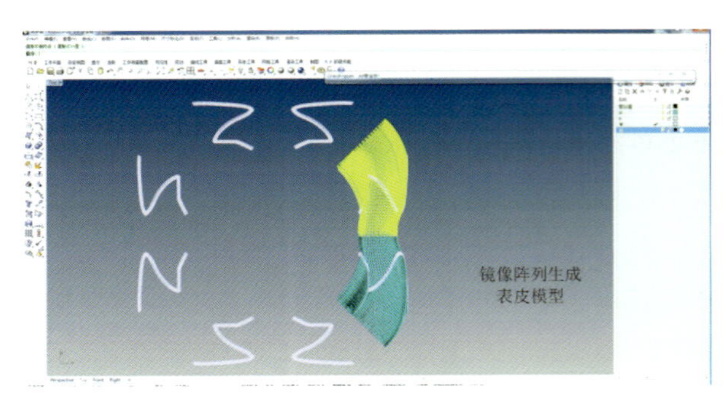

图 12.1-7 表皮模型创建一

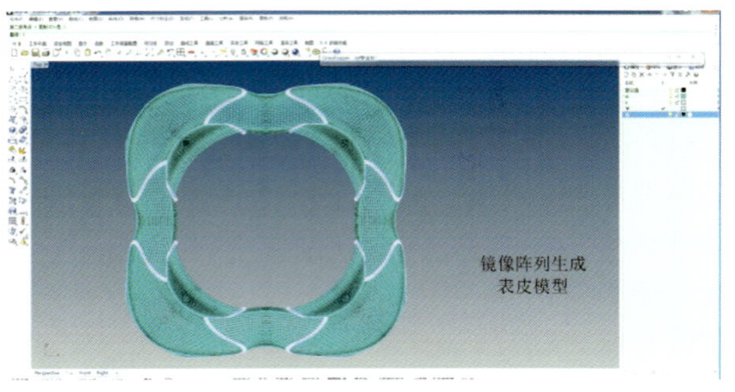

图 12.1-8 表皮模型创建二

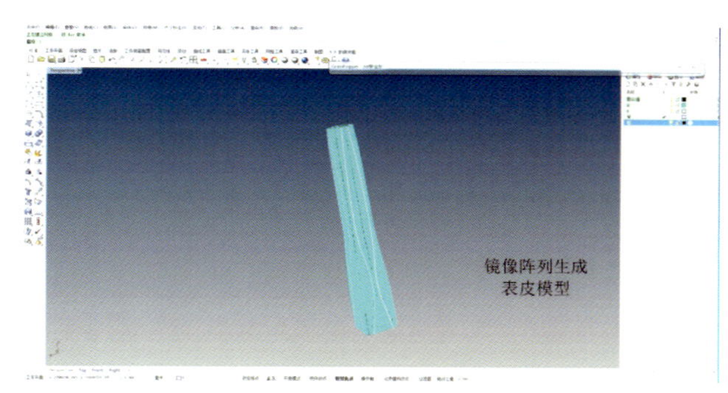

图 12.1-9　表皮模型创建三

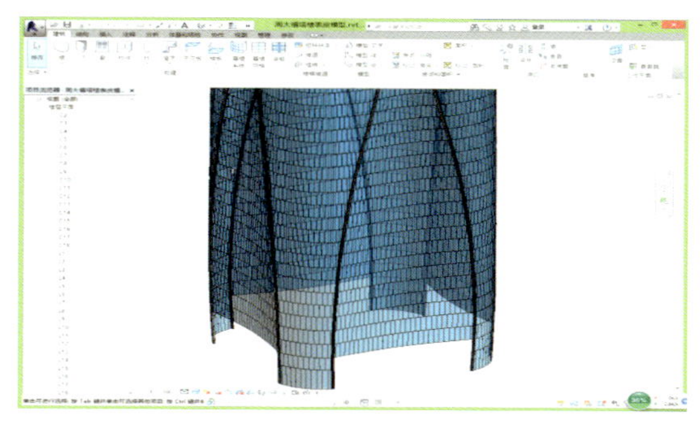

图 12.1-10　表皮模型创建四

2）加工模型创建

（1）通过 GH 程序生成相关建模参数，提取标准板块导出建模参数导入 ProE 软件（图 12.1-11、图 12.1-12）。提取关联坐标点、整合板块控制参数，从施工图获取相关定位重新拼装节点导出 DXF 文件，同时创建零件导入 DXF 文件（图 12.1-13、图 12.1-14）。

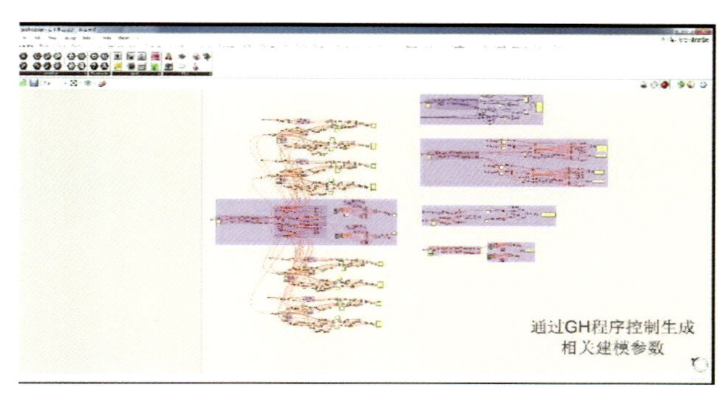

图 12.1-11　GH 程序生成建模参数

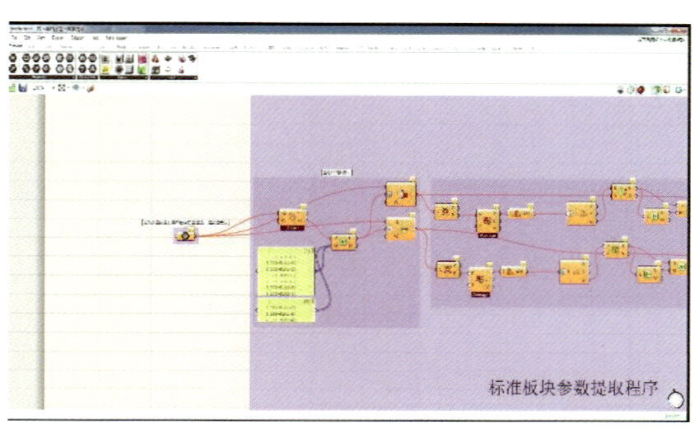

图 12.1-12　提取标准板块参数

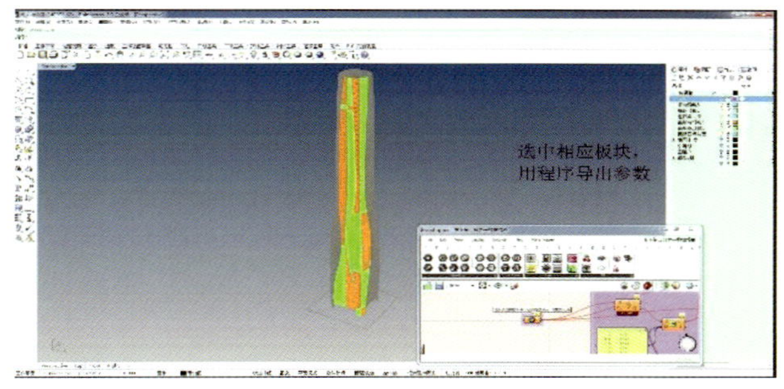

图 12.1-13　导出板块参数

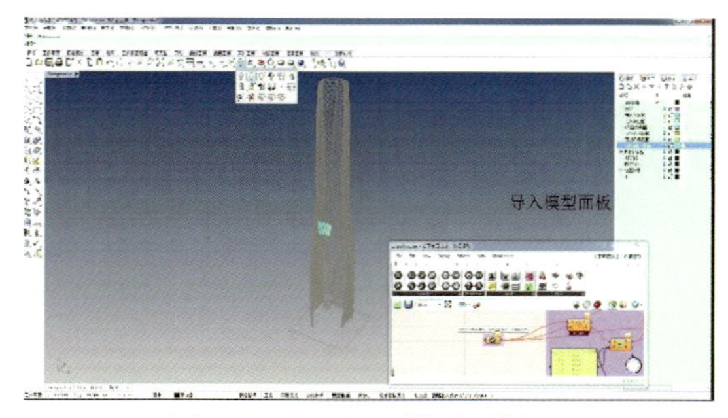

图 12.1-14　导入模型面板

（2）选取 DXF 文件创建轮廓进行线材参数化设置创建。通过 PLM 系统将零件与物料参数化信息关联，完成单个线材零件创建，进而完成其余零件创建（图 12.1-15、图 12.1-16）。创建定位点及点参数关联，完成单元板块坐标点创建。通过控制点转换创建定位面参数关系创建单元体骨架，零件参照骨架安装（图 12.1-17、图 12.1-18）。

（3）输出加工图并进行参数化标注，所有零件加工信息参数化（图 12.1-19、图 12.1-20）。模型参数输入程序批量生成单元板块装配，对单元体各组件进行编号并输出明细表，导出零件参数表，导出 STP 文件（图 12.1-21、图 12.1-22）。

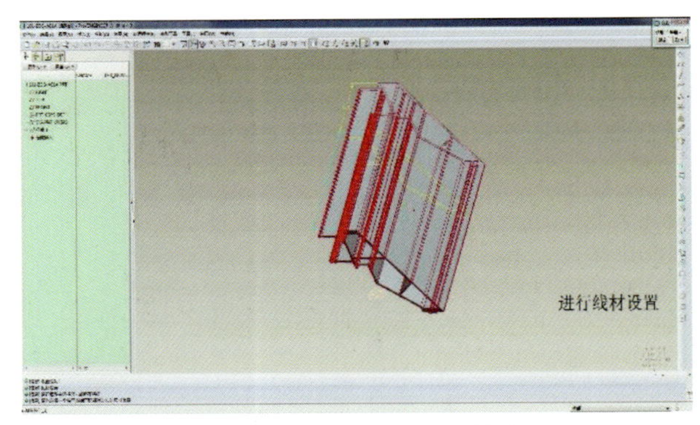

图 12.1-15 线材设置创建

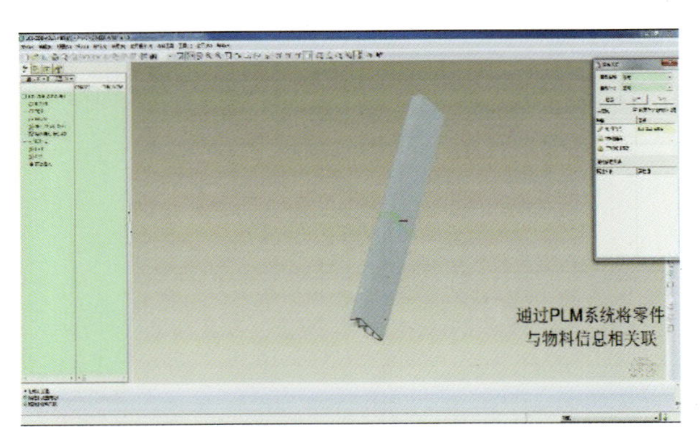

图 12.1-16 零件与物料信息关联

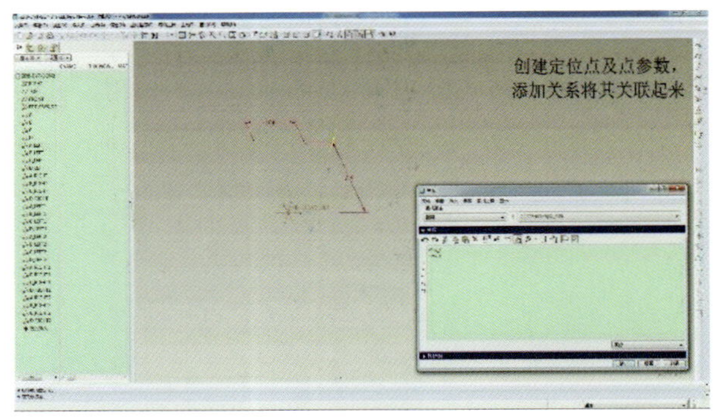

图 12.1-17 创建定位点及点参数

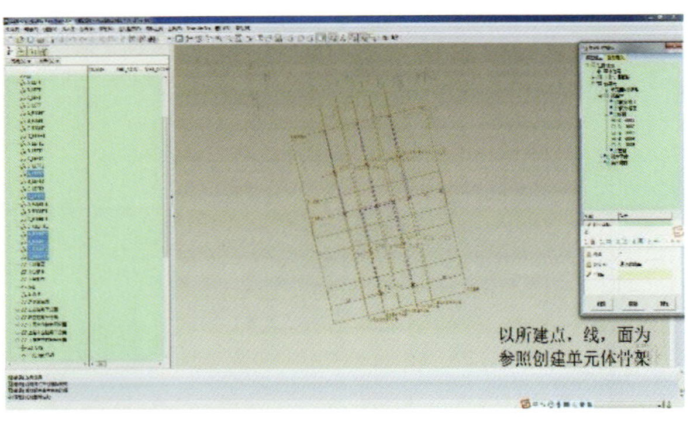

图 12.1-18 创建单元体骨架

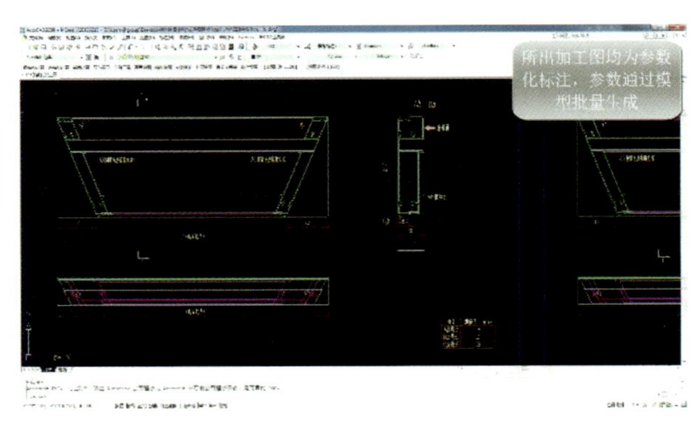

图 12.1-19 加工图参数化标注

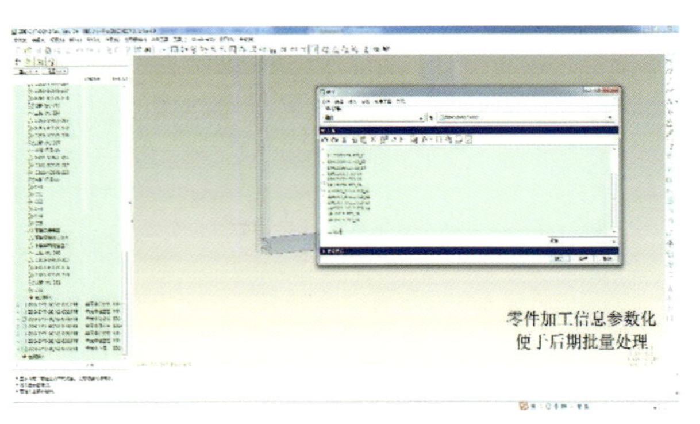

图 12.1-20 零件加工信息参数化

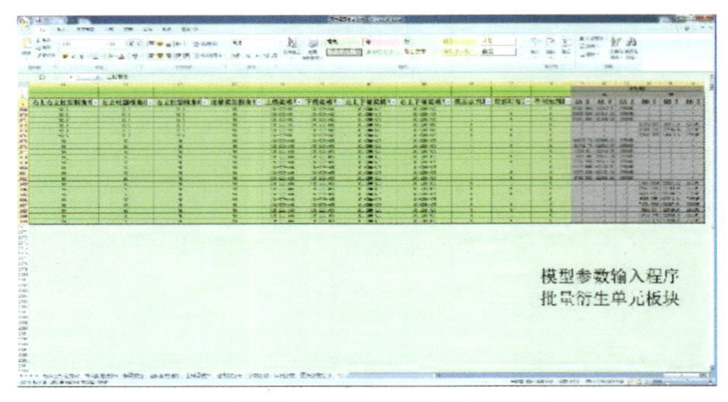

图 12.1-21 模型参数输入程序

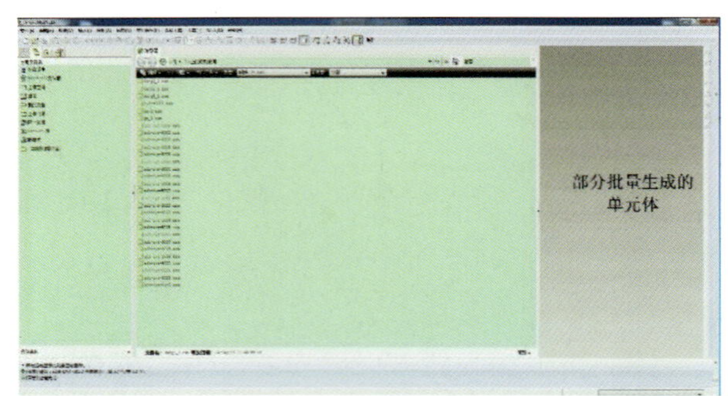

图 12.1-22 批量生成单元体

3）CAM 系统模拟检查

将型材加工模型导入 CAM 数控加工系统，模拟数控加工中心对加工过程进行三维错误检查，发现问题及时修正加工参数后进行反复模拟加工。检查确认无误后，输出编程文件至数控中心进行加工（图 12.1-23、图 12.1-24）。

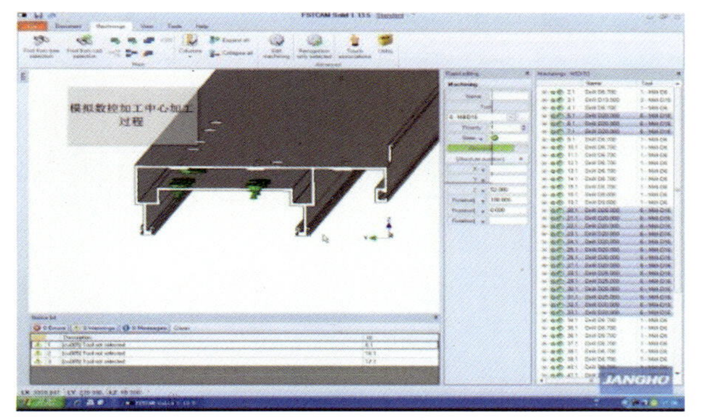

图 12.1-23　模拟数控加工检查

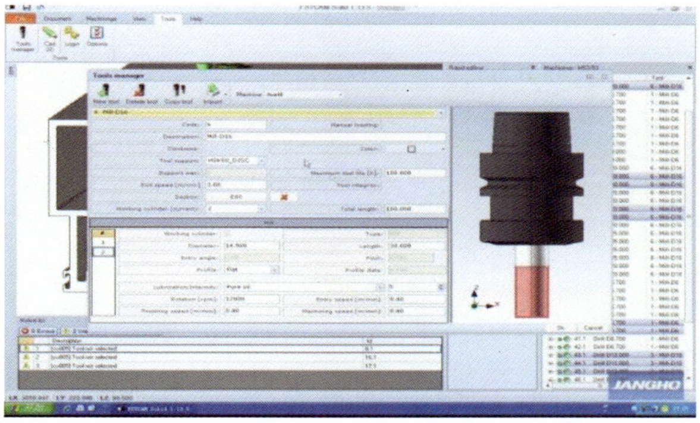

图 12.1-24　修正加工参数

3. 参数化工艺模型创建

（1）实现 3D 浏览，对项目的整体效果进行提前评估（图 12.1-25）。

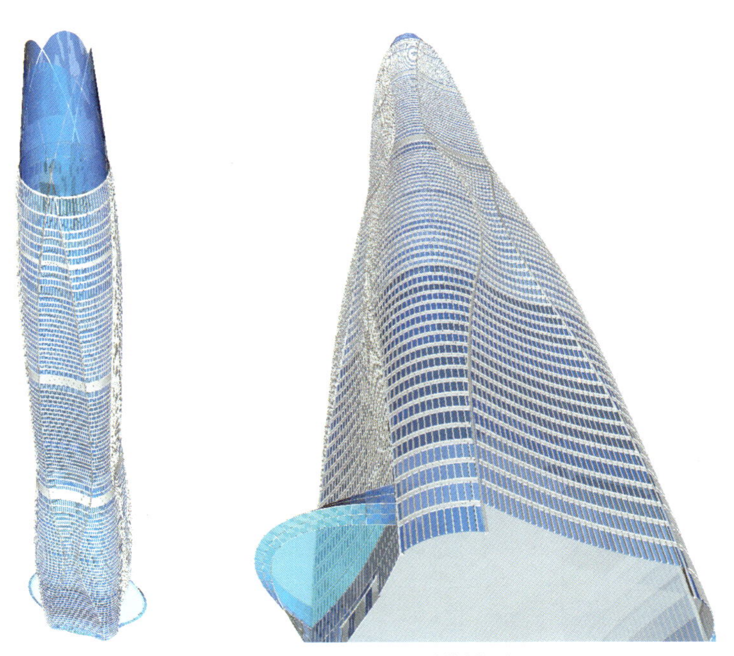

图 12.1-25　3D 浏览模型

（2）生成 ProE 加工模型导出板块加工装配信息参数，再将模型导入 CAM 数控加工系统模拟加工检查修正参数后输出加工程序文件（图 12.1-26、图 12.1-27）。

（3）单元板块加工、检查的依据数据化、参数化（图 12.1-28、图 12.1-29）。

（4）参数化施工过程模拟是单元板块安装和检查的依据，可有效排查未知风险因素（图 12.1-30 ~ 图 12.1-32）。

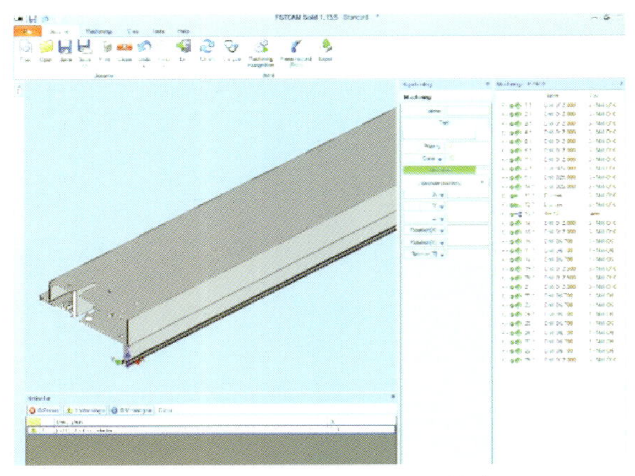

图 12.1-26 型材模拟加工检查一

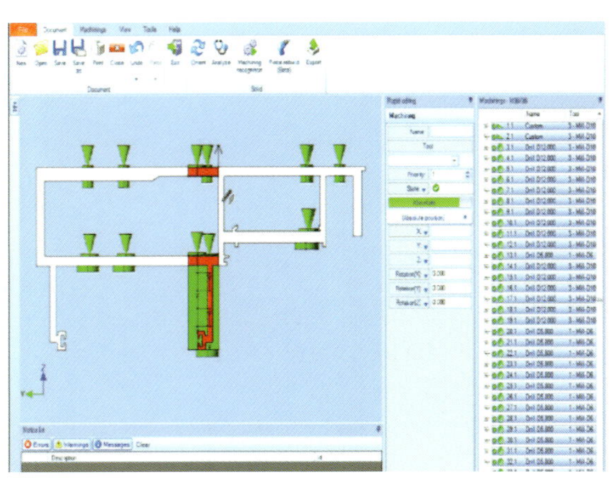

图 12.1-27 型材模拟加工检查二

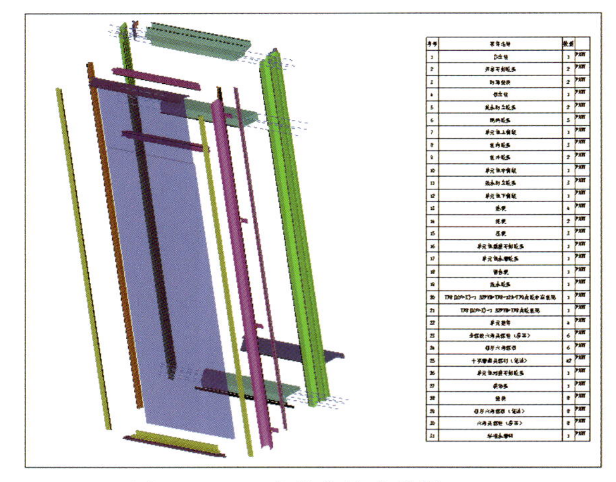

图 12.1-28 参数化检查数据一

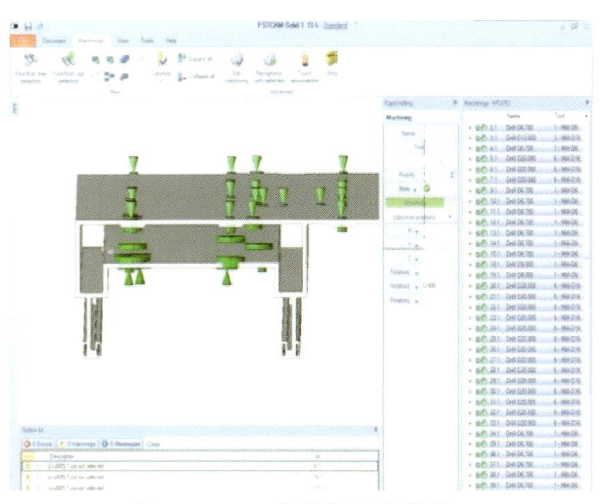

图 12.1-29 参数化检查数据二

图 12.1-30 模拟楼层内转运

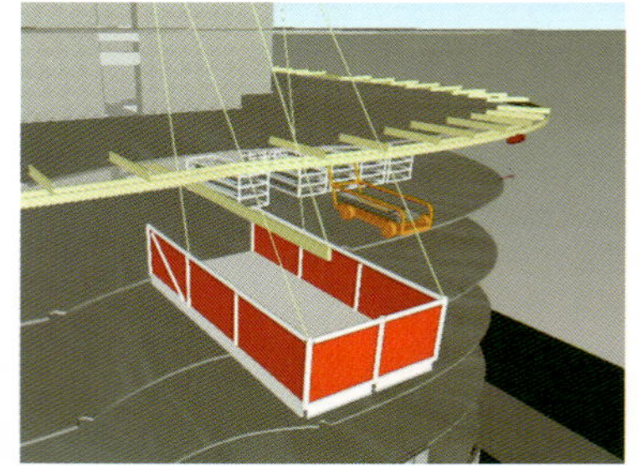

图 12.1-31 模拟存放点到板边

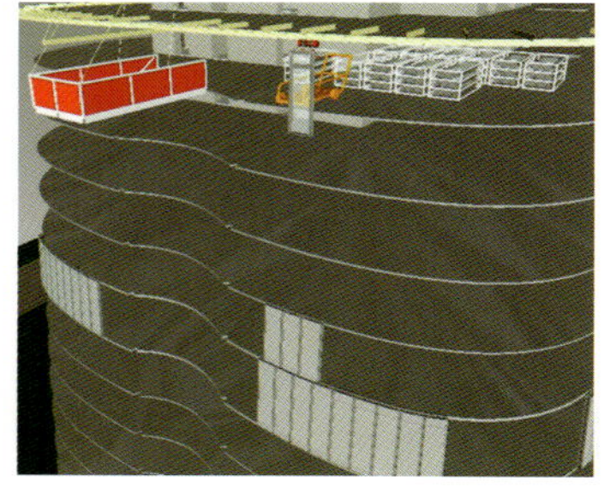

图 12.1-32 模拟环轨吊装

（5）参数化模型与项目自主研发的 E-BIM 协同管理平台相结合，实现物料跟踪定位、物料进厂验收、协同问题创建、检查整改验收、进度计划对比等全过程 4D 施工管理（图 12.1-33 ~ 图 12.1-35）。

4. 裙楼幕墙参数化模型创建

（1）施工模型创建。根据建筑师提供的已有板块控制点坐标，采用 Rhino 创建线框模型，划分幕墙表皮分格，优化板块分格。采用 Inventor 软件进行三维建模，优化构造节点，施工模型精度达到 LOD400（图 12.1-36 ~ 图 12.1-40）。

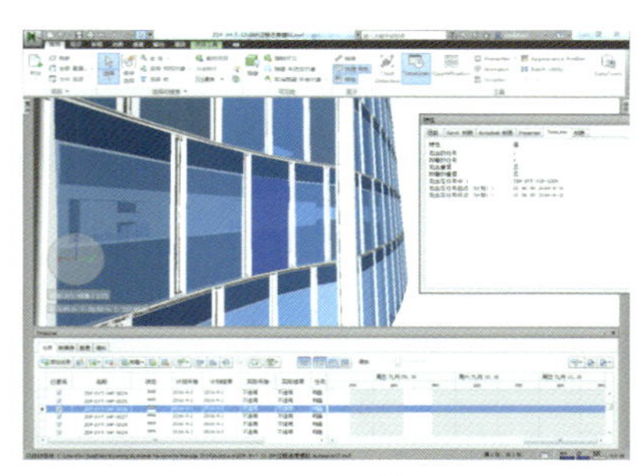

图 12.1-33　4D 施工管理一

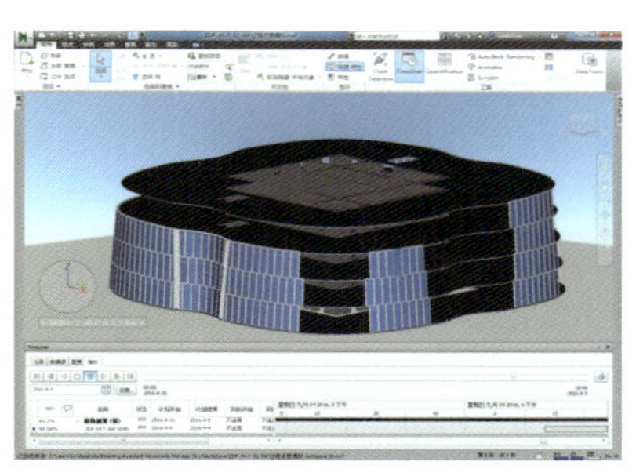

图 12.1-34　4D 施工管理二

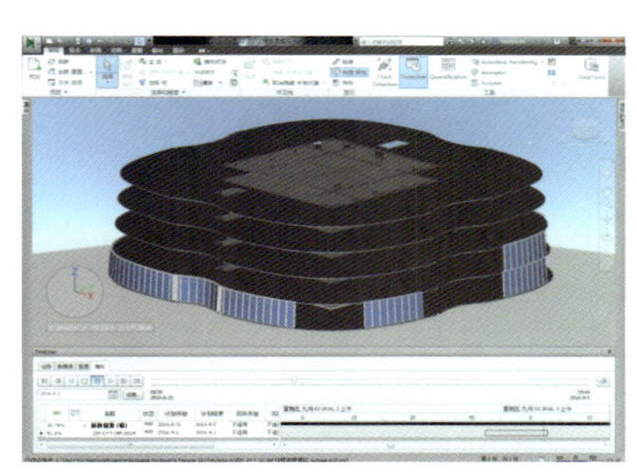

图 12.1-35　4D 施工管理三

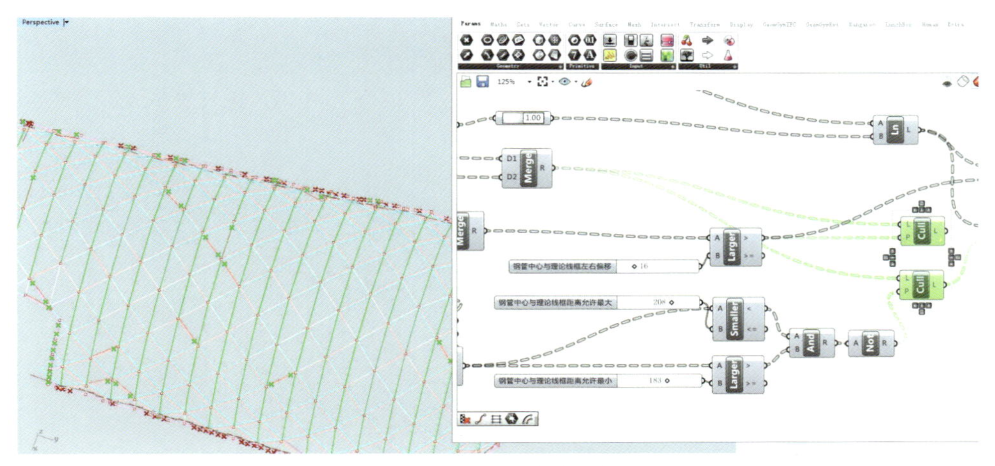

图 12.1-36　S 系统线模创建

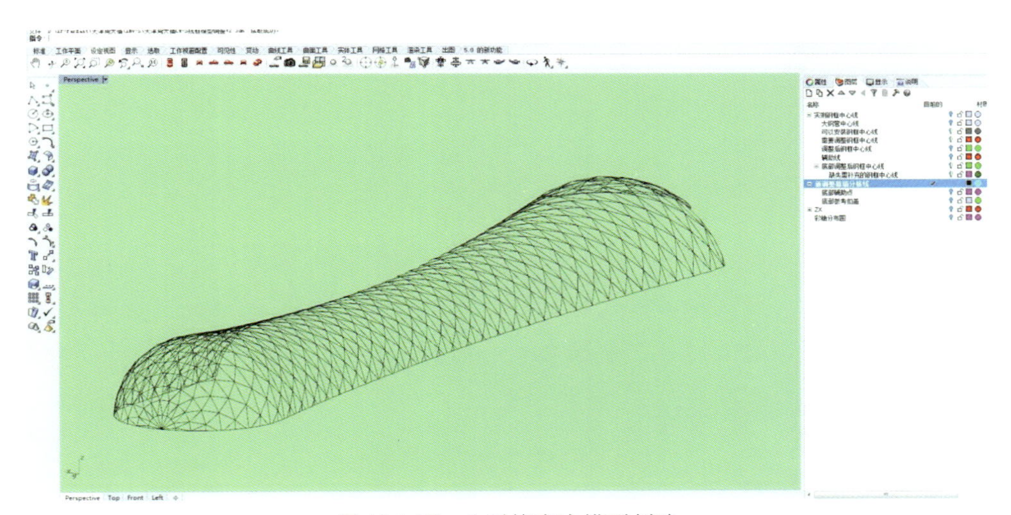

图 12.1-37　S 系统表皮模型创建

图 12.1-38　S 系统 LOD400 模型

图 12.1-39 “米”字形节点 LOG400 模型外视效果

图 12.1-40 “米”字形节点 LOG400 模型内视效果

（2）加工模型创建。利用 Inventor 软件，快速导出加工图，生成 STP 格式文件。将型材加工模型导入 CNC 数控加工系统，模拟加工修正参数后进行生产加工（图 12.1-41）。

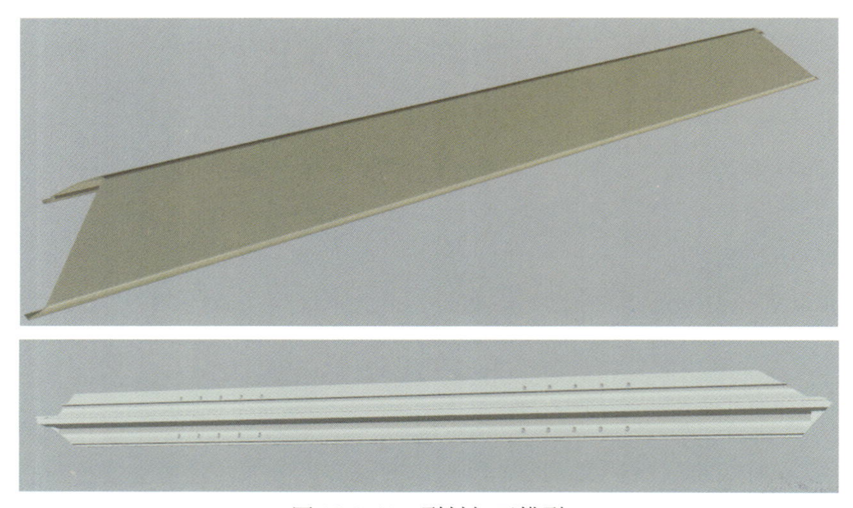
图 12.1-41 型材加工模型

5. 小结

基于智能化建造理念，使用建模软件在已有的幕墙模块化构件族库基础上，只需调整控制参数，便能快速高效得到模型。辅助剖切出图和导入结构计算软件进行分析，都能大幅减少设计工作量。多专业协同工作，提高了幕墙构件加工准确率和整体加工精度，减少了施工偏差，实现设计施工一体化智能建造。

12.2 幕墙单元板块优化

1. 技术概况

本项目塔楼幕墙以单元体幕墙为主。其中，1 ~ 93 层塔身高度为 444.67m，94 ~ 100 层塔冠高度为 85.33m，塔身分为 CW-A1 ~ CW-A8 共八个系统，塔冠分为 CW-B、CL-A1、CL-A3 共三个系统，共 11 个系统，单元体板块共计 14390 块。幕墙设计高度超高，曲面收缩变化复杂，向内最大收缩尺寸达 12.9m，单元板块采用骑缝式插接安装。塔身部分建筑分区幕墙类型，如图 12.2-1 ~ 图 12.2-6 所示。

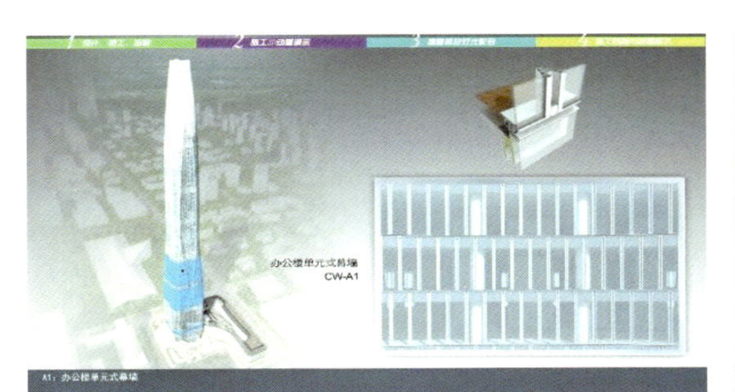

图 12.2-1　办公区 CW-A1 系统单元式幕墙

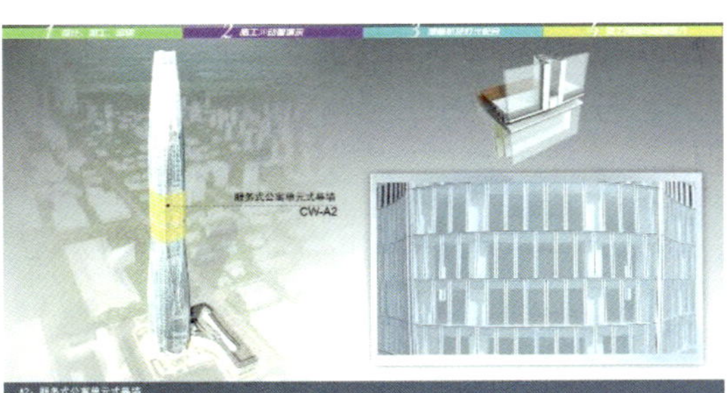

图 12.2-2　公寓区 CW-A2 系统单元式幕墙

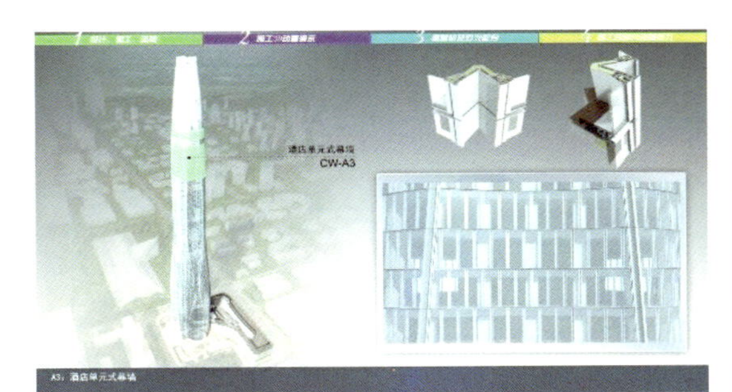

图 12.2-3　酒店区 CW-A3 系统单元式幕墙

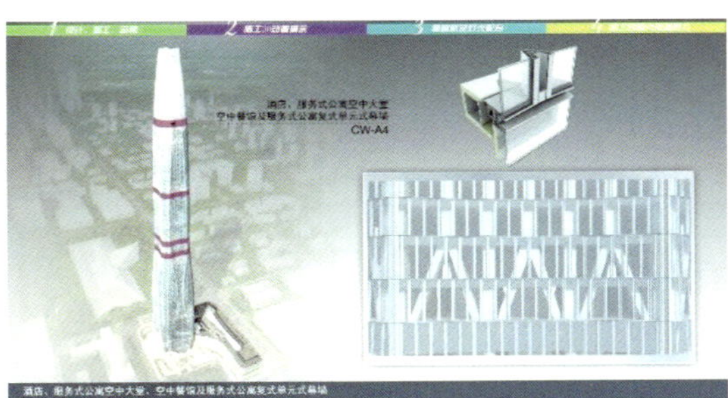

图 12.2-4　空中大堂 CW-A4 系统单元式幕墙

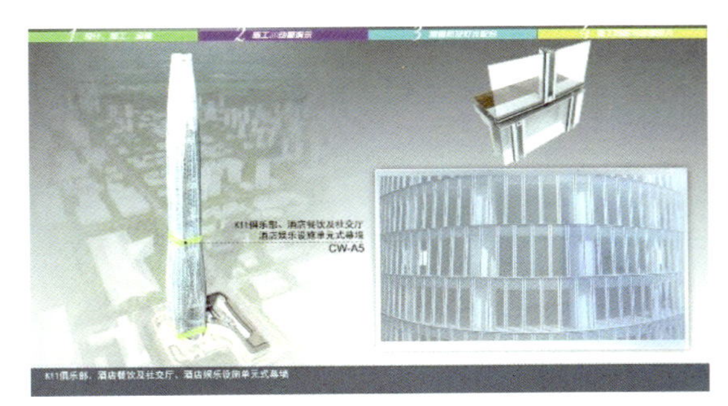

图 12.2-5　商务区 CW-A5 系统单元式幕墙

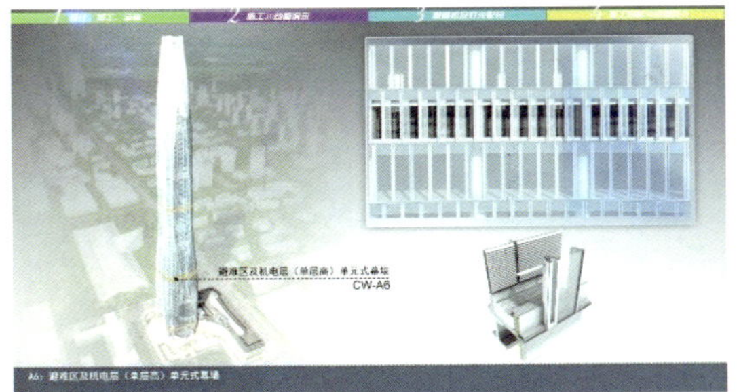

图 12.2-6　避难区 CW-A6 系统单元式幕墙

2. 板块设计过程优化

塔楼幕墙结构形式复杂系统多，深化设计任务重。按照常规思路组织深化设计难度非常大，深化设计持续时间与目标工期冲突不可控。尤其是涉及大量外加工材料的采购组织、加工组织和施工组织，对目标工期的影响也非常大。通过对幕墙造型设计的反复复核计算和对单元板块的分类归并梳理，采取如下措施优化板块设计过程，最大限度缩短深化设计进程。

(1) 经反复模拟复核，发现幕墙平面结构形式是由 1 个 1/8 图形通过角度变化重复组成。BIM 表皮模型（包含单元板块玻璃的创建）深化，首先创建 1/8 个独立模型结合设计要求进行数据修正，修正后的模型以圆心和半径为基础采用镜像阵列的方式快速准确完成表皮模型创建（图 12.2-7 ~ 图 12.2-9）；

(2) 在 BIM 模型快速准确创建的基础上，施工图的深化设计同样采用 1/8 工作法，首先深化完成 1/8 部分的深化设计内容，再分阶段对不同角度的部分进行有针对性的修正完善；

(3) 采用“1/8 工作法”，大大减少了 BIM 模型创建和施工图深化的工作量，有效推进了板块深化设计进程，缩短了外加工材料组织时间。

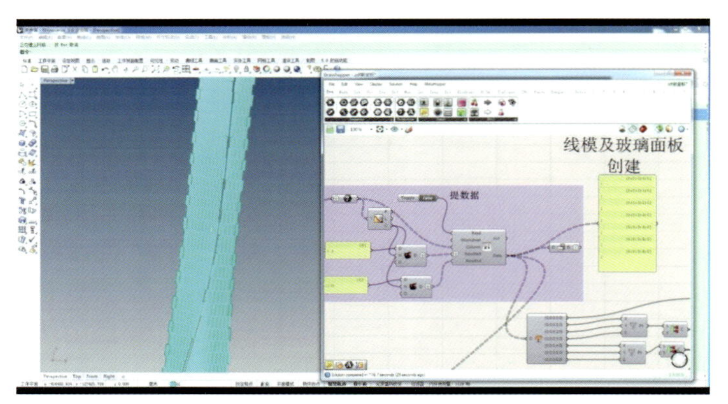

图 12.2-7 1/8 表皮模型及单元板块创建

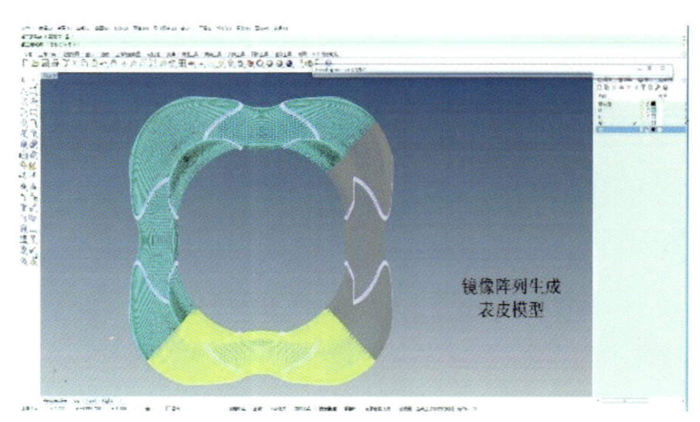

图 12.2-8 1/8 镜像阵列表皮模型

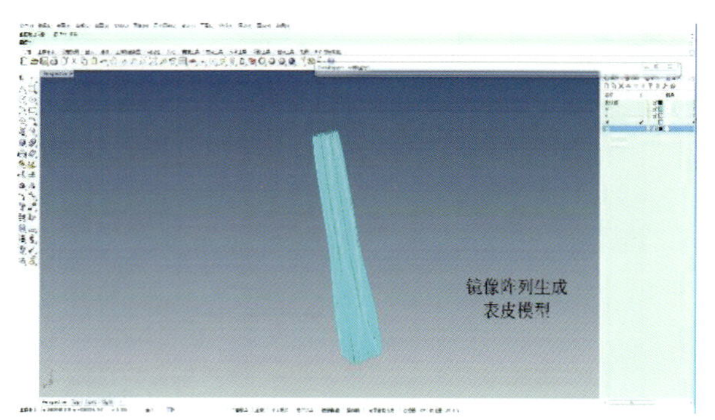

图 12.2-9 镜像阵列表皮模型

3. 单元板块数据分析

利用 BIM 软件 SAP2000 分析统计出每个单元板块的翘曲值，确保翘曲之后的应力、变形满足其原始的使用性能、安全性能。在此基础上对单元板块的水平夹角、垂直倾角、上下板块错台尺寸进行深化，实现复杂曲面的自然平滑过渡，保证了整个建筑形体的外观设计效果。主要在以下三个方面作了有针对性的数据区间范围控制：

（1）塔楼幕墙水平夹角控制在 167.6° ~ 192.4° 范围内变化（图 12.2-10、图 12.2-11）；

（2）塔楼幕墙垂直倾角在 82.3° ~ 93.5° 范围内变化（图 12.2-12）；

（3）塔楼幕墙存在竖向错台，水平错缝的外观效果上、下板块错台尺寸范围在 1 ~ 73.3mm 内变化（图 12.2-13）。

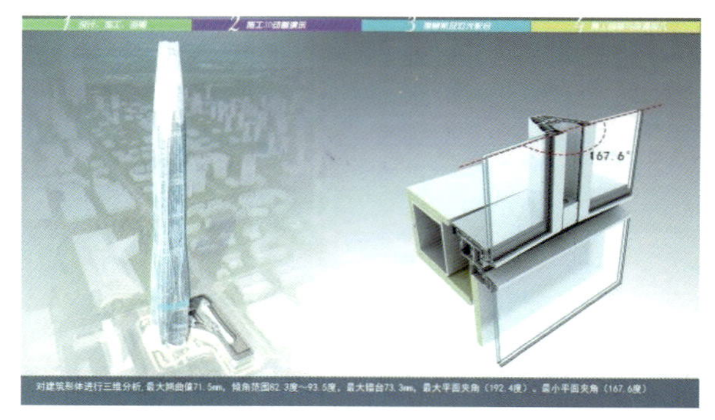

图 12.2-10 水平夹角控制区间范围一

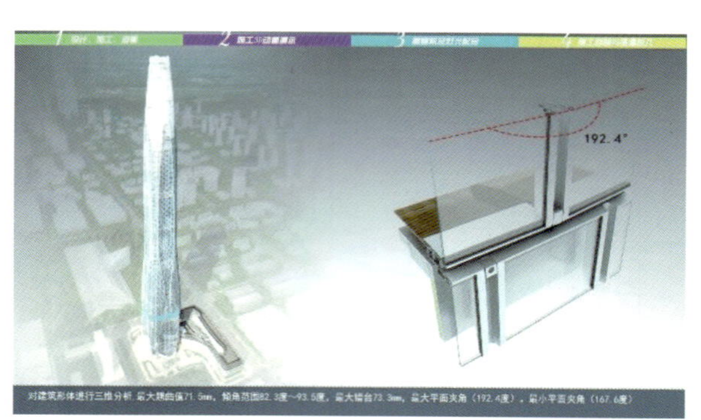

图 12.2-11 水平夹角控制区间范围二

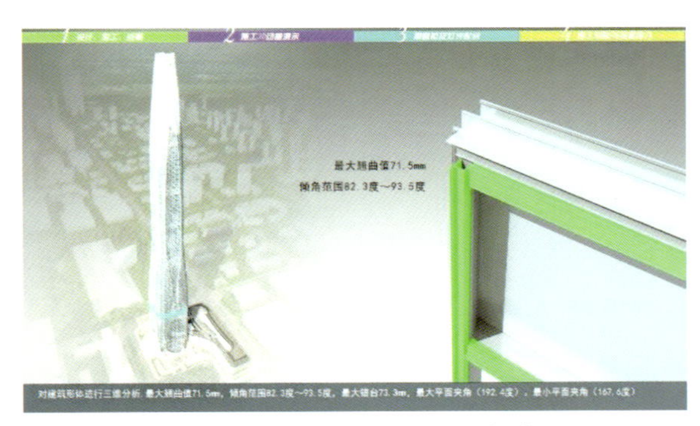

图 12.2-12 垂直倾角控制区间范围

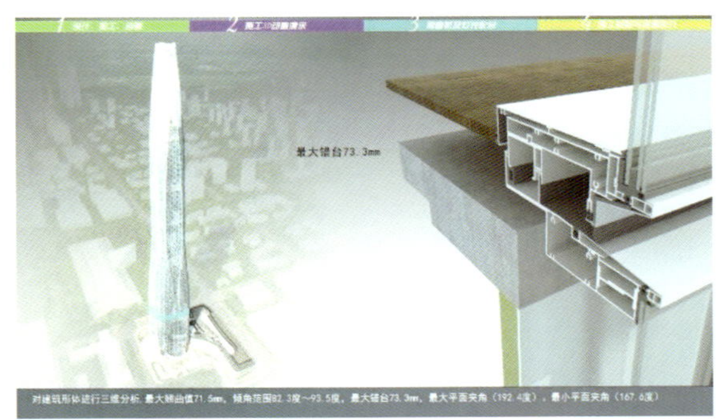

图 12.2-13 板块错台尺寸控制区间范围

4. 单元板块翘曲分析

塔身幕墙复杂曲面收缩变化大，在同一个凹（凸）弧面没有完全相同的片单元板块。板块的玻璃与主型材注胶面（立柱、横梁）不平行，主型材组框后四点不共面。相邻板块间存在夹角不共面，每个板块都需要其他板块信息才能准确定位。

通过 BIM 模型对单元板块进行分类编号并找出翘曲板块（图 12.2-14、图 12.2-15），结合不同区域工作点进行数据分析，得出最大翘曲度值：71.5mm（图 12.2-16），位置出现在 23 层（图 12.2-17）。

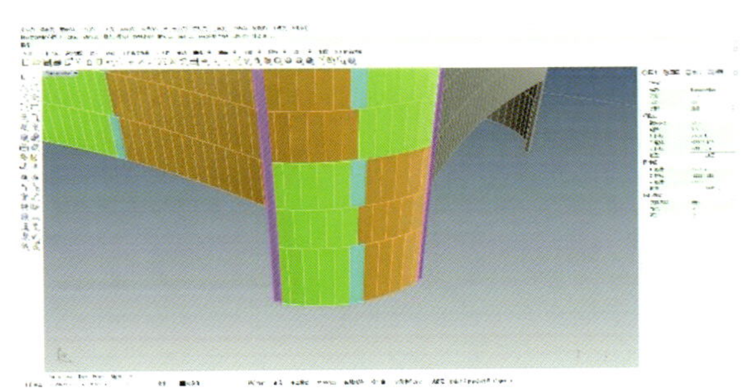

图 12.2-14 垂直倾角控制区间范围

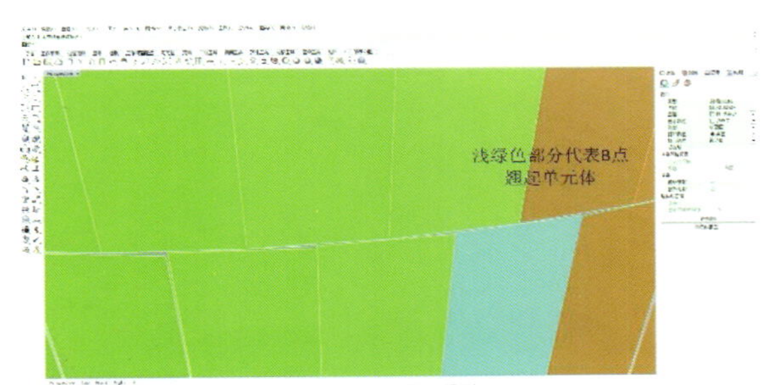

图 12.2-15 板块错台尺寸控制区间范围

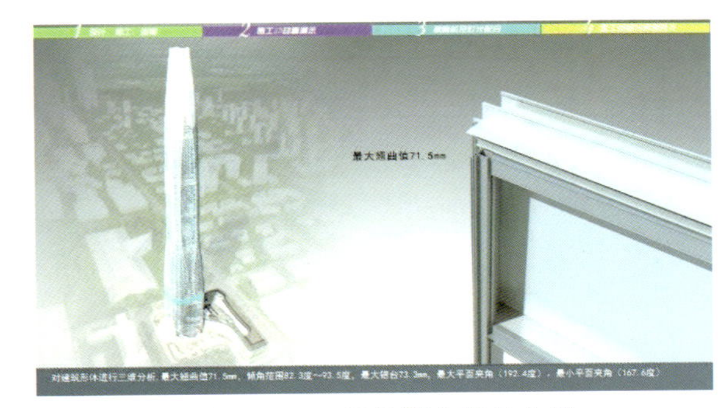

图 12.2-16 板块翘曲度最大值

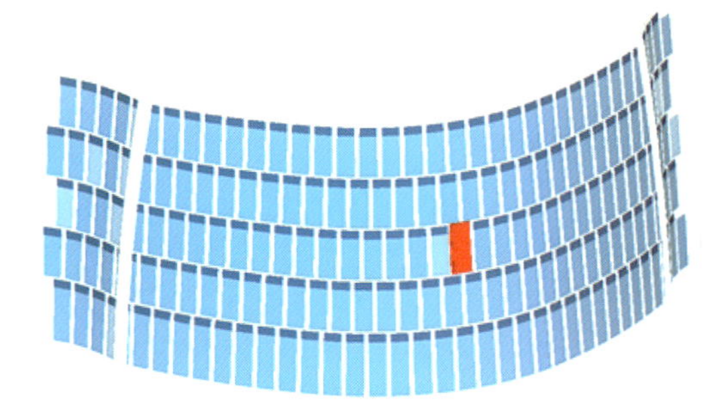

图 12.2-17 23 层板块最大翘曲度位置示意

5. 玻璃板块种类优化

按照建筑师设计的原始模型，幕墙单元板块规格非常多，共 6652 种（图 12.2-18），不规则四边形玻璃多达 78400m²，不利于玻璃工业化生产及单元板块的现场安装。

经过大量的模型数据分析，提取板块尺寸、板块角度等，并按照当前材料加工精度、现场安装精度方面考虑，采用取值 -4mm 的方法对板块玻璃规格进行优化（图 12.2-19），将大部分不规则四边形优化归并成矩形共 49265m^2，提高工业化水平，降低现场安装难度（表 12.2-1、表 12.2-2）。优化后玻璃种类为 3308 种，其中层间 1685 种，透明 1623 种，整体优化率达 62.8%。

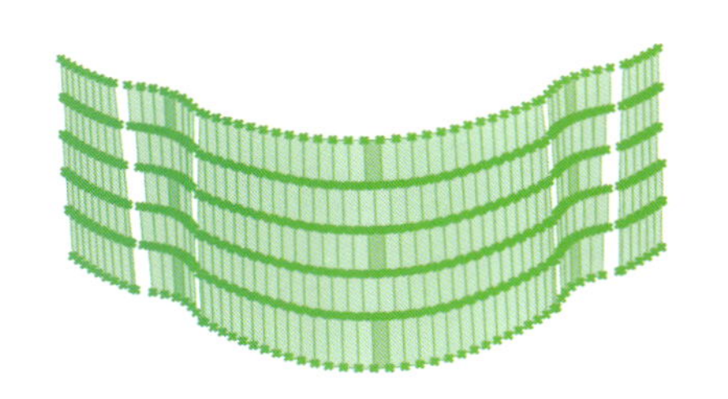
图 12.2-18 建筑师提供的原始模型

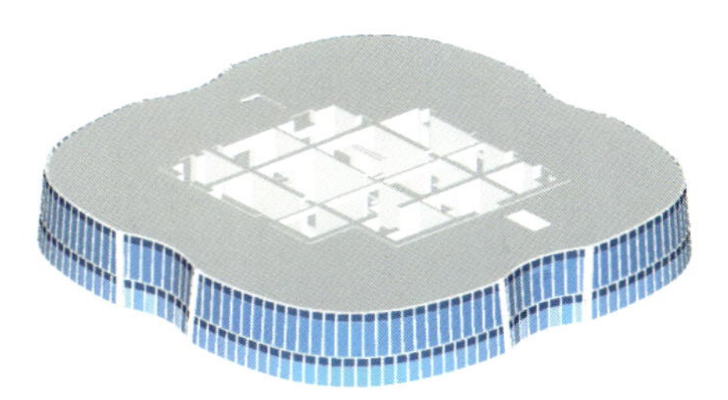
图 12.2-19 深化设计后的优化模型

玻璃规格优化举例一

表 12.2-1

项目	横向尺寸 1（mm）	竖向尺寸 1（mm）	横向尺寸 2（mm）	竖向尺寸 2（mm）
优化前	1295.318325	4176.043874	1293.474086	4176.044396
优化后	1293.4	4176.0	1293.4	4176.0

玻璃规格优化举例二

表 12.2-2

项目	横向尺寸 1（mm）	竖向尺寸 1（mm）	横向尺寸 2（mm）	竖向尺寸 2（mm）
优化前	558.102633	4150.311326	561.68737	4150.313111
优化后	558.1	4150.3	558.1	4150.3

6. 单元板块优化措施

（1）采用平面玻璃通过空间骨架及渐变副框拟合，解决单元板块翘曲，实现整个建筑形体外观效果（图 12.2-20）；

（2）V 口设计为独立单元板块，解决插接、定位及防水问题（图 12.2-21）；

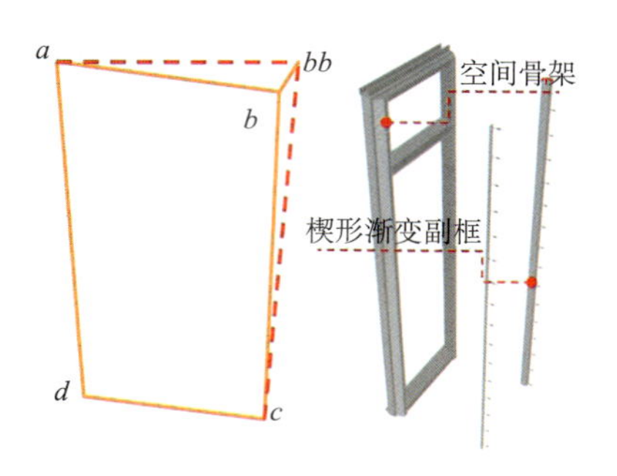

图 12.2-20 可调副框系统设计

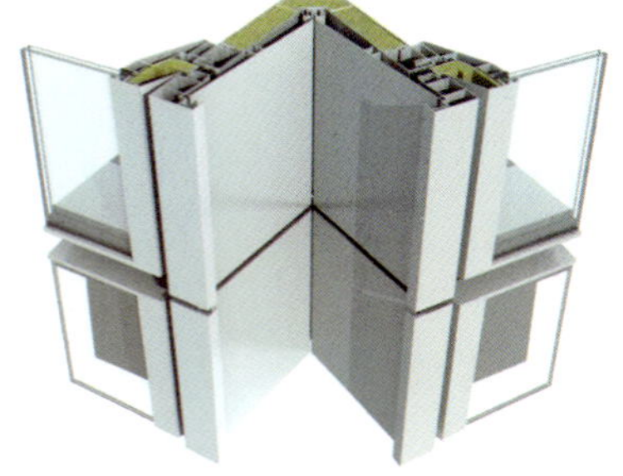
图 12.2-21 V 口独立单元设计

（3）利用铝型材做 V 形板块的主龙骨，在层间位置增加多点连接，以达到形成稳定的空间几何结构的目的，并采用通用有限元软件对单元板块进行力学分析，确保设计的板块结构及各组成构件满足力学性能要求（图 12.2-22）；

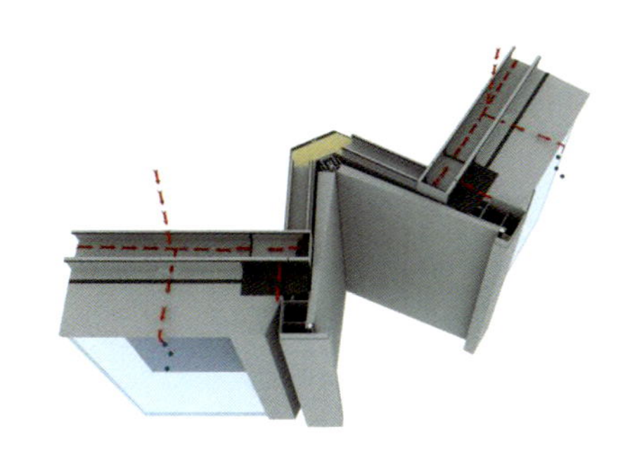

图 12.2-22　V 口特殊结构设计

（4）对幕墙作整体数据分析，制定 6 套立柱型材模具满足所有带角度插接单元板块的要求，每套立柱实现 ±2° 水平角度调整，再通过转动垫块保证横梁连接螺钉准确入孔。制定 6 套横梁型材模具保证整个建筑形体倾角变化，每套横梁实现 $vb\pm1^{\circ}$ 倾角调整。

7. 小结

基于塔楼幕墙多次高空大幅度变形的难题，实施幕墙单元板块优化，采用“1/8 工作法”，有效缩短工期、缩进深化设计进程，缓解深化设计与目标工期之间不可避免的时间冲突，进行单元板块的数据分析，保证内部施工品质及外部设计效果，提高建筑幕墙的整体质量和安装效率。

12.3　空间曲面单元体高精度加工技术

1. 技术难点

本项目塔楼幕墙造型设计复杂曲面收缩变化大，单元板块规格种类多，如图 12.3-1 所示。加工组装主要难点如下：

（1）单元板块玻璃、横梁、立柱空间曲面变化大，四点不共面；

（2）单元板块立柱截面近似梯形，角度变化多，加工组装难度大；

（3）单元板块多维可调副框需双向切角，加工精度要求较高；

（4）单元板块侧边有装饰构件，构件与板块间连接节点复杂；

（5）大 V 造型单元板块构件角度变化多，下料组装控制难度大。

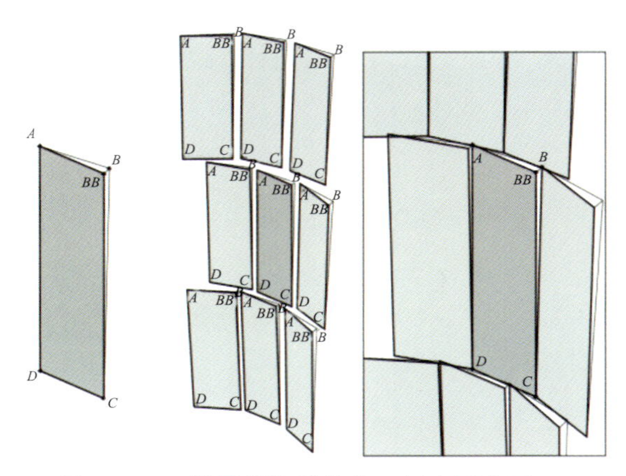

图 12.3-1　单元板块种类多，四点不共面

2. 单元体智能加工流程

（1）在 Revit 软件中生成 LOD400 整体模型后（图 12.3-2），把每块单元体分解导入 ProE 三维机械设计软件（图 12.3-3），通过 GH 程序生成不同类型板块建模参数后提取标准板块参数生成 ProE 加工模型。

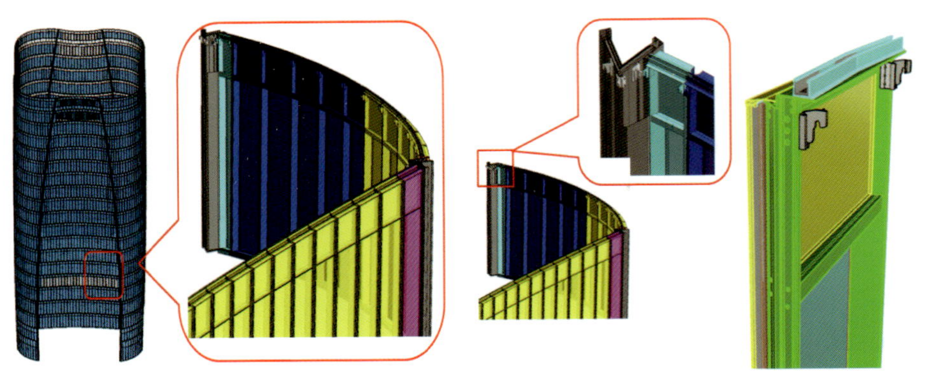

图 12.3-2 截取 LOD400 局部模型　　图 12.3-3 提取零件三维模型

（2）在加工模型中进行线材零件创建，关联完善物料信息（图 12.3-4），导出单元体加工装配明细表、型材加工图、数控机床加工代码（图 12.3-5）。

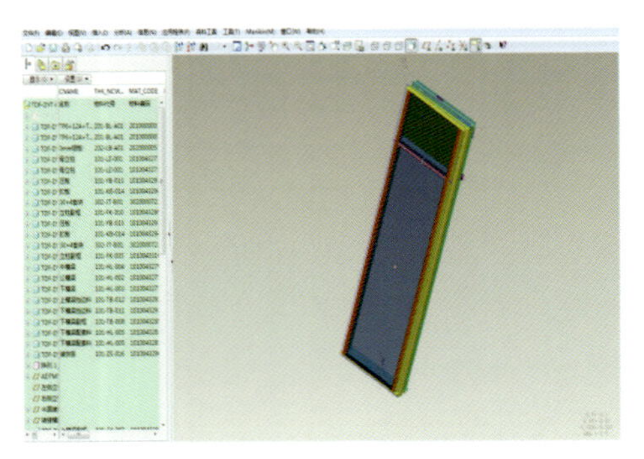

图 12.3-4 ProE 软件完善物料信息

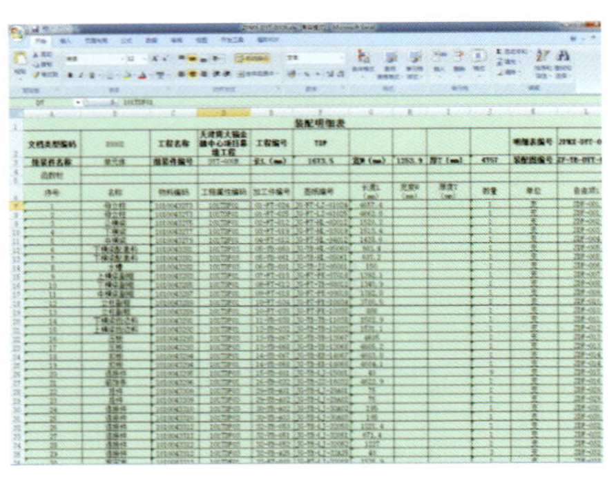

图 12.3-5 导出装配明细表

（3）将型材加工模型导入 CAM 数控加工系统（图 12.3-6、图 12.3-7），模拟数控加工中心对加工过程进行三维错误检查，修正加工参数后进行反复模拟加工（图 12.3-8）。检查确认无误后，输出编程文件至数控中心进行加工（图 12.3-9）。

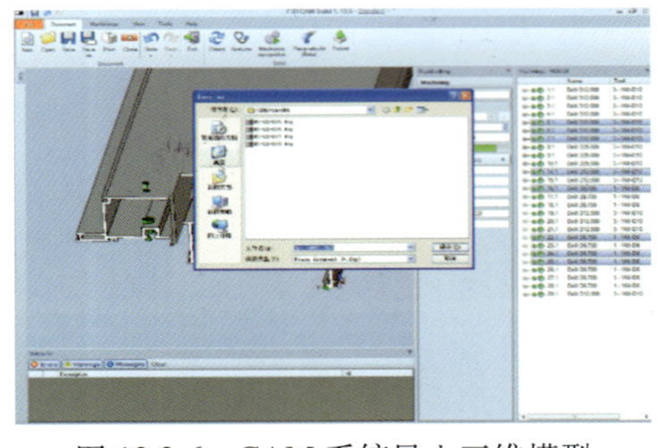

图 12.3-6 CAM 系统导入三维模型

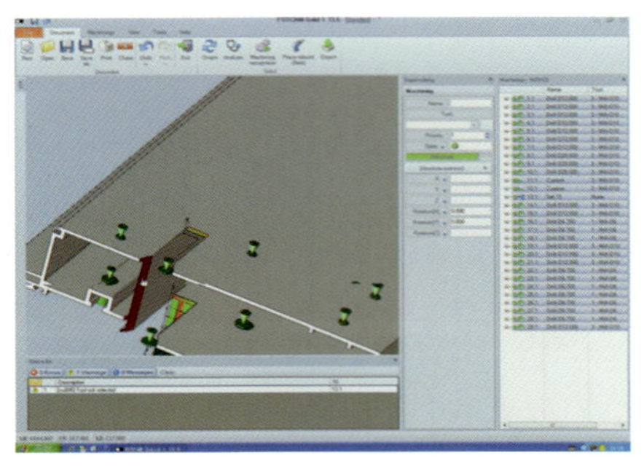

图 12.3-7 CAM 系统拾取加工特征

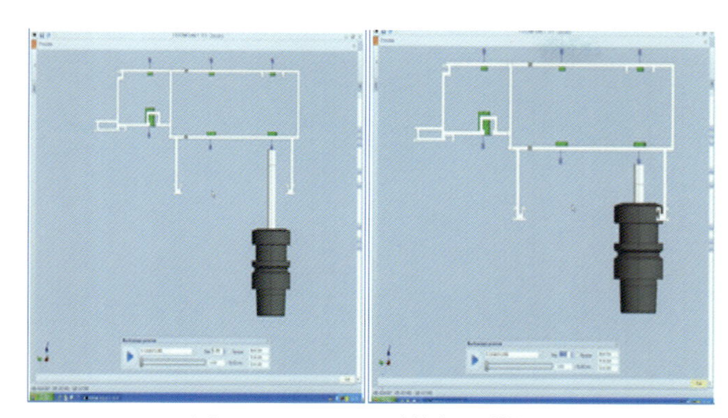

图 12.3-8　CAM 系统加工模拟

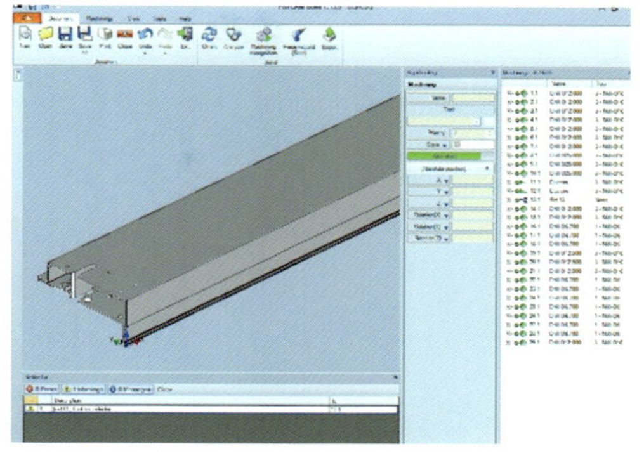

图 12.3-9　CAM 系统输出程序文件

3. 加工组装控制原则

如何保证现场安装质量和整体设计效果，对型材加工精度和单元板块组装质量要求都非常高。通过对单元板块加工组装重难点进行有效分析制定如下控制原则，确保成品符合项目设计和质量验收规范要求。

组件化设计。将“一侧带有铝合金竖向装饰条的单元式幕墙系统”组件化设计，不影响现场安装的工序全部移至工厂内完成，将单个构件组件化。做到“大件统一、中件归类、小件灵活”。

（1）大件统一：所有横、竖铝型材龙骨预先连接成整体，归为统一的大件；所有外饰铝型材预先进行拼接，确保无遗漏。

（2）中件归类：所有玻璃面材、层间背板、装饰线条等物料按照不同的规格归类，并设置不同的物料编码。

（3）小件灵活：单元板块拼装时的所有辅件，如螺栓、螺钉、胶条、结构胶等小件物料灵活使用。

4. 加工组装控制措施

1）设计不同规格板块的“胎模”，利用“胎模”组装不共面单元板块框架（图 12.3-10）。

2）副框型材角度尺寸变化多，由工厂加工班组根据型材形状制作可调节多用模具，在保证加工精度的前提下，大幅度提高生产效率（多维可调副框设计，如图 12.3-10 所示）。

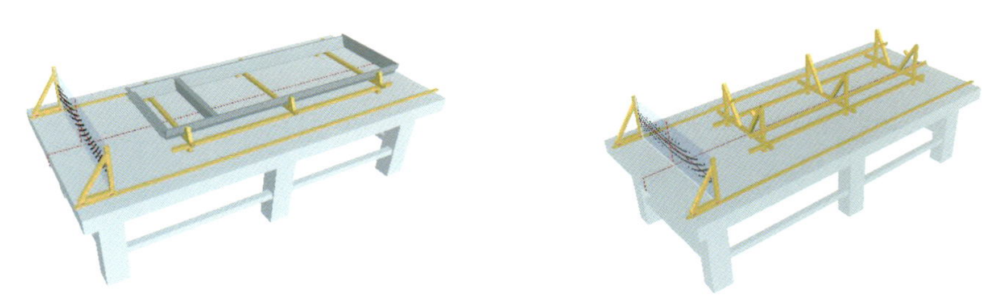

图 12.3-10　不同板块规格“胎模”

3）单元板块框架与可调副框间全部采用可调铝件通过螺钉连接（单元板块框架与可调副框连接方式，如图 12.3-11 所示）。

4）大 V 形单元板块加工。大 V 板块上下横梁在车间拼接时采取点焊措施，按照设计图纸上标注尺寸角度测量无误后开始焊接，可有效保证板块整体尺寸角度的装配精度，减少现场安装时的调整（大 V 单元板块组装“胎模”，如图 12.3-12 所示；大 V 单元板块组装，如图 12.3-13 所示）。

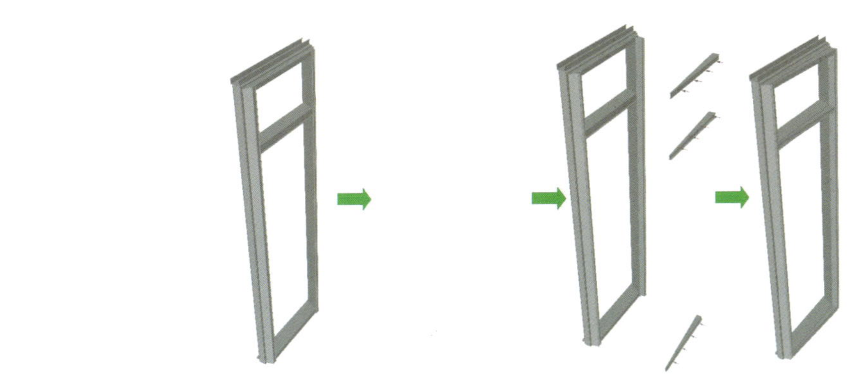

图 12.3-11 单元板块框架与可调副框连接方式

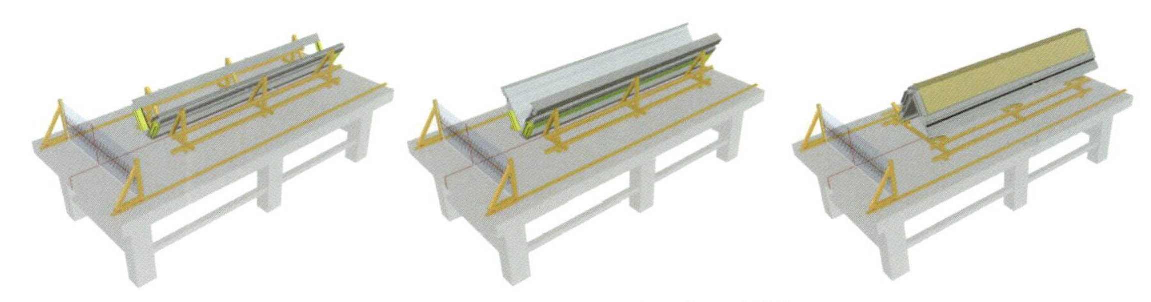

图 12.3-12 大 V 单元板块组装“胎模”

图 12.3-13 大 V 单元板块组装

5）组装板块对角线测量。

（1）要求设计人员出图时把单元板块的对角线尺寸、测量点一一对应标注，车间在板块组装时对角线偏差控制在 2mm 内。

（2）组框完成进行对角线测量无误后，在“组装与组框验收表”上如实填写，方可进入下道工序。板块上自动流水线到玻璃安装工序后，再次对板块对角线进行复测，确认符合要求后，进行玻璃安装注胶。现场质检员进行过程抽检，频率不低于日产量 10%。

6）割胶实验。单元板块在每个拼料安装前进行清洁，通长打胶处理，以保证板块整体密封性能，现场质检员于过程中进行抽检，并随机抽取一樘进行试水割胶实验，频率不低于 1%。

5. CAM 加工系统应用

1）ProE 结合 CAM 软件应用

（1）利用 ProE 软件快速建模，提取构件参数生成加工模型，精度达到加工级别，完善构件物料信息，导出单元板块加工装配明细表、型材加工图、数控机床加工代码，导出三维模型直接用于 CAM 系统加工；

（2）CAM 系统直接读取 ProE 导出的三维模型，自动检取加工特征，使用刀具路径校验功能模拟构件加工全过程。模拟中显示刀具、夹具，检查刀具和夹具与被加工构件的干涉、碰撞情况，有效提高构件加工精度（模拟型材加工过程，如图 12.3-14、图 12.3-15 所示）。

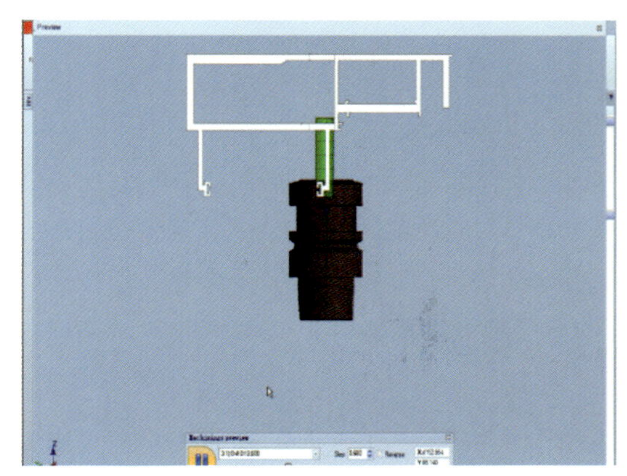

图 12.3-14　模拟型材加工过程一

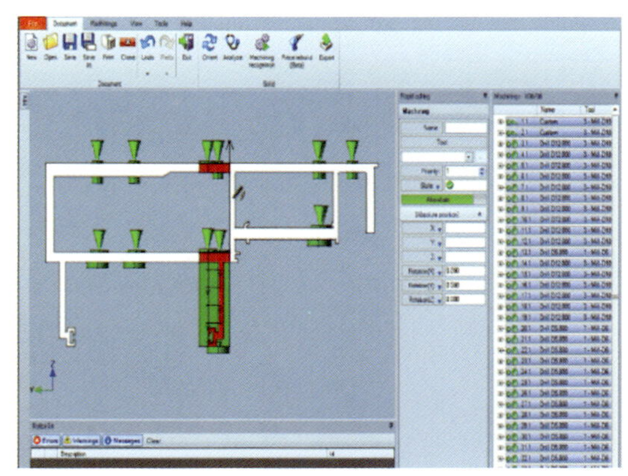

图 12.3-15　模拟型材加工过程二

2）CNC 高精度加工设备应用

（1）五轴 CNC 设备利用特有的三维导入驱动系统，快速识别加工构件三维模型的端面及其孔位加工特征，严格按照设计要求精度执行加工操作，具有高精度、高效率的特点。

（2）使用 CAM 编程软件打开导入的固定格式加工模型，按照实际需求摆放型材、构件，利用自动识别端面加工与测量功能得到两端复合角度的各项角度参数。

（3）编程人员优化软件自动识别的程序路径，按照端面角度参数重新编辑刀具路径，结合加工范围限制与刀具加工极限，合理编辑下刀顺序，确保 CNC 刀具行刀安全，见图 12.3-16。

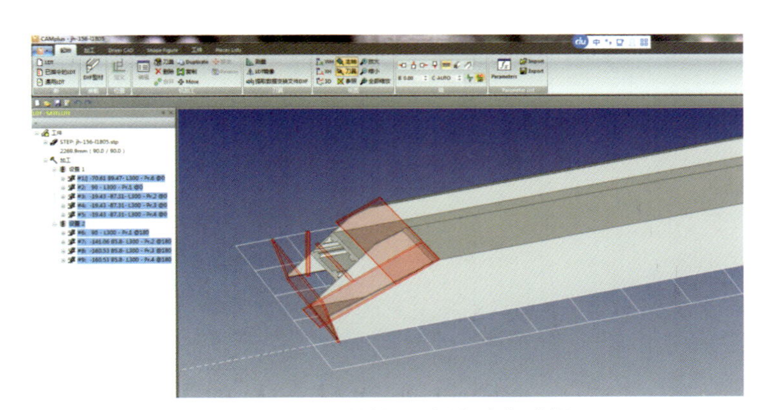

图 12.3-16　型材加工程序路径编辑

6. 小结

通过对单元体的分解设计，参数化后生成模型从而实现智能加工，秉承“大件统一、中件归类、小件灵活”的加工组装控制原则，严格要求型材加工精度与单元板组装质量，多种控制措施并行，成功攻克本工程造型设计复杂、曲面变化收缩大带来的诸多难题。

12.4 基于三维激光扫描的幕墙逆向施工技术

1. 技术概况

本项目幕墙结构因为自身特异的造型，造成利用传统全站仪方式进行误差测量时会出现许多问题。施工现场垂直交叉多、材料设备多，导致结构遮挡多、部分空间狭小构件无法进行测量，利用全站仪进行测量的误差不易控制，同时工程量也是巨大的。三维激光扫描仪扫描范围广、精度高，通过合理设置站点可以避免此类问题，且可以一次性测量的构件更多，测量速度更快，精度效率更高。

2. 设备选择

项目应用的三维激光扫描仪，其型号为 FARO Focus 3D 330 HDR。

3. 采取措施

1）BIM 与三维激光扫描应用情况

项目施工全过程应用 BIM 技术。施工前期阶段创建 LOD300 模型，施工中创建 LOD400 模型用于施工过程的各项应用，竣工阶段创建 LOD500 模型用于后期运维管理。

三维激光扫描技术是通过扫描获取建筑物的三维点云数据，在对数据进行处理的基础上，实现数据的应用；在超高层复杂建筑的应用可以有效地进行实体扫描、质量检查、拟合分析、逆向建模、方案制订与修改等。

2）幕墙逆向施工流程

项目应用逆向工程技术，在幕墙的生产、加工、施工等过程中进行逆向施工。通过数据的对接、共享实现信息的流动、应用，不仅是 BIM 技术的核心工作，也是三维激光扫描技术的核心内容，BIM 的模型设计数据与三维激光扫描的现场点云数据的结合应用，实现了虚拟与现实的完美结合。

（1）在施工阶段，通过 BIM 与三维激光扫描的应用，进行逆向深化设计、点云模型修改、BIM 模型创建、指导幕墙逆向施工，解决现场施工质量问题，完成预期目标（图 12.4-1）。

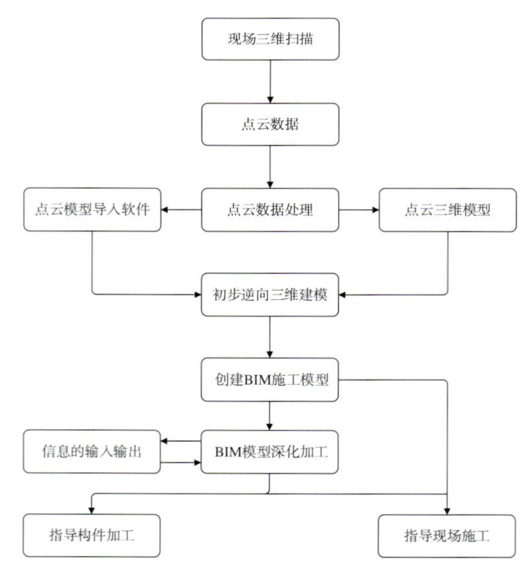

图 12.4-1　BIM 与三维扫描逆向施工流程

（2）在三维扫描仪采集到现场实际数据的基础上，进行数据信息处理，对建筑物多站点点云数据进行拼接，建立点云三维模型；通过数据格式的转化，导入 Rhino 软件精度等级为 LOD100 幕墙表皮模型，然后根据现场实际数据进行幕墙功能系统的深化建模。

（3）运用 Revit 软件进行 LOD300 模型的创建，进行碰撞检查、施工模拟等；在对幕墙 BIM 模型深化到 LOD400 的基础上，通过添加、提取详细的信息指导幕墙生产加工，实现精细化的施工管理，确保施工质量一次成优，节约成本、保证工期。

4. 技术重点

1）塔楼现场扫描

项目塔楼建筑平面为对称分布，单层面积最大为 3600m^2，外边线轮廓跨度较大，530m 高度范围内，塔楼水平结构收缩变化较大，扫描工作难度大。根据工程实际结合每楼层平面不同形式、面积大小，分别定制不同的扫描方案。

（1）采用三维激光扫描仪对塔楼进行分阶段扫描。水平结构外边线的扫描作业，鉴于扫描仪扫描范围的限制，采用地面扫描无法获取精确的点云数据信息。为了得到有效的扫描信息，通过自主研发的可移动悬挑式数据采集操作平台，计算确定悬挑操作平台长度，选取 12 个站点进行扫描（图 12.4-2、图 12.4-3）。可以从不同的角度最大限度地获得塔楼水平结构边线的实体信息，也满足了两个站点之间 30% 的重合区域便于后期的点云模型拼接。

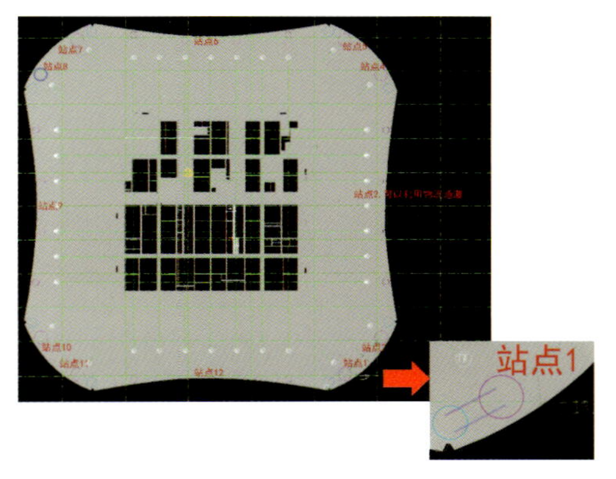

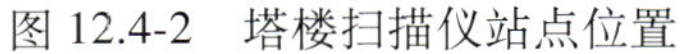
图 12.4-2　塔楼扫描仪站点位置

图 12.4-3　扫描仪悬挑操作平台

（2）在对 12 个站点进行扫描的过程中，首先将三维扫描仪放置在指定位置上，保证最大的扫描视点，在塔楼的每一层设置扫描标靶，选取视点范围，确定扫描精度。在扫描过程中，为了得到精确的信息，确保扫描区域内无杂物以及人的出现，造成视线遮挡，扫描得到的原始数据应该完全对应于被测物体表面的空间位置点云数据。

2）点云数据处理

（1）分站点扫描之后得到的每层的信息是零碎的，为了得到完整信息必须对数据进行处理。项目采用 SCENE 软件进行点云数据处理分析。三维激光扫描非接触法获取的点云数据非常庞大，必须按照一定的操作流程进行数据处理。

（2）点云拼接是对 12 个站点的点云数据进行拼接整合（图 12.4-4）。通过 SCENE 软件自动选取相邻两站点中三个扫描球控制点进行拼接，拼接完成之后，多次抽样，归并重合部分的点云信息，精简数据，避免冗余。

（3）噪点去除。由于扫描的对象与需要获取的对象信息之间存在误差，在扫描塔楼边线新信息的同时，会把一些不需要的信息带进去，增加了数据量导致信息出现偏差。去除掉不必要的点、有偏差的点及错误的点方可进行下一步操作，也有利于后期模型应用。

（4）去噪后的点云数据经过光顺、插补、精简，得到精确的现状塔楼边线轮廓（图 12.4-5）。通过模型格式转换，导入软件进行逆向建模。

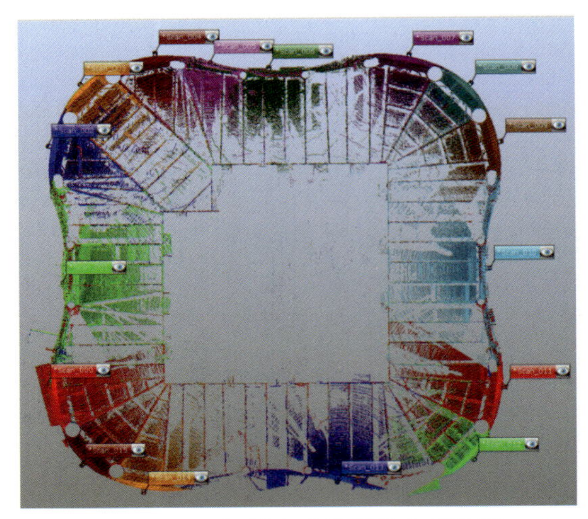

图 12.4-4 扫描完成的原始点云数据

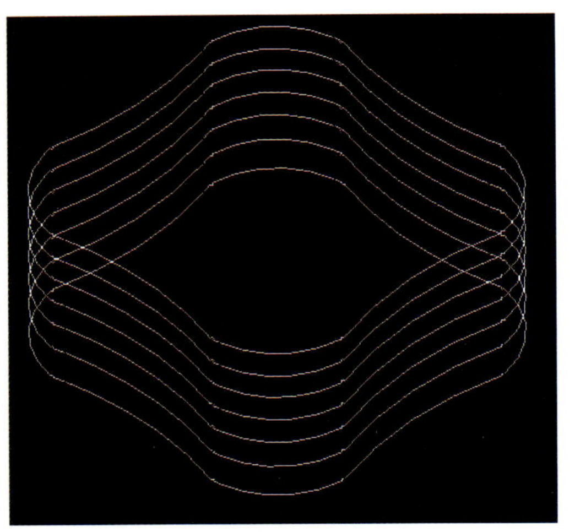

图 12.4-5 处理之后的塔楼点云轮廓线

3）BIM 逆向建模

（1）逆向建模的过程是根据现场扫描的数据以及处理之后的点云模型，与 LOD300 土建、钢结构专业模型匹配，把现场的实际数据添加到理想状态下的 BIM 模型之中，修正土建、钢结构模型使之与实际相吻合。在此基础上进行幕墙模型的建模工作，处理之后的塔楼边线 BIM 模型导入 Rhino 软件进行幕墙表皮模型的创建。

（2）按照塔楼实际轮廓进行幕墙边线精确定位，同时对 8 个“V”形口的曲线变化进行定位，建立 LOD100 模型。Rhino 创建的模型不满足 BIM 模型相关要求，缺少必要的工程信息，必须通过数据转换导入 Revit 软件对幕墙进行深化，输入物理、功能等信息，逐步完成碰撞检查、生产加工、指导施工等不同精度模型的创建。

（3）塔楼每个楼层共有九种不同类型的板块系统，利用 Revit 软件创建不同类型板块的自适应点族文件，通过族文件内置参数的变化，在 BIM 模型中自动计算出板块的尺寸变化，自动调整板块大小。随着工程的进展，还可以对不同的族文件进行节点深化。

4）模型深化及应用

（1）在线框模型、表皮模型的逆向建模及不同软件间数据转换完成后，利用 BIM 软件进行模型深化。塔楼幕墙板块类型多达 3308 种，曲面旋转造型导致板块的翘曲点占幕墙总数的 45.4%（图 12.4-6）。在线模的基础上利用 Revit 参数化设计功能创建 LOD300 模型的精度无法体现出龙骨、主材以及其他外部尺寸的具体信息数据。

（2）在 LOD300 基础上，审图工作完成后，进一步深化模型。主要是对模型中构件的信息以及加工数据进行深化，增加幕墙开孔、端切等数据，完成 LOD400 模型创建，具备幕墙型材、构件加工条件（图 12.4-7）。

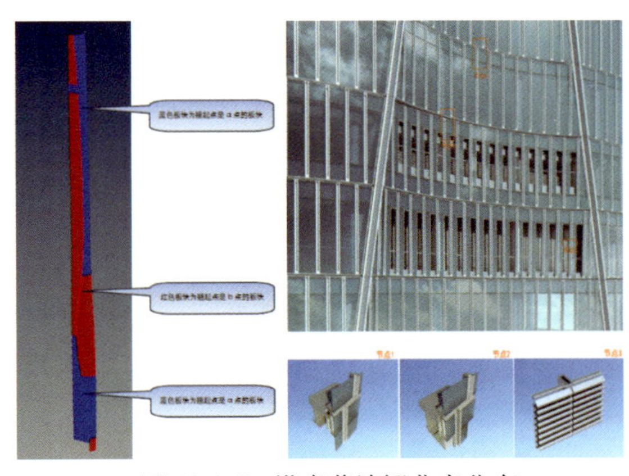
图 12.4-6　塔身幕墙翘曲点分布

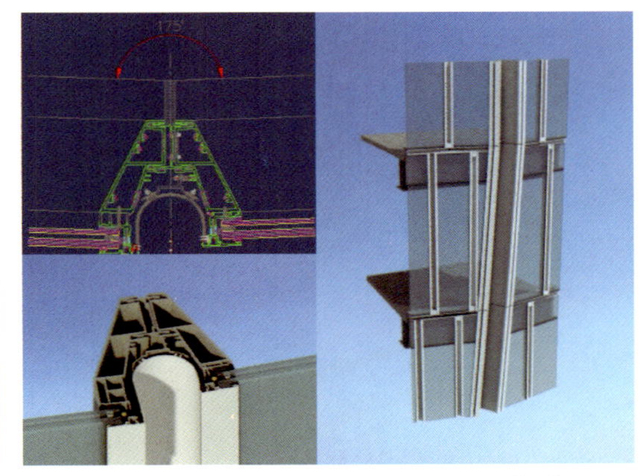
图 12.4-7　V 口独立单元 LOD400 模型

5）裙楼现场扫描

裙楼 S 系统采光顶针对钢结构完成的曲面复测，采用三维激光扫描已完成结构进行扫描和点云建模。

（1）通过现场踏勘，确定数据采集方法，包括控制点设立、测站设置位置、标靶布设位置和特征点采集位置，并在现场作出标记。

（2）测量基准建立：采用全站仪及 RTK 定位系统等测量技术手段，建立采光顶钢结构测绘的基础控制点，为后续数据采集提供测量基准和数据拼接连接点。

（3）单一建筑扫描：架设三维激光扫描仪，布置好标准球，在不同位置获取采光顶钢结构点云数据，扫描做到完全覆盖。

6）点云拼接与影像配准

（1）将采集的点云数据进行处理，主要是多点站扫描数据的合并，精确配准。通过剪切得到需要的点云数据，并制作系列正射投影图像，或云面片切割，以便绘制采光顶钢结构图件、构件图件等（图 12.4-8）。

图 12.4-8　采光顶钢结构点云数据模型

（2）点云数据预处理后进行点云密度调整、补修，待调整完毕后进行点云模型封装。经过点云数据的预处理，除去噪点的干扰，并对拟合后的点云进行处理，缩小模型的占用空间（图 12.4-9）。通过 RealWorks 软件建模、分析、数据处理，与犀牛、Revit 等建模软件共同对点云封装模型进行处理，创建实体模型。结合现场控制点位，建立具有完整三维信息的模型，可以基于此对后续施工的调整，材料的下单以及现场精确测量给予指导。根据点云封装模型，结合三维建模软件，建立与现场结构完全相符、坐标完全对应的实体模型。

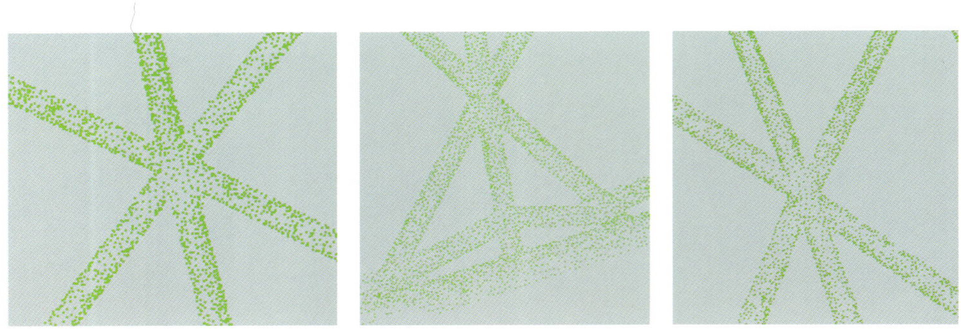
图 12.4-9 采光顶钢结构点云数据图像

7）模型对比

（1）根据拼接之后的扫描点云数据以及近景测量数据，建立高精度的现场实际三维模型，与原设计模型进行比对。通过模型比对找出偏差超过允许值的钢构件进行现场整改调整，在不改变建筑外形设计效果的前提下，部分通过三维模型微调，吸收部分钢结构偏差。根据对比软件完成实体模型及理论模型对比，输出偏差报告，指导现场的调整与修改。

（2）根据偏差报告的分布以及显示红色位置，从模型中可以快速找出需要改动杆件的位置数据，整理成对应列表，指导现场施工（图 12.4-10）。

（3）经现场施工整改将主体钢结构调整至幕墙构件能够消化的误差范围内，表示其结构满足幕墙安装的精度要求。

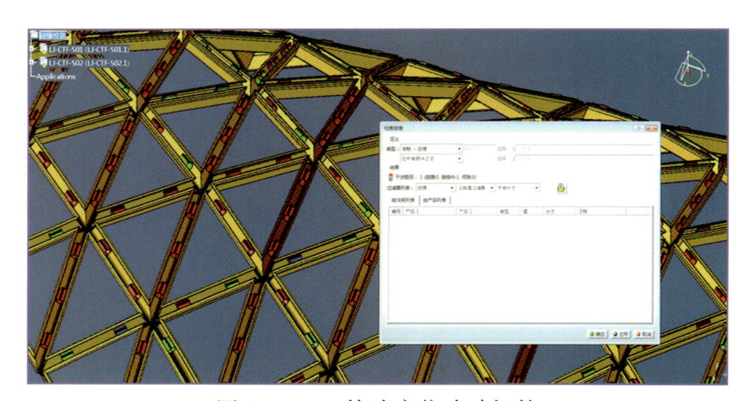
图 12.4-10 快速定位改动杆件

5. 小结

基于三维激光扫描与实景建模融合的逆向建模方案，二者优势叠加，短板互补，使得最后生成的模型同时具有高精度和高真实性的特点，打破传统建模局限性，满足了当前提升建模速度的需求，以及幕墙安装的精度要求。

第 13 章　云平台与移动互联技术应用

鉴于工程业态复杂、建筑超高、建造周期长、参建单位多、管理人员流动性大等特点，项目借助云平台信息化管理手段，简化管理流程，提高工作效率。

项目联合专业软件单位研发 EBIM 协同管理平台，该平台具有模型轻量化（轻量化比例 1/10 ~ 1/6）、多点登陆（PC、网页、移动端）、多人在线协同、二维码身份证、4D 工期模拟、物料跟踪、物流跟踪、实际进度考核、质量安全可视化管理、资料信息管控等功能，实现 BIM 模型与管理紧密衔接，让抽象模糊的传统管理变得数据信息化、标准模块化，大幅提升管理水平。

13.1　计划任务管理系统

1. 技术概况

传统的计划任务管理主要依靠人工操作完成，通过人工向进度管理人员提供、索取进度数据，管理人员再手动更新进度数据并发布信息，使得整个任务管理系统设计易混淆，缺少界限清晰的任务编制系统，不利于任务分配、执行、考核的自组织与自运行，准确性与及时性均较低。项目组创新研发 EBIM 协同管理平台，大幅提高进度信息的可获取性，实时多人在线协同，突破传统任务管理的局限性。

云平台及移动互联技术请扫描二维码观看视频。

2. 技术内容

计划任务管理分为计划编制、模型关联、任务分配、任务执行、任务考核五个子系统，各子系统功能如下：

（1）计划编制：

进度计划可在 Project 中编制，亦可多人在平台中进行编制。同时，总、年、月、周计划可分别上传平台，各级计划相互独立（图 13.1-1）。

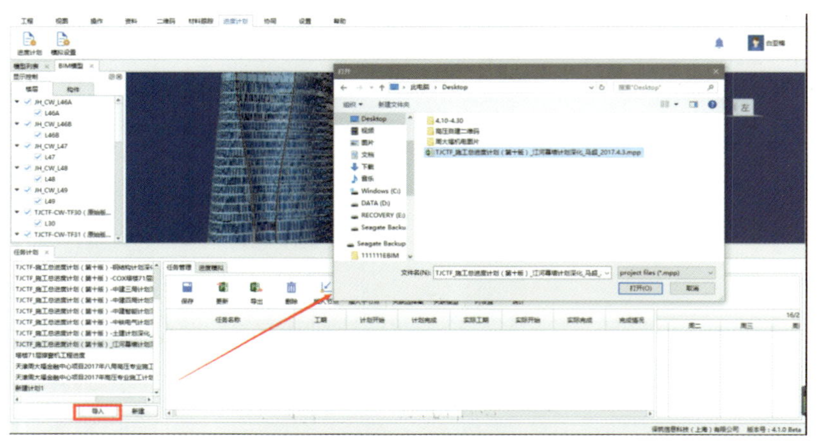

图 13.1-1 同平台计划编制与上传

（2）计划编制完成后，对每项任务与模型进行关联（图 13.1-2）。

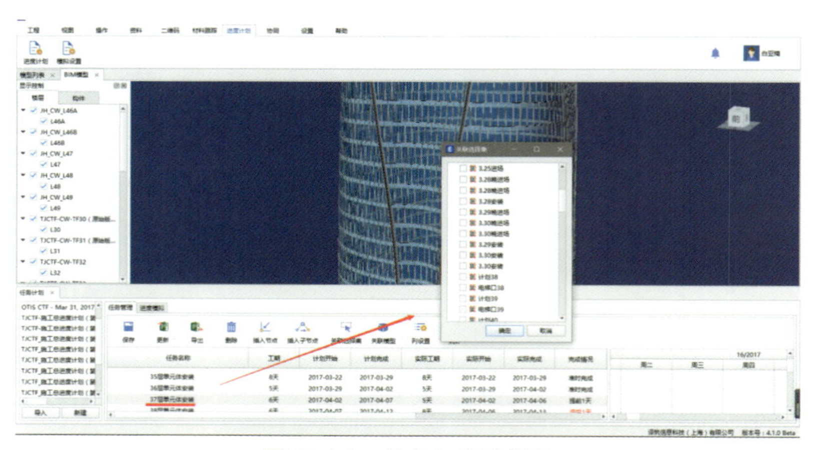

图 13.1-2 任务与模型关联

（3）各级计划任务进行 4D 工期模拟，各级计划可同平台对比模拟，形象展示各级计划间关系。计划模拟无误后，进行任务分配（图 13.1-3）。

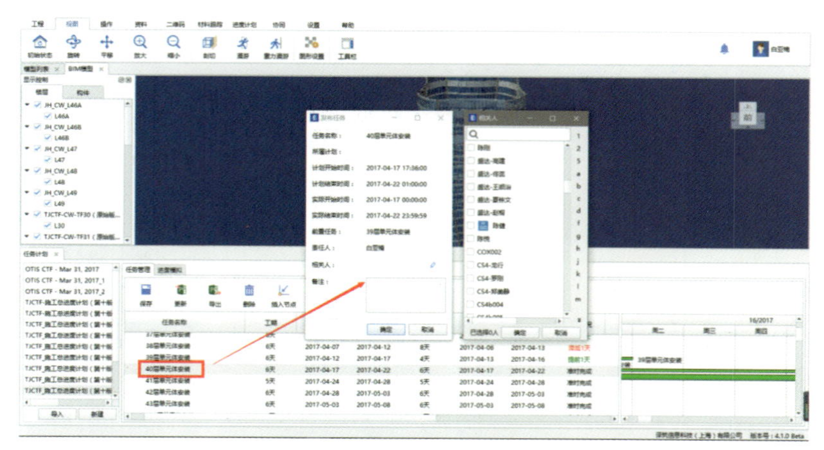

图 13.1-3 任务分配

（4）计划执行过程中，根据实际进展情况，通过二维码进行实体构件实际进展跟踪。

（5）根据实际进展跟踪情况，系统自动生成现场实际进度，并与计划进度进行对比（图 13.1-4）。

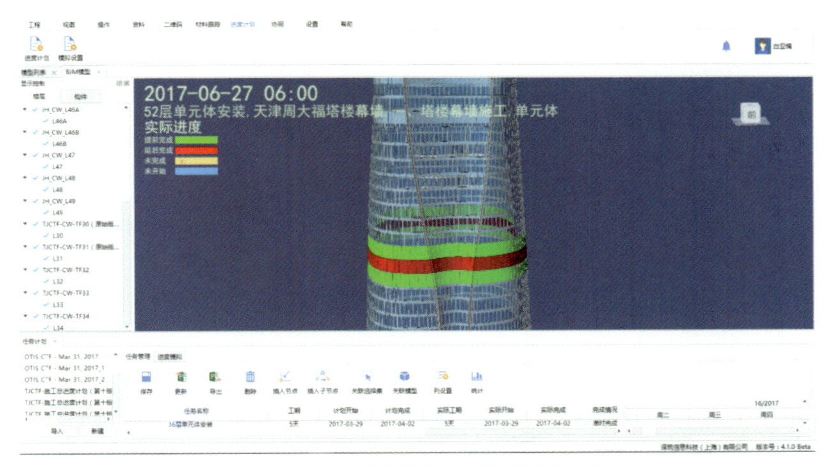

图 13.1-4　实际进度与计划进度对比

（6）系统自动对人、时间段任务执行情况进行统计分析，作为项目任务完成情况考核依据（图 13.1-5）。

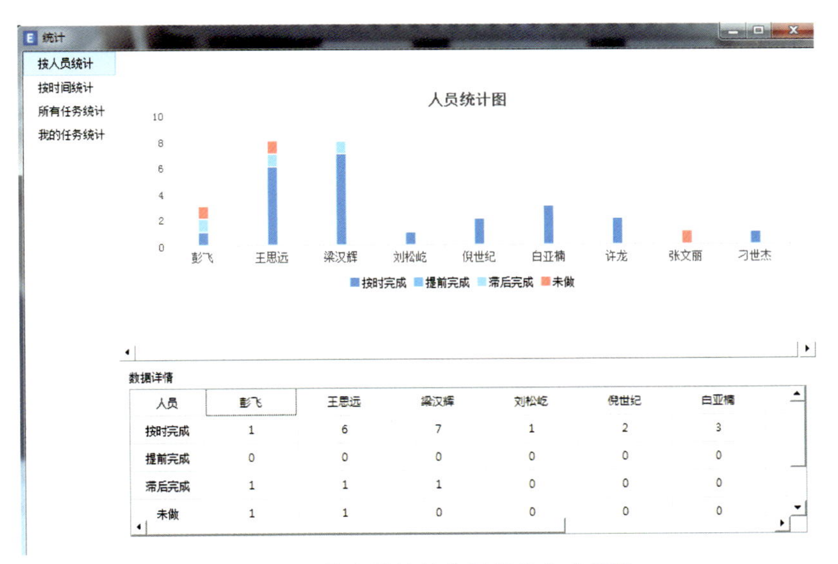

人员	彭飞	王思远	梁汉辉	刘松屹	倪世纪	白亚楠
按时完成	1	6	7	1	2	3
提前完成	0	0	0	0	0	0
滞后完成	1	1	1	0	0	0
未做	1	1	0	0	0	0

图 13.1-5　按人员统计实际任务完成情况

3. 小结

深化设计过程中 BIM 技术在各专业优化设计中的应用程度深浅不一，只有通过建立统一的深化设计体制和完善的管控制度才能提高施工总承包单位的监督效率，保证深化设计的顺利实施。基于 EBIM 协同管理平台的计划任务管理信息化程度高，支持可视化，循环周期短，提高各计划者的参与度，利于目标优化及协同，真正缩短决策与执行的距离，而不仅仅是对冗杂信息的堆积和项目模型的搭建、浏览与模拟。

13.2 物流及物料跟踪技术应用

1. 技术概况

本工程地处城市核心繁华地段，现场场地极为狭小、施工工期极为紧张，如何确保材料进场时间满足现场平面及进度需求，最大限度地减少二次倒运，现场材料积压；同时实时了解现场物料状态，是狭窄场地下项目物料管理的重中之重。

2. 物流跟踪

采用进度计划自动生成物资需求计划，依次派生发货计划、发货单，利用手机 GPS 定位 + 构件二维码身份识别，时时跟踪构件在途状态，避免构件早到、晚到现场，实现场内构件“零”存储、构件进场不影响现场施工。步骤如下：

（1）根据现场施工计划，派生物资需求计划。

（2）系统审批物资需求计划。

（3）厂商根据物资需求计划生成发货计划。

（4）厂商根据通过审批的发货计划进行配货，并生成发货单。

（5）工厂扫描发货单后，扫描材料二维码，按发货单装货。

（6）工厂及司机同步确认发货。

（7）通过司机手机 APP 实时定位材料运输位置，预判材料到场时间。

（8）现场扫描发货单、构件二维码进行收货（图 13.2-1 ~ 图 13.2-4）。

图 13.2-1　发货计划

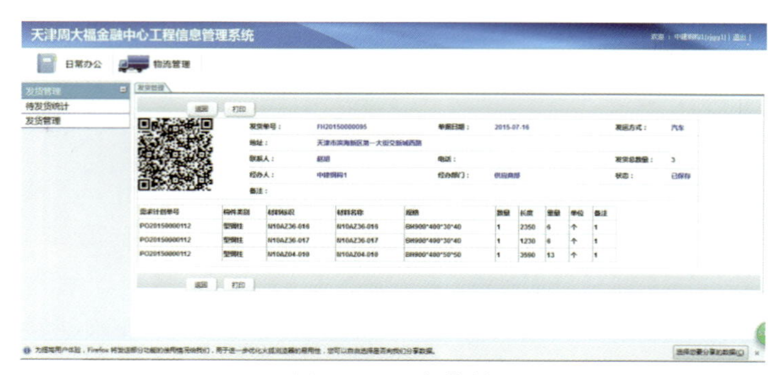

图 13.2-2　发货单

图 13.2-3　根据发货单装车并实时定位

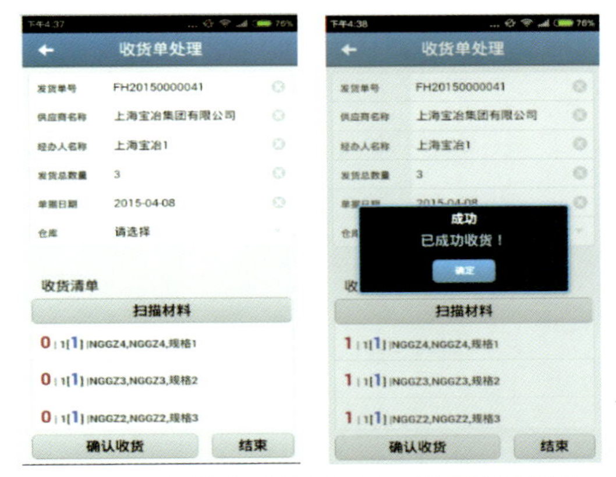

图 13.2-4　根据发货单及构件二维码进行验收

3. 物料跟踪

进度计划上传平台后，根据各项任务情况，制作任务跟踪流程模板（子计划），并将各任务与跟踪流程模板进行关联（图 13.2-5）。

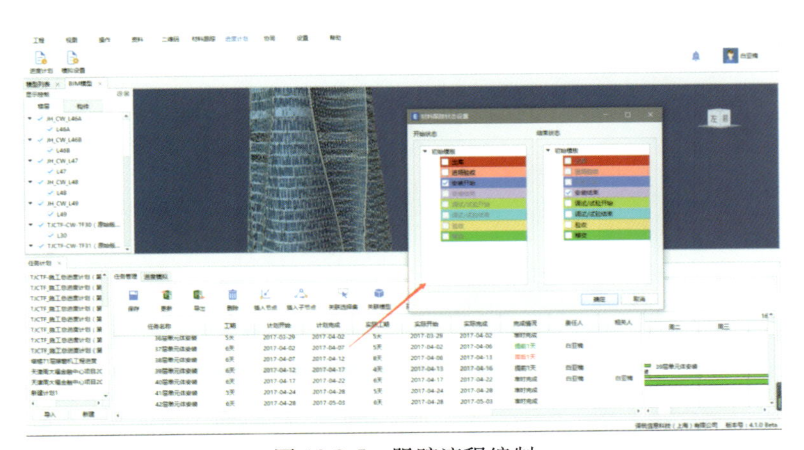

图 13.2-5　跟踪流程编制

现场根据物料跟踪流程，随施工进度逐次跟踪物料状态，物料状态自动推送至 4D 工期，形成实际进度（图 13.2-6、图 13.2-7）。

图 13.2-6 现场物料进场验收及吊装

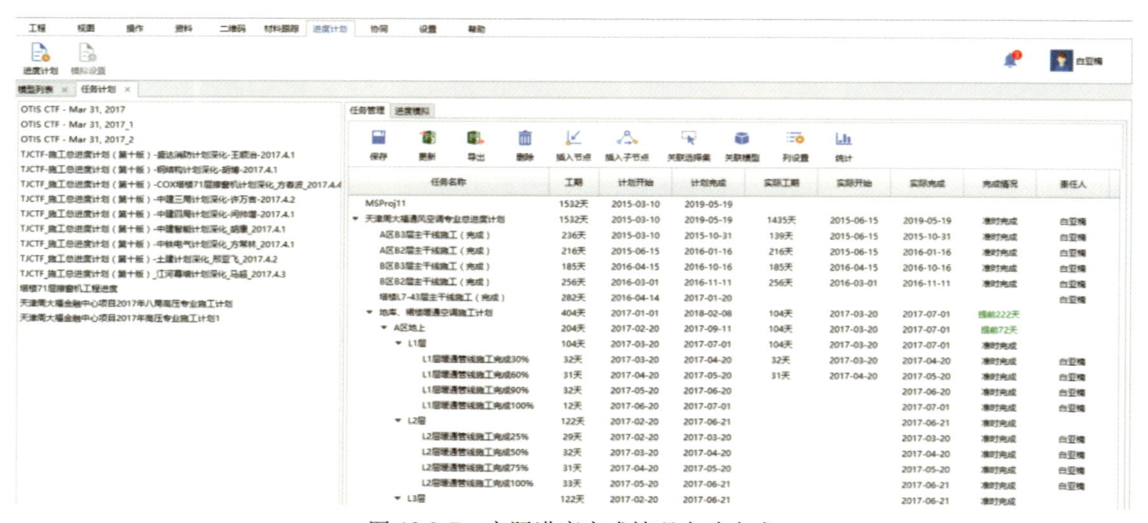

图 13.2-7 实际进度完成情况自动生成

4. 小结

基于 EBIM 协同管理平台的物流及物料跟踪，根据材料体积、安装位置，结合施工场地的实际情况，合理布置构件堆放位置，确保材料进场时间与现场平面及进度相统一，提高了工作效率，加快了施工进程，将分散性、粗放性的施工现场精细化，使施工管理模式条理化，保证了现场施工的顺利开展。

13.3 质量安全及资料管理

1. 质量安全管理

通过 BIM 平台创建身份识别系统，实现移动端扫码快速定位，扫码自动创建协同话题，通过问题协同进行现场多专业之间质量安全管理，快速实现信息共享，并自动生成安全、质量整改通知单，整改及验证人员可通过模型快速定位问题位置进行整改回复，提高了管理效率（图 13.3-1、图 13.3-2）。

2. 资料管理

将资料上传至 BIM 平台，上传的资料在不同施工阶段全部添加到构件的扩展属性里，包括出厂合格证明、施工图纸、验收表单等资料，完善模型信息。

在物料管理、物流管理、任务管理以及后续运维管理中，可直接通过模型查阅资料，同时也可通过资料直接定位模型，实现资料、模型双向互通查阅（图 13.3-3 ~ 图 13.3-5）。

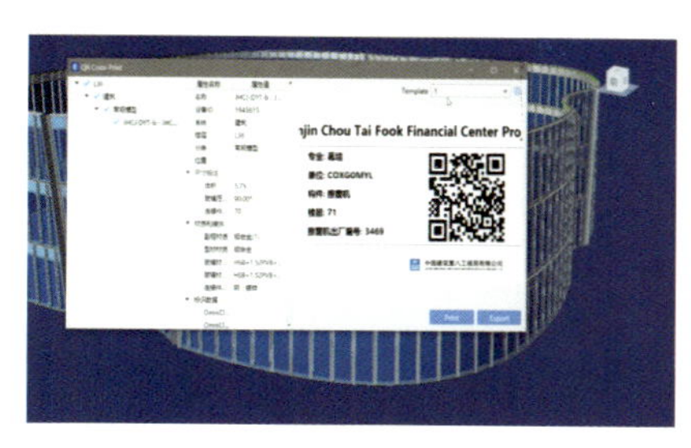

图 13.3-1 模型构件“身份识别”二维码定位

图 13.3-2 模型中话题协同

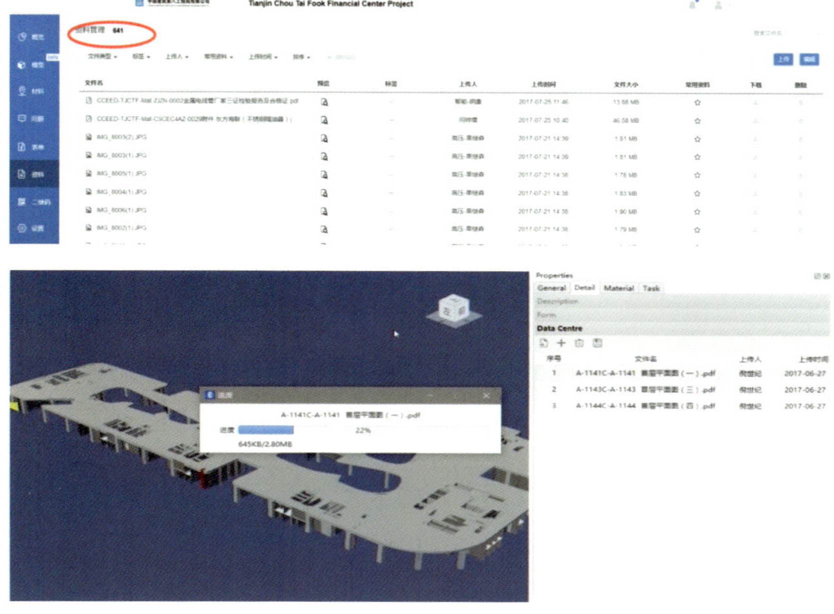

图 13.3-3 资料上传

图 13.3-4 通过电子资料查阅模型

图 13.3-5 通过书面资料查阅模型

3. 小结

基于 EBIM 协同管理平台在施工质量安全及资料管理过程中的应用，可以帮助解决工程安全质量、进度、成本管理等方面的问题，完善建筑工程物理及功能性信息的呈现及承载，提升质量管理水平，强化安全质量预控管理，完成资料库管理过程中的统一与协调，形成多维度的信息模型建设，减少各种不确定因素影响的可能，增强工程质量检查的合格情况，将其中的重点质量问题及时避免。

第 14 章　塔楼结构变形分析及监控

塔楼主体结构形式为“钢管（型钢）混凝土框架 + 混凝土核心筒（内嵌钢板墙和钢骨柱）+ 带状桁架”结构体系，其外框结构由 8 根角框柱、16 根边框柱、8 根斜撑柱、3 道带状桁架和钢梁等组成，外框钢柱不规则螺旋上升，水平结构楼面板采用压型钢板组合楼板。

影响结构变形的因素很多，如各类荷载、材料不同（混凝土—钢材）、结构刚度不同、竖向构件轴向压缩值不同、混凝土收缩徐变、结构施工速度、核心筒施工超前量、温差变形、基础沉降等。过大的竖向变形差可能会带来以下不利影响：水平构件产生次应力，构件倾斜、混凝土梁板开裂、伸臂桁架拉压杆变形；竖向荷载重分布，竖向变形量的构件卸载，变形量小的构件加载；隔墙开裂，管道、电梯等机电设备受损，影响幕墙结构安装等。

通过对塔楼结构在施工期间竖向构件变形进行实测及分析，获得大量数据。结合理论分析，研究了在其施工期间竖向变形及其差异的发展规律，提出合理的计算方法，为超高层工程在施工过程中框筒竖向变形及其差异的控制提供依据，为合理调整结构设计制订相应的施工技术措施提供理论支持，为类似的项目提供借鉴和参考。

14.1　结构竖向变形差实测与分析

1. 技术难点

由于混凝土的收缩、徐变以及材料弹性模量不同，不同材料的构件在荷载的作用下所发生的竖向变形将有很大的不同。施工时由于各构件工序不同，造成承受荷载时间不同，进一步增加了结构的竖向变形差异。竖向位移于整个施工周期中持续发生，致使施工过程结构的实际标高与设计标高会存在差异，影响幕墙和电梯等设备安装定位和正常运行，降低施工的精度，竖向变形差异将增加水平连接杆件的附加应力，从而导致内力重分布。

2. 变形监测测点布置

采用 JMZX-3001 综合测试仪和 JMZX-212 智能弦式数码应变计进行读数和监测。

在塔楼 10、20、30、40、50、60、70、80、90 层中，每层各选取 8 个外框柱作为监测对象，外框柱两侧各安装一个点位，共计 16 个点位；每层核心筒位置选取 8 段剪力墙为监测对象，剪力墙两边各安装一个点位，共计 16 个点位。监测点位固定与布置如图 14.1-1、图 14.1-2 所示。

3. 实测应变结果与分析

读取并收集结构施工全过程 9 个不同楼层核心筒实测数据，列举 10、30、60、90 层核心筒竖向应变统计，如图 14.1-3 ~ 图 14.1-6 所示。

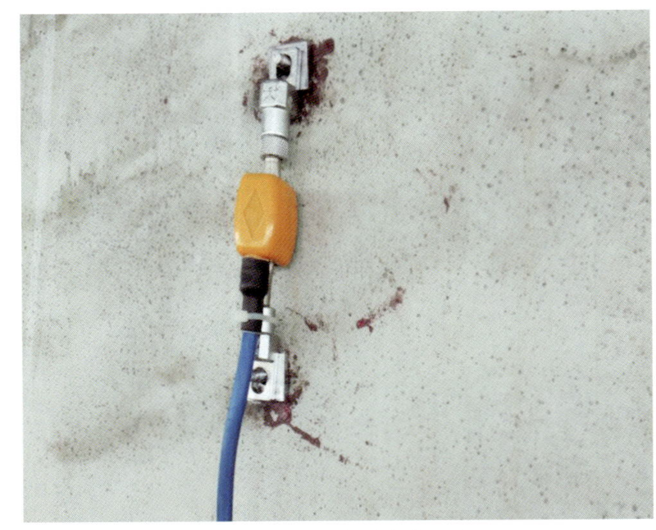

图 14.1-1 监测点位固定

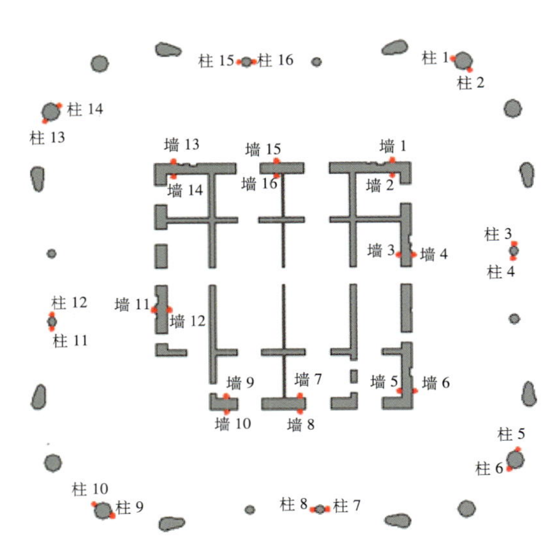

图 14.1-2 监测点布置示例

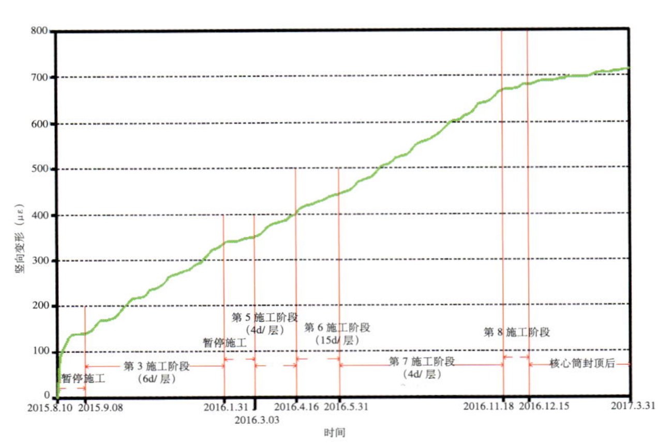

图 14.1-3 10 层核心筒竖向应变统计图

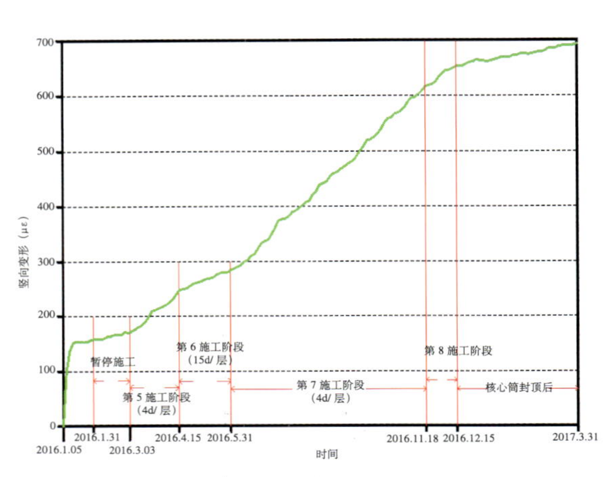

图 14.1-4 30 层核心筒竖向应变统计图

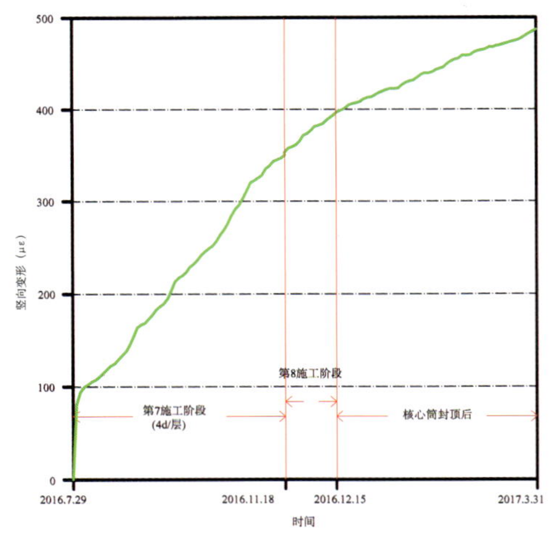

图 14.1-5 60 层核心筒竖向应变统计图

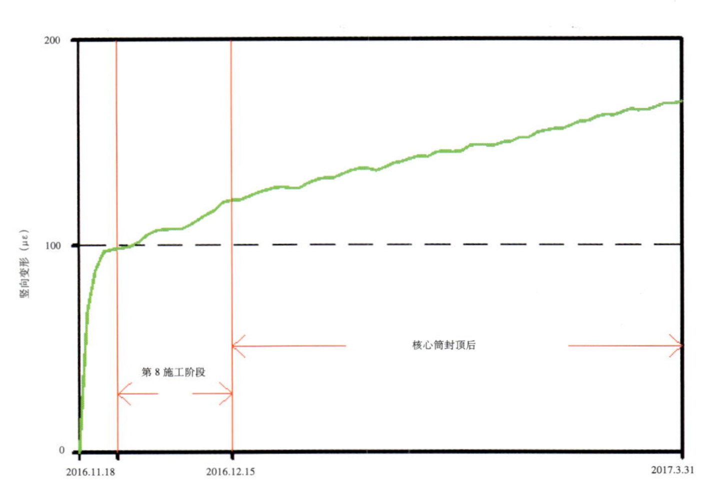

图 14.1-6 90 层核心筒竖向应变统计图

分析如下：

(1)核心筒在应变计安装完成后 10d 内，其竖向变形发展较快。随后，竖向变形发展的速率降低。这是因为混凝土在早龄期产生很大的收缩变形。

(2) 核心筒竖向变形的发展速率与施工速度有关，在施工速率不变的情况下，竖向变形接近线性发展。同样，在施工速度较快阶段的竖向变形速率大于速度较慢阶段。

(3) 在施工暂停时期，核心筒竖向变形持续变化。混凝土刚浇筑完成时，大部分竖向变形是混凝土收缩导致的，而后期的竖向变形主要是因为混凝土的徐变。

读取并收集结构施工全过程 9 个不同楼层外框柱实测数据，列举 10、30、60、90 层核心筒竖向应变统计，如图 14.1-7 ~ 图 14.1-10 所示。

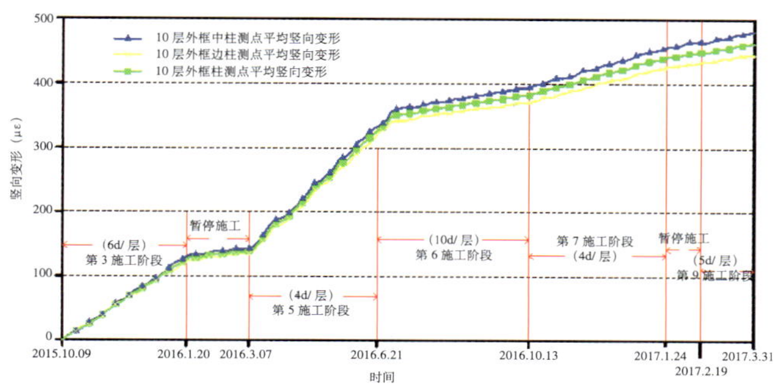

图 14.1-7　10 层外框柱竖向应变统计图

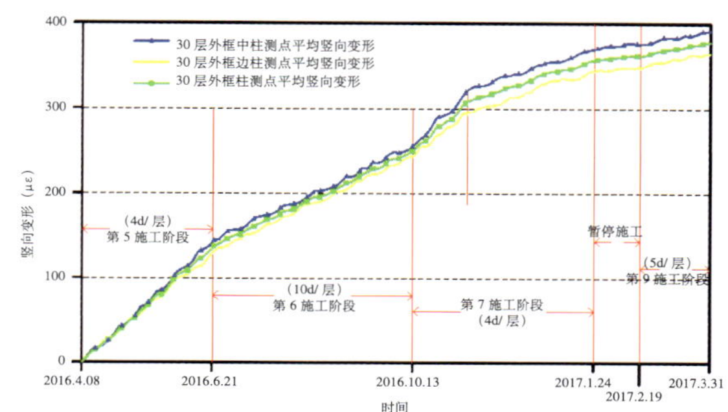

图 14.1-8　30 层外框柱竖向应变统计图

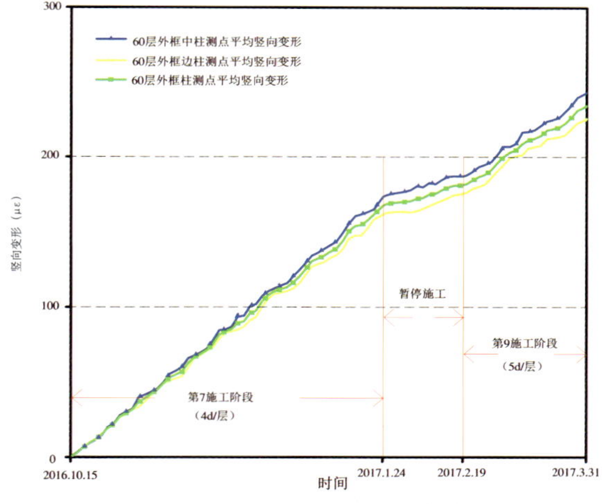

图 14.1-9　60 层外框柱竖向应变统计图

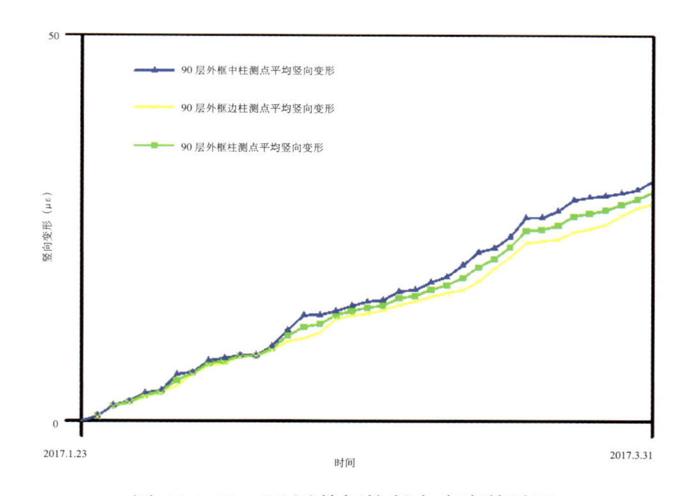

图 14.1-10　90 层外框柱竖向应变统计图

分析如下：

(1) 在施工速率不变的情况下，外框柱竖向变形接近线性发展，而在施工速率接近时，前期竖向变形的发展速率明显大于后期的发展速率。这是因为后期钢管内浇筑混凝土，外框柱的弹性模量发生了变化。

(2) 在施工暂停时期，外框柱竖向变形持续变化。外框柱竖向变形发展速率小于核心筒。

(3) 中柱的竖向变形大于边柱的竖向变形，随着施工的进展，同一层中柱与边柱之间的竖向变形差将会变大。这是因为中柱与边柱所受竖向荷载不同，并且边柱截面面积远大于中柱的截面面积，此外，中柱受核心筒竖向变形的影响也比边柱大。

4. 竖向变形及变形差计算分析

结构在施工过程中，每施工一段，都会进行一次施工找平。在某层核心筒施工完成后、该层的上一层核心筒施工完成前，结构在该层及该层以下的楼层产生的竖向变形将会在该层的上一层施工时被找平，如图 14.1-11 所示。因此，结构每一层的累积竖向变形都是从该层施工完成后开始，上部结构荷载使该层及该层以下的结构产生竖向变形。对于超高层钢框架—混凝土核心筒结构，核心筒的施工往往会领先于外钢框柱，因此，其施工找平是各自单独的过程。

核心筒与外框柱累积竖向变形的计算可按式（14.1-1）、式（14.1-2）进行计算：

$$\delta_N（核心筒）=\sum_{i=1}^{n} X_i \cdot h_i \quad (14.1-1)$$

$$\delta_N（外框柱）=\sum_{i=1}^{n} Y_i \cdot h_i \quad (14.1-2)$$

式中 δ_N——施工过程中 N 层竖向构件累积竖向变形；

X_i——N 层核心筒浇筑完成后 i 层核心筒的竖向应变值；

Y_i——N 层外框柱安装完成后 i 层外框柱的竖向应变值；

h_i——i 层的设计高度。

将算得的外框柱累积竖向变形减去核心筒累积竖向变形，即可得到框筒竖向变形差，见式（14.1-3）。

$$\delta_N=\sum_{i=1}^{n}(X_i-Y_i) \cdot h_i \quad (14.1-3)$$

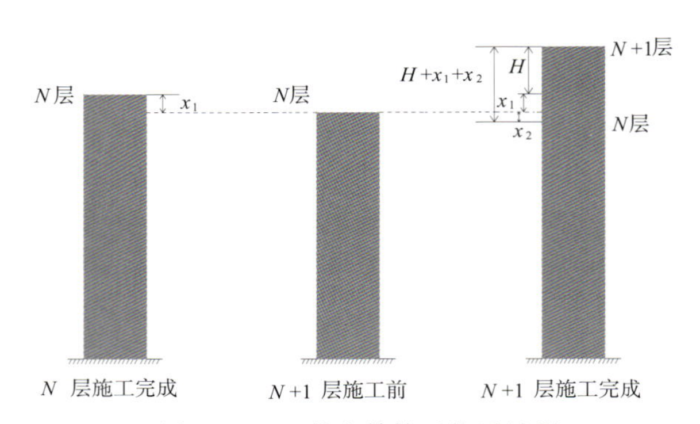

图 14.1-11 核心筒施工找平过程

10、20……90 层通过实测已经测出，其他未实测的楼层则采用插值法得到相应楼层竖向构件的变形数据。采用式（14.1-1）～式（14.1-3）进行计算，即可求出 1～90 层外框柱与核心筒累积竖向变形和框筒竖向变形差，如图 14.1-12、图 14.1-13 所示。

（1）外框柱与核心筒累积竖向变形都呈“中间层大，顶、底层小”的趋势，在 40～45 层左右达到最大。外框柱最大竖向变形为 59.6mm，发生在 41 层，核心筒最大竖向变形为 46.4mm，发生在 45 层。外框柱与核心筒的最大竖向变形并未发生在同一层，这是因为水平构件对框筒竖向变形的协调能力有限。楼板的跟进时间在外框柱安装完成后，此时外框柱与核心筒已经进行了一段时间的实测。

（2）外框柱与核心筒竖向变形差的发展规律也是呈“中间层大，顶、底层小”的趋势。最大值为 14.7mm，在 74 层以上的结构，核心筒累积竖向变形将会大于外框柱的累积竖向变形，变形差为负值。

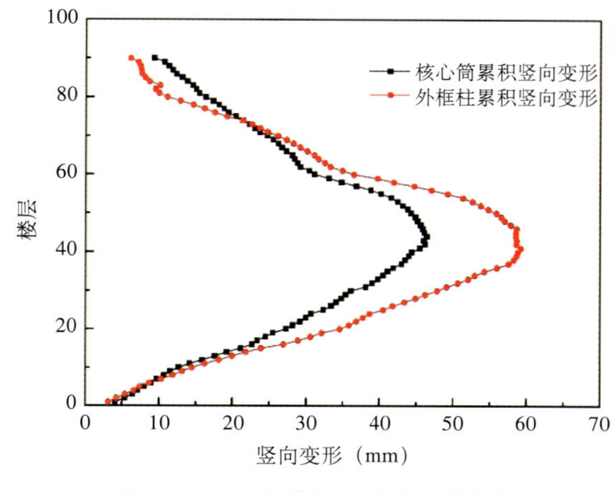

图 14.1-12 框筒竖向变形值统计图

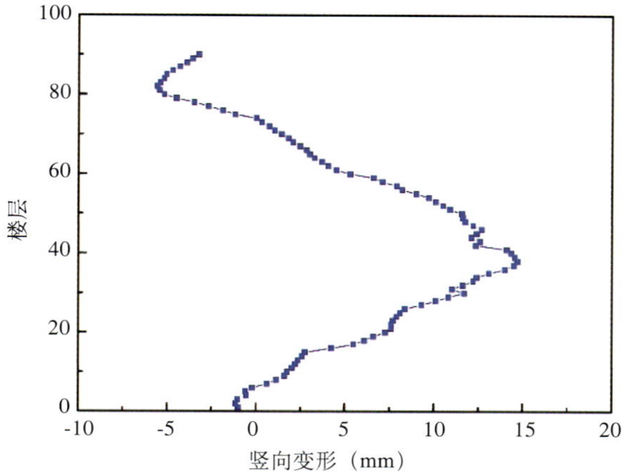

图 14.1-13 框筒竖向变形差值统计图

5. 小结

通过对本建筑竖向变形的实测，从收缩徐变、施工找平调整、施工过程和长期时间效应作用等方面考虑，对竖向变形进行计算与分析研究，总结出变形差的发展规律，为下一步探索减小竖向变形和竖向变形差的措施提供了可靠的理论依据。

14.2 结构竖向变形差模拟计算与预测

1. 技术概况

从多方面分析混凝土材料及施工荷载因素的影响，从而建立模型进行施工过程模拟分析，提取与实测对应的监测点的竖向变形数据，得到目标之间的变形差，与实测结果进行对比，从而起到预测的作用。

2. 影响因素

1）混凝土材料因素考虑

（1）弹性模量和混凝土龄期因素考虑，采用欧洲规范 CEB-FIP（1990）的计算方法

根据公式 $E_c=a\sqrt{f}+b$ 所给出的混凝土的抗压强度和弹性模量之间的关系，为考虑混凝土龄期的影响，引用系数 β_τ 调整：

$$E_c(t)=a\sqrt{\beta_t f}+b \tag{14.2-1}$$

或

$$E_c(t)=E_{c,28}\beta_t \tag{14.2-2}$$

式中 $E_c(t)$ ——混凝土 t 的弹性模量（MPa）；

$E_{c,28}$——混凝土 28d 实测的弹性模量；

$$\beta_t=\exp\left[s\left(1-\sqrt{\frac{28}{t}}\right)\right]$$

s——取值在于水泥的品种，根据欧洲规范 CEB-FIP（1990）的推荐，普通水泥和快硬水泥的取值为 0.25，快硬高强水泥的取值为 0.20。

式（14.2-1）根据混凝土 28d 抗压强度实测结果取值，一般采用 f_{cu} 为混凝土 28d 标准立方体强度或棱柱体抗压强度 f_c。式（14.2-2）根据混凝土 28d 实测的弹性模量取值。

（2）混凝土徐变因素考虑

相对于普通混凝土，高强高性能混凝土的徐变明显降低。随着强度的增加，混凝土的最终单位徐变会减小。而在环境湿度较低的情况下，这种差别将会更大。测定了不同养护条件下掺粉煤灰的高性能混凝土的徐变，发现 360d 的高性能混凝土徐变度仅为普通混凝土的 40%，徐变系数平均值为 2.06，比普通混凝土下降了 46%。

在欧洲规范 CEB-FIP（1990）中，混凝土徐变系数的计算公式见式（14.2-3）、式（14.2-4）。公式考虑了混凝土抗压强度及弹性模量的时变性能，同时也考虑了徐变的各个影响因素，如温度、湿度、构件尺寸、混凝土龄期等。适用范围也比较符合实际工程：应力水平 $\sigma_c/f_c(t_0)<0.4$ 时，平均温度在 5 ~ 30℃之间，平均相对湿度 $RH\%=40\%\sim100\%$。

$$\varepsilon_c(t,t_0)=\varepsilon_c(t_0)\,\phi(t,t_0) \tag{14.2-3}$$

$$\varepsilon_c(t_0)=\frac{\sigma(t_0)}{E_c(t_0)} \tag{14.2-4}$$

式中 $\varepsilon_c(t,t_0)$——混凝土 t 时刻的徐变应变；

$E_c(t_0)$——龄期 t_0 时的混凝土弹性模量值；

$\varepsilon_c(t_0)$——龄期 t_0 时混凝土的弹性应变；

$\sigma_c(t_0)$——t_0 时刻混凝土的应力。

此时的弹性应变和徐变应变的总应变为：

$$\varepsilon_{c\sigma}(t,t_0)=\varepsilon_c(t_0)+\varepsilon_c(t,t_0) \tag{14.2-5}$$

式（14.2-3）引入了徐变系数 $\phi(t,t_0)$，徐变系数即徐变与瞬时徐变的比值，在欧洲规范 CEB-FIP（1990）中混凝土徐变系数计算如下：

$$\phi(t,t_0)=\phi(\infty,t_0)\,\beta_c(t-t_0) \tag{14.2-6}$$

有试验资料时，徐变影响系数 $\phi(\infty,t_0)$ 可以按照试验数据进行回归得出，没有试验资料时，可以按照下式进行估算：

$$\phi(\infty,t_0)=\beta(f_c)\,\beta(t_0)\,\phi_{RH} \tag{14.2-7}$$

其中：

$$\beta(f_c)=\frac{16.76}{\sqrt{f_c}} \tag{14.2-8}$$

$$\beta(t_0)=\frac{1}{0.1+t_0^{0.2}} \tag{14.2-9}$$

$$\phi_{RH}=1+\frac{1-(RH/100)}{0.1\,(2A_c/u)^{1/3}} \tag{14.2-10}$$

式中 f_c——混凝土龄期为 28d 的平均抗压强度（MPa）；

t_0——加载龄期（d）；

A_c/u——体积面积比（mm）。

ϕ_{RH}——一个与环境湿度相关的参数，其计算公式的最后一项是附加的干燥徐变，而当 RH%=100% 时，

ϕ_{RH}=1，时间尺寸也没有影响。

（3）混凝土收缩因素考虑

混凝土收缩的影响因素有很多，包括内部因素和外部因素。内部因素主要与原材料及配合比有关，如水泥品种、骨料品种、水灰比等；外部因素主要有养护条件与养护时间、环境湿度、温度等。

选取混凝土收缩徐变的相关参数，环境年平均相对湿度取 70%，水泥种类系数取 5，开始计算混凝土收缩徐变时的混凝土龄期为 3d。参照欧洲规范 CEB-FIP（1990）定义混凝土抗压强度对时间变化的曲线，将已定义的混凝土收缩徐变和强度增长曲线等材料特性赋予对应等级的混凝土上。图 14.2-1 表示的是 C60 混凝土材料抗压强度、收缩和徐变的依时变化模型，其他强度等级混凝土材料与 C60 混凝土定义相同。

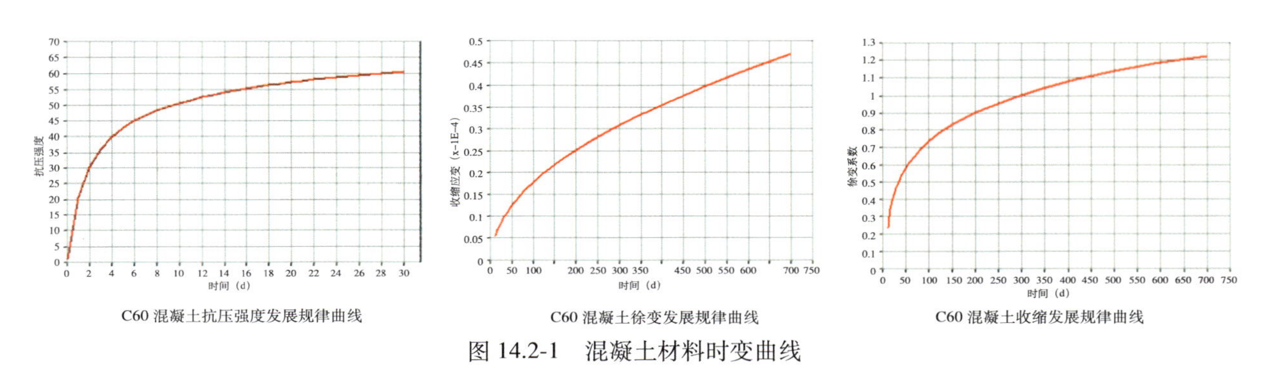

图 14.2-1　混凝土材料时变曲线

2）施工荷载因素考虑

采用欧洲规范 CEB-FIP（1990）的计算方法：塔楼结构在施工阶段分析时主要考虑的荷载为：结构自重、风荷载和塔楼楼面施工荷载。其中，风荷载选择规范中重现期为 10 年时的基本风压进行计算。根据《建筑结构荷载规范》GB 50009—2012 查得重现期为 10 年时，工程所在地区的基本风压值为 0.40kN/m^2。结合工程实际情况，将塔楼楼面的施工荷载等效为均布荷载，其取值为 1.0kN/m^2。

3. 计算分析

1）模拟结果与实测结果对比

根据上述模型进行施工过程模拟分析，提取与实测对应的监测点的竖向变形数据，得到核心筒与外框柱累积竖向变形、框筒竖向变形差以及柱间竖向变形差，与实测结果进行对比，如图 14.2-2 ~ 图 14.2-5 所示。

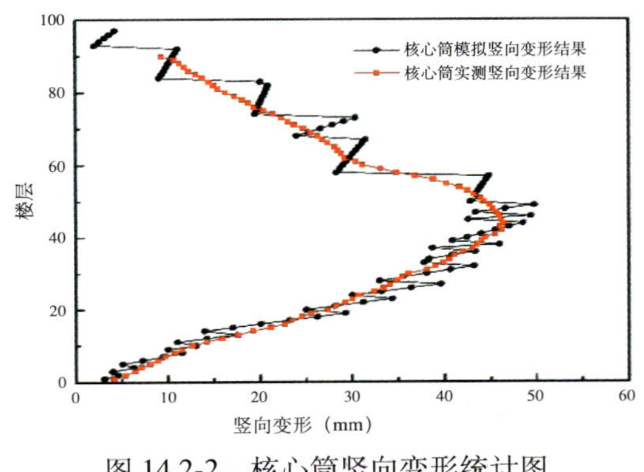

图 14.2-2　核心筒竖向变形统计图

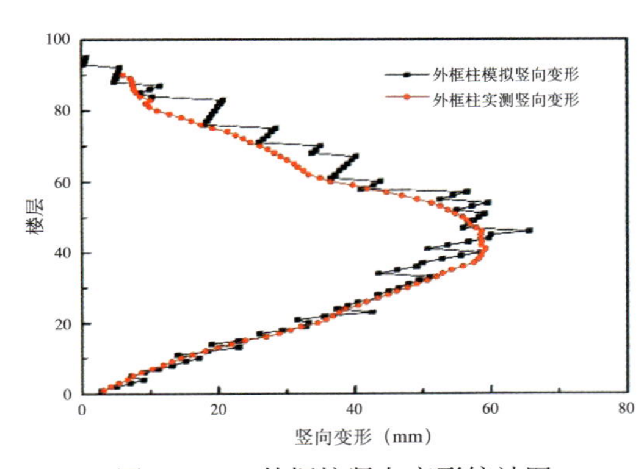

图 14.2-3　外框柱竖向变形统计图

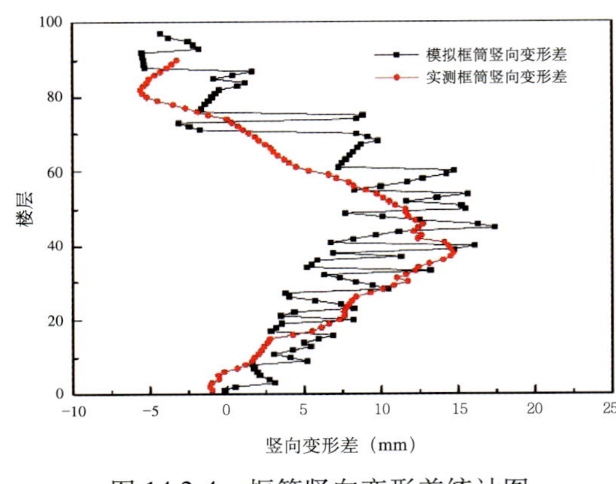

图 14.2-4 框筒竖向变形差统计图

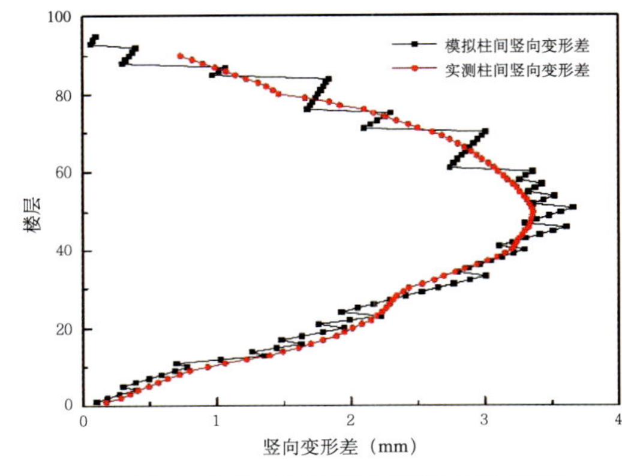

图 14.2-5 柱间竖向变形差统计图

结果分析：模拟与实测外框柱与核心筒累积竖向变形值并不完全一致。这是由于模拟时考虑的因素没有实测包含的因素复杂，模型中很难完全反映实际施工现场情况。但是模拟与实测外框柱与核心筒累积竖向变形值都呈现“中间层大，顶、底层小”的趋势。在模拟结果中，外框柱与核心筒累积竖向变形在 40 ~ 50 层左右达到最大，这也与实测结果一致。模拟结果中外框柱最大累积竖向变形为 65.7mm，发生在 46 层，核心筒最大累积竖向变形为 49.8mm，发生在 49 层，分别比实测结果大了 10.2% 和 7.3%；框筒竖向变形差以及柱间竖向变形差的基本趋势也是呈现“中间层大，顶、底层小”的趋势，最大值同样是发生在中间楼层，模拟结果中框筒竖向变形差最大值为 17.4mm，柱间竖向变形差最大值为 3.66mm，分别比实测结果大了 18.3% 和 8.9%。对于工程来说，模拟结果偏保守，在结构设计及制订施工方案、设置预调值时，可以作为一个参考值。

与实测框筒竖向变形不同的是，模拟竖向变形的曲线呈锯齿形状，在不同施工阶段之间变形数值会有突变。这是因为在施工阶段分析中采取了施工找平措施，在下一个施工阶段进行施工前预先补偿下部楼层的竖向变形，这就使竖向变形呈现“中间层大，顶、底层小”的规律，而实际施工时并不是按施工段进行找平的，而是每层都会进行一次找平。若不考虑施工找平因素，核心筒以及外框柱的竖向变形从底层开始持续增加，最大值在顶层。

2）混凝土的收缩及徐变变形因素分析

收缩徐变是混凝土的基本特征之一，对于核心筒的变形具有不可忽视的影响。混凝土的收缩徐变使核心筒竖向变形增大，由于内力重分布，又会使钢柱的竖向变形增大。根据上述模型计算结果，提取出核心筒弹性变形、徐变产生变形、收缩产生变形，如图 14.2-6、图 14.2-7 所示。

弹性变形、徐变产生竖向变形、收缩产生竖向变形最大值分别为 30.6、14.8、3.95mm，占总变形的比值分别约为 62%、29%、9%。由此可见，在计算混凝土结构竖向变形时，混凝土的收缩徐变占比很大，必须加以考虑。因此，高层、超高层建筑中，在设计时应选择合适的水泥品种，在施工时需在合适的养护条件下对混凝土进行养护，以减小竖向变形对结构带来的影响。

3）施工过程中影响因素分析

对于超高层框筒结构来说，影响竖向变形的因素有混凝土的收缩和徐变、温度、湿度、加载方式、筒体超前施工、施工速度等，但在工程施工期间，最可控的因素是筒体超前及施工速度。本节讨论筒体超前及施工速度对结构竖向变形的影响。

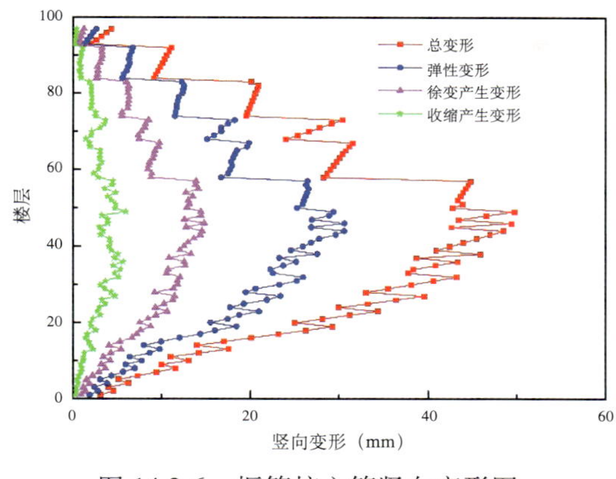

图 14.2-6　框筒核心筒竖向变形图

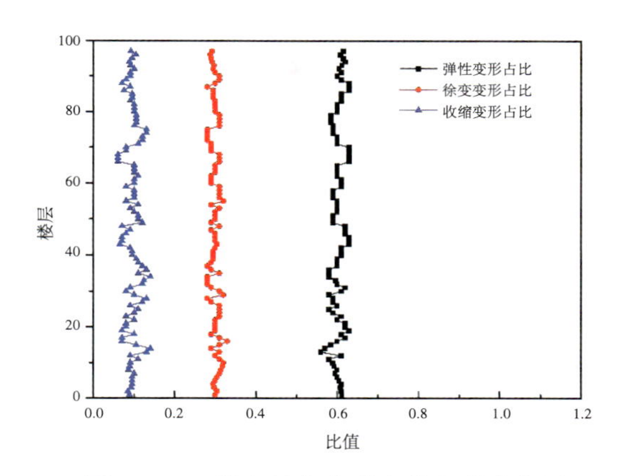

图 14.2-7　核心筒各变形占总变形比值图

（1）核心筒超前施工的影响

为了说明筒体超前施工对结构竖向变形的影响，本小结建立六个模型进行分析讨论（图14.2-8）。

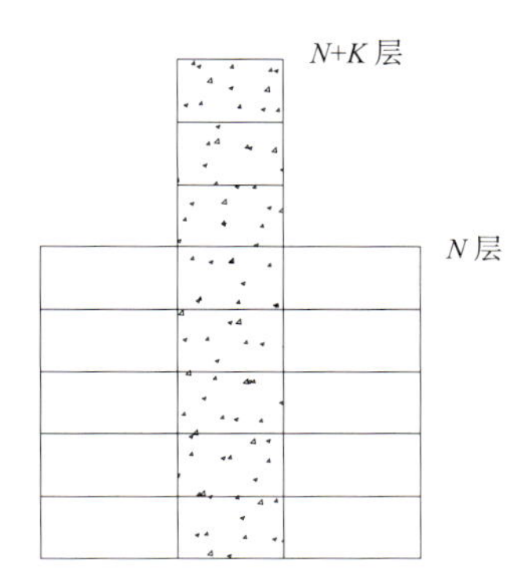

图 14.2-8　筒体超前施工示意图

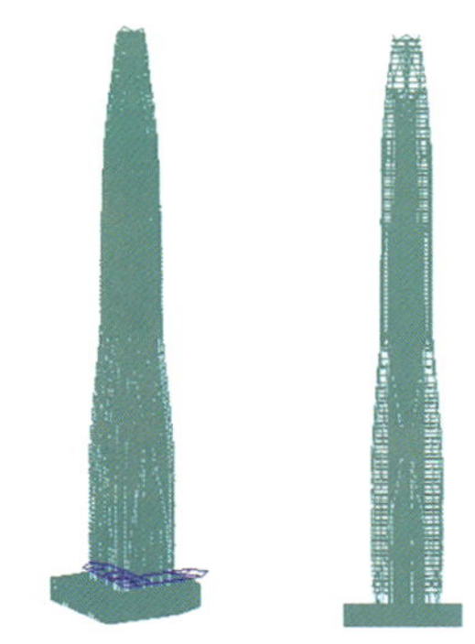

图 14.2-9　计算模型示意图

为了说明筒体超前施工对结构竖向变形的影响，分别建立五个计算模型，模型 1：对地下部分及塔冠部分，施工时间分别为 50d 和 30d，对于地上部分 6d/ 层，内筒外框及楼板同步施工，95 层以下每 5 层为一个施工段，共 22 个施工段。一次激活到结构计算模型上，如图 14.2-9 所示即每个施工段一次完成。模型 2 ~ 模型 5，在模型 1 的基础上，分别考虑筒体超前施工 5、10、15、20 层。

上述五种工况下结构的竖向变形及变形差如图 14.2-10 ~ 图 14.2-12 所示。

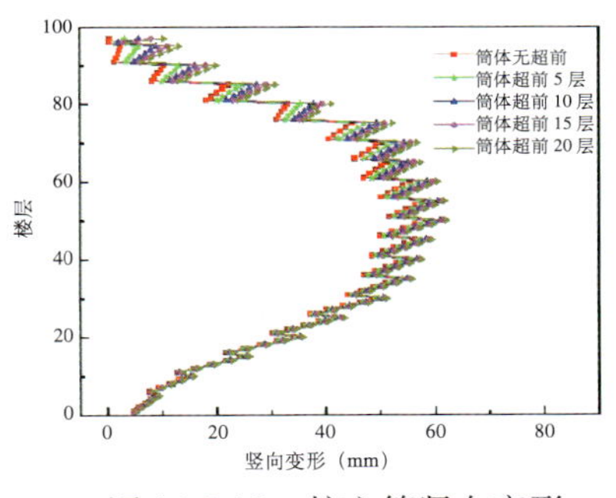

图 14.2-10　核心筒竖向变形

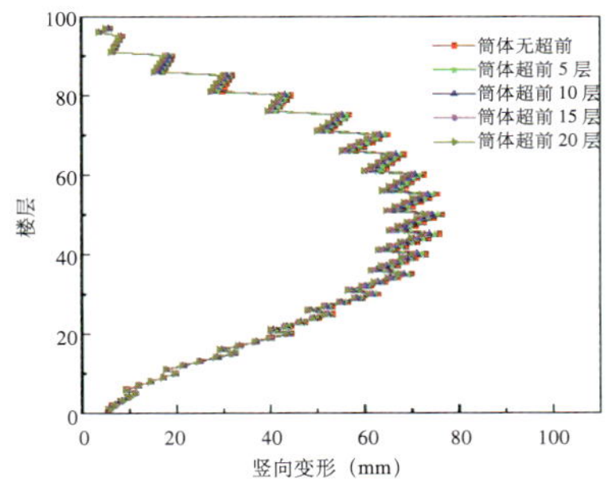

图 14.2-11　外框柱竖向变形

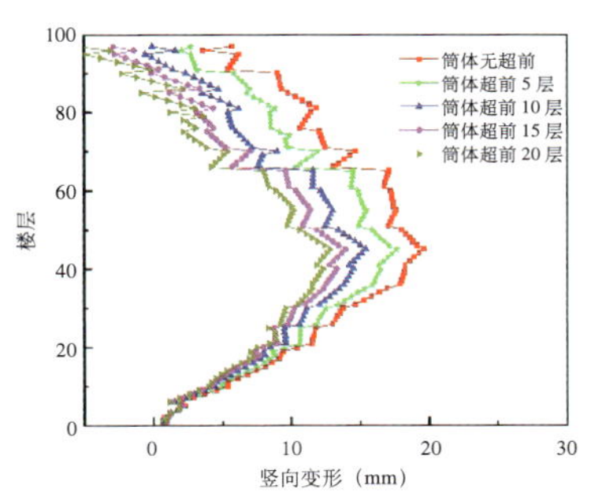

图 14.2-12　框筒竖向变形差

对于核心筒：筒体超前 20 层时，竖向变形最大；筒体无超前时，竖向变形最小。总体呈现的规律为：模型 5> 模型 4> 模型 3> 模型 2> 模型 1。这是因为筒体超前后，超前部分的收缩徐变能得到更充分的发展，因此，随着核心筒超前越多，其竖向变形也就越大。

对于外框柱：筒体无超前时，其竖向变形最大，筒体超前 20 层时，其竖向变形最小，总体呈：模型 5< 模型 4< 模型 3< 模型 2< 模型 1。这是因为超前部分核心筒分配到外框柱的荷载相当于提前作用于框架，其引起的竖向变形也就相当于提前发生，而程序考虑施工找平时，会将这一部分进行找平，因此筒体施工超前越多，外框柱竖向变形越小。

竖向变形差则呈现出模型 5< 模型 4< 模型 3< 模型 2< 模型 1 的趋势，与模型 1 相比，模型 5 的竖向变形差最大值由 19.6mm 变为 13.1mm。因此，结构在施工时，核心筒适当超前于外框柱，将会使结构的竖向变形差减小。

（2）施工速度对竖向变形的影响

钢框架—混凝土核心筒体系在施工过程中，核心筒超前于外框柱的高度一般在 5 ~ 15 层之间，结构每层的施工速度一般在 4 ~ 10d/ 层之间。因此，为研究施工速度对结构竖向变形的影响，在模型 3（筒体超前 10 层）的基础上，改变塔楼的施工速度，将塔楼地上部分的施工速度分别设为 5、7、9d/ 层进行施工过程模拟分析，得到的结构框筒竖向变形及变形差如图 14.2-13 ~ 图 14.2-15 所示。

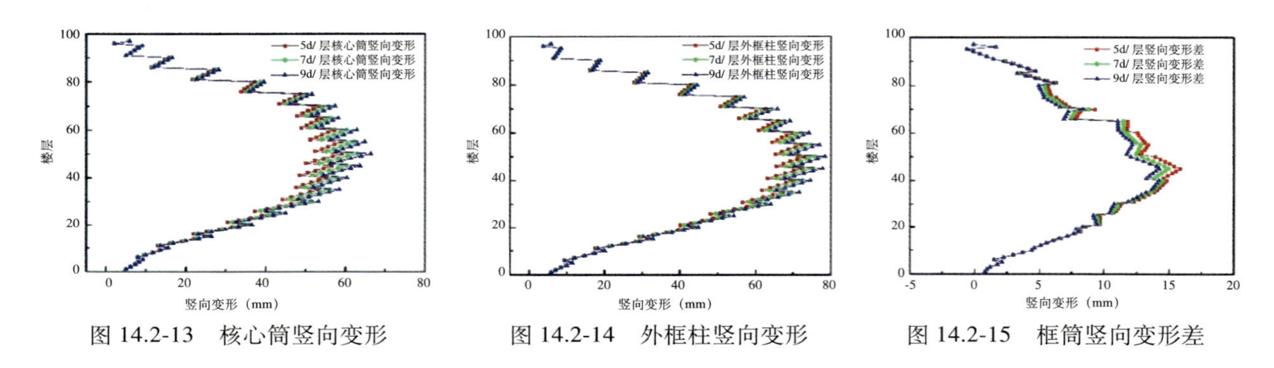

图 14.2-13 核心筒竖向变形　　图 14.2-14 外框柱竖向变形　　图 14.2-15 框筒竖向变形差

从上图可以看出，施工速度从 5d/ 层减缓至 9d/ 层时，核心筒竖向变形最大值由 56.4mm 增加至 63.6mm，增加了 12.7%，外框竖向变形最大值由 72.7mm 增加至 77.8mm，增加了 7.3%。随着结构施工速度的减缓，外框柱与核心筒的竖向变形都会有所增加。框筒竖向变形差随着施工速度的减缓而减小，施工速度从 5d/ 层减缓至 9d/ 层时，框筒竖向变形差由 15.84mm 降至 14.2mm。这是因为随着楼层施工天数的增加，结构总施工时间增加，核心筒混凝土收缩徐变得到更多的时间发展，使核心筒的竖向变形增加，而外框柱受此影响相对较小，增加的竖向变形也就更小，因此竖向变形差有所减小。

4. 小结

结合现场实测数据和模拟数据进行对比分析，部分构件竖向变形和应力数据对比结果较为吻合，把握施工中的影响如混凝土的收缩和徐变、温度、湿度、加载方式、筒体超前施工、施工速度等，调节可控因素，并有针对性地提出解决措施，减缓不可控因素对施工带来的干扰，提高工程品质。

第4篇　创新之钻——超高层建筑创新施工技术

革故鼎新，继往开来。紧贴行业发展趋势，突破传统建造业发展的枷锁，以创新逆袭传统，从概念设计到现场施工，克服重重困难打造创新之钻。

本篇对天津周大福金融中心建筑在地基基础工程、塔楼混凝土结构及钢结构、施工设备、安全防护、施工测量、机电管线及设备吊运安装等多方面技术的创新进行介绍，专项工程的创新紧跟“创新、协调、绿色、发展、共享”发展理念，攻克了由建筑的高度及大幅度变化而带来的层层施工局限，细节上革新成就世纪精品工程。

第 15 章　地基基础工程创新施工技术

超高层建造过程中多面临环境保护要求高、施工场地狭小、建设工期长等共性难题，其中基坑阶段的环境保护备受关注，直接影响到工程总工期和施工质量。

本项目地处天津市滨海新区繁华地带，周边建筑物、道路、管线密集，环境保护要求极高，且水文地质情况复杂，基坑土方开挖范围内存在深厚软土，具有显著的流塑性，基坑及周边环境变形风险大。同时，基坑最大开挖深度达 32.3m，距第二承压含水层顶部只有 8m，坑底突涌风险极大，地下水控制难，本工程具备沿海地区超深基坑施工的综合特性。

在前期周边环境变形接近报警值情况下，施工过程中采用基坑变形、渗漏、突涌组合控制创新技术，密切关注周边环境监测情况，动态调整施工方案。基坑施工完成后，监测基坑周边建筑物、道路、管线等均处于稳定可控状态，符合设计要求。

15.1　超深基坑变形控制技术

1. 技术概况

1）工程整体概况

项目基坑面积为 2.47 万 m^2，基坑开挖深度为 24.8、27.4m，最大开挖深度达到 32.3m，土方总量为 60.5 万 m^3。

2）基坑支护概况

基坑围护结构采用“两墙合一”地下连续墙，主楼楼区和裙楼区中间设置临时分隔墙。裙楼区与副楼区均采用“地下连续墙 +4 道支撑”支护形式，塔楼采用“环形支护桩 +5 道环梁”支护形式。

3）周边环境概况

基坑南邻第一大街，距基坑约 40m 处为市民广场；基坑西侧与新城西路相邻，距基坑约 43m 为别墅区；基坑北侧与广达路相邻，距基坑约 40m 为办公楼；基坑东侧与广场路相邻，距基坑约 50m 处为滨海新区公检法办公楼和检察院。基坑周边环境概况见图 15.1-1、图 15.1-2。

基坑周边管线密集，有给水管、排水管、热水管线、有线电视管道、中压煤气管线、地下车道等，管线覆土厚度约 1.5m，最近的管线距工程支护结构外墙 3.3m，管线允许设计变形值为 ±20.0mm。

2. 技术难点

1）周边环境变形情况

项目组进场时基坑地连墙及周边环境变形较大，部分已超过预警值，其中地连墙墙顶水平位移已达 25.1mm，周边道路沉降变形已达 24.8mm。如图 15.1-3、图 15.1-4 所示。

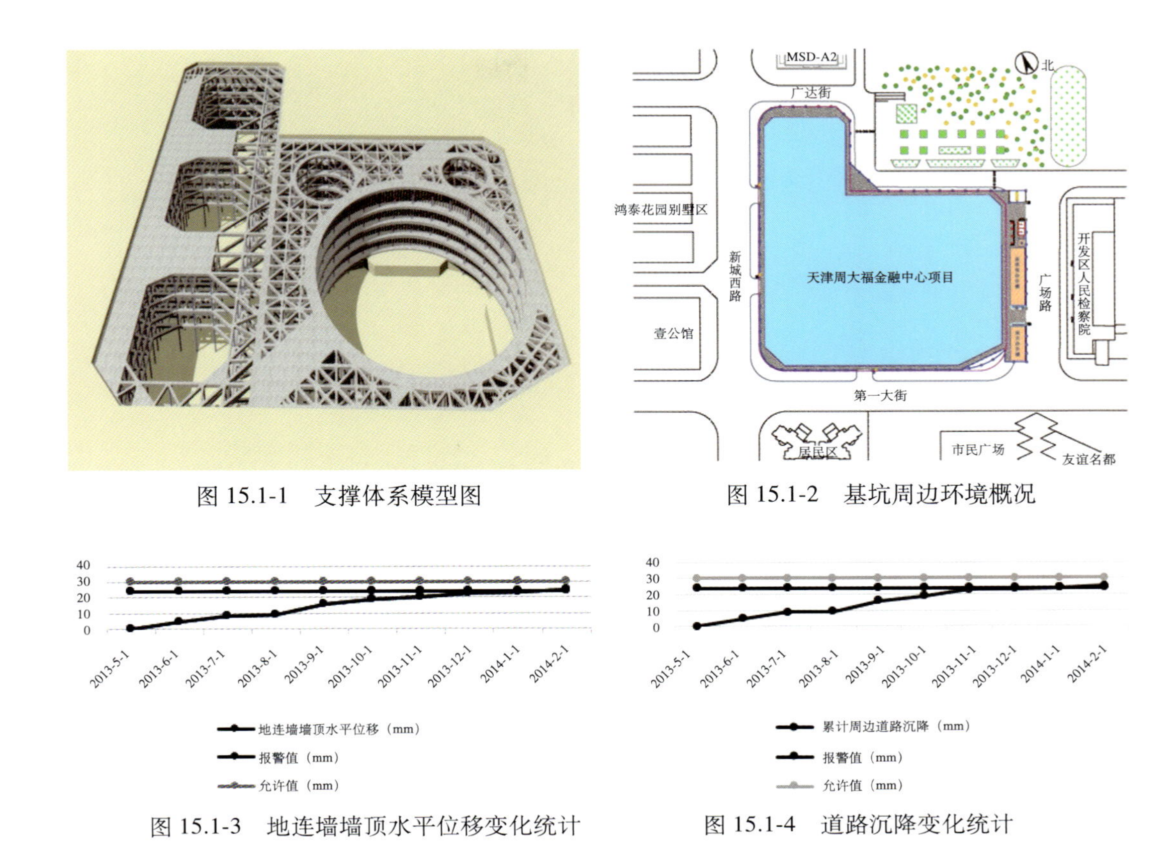

图 15.1-1　支撑体系模型图

图 15.1-2　基坑周边环境概况

图 15.1-3　地连墙墙顶水平位移变化统计

图 15.1-4　道路沉降变化统计

基坑西侧燃气管线累计沉降量已达 24.5mm（图 15.1-5），燃气管线带压运行严重存在安全隐患，直接影响经济开发区大范围居民正常生活，现场已被迫停工。

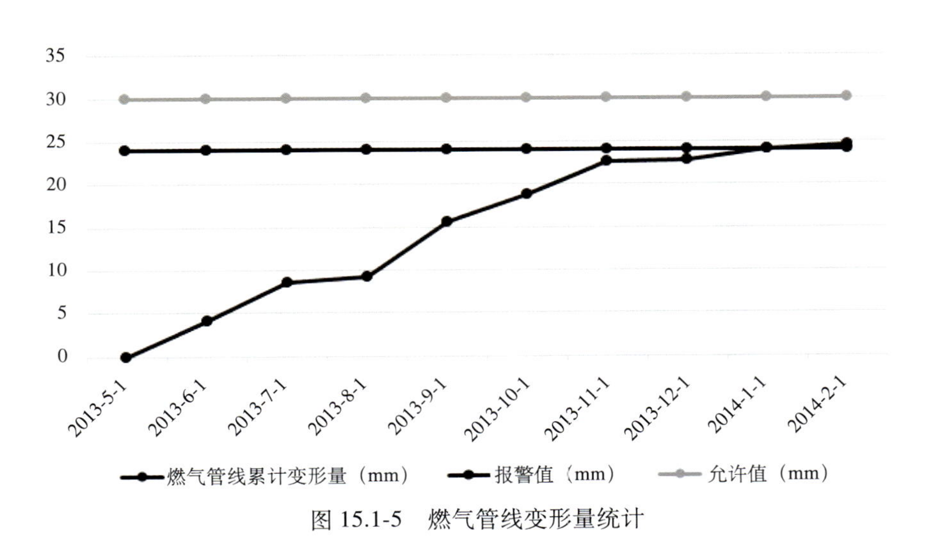

图 15.1-5　燃气管线变形量统计

2）基坑风险分析

项目团队进场时基坑西侧变形过大，已经接近报警值，对地下交通、建筑物、管线的正常使用造成了巨大的威胁，后期基坑变形控制更加苛刻。

3. 采取措施

针对基坑面临风险，现场变形综合控制技术具体实施如下。

1）整体支护，分仓实施

先行开挖裙楼、塔楼基坑，副楼区暂不施工，作为被动土，有效地减少基坑变形，详见图15.1-6。

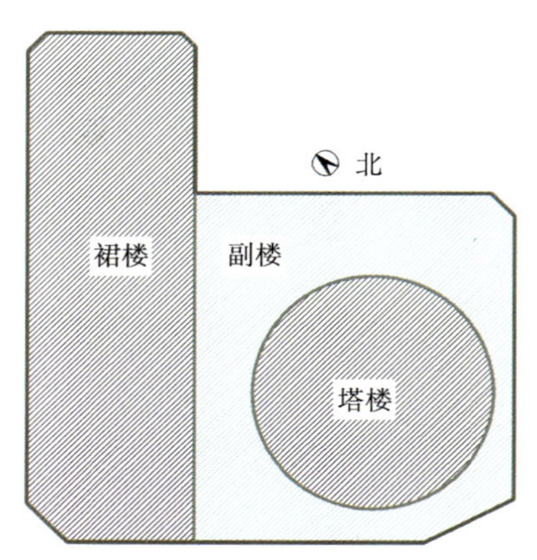

图 15.1-6 基坑分仓实施平面示意图

整体支护，分仓实施，减小基坑空间，缩短用时，削弱“时空效应”，具体步骤如下：

第一步：施工整个基坑围护结构、竖向结构及首层水平支撑，如图 15.1-7、图 15.1-8 所示。

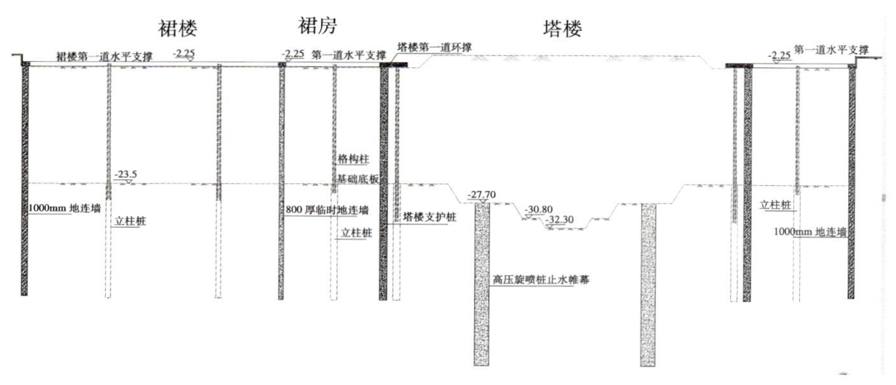

图 15.1-7 工况一剖面图

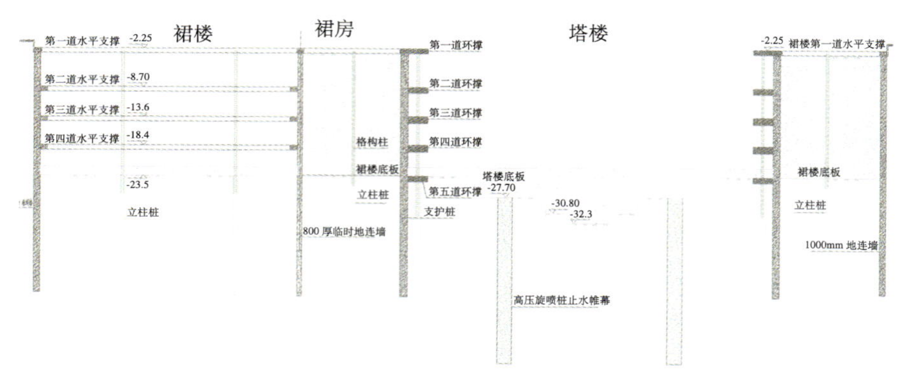

图 15.1-8 工况二剖面图

第二步：塔楼、裙楼依次支撑开挖至底板并完成底板施工后，副楼区开始支撑开挖，如图 15.1-9 所示。

第三步：塔楼、裙楼区主体结构继续施工，副楼区施工基础底板，如图 15.1-10 所示。

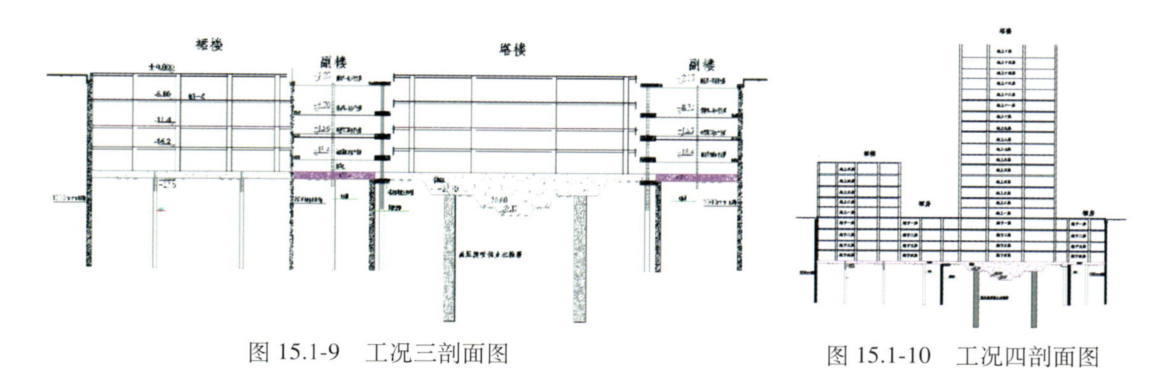

图 15.1-9　工况三剖面图

图 15.1-10　工况四剖面图

第四步：塔楼、裙楼继续向上施工，副楼区主体结构出 ±0。

2）支撑优化，兼做栈桥

现场首道支撑增加封板，优化为栈桥，如图 15.1-11、图 15.1-12 所示。既解决了基坑刚度问题，控制了变形，又解决了场内交通和场地问题，同时保证了位于关键线路的塔楼尽早实施。

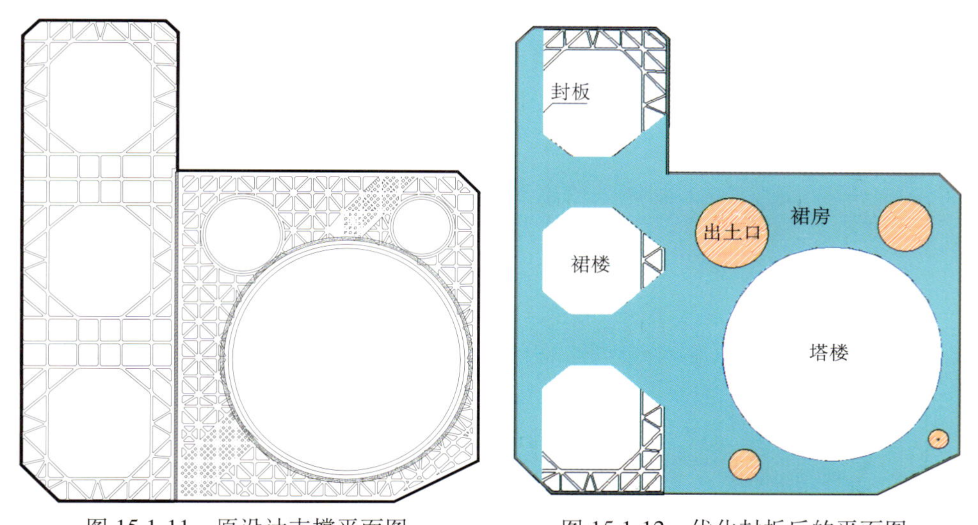

图 15.1-11　原设计支撑平面图

图 15.1-12　优化封板后的平面图

考虑到封板栈桥上荷载要求后进行了三维有限元分析，结果显示其结构变形、结构受压、立柱压应力均在可控范围内，如图 15.1-13 所示。

3）抽条开挖，超前对撑

鉴于裙楼基坑西侧道路、管线位移已超预警值，按常规方法施工基坑变形将继续增大。充分考虑软土基坑“时空效应”，施工中做到“超前对撑，抽条开挖，对撑先行，先施工中间后施工两端，两端混凝土采用微膨胀混凝土，缩短无支撑时间”，降低时间效应引起的基坑变形。

裙楼抽条开挖施工，施工按照①②③的顺序依次进行，如图 15.1-14 所示。

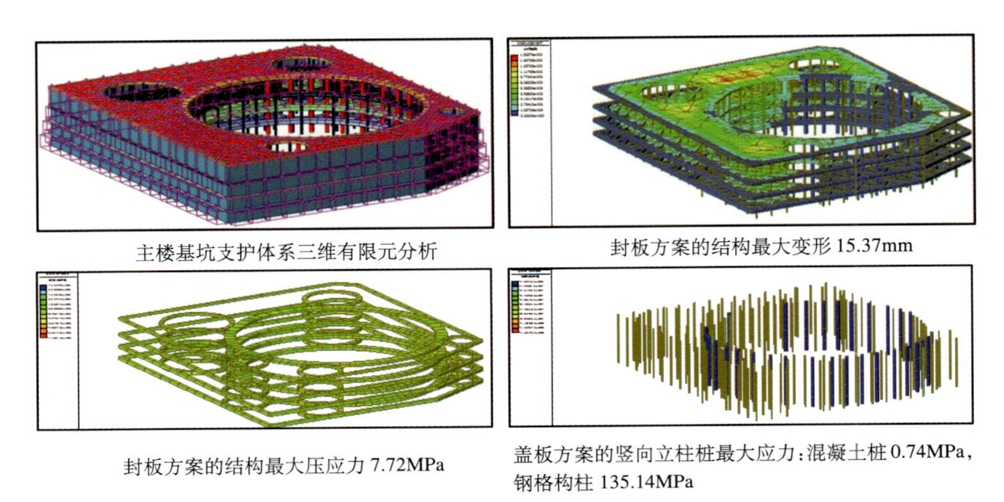

主楼基坑支护体系三维有限元分析

封板方案的结构最大变形 15.37mm

封板方案的结构最大压应力 7.72MPa

盖板方案的竖向立柱桩最大应力：混凝土桩 0.74MPa，钢格构柱 135.14MPa

图 15.1-13 塔楼首道支撑封板三维有限元分析

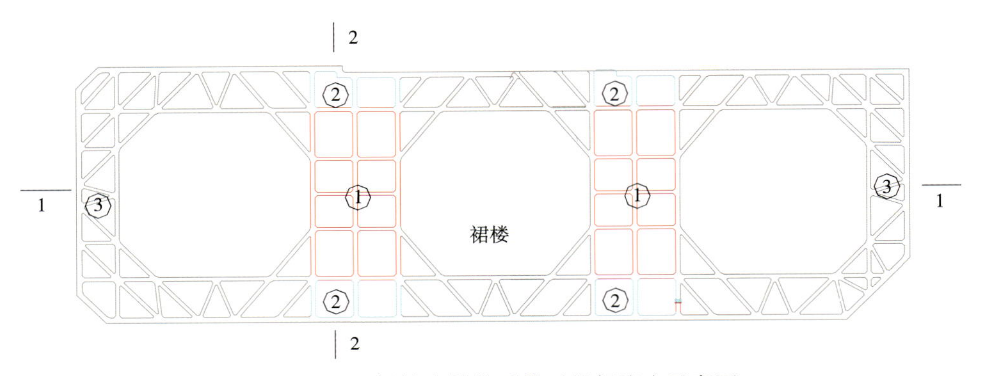

图 15.1-14 裙楼支撑体系施工组织流水示意图

1-1 剖面流程图具体如下：第一步：抽条开挖支撑对撑部位土方，第二步：开挖其他部位土方并封闭支撑梁（图 15.1-15）。

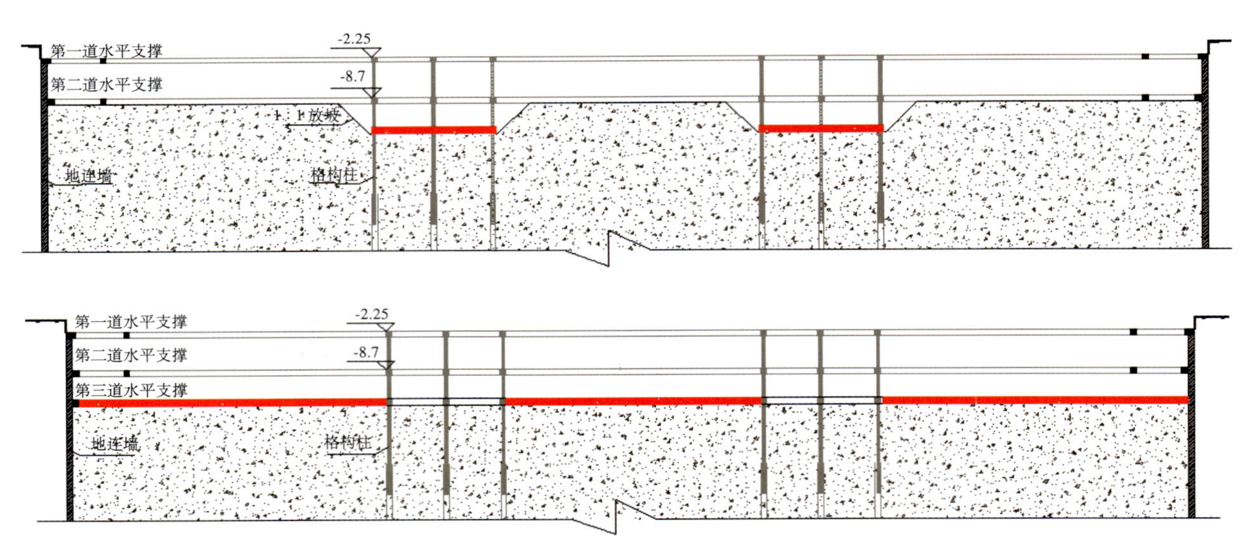

图 15.1-15 裙楼支撑体系施工组织流水示意图

2-2 剖面流程图具体如下：先抽条开挖支撑对撑中间部位，并采用微膨胀快硬混凝土及时封闭对撑梁（图 15.1-16）。

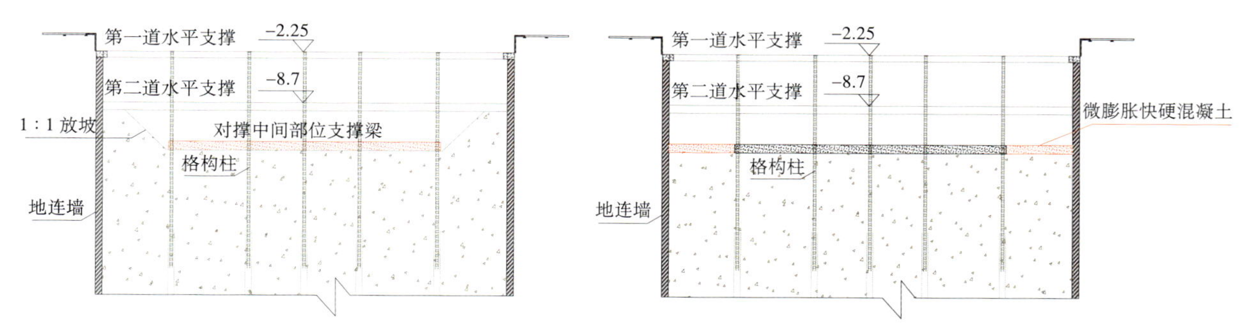

图 15.1-16　2-2 剖面流程图

裙楼底板抽条开挖施工同对撑施工，先开挖对撑部位土方，迅速封闭此部分基础底板，然后施工其他部位土方及基础底板。

4）环形支撑，岛式开挖

塔楼采用环形支撑，岛式开挖，先行开挖环梁部位土方，施工环梁，混凝土养护期间开挖其他部位土方，保证支撑、土方连续施工，加快施工进度，如图 15.1-17 所示。

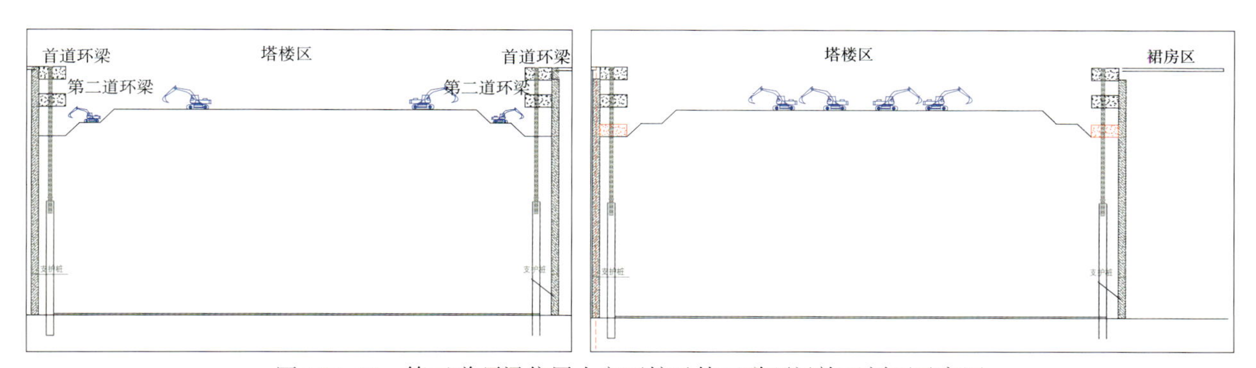

图 15.1-17　第三道环梁位置土方开挖及第三道环梁施工剖面示意图

5）对称盖挖，同步换撑

副楼第二步至第五步土方采用对称盖挖的方式，坑内水平倒土，栈桥垂直出土。将副楼区每步土方分为 8 部分，按照 1、2 的顺序依次对称开挖。盆式开挖，先角后边，如图 15.1-18 所示。并随副楼土方开挖同步拆除塔楼环形竖向支撑支护桩，将地连墙荷载传递至塔楼环梁，如图 15.1-19 所示。

6）超前转换，整体拆除

现场在地下室结构施工期间采用在临时地连墙开孔确保主梁贯通及次梁、楼板通过传力型钢的方式，做到超前转换，保证基坑内力平衡，详见图 15.1-20 ~ 图 15.1-22。

首层结构板全部贯通，自上而下依次拆除各层临时地连墙，拆除至基础垫层底部 300mm 后自下而上依次贯通各层次梁、结构板。相比传统边拆边连接主梁方式，减少拆除临时地连墙难度及时间，对后续工序影响小，具体拆除工况详见图 15.1-23。

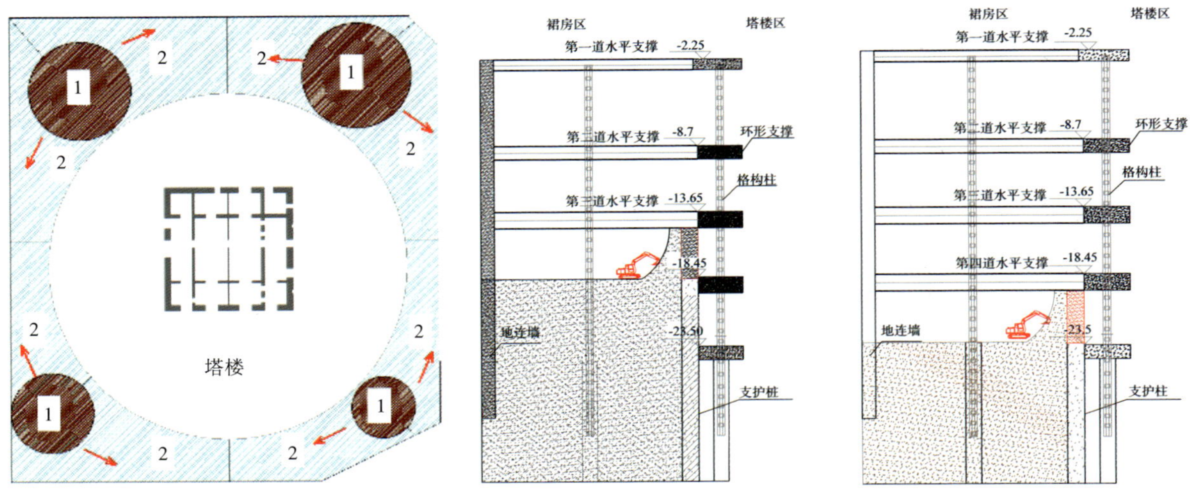

图 15.1-18　副楼区对称盖挖分段示意图

图 15.1-19　开挖第四、五步土方，拆除该部分支护桩

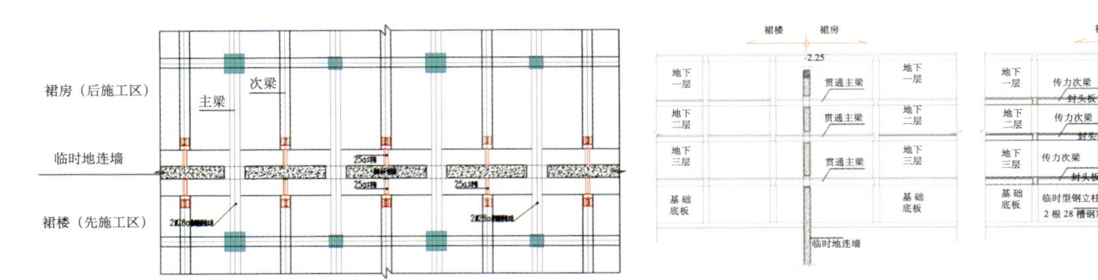

图 15.1-20　临时地连墙换撑平面图

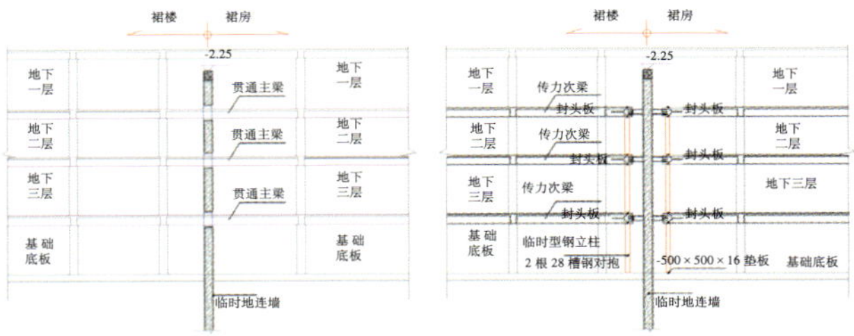

图 15.1-21　临时地连墙主次梁、板传力立面图

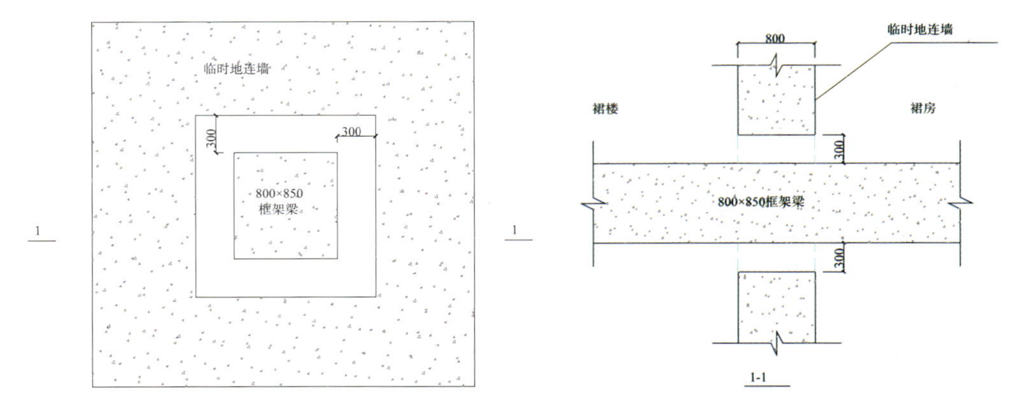

图 15.1-22　临时地连墙开孔示意图

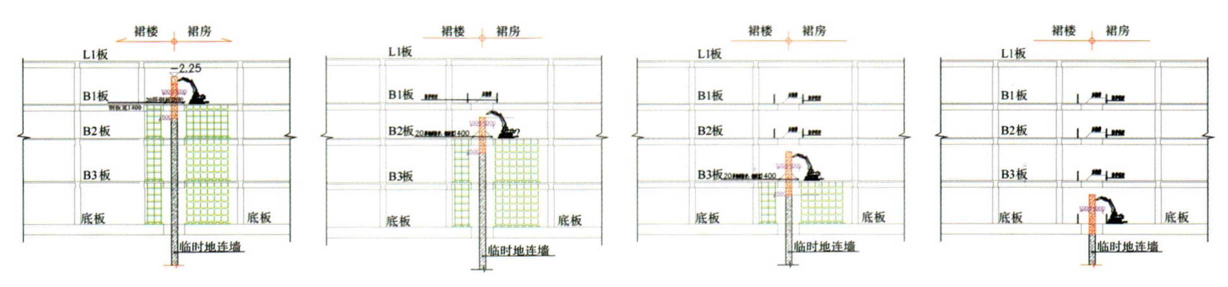

图 15.1-23　地下 1～地下 4 层地连墙拆除工况示意图

地连墙拆除至基础底板垫层底部 300mm（图 15.1-24），在地连墙拆除至基础底板完成期间有效利用降水井抽降地下水，确保作业条件及基坑安全。连接两侧防水层并有效搭接，设置橡胶止水条、止水钢板，此部分混凝土采用微膨胀混凝土，减少混凝土收缩变形引起的基坑内力失稳。底板封闭后，自下而上依次贯通各层剩余次梁、楼板，完成受力体系转换。

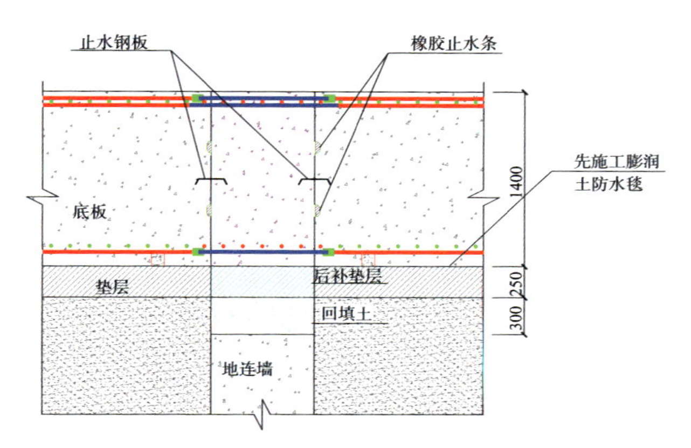

图 15.1-24　临时地连墙底部拆除施工节点

4. 小结

本工程基坑开挖面积大，深度大，且周边环境变形要求高，现场通过采用深基坑变形综合控制技术，减少了基坑面积，降低了施工难度，缩短了基坑无撑时间及暴露时间，增加了基坑刚度，有效地降低了软土地区的“时空效应”，从而控制了基坑变形。

15.2　超深基坑地下水综合控制技术

1. 技术概况

随着城市地下空间的不断开发利用，基坑规模亦不断增大，尤其是位于沿海富水软土地区的超深基坑。基于基坑施工安全零容忍，地下水的控制日渐成了决定工程成败的关键因素。

1）水文地质特点分析

（1）工程地质特点：成层分布，砂黏互层，开挖范围内存在深厚软弱土层。裙楼基坑底部为粉质黏土层，塔楼基坑底部为粉土层，渗水系数高，如图 15.2-1 所示。

（2）水文地质特点：基坑开挖影响范围内存在多水层，包括两个承压水层。裙楼基坑底部接近第一承压含水层，塔楼基坑底部距第二承压含水层顶部只有 8m。地连墙切断第一承压含水层，如图 15.2-2 所示。

2）监测数据分析

监测点位共 238 个，负责团队进场时现场监测潜水水位累计变化量达 3.985m，报警值为 1.0m，结果显示止水帷幕存在渗水现象。

2. 采取措施

针对基坑存在渗漏及突涌风险的情况，现场采取 ECR 渗漏检测、RJP 精准加固、袖阀管预埋应急、超深止水帷幕切断第二承压水、高压旋喷桩封底加固、自流阀科学减压、超前筑底等一系列措施来控制错综复杂的地下水。

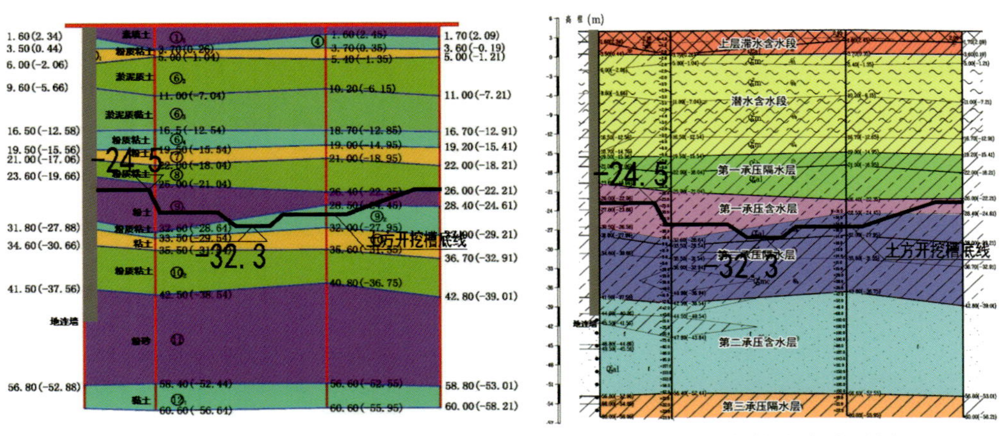

图 15.2-1 基坑工程地质剖面图　　图 15.2-2 基坑水文地质剖面图

1）ECR 检测精准定位地连墙渗漏三维位置

通过群井抽水试验反映出地连墙存在渗漏现象，但不能确定地连墙具体渗漏部位，常规渗漏检测方法存在检测周期长、精度不高等缺陷，为此引进 ECR 渗漏检测技术。

（1）ECR 检测原理

ECR 渗漏检测的原理是在地墙外侧设置电势发射极，逐级施加电势，在地墙内侧设置多通道接收极，探测渗漏水中微弱离子的运动，对接收信号进行数据图像处理，快速准确地确定地连墙渗漏部位，如图 15.2-3 所示。

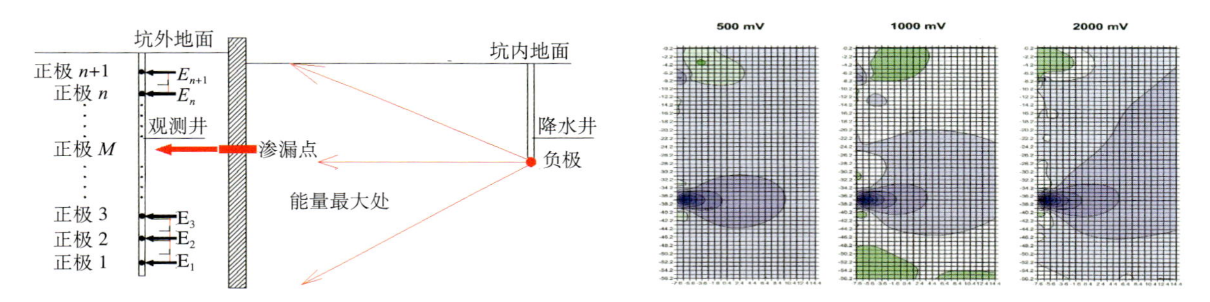

图 15.2-3 ECR 检测原理图

（2）ECR 检测实施过程

在主楼区地连墙内侧土体表面埋设传感器，水平间距 3m，地连墙接缝处、跨中均匀布设，每一个检测段内设置独立的坑外观测井及坑内对应的降水井，如图 15.2-4 所示。

（3）ECR 检测结果

经检测并对收集的数据进行分析后，在检测 350m 范围内有一般渗漏点 4 个、严重渗漏点 5 个，如图 15.2-5 所示。

2）RJP 针对性封堵加固

根据 ECR 检测出的主楼区地连墙 9 个渗漏点，15 个地连墙接缝，采用 RJP 精准封堵，桩径为 1600mm，桩顶标高为 -11.0m，有效桩长 33m，同地连墙墙深。该工艺能自动释放土层压力，可有效避免地连墙渗漏及地面隆起。同时，采用 RJP 针对性加固，避免了所有地连墙接缝加固的浪费，RJP 原理及施工工艺如图 15.2-6、图 15.2-7 所示。

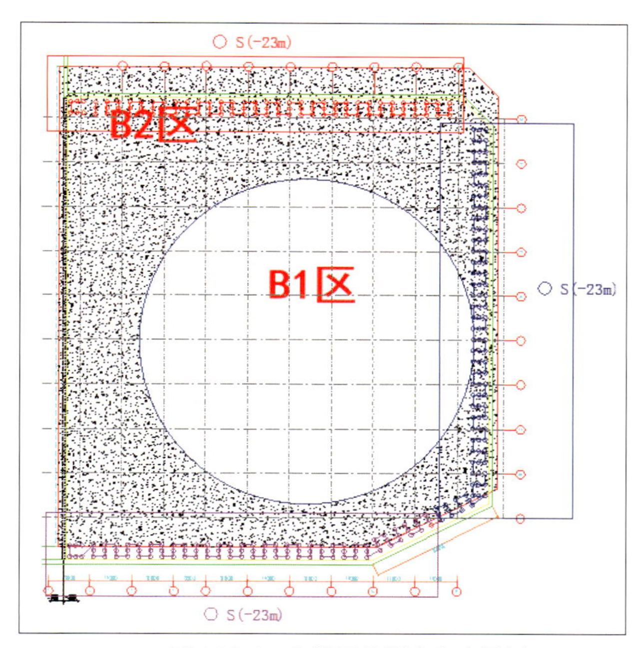

图 15.2-4 主楼区检测点位布置图

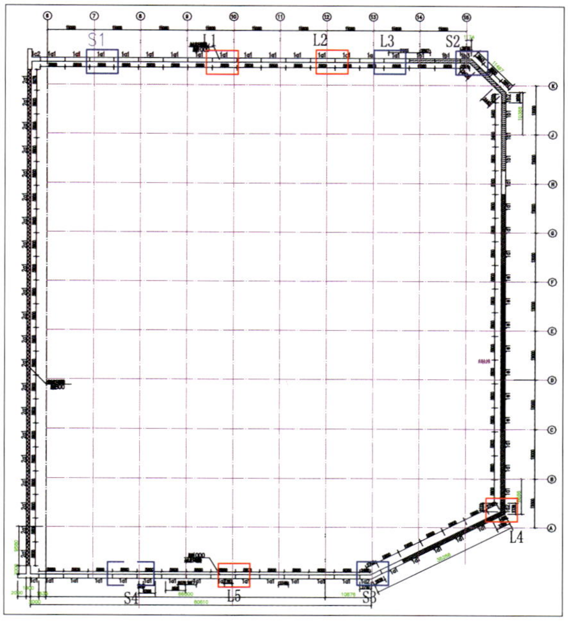

图 15.2-5 主楼基坑渗漏平面图

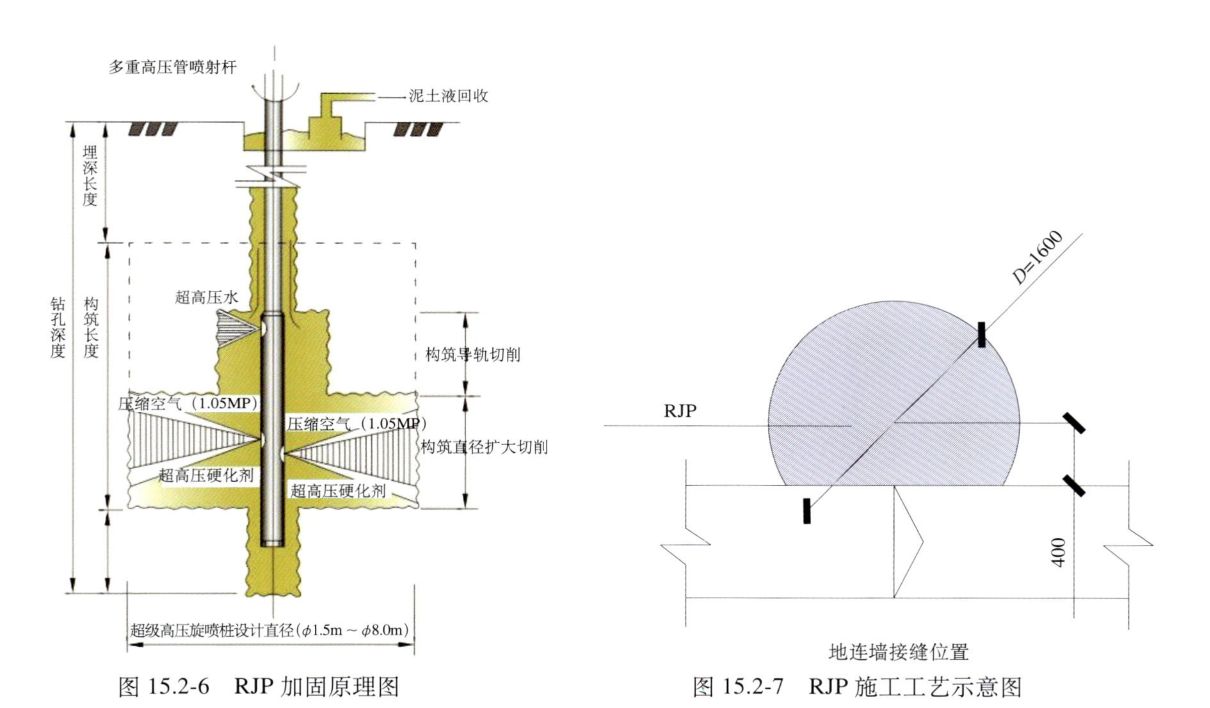

图 15.2-6 RJP 加固原理图

图 15.2-7 RJP 施工工艺示意图

3）预埋袖阀管，为抢险争分夺秒节省时间

在土方开挖过程中地连墙仍会因变形而发生渗漏，因此在土方开挖前在所有地连墙接缝处均预埋一根袖阀管，深度为 42.0m，同地连墙墙深，原理图及现场布置情况如图 15.2-8、图 15.2-9 所示。在渗漏萌芽状态，精准封堵渗漏位置，相比事后注浆，节省了引孔及下放袖阀管的时间，注浆时间由 3h 缩减至 30min，及时封堵减少渗漏时间，同时减少了水及砂的流失，以保障坑外土体的稳定性。

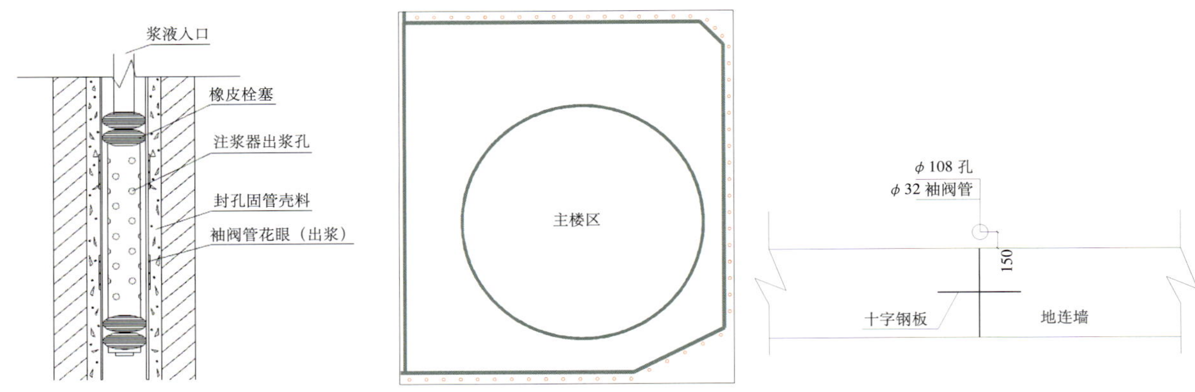

图 15.2-8 袖阀管注浆原理图

图 15.2-9 袖阀管加固平面图及详图

4）高压旋喷桩止水帷幕切断坑内外第二承压水联系

由于地连墙未完全切断第二承压含水层，且塔楼基坑开挖深度达 32.3m，土质为粉质黏土，坑底抗突涌系数低。为此需施工止水帷幕切断第二承压含水层。

塔楼基坑采用单排高压旋喷桩作为止水帷幕，对开挖深度超过 27.5m 的进行隔水处理，直径为 1000mm，咬合 350mm，桩顶标高 -27.0m，有效桩长 33m，水泥采用强度等级 42.5 级普通硅酸盐水泥，掺入比为 40%，注浆压力值为 35MPa，切断深坑部位与外侧第二承压水的联系，一定程度上降低了坑底突涌的风险，详见图 15.2-10。

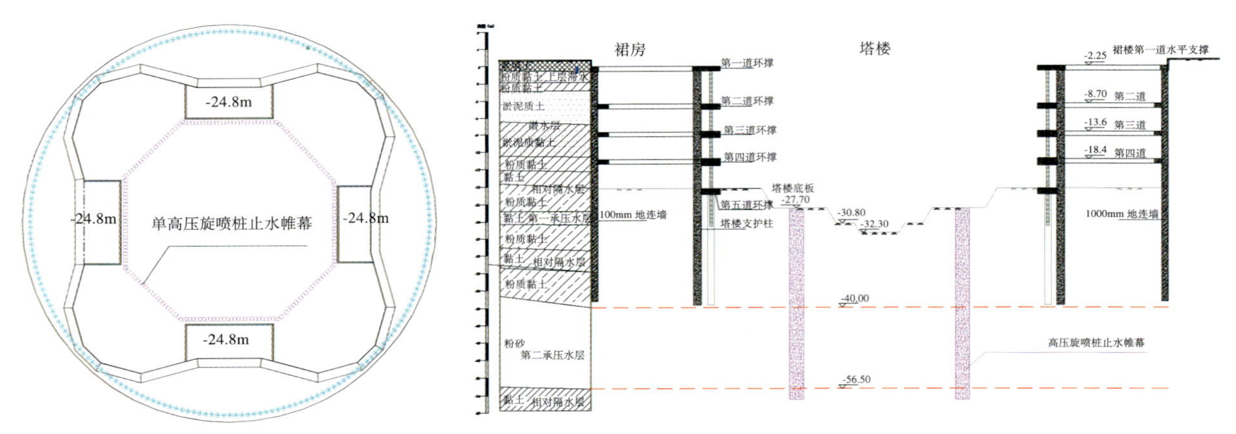

图 15.2-10 高压旋喷桩止水帷幕平面及剖面图

5）高压旋喷桩封底加固，控制隆起

塔楼基坑大面开挖深度在 27.5m，坑底突涌风险大，坑中坑部位深度为 30.8～32.3m，距第二承压含水层顶部只有 8m。且由于存在勘探孔，深层承压水会给第二承压含水层快速补给，坑中坑突涌风险大。为此在第一步土方开挖前对塔楼坑中坑部位采用高压旋喷桩进行整体封底加固，桩径 1m，咬合 0.2m，桩顶标高 -30m，有效桩长 8m，详见图 15.2-11。

6）自流减压，减少地下水抽降

由于高压旋喷桩在深度 40～60m 处易出现倾斜、劈叉等现象，因此止水帷幕存在渗漏风险，抽降承压水必不可少，为此增设减压井，并在减压井上设置自流阀，不主动抽降，减少对地下水的抽降。并按需分批开启，首先开启 1/3，即坑中坑的三口减压井。通过自流阀控制水头高度（表

15.2-1)，通过管道引至水箱，有组织地抽排，减少地下水抽降量。自流阀底部标高为 -23.0m，竖向每隔 2m 布设一个。

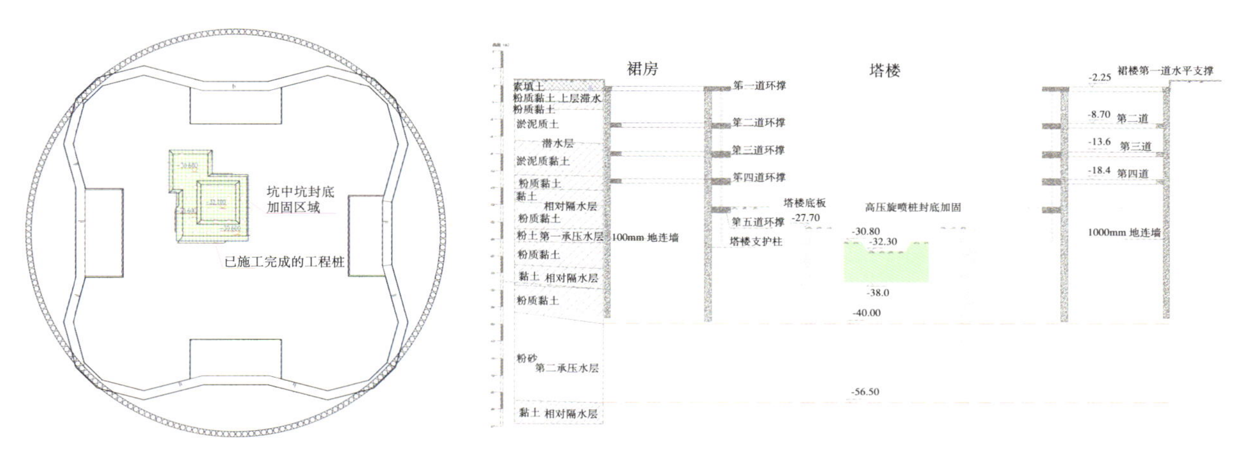

图 15.2-11　高压旋喷桩封底加固平面图及剖面图

基坑安全水头高度统计表　　表 15.2-1

开挖底标高（m）	基坑抗突涌安全系数	安全水头高度（m）
-27.7	0.82	—
-29.1	0.71	-13.6
-30.8	0.60	-17.3
-32.3	0.50	-21.2

7）超前筑底，降低风险

基坑超深，底板超厚，工序多，耗时长，将底板混凝土竖向分为两部分（图 15.2-12），先封闭局部深坑部位，超前筑底，进一步降低坑底突涌风险。

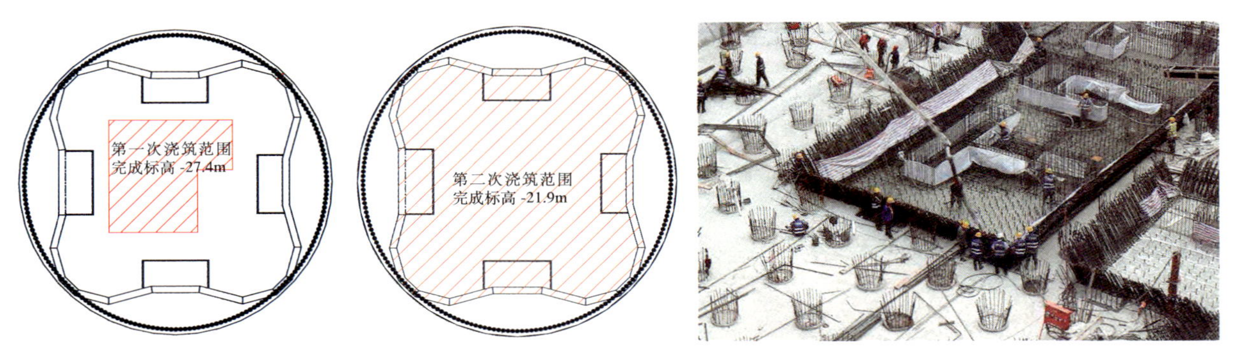

图 15.2-12　基础底板两次浇筑平面示意图及现场实施照片

3. 小结

根据工程的含水层结构、边界条件和地下水流场特征进行数值模拟，为期 180d，基坑附近采用剖分格式，并向边界区域发散状分布，如图 15.2-13 所示。模拟结果显示坑外距离坑边约 10m 处潜水位降深约 0.8m，地面沉降 20mm，不满足道路管线保护要求。

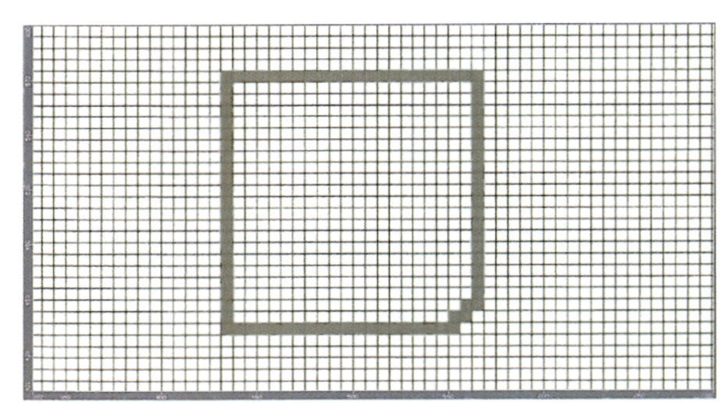
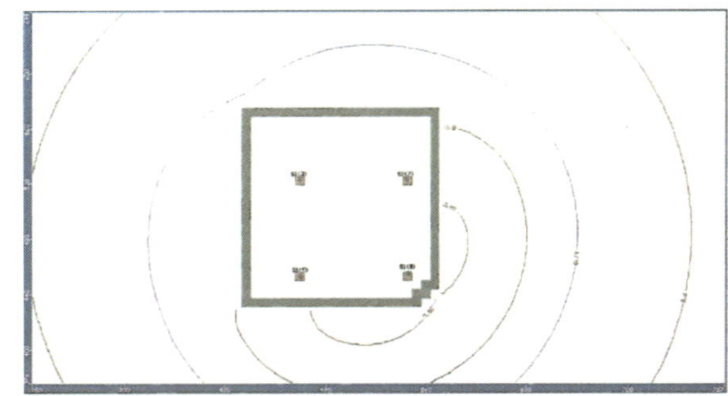

图 15.2-13 主楼区降水模型局部网格图及减压井开启 180d 后坑外潜水位降深等值线图

一系列地下水综合控制技术的成功实施，降低了地连墙渗漏及坑底突涌的风险，增加了坑底土体密度，提高了基坑抗突涌系数。通过三维有限元模拟分析抽降地下水对周边环境的影响，将原计划抽降减压井时长 180d 优化为 90d，如图 15.2-14 所示。原计划周边沉降量 ±20.0mm 优化到 ±10.0mm。现场抽降减压井 90d 后对周边环境监测，发现周边沉降量最大为 -6.2mm < ±10mm，满足周边环境变形允许值，地下水控制效果良好。

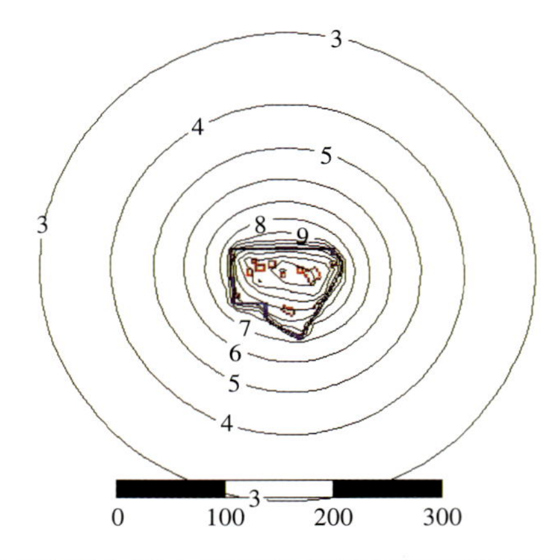

图 15.2-14 减压降水 90d 后的预测地面沉降等值线图（单位：mm）

15.3 整体基坑不同步工况下水平支撑转换技术

1. 技术概况

超高层建筑规划设计中多趋向于塔楼与裙楼结合的形式，其中塔楼为整个工程的关键线路。基坑施工阶段多采用设置临时分隔地连墙，实现整个基坑的分仓，减小基坑的规格，很大程度上降低了软土地区深基坑的“时空效应”，从源头上有效地控制了基坑变形。

临时分隔墙在基坑工程实施完成后拆除，然而在拆除过程中需考虑临时分隔墙两侧基坑内力瞬间失衡及临时分隔墙底部与基础底板部位的防水处理难题。

基坑围护结构采用“两墙合一”地下连续墙，主楼楼区和裙楼区中间设置临时分隔地连墙。裙楼区与副楼区均采用“地下连续墙 +4 道支撑”支护形式，塔楼采用“环形支护桩 +5 道环梁”支护形式，如图 15.3-1 所示。

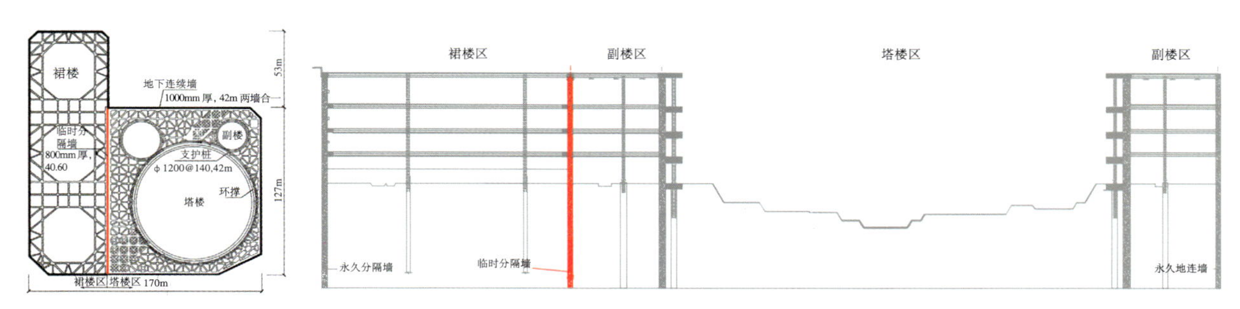

图 15.3-1　基坑支护平面图及剖面图

2. 施工难点

1）分隔墙两侧基坑内力瞬间失衡，引起基坑支护结构变形

临时分隔墙自上而下逐层拆除，拆除后及时封闭水平结构，然而混凝土强度达到设计强度至少需要 28d，分隔墙两侧基坑内力短时间内会失衡，从而引起基坑支护结构变形。

传统临时分隔墙拆除则采用抽条拆除的方法，即间隔一段距离拆除一段临时分隔墙，暂时未拆除的部分仍可传递基坑内力，如图 15.3-2 所示，避免基坑内力失衡时间过长。然而此种施工方案耗时长，工序复杂，且基坑内力仍存在短时间内失衡的情况。

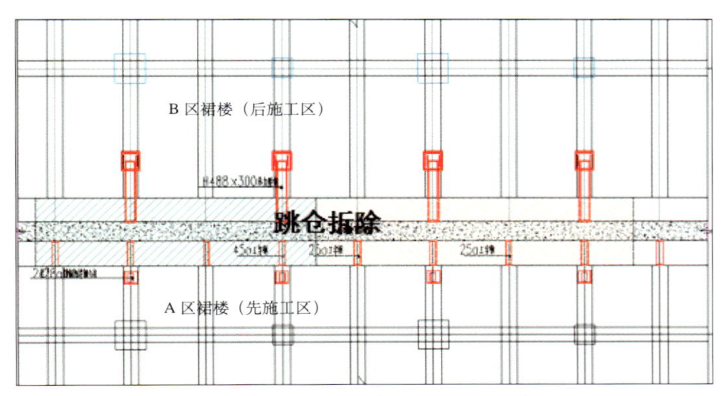

图 15.3-2　传统分隔墙拆除平面示意图

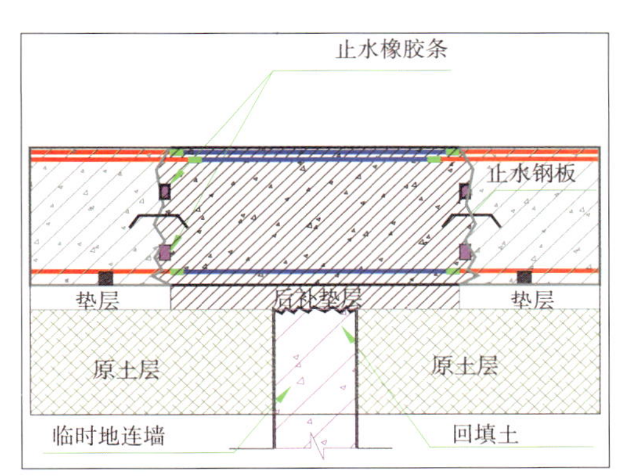

图 15.3-3　传统分隔墙根部防水节点示意图

2）分隔墙与基础底板重合部位防水节点难处理

传统临时分隔墙拆除至基础底板上部或者基础底板底部，由于其他部位基础底板底部为土层，而分隔墙底部仍为墙体，此部位结构刚度较其他部位大，在地基不均匀沉降的情况下，极易致使分隔墙位置基础底板“隆起”至开裂，从而导致底板漏水，如图 15.3-3 所示。

3. 采取措施

1）分隔墙两侧结构主梁贯通，超前转换支撑体系

基坑土方与水平支撑体系交替施工，完成基坑土方开挖。然后进行分隔墙两侧主体结构施工，按照自下而上先拆除水平支撑后施工主体结构的顺序逐步进行。分隔墙两侧每层水平结构施工时，在临时地连墙上开孔，确保主梁贯通，转换基坑支护体系，由“坑外—左侧地连墙—左侧水平支撑—分隔墙—右侧水平支撑—右侧地连墙—坑外”转换为“坑外—左侧地连墙—左侧水平主体结构—右侧水平主体结构—右侧地连墙—坑外”，为后期拆除临时分隔墙做好准备。

在分隔墙上开孔尺寸比主梁结构尺寸大 600mm，便于钢筋绑扎及模板支设，示意图如图 15.3-4 所示，临时地连墙两侧主梁贯通流程详见图 15.3-5。

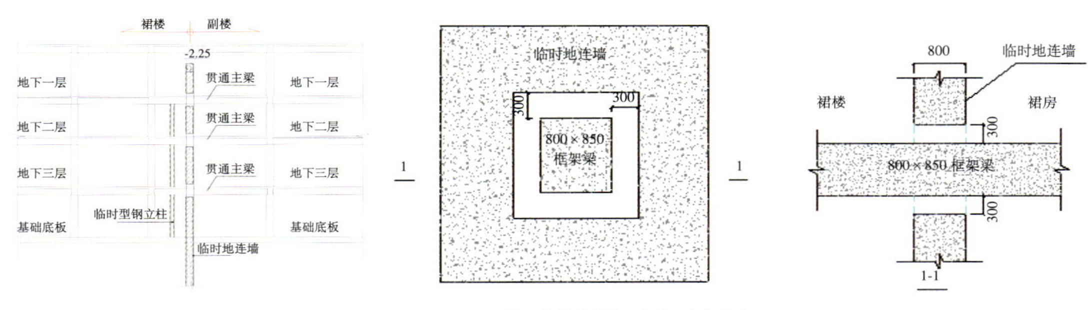

图 15.3-4 临时分隔墙开孔示意图

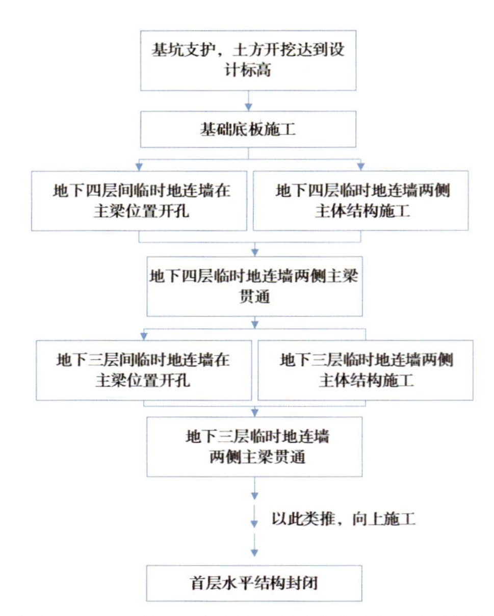

图 15.3-5 临时地连墙两侧主梁贯通流程图

2）临时分隔墙拆除方案

地下室主体结构施工完毕后（首层水平结构封闭），为整体地上工程施工提供场地，用于行车及材料堆放，以保证总工期的总体把控。随后临时分隔墙自上而下逐步整体拆除，采用机械拆除的方式，拆除前在分隔墙两侧搭设满堂脚手架，用于拆除机械及碎渣的楼板的支顶。自下而上依次贯通各层剩余次梁、楼板，完成受力体系，拆除工艺如图 15.3-6 所示。每层后补水平楼板位置预留出料口，便于倒运机械及碎渣，临时地连墙拆除流程如图 15.3-7 所示。

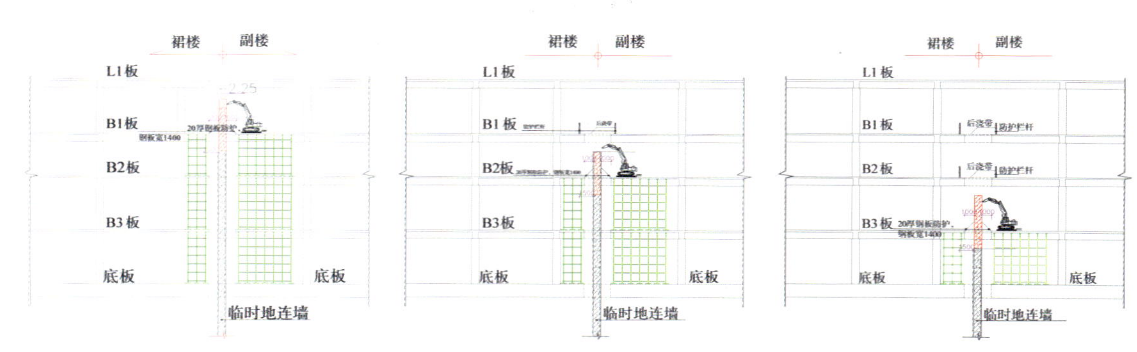

图 15.3-6 临时分隔墙拆除工艺示意图

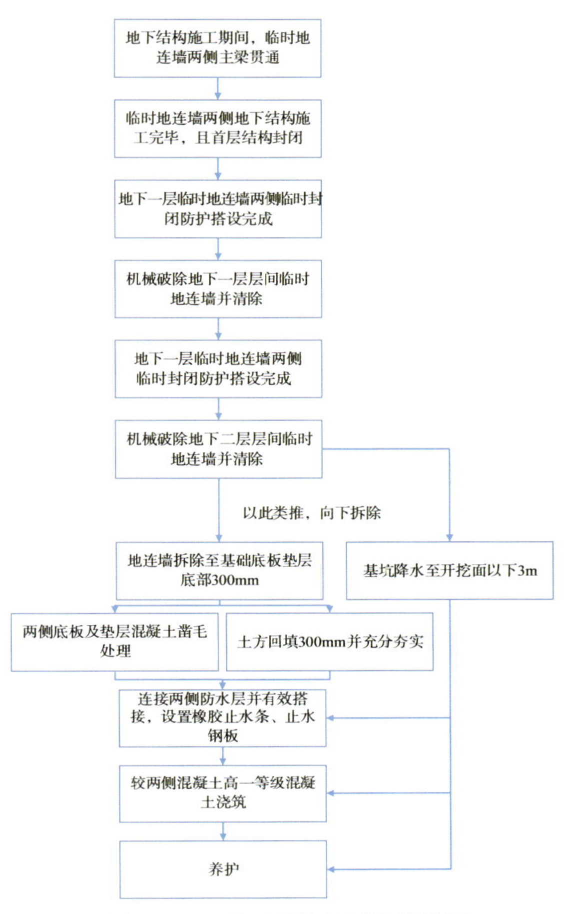

图 15.3-7　临时地连墙拆除流程图

3）临时分隔墙根部防水节点处理方案

地连墙拆除至基础底板垫层底部 300mm，在地连墙拆除至基础底板完成期间有效利用降水井抽降地下水，确保作业条件及基坑安全，随后在此部位回填土并充分夯实，素土厚度不低于 300mm。然后施工底板垫层，并对两侧基础底板接茬位置进行凿毛处理。连接两侧防水层并有效搭接，设置橡胶止水条、止水钢板，此部分混凝土采用比基础底板高一个等级的微膨胀混凝土，减少混凝土收缩变形引起的渗漏水，防水节点如图 15.3-8 所示。

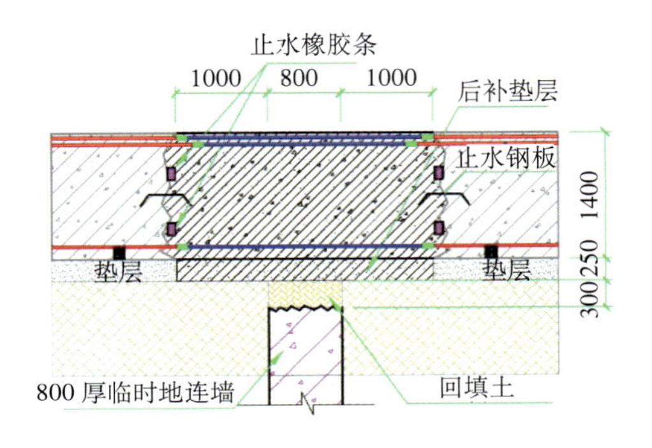

图 15.3-8　分隔墙底部防水节点详图

4. 小结

本工程基坑开挖面积大，深度大，且周边环境变形要求高，通过整体支护，采用临时分隔墙进行分仓实施，基坑工程施工完毕后拆除临时分隔墙。在地下室结构施工过程中将分隔墙两侧结构主梁贯通，基坑内力超前转换，自下向上施工完地下结构后封闭首层结构，为地上结构提供了场地，保证了工程总工期受控。随后可自上而下逐层整体拆除，较抽条拆除的方案更为简易，且能保证基坑内力平衡，基坑变形在可控范围内。

临时分隔墙拆除至基础底板垫层底部300mm深度，回填土并充分夯实，随后补充垫层及基础底板，降低后补位置的结构刚度，从而降低了此位置因不均匀沉降而引起的底板“隆起”拉裂，保证了基础底板的完整性。

随着地下空间的不断开发，基坑规格随之增大，尤其是复杂工况的饱和软黏土地区的深大基坑，基坑支护设计及施工中变形控制难度大，多采用临时地连墙分隔的分仓实施的方法。临时地连墙的拆除过程中需考虑整体工程工期、基坑内力传递的转换、基础底板位置防水节点的处理等，本工程作出了创新，并在工程中成功实施，具有一定的借鉴意义。

15.4 深基坑环形支护体系中悬挑下人行马道设计及应用

1. 技术概况

塔楼区域基坑大面深度为-27.4m，最深达-32.3m，属超深基坑，受土方从上向下开挖工况的影响，采用传统脚手架搭设上下基坑的人行马道难度较大，此类型人行马道需将底部固定，随着土方开挖的进行，落地式脚手架需进行反复的拆除、搭设，浪费人力、物力及工期。地下结构施工阶段，上下基坑的人员通行量较大，人员达500名，没有畅通、安全可靠的人行马道，施工人员不能及时到作业面，将直接影响到施工的安全、顺利进行，也存在安全隐患。因此，在开挖塔楼区域土方时需要设置一种能够从上向下安装、构造简单明了、安全可靠的人行马道，应用于土方及地下结构施工。

2. 悬挑人行马道设计

鉴于塔楼区支护结构支护体系采用“支护桩+5道环梁支撑”形式，按照“5道支撑，6步土方”的思路向下开挖，混凝土支撑强度达到80%即可进行下一步土方开挖（设计要求）。因此，人行马道的设计思路需结合上述施工顺序，与既有的环形支撑进行有效的结合。

1）总体思路

在环梁上设置悬挑型钢作为马道主要受力支点，每一个马道中部设置休息平台，休息平台利用正上方环梁预留型钢作为辅助受力点，上下相邻的单独马道利用环梁上表面作为中转及休息平台，示意图详见图15.4-1。

2）位置选择

结合环梁与主体结构边线图纸，选择与结构避开位置，在地下结构施工时不与马道位置冲突。

3）马道支点设计

每个单独马道需预埋3组型钢，如图15.4-2所示，第一道支撑设置两组（每组两根），第二道支撑设置一组，第一组与第三组的型钢作为马道出入口位置的受力点，第二组的型钢作为马道中间休息平台的受力点，与马道休息平台采用下挂方式。型钢采用20号工字钢，预埋深度1500mm，悬挑长度 1500mm，悬挑部分采用 100mm × 100mm × 6mm 角钢作为三角撑，角钢与环梁采用 M20 膨胀螺栓固定，如图 15.4-3 所示。

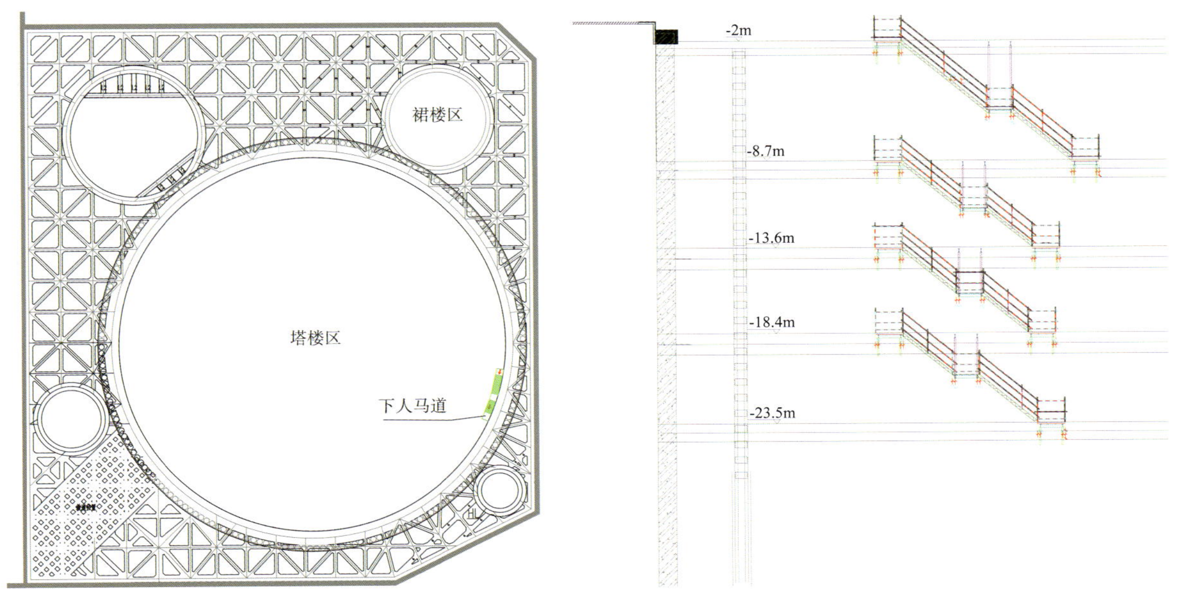

图 15.4-1　塔楼区域东侧人行马道平面位置图及立面图

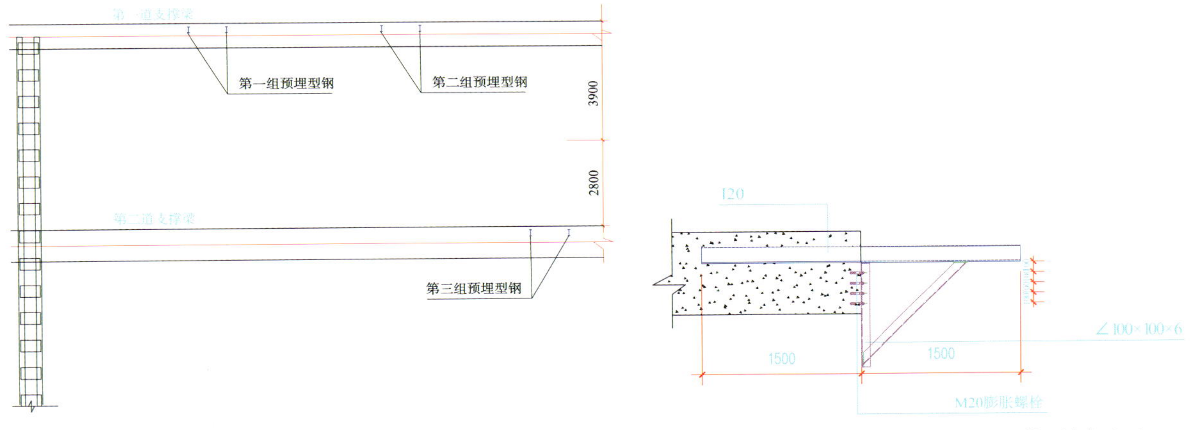

图 15.4-2　预留型钢立面示意图

图 15.4-3　预埋型钢支撑体系剖面图

4）马道平台设计

每个马道的休息平台分为上部平台、中部平台及底部平台。上部平台及底部平台主要支撑结构为 20 号工字钢，长 3m，预埋到支撑梁内 1.5m，外部悬挑 1.5m。中部平台主要支撑结构为 20 号工字钢，长 1.5m。20 号工字钢与 14 号槽钢、10 号槽钢、5 号槽钢焊接，并在 20 号工字钢表面铺设花纹钢板，焊接固定。

在中部平台上方支撑预埋 20 号工字钢 1.5m，外部悬挑 1.5m。采用四根 ∠ 100mm × 100mm × 6mm 上部与此悬挑 20 号工字钢焊接，下部与中部休息平台 20 号工字钢外侧焊接，如图 15.4-4 ~ 图 15.4-8 所示。

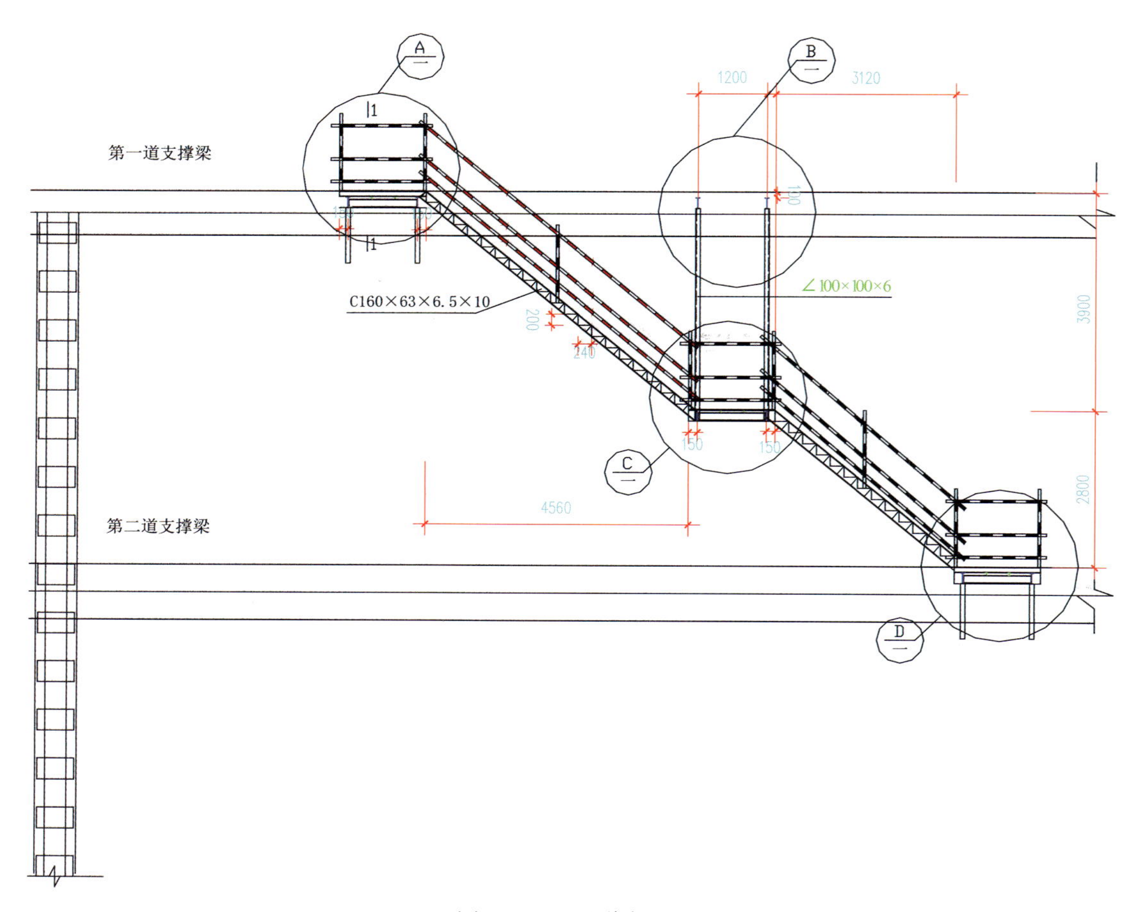

图 15.4-4 马道立面图

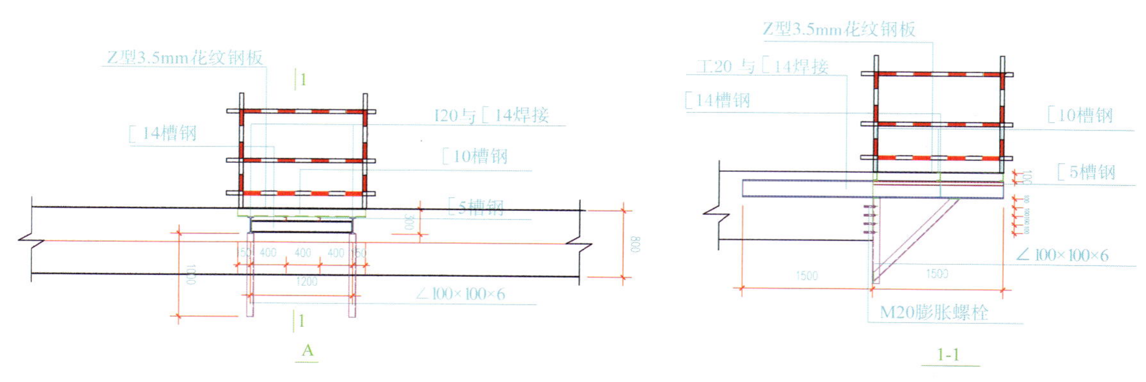

图 15.4-5 出入口 A 节点图

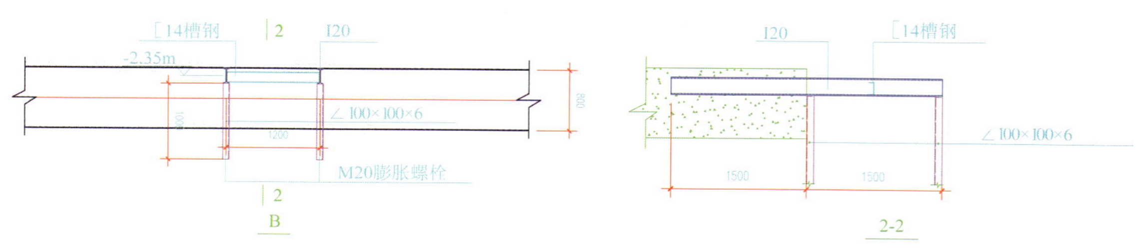

图 15.4-6 休息平台悬挂点 B 节点图

图 15.4-7　平台 C 节点设计图

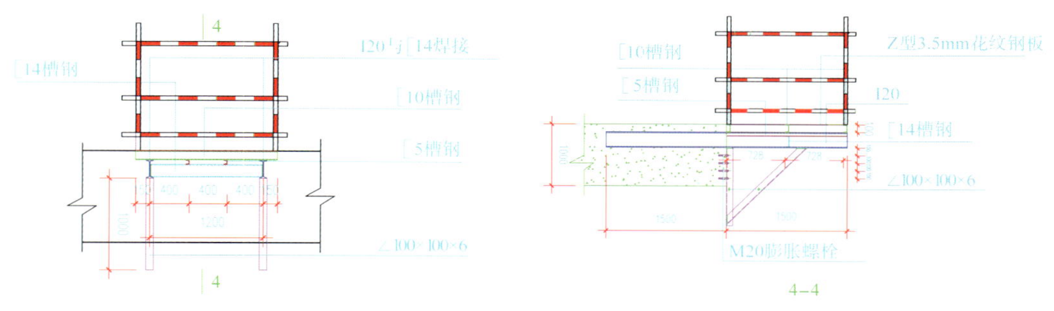

图 15.4-8　设计图

5）踏步设计

马道采用预制钢楼梯，马道两侧边梁采用 C160mm × 63mm × 6.5mm × 10mm，踏步为 1500mm × 240mm × 200mm，采用预制 Z 形花纹钢板与普通花纹钢板焊接制成（图 15.4-9）。

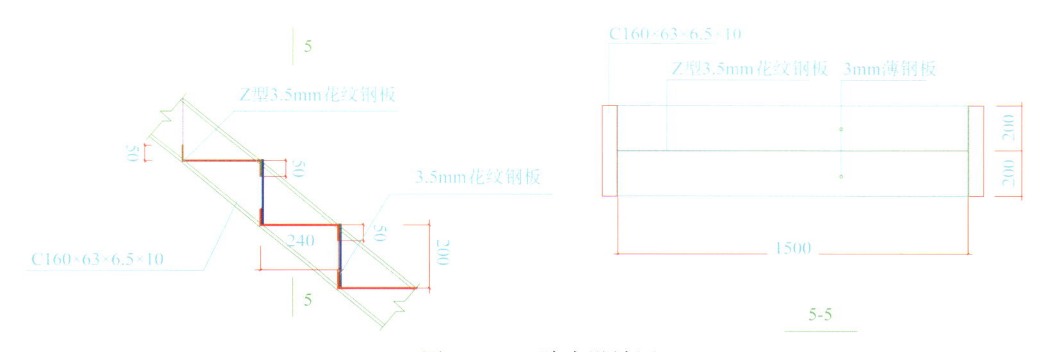

图 15.4-9　踏步设计图

3. 小结

针对本工程塔楼区环形支护的现状，现场自行设计、有限元模型分析并安装到位的人行马道，最终得到成功应用。该人行马道对土方开挖、主体结构均不造成任何影响，不仅保证了基坑施工安全、顺利进行，同时利用环梁作为休息平台，相比其他传统安全通道节约了成本。

第 16 章　塔楼混凝土结构创新施工技术

本工程塔楼混凝土结构设计复杂多变，地下室外框为巨型型钢混凝土组合结构，钢柱内外分别配置 C80、C60 高强混凝土，高强大直径钢筋分布密集；核心筒结构包含钢骨梁、钢板剪力墙等钢构件，且竖向及平面形状变化多，钢筋遇钢骨、钢板墙的连接、开孔等策划和施工是重点。基于顶升平台模架体系情况下，考虑现场有限的平面空间，如何保证高强高性能混凝土超高程泵送的优化布置，保证混凝土结构高效高质的施工是核心技术之一。

16.1　巨型型钢混凝土组合柱结构施工技术

1. 技术概况

塔楼外框角柱是由两组直径 2300mm 和 1800mm 钢管柱搭配直径 1200mm 钢管柱以劲性板彼此连接，以钢板墙为中心对称组合形成型钢混凝土组合结构，结构最大截面尺寸 3000mm × 17650mm，钢管柱内外分布高强度超大直径密集钢筋，单根封闭箍筋最长 25m。此种巨型型钢混凝土组合结构高强度大直径密集钢筋绑扎，大截面 T 形组合结构模板支设，钢管柱内外不同高强度混凝土冬期施工都存在较大难度。如图 16.1-1 所示。

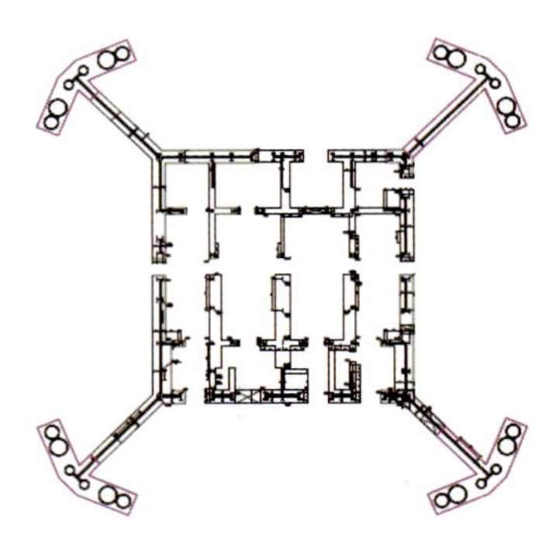
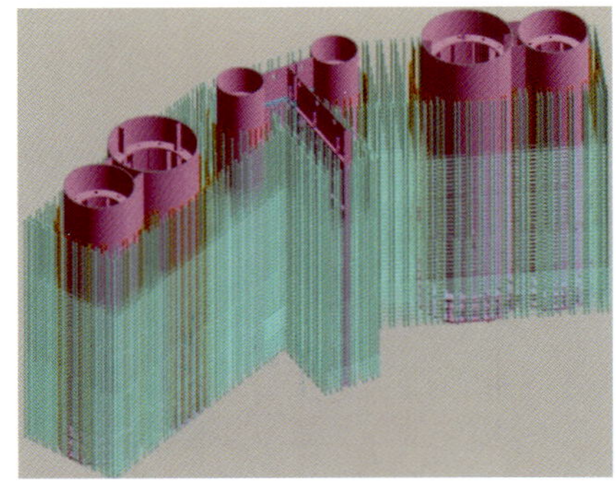

图 16.1-1　型钢混凝土组合柱分布及效果图

2. 采取措施

1）高强度大直径密集钢筋施工技术创新

型钢、钢管柱安装完成后，先安装外围定位钢筋，再分解安装超长封闭箍筋，采用大箍筋托撑小箍筋，待所有箍筋安装完成，最后再从内向外插空式安装剩余竖向钢筋（后安部分钢筋为安装作业提供作业空间），如图 16.1-2 ~ 图 16.1-5 所示。

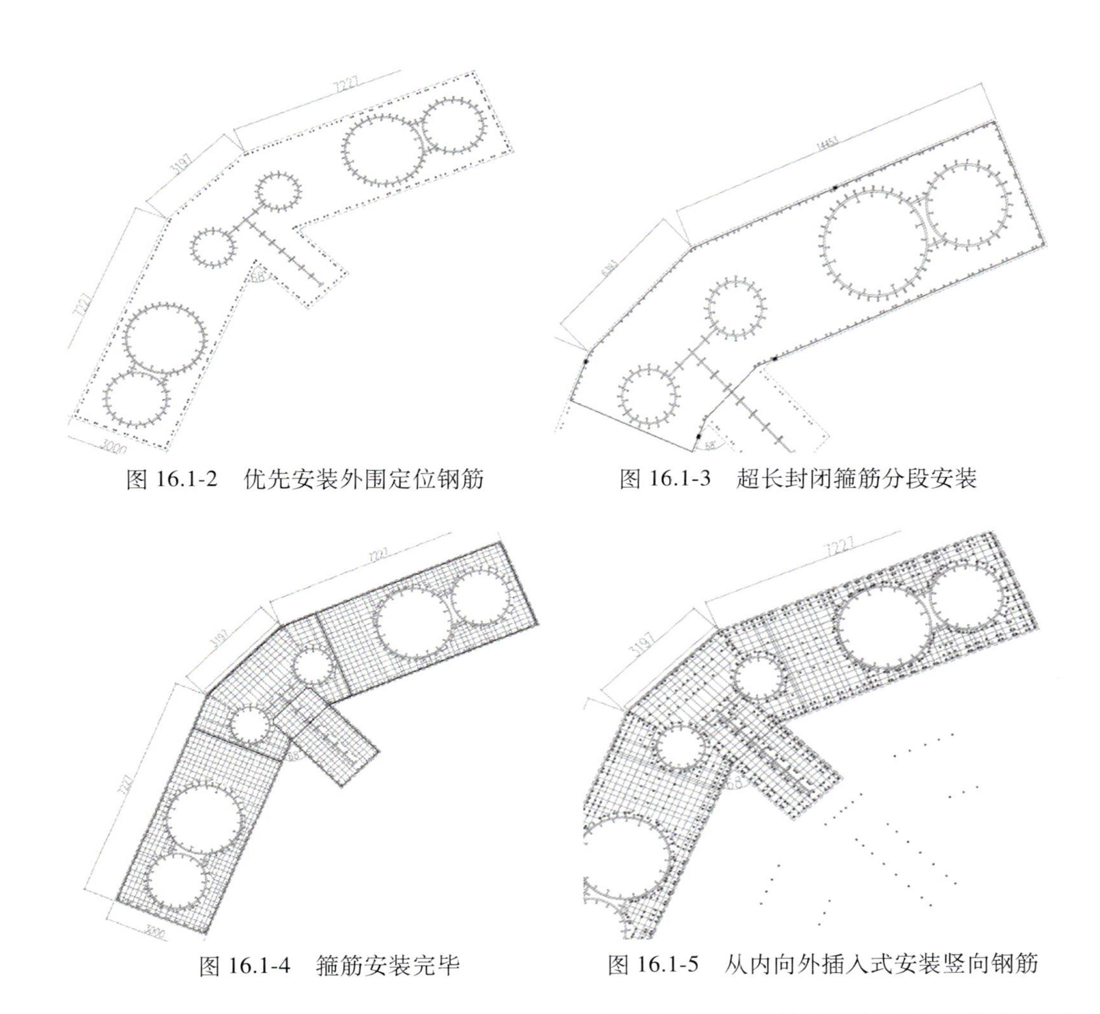

图 16.1-2　优先安装外围定位钢筋　　图 16.1-3　超长封闭箍筋分段安装

图 16.1-4　箍筋安装完毕　　图 16.1-5　从内向外插入式安装竖向钢筋

钢管柱内主筋贯通，根据预留钢筋位置自制钢筋定位模具，利用模具将钢管柱内主筋通过加强箍筋固定成型，组成整体钢筋笼，将钢筋笼下放至钢管柱内，与预先留置的定位钢筋连接。如图 16.1-6 ~ 图 16.1-7 所示。

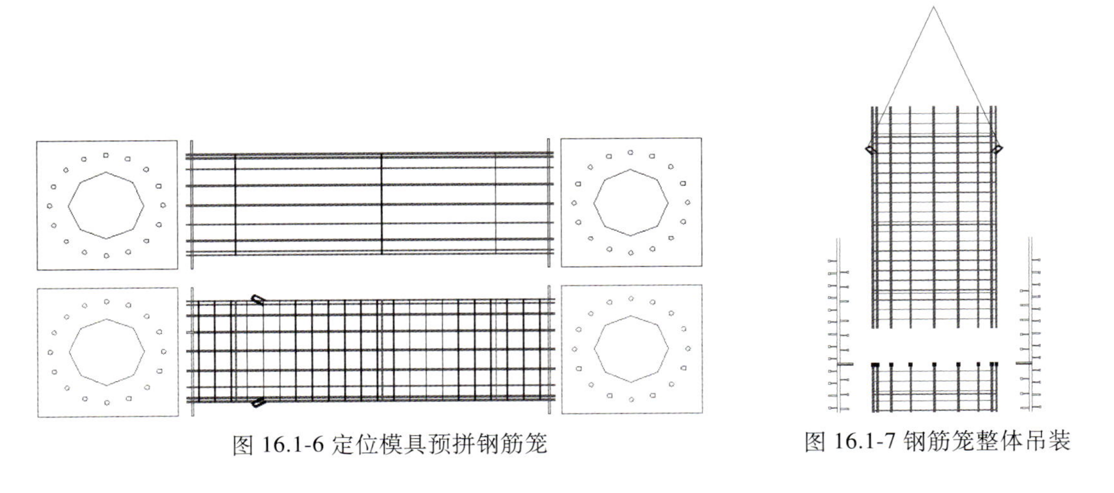

图 16.1-6 定位模具预拼钢筋笼　　图 16.1-7 钢筋笼整体吊装

提前深化，将各类钢筋遇钢骨开孔连接、接驳连接等在加工厂完成，进场安装后即可进行土建施工。箍筋遇钢骨开孔、连梁钢筋遇钢骨接驳 + 开孔处理如图 16.1-8 ~ 图 16.1-10 所示。

图 16.1-8 箍筋遇钢板开孔连接、双根箍筋遇连梁长圆孔连接

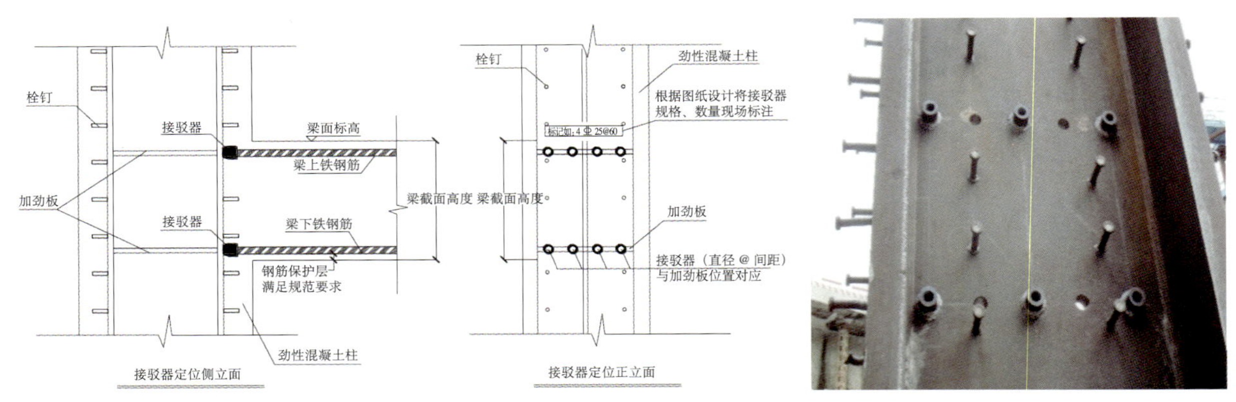

图 16.1-9 连梁主筋遇钢骨接驳连接

图 16.1-10 “接驳＋开孔”连接

2）模板支设技术创新

根据密集钢筋位置及钢骨形状，对拉螺栓的设置提前深化，定位与其配套的对拉螺栓接驳器并提前焊接。自制型钢龙骨背楞和预拼大木模板组合支模体系，遇钢板墙与接驳器拉结。对拉螺栓及可焊接套筒保护装置，阳角 45° 斜拉加固，一次成优。如图 16.1-11、图 16.1-12 所示。

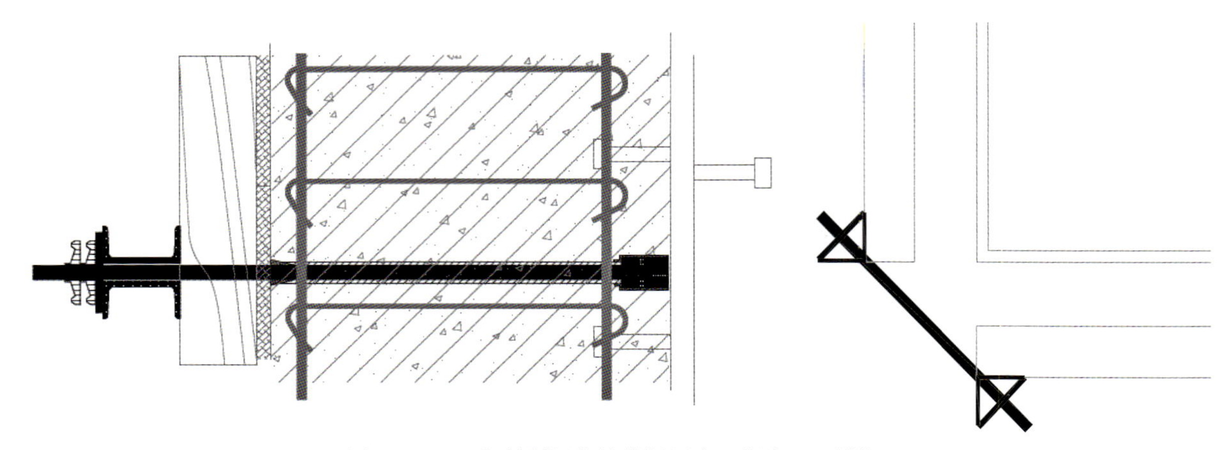

图 16.1-11 自制型钢龙骨背楞固定、阳角 45° 斜拉

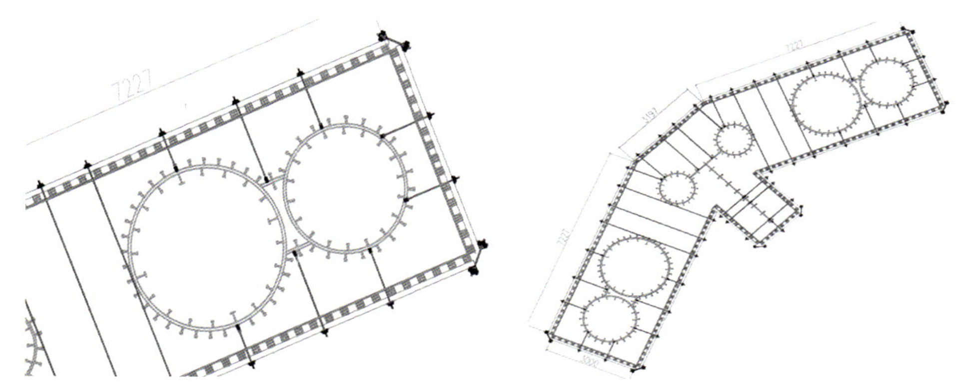

图 16.1-12　对拉接驳连接固定

3）钢管柱内外混凝土冬期施工技术创新

首先于钢管柱外逐层浇筑每一楼层范围内的外包 C60 混凝土，并于当层楼层范围内的外包混凝土浇筑完成时，进行当层楼层的除钢管内混凝土以外的结构施工，再进行钢管柱内 C80 混凝土施工，实现钢管柱内外双强度混凝土施工自保温效果。如图 16.1-13、图 16.1-14 所示。

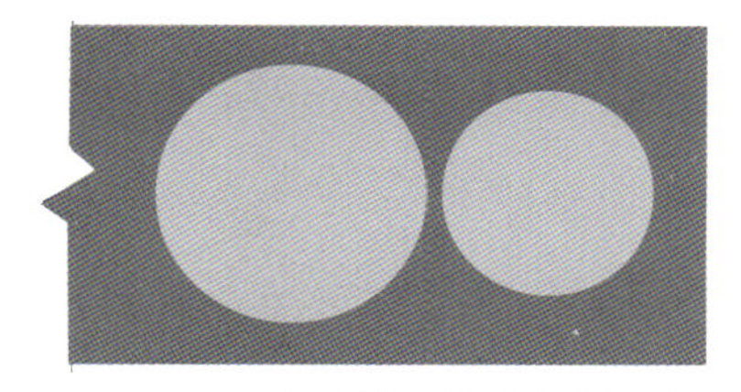

图 16.1-13　先浇筑钢管柱外侧混凝土　　图 16.1-14　再浇筑钢管柱内侧混凝土

3. 小结

通过巨形型钢混凝土组合柱的深化设计、方案实施等程序，解决了超大直径、高密度钢筋绑扎、连接，大截面 T 形组合柱模板支设，不同超高强度混凝土冬期施工的难题，保证了建筑领域大截面高强度混凝土质量要求，积累了宝贵的实践经验。

16.2　顶模平台环境下核心筒混凝土浇筑方法

1. 技术概况

本工程塔楼为“钢筋混凝土核心筒 + 钢框架”结构体系，核心筒平面尺寸从 33.0m × 33.175m 缩减至 18.8m × 18.4m，具有高度超高、核心筒截面形式多变等特点。根据总体施工部署，核心筒剪力墙先行施工，模架体系采用整体顶模平台的方式，核心筒混凝土浇筑需通过高压泵送至顶模平台后再向下浇筑。

2. 技术难点

混凝土需在狭小的空间内施工，受模架体系和动臂塔式起重机影响混凝土无法进行全范围浇筑。

（1）整体顶模平台顶部距混凝土作业面顶部最大高差约 11.9m，混凝土下落高度大，如何结合整体顶模平台减小其下落高度是混凝土施工的重要难点。

（2）因楼层标高有 3.53、3.75、4.15、4.7、4.85、5.0、5.1、5.85、7.11、7.7m 等多种，导致整体顶模平台每次顶模高度不同，混凝土浇筑时泵管的竖向长度适用性布置难度大。

3. 采取措施

（1）根据施工部署，结合施工段划分和核心筒截面变化特点，优化顶模平台平面布置，合理设置 2 台 HGY21 布料机，能 360° 回转，覆盖整个核心筒范围（图 16.2-1）。

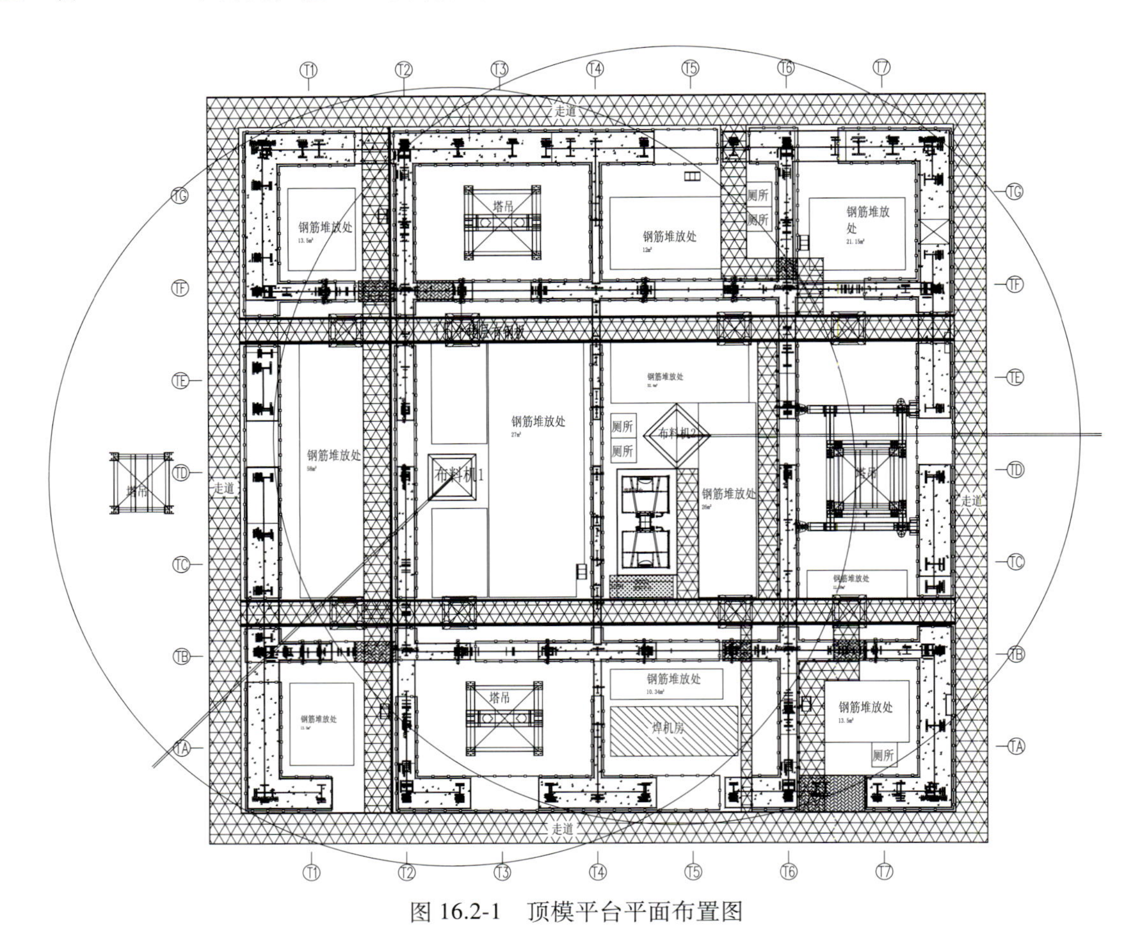

图 16.2-1　顶模平台平面布置图

（2）在顶模平台剪力墙洞口处设置活动式串筒，串筒采用 4.5m 长，150mm × 4mm 钢管制作，钢管下端用 3m 长、直径 150mm 橡胶软管连接，软管下端设一 2.0m 长、直径 150mm 串管作为混凝土防离析措施插入已绑扎好的钢筋内，串管上端设接料部，防止混凝土到处溅落（图 16.2-2）。

（3）混凝土浇筑时，利用塔式起重机将串筒吊入已焊接的型钢支架内，通过软管调节从顶模平台至浇筑作业面的不同高度差。浇筑完成后，将串筒起吊转入下一段浇筑作业面，已浇筑段进行钢筋绑扎，以此循环施工作业。

（4）实施效果见图 16.2-3 ~ 图 16.2-5。

4. 小结

通过将钢管 + 橡胶软管形式组合形成的串筒，灵活、高效地解决了有顶模平台环境下不同高度落差的混凝土浇筑难题，不但操作方便、快捷，而且提高了施工效率，保证了混凝土浇筑质量。

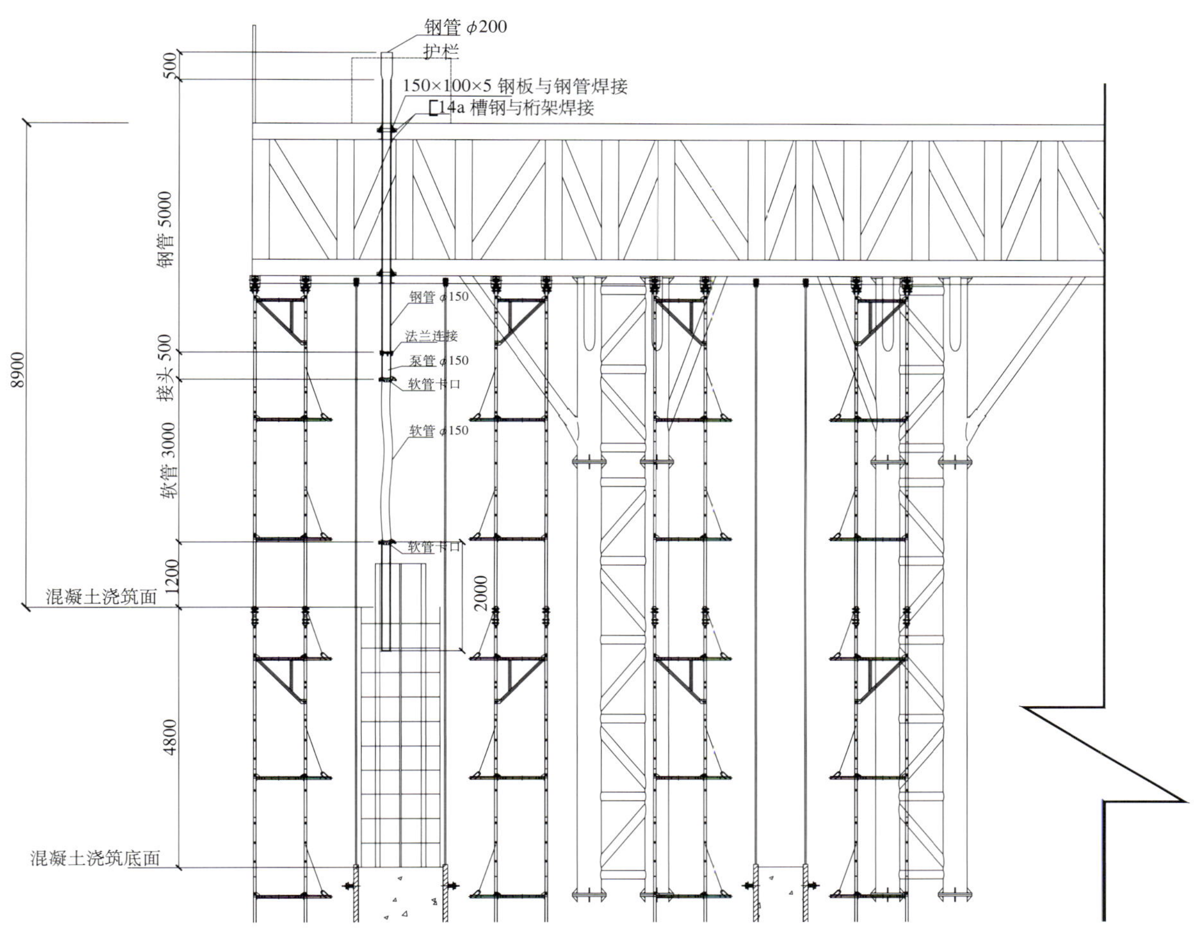

图 16.2-2 顶模平台串筒安装剖面图

图 16.2-3 串筒固定图

图 16.2-4 橡胶软管连接实景图

图 16.2-5 串筒浇筑现场实景图

16.3 核心筒墙体模板施工技术

1. 技术概况

核心筒初始平面由内外两圈墙体组成，有6种典型平面，经历5次较大变化，尺寸从33.175m × 33m变化到18.8m × 18.4m。核心筒墙体在变化的同时，墙体外侧有着不同程度的内收，墙体截面收缩累计达到600mm。混凝土结构最大高度为471.15m，最小层高1.925m，最大层高

10m，层高变化达到36种。本工程核心筒竖向结构采用整体顶升平台进行施工，根据爬升规划，核心筒需要浇筑95层混凝土，根据整体顶升平台设计特点，模板系统下挂与平台底部，可随顶升平台一同顶升，见图16.3-1。

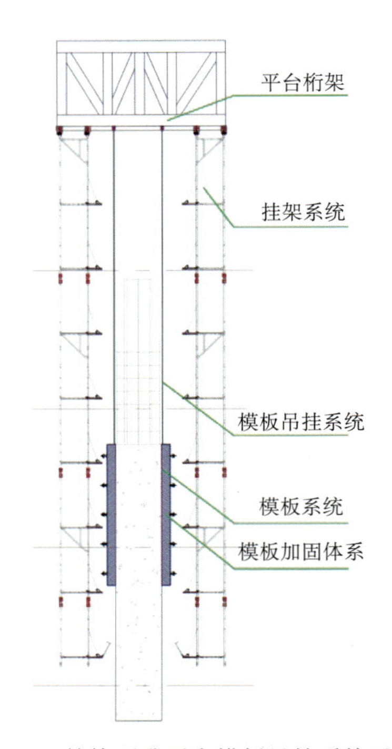

图16.3-1 整体顶升平台模板吊挂系统示意

2. 技术难点

1）模板吊挂方式安全性要求高

模板体系下挂与顶升平台桁架系统下部，悬挂高度超过10m，模板如何进行悬吊、如何确保模板吊挂系统受力平衡及吊点设计是悬吊模板系统设计过程中需要重点考虑的问题。

2）模板周转性能要求高

根据顶升平台爬升规划，核心筒墙体需要浇筑约98次，如此高次数的周转对模板体系的面板提出了很高的要求，该工程工期紧，中途更换模板体系面板将影响工期，因此模板面板是模板选型的重点。

3）结构截面多变，配模设计难

该工程核心筒截面经过5次变化，同时伴随着墙体厚度的缩减，因此给模板体系的配模设计带来了较多的困难。

4）层高变化大，模板高度设计难

该工程层高变化多达36种，其中4.7m为标准层高度，根据设计概况存在诸多楼层高度大于4.7m，因此给模板高度设计带来诸多难题。

5）钢板剪力墙，对拉螺栓设置难

部分核心筒墙体为钢板剪力墙结构，受剪力墙内钢板的影响对拉螺栓不能穿过墙体形成对拉，而且剪力墙内钢筋密集，模板对拉螺栓设置成为又一难点。

3. 采取措施

1）模板选型及悬吊体系设计

（1）模板选定

目前，超高层施工常用的模板有钢质大模板、钢框钢模板、钢框木模板和工字木梁木模板等。根据规划，核心筒需要浇筑98层混凝土，模板要使用98次。目前最好的胶合板WISA板，根据工程经验，其实际周转次数约30次，普通胶合板周转次数更少。如果采用胶合板做面板，需要中途更换，影响工期，因此不适合。钢质大模板自重大、加固繁琐，影响效率。而钢框钢模板质量轻、强度高，周转次数多，采用夹具拼装，施工效率高，因此核心筒施工选用钢框钢模板。夹具式钢模板见图16.3-2。

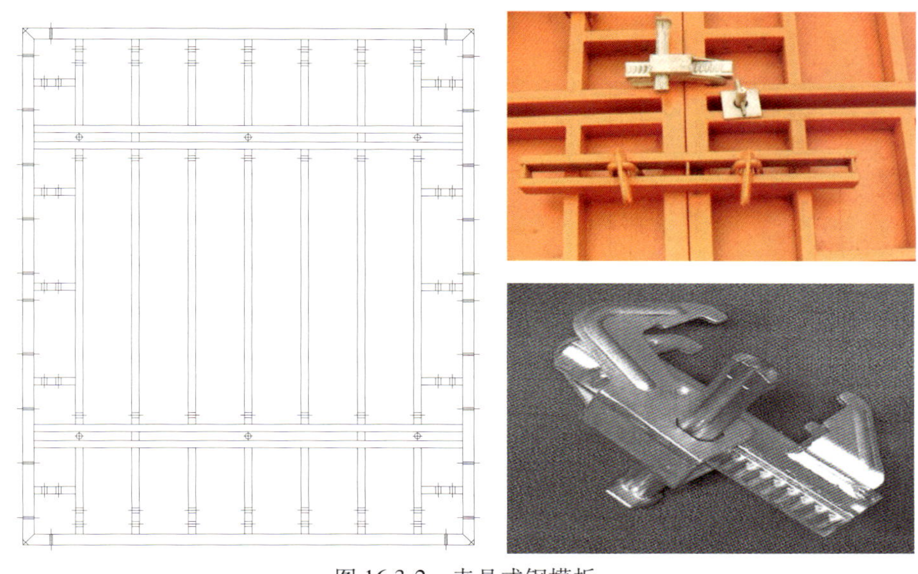

图16.3-2 夹具式钢模板

两块大模板间采用柏利夹具连接，操作简单快捷。该工程每条竖向拼缝处需安装4～5个柏利夹具，间距不大于1200mm，阳角处需安装8个柏利夹具，间距不大于600mm，阴角处如采用夹具的连接方式，需安装4～5个夹具，间距不大于1200mm。以上部位安装夹具时，第一道夹具距板底均不大于400mm。夹具使用详见图16.3-3、图16.3-4。

（2）模板悬吊方式设计

该工程钢模板通过滑车加电动捯链的方式挂在滑梁上（与挂架单元共用滑梁），钢模板通过滑车实现模板的合模及退模。由于滑梁所在位置挂设的滑车往往不能够与模板的吊点一一对应，因此通过增加扁担梁有效解决滑梁吊点与钢模板吊点不能一一对应问题。同时，每个扁担梁上都配置安全绳，确保整个吊挂体系的安全。模板吊挂系统示意详见图16.3-5。

2）配模设计

按照一层平面满配，当墙体厚度有变化时，需配置由若干小板组拼的填充板，填充板可采用钢模板，每块模板的边框均有若干个连接孔，小于300mm的非标板与模数板之间通过M16螺栓连接。然后在模板背面适当点焊，保证拼接模板的平整度。施工时先拼装，再整体吊装到位，操作方便，拼装简单，随着墙厚的变化逐步拆解，也可在填充板的位置自行配置木模板。

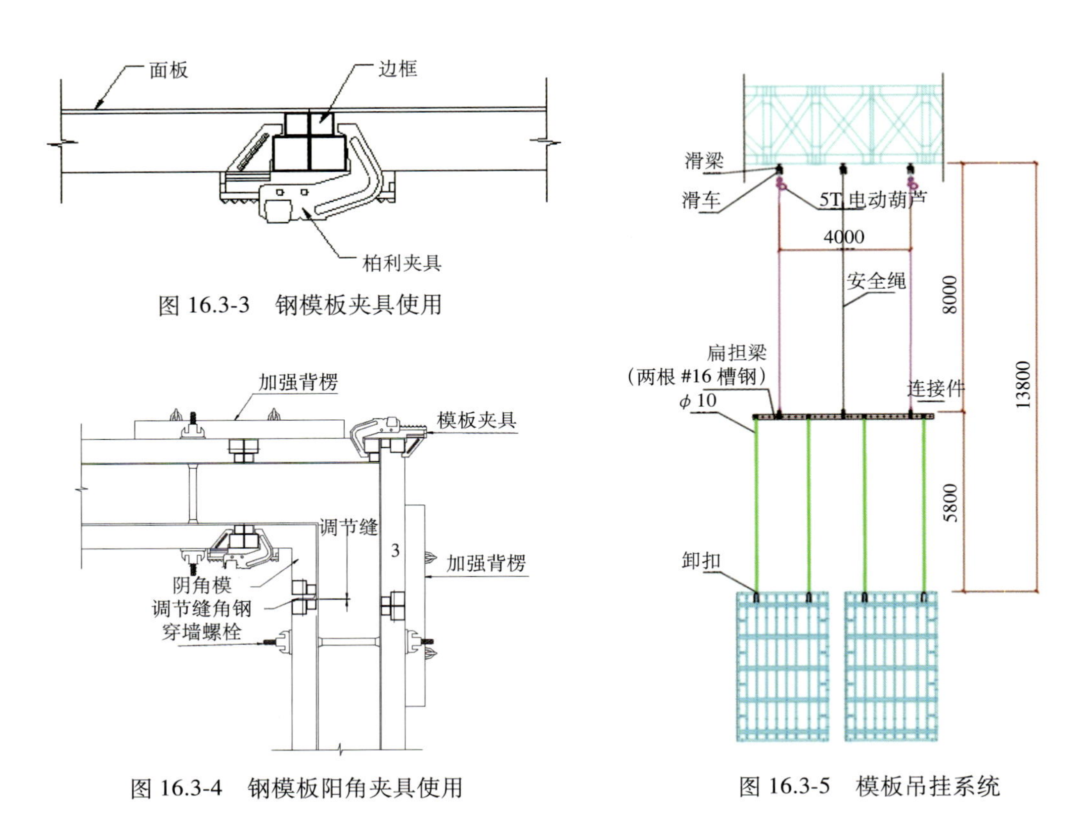

图 16.3-3 钢模板夹具使用

图 16.3-4 钢模板阳角夹具使用

图 16.3-5 模板吊挂系统

填充板也可自制木模板。宽度≤ 100mm 时，采用柏利夹具加固。宽度＞ 100mm 时，采用柏利夹具及加强背楞同时加固。钢模板填充板配置详见图 16.3-6，自制木方填充板加固示意详见图 16.3-7。

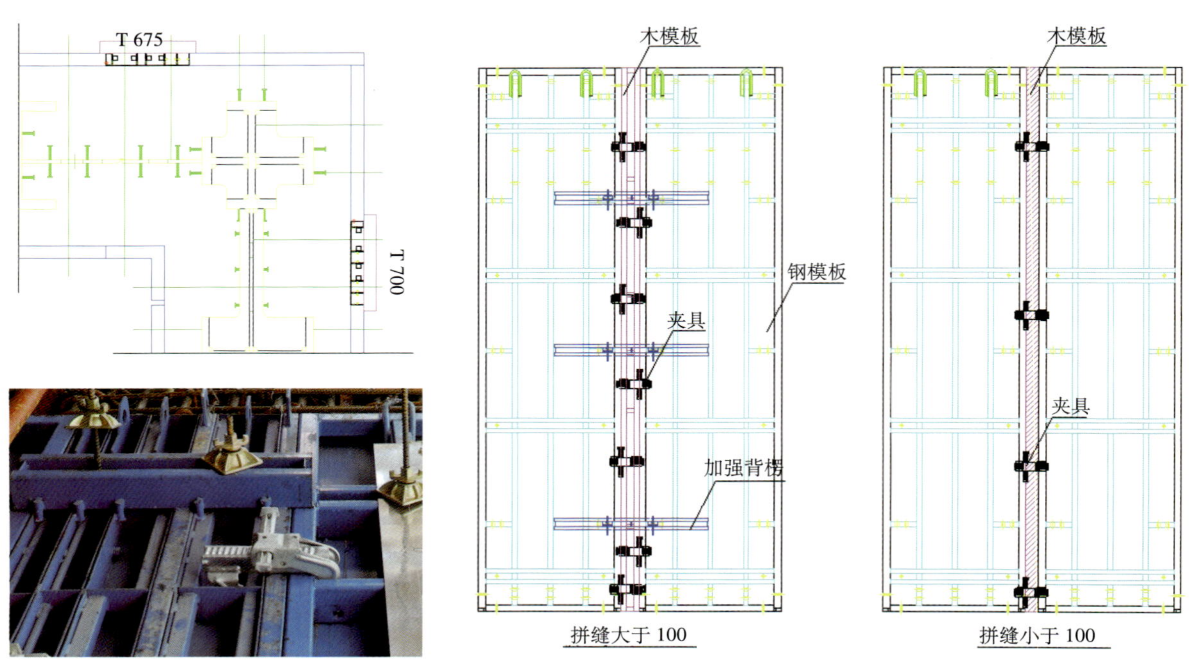

图 16.3-6 钢模板填充板（多块窄条形钢模板拼合）

图 16.3-7 木模板填充板配置示意

3）模板高度设计

本工程楼层高度多达 36 种，其中 4.7m 楼层高度占比重较大，因此钢模板按照 4.7m 为标准层进行设计。内外墙模板配置高度均为 4.83m（上包 50mm，下包 80mm）。钢模板立面图详见图 16.3-8。

根据顶升平台爬升规划，对于浇筑高度大于 4.7m 楼层采用钢木结合施工方法，对钢模板进行接高。钢木结合设计详见图 16.3-9。

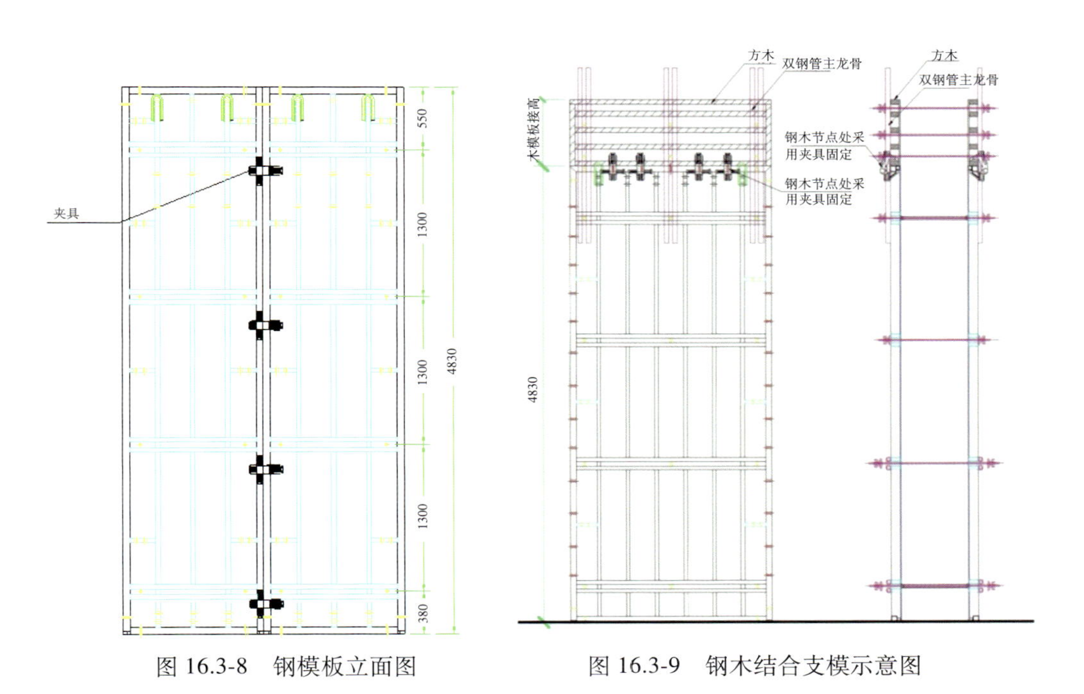

图 16.3-8　钢模板立面图　　图 16.3-9　钢木结合支模示意图

4）模板加固体系设计

（1）对拉螺栓设计

该工程钢模板体系采用 *D*15 通丝型螺栓，此螺栓采用高强钢冷挤压而成，受拉强度高，受力合理。螺栓的布置间距为横向≤ 1000mm，竖向≤ 1300mm；为保证螺栓能重复使用，需配合塑料套管和堵头使用，塑料套管采用高密 PVC 塑料铸造而成，套管的两个端头套上伞状塑料堵头，既可以防止漏浆，又可以起到模板定位作用，效果较好。对拉螺栓保护装置详见图 16.3-10。

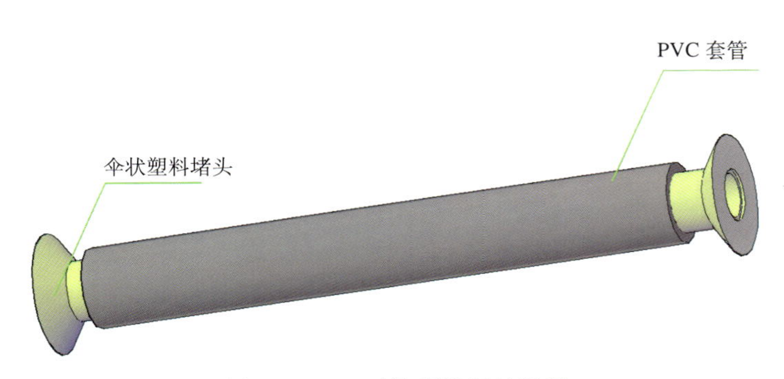

图 16.3-10　对拉螺栓保护装置

对于钢板墙位置，对拉螺栓不能穿过形成对拉的位置，通过在钢板上焊接对拉螺栓接驳器，对拉螺栓通过与接驳器的连接形成对拉对钢模板进行加固。接驳器钢材需为 Q345B 及以上材质，且接驳器必须具有较好的可焊性，避免焊接后变形，造成螺杆不能拧入接驳器，钢板墙位置对拉螺栓设置方式详见图 16.3-11。

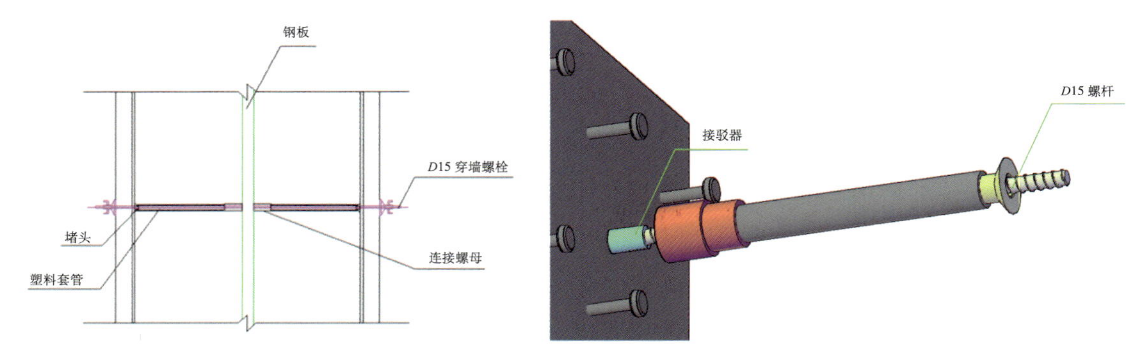

图 16.3-11　钢板墙位置接驳器设置

（2）封头位置模板加固设计

该工程墙体厚度在不断收缩，因此堵头板配置为木模板，模板与木模板在阳角处采用钩头螺栓加固，钩头螺栓的布置间距根据木模背楞的位置确定，如图 16.3-12 所示。

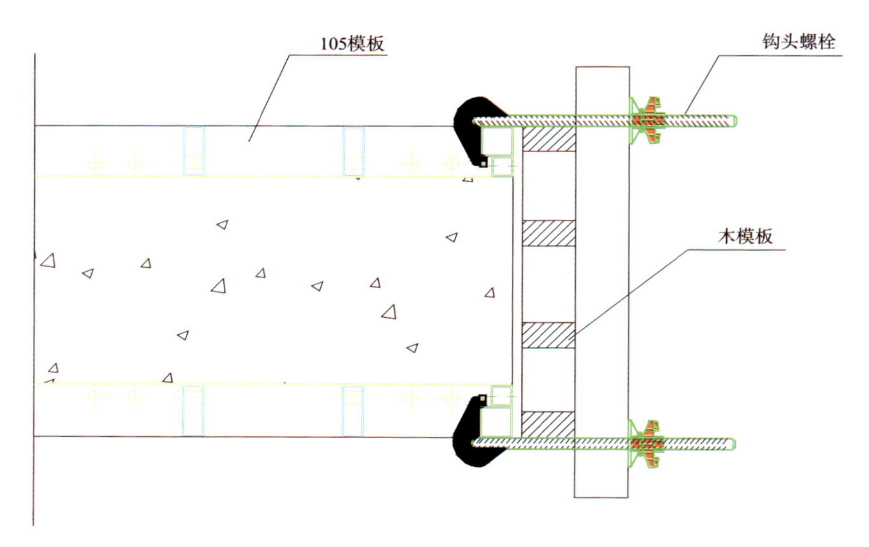

图 16.3-12　钩头螺栓使用

4. 小结

本项目整体顶升平台采用夹具式钢模板，在顶升平台施工环境下通过模板悬吊平衡梁、高强度螺栓、钢木结合及模板填充调节板等多项技术措施，降低了环境下模板吊挂体系悬吊难度，有效适应了结构层高、墙体厚度的变化，采用夹具式固定措施有效地提高了施工效率，降低了施工难度。为核心筒墙体最快两天一层的施工速度提供了前提条件，钢模板面板在经历了近百次循环利用的考验下仍保证了混凝土外观质量，墙体阴阳角、垂直度、表面平整度均满足规范要求，施工速度及质量受到参建各方的一致好评。

16.4　高强高性能混凝土超高泵送施工技术

1. 技术概况

（1）塔楼地上结构采用钢管（型钢）混凝土框架 + 钢筋混凝土核心筒结构体系，外框架柱与核心筒剪力墙钢梁连接，压型钢板组合楼板。

（2）核心筒为一个边长约 33m 的方形框筒，随高度逐步变小，顶部平面边长约 18m，核心筒高度 471.15m；核心筒墙体厚度随高度上升而逐步递减，厚度从 1500mm 变化至 800mm；核心筒 1 ~ 97 层墙体内埋设劲性钢柱，1 ~ 23 层以及 45 ~ 55 层埋设钢板；混凝土强度等级 C60。

（3）外围框架柱由于建筑造型变化需要，为完成建筑立面的外框与几次收进，外框柱采用斜柱，并在各层平面、竖向上均呈不断变化形态，竖向呈空间曲线。

（4）1 ~ 47 层为钢管混凝土柱，直径 1200 ~ 2300mm；48 夹 ~ 51 层钢管柱转换为矩形钢管混凝土柱，52 ~ 88 层为型钢混凝土柱。混凝土等级 C60 ~ C80。

2. 技术难点

（1）墙柱混凝土最大泵送高度分别为 471.15m（C60）和 291.51m（C80），属高强混凝土超高泵送，为保证工期需要一泵到顶。如何在保证混凝土强度的前提下，最大限度地提高混凝土的可泵性、减少堵管情况、优配泵送设备及泵送系统优化设计是技术难题。

（2）核心筒墙厚度达 1500mm，且内插有钢板和钢骨柱，钢板与钢骨柱交汇多，钢板长，刚度大，暗柱、暗梁和连梁部位钢筋密集，钢筋绑扎、混凝土浇筑难度大，易产生墙面裂缝。

（3）外框柱空间位置变化大且逐层倾斜，柱内设有复杂水平及纵向加劲肋，混凝土不易振捣，保证混凝土密实度（尤其是加劲肋与钢管夹角处）尤为重要。

3. 高强高性能混凝土配制

1）配合比的设计思路

首先确定适宜的水泥品种，矿物掺合料种类和外加剂品种；其次确定水胶比和矿物掺合料掺量；接着通过调整单位体积用水量和胶凝材料总量来保证高强混凝土拌合物的性能达到自密实和超高泵送要求；然后在初步选定的配合比基础上，分析一些特殊的技术措施对混凝土性能的影响。如果条件允许，最好能用最佳混凝土配合比采用适宜的施工工艺进行模拟浇筑试验，评价采用此配合比所浇筑的结构实体质量和工艺效果。

传统混凝土配合比设计方法以强度为设计指标，而高强高性能混凝土配合比设计方以“高工作性 / 高强度和高耐久性”为设计指标，常用的设计方法有：一是基于最大密实度理论的固定胶浆体积配合比设计方法，二是全计算混凝土配合比设计方法。第一种方法主要是控制固定浆体和骨料的体积比为 35 ∶ 65，可以很好地解决强度、工作性和体积稳定性之间的矛盾，配制出理想的高性能混凝土。第二种方法是首先建立普遍适用的混凝土体积模型，科学推导求得高性能混凝土用水量计算公式和砂率，再结合传统的水胶比定则，全面定量确定混凝土各组分材料用量，实现高性能混凝土全计算配合比设计。

2）原材料体系

对各组成原材料提出具体控制指标，个别指标严于国家标准。具体指标见表 16.4-1。

原材料控制指标 表 16.4-1

序号	材料名称	品种	检测依据	控制指标
1	水泥	P.O42.5	GB/T 175—2007	比表面积≤ 360m²/kg，R28 ≥ 52MPa
2	矿粉	S95	GB/T 18046—2017	—
3	粉煤灰	F 类 I 级	GB/T 1596—2017	简易需水扩展度≥ 260mm，28d 活性指标 >70%，无氨残留
4	粉煤灰微珠	—	GB/T 18736—2017	减小屈服压力，28d 活性指标 >85%
5	硅灰	SF-93	GB/T 18736—2017	活性 SiO_2 含量 >90%，28d 活性指数≥ 110%
6	河砂	天然砂	JGJ 52—2006	细度模数 2.3 ~ 2.6，0.3mm 累计筛余量 75% ~ 80%
7	石	碎石	JGJ 52—2006	压碎指标值，针片状含量≤ 6%
8	外加剂	聚羧酸高性能减水剂	GB/T 8076—2008	—

3）混凝土按泵送高度分级配制

主要从以下几个方面解决问题：

（1）浆体量调整：在保证水胶比不变或略有降低的前提下增加混凝土浆体体积，提高混凝土单方用水量来降低混凝土黏度。

（2）通过微珠等降黏型粉体材料降低混凝土黏度，随着泵送高度的增加微珠添加量也随之增加。

（3）通过高性能混凝土外加剂调整混凝土的黏度、保水性、凝结时间、保坍时间以及混凝土的流动性及体积稳定性等。

（4）通过骨料级配的控制尤其是砂颗粒级配的控制提高混凝土的和易性，重点解决砂浆均匀包裹骨料的问题，使得骨料均匀分布，且不下沉。

4. 泵送设备选择

按照《混凝土泵送施工技术规程》JGJ/T10，泵送混凝土高度 492m 时，理论计算所需要的压力约 26MPa；经计算，泵送 C80 混凝土高度 492m 时，需要压力约 29MPa，C60 混凝土需要压力 23MPa；根据泵送施工经验，混凝土泵的最大出口压力比实际所需压力高 40% 左右，富余的压力用来应对因混凝土变化而导致的恶劣工况，避免堵管。最终确定混凝土泵的最大出口压力为 50MPa。

5. 泵管布置

1）泵管规格

由于超高泵送过程中，混凝土泵管内的泵送压力较大，所以必须采用耐高压的混凝土输送管方能满足泵送要求，具体技术要求见表 16.4-2 所示。

2）管道数量

塔楼核心筒布置 4 套泵管，采用两套泵管备用一套泵管的方式在核心筒墙体上留设埋件。1 号、3 号泵管系统到顶（97 层顶），接布料机；2 号泵管系统只负责浇筑到 73 层，但泵管布置到顶，作为 1 号、3 号管的备用；4 号泵管系统浇筑到 46 层。管道布置点见图 16.4-1。

泵管技术要求　　表 16.4-2

序号	项目	技术要求
1	管径	管径越小则输送阻力越大，过大则抗爆能力差且混凝土在管内流速慢，影响混凝土的性能；与 ϕ125 管道相比，ϕ150 管道截面积增大了 44%，流速下降，沿程压力损失也下降 20%，磨损也相应下降；随着流速下降，混凝土停留在管道中的时间会增加。当泵送高度为 530m 时，如果采用 150mm 输送管，则混凝土在管道中的停留时间需要 25min 左右，比 ϕ125 的管道长 7～8min。 综合考虑选用内径为 150mm 的输送管
2	管厚	（1）主管道（包括地面水平和附墙爬升的竖直管）采用泵管壁厚 12mm 的 150A 超高压耐磨输送管； （2）浇筑外框柱和楼层的水平管采用壁厚 6mm 的普通 125A 普通输送管； （3）在使用超高压泵送施工全高布置泵管时，相当于 3/4 浇筑面标高的高度范围内，泵管壁厚不低于 9mm
3	接头形式	壁厚 12mm 的 150A 超高压耐磨输送管采用法兰螺栓连接。壁厚 6mm 的普通 125A 输送管采用管夹连接
4	密封圈	采用带骨架的超高压 0 型密封圈以防止混凝土在高压下从管夹间隙中流出，减少压力损失，确保接头处长期可靠

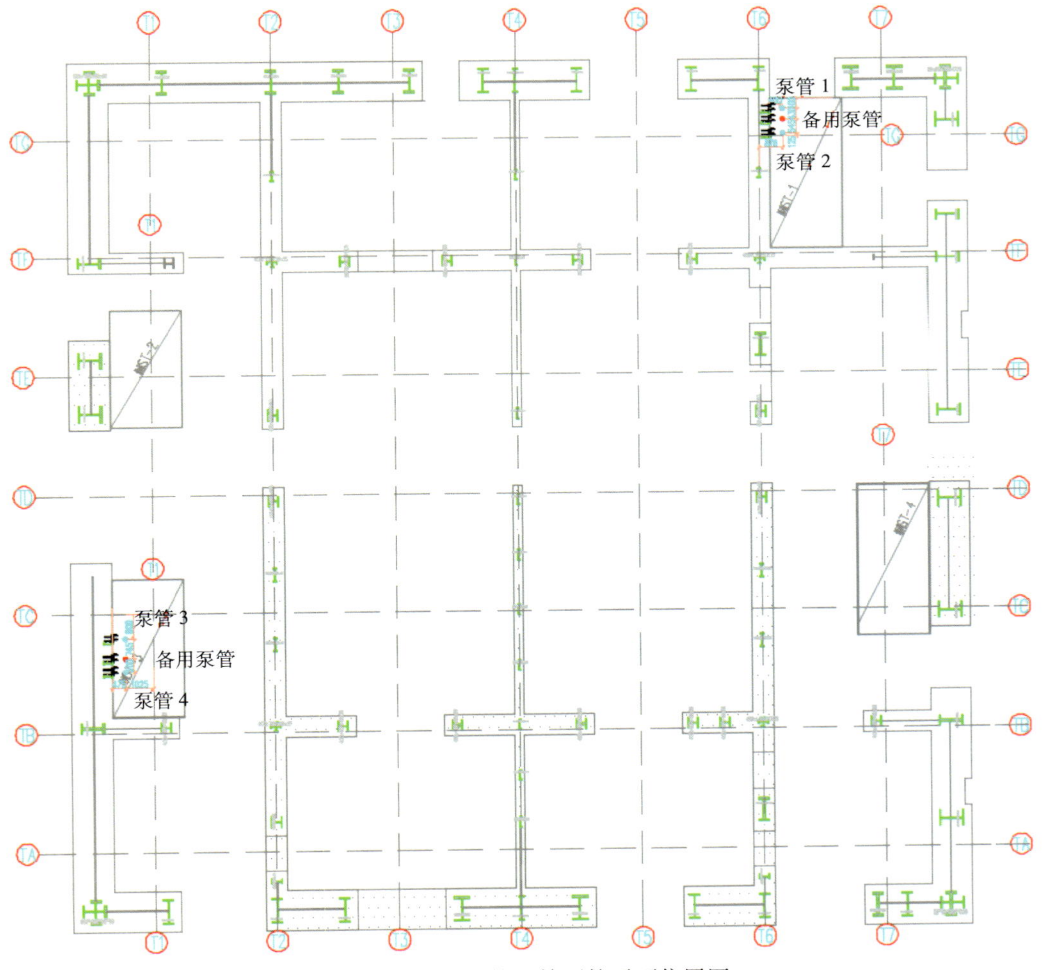

图 16.4-1　首层核心筒泵管平面位置图

1 号、2 号、3 号泵管采用 492m 竖向超高压泵管，且各自不少于 100m 水平超高压泵管；4 号泵管采用 240m 竖向普通高压泵管，1 套不少于 50m 水平普通高压泵管；楼层水平管采用直径 125mm 普通泵管。

3）水平泵管布置

（1）150m 以下水平泵管布置

①此工况下周边裙房仍处于地下室施工阶段，现场泵送系统的设置应主要考虑不影响交通的位置。

②此工况下混凝土泵送高度低，体量大，现场选用 4 台 HBT8018C-5 混凝土拖泵。拖泵位置示意见图 16.4-2。

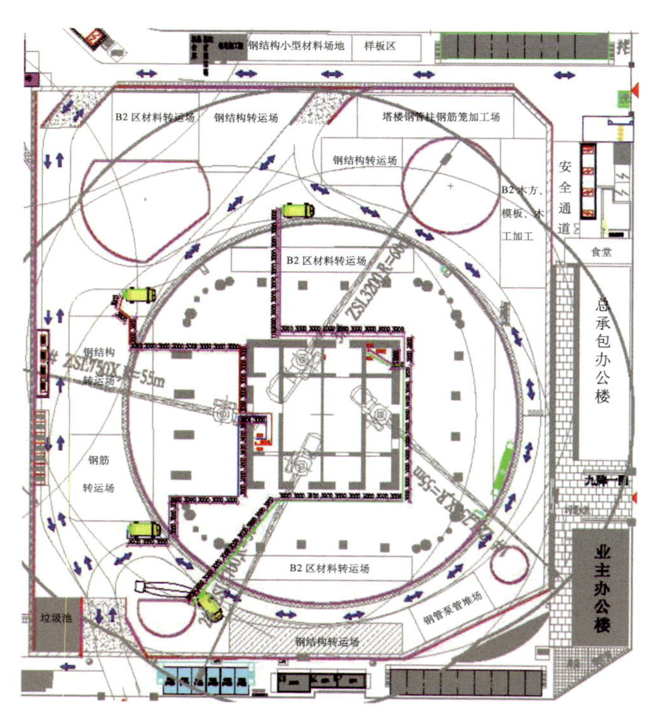

图 16.4-2 HBT8018C-5 混凝土拖泵位置示意

（2）150m 以上水平泵管布置

根据项目施工的不同阶段的平面布置，泵机位置、水平管路布置均应相应进行现场平面调整，调整遵循相对固定的原则，在保证地面水平管长度是立管长度的 1/5 ~ 1/4 的前提下，减少移位对管路布置及洗泵方式的不利影响。

（3）水平管固定设置

①水平转垂直泵管固定

布管的基准点不在泵口，需要设置在水平与垂直管道的转点，管道布置首先要确定基准点的位置和高度。水平泵管转垂直泵管处采用混凝土墩固定，强化弯头位置稳定性，如图 16.4-3 所示。

②水平泵管固定

每节混凝土输送管用两个泵管支架固定，泵管支架通过混凝土墩固定。保证了整个泵送系统的气密性和稳定性。

4）竖向泵管布置

超高层建造过程中多采用核心筒先行的施工模式，因此泵管必然要在核心筒内。泵送系统应用周期长，对其他专业影响大，因此选择装饰装修做法简单的后勤区楼梯间的休息平台部位。见图 16.4-4。

图 16.4-3　泵管首层水平转竖向弯管固定方式

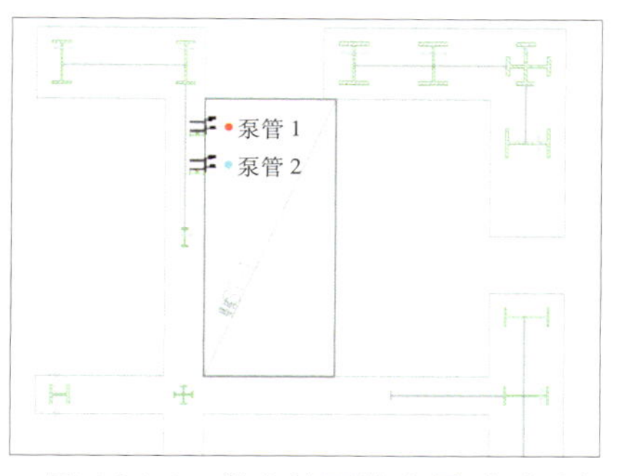

图 16.4-4　核心筒泵管布置平面示意

竖向泵管采用预埋件 + 型钢支架固定，其中预埋件在核心筒剪力墙施工时预埋（图 16.4-5）。

5）截止阀

在泵机出口端水平管处安装一套液压截止阀，阻止管道内混凝土回流，便于设备保养、维修与水洗。

在首层水平管转竖向管前段安装一套液压截止阀，防止拖泵短时间停机时混凝土回流，以及洗泵后泵管内的废水、残渣回流，因重力产生的冲击力导致底部弯头爆裂。

6）缓冲弯

当混凝土泵送高度过大时，竖向泵管内的混凝土会对首层水平转竖向弯管造成很大冲击荷载，给混凝土泵较大的反压力，影响设备使用寿命，设置缓冲弯可有效减轻竖向管内混凝土对泵机的反作用力。超高压泵送系统除在首层结构板上布置水平泵管外，竖向管道每隔 200 ~ 250m 设置缓冲弯，用于降低管道内混凝土自重造成的压力，减少停机状态下混凝土沉积对首层弯头的挤压破坏。本工程结合核心筒变化规律，塔楼竖向泵管在 46 层进行缓冲转换。缓冲段采用两个 90° R1000 的弯管 + 水平段直管转接至对面的墙面来实现，见图 16.4-6。

图 16.4-5　竖向泵管固定

图 16.4-6　46 层泵管竖向缓冲转换

6. 泵送工艺

混凝土泵与输送管连通后，按所用混凝土泵使用的规定进行全面检查，符合要求后方能开机进行空运转。

混凝土泵启动后，应先泵送适量水以湿润混凝土泵的料斗、活塞及输送管的内壁等直接与混凝土接触部位。输送管的内壁需完全湿润，在建筑的浇筑部位泵出的水，需用贮料斗承接运走，保证浇筑质量，避免污水从高空污染环境。

顶部泵管出口出水后，再继续泵送净浆或砂浆，充分润滑管道，避免直接泵送混凝土造成堵管。

开始泵送时，混凝土泵送应处于慢速、匀速并随时可反泵的状态。泵送速度，应先慢后快，逐步加速。同时，应观察混凝土泵的压力和各系统工作情况，待水泥砂浆、混凝土被泵出管道后，方可以正常速度进行泵送。

泵送工艺流程：泵送水（2～3m^3）→泵送砂浆（3m^3）→泵送混凝土。

高度 300m 以下泵送工艺流程：泵送水（2～3m^3）→泵送净浆（1～2m^3）→泵送砂浆（3m^3）→泵送混凝土。

高度 300m 以上泵送工艺流程：特别注意：泵送多种不同介质时需提前将前一种介质打空后再放入后一种介质，避免因局部离析或过稠造成水平管道堵塞。

（1）泵送水：应保证混凝土在管道中安全、稳定输送，先确保管道密闭，其目的是检验管道是否密闭、清洗上次存留管道内杂物、湿润管道等，保证水通。

（2）泵送净浆：确保水泥浆充分润滑管道，防止直接泵送砂浆时，浆体粘结在管道壁上，引起砂子集中，导致堵管。

（3）泵送砂浆：尽心沟通强度等级砂浆的泵送，泵送方量根据泵送高度来衡量，考虑经济性结合现场试验，至少 3m^3 以上。

7. 高扬程超高压泵清洗及余料处理

采用辅料置换水洗方法，即清洗混凝土泵送系统时，将混凝土泵管内先顶入少量低强度等级砂浆，随后关闭液压截止阀，将三个圆柱体牛皮纸隔水层塞入混凝土泵缸体内，利用牛皮纸韧性高、遇水微膨胀的特点，圆柱体牛皮纸能与混凝土泵管管壁紧密贴合；在混凝土泵内注入清水，启动混凝土泵并将液压截止阀开启，利用混凝土泵推动清水、圆柱体牛皮纸、低强度等级砂浆、混凝土，最终将泵管内的混凝土顶送至浇筑面。顶送泵管内的剩余混凝土时要精确计算剩余量，泵管内剩余混凝土要略大于浇筑面待浇筑混凝土量，待浇筑面混凝土浇筑完成将泵管内剩余的砂浆、圆柱体隔水层顶出至料斗容器中，直至布料机泵管内出清水即停止泵送并关闭液压截止阀（顶至料斗容器中的砂浆、废水利用塔式起重机吊至废水收集池进行处理）；打开混凝土泵料斗下部放灰口，开启液压截止阀将泵管内废水通过重力回流至混凝土泵车内，通过混凝土泵下部放灰口回流至废水收集池，完成混凝土泵送系统的清洗工作（图 16.4-7）。

图 16.4-7 洗泵

8. 小结

顺利泵送完成高度 471m 核心筒 C60 混凝土墙体施工，复杂超大异形钢管混凝土柱 C80 顶升施工，与钢结构穿插施工多，避免了因混凝土浇筑造成的钢结构工期延误，实现了每次顶升 4 ~ 6 个结构层高，最大顶升高度达 30m（6 个结构楼层），施工中解决了钢管柱深化设计及加工、可周转顶升口的研发、多腔钢管柱及桁架层混凝土浇筑等诸多难题。

采用混凝土泵管清洗处理系统，利用砂石分离机将清洗泵管剩余的混凝土及废水分离成砂、石和水泥浆。分离出的砂石作为项目后期地下室疏水层的回填材料，水泥浆经过三级沉淀后重复进行混凝土泵管的清洗工作。实现了固废利用、水资源节约和环境保护，达到了绿色施工的目的。按照总浇筑次数 1195 次，泵送高度平均 265m，水平泵管 120m，3 套泵管进行计算，累计减少固废排放约 $4400m^3$，节约用水量 1 万 m^3，对水资源节约及环境保护效果明显。

第 17 章　塔楼钢结构创新施工技术

本项目塔楼钢结构主要由外框多变钢柱、核心筒钢板剪力墙、超大转换桁架（48 夹～51 层）、环带桁架（71～73 层）、环带桁架（88～89 层）、中空塔冠等组成。裙楼地上 5 层，屋面顶高度为 22.75m。裙楼钢结构主要由劲性柱、梁、宴会厅桁架、变跨度单层网壳钢天幕等组成。整个建筑物外形类似立面呈弧形内凹的“花瓶”，“多变”是塔楼建筑和结构设计的一个最大特点。

针对建筑造型独特、结构复杂多变的特点，本工程贯彻承信息化、装配化、智能化和绿色化等施工理念，在广泛调研的基础上，针对超高层建筑造型复杂化、钢构件和节点异形化的特点，结合相关技术积累，对塔楼钢结构施工过程中遇到的技术难题开展科研攻关。根据研究结果与工程应用实践，不断超越创新，成功地解决了钢结构施工过程中面临的挑战，取得了良好的成效。

17.1　弯扭汇交钢管柱制作技术

1. 技术概况

弯扭汇交钢管柱分布于塔楼 17～21、28～36、45～47 层，作为整体结构的受力杆件，是由四个直径不同的钢管柱汇交于一点，形成的空间扭曲结构，其中 45～47 层最大扭曲角度超过 90°。随着结构高度的增加，其截面形式也在不停地变化，柱体是由 $\phi 1800\times 40$ 和 $\phi 1200\times 40$ 两个近似半圆形的弧形连接体和两块过渡钢板连接形成的扭曲空间结构，内设隔板、插板、T 形纵向加劲肋。钢柱截面形状及零件组成如图 17.1-1 所示。

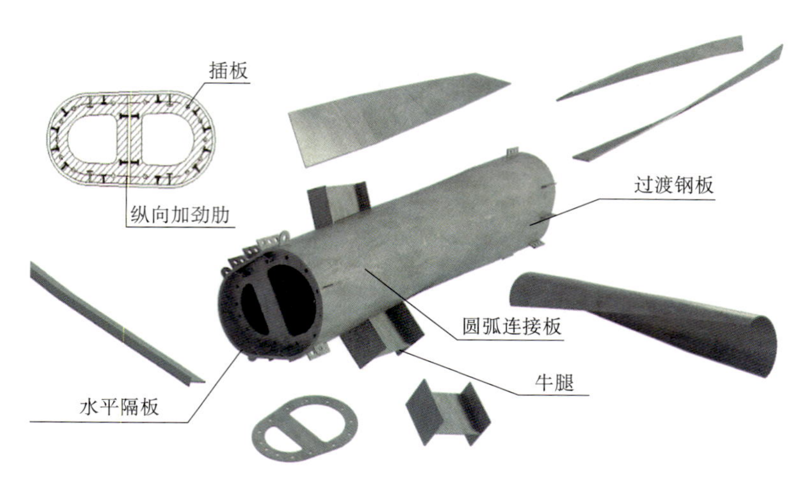

图 17.1-1　弯扭汇交圆管柱截面及零件组成

2. 扭曲零件加工检验技术

组成弯扭汇交组合钢管构件的内部零件如插板、过渡钢板、T 形纵向加劲肋均为不规则零件，且具有一定的扭曲度，加工精度要求高、控制难，而传统的卷板机压制的方法无法达到精度要求。针对扭曲型不规则零件，研究使用逐点弯压成型法进行压制：即采用液压机配合卷板机进行综合加工成型，压制时选择压模适当的圆角，以各圆弧的圆心为中心，每间隔 5° 设置一条径向控制线，压制时从一端向另一端按控制点逐点进行弯压。以此方法重复进行对扭曲板的压制，直至达到成型加工要求（图 17.1-2）。

图 17.1-2　逐点压制过程

由于各扭曲板扭曲度和弧度均不相同，传统的人工测量的方法无法进行检验。采用样箱检验法进行检验，即在加工过程中和箱体组装前对扭曲零件板的弧度和扭曲度采用专用样箱（木箱）进行全面检测，样箱根据扭曲板的实际扭曲线进行 1:1 制作，将扭曲板的扭曲面真实地以三维形式表示出来，检测时将样箱放在加工后的扭曲板上，定位扭曲板的外形边线进行检查，如图 17.1-3 所示。

图 17.1-3　专用样箱进行扭曲板的检测

3. 弯扭汇交组合钢管柱组焊技术

施工前进行 BIM 模拟拼装，按照 BIM 模拟最终确定的组拼顺序在已安装完成的胎架上完成各零件的安装焊接工作。

1）圆弧柱体板（底板）安装

将直径小的圆弧柱体板放置在胎架上并固定牢固，根据过渡钢板的位置控制线进行定位，尺寸误差控制在 ±1mm 之内。对于局部与胎架不贴合的部位，加热矫正处理，扭曲校正使用 45° 加热的方式处理，矫正过程中温度不得超过 800℃。圆弧连接底板安装示意如图 17.1-4 所示。

2）内隔板、插板、纵向加劲肋安装焊接

圆弧柱体板安装完成后，开始内隔板安装。安装前在扭曲的圆弧柱体板上先放线，然后沿钢柱扭曲方向装配内隔板，安装误差控制在 ±1mm 之内。装配完成后，开始焊接内隔板与圆弧柱体板，同时进行内侧栓钉焊接，栓钉根据圆弧柱体板的扭曲方向进行排列布置。内隔板安装如图 17.1-5 所示。

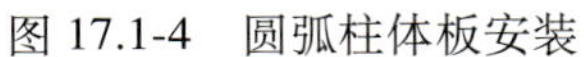

图 17.1-4 圆弧柱体板安装

图 17.1-5 内隔板安装焊接

插板安装前根据隔板间距将其划分为若干单元，在隔板上画出定位线，并在下部的过渡钢板上设置定位板，确保插板四角均能与定位板贴合，尺寸误差控制在 2mm 之内。之后开始插板与隔板的焊接工作，再依照相同的方法安装焊接过渡钢板上侧的 T 形纵向加劲肋。安装示意如图 17.1-6 所示。

图 17.1-6 插板安装焊接

3）盖板安装

在大圆弧柱体板（盖板）上标记出结构的最高点，以便检验并及时调整，最后将盖板安装在结构上。如图 17.1-7 所示。

图 17.1-7 盖板安装焊接

4）外部零件组焊

焊工先进入钢柱内补全未完成的焊缝，再焊接外侧的焊缝，如图 17.1-8 所示。焊接完成后在圆管组合柱端部使用临时支撑进行固定，防止变形。牛腿耳板等提前制作，整体安装。如图 17.1-9 所示。

图 17.1-8　主体内外焊缝焊接　　图 17.1-9　牛腿吊耳等零件安装焊接

4. 小结

弯扭汇交钢管柱随钢结构高度的增加而不断变化自身的截面形式，同时其构件由不规则零件构成，这要求其扭曲零件加工精度极高，摒弃传统压制方法，创新研究使用逐点弯压成型法进行压制，并采用样箱检验法进行检验，进一步保证了零件的精细化。按照 BIM 模型最终方案完成各零件的安装焊接，将误差降到最低，减少返工，极大地提高工程质量。

17.2　CFT 转换 SRC 异形柱制作与施工技术

1. 技术概况

塔楼外框 48 ~ 52 层转换桁架完成后，角框柱由异形钢管混凝土柱（CFT 柱）转换为异形型钢混凝土柱（SRC 柱），为保证结构整体传力，在转换节点位置异形 SRC 柱下插异形 CFT 柱两层，形成内外两重异形组合结构，即 CFT 转换 SRC 异形组合柱。板厚 60mm，单重达 62t，内部为两个不规则 T 形组成的钢骨柱，外部为两个不规则箱形，由此形成极为复杂的多腔多隐蔽焊缝的组合结构形式。如图 17.2-1 所示。扫描二维码可观看相应视频。

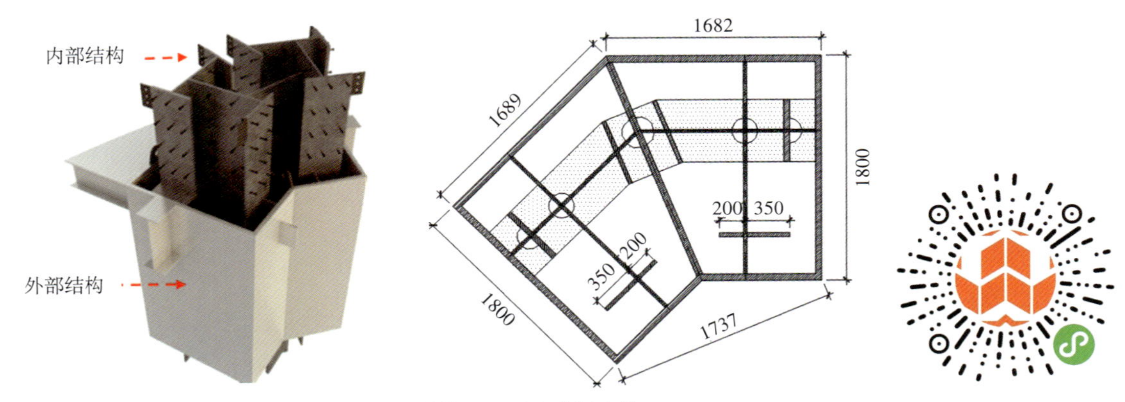

图 17.2-1　CFT 转换 SRC 异形组合柱

2. 基于 BIM 的复杂截面组合构件加工技术

CFT 转换 SRC 异形组合柱包含内部 SRC 柱及外围钢板，构成复杂，制造过程中内部 SRC 柱焊接作业空间狭小，易形成焊接盲区。施工前利用 BIM 模拟分析各零部件相对关系，制定构件加工制作单元并合理安排拼装、焊接顺序，能够有效地保证各焊缝可焊并防止焊接变形，指导工厂加工。其制作单元及零件划分见图 17.2-2。

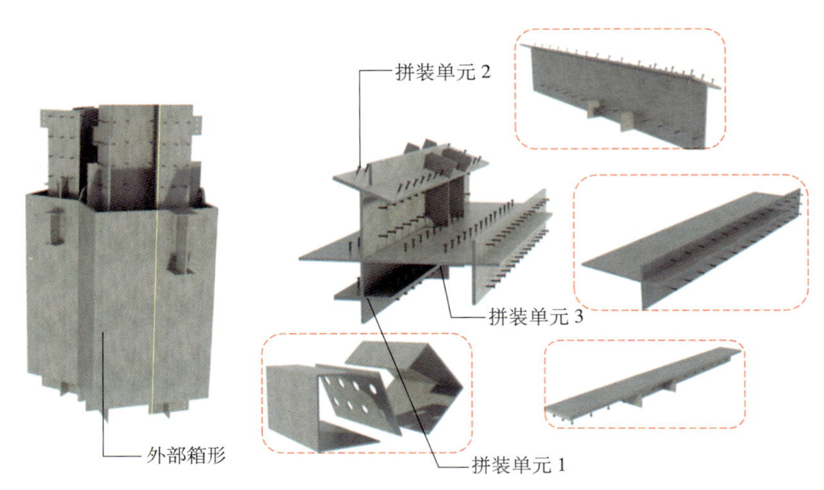

图 17.2-2 CFT 转换 SRC 复杂组合钢管柱制作单元划分

利用 BIM 技术模拟分析，制定最佳的组焊顺序，保证所有的制作单元有足够的操作空间完成组焊，同时控制变形，保证加工质量。CFT 转换 SRC 异形组合柱制作流程模拟示意如表 17.2-1 所示。

CFT 转换 SRC 异形组合柱制作流程模拟示意 表 17.2-1

步骤 1：制作单元 1	步骤 2：单元 1 与箱形壁板拼装焊接	步骤 3：制作单元 2
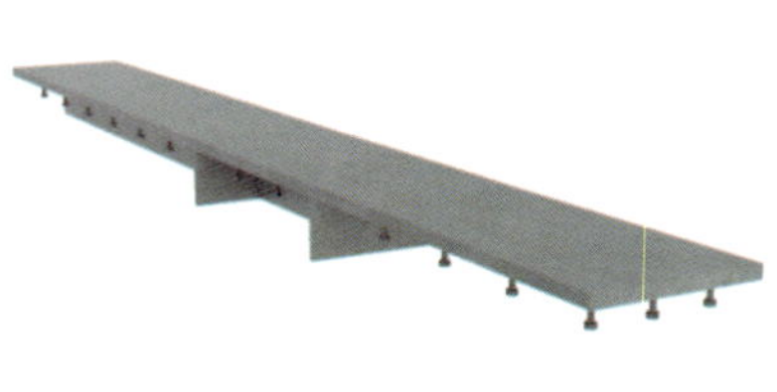		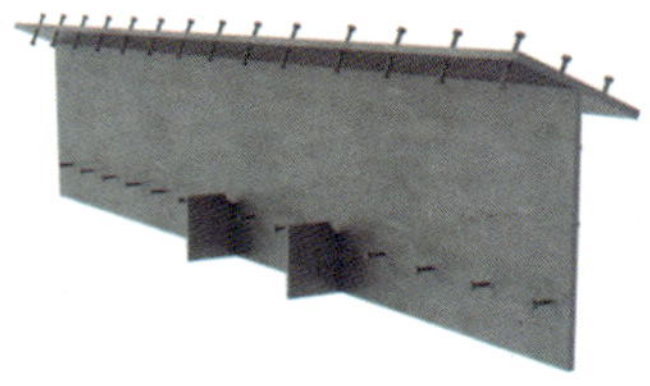
步骤 4：单元 2 拼装焊接	步骤 5：拼装侧面腹板（腹板焊缝暂不焊接）	步骤 6：拼装箱形壁板（壁板焊缝打底）
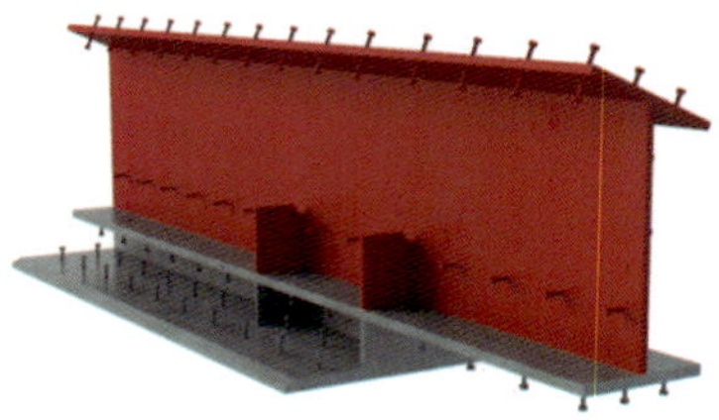	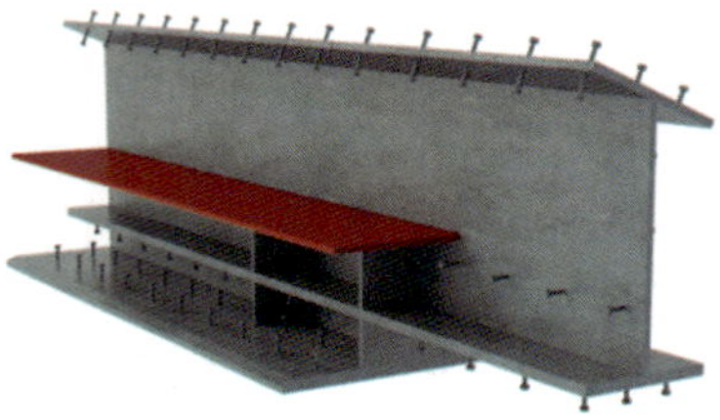	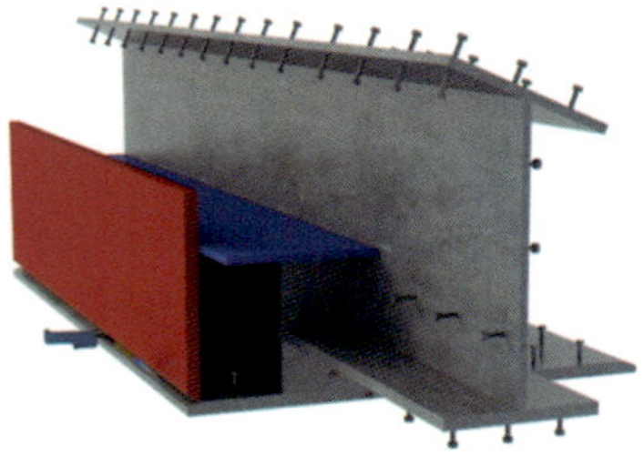

续表

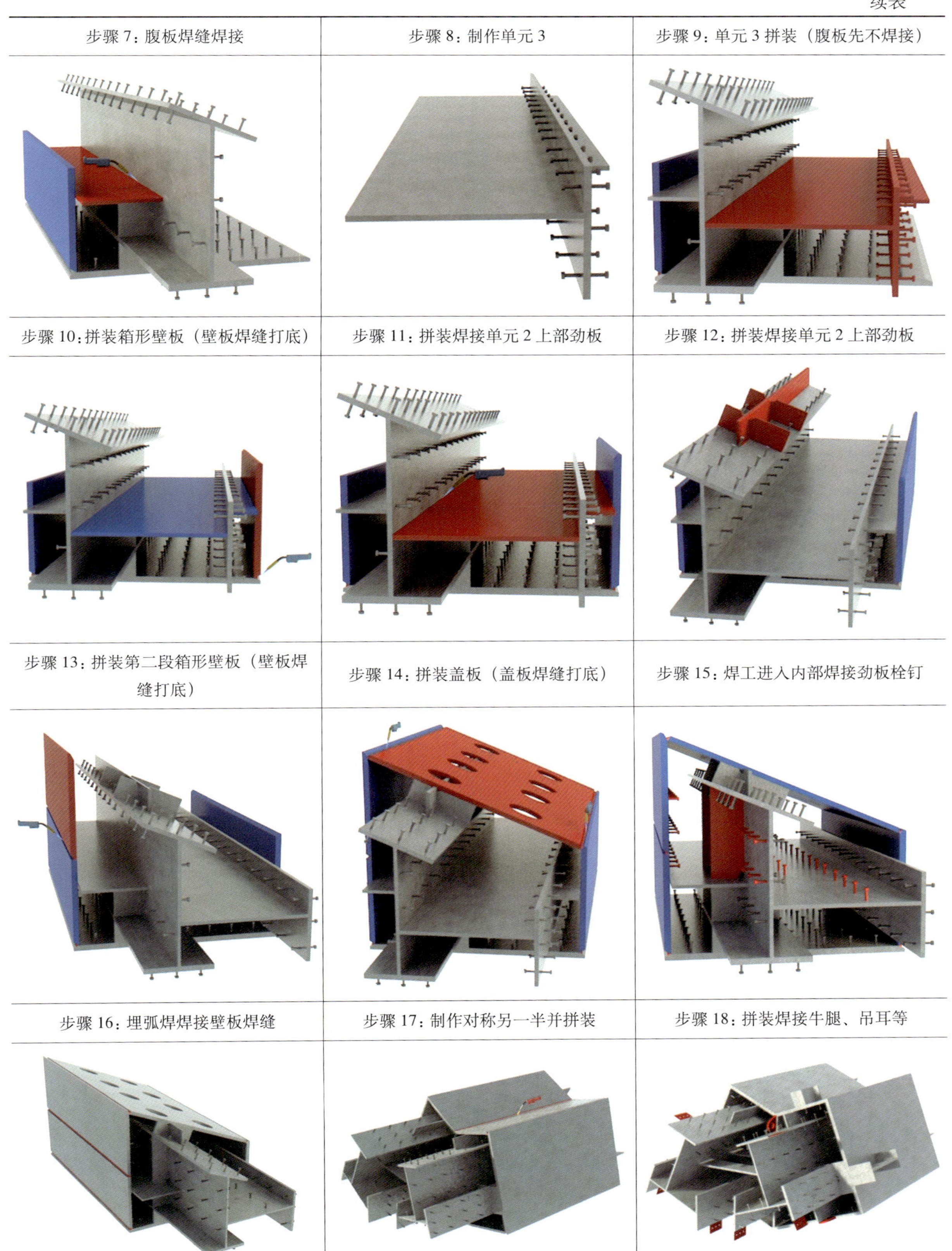

步骤7：腹板焊缝焊接	步骤8：制作单元3	步骤9：单元3拼装（腹板先不焊接）
步骤10：拼装箱形壁板（壁板焊缝打底）	步骤11：拼装焊接单元2上部劲板	步骤12：拼装焊接单元2上部劲板
步骤13：拼装第二段箱形壁板（壁板焊缝打底）	步骤14：拼装盖板（盖板焊缝打底）	步骤15：焊工进入内部焊接劲板栓钉
步骤16：埋弧焊焊接壁板焊缝	步骤17：制作对称另一半并拼装	步骤18：拼装焊接牛腿、吊耳等

3. 基于BIM的虚拟建造技术

为确保组合柱施工顺利，对整个CFT转换SRC异形组合柱进行BIM虚拟建造，如表17.2-2所示，提高安装效率。

CFT转换SRC异形组合柱建造模拟示意　　表17.2-2

施工步骤	施工内容	图示
1	钢柱操作平台安装	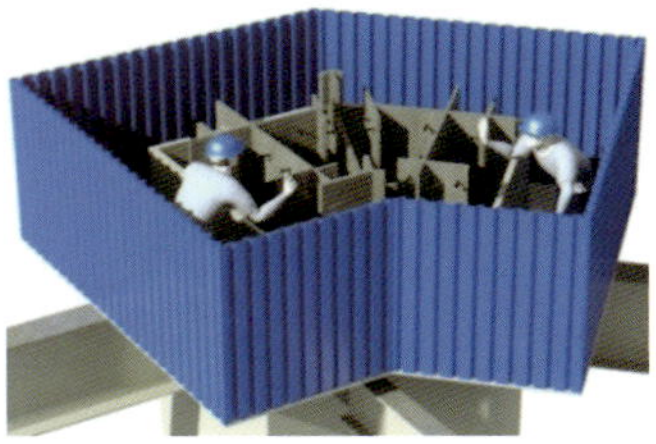
2	为避免重型构件吊装过程出现较大摆动，使用一台塔式起重机在钢柱下端辅助起吊	
3	组合柱安装就位及内部2处预留操作孔壁板安装	
4	钢柱外壁板的安装：焊接完成后按顺序安装外部7块预留壁板	
5	完成预留壁板焊接	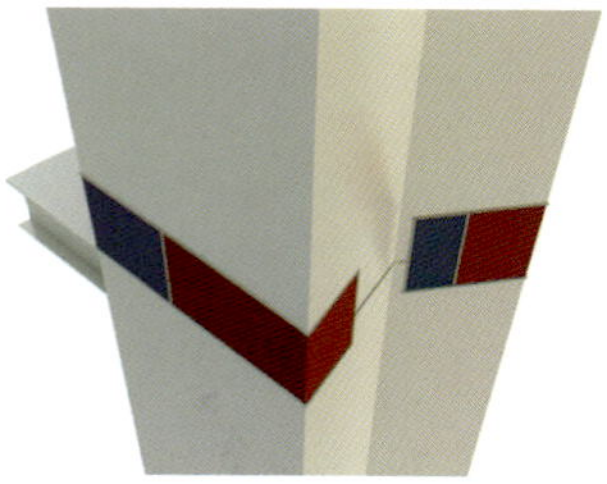

4. CRF 转换 SRC 异形组合柱焊接技术

由于 CFT 转换 SRC 异形组合柱分节后，钢柱底部分节位置处的内部各零件纵横交错，形成 8 个封闭式腔体。为确保上下节柱各腔体内部所有对接焊缝具有施焊空间，在钢柱分节位置上下各 300mm 组合柱外部及内部预留现场焊接操作孔。其中，在外部箱形壁板预留 7 处焊接操作孔，内部钢骨预留 2 处焊接操作孔，操作孔预留示意如图 17.2-3 所示。

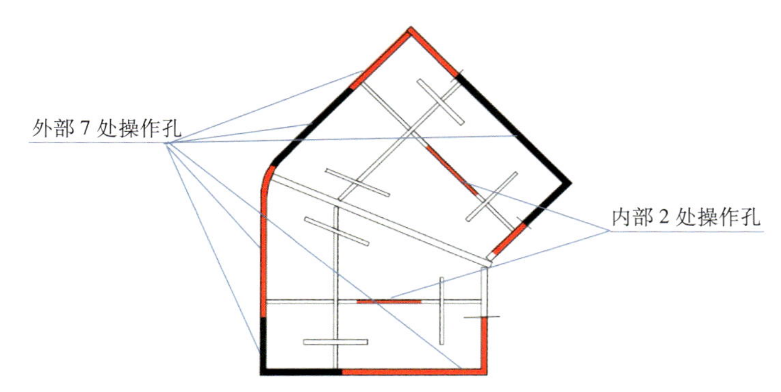

图 17.2-3　CFT 转换 SRC 异形组合柱操作孔预留示意

同时，根据预留操作孔位置，按照先内部 SRC 钢骨柱后外部 CFT 的焊接顺序，在异形柱建模阶段确定好各对接焊缝壁板的剖口开设方向，指导工厂加工，如图 17.2-4 所示。

图 17.2-4　对接焊缝剖口方向

钢柱焊接往往会产生较大的焊接变形，尤其对含有 17 处对接焊缝的 CFT+SRC 组合柱尤为严重。施工经验证明：梁与柱（板厚 50mm）焊缝收缩一般约为 1 ~ 2mm，柱对接焊接收缩约为 2mm，在测量校正时必须考虑焊接收缩对钢柱的影响，并进行预控。

待内部 SRC 钢骨柱焊接完成且探伤合格后，将预留操作孔壁板按照从内到外的顺序依次完成各分块壁板的安装。又因为上下柱对接位置共有 17 处对接焊缝，为避免因第一块壁板焊接过程出现较大变形而引起其余壁板错位无法就位焊接，异形柱施焊前，通过设置两台互相垂直的“千分表”来及时跟踪变形情况，通过动态实时监测焊接产生的变形来及时调整焊接作业，以更好地保证组合柱安装质量。

5. 小结

CFT 转换 SRC 异形组合柱截面复杂，易形成焊接盲区，利用 BIM 模拟分析使得焊接更精确，减少施工误差，优化工艺流程，利用 BIM 虚拟建造使得拼装更高效，减少返工，避免人力、物力、财力的浪费。

17.3 空间曲面桁架施工技术

1. 技术概况

48 夹～51 层转换桁架高度方向共跨越 4 个楼层，高约为 16m，最大跨度 30m，桁架总用钢量 3100t。转化桁架共 8 榀，桁架钢柱沿高度向内倾斜且带空间扭曲，环带桁架四面轮廓均呈弧形内凹。在 47 层由角框柱（JKZ）和边框柱（BKZ）两圆管柱交汇转换为异形箱体巨柱，桁架层上弦杆、下弦杆、斜腹杆为箱体，中弦杆为 H 形，主要板厚为 30、40、60、80mm，材质为 Q390GJC。所有桁架钢柱均为异形构件，倾斜弯曲，结构形式复杂。施工前通过 BIM 软件合理化分段分解后，桁架主体杆件 20t 以上的达 96 件，最大构件重 81t，桁架四面轮廓均呈弧形内凹。

2. 装配化施工技术

吊耳设置方案：根据桁架箱体巨柱重量及结构变化特点，通过 BIM 软件在异形钢柱上设置合理吊装吊耳，对于角框柱吊装使用 4 个吊耳，6 处连接板紧固，采用双面坡口焊接于距柱顶 150mm 处，如图 17.3-1 所示，安装就位后通过螺栓紧固快速摘钩。扫描二维码可观看相应视频。

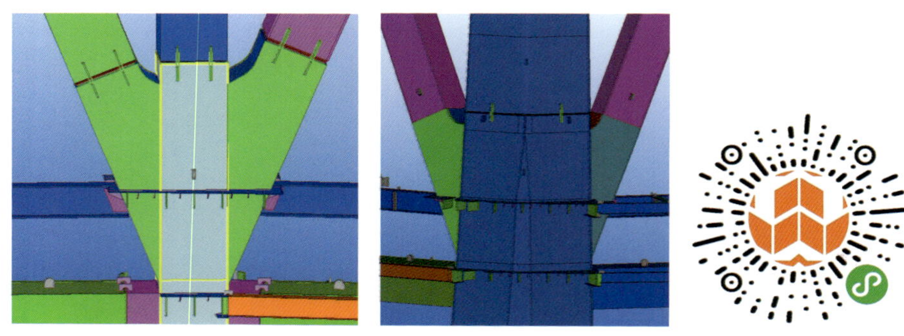

图 17.3-1 BIM 软件设置吊耳、连接板示意

通过合理加设吊装辅助措施，现场实现装配化施工，构件吊装就位后，通过螺栓及简单加固后，塔式起重机能迅速摘钩，现场装配化施工过程如图 17.3-2 所示。

图 17.3-2 48 夹～51 层转换桁架装配化施工示意（一）

图 17.3-2　48 夹～51 层转换桁架装配化施工示意（二）

3. 虚拟建造技术

桁架因跨多层及空间曲面特点，且钢柱与弦杆、腹杆对接接口多，通过虚拟建造技术，优化构件吊装顺序，同时通过虚拟施工过程实现高空操作平台及安全防护同步搭设，虚拟建造过程见表 17.3-1。

空间曲面桁架虚拟建造过程　　表 17.3-1

1. 模拟安装第一节钢（根据钢柱分节，角框柱至 48 夹层，边框柱至 51 层）	2. 模拟安装 48 夹层桁架下弦杆

3. 模拟安装 48 夹层平面钢梁	4. 模拟安装角框柱至 50 层

5. 模拟安装腹杆牛腿（超宽，无法整体运输）	6. 模拟安装 49 层钢梁及平面梁

续表

7. 模拟安装中弦杆及腹杆	8. 模拟完成 50 层平面梁的安装

9. 模拟安装角框柱至 51 层	10. 模拟安装角框柱间桁架上弦杆

11. 自角框柱向中间依次完成边框柱间上弦杆的安装	12. 模拟安装 51 层平面钢梁，完成转换桁架层所有构件的安装

4. 虚拟建造受力验算

针对 48 夹～51 层跨多层空间曲面转换桁架，利用 Midas/Gen 有限元软件进行虚拟建模分析计算。

1）建立模型

取塔式起重机爬升框钢梁安装影响较大区域进行计算，即东侧和南侧影响区域的外框柱，见图 17.3-3、图 17.3-4 所示。

2）荷载取值

钢柱悬空状态下只考虑自重以及风荷载。取 1.2 自重系数，风荷载取 0.4kN/m^2。

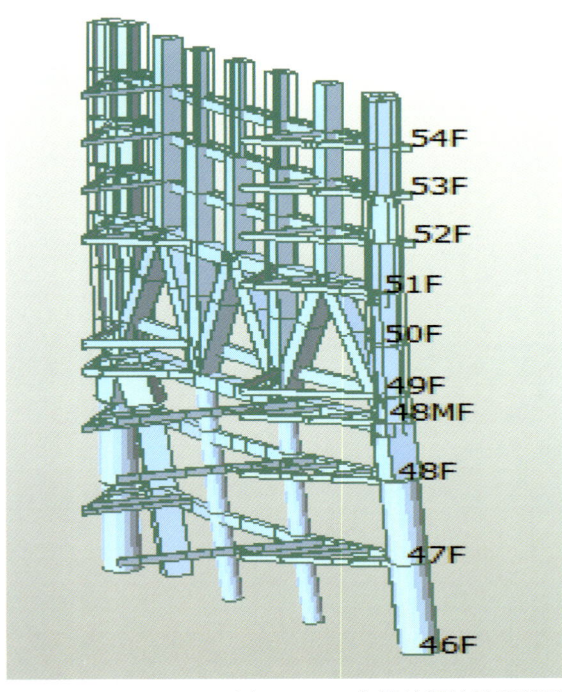

图 17.3-3　东侧外框柱验算模型

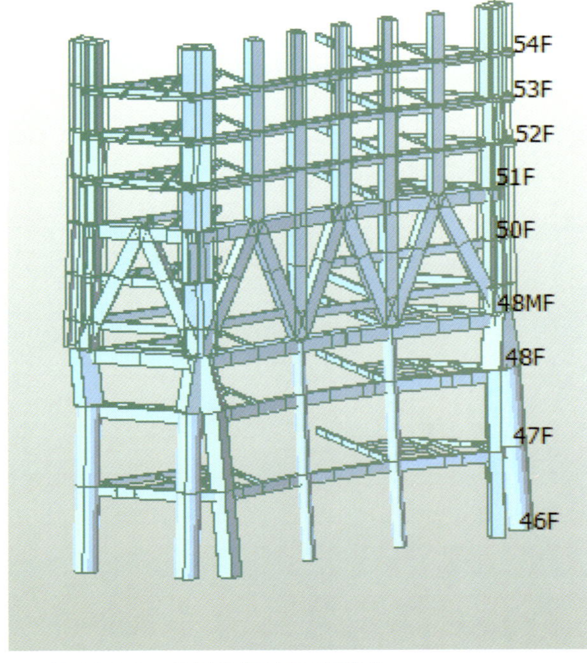

图 17.3-4　南侧外框柱验算模型

3）验算结果

（1）东侧验算结果

在自重及风荷载组合作用下，悬空柱子分析结果如下：最大拉应力 39.2MPa，最大压应力 41.9MPa；X 向变形为 4.7mm，Y 向变形为 0.6mm，Z 向变形为 2.4mm（图 17.3-5 ~ 图 17.3-8）。

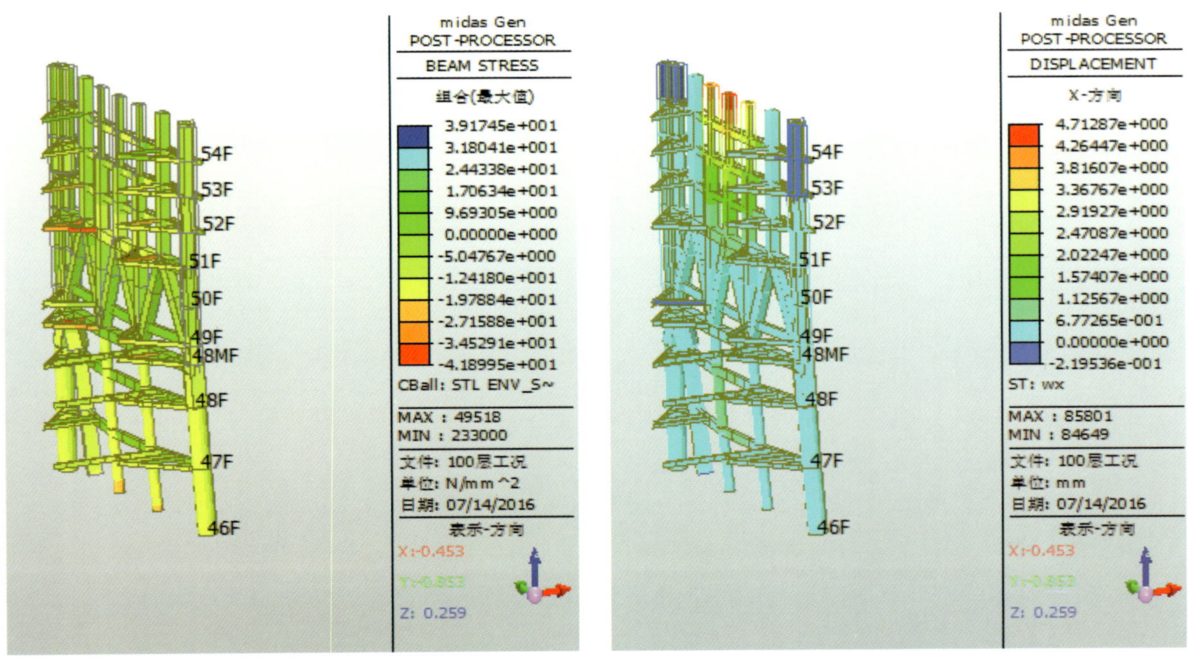

图 17.3-5　外框柱应力计算结果　　　　图 17.3-6　外框柱 X 向位移

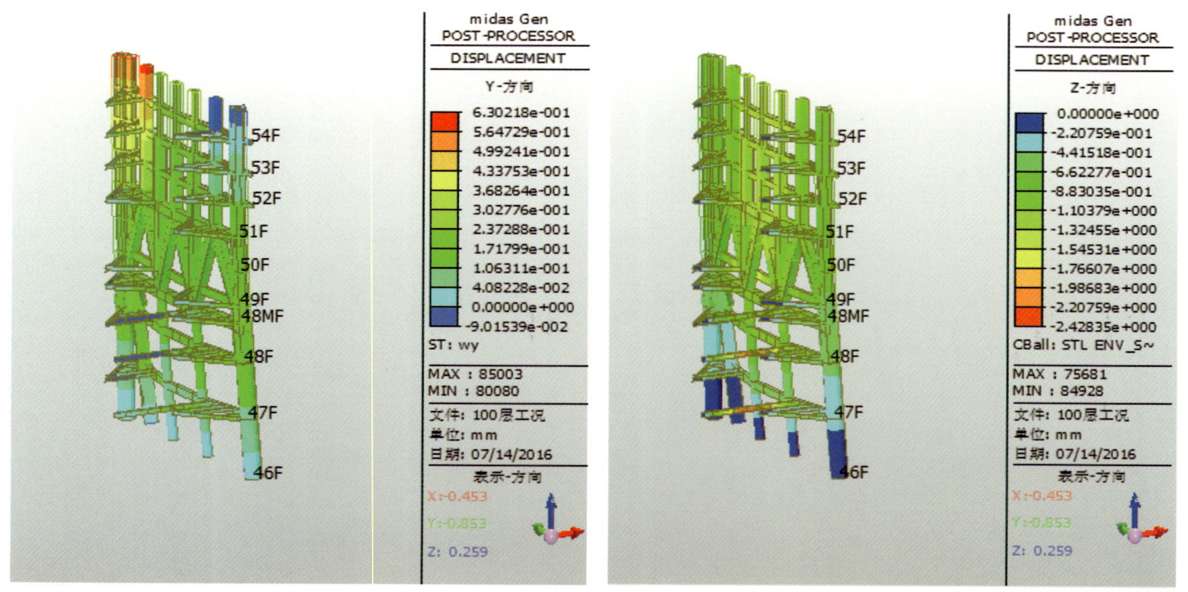

图 17.3-7 外框柱 Y 向位移

图 17.3-8 外框柱 Z 向位移

（2）南侧验算结果

在自重及风荷载组合作用下，悬空柱子分析结果如下：最大拉应力 82.6MPa，最大压应力 68.9MPa；X 向变形为 0.7mm，Y 向变形为 4.8mm，Z 向变形为 2.8mm（图 17.3-9 ~ 图 17.3-12）。

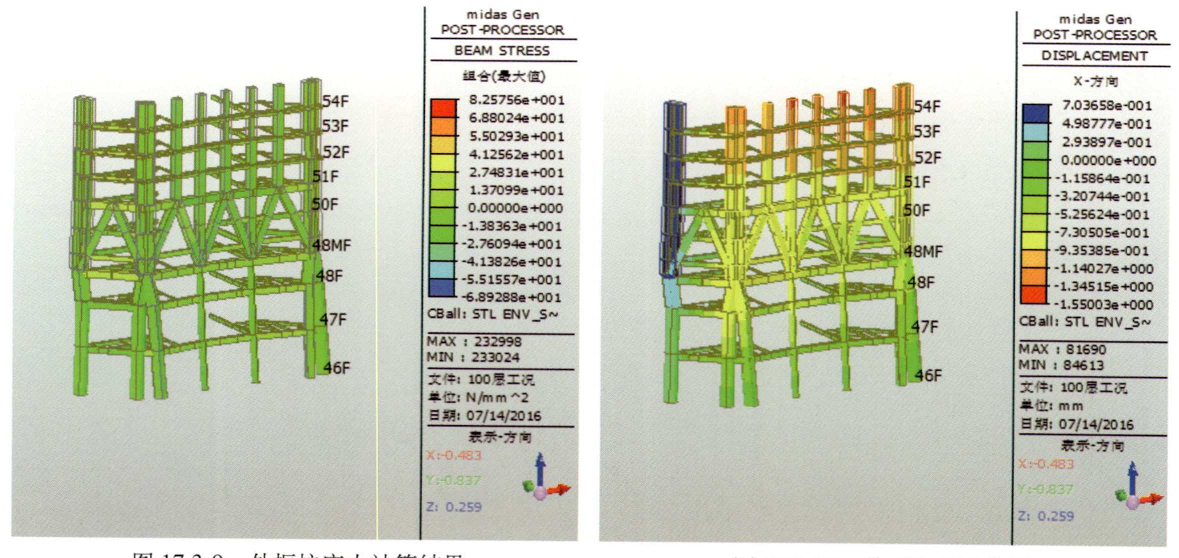

图 17.3-9 外框柱应力计算结果

图 17.3-10 外框柱 X 向位移

通过受力计算可知，48 夹 ~ 51 层跨多层空间曲面转换桁架安装虚拟建造过程中，钢柱受力及偏移均满足设计及规范要求，虚拟安装方案可行。

5. 小结

施工时通过 BIM 软件模拟加设吊耳、连接板、卡码以及临时螺栓紧固，指导后续现场施工，从而达到快速装配化施工的目的。通过虚拟建造技术，优化构件吊装顺序，能够大大提高吊装速度，

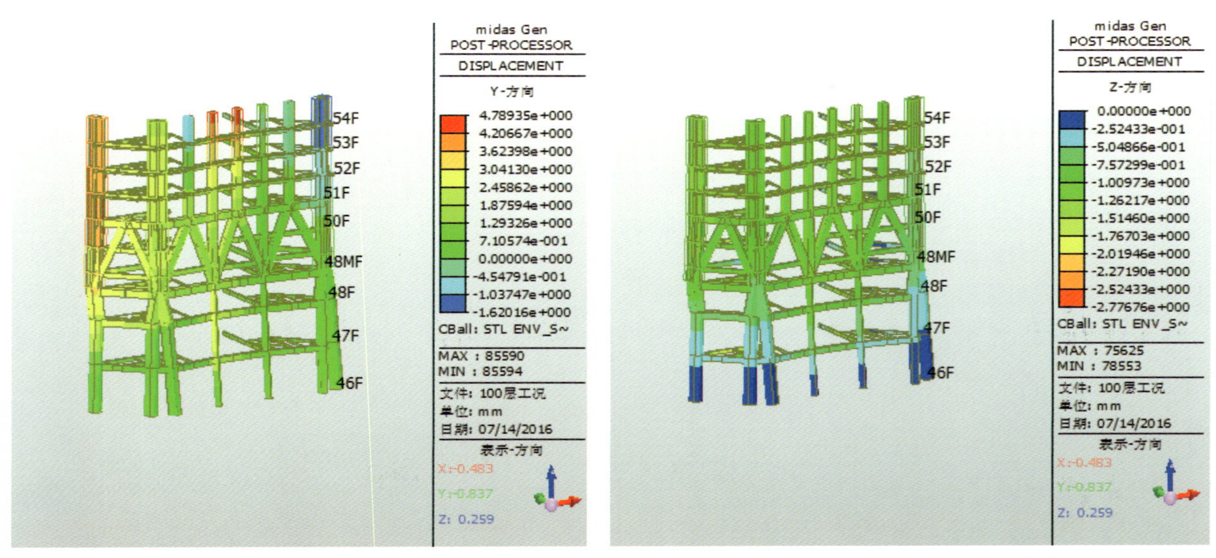

图 17.3-11　外框柱 *Y* 向位移　　　　图 17.3-12　外框柱 *Z* 向位移

缩短工期。同时，通过虚拟施工过程高空操作平台及安全防护同步搭设，能够有效保证吊装、测量、焊接等各工序安全有序进行。

17.4　无加劲肋超大钢板剪力墙施工技术

1. 技术概况

钢板剪力墙分布于核心筒地下 4 ~ 地上 23 层（-21.85 ~ 107.00m）、45 ~ 54 层（+214.365 ~ 266.275m），总量约 12000t，材质均为 Q390C，最大板厚 100mm，主要板厚有 30、25mm 两种。经优化分段后地下 4 层至地上 23 层每层钢板剪力墙共计 40 件，45 ~ 54 层每层共计 28 件，钢板剪力墙最大尺寸 6m × 3.4m，核心筒钢构件安装时通过整体顶升平台预留的固定洞口吊装就位（图 17.4-1、图 17.4-2）。

图 17.4-1　顶升平台洞口预留平面图

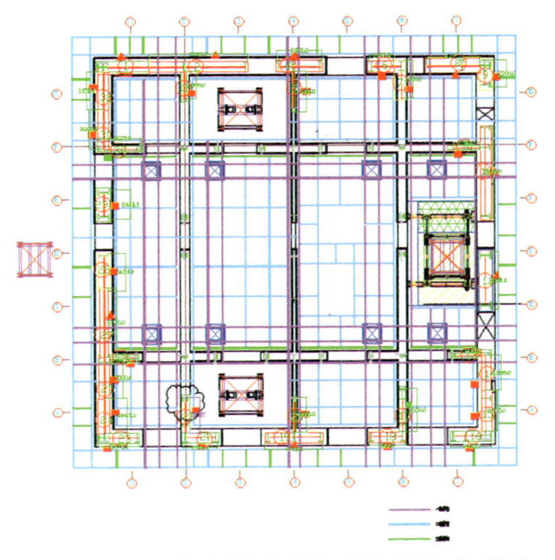

图 17.4-2　钢板剪力墙与顶升平台关系图

2. 窄小空间滑移吊装技术

1）滑移技术原理

整体顶升平台工况下，平台桁架下方的超大钢板剪力墙无法利用塔式起重机一次性就位，采用滑移施工技术进行安装。通过其邻近洞口，在下节已安装的钢板剪力墙上设置组合滑移轨道，在待安装超大钢板墙下端设置方向驱动轮，塔式起重机吊装至洞口时，方向驱动轮导入凹陷滑移轨道，使超大钢板墙钢板慢慢滑入凹陷轨道。当塔式起重机转至无法继续行走时，利用超高层顶升平台下弦提前安装的捯链及钢丝绳进行换钩，使其滑入安装位置。最后，利用捯链调节高度，拆除滑移装置进行钢板剪力墙的校正和加固，从而完成钢板剪力墙的安装。滑移安装流程如表17.4-1所示。

钢板剪力墙滑移安装流程　　表 17.4–1

施工步骤	施工内容	图示
1	塔式起重机将钢板剪力墙吊至整体顶升平台桁架侧面，从邻近洞口下放	
2	捯链接驳吊点，慢慢滑入滑移轨道	
3	待塔式起重机绳完全不受力后，塔式起重机松钩，钢板剪力墙人工滑移	

续表

施工步骤	施工内容	图示
4	将钢板墙滑移至安装位置，就位后，拧紧安装螺栓，摘除滑移装置进行校正、加固，完成安装	

2）滑移装置的设计

超大钢板剪力墙组合式滑移装置主要由可拆卸式轨道和滚动装置组成。其中，可拆卸式轨道由限位夹具和凹陷轨道组成，滚动装置主要由轴承和定位夹具组成，凹陷轨道为不同长度槽钢，轴承采用调心滚子轴承，轨道及轴承与夹具焊接固定，夹具通过螺栓和钢板墙铰接固定，利用槽钢轨道和轴承滚动，将钢板剪力墙滑移至安装位置。

（1）可拆卸式轨道

可拆卸式轨道由限位夹具和凹陷轨道组成，限位夹具由 20mm × 80mm × 200mm 的连接板和 15mm × 260mm × 260mm 的托板组成，凹陷轨道为 10 号槽钢通过挡铁固定在托板上，作为钢板剪力墙的滑移轨道，具体构造如图 17.4-3 所示。

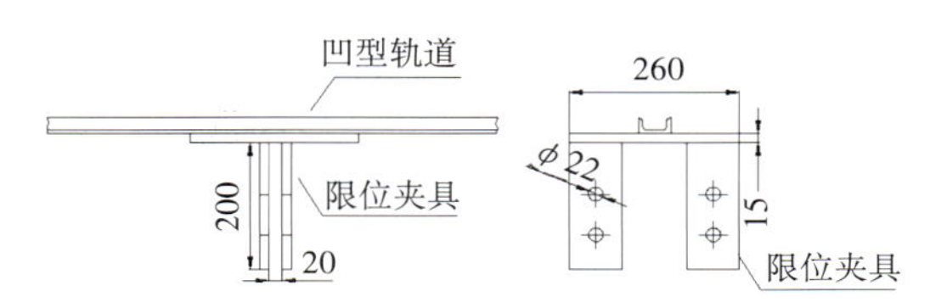

图 17.4-3　可拆卸式轨道设计

（2）滚动装置

滚动装置通过轴承在凹陷轨道中的滚动实现滑移，由轴承和定位夹具构成，轴承采用调心滚子轴承，型号为 22215CCK/W33+H315，规格为 65mm × 130mm × 31mm，通过销轴固定于夹具下部，通过在组合轨道中的滑移，实现钢板剪力墙的滑移就位。方向驱动轮见图 17.4-4。

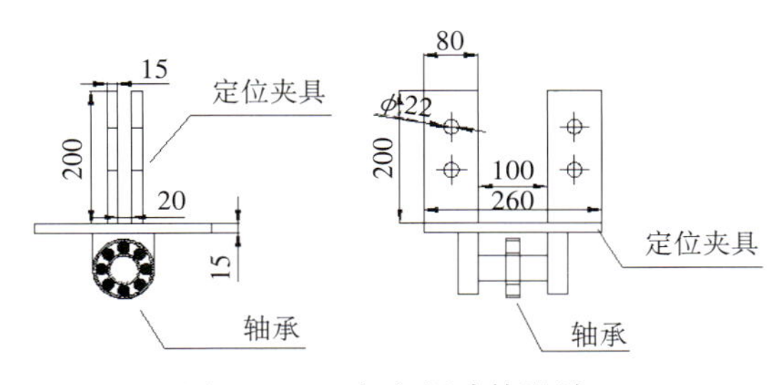

图 17.4-4　方向驱动轮设计

3）滑移施工工艺

（1）滑移装置安装

可拆卸轨道安装于已安装完成钢板墙顶部，通过限位夹具与钢板墙上的连接板铰接固定，滚动装置安装于拟安装钢板墙底部，轴承滚动装置通过定位夹具固定在钢板墙底部，可拆卸轨道长度有 1、2、3m 等不同规格，根据钢板墙大小选用，组合使用，方便简单，可操作性高。滚动装置通过模拟受力计算，设置间距不大于 0.5m，滑移装置安装如图 17.4-5 所示。

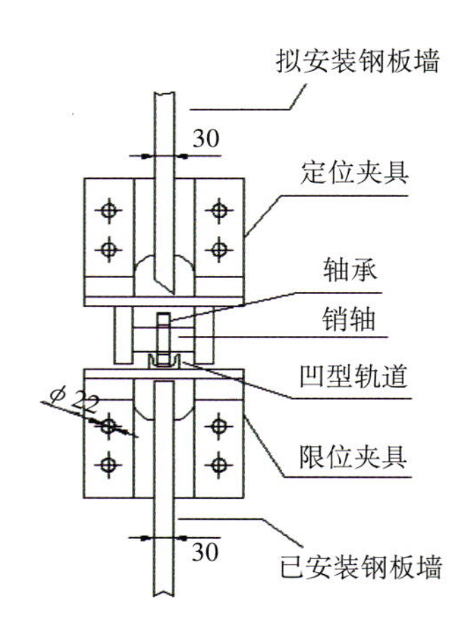

图 17.4-5 滑移装置安装示意

（2）吊点位置设置

滑移装置安装完成后，开始安装捯链及钢丝绳等辅助措施，结合现场捯链设置，在距钢板剪力墙顶部、每间隔 1000mm 处焊接滑移辅助吊耳，如图 17.4-6 所示，同时在顶升平台下弦相应位置每间隔 1000mm 焊接吊耳。结合构件单重，现场选用型号为 5T 的捯链与型号为 5T 的钢丝绳，捯链与钢丝绳错开设置。

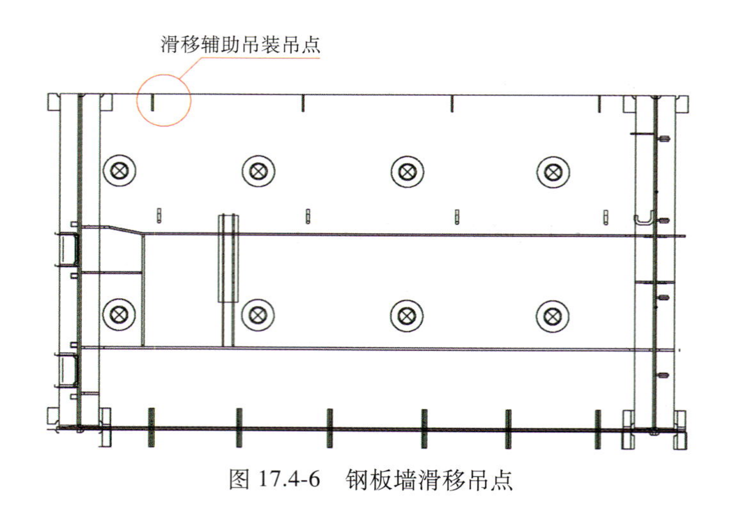

图 17.4-6 钢板墙滑移吊点

（3）窄小空间钢板剪力墙滑移吊装

通过顶升平台上的相邻洞口，利用已安装下层超大钢板剪力墙设置组合滑移轨道，在待安装钢板墙钢板下端设置方向驱动轮，塔式起重机吊装至邻近洞口时，滚动装置导入凹陷轨道，通过塔式起重机使超大钢板墙慢慢滑入凹陷轨道。当塔式起重机转至无法继续行走时，利用顶升平台下弦提前安装的捯链及钢丝绳换钩，人工使其滑移至安装位置。如图 17.4-7 ~ 图 17.4-10 所示。

图 17.4-7　塔式起重机吊装至洞口

图 17.4-8　滚动装置导入轨道

图 17.4-9　滑移过程

图 17.4-10　滑移就位

（4）钢板剪力墙对接

钢板剪力墙滑移就位后，利用捯链调节其标高及中心线，同时拆除滑移装置，连接上下节钢板剪力墙之间对应的安装耳板，待测量校正完毕后加设临时支撑，待钢板墙定位焊完成后割除耳板，完成钢板剪力墙安装。拆下来的滑移装置可重复利用。

3. 钢板剪力墙焊接变形控制技术

1）技术原理

现场钢板剪力墙拼接焊缝主要为立焊和横缝，板厚主要为 25mm 和 30mm，坡口形式为单边 45° V 形，单件钢板剪力墙横缝长度最大达到 9m，立缝长度最大达到 6m，由于焊缝较长且不对称布置，焊接变形控制难度极大。从增加钢板剪力墙自身稳定性抵抗焊接应力及选用合理的焊接顺序、焊接工艺来减小焊接内应力两个方面进行考虑，研究出一套实用的焊接防变形技术。该技术主要通过焊前整体加设临时支撑刚性固定，局部加设约束板提高约束度来提高钢板剪力墙的抵抗变形的能力，焊中结合不同的焊缝形式制订不同的焊接顺序和焊接工艺来实现对钢板剪力墙焊后变形量的控制。

通过对典型钢板剪力墙进行有限元模拟分析，如图 17.4-11 所示，通过整体加设临时支撑刚性固定，局部加设约束板的措施，合理地制订焊接顺序和焊接工艺，保证焊接精度。

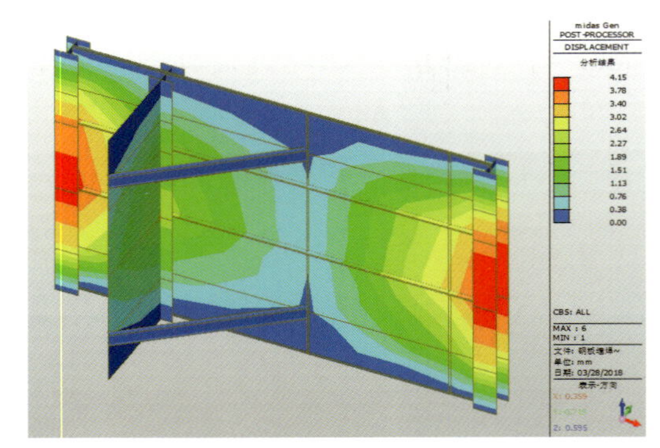

图 17.4-11 钢板剪力墙防变形技术有限元模拟受力验算

2）防变形支撑设计

(1) 整体防变形支撑设计

焊前在钢板剪力墙之间整体加设临时支撑，临时支撑主要有对撑和角撑两种，采用 20 号 A 工字钢，上下布置两道（数量可根据实际情况适当增加），端部与钢板剪力墙通过焊接进行连接。钢板墙焊接完成后支撑可拆除重复利用。

支撑加设根据钢板剪力墙受力特点、结构形式、平面布置及与顶升平台桁架的位置关系等因素灵活布置。核心筒钢板剪力墙防变形临时支撑布置如图 17.4-12、图 17.4-13 所示。

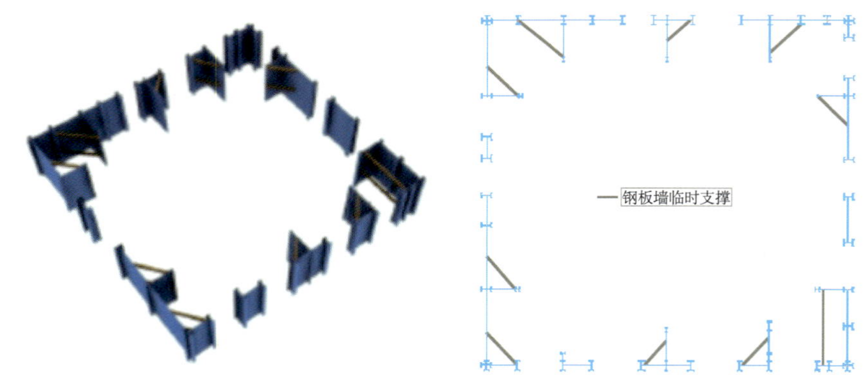

图 17.4-12 钢板剪力墙防变形支撑布置示意图

图 17.4-13 钢板剪力墙防变形支撑示意图

（2）局部约束板设计

单件钢板剪力墙焊前在焊缝一侧加设防变形约束板，约束板采用 30mm × 200mm 的钢板，长度依据焊缝长度进行确定，根据现场焊接形式和临时连接位置可以灵活布置，与钢板剪力墙通长紧密贴合，通过 100mm × 150mm 的连接板或耳板与钢板剪力墙通过定位焊的形式进行有效连接，定位焊要求长度不小于 60mm，间距控制在 500mm 左右，待焊接完成焊缝完全冷却后将约束板割除，约束板可重复循环利用。约束板与钢板墙连接形式如图 17.4-14 所示。

图 17.4-14　防变形约束板布置示意图

根据单节钢板剪力墙的高度，通过受力分析最终确定约束板加设原则如下：

①对于单节单层钢板剪力墙，布置 3 道约束板，第一道距离顶部焊缝 0.3m，第二道、第三道分别为 0.8、1.6m，具体位置可根据现场实际避开孔位、栓钉等零件局部调整，如图 17.4-15 所示。

②对于单节两层钢板剪力墙，布置 5 道约束板，第一道距离顶部焊缝 0.3m，第二、三道分别间隔 1.0m，第四道间隔 1.2m，第五道间隔 1.5m，具体情况根据现场实际避开孔位、栓钉等零件局部调整，如图 17.4-16 所示。

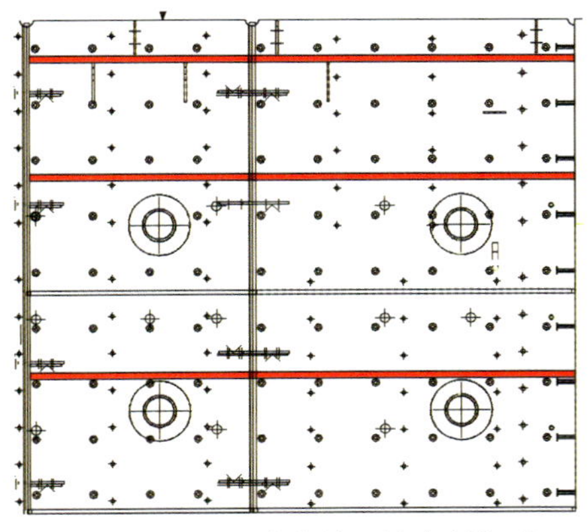

图 17.4-15　单节单层约束板加设

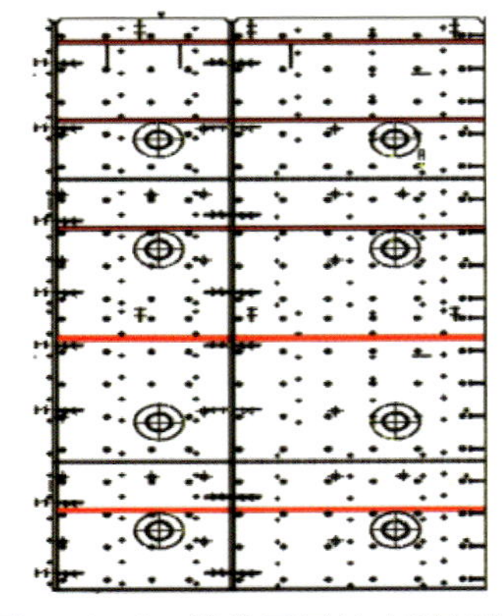

图 17.4-16　单节两层约束板加设

3）整体焊接顺序的制订

核心筒钢板剪力墙主要的节点形式有 H 形柱连墙和十字柱连墙，结合现场钢板剪力墙的焊缝位置和焊缝长度，按照“先焊收缩量较大的接头、后焊收缩量较小的接头，接头应在约束较小的状态下焊接”的焊接原则最终制订了“先柱后墙、先立后横、自下往上、由中间向两边”的整体焊接顺序，主要选用分段退步焊和对称焊的焊接方法（图 17.4-17、图 17.4-18）。

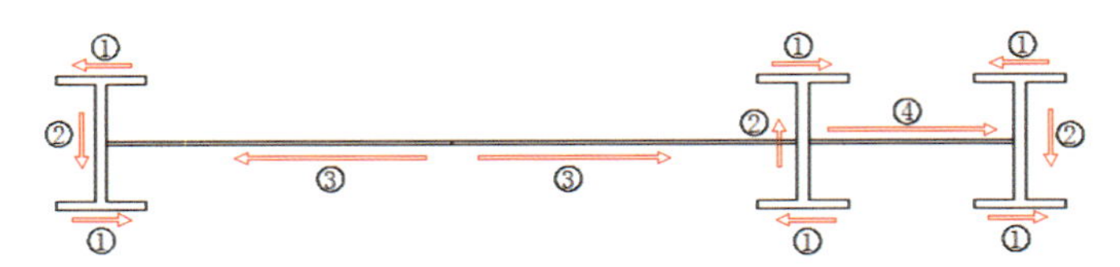

图 17.4-17　H 形柱连墙焊接顺序

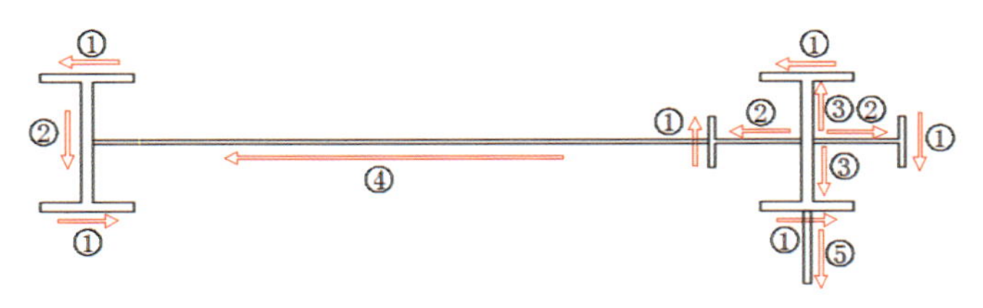

图 17.4-18　十字柱连墙焊接顺序

（1）焊接工艺的制订——立缝

①焊前严格按照要求清除坡口及两侧 50mm 以内氧化皮、铁锈、油污等杂物，接头加设引熄弧板，背面加设衬垫，调好焊接电流、电压开始进行焊接。

② 1 ~ 3m 以内立缝，安排 1 名焊工进行焊接，采用自下往上、分段退步的焊接方式，每小段大约 500 ~ 600mm 打底填充，当熔敷金属填充到距离母材表面 2mm 时开始盖面，盖面要求由下往上，一次成型；焊缝 3m 以上时，安排 2 名焊工进行焊接，分别自下往上、分段退步焊，每小段 500 ~ 600mm，打底、填充、盖面分别自下往上分段退步焊，如图 17.4-19 所示。

③立缝焊接时，顶部预留 300mm 不焊，释放应力，如图 17.4-20 所示。

④对于加工或安装精度偏差造成的立缝过宽（25mm 以上），应适当减小电流，按照上述方法进行多层多道焊。

⑤焊接完成焊缝完全冷却后，使用火焰切割或机械方法去除引、熄弧板，并应修磨平整，严禁用锤击落。

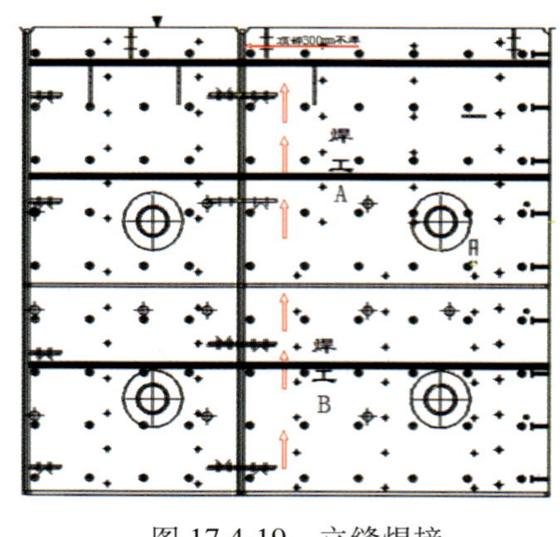

图 17.4-19　立缝焊接

图 17.4-20　预留焊缝 300mm

（2）焊接工艺的制订——横缝

①焊前严格按照工艺要求清除坡口及两侧 50mm 以内氧化皮、铁锈、油污等杂物，接头加设引熄弧板，背面加设衬垫，调好焊接电流、电压开始进行焊接。

② 1m 以内横缝，安排 1 名焊工进行焊接，打底、填充、盖面分别单向焊接；焊缝长度 2 ~ 3m 时，安排 2 名焊工进行对称焊接，从中间向两边，分别打底、填充分段退步，每小段大约 500 ~ 600mm，当熔敷金属填充到距离母材表面 2mm 时开始盖面，盖面单向焊接，如图 17.4-21 所示。

③焊缝长度超过 3m 时，安排 3 名焊工进行对称焊接，由中间向两边，打底、填充、盖面均分段退步，每小段大约 500 ~ 600mm，如图 17.4-22 所示。

④焊接完成焊缝完全冷却后，使用火焰切割或机械方法去除引、熄弧板，并应修磨平整，严禁用锤击落。

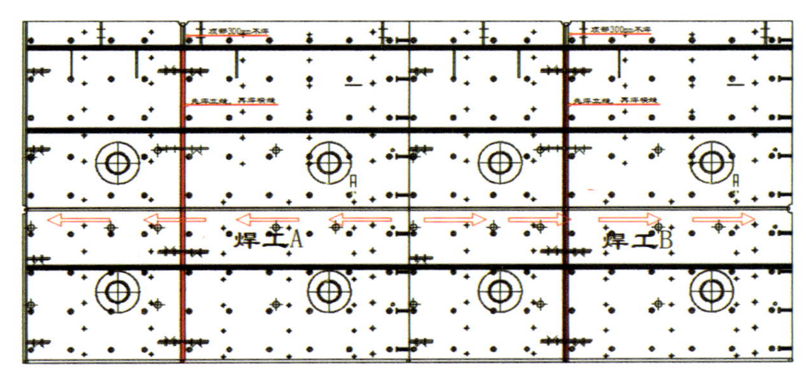

图 17.4-21　横缝焊接

图 17.4-22　多人分段退步焊

4. 小结

采用滑移施工技术进行超大钢板剪力墙吊装，有效解决了施工空间窄小，施工进行受限的问题，装置可重复利用，节省施工成本。通过有限元模拟分析对钢板剪力墙焊接变形进行模拟，合理定制工序，保证施工精度，采取多种措施提高剪力墙抵抗变形的能力，提高工程品质。

17.5　超高多拱编织提篮塔冠施工技术

1. 技术概况

塔冠位于标高 +481.15 ~ 530.00m，绝对高度 49m，总重 680t。主要包括由 8 个拱结构和环梁交叉形成的外部结构、中心钢楼梯、擦窗机层钢梁及卫星天线层钢梁四个部分，如图 17.5-1 所示。

外部结构竖向构件由 4 个高度 33m 的圆管拱和 4 个高度 47.7m 的圆管拱交叉编织而成，高拱与低拱分别拱脚首尾相连形成，8 个交叉柱均布于直径 36m 的圆周上，圆管截面有 $\phi 600 \times 28$、$\phi 500 \times 22$、$\phi 500 \times 20$ 等。水平构件主要截面为□ 450 × 450 × 20 × 20、□ 450 × 450 × 18 × 18 箱形环梁，沿竖向每 5.5m 一道与拱柱相连形成 9 道圆周，随着高度增加圆周直径逐渐缩小，最终直径为 25m。

中心钢楼梯主要构件为□ 300 × 300 × 16 × 16 的楼梯柱和小截面热轧型钢。外形尺寸为 7.1m × 3.25m。在标高 481.150 ~ 519.650m 相对高度 38.5m 范围内，外部环形结构与中心钢楼梯没有任何连接。

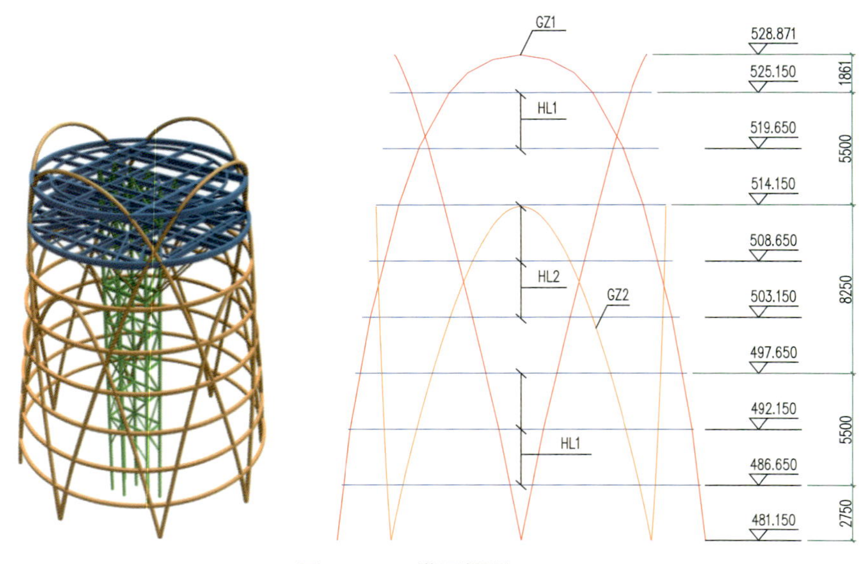

图 17.5-1 塔冠概况

塔冠具有“两高、两大、两曲”的显著特点：塔冠自身高达 49m，位于地上 481 ~ 530m 的建筑高度范围内，除钢楼梯外完全中空；用钢量大，达 680t，冠底直径大，达 36m；8 道环梁和 8 道高低不等的双曲倒 V 形拱结构均为曲线构件，通过拱脚首尾相连，彼此交叉形成整体空间曲面造型，加工制作和高空组装就位难度大，安全风险高。

2. 塔冠—支撑一体化同步施工技术

根据塔冠结构特点，利用 BIM 软件，对钢柱钢梁合理分段分节，施工过程采用常规安装胎架支撑的办法投入量大，对主体结构附加荷载大且后期拆除困难，安全风险高，对后续专业影响大，工期难以保证。采用支撑与结构一体化同步施工技术，通过对整体安装过程的有限元模拟、分析，在保证安全的前提下优化施工工艺，完成塔冠施工。

构件进场后将构件及其支撑依据施工方案分区堆放，安装时按同一方向依次进行吊装。钢柱吊装后及时安装与柱相连主梁形成稳定框架，测量校正后在操作平台上进行加固焊接，过程中严格控制各构件定位精度，保证安装后整体精度。

施工前通过有限元软件对每个施工工况进行模拟验算，根据结构的特点确定临时支撑截面、布置位置及数量。塔冠钢结构支撑采用 HW300 × 300 × 10 × 15 的 H 型钢，每 10m 设置一道，每道设置 6 根，支撑与内外结构通过焊接的形式进行连接。支撑布置示意如图 17.5-2 所示。

图 17.5-2　塔冠—支撑一体化同步施工

在进行一体化同步施工时，首先吊装第一节中心楼梯，校正固定后吊装塔冠第一柱节及其支撑，初步校正后支撑分别与中心楼梯钢柱及塔冠外围钢梁焊接，同样方法吊装第一节剩余塔冠拱柱和环梁。全部吊装完成后二次校正复核整体精度，进行焊接。

以同样的方式重复上述流程，完成剩余部位的安装，塔冠施工用临时支撑及主体结构验算模拟结果如表 17.5-1 所示。

经验算，在整个安装过程中最大应力 34.48MPa<215MPa，最大变形为 9.07mm < 6200/400=15.5mm，满足《钢结构设计标准》GB 50017—2017 的要求。

现场实际测量，在整个安装过程中最大应力 36.24MPa<215MPa，最大变形为 9.53mm< 6200/400=15.5mm。

构件单元的内力分析计算如下，可知临时支撑及主体结构皆能满足施工需求与规范要求。

结构受力分析表　　表 17.5-1

1	最大应力 -33.90MPa， 最大变形 1.20mm	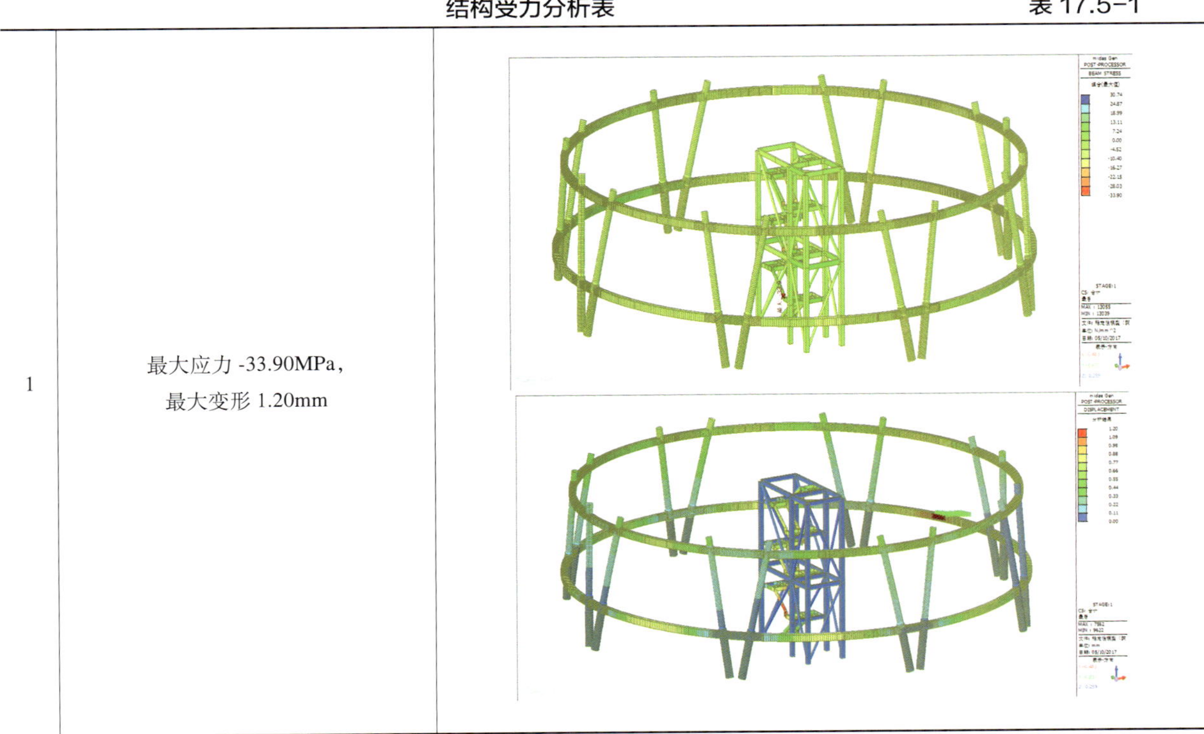

续表

2	最大应力 -33.96MPa， 最大变形 1.21mm	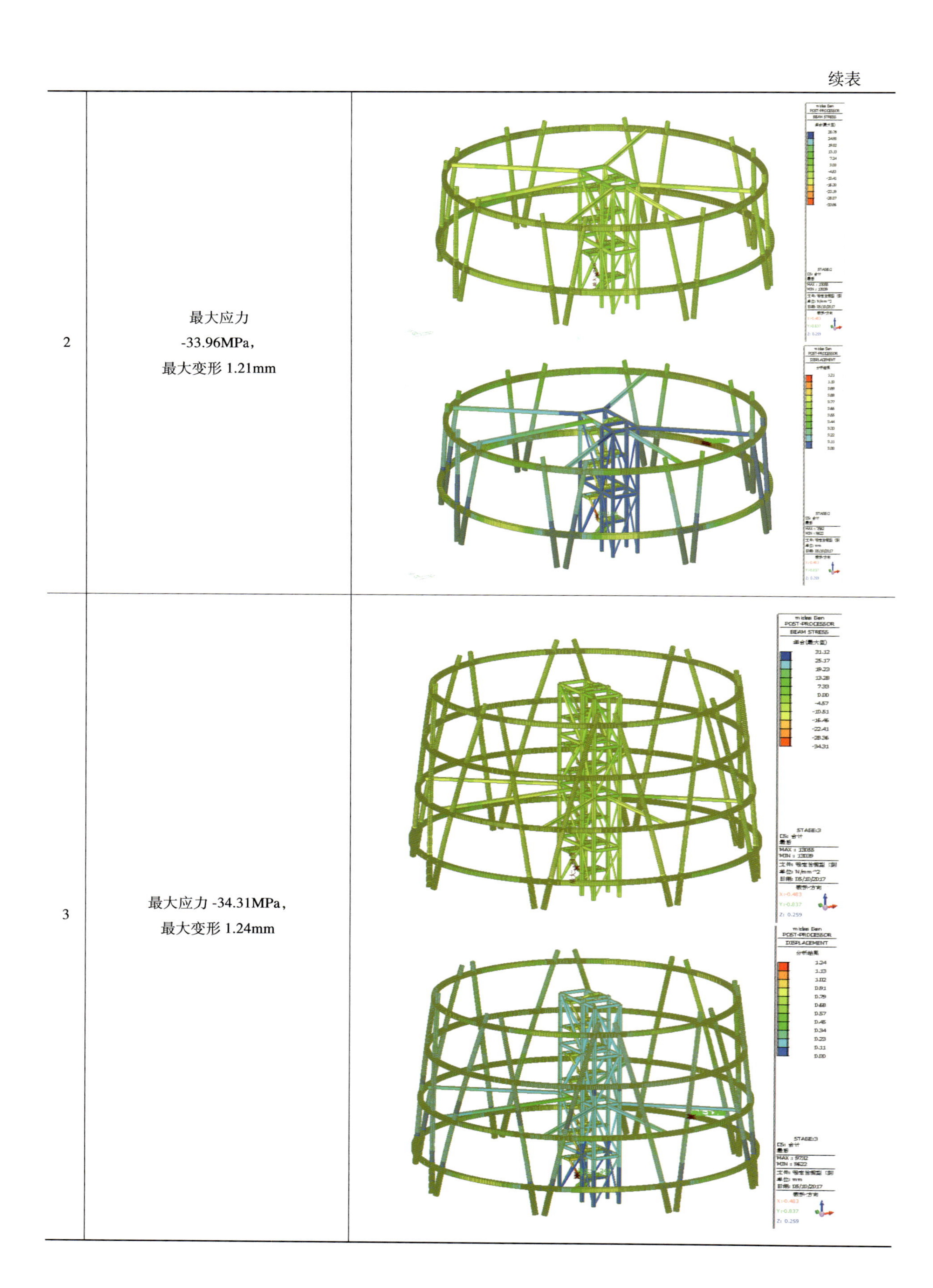
3	最大应力 -34.31MPa， 最大变形 1.24mm	

续表

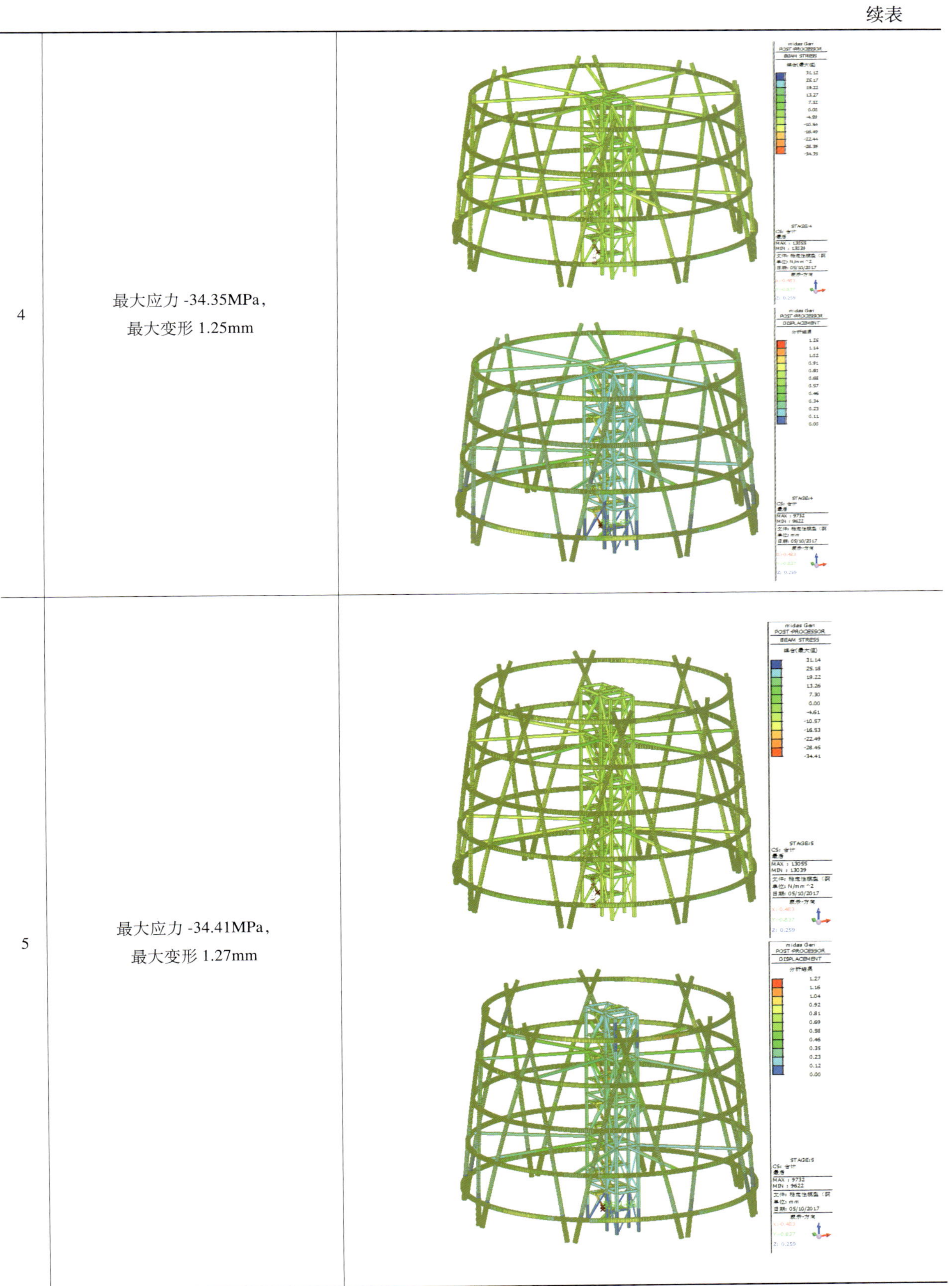

4	最大应力 -34.35MPa，最大变形 1.25mm	
5	最大应力 -34.41MPa，最大变形 1.27mm	

续表

6	最大应力 34.45MPa， 最大变形 1.28mm	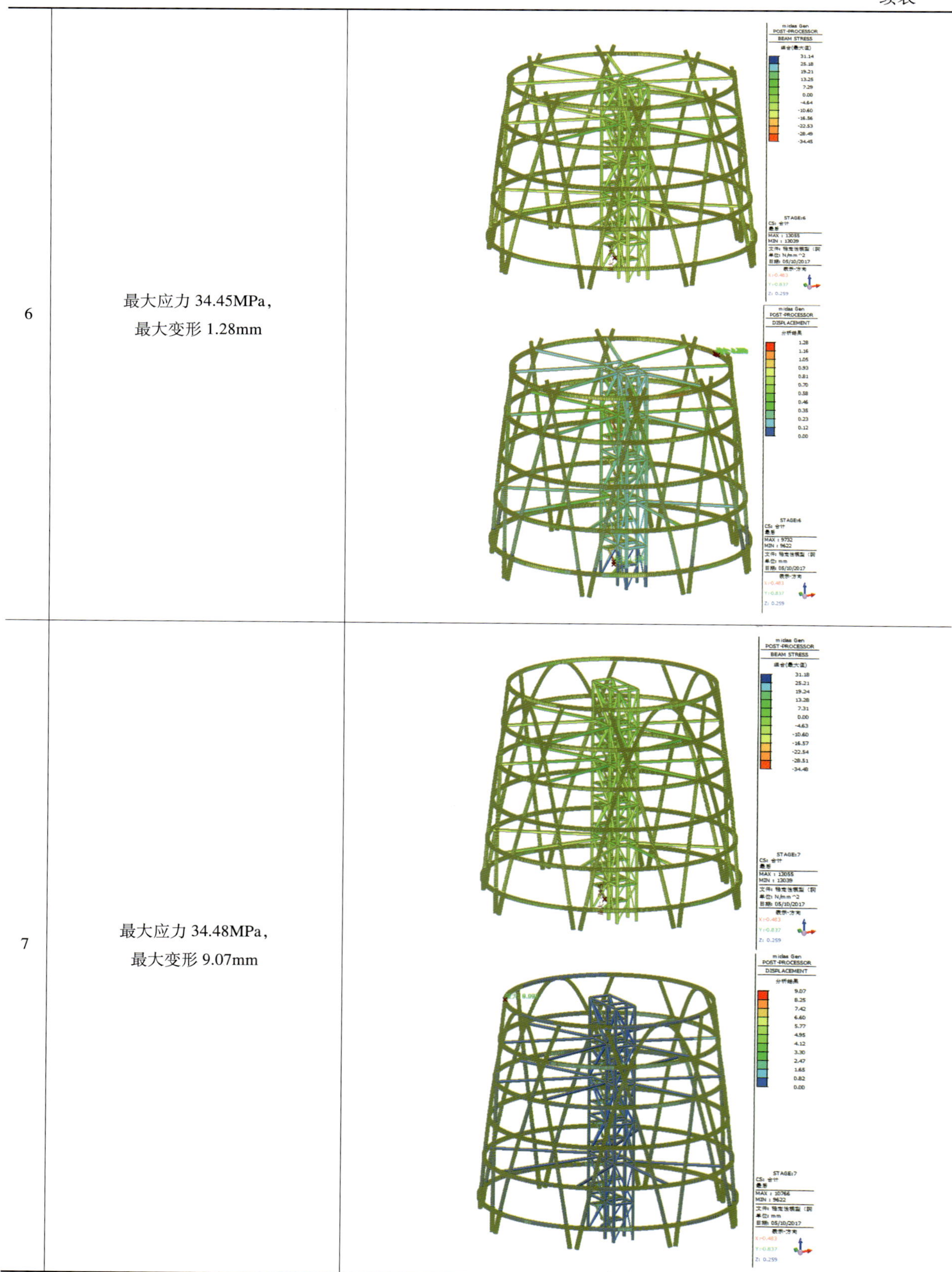
7	最大应力 34.48MPa， 最大变形 9.07mm	

3. 立体安全防护体系同步施工技术

1）垂直通道

塔冠结构分为内圈结构与外圈结构。为实现人员垂直方向通行，内圈结构利用钢楼梯进行人员通行，同时搭设装配式临边防护，以保证人员安全通行，外圈结构利用钢柱安装爬梯实行人员通行，同时配套护圈、防坠器等保证人员安全通行，如图 17.5-3 所示。

图 17.5-3　内圈钢楼梯实物图及外圈爬梯实物图

2）水平通道

随塔冠施工一体化同步安装，平台沿塔冠环梁通长布置，实现塔冠外圈环形通行，环形通道实物，如图 17.5-4 所示。平台采用 8 号槽钢作为龙骨，通过 U 形卡与塔冠环梁进行装配连接（H 形截面直接使用 U 形卡码与钢梁翼缘连接）；在龙骨两端分别设置卡码用于固定标准化通道板；同时，在龙骨两端安装 1.2m 高定型化防护栏杆，用于竖向防护。

图 17.5-4　环形通道实物图

为方便外圈水平环形通行，沿第一节柱连梁通长布置水平环形通道。环形通道采用 1.2m 长的 8 号槽钢作为龙骨，通过 U 形卡与塔冠连梁进行装配连接。在龙骨两端分别设置卡码用于固定上方的装配式标准化通道板，同时在龙骨两端安装 1.2m 高定型化防护栏杆，用于竖向防护。环形通道的节点示意如图 17.5-5 所示，受力模拟计算如图 17.5-6 所示。

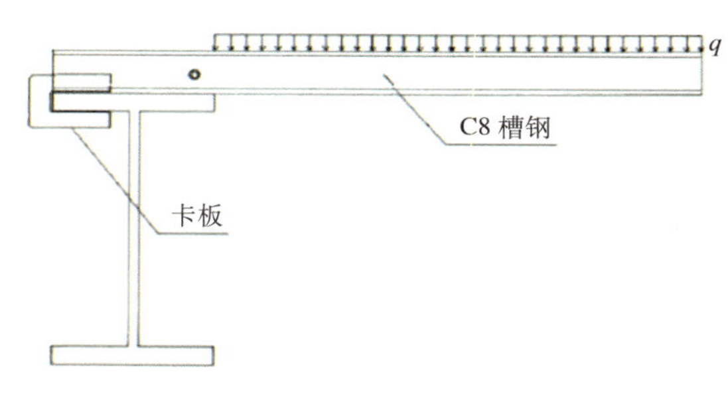

图 17.5-5 环形通道的节点示意

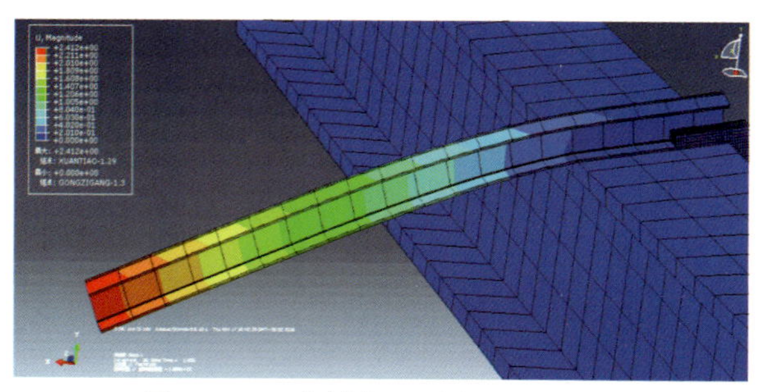

图 17.5-6 支撑龙骨受力计算示意

3）内外连接通道

选取一根 H 钢梁支撑铺设定型化通道板，通道板两侧安装 1.2m 定型化防护栏杆，实现内圈与外圈人员通行，并在设置有临时支撑位置拉设双层安全平网（图 17.5-7）。

图 17.5-7 内外连接通道

4. 小结

针对塔冠高度高、体量大、施工难、风险高的特点，采取塔冠—支撑一体化、立体安全防护体系同步施工，保证施工及周边安全，优化施工工艺，保证外观美观、可靠。

17.6 变跨度单层网壳钢天幕施工技术

1. 技术概况

裙楼钢天幕为单层网壳结构，主管跨度最大 20m，最大高度 32m，整体长度 105m，投影面积约 1393.27m^2。天幕由 ϕ140×8 的上部交叉网格构件和 ϕ299×16 的底部环梁组成。天幕贯通裙房一至五层。

2. 技术难点

因钢天幕整体为异形复杂组合节点不规则曲面结构，所有杆件交叉节点均不在同一平面，安装定位过程中需要对整个天幕结构建立三维世界坐标系，且由于网格单元拼装、对接、最终安装时的空间姿态均不相同，需对每个网格单元的不同阶段建立单独的三维用户坐标系，若采用常规方式定位信息提取与现场实际放线操作过程极为烦琐。

3. 天幕安装定位信息提取技术

根据结构图纸，建立钢天幕 1 : 1 实体信息模型，设立坐标原点，以建筑物北、东和天顶方向为坐标轴的正方向，建立钢天幕三维世界坐标系统后，将每个网格单元的 BIM 模型单独提取，调整模型中的空间姿态，使其定位基准平面与钢天幕世界坐标系基准平面吻合，保证所有施工阶段的定位放线工作均可在同一坐标系之下进行，用以精确指导后续安装定位工作。

4. 交叉网格单元地面拼装技术

交叉网格单元散件的拼装采用 10mm 厚钢板在地面铺设成 3m × 12m 的平台，将网格单元杆件垂直投影线放样至钢板之上，在单元节点投影线位置搭设钢管脚手架立杆并将脚手架杆件底部点焊于钢板之上保证其位置稳固（网格单元弧顶最高为 2.8m，脚手架完全可以保证支撑稳固性），脚手架搭设完成后，安装可调式顶托，依据轴线微调顶托，用精密全站仪测量顶托的标高，对顶托标高进行调节。拼装过程中采用全站仪对对接节点三维坐标实时观测，保证网格单元构件的精确拼装。拼装胎架设计示意如图 17.6-1 所示。

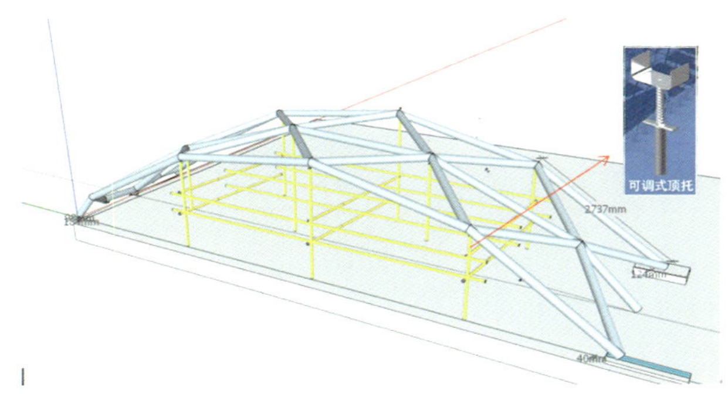

图 17.6-1 交叉网格单元散件拼装胎架设计

5. 交叉网格单元胎架组对技术

网格单元分片拼装完成后，需要在对接胎架上将其连接成整体，并将其姿态调整至与正式安装工况一致，保证整体吊装时的稳定性。对接胎架支撑体系如图 17.6-2 所示。

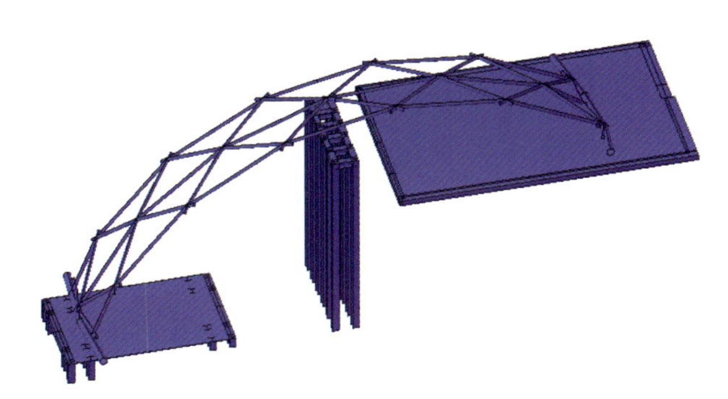

图 17.6-2 对接胎架支撑体系效果图

因不同交叉网格单元的弧顶位置均不相同，最大高差达 2.8m，结合工程实际设计了可调节临时定位支撑胎架，胎架支撑体系高度可以任意调节，保证满足所有网格单元的拼装需要。其中，为方便胎架加节和加节后胎架整体稳定牢固，上下加节胎架间使用临时螺栓连接。胎架具体构造形式如图 17.6-3、图 17.6-4 所示。

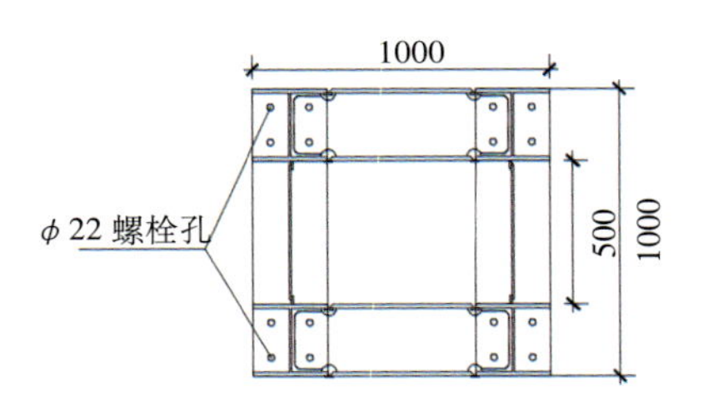

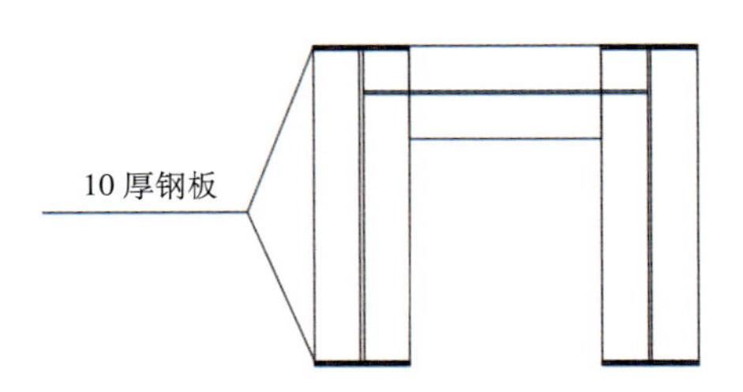

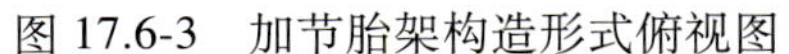

图 17.6-3 加节胎架构造形式俯视图　　图 17.6-4 加节胎架构造形式正视图

待支撑胎架根据各胎架高度设置安装好后，为更方便交叉网格两单元接头处 $\phi 140\times 8$ 的直圆管对接拼装，设置对接装置。如图 17.6-5 所示。

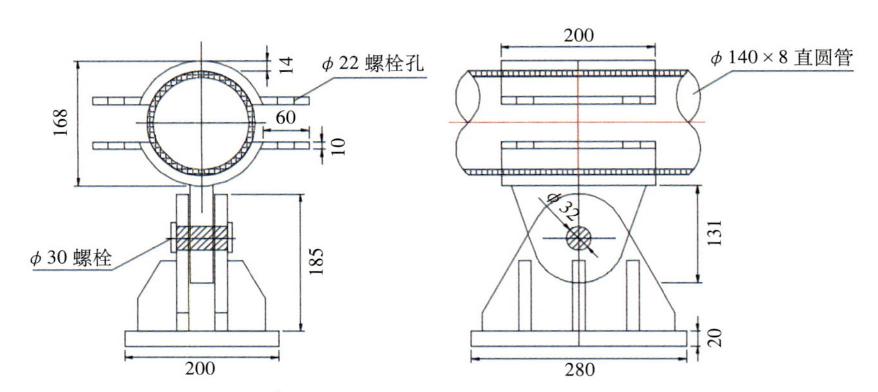

图 17.6-5 交叉网格拼装对接装置

这样，通过基础胎架、加节胎架、千斤顶和对接装置形成整个交叉网格单元拼装的支撑胎架。如图 17.6-6 所示。

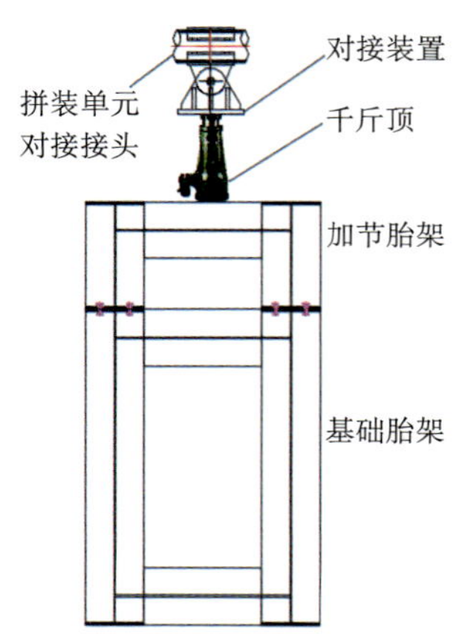

图 17.6-6 交叉网格单元拼装支撑胎架

6. 交叉网格单元整体吊装技术

因裙房区域两台塔式起重机分布于南北两侧，根据塔式起重机位置及吊装性能综合考虑，合理划分网格单元。底部环梁安装完成后，开始上部交叉网格单元的安装，并从南北两侧同时向中间进行安装。待交叉网格单元整体吊装完成后，再进行单元间散杆的焊接，散杆安装顺序与网格单元采用相反的方向，避免安装误差向中间累积。其整体安装顺序如图 17.6-7 所示。

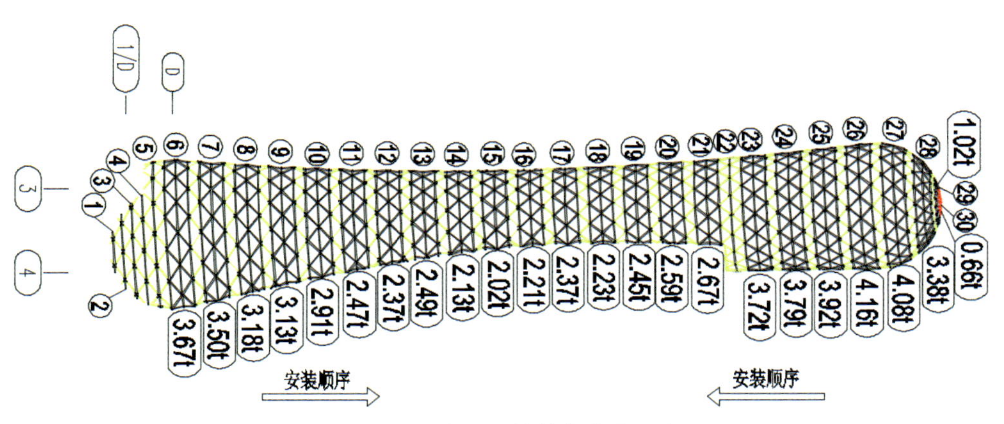

图 17.6-7　交叉网格整体安装顺序

网格单元之间的散杆安装时采用吊挂式水平通道提供安装人员作业空间，吊挂式自适应水平通道采用特别设计的可调节结构，可根据不同位置网壳形状灵活地调整角度，方便安拆的同时保证可重复使用。交叉网格具体安装流程如表 17.6-1 所示。

交叉网格安装流程　　表 17.6-1

序号	施工内容	图示
1	安装完成底部环梁	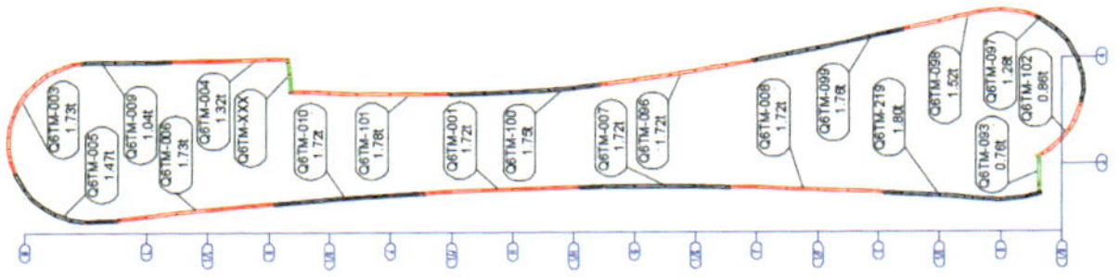
2	北面依次安装单元 30、29；同时南面依次安装单元 1、2、3	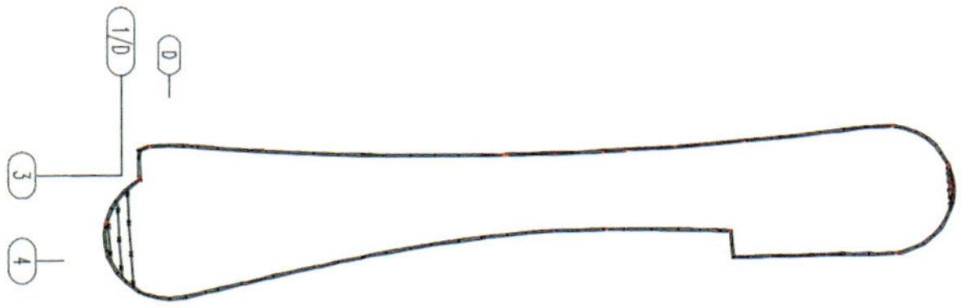
3	北面拼装并安装单元 28；南面依次拼装并安装单元 4、5、6	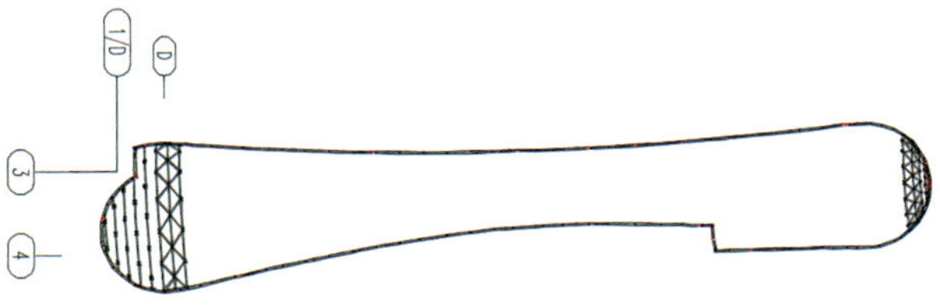
4	自中间向两端安装已安装单元间的散件	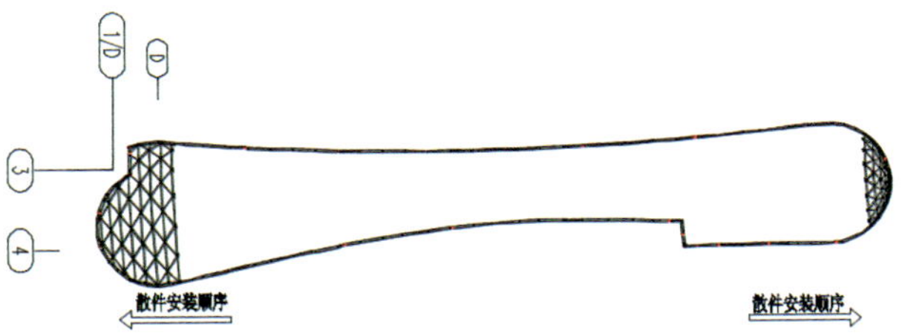

续表

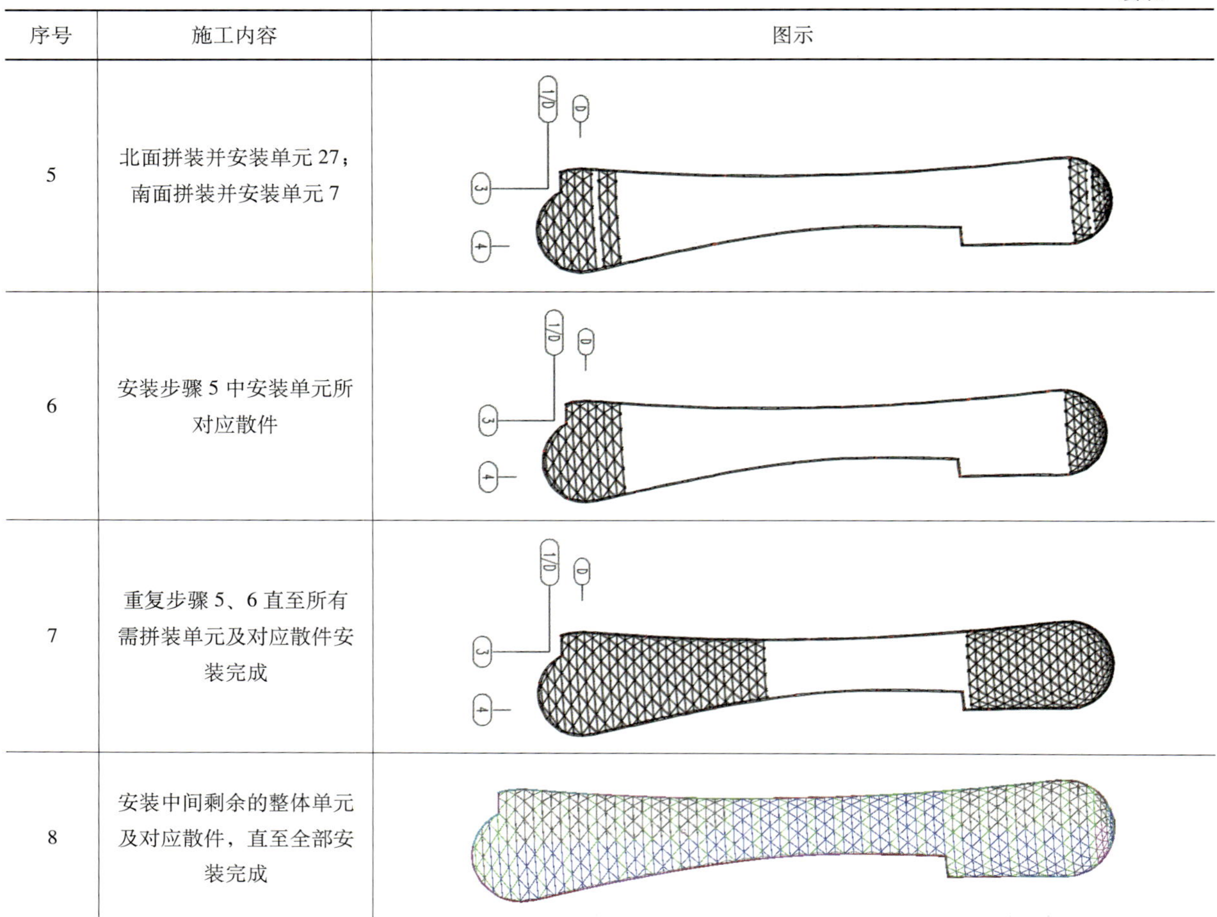

序号	施工内容	图示
5	北面拼装并安装单元 27；南面拼装并安装单元 7	
6	安装步骤 5 中安装单元所对应散件	
7	重复步骤 5、6 直至所有需拼装单元及对应散件安装完成	
8	安装中间剩余的整体单元及对应散件，直至全部安装完成	

7. 交叉网格单元间散杆安装技术

为方便于高空单跨安装后，两个单元格之间的散件安装与焊接，定制自适应操作平台，操作平台由可调节单元组成，根据所需位置天幕的形状及跨度自由选择单元的数量及角度，用 ϕ9 钢丝绳固定于天幕下方，上方水平段两端固定，倾斜段最下端固定。吊架两侧倾斜最下端留有近 2m 长度，挂设吊装用的钢爬梯。配合安全绳与自锁器配套使用。平台单元用 [8 槽钢、∟50×3 角钢、6mm 钢网片、钢管等组成，单榀规格为 3000mm×800mm。角钢间距 900mm，铺设时每榀之间采用 M12 普通螺栓连接，在两侧倾斜段用钢筋焊接在槽钢上，两侧栏杆用钢管制作直接插入底板套管中。

8. 小结

针对钢天幕整体异形复杂组合节点不规则的曲面结构，建立 1∶1 实体信息模型，坐标相吻合以达到同一坐标系精准指导后续工作的效果；交叉网格单元地面拼装技术将网格单元杆件垂直投影线放样至钢板之上，拼装过程中采用全站仪对对接节点三维坐标实时观测，保证网格单元构件的精确拼装；胎架组对技术针对弧顶位置的不同，巧妙设计临时调节定位支撑胎架，满足拼接的变化需要；根据塔式起重机位置及吊装性能综合考虑，合理划分网格单元，避免误差的累积；综合考虑吊装性能，合理规划网格进行整体吊装，使施工操作更灵活，同时保证施工的安全与稳定。

第 18 章　超高层施工设备创新技术

攻克复杂造型带来的结构难题，施工设备及技术的创新至关重要。本章针对吊装体量大且建筑体形变化幅度大所带来的塔式起重机布置、爬升难题，巧妙设计巨型外挂塔式起重机支撑体系，创新研发巨型外挂爬升式动臂塔式起重机快速安拆技术及超高层物流通道塔安装技术，提高垂直运输；针对核心筒多次较大变化所带来的顶升平台设计难题，创新研发智能整体顶升平台大偏心支撑箱梁平衡提升、高空拆改、纠偏纠扭，在保证安全质量的前提下有效减轻平台自重，增强整体顶升平台对核心筒变化的适应性，提高施工效率与准确性。

18.1　巨型外挂爬升式动臂塔式起重机快速安拆技术

1. 技术概况

塔楼结构施工设置有 4 台塔式起重机，除目前国内房建领域最大塔式起重机 ZSL3200 外，还设置有 ZSL1700 一台、ZSL750X 两台。

随着塔楼核心筒结构施工高度升高，核心筒截面将逐步缩减及变化，核心筒动臂塔式起重机也将随着核心筒高度逐步攀升。动臂塔式起重机在攀升过程中面临塔式起重机支撑梁倒运难度大、平移及拆改安全隐患大等难题，同时针对超高层施工过程中，动臂塔式起重机的安拆、爬升等均为关键工作，将直接对总工期造成影响。

因此，为了克服狭小井道内内爬塔式起重机杆件倒运困难问题以及避免塔式起重机平移、拆改带来的工期和安全隐患，采用多项创新措施解决了上述技术难题：其中包括支撑梁体系合二为一、塔式起重机支撑系统自倒运技术、塔式起重机兜底防护技术等多项技术。

2. 创新做法——塔式起重机支撑体系多工况适用技术

为尽量缩短支撑系统倒运时间，加快爬升速度，减少塔式起重机支撑体系安拆对主体结构施工的影响，支撑体系设计时创新采用塔式起重机支撑梁和标准 C 形框集成，四梁合一，如图 18.1-1 所示。

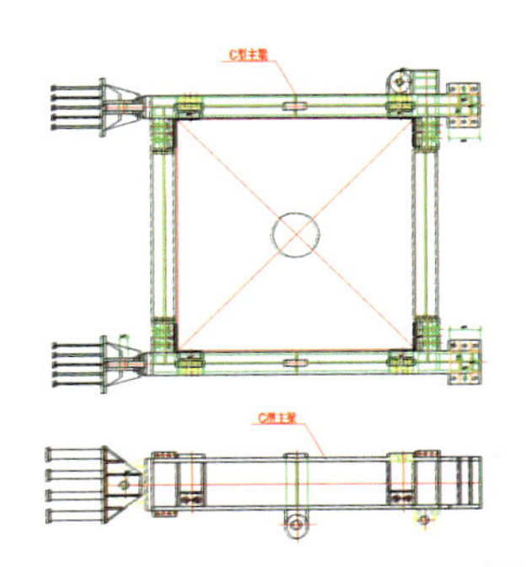

图 18.1-1　支撑体系四梁合一

结构施工至47层后，核心筒结构收缩，内爬塔式起重机必须完成至外挂塔式起重机的转换，ZSL750X、ZSL1700自重小，在原内爬支撑体系基础上直接增加水平撑杆及下撑杆完成转换。外挂工况支撑梁系统详见图18.1-2、图18.1-3所示，但ZSL3200自重太大，为保证安全，增加上拉杆的同时创新增加了托梁的使用，如图18.1-4所示。

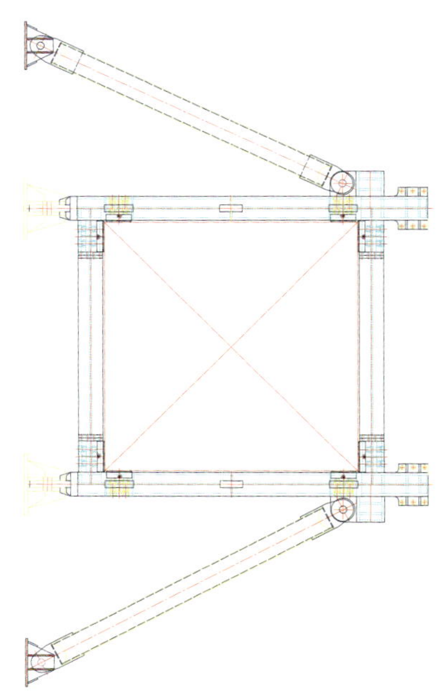

图18.1-2 外挂工况支撑体系平面图

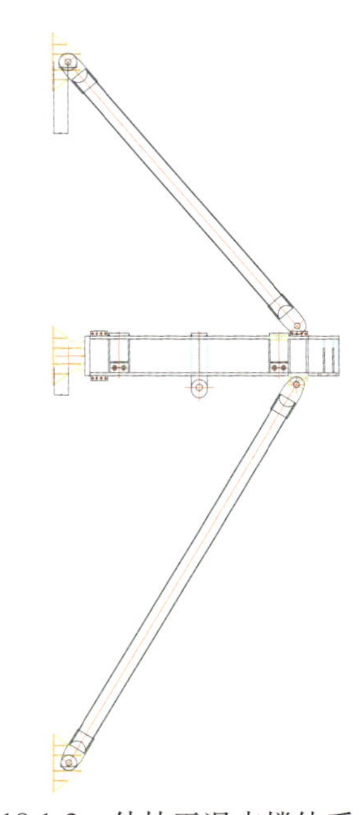

图18.1-3 外挂工况支撑体系立面图

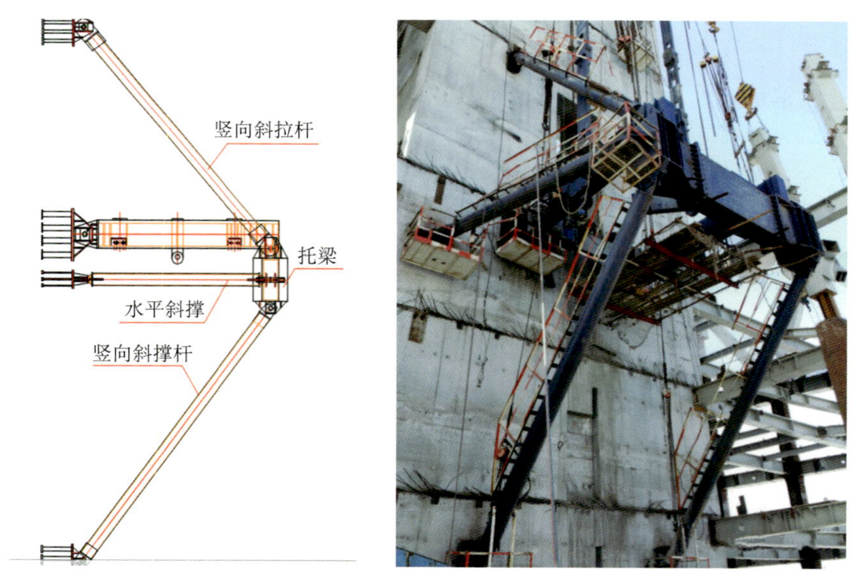

图18.1-4 增加托梁

塔式起重机转换外挂形式后，核心筒墙体为井字形结构，受核心筒墙体影响，支撑体系一侧水平支撑无可靠连接位置，经过各种工况受力分析验算，大胆创新使用水平支撑不对称的支撑结构体系。如图18.1-5所示。

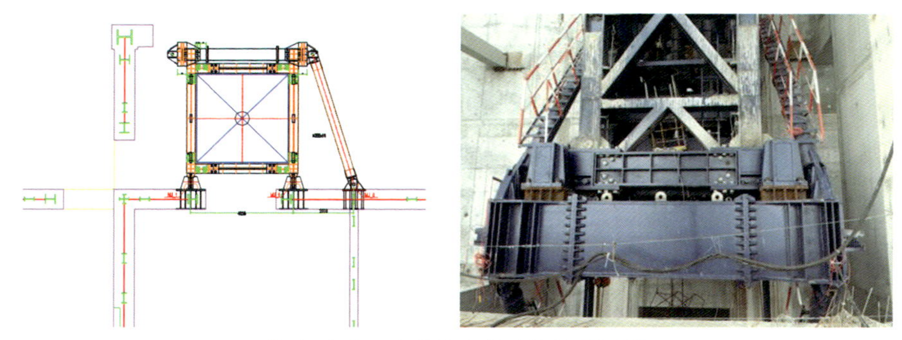

图 18.1-5　不对称支撑结构体系示意

3. 创新做法——塔式起重机支撑体系自倒运技术

在超高层项目施工过程中，塔式起重机支撑体系的安拆及爬升效率直接影响着塔式起重机的使用效率，进而决定了整个工程的施工进度。塔式起重机的支撑梁安拆大都采用多个塔式起重机彼此互相安拆的方法，导致在支撑系统倒运期间塔式起重机无法进行主体结构施工，大大影响施工进度。同时，塔式起重机所在区域下方构件无法使用塔式起重机直接吊装，大多采用人工搬运，施工难度大，安全隐患多，效率低。在上述制约条件下进行超高层塔式起重机爬升提速及整个塔式起重机系统效率提高尤为重要。

本工程通过在塔式起重机标准节内增加由卷扬系统、承载机构和滑轮系统组成的附属提升机构，用于狭小井道内塔式起重机支撑体系的安拆过程中相关构件的吊运，实现支撑体系安拆不占用塔式起重机时间（图 18.1-6）。

1）附属提升机构的安装

（1）承载机构构造形式

塔式起重机附属提升机构设置在塔式起重机标准节内，根据塔式起重机标准节结构，在标准节吊装方向增加 H 型钢，在型钢上面增加导向轮，实现吊装方向支撑梁和构件的吊装，具体布置形式如图 18.1-7 所示。塔式起重机标准节内设置装配化节点方式安装 H 型钢作为承载机构。承载机构 H 型钢选型需考虑吊重和悬挑长度受力满足要求。

图 18.1-6　塔式起重机支撑体系内倒运体系示意图

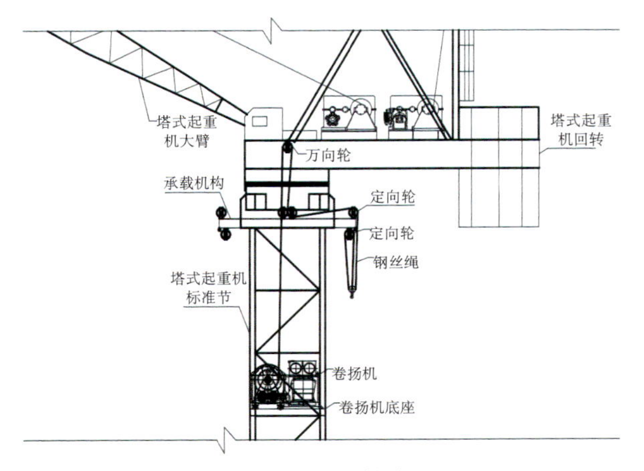

图 18.1-7　承载机构布置图

（2）卷扬系统

卷扬系统是在保证钢丝绳顺利排绳和构件顺利吊装的前提下，在塔式起重机标准节内设置卷扬机，作为提升机构的动力装置。承载机构根据塔式起重机标准节及其支撑系统的结构形式、构件截面、重量等，经过计算确定的型钢通过螺栓进行装配连接至塔式起重机回转平台下方的标准节上，避免焊接对塔式起重机标准节构件产生影响。

①塔式起重机卷扬机选型

根据提升机构吊装构件种类、重量选择卷扬机型号，经对吊装构件进行统计，最终选取符合吊重卷扬机作为提升机构的动力装置。

②塔式起重机卷扬机固定

卷扬机型号确定后，为避免焊接工作对塔式起重机标准节产生的不利影响，卷扬机通过型钢底座与塔式起重机标准节以装配式抱箍的形式进行连接，抱箍节点见图 18.1-8。同时，为保证钢丝在卷扬机卷筒有序收放，避免交叉缠绕，卷扬机位置与滑轮支架相对高度要求不低于 10m。

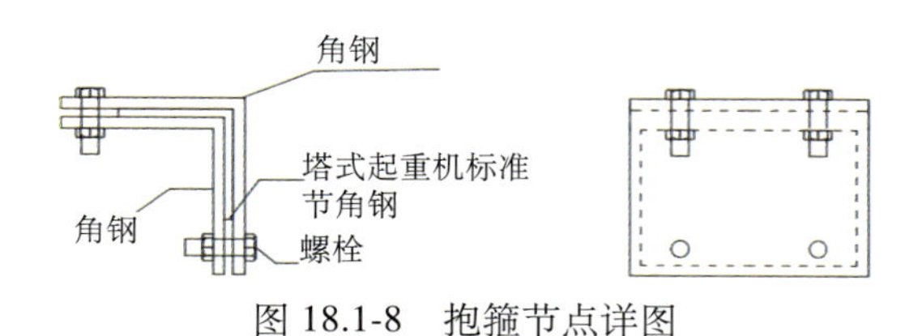

图 18.1-8 抱箍节点详图

（3）滑轮系统

滑轮系统是根据吊装方向和吊重要求，利用万向轮和定滑轮组成，实现不同方向塔式起重机支撑体系构件的吊装。

①滑轮组确定

为满足不同方向、不同重量钢构件吊装，结合现场布置，设置滑轮系统。滑轮设置需结合塔式起重机支撑梁及塔式起重机周边构件分布情况确定滑轮组方向，确保所有构件在吊钩覆盖范围内；同时因吊装构件重量不同，不同倍率吊装效率不同，现场需根据实际吊装重量，能够实现不同倍率转换，在满足吊装要求的前提下，更加高效、快速地吊装构件。

②滑轮组位置确定

吊装过程中，钢丝绳不能出现磨绳现象，因此在保证安全的前提下，滑轮组需尽量靠近外沿，保证钢丝绳的正常吊装。同时，因卷扬机盘绳具有一定摆幅，在盘绳过程中，滑轮组位置应与卷扬机滚筒中心位置错开 3 ~ 5cm，防止钢丝绳盘绳错误。

2）塔式起重机支撑体系吊装单元划分与拆解

塔式起重机支撑体系一般有三道，两道作为塔式起重机工作状态承载，另一道作为转换使用。每道支撑体系的吊装单元划分在满足吊重要求前提下，应考虑以高空组装时连接的数量最少为原则，根据现场实际进行划分。同时，根据划分单元，在满足吊重要求和吊装空间的原则下，设置吊耳位置。以本项目为例，塔式起重机支撑体系分为三个单元，上拉杆、主梁主体、连接杆。塔式起重机支撑体系安拆整体施工顺序：上拉杆拆除—吊装单元拆除、安装—连接杆安装—吊装单元的拆除与安装—上拉杆拆除、安装—安装检查。塔式起重机支撑体系如图 18.1-9 所示。

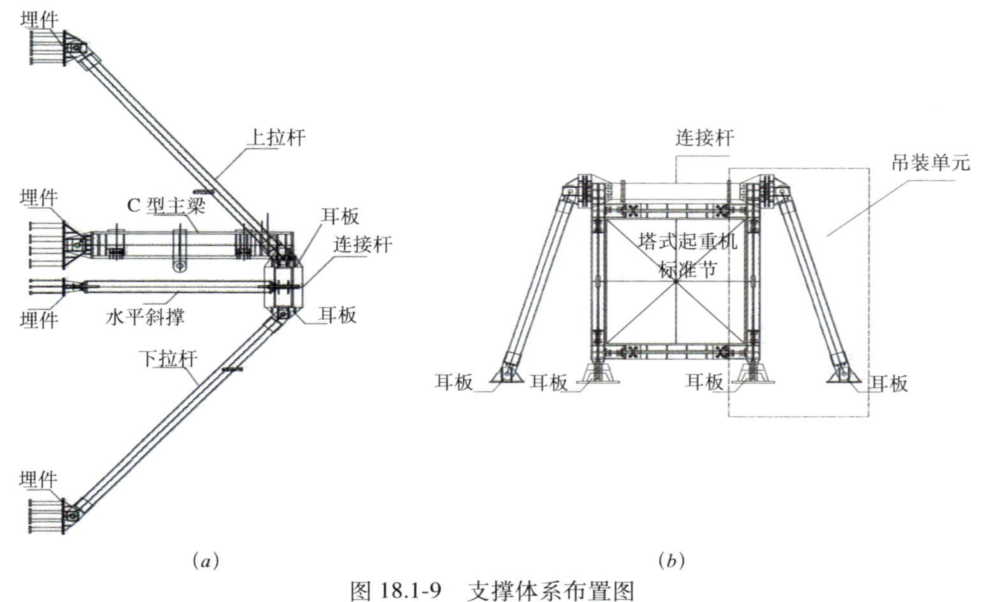

图 18.1-9 支撑体系布置图

(a) 立面图；(b) 俯视图

3）上拉杆的拆除并临时固定

因上拉杆分别与核心筒墙体埋件和支撑体系的主梁相连，其拆除之后需临时固定于主梁安装位置上方，待主梁安装就位后将其两端分别按照要求连接。拆除前首先根据拉杆的重量选取与之匹配的捯链，通过钢丝绳悬挂于塔式起重机标准节。根据上拉杆的倾斜角度选取合理的吊点位置，确保起吊过程中其水平距离不超过实际作业空间的 80%，以避免与周围结构发生碰撞。

4）支撑吊装单元的拆除与安装

支撑吊装单元根据吊装空间，设置吊点，在保证支撑吊装单元水平的前提下，计算确定吊点位置与尺寸，选取四点吊装，通过加设捯链进行水平度和垂直度调节。同时，为避免下拉杆在吊装过程中摆动增大安装就位困难，吊装前需使用捯链将下拉杆与主梁连接，保证下拉杆倾斜角度与安装角度接近，以实现快速定位。在下道支撑拆除使用过的耳板不得再次使用，吊装单元拆除完成后，耳板更换完成后，吊装至安装位置，通过捯链进行安装精度微调，达到安装精度后，进行耳板焊接固定。

5）连接杆拆除与安装

连接杆的主要作用为连接两片吊装单元，在第一片吊装单元安装完成后，进行连接杆安拆工作。连接杆安装前，需对已安装完成的吊装单元进行精度复核，确保其水平轴线偏差控制在 3mm 以内，以方便连接杆就位之后其与主梁之间的螺栓穿孔、紧固工作顺利进行。

6）卷扬机变换方向进行另一侧吊装单元、上拉杆的拆除与安装

如第一片吊装单元一样，第二片同样将主梁与水平及斜撑杆固定整体吊装，随着吊装方向的改变，需进行附属机构吊装方向转换。首先拆除钩头，将钢丝绳提升至滑轮组位置，应使卡扣与钢丝绳按规范要求锁死、拧紧以防止脱钩，调整万向轮方向，将附属机构钩头安装至另一层，经检验合格后，下放至吊装高度，完成另一层支撑单元的拆除、安装工作。

7）安装检查

塔式起重机支撑体系施工完成后，需要进行安装后检查工作，检查支撑体系水平度，精度控制在 ±2mm，支撑体系垂直度控制在 ±1mm。整体安装精度需满足设计要求，同时焊接完毕以后外观质量检查应无裂纹、气孔、夹渣，焊缝两侧比坡口略宽 0.5～2mm，焊缝要按规范规定及设计要求进行超声波探伤，发现缺陷要及时返修。焊缝返修时，应对照缺陷位置，采用砂轮机或碳弧气刨将缺陷除掉。若采用碳弧气刨处理时，气刨完毕后须用砂轮机打磨刨口至刨口平滑后，方可进行补焊。同时，需要各方检验合格后方可投入使用。

4. 创新做法——塔式起重机兜底防护技术

核心筒动臂塔式起重机布置位置下部核心筒内水平结构、砌筑工程、初装修、电梯工程、机电工程等作业正在施工，为保证下部施工安全，与整体平台防护一同形成完整的核心筒内防护体系，设计并实施了塔式起重机兜底防护，塔式起重机兜底防护实现了电动控制运行区间：1～20m，与整体顶升平台、筒内水平结构施工、支撑梁倒运互相响应、配合（图 18.1-10）。

图 18.1-10 垂直交叉塔式起重机兜底防护实景

5. 小结

在巨型外挂塔式起重机的设计中，创新地采用四梁合一的体系来有效适应核心筒的变化，并在内外挂的转换过程中增加拖梁及不对称的支撑结构体系有效解决塔式起重机支撑体系的适用性，采用支撑体系自倒运技术，在保证施工安全的同时极大地提高了塔式起重机与结构的配合度与施工效率，同时采用兜底防护技术确保塔式起重机部位竖向交叉施工的安全。

18.2 超高层建筑施工升降机基础设计

1. 技术概况

核心筒剪力墙施工采用整体平台顶升技术，在核心筒内布置 1 号、2 号两部施工升降机到达整体顶升平台顶部后再到各个施工作业层，服务 1～96 层，基础坐落于地下一层永久电梯井道内，施工升降机附着于核心筒墙体。施工电梯平面布置见图 18.2-1。

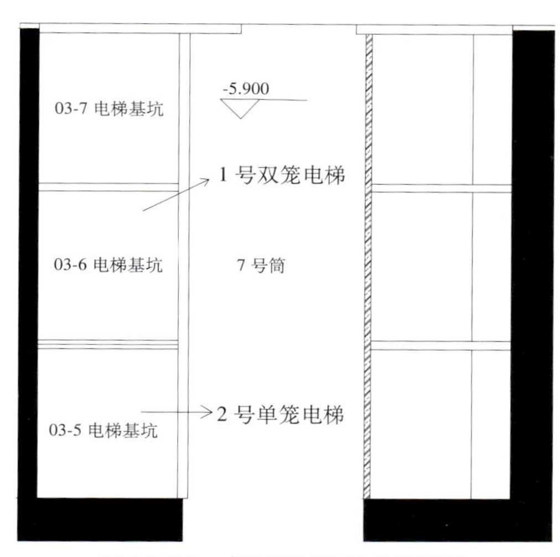

图 18.2-1　施工电梯平面布置图

2. 技术重点

1）基础承力支顶设计

结合塔楼地下室施工情况，1 号、2 号施工升降机基础选择布置在地下一层，选用箱形梁基础，箱形梁基础一端支承在结构梁上，另一端与预埋件焊接。箱形梁材质为 Q235，长度为 2.9m，截面尺寸为 250mm × 500mm × 20mm × 26mm。上部荷载通过箱梁传递至地下一层结构梁上。考虑到上部荷载较大，在结构梁下部使用截面为 299mm × 16mm 的钢管柱（材质为 Q235）进行支顶，直至将竖向荷载传递到塔楼地下室基础底板上。箱梁基础连接示意见图 18.2-2、图 18.2-3。

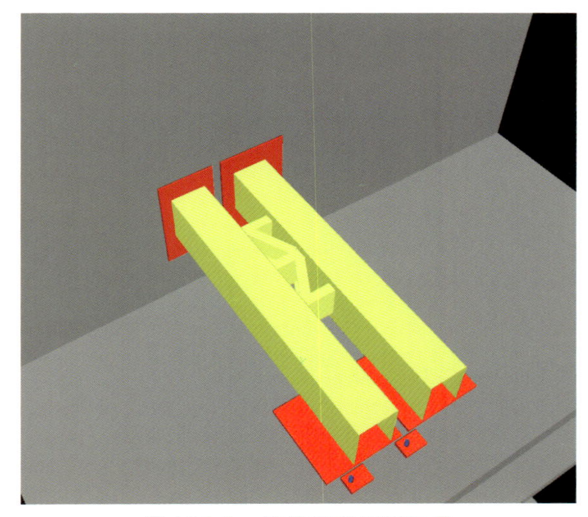

图 18.2-2　箱梁基础连接示意

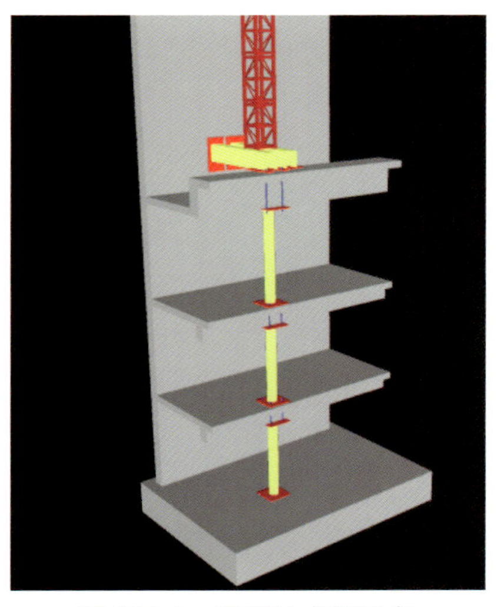

图 18.2-3　钢管柱支顶示意

2）基础施工

（1）下部支顶钢管柱安装

首先是根据力学验算分析定位箱梁及支顶钢管柱位置后，测量放线钢管柱位置。然后根据钢管柱位置在结构梁上下添加 600mm × 400mm，16mm 厚垫板，垫板固定方式为在结构板铣洞用高强螺杆连接，高强螺杆直径 16mm。如图 18.2-4、图 18.2-5 所示。

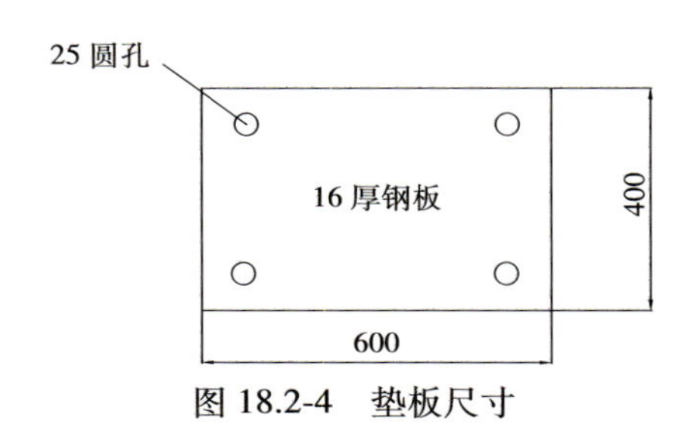

图 18.2-4 垫板尺寸

图 18.2-5 现场实景

（2）上部箱梁安装

上部箱梁安装时，一端与剪力墙埋件焊接固定，一端搭接于结构梁上。为增强施工升降机基础两箱梁的整体性，以便更好地保证安全，在两箱梁之间用型号为 20 的槽钢进行桁架式焊接连接，见图 18.2-6、图 18.2-7。

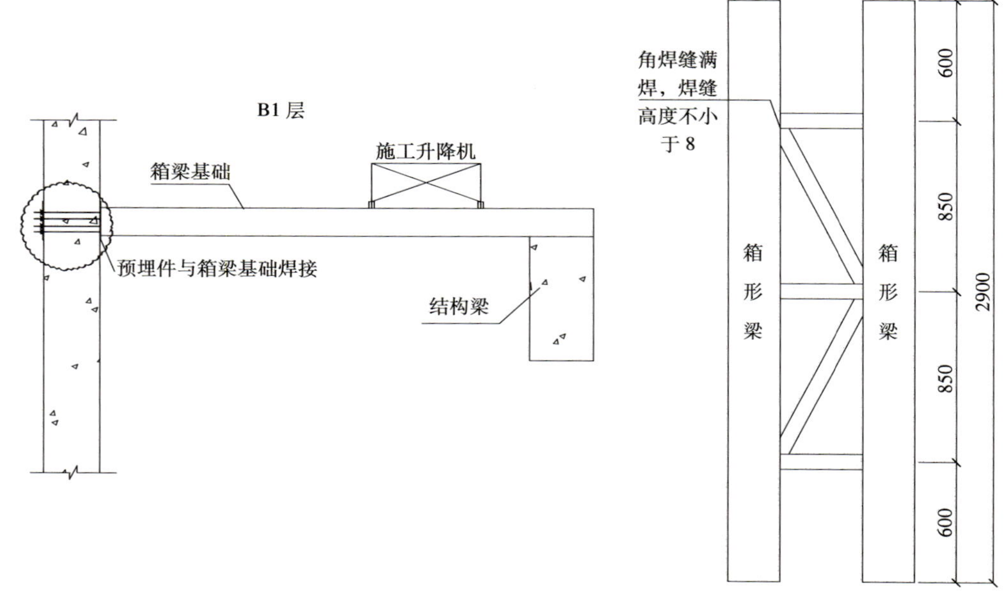

图 18.2-6 施工升降机布置断面图

图 18.2-7 箱梁基础连接平面示意

3. 小结

本工程所采用的“箱梁＋支顶钢管柱”结构形式充分利用了原有永久结构，用钢管柱支撑在结构的梁底进行传力，钢管柱支顶占用空间小，对后期机电安装施工影响较小。对未来的超高层建筑施工升降机基础的施工提供了一定的借鉴与指导意义。

18.3 超高层物流通道塔安装技术

1. 技术概况

通道塔分地下及地上两部分，均为框架支撑体系结构，柱子与框架梁刚性连接，斜撑与梁柱铰接。通道塔附着主体钢柱时，主体钢柱、框架梁及楼层梁焊接完成，钢柱与桁架梁铰接，为达到刚接的效果，在桁架梁上弦平面及下弦平面布置水平支撑，提高其水平抗侧移刚度。通道塔结构顶标高约 235.5m，其中标准层平面尺寸为 5.3m × 9m，布置于塔楼外框东侧，通道塔北侧、南侧、东侧配置 5 部施工电梯，共 10 个轿厢，如图 18.3-1 所示。通道塔标准层桁架布置如图 18.3-2 所示。

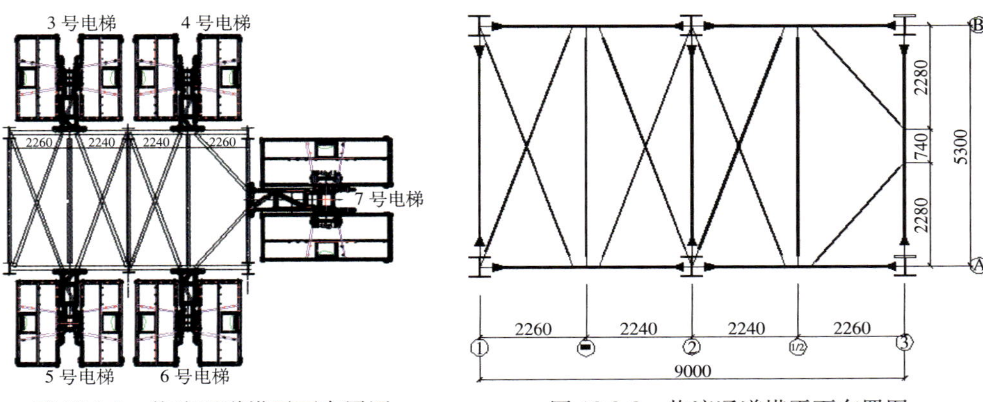

图 18.3-1　物流通道塔平面布置图　　图 18.3-2　物流通道塔平面布置图

整个结构为装配式钢结构，将标准节在工厂预制，然后随着结构层的施工进度分层跟进安装，在每个桁架标准层的楼面板铺设花纹钢板，并在四周设置安全护栏及安全防护网。通道塔和主塔楼主要通过附墙杆和走道梁进行连接。附墙杆和边框柱柱体连接耳板通过直径销轴进行穿孔（孔径 34mm）连接，在通道塔桁架楼板面与主塔楼楼面之间搭设走道。走道梁搁置在主塔楼框架梁之上，整体结构示意如图 18.3-3、图 18.3-4 所示。

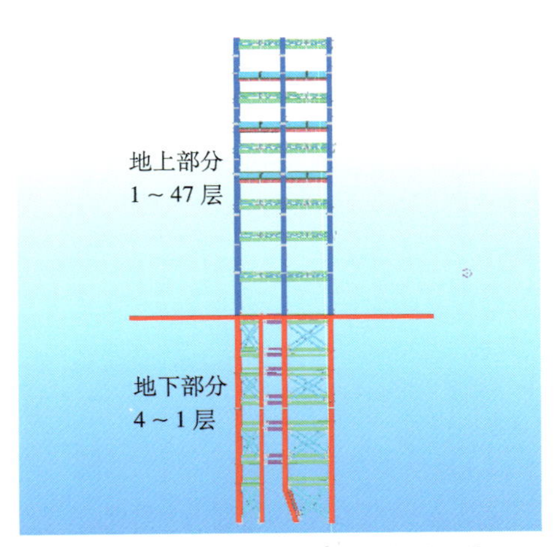

图 18.3-3　通道塔整体结构体系示意图

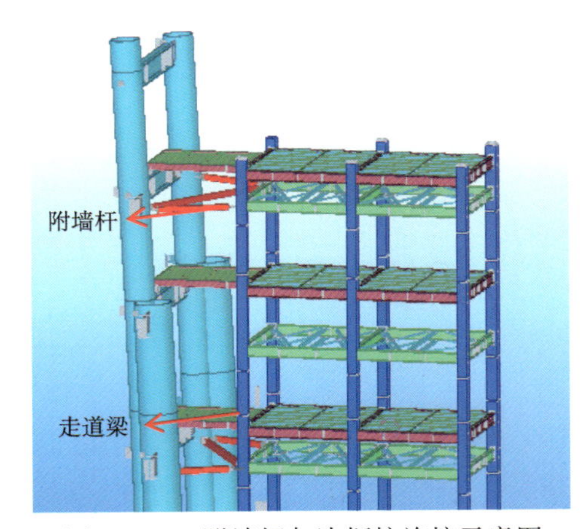

图 18.3-4　附墙杆与边框柱连接示意图

2. 施工流程

1）施工准备及施工方法

地下结构需穿过楼板从 -21.9m 到达 -1.450m 处，整体分为两节柱，因框架体系不能与主塔楼的柱子和梁相撞，安装时不方便整体吊装，单独吊装钢柱及钢梁。

（1）在地下 4 层埋件板上画出钢柱安装的定位线，钢柱通过汽车式起重机吊装就位后用临时码板固定柱脚，钢柱顶部用捯链固定。箱形钢柱柱中存在折弯，需在折弯底部设置支撑圆管，主体为 $\phi159 \times 10$ 圆管，底部设置 300mm × 300mm 封板，并在柱脚焊接连接板固定。

（2）全站仪测量定位，利用捯链进行钢柱轴线的调整，调整完毕后进行柱脚底部的焊接。

（3）相邻钢柱安装完成后，安装两钢柱间的钢梁，使其形成框架结构。

（4）交叉式斜撑单个吊装，一对斜撑安装完成后用螺栓紧固两个斜撑的中间部位。

（5）二节柱及框架梁、斜撑，方法与步骤同一节柱，完成地下框架支撑结构的安装。

通道塔地上部分地面拼装完成整体吊装的办法，通道塔标准节的预拼装在工厂出厂前完成。现场采用胎架拼装，在通道塔安装周边临时设置 6m × 10m 拼装场地安装通道塔拼装胎架，拼装顺序为柱、桁架主梁、次梁、水平支撑。考虑到现场拼装标准节高度，拼装时 6 个调节标高的柱待整个标准层拼装完成后最后拼装，每次拼装前需对通道塔胎架进行测量复核。地上标准层示意如图 18.3-5 所示。

2）安装工艺

（1）吊装前，在拼装完的标准节上安装临时爬梯、设临时安全绳和牵引绳。吊装前需要进行试吊，对连接位置存在问题的部位进行整改。吊装过程中用牵引绳引导通道塔标准节，防止通道塔与主结构碰撞。吊装近至通道塔塔顶后，放缓吊装速度，初就位后，连接螺栓。标准层吊装示意如图 18.3-6 所示。

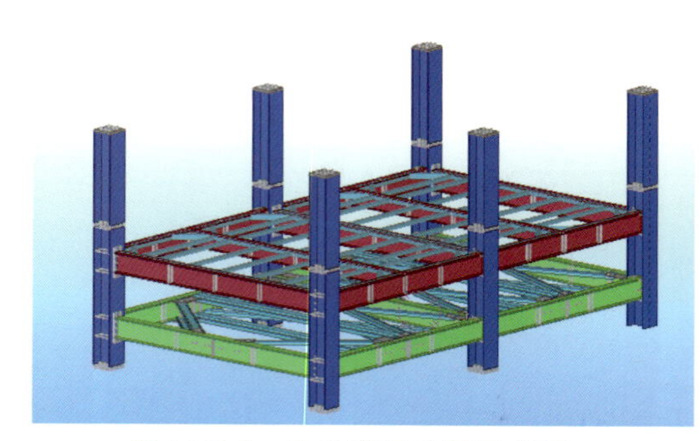

图 18.3-5　通道塔标准层示意图

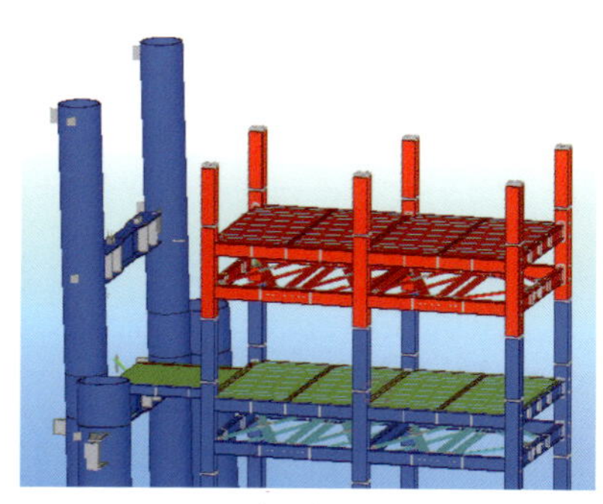

图 18.3-6　标准节吊装示意图

（2）使用全站仪对初就位的通道塔标准节进行测量，依据测量结果进行水平调整和标高调整，标高调整利用加垫薄钢板完成。符合要求后，终拧高强度螺栓。

（3）附墙水平撑杆用塔式起重机安装，与通道塔塔主体螺栓连接后，另一端与塔楼结构外框柱焊接，如图 18.3-7 所示。

（4）附墙水平拉杆安装完成后，即可安装走道，走道一端与通道塔塔主体螺栓连接，另一端放置在塔楼框架梁上，并临时固定，待标准层校正后与框梁焊接，如图 18.3-8 所示。

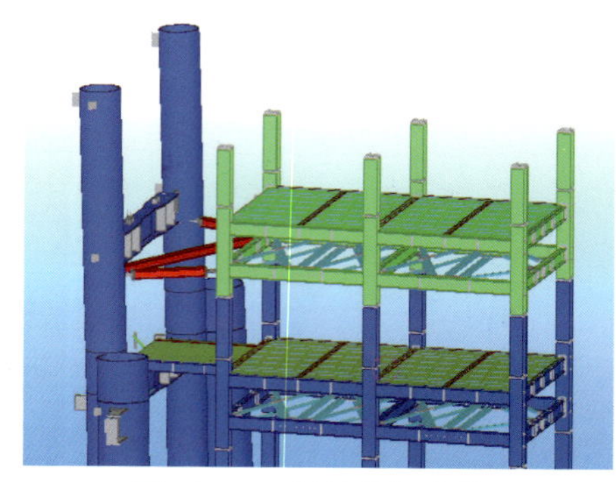

图 18.3-7　附墙拉杆安装

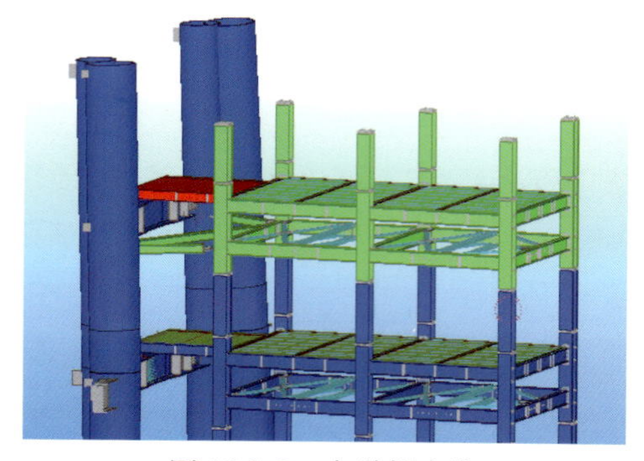

图 18.3-8　走道板安装

3）安装要点控制

（1）对轴线、标高进行复测，施工之前问题解决。

（2）施工图是保证质量和工程进展的一个重要方面。技术人员必须事先和设计结合，提出一些合理的建议，供设计单位参考。

（3）减少构件分段，尽量在工厂进行加工制作，必须进行分段的尽量避免高空组装焊接，采取在地面进行拼装及焊接。

（4）通道塔构件进入现场，由专业技术人员进行构件外形尺寸复测。

（5）拼装时严格按照柱、主梁、次梁、水平支撑、花纹板的顺序依次拼装，安装前，为减少高空作业，高强螺栓在地面紧固后刷漆，然后整体吊装，既保证安装质量，又加快了施工进度。

（6）所有特殊工种上岗人员，必须持证上岗，持证应真实、有效并检验审定，从人员素质上保证质量得以保证。逐级进行技术交底，施工中健全原始记录，各工序严格进行自检、互检，重点是专业检测人员的检查，严格执行上道工序不合格、下道工序不交接的制度，坚决不留质量隐患。

3. 小结

通过对各施工流程、安装要点严格把控，有效提高塔式起重机支撑体系的安拆及爬升效率，进而促进塔式起重机的使用效率的上升，加快整个工程的施工进度。

18.4 智能整体顶升平台大偏心支撑箱梁平衡提升技术

1. 技术难点

本工程核心筒结构截面经历了5次较大变化，墙体厚度逐渐收缩，最大收缩量达到600mm，核心筒截面面积由1100m^{2}缩减为350m^2。核心筒结构多变给整体顶升平台的设计带来诸多困难，顶升平台的设计需综合考虑核心筒前后期的变化，同时顶升平台为大型钢平台，顶升平台支点较其他模架体系少，支点的布置直接影响到平台的用钢量。如何有效地减少整体顶升平台的用钢量，减轻平台自重，是整体顶升平台设计过程中需要重点考虑的问题。

主要的技术难点有：

（1）如何解决立柱居中布置与用钢量之间的矛盾；

（2）如何减小立柱偏心布置后产生的附加弯矩对油缸的影响；

（3）如何确保偏心布置后横梁平衡提升。

2. 采取措施

1）支撑立柱偏心布置

为适应核心筒截面变化后立柱布置的合理性，有效协调钢平台桁架悬挑长度及立柱布置对平台用钢量的影响，顶升平台支撑立柱布置需要综合考虑核心筒截面变化的影响，确保顶升平台拆改变形后整个平台的强度、刚度满足使用的要求。

通过Midas Gen有限元软件对拆改变形后顶升平台进行受力分析，根据分析结果综合考虑钢桁架悬挑长度与用钢量的关系，常规思维支撑立柱设置在箱梁中部，钢桁架的用钢量约为980t，结合现场施工空间及立柱布置的合理性，将支撑立柱向外侧移动以减少桁架悬挑长度，通过有限元计算外移后钢桁架用钢量约 900t，内侧 4 根立柱外移前后用钢量差值为 80t。因此，有必要将内侧立柱外移以优化钢桁架用钢量，见图 18.4-1。

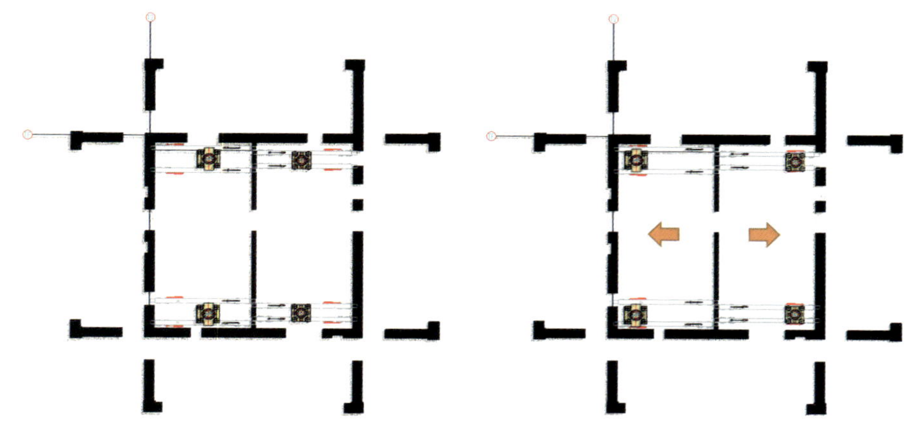

图 18.4-1 支撑立柱优化前后布置

2）箱梁平衡

立柱偏心布置后，对于箱梁而言，提升过程因偏心而产生了一个附加弯矩，见图 18.4-2。

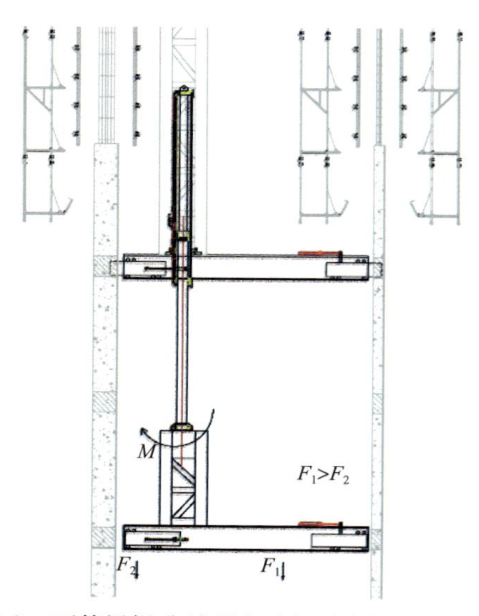

图 18.4-2 下箱梁提升过程中油缸活塞杆偏心受力示意

为减少甚至消除附加弯矩，常规做法一是在箱梁长段增加一个立柱和油缸，以此达到平衡。但如此一来，增加了 4 个立柱、4 个油缸，不仅大幅增加了造价，增加的油缸也大大增加了同步系统的复杂程度，为顶升带来了安全隐患。常规做法二是在箱梁短段增加一个配重，或在长端增加一个定向滑轮和配重。但这一方法严重增加了安全隐患。

本项目的做法，是在箱梁长端增加一个电动提升装置——捯链，并在箱梁两端增加行程传感器，以行程数据为控制点，使油缸和捯链能同步提升，从而彻底消除附加弯矩（图 18.4-3）。

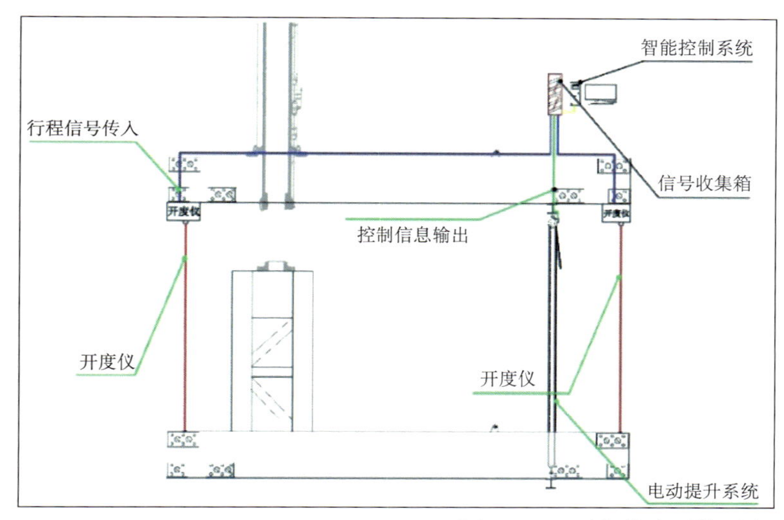

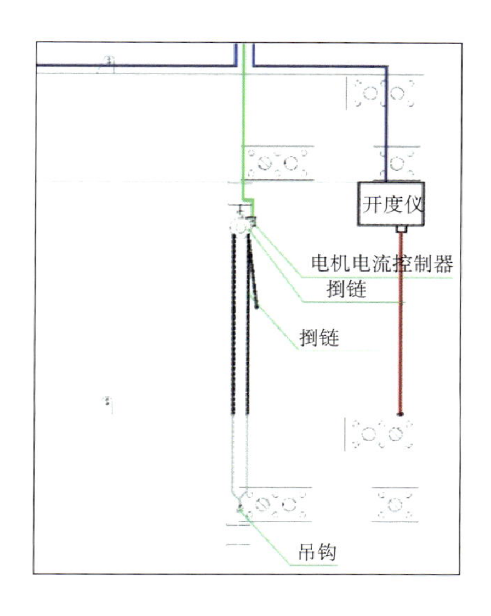

图 18.4-3　油缸抗弯系统示意

3. 小结

使用此技术，顶升平台在顶升过程中油缸活塞杆受力平衡，整体顶升平台在施工使用及顶升过程中未出现安全质量问题。

通过支撑箱梁偏心布置，增加了支撑柱布置的灵活性，增强了整体顶升平台对核心筒截面变化的适应性，同时有效地减少了整体顶升平台的桁架用钢量，直接经济效益显著。通过在下箱梁长端增加竖向提升捯链来平衡偏心端，有效消除了油缸所承受的附加弯矩，解决了支撑立柱偏心布置对活塞杆受力不利的影响；通过智能控制系统将油缸提升与捯链提升进行联动，使油缸与捯链同步进行提升，并在行程出现偏差时自动进行补偿，确保提升安全。通过大偏心箱梁平衡提升技术提高了支撑系统布置的灵活性，有效控制了顶升平台桁架悬挑端长度及整个平台的用钢量。

18.5　智能整体顶升平台高空拆改施工技术

1. 技术难点

本工程塔楼核心筒采用智能整体顶升平台进行施工，核心筒随着高度增加截面将经历 5 次变化，逐步收缩，因此整体顶升平台需根据核心筒的变化进行相应的拆改以适应核心筒的变化。由于工期紧，整体顶升平台的拆改为施工关键工作，同时顶升平台支撑动力系统受桁架覆盖的影响给拆改增加了一定的难度（图 18.5-1）。

核心筒在 13、33、43、45、72 层施工完成需进行相应的拆改变形，以适应核心筒墙体的变化，拆改内容包括：钢模板、挂架、钢结构桁架等。在 45 层施工后，核心筒外圈墙体消失，需对顶升平台外侧 4 支点进行相应拆除，包括支撑立柱、液压油缸、支撑箱梁等。

拆改难点如下。

1）超高空拆改安全隐患大

顶升平台在 13、33、43、45、72 层施工完成之后需要根据核心筒的变化进行相应的拆改变形，最后一次拆改施工高度达到 350m 以上。如此高空下进行作业，对施工作业人员是极大的挑战。

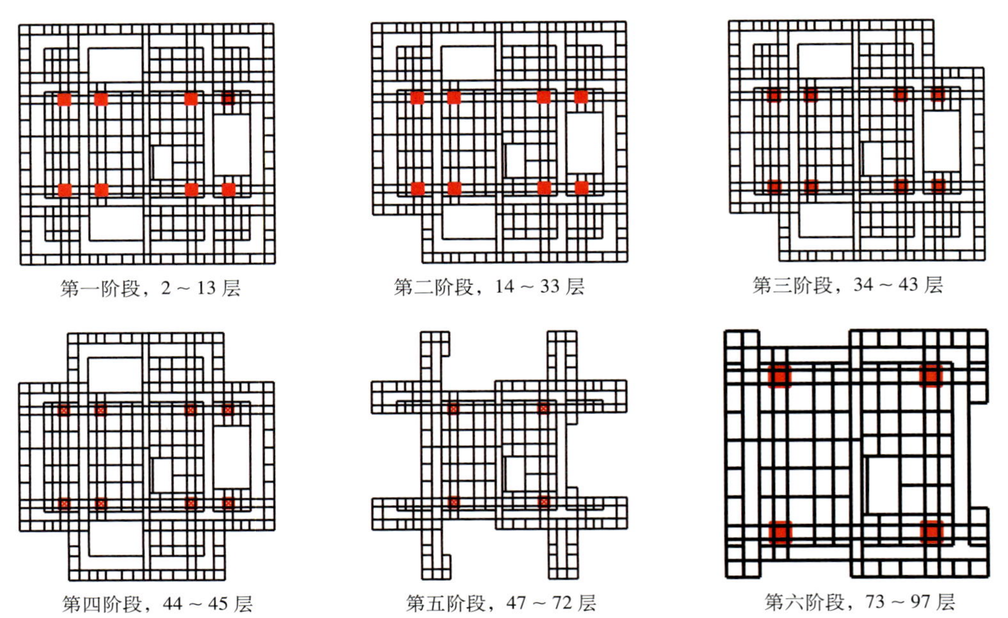

图 18.5-1 整体顶升平台各阶段桁架平面图

2）桁架覆盖范围下支撑系统拆除难度大

本工程顶升平台采用8个支点，外圈布置4个支点，内圈墙体布置4个支点，在核心筒截面第五阶段，核心筒外圈墙体消失，无法为支撑箱梁提供支点，外侧4支点支撑箱梁无法通过墙体进行交替提升，因此需拆除外圈4个支点（图 18.5-2、图 18.5-3）。

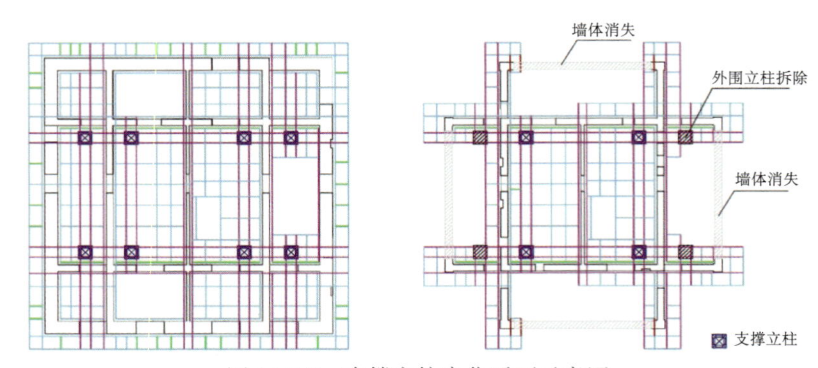

图 18.5-2 支撑立柱变化平面示意图

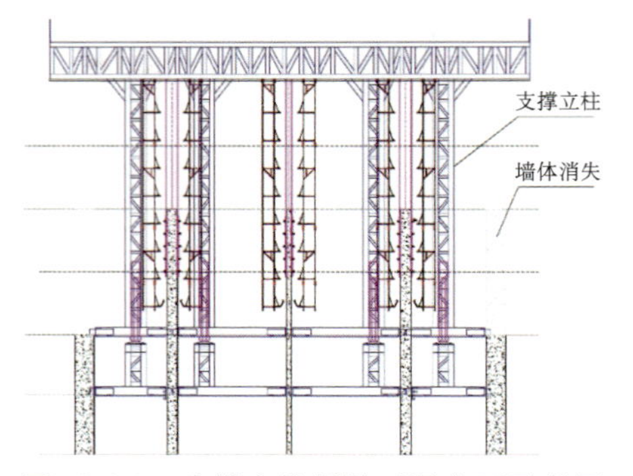

图 18.5-3 支撑立柱拆除工况立面示意图

整体顶升平台外围 4 个支点在桁架覆盖范围内，受桁架阻挡，塔式起重机不能够正常完成吊装，给顶升平台支撑动力系统拆除造成困难。

3）顶升平台拆改为关键工作，拆改工期直接影响总工期

根据施工总进度计划，顶升平台拆改在施工关键线路上，平台拆改如不能够如期完成将直接造成总工期的延误，同时拆改方案的选择也将直接影响拆改的时效。

2. 采取措施

1）总体思路

（1）分块拆解吊装，塔式起重机与吊车接力。

高空通过塔式起重机将拆改单元整体吊下，接近地面后采用汽车式起重机进行换钩，由汽车式起重机将单元吊起，人工在地面由下而上逐步进行挂架拆除，随着挂架高度的减少，逐渐将吊装单元降至地面，待挂架及连接件拆除完成后将钢桁架放至地面。

（2）平面上：分组、分块拆除，挂架分组根据桁架分块来决定。

（3）剖面上：先拆模板、临时水电管线、挂架，最后拆除桁架，总体上遵循先装后拆的原则。

2）拆改单元划分

为保证桁架拆除过程中的安全及稳定性，整体顶升平台桁架拆改分成 30 个拆改单元。根据现场实际施工情况进行单独吊装或整体吊装，如图 18.5-4 所示。

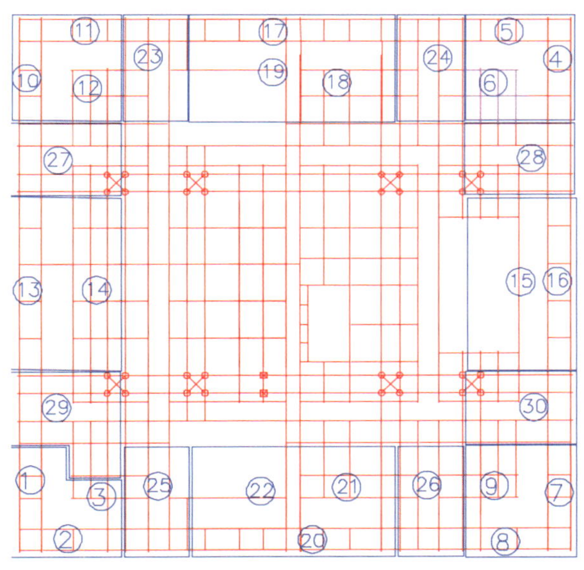

图 18.5-4　拆改单元分块

3）拆改总体流程

焊接吊装单元加固型钢→断开或拆除单元与顶升平台的联系部分→割除桁架上下花纹钢板→焊接吊装吊耳→塔式起重机吊起桁架至钢丝绳刚好拉紧→割断桁架斜支撑杆（塔式起重机在切割过程中逐渐待载至单元重量的 10%）→切割桁架下弦杆（塔式起重机在切割过程中逐渐加荷载至吊装单元重量的 50%）→割断桁架上弦杆（塔式起重机逐渐加载至单元计算重量的 95%）→吊装单元与平台脱离后将该单元吊至汽车式起重机起重范围→待挂架底部靠近地面时，采用汽车式起重机换钩解放塔式起重机→进行挂架及其他部分拆除→最后将剩余桁架吊至规定地点。

4）拆改顺序

支撑动力系统拆除→拆除支撑立柱与桁架的连接→根据分段进行立柱拆除→液压油缸拆除→上箱梁拆除→上下箱梁间立柱拆除→下箱梁拆除→补齐剩余桁架、挂架缺口。

5）双塔换钩，高空平移方案实施步骤

（1）双塔抬吊，高空滑移

在检查吊装钢丝绳与吊装构件吊点连接牢固安全后，垂直方向将构件吊起一定高度后，另一台塔式起重机从斜侧逐渐将钢丝绳拉紧，逐渐对构件形成水平方向上的力，同时垂直方向上的塔式起重机逐渐将钢丝绳松开，使构件逐渐在水平力的作用下逐渐移出桁架覆盖的范围。

吊装开始前期，垂直方向塔式起重机逐渐将构件吊起，侧向塔式起重机暂不做任何动作，在垂直方向塔式起重机将构件吊起至一定高度后，侧向塔式起重机缓慢将绳索拉紧，此时构件水平向开始受力，开始缓慢松开垂直方向塔式起重机的钢丝绳，此时构件会逐渐向桁架覆盖范围外侧移动，此过程中注意控制垂直方向上塔式起重机松开钢丝绳的速度，使构件始终处于一个受力平衡状态。

（2）高空换钩，构件起吊

待垂直方向上的塔式起重机钢丝绳不受构件重量时，同时构件在斜向钢丝绳作用下处于稳定状态后，通过人工将垂直方向上的钢丝绳摘下，随后通过另一台塔式起重机将构件吊起。

垂直方向塔式起重机缓慢松开钢丝绳的过程中，侧向塔式起重机保持竖向位置一定，待垂直方向塔式起重机完全将钢丝绳松开后，观察构件是否稳定。稳定后将构件吊起，支撑动力系统其他部位构件也采用此方式进行拆除。双塔抬吊空中平移吊装第一段和第二段立柱六个起吊步骤如下（图 18.5-5、图 18.5-6）：

①吊装构件正上方平台开孔，两台动臂塔式起重机同时挂钩。

②垂直方向塔式起重机将构件吊起一定高度后暂停，侧向塔式起重机逐渐将绳索拉紧。

③侧向塔式起重机将钢丝绳拉紧后，逐渐将垂直方向塔式起重机钢丝绳松开，使吊装构件在水平力作用下逐渐平移出桁架覆盖范围。

④垂直方向塔式起重机缓慢松开钢丝绳，侧向塔式起重机逐渐加吨位至构件重量。

⑤垂直方向塔式起重机逐渐送构完成，此时构件的重量完全由侧向塔式起重机承受。

⑥松开钢丝绳。

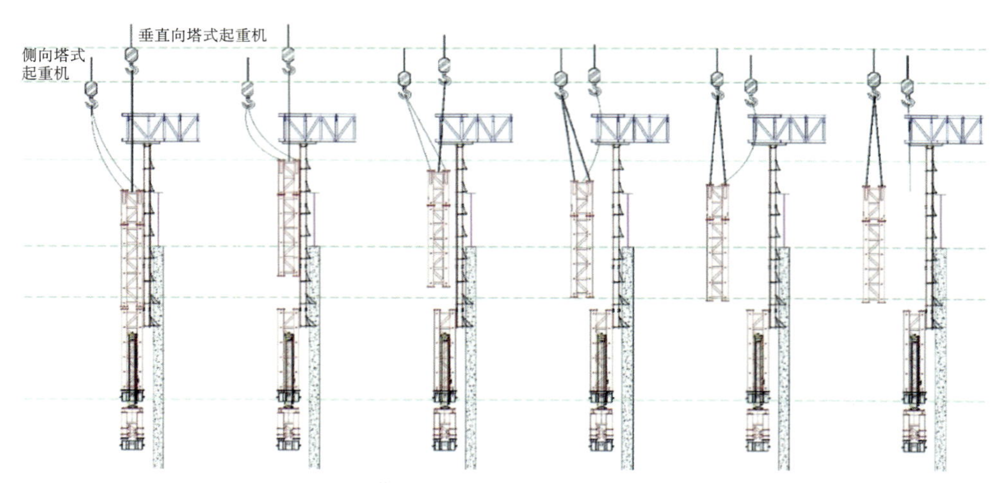

图 18.5-5 双塔抬吊空中平移吊装第一段立柱示意图

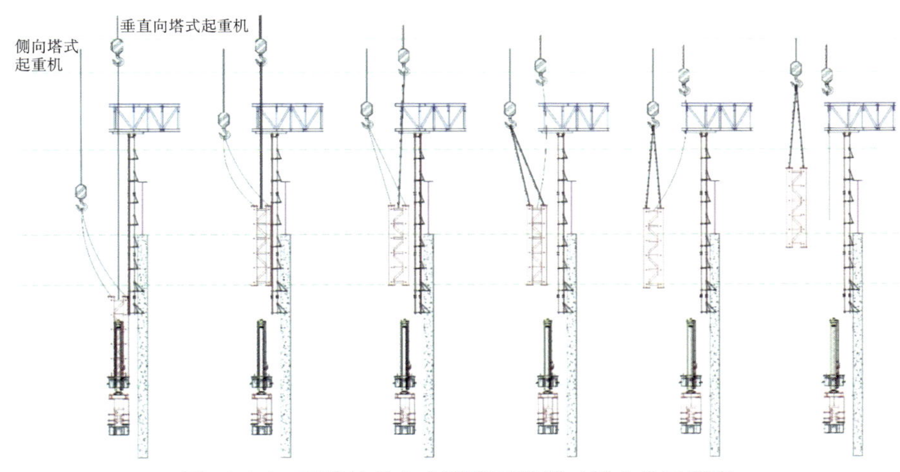

图 18.5-6　双塔抬吊空中平移吊装第二段立柱示意图

3. 技术创新

（1）采用高空整体吊装、地面散拆的施工方法，能保证施工安全，降低对周边区域的影响，同时大幅度减少顶升平台单元拆解对塔楼动臂塔式起重机的占用时间，保证外框钢结构、核心筒钢板墙等的吊装，确保塔楼施工的正常进行。

（2）通过采用双机抬吊高空换钩的方式，实现了高空吊装构件的平移，有效地解决了桁架覆盖影响下，塔式起重机无法正常进行吊装拆除的难题。

4. 小结

本项目整体顶升平台经过两次大型拆改从最初的 1300m^2 变化为最后的 300m^2，拆改量大，高空拆改难度大，同时还需保证拆改过程核心筒施工的正常进行，拆改面临重重困难，通过采用高空“整体吊装、地面散拆”的施工方法、双塔高空换钩吊装构件空中平移的方式等有效解决了拆改过程中碰到的难题，实施效果良好。

18.6　智能整体顶升平台纠偏纠扭技术

1. 技术难点

由于荷载不均衡、墙体内爬升用洞口预留不准、存在较大风荷载等因素，顶升平台在爬升若干层后，往往会出现扭转、偏位等问题，表现在各箱梁、牛腿出现偏移，且偏移方向、偏移距离不一致，且无规律，若不处理，将会影响平台顶升。这是每个项目顶升平台使用中的共性问题，但一直缺少有效措施来解决，实现难点在于支撑横梁承担平台所有的荷载，支撑横梁与墙体之间摩擦力巨大。支撑横梁承担荷载接近 2000t，无法去除。因此，须解决在不减小压力的情况下减小摩擦力的技术问题。

2. 采取措施

1）平面上归位

为消除整个平台的偏位，只需要让每个支撑横梁回到正确的位置即可。总体思路是采取滑移装置和动力装置，使每个支撑横梁的位置、平面内角度均恢复正确值。

2）减小摩擦

由于无法让顶升平台抬高，因此支撑横梁无法离开墙体洞口，则支撑横梁的移动必须是在滑动情况下实现，所以如何降低摩擦力成了关键。

利用滚木原理，在横梁牛腿下与混凝土墙体洞口之间放厚钢板和高强钢滚轴，将滑动摩擦变为滚动摩擦，大大降低了纠偏难度（图 18.6-1）。

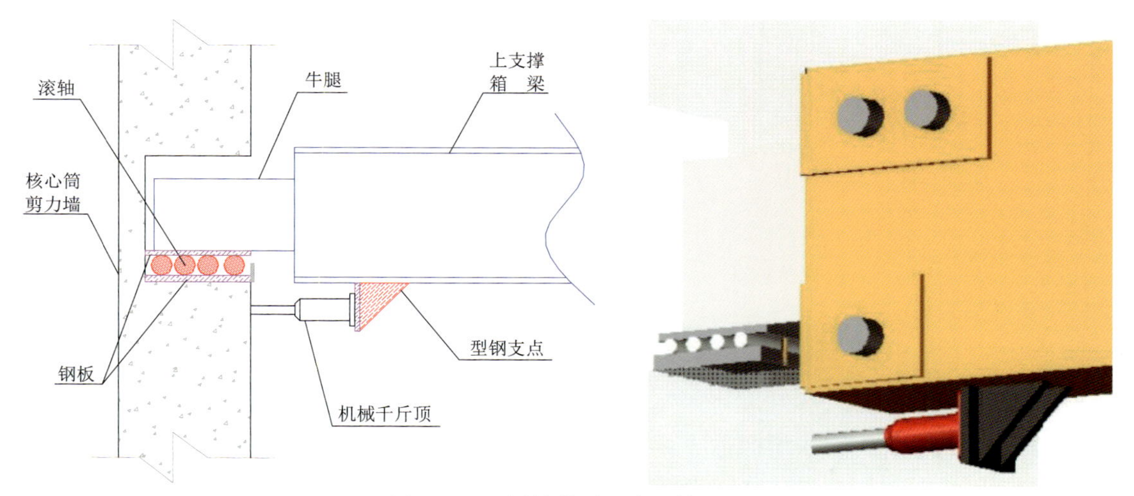

图 18.6-1 调整装置示意及效果图

3）一键纠偏控制系统

为提高纠偏精度和自动化水平，在横梁牛腿上安装两个方向的千斤顶，利用行程传感器和智能控制软件，能在控制室内通过工业电脑完成纠偏动作，实现远程一键纠偏目的。

4）技术创新点

巧妙利用滚动摩擦原理，实现了高空千吨重型平台的微动滑移；通过在牛腿端部设置距离传感器及千斤顶实现一键自动纠偏。

3. 小结

本技术实现了顶升平台高空整体微动滑移，使其回到正确位置，简单、有效地解决了整体顶升平台的纠偏纠扭技术难题。在支撑横梁及牛腿部位设置距离监测装置，并将距离监测与顶升控制系统联动，出现扭转、偏位超限时预警，通过纠偏千斤顶及滑移装置实现平台的自动纠偏纠扭。

第19章　超高层建筑安全防护关键技术

超高层建筑施工的显著难点在于施工楼层高、结构变化大、作业环境复杂、危险源众多。核心筒竖向结构的施工速度大于水平结构，钢结构、混凝土结构、幕墙等各专业平行作业和立体作业交叉、区域人员聚集导致安全管理难度增大，施工作业中安全事故易发生。通过对以往的事故类型进行分析和归纳得出，超高层建筑施工作业中由于各类复杂的诱发因素，出现的安全事故种类较多，总体看，发生事故最多的为高空坠物、物体打击两大类。因此，各施工阶段，针对楼层的结构及施工工艺特点进行安全防护的设计及选型已成为超高层建筑中的一项关键技术，尤其是针对核心筒施工、钢结构、混凝土、幕墙专业交叉作业带来的物体打击风险以及各专业临边作业过程在项目周边产生高空坠物的安全隐患，安全防护在保证强度的同时还需考虑防护范围，保证楼层内及建筑周边的全覆盖。

19.1　核心筒结构施工安全防护

1. 技术概况

整体顶升平台作为核心筒竖向结构施工的模架体系，平台内部从上至下分别有钢结构作业层、钢筋绑扎层、混凝土浇筑层、模板支设、墙体清理层，作业类型及工种多，作业人员密集，若安全防护不到位，则可能存在高空坠物等安全隐患。同时，该模架施工方式下采取竖向结构与水平结构不等高同步攀升工艺，竖向与水平结构施工时不可避免存在高空垂直交叉作业，平台内部安全防护对平台下方后施工水平结构的人员安全至关重要。

2. 设计难点

1）内爬塔式起重机内筒防护设计

超高层结构施工时，均布置有多台大型塔式起重机，当采用内爬式塔式起重机时，塔式起重机标准节将会贯穿整个平台。在塔式起重机支撑梁安装及爬升过程中，筒内出现垂直交叉作业，直接危及筒内水平结构作业人员安全，存在较大安全隐患，同时受塔式起重机支撑梁影响，筒内空间狭小，支撑梁每隔一定时间需向上倒运安装，以便塔式起重机爬升，导致筒内安全防护设计尤为困难。

2）核心筒墙体门窗洞口防护设计

在竖向墙体结构施工时，对于墙体门窗洞口，由于尺寸均较大，挂架无法对此部位形成防护，以往对于此工况下门窗洞口处防护措施多为满铺脚手板，这种方法能够起到一定的防护效果，但当平台顶升时，此防护须拆除，顶升到位后再次安装，反复安装，费时费力，同时增加安全隐患。

3）支撑箱梁防护设计

整体顶升平台通过液压油缸带动上下箱梁的交替提升实现平台的自动顶升。顶升平台的支撑系统内置于核心筒内，上下支撑箱梁与下方水平结构相差较大距离；同时，平台每次顶升步距约为5m，上下箱梁没有有效的通行通道及安全防护措施，在顶升平台顶升以及日常对顶升系统、支撑立柱、箱梁、油缸等检查维修时均不便于操作，空间狭小，作业时非常危险，对顶升作业人员及下方作业人员均存在安全威胁。

3. 采取措施

1）内爬式塔式起重机内筒可提升兜底防护系统

对于内爬式塔式起重机内筒，在塔式起重机底部设置了可提升的兜底防护，该防护平台为“硬质防护层 + 缓冲防护层”双重防护的形式。同时，为了实现防护平台能顺利提升，保证筒内完全密封，采取在临边墙体位置设置小翻板，塔式起重机支撑系统埋件位置为大翻板的形式。为了防止提升过程中防护平台倾覆，在防护平台每个角部设置一对抗倾覆装置，避免提升时发生倾覆现象。

为确保防护平台提升安全，将其与塔式起重机爬升分开进行提升。对此，在防护平台上设计了两套悬挂吊索，一套为正常防护时支撑梁悬挂吊索；另一套为整体提升用的提升吊索。正常防护状态下及塔式起重机爬升时，兜底防护平台通过支撑梁吊索悬挂于塔式起重机最下部一道支撑梁下方2.5m左右位置；当塔式起重机需要爬升时，断开提升吊索即可。当防护平台需要提升时，连接上安装于塔身下部的提升吊索，该吊索的长度需根据塔式起重机爬升规划具体确定，同时解开支撑线上的吊索，并通过固定在塔身的四个高速捯链将防护平台提升至塔式起重机支撑梁下方适宜高度位置，并再次安装上支撑梁悬挂吊索，进入正常的施工防护状态。塔式起重机可提升兜底防护系统安全前后对比示意见图19.1-1。

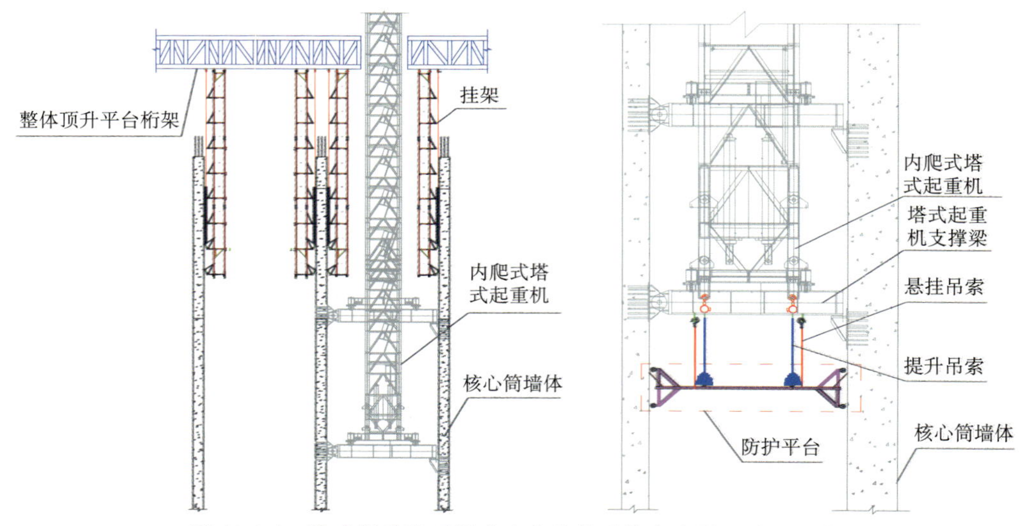

图19.1-1 塔式起重机可提升兜底防护系统安全前后对比示意

2）核心筒门窗洞口吊桥式水平防护设计

对于门窗洞口位置采取安装吊桥式水平防护系统，该水平防护系统由多级可调节式硬质翻板组成，防护用的主翻板安装在挂架走道板上，调节翻转设备为捯链，捯链设置于挂架立杆上，当顶升平台顶升时，通过捯链将门窗洞口主翻板翻起内收，使之能够随平台一起顺利提升，提升完毕后，利用捯链将可调节翻板翻转平放，实现下一层的防护。此种方法可以实现门窗洞口便捷的防护，起到良好的防护效果。门窗洞口吊桥式水平防护系统详见图19.1-2所示。

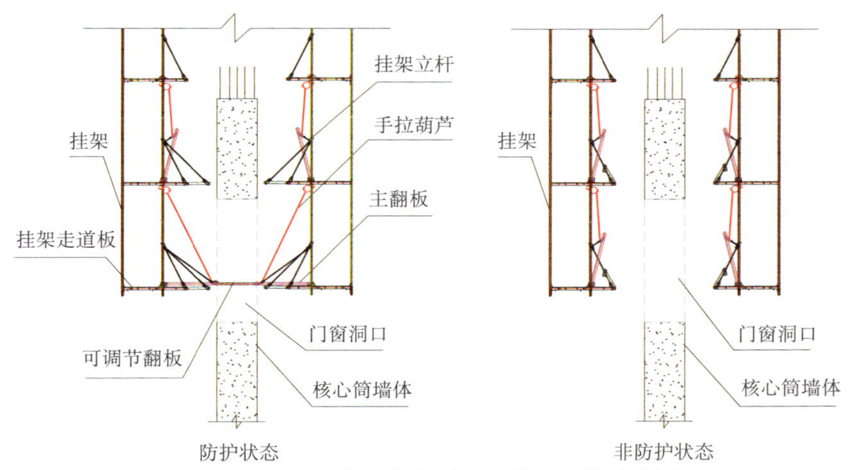

图 19.1-2　门窗洞口吊桥式水平防护系统示意图

由于平台每次顶升步距不等，因此可根据门窗洞口的高度位置灵活选择最下步两层吊桥式防护系统的一层来进行防护。同时，可随核心筒墙体厚度的变化灵活调节防护装置的宽度，实现门窗洞口处水平方向的完全封闭，该防护系统随平台一起提升，极大地提高了工效，同时避免了反复安装水平防护带来的人员坠落危险，防护更便捷、更可靠。

3）支撑箱梁装配式防护设计

支撑箱梁装配式防护系统主要包括上、下支撑箱梁防护单元及箱梁通道楼梯。每套支撑箱梁防护系统均设有 4 个防护单元。防护单元其底部框架由定型化的型钢龙骨组成，上铺花纹钢板，两侧设置有定型化的冲孔防护立网。箱梁通道楼梯吊挂焊接于上支撑箱梁横梁上，该通道楼梯与下支撑箱梁防护单元之间有一定的安全距离，便于通道楼梯可随上支撑箱梁的顶升向上移动，并且可适应整体顶升平台不同的顶升步距。此防护系统对箱梁形成了完全封闭的作业空间，作业人员可便捷地通行作业（图 19.1-3）。

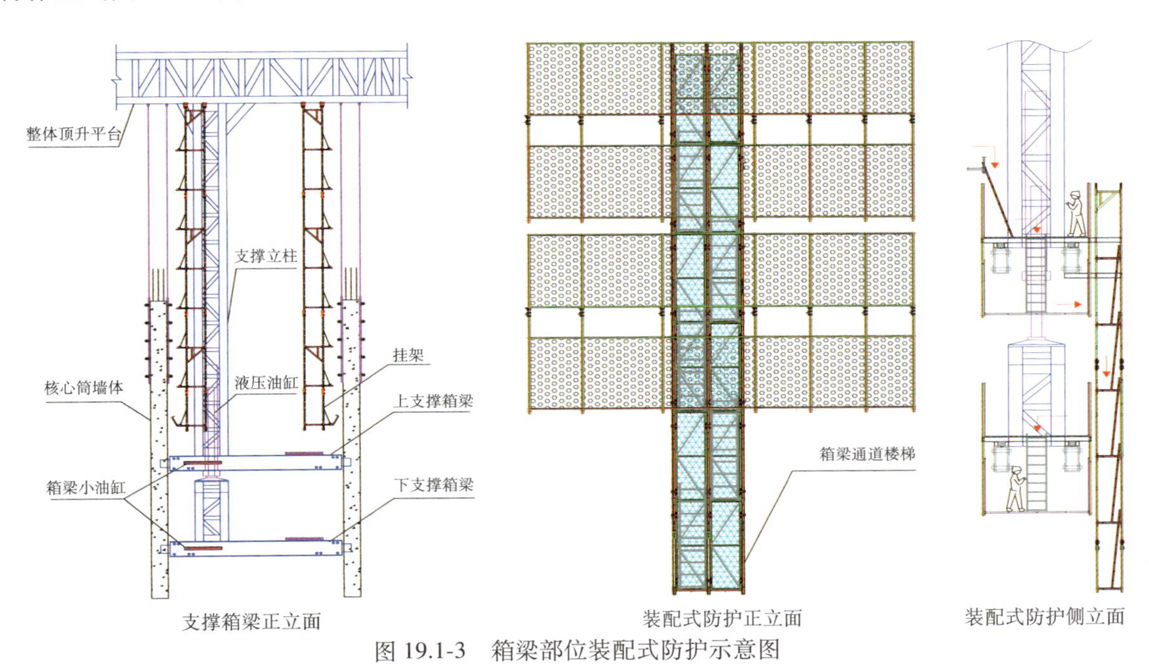

图 19.1-3　箱梁部位装配式防护示意图

4. 小结

本工程核心筒结构施工过程中，在整体顶升平台设计施工中综合采用了内爬式塔式起重机内筒可提升兜底防护系统、门窗洞口吊桥式水平防护系统、支撑箱梁装配式防护系统，形成了平台内外立体全封闭的安全防护体系，整个施工过程中未发生坠物伤人事故，有力地保障了平台内及下方水平结构作业人员的安全，安全防护效果好。该防护体系有效地解决了超高层中竖向结构先行，水平结构后做这种施工方式下整体顶升平台的安全防护难题，增加了整体顶升平台施工的安全性，为以后的平台设计提供了参考、借鉴。

19.2 核心筒外钢结构安全防护

1. 技术难点

超高层钢结构施工具有三大特点：一是全员、全过程、全天候处于洞口、临边、高处作业等高度危险的状态；二是各专业施工人员和工程管理人员均处在高度密集的立体交叉作业环境中；三是全部工程构件和施工机具、材料及各种安全防护设施材料均需吊装、吊运。

2. 采取措施

1）防护设施工序前移

超高层钢结构施工过程中使用的防护设施一般分为供人员挂扣安全带使用的安全钢丝绳、立面防护使用的临边防护栏杆和水平防护使用的水平安全网。由于传统的防护需要待钢结构主、次钢梁焊接完成后再由人工焊接安全钢丝绳挂接立杆，工人在首次防护设施设置作业时处于无防护状态，非常危险；为此，借助装配式理念，将防护设施设计为可快速拆装的模块化的装配式防护设施，在钢结构部件加工阶段可将防护设施的安装端口、接口设置到位，当钢结构部件运抵施工现场进行安装作业前，可根据实际情况在不影响结构安全和吊装作业的基础上进行防护本体的安装，从而将首次防护设置前移，将无防护的高处作业转化为地面安装作业，大幅提升作业的安全系数。

（1）优化安全平网挂设方式

钢结构施工一般分为上挂安全网、下挂安全网，采取优化钢梁安全网挂钩，在加工厂钢梁生产时把挂钩直接焊接在钢梁下翼缘，间距 500mm 一道，避免在现场吊运至高空时安装无防护状态而产生风险，提高了安全系数。

同时在铺设压型钢板施工过程中，无需拆除此道安全平网，避免安装在上部拆除后铺设压型钢板而无安全措施，给施工人员造成极大危险。下挂式平网在压型钢板安装时无需拆除，待压型钢板安装完毕后在该楼层下方可以拆除，该技术应用效果如图 19.2-1 所示。

图 19.2-1 下挂安全网防护示意图及实施效果

（2）提前安装钢柱爬梯

钢柱吊装前，安装钢柱登高爬梯，用于钢柱吊装、校正过程中施工人员登高作业，避免钢柱安装时装设爬梯无任何防护措施而造成人员攀爬危险，爬梯应挂靠在牢固的位置并保持稳固。使用时须与合格的防坠器配合。

梯梁及踏棍分别选用 40mm×4mm 扁钢及直径≥ 12mm 圆钢，标准单元长 × 宽 =3000mm×350mm，步距 300mm。标准单元设两道顶撑，使挂梯与钢柱之间的间距保持 120mm。登高时，必须通过钢挂梯上下，攀爬过程中应面向爬梯，手中不得持物，严禁以钢柱栓钉作为支撑攀爬钢柱，该技术应用效果如图 19.2-2 所示。

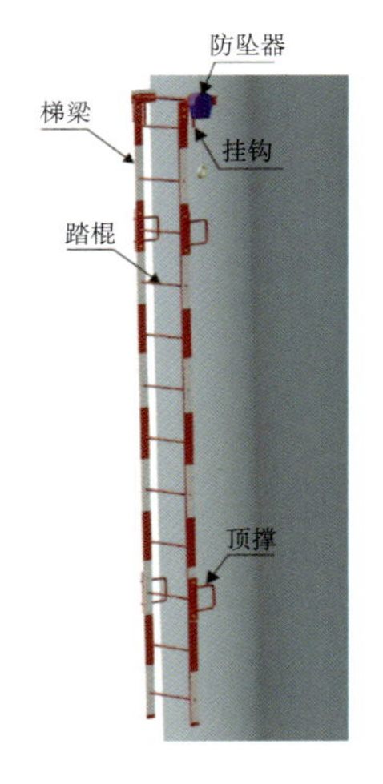

图 19.2-2　钢柱爬梯安装示意图及实施效果

（3）钢梁双道安全绳

钢梁吊装前，提前安装夹具式安全绳，为钢梁安装及焊接人员提供安全带系挂点，保证作业安全。立杆由 ϕ48.3×3.6 钢管、ϕ6 圆钢拉结件及底座夹具组成；钢丝绳 ϕ9。立杆间距≤ 8m，底座夹具用 M12 螺栓与钢梁上翼缘连接；上、下两道钢丝绳距离梁面 1200、600mm。钢丝绳端部使用绳卡固定，花篮螺栓调节松弛度，绳卡滑鞍（夹板）在钢丝绳承载时受力一侧，绳卡数量 3 个、间距 100mm，该技术应用效果如图 19.2-3 所示。

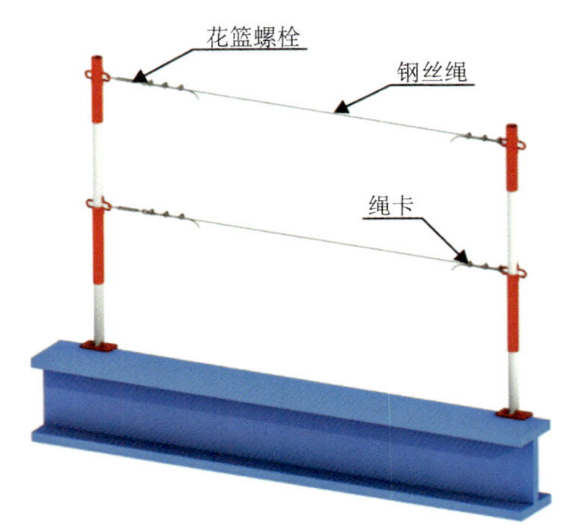

图 19.2-3　钢梁双道安全绳防护示意图及实施效果

2）构建模块化立体防护

构建工具化、定型化、立体化的防护设施，使安全钢丝绳、立面防护和水平防护全方位立体设置到位，重点部位防护无死角，进而使工人作业环境更加安全。

（1）焊接平台

为了高空安装焊接安全、快捷、方便，选择制作专用安全操作平台。平台底座采用 8 号角钢焊接，铺设 3mm 厚花纹钢板，防护围栏使用 5 号角钢焊接，四周使用 1mm 厚钢板进行围护。根据不同钢柱类型、尺寸、数量提前进行加工，钢柱焊接前吊装就位，固定牢固，该技术应用效果如图 19.2-4 所示。

图 19.2-4 焊接平台防护实施效果

（2）焊接挂笼

员工高空穿钢梁螺栓、焊接时使用。吊笼用 ϕ14 圆钢，M24 螺杆、10mm 钢板组成卡板，吊笼与卡板焊接在一起，涂刷红白油漆。作业时与安全带配套使用，经技术人员验算，满足安全使用要求，该技术应用效果如图 19.2-5 所示。

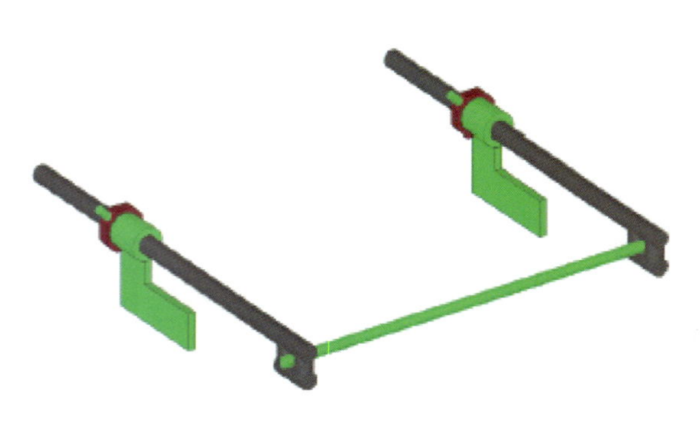

图 19.2-5 焊接挂笼固定支架示意图及实施效果

（3）柱间抱箍式双道安全绳

在圆管柱上采用 PL30×6 扁钢制作抱箍，尺寸根据钢柱直径而定，在抱箍上焊接 ϕ9 的圆钢。制作完成后，喷涂红白相间的防腐油漆。钢柱吊装前在地面固定好抱箍，在钢柱 1.2、0.6m 处各安装一个，镀锌钢丝绳用 ϕ9，端部钢丝绳使用 M9 绳卡进行固定，绳卡数量应不少于 3 个，安全绳长度超过 6m，应增设立柱，该技术应用效果如图 19.2-6 所示。

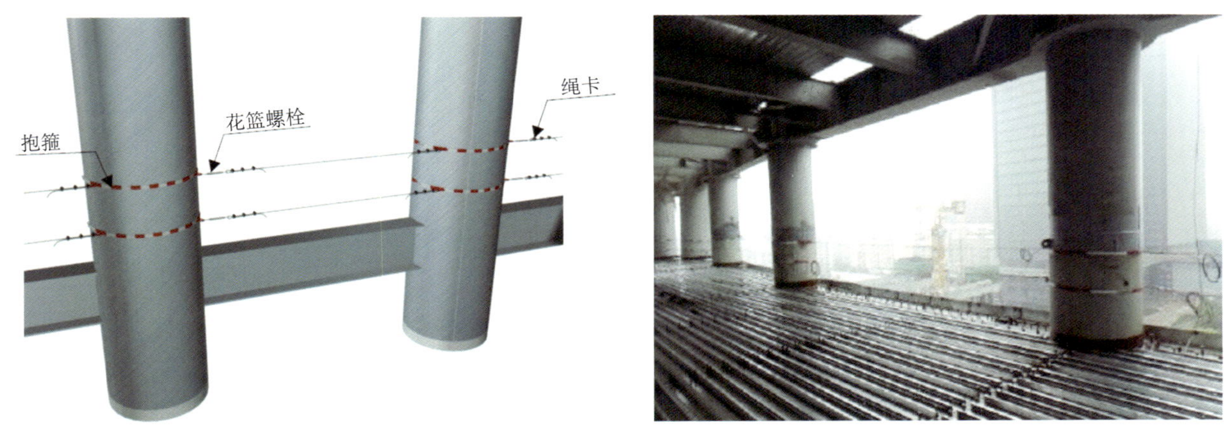

图 19.2-6 柱间抱箍式双道钢丝绳防护示意图及实施效果

(4) 外框定型化环形通道

主要搭设于施工楼层的平面，用于施工人员的水平通行和应急撤离时的安全通道。作业层钢梁成片安装后，铺设定型环形通道防护；在遇到平面钢梁不能及时安装的情况时，采用悬挑支撑形式搭设脚手管，铺设跳板，减少人员行走钢梁的危险，以方便人员通行、小型物料转运。

定型钢制走道单元以 3m 为宜，可根据钢梁间距进行调整，但不应超过 4m。楼层水平通道由 [8 槽钢、∟50×3 角钢、6mm 钢网片、钢管等组成，标准单元规格为 3000mm×800mm。角钢间距 900mm，铺设时每单元之间采用 M12 普通螺栓连接，两侧栏杆用钢管制作直接插入底板套管中。防护栏杆高度为 1200m，立杆间距不大于 1500mm；中间设一道水平杆，底部设网眼不大于 50mm 的钢丝网走道，两侧设高度不小于 180mm 的踢脚板，该技术应用效果如图 19.2-7 所示。

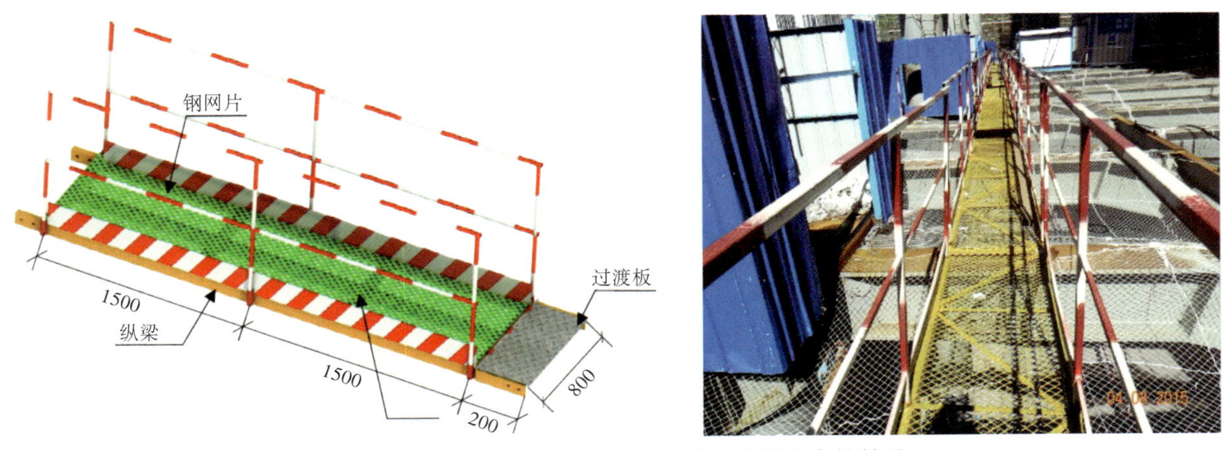

图 19.2-7 外框定型化环形通道防护示意图及实施效果

(5) 外挑网防护

安装外挑网防护是为了保护临边作业人员的安全，防止物料坠落伤人等发生坠落的防护措施。根据整体结构造型，制作成定型的外挑网，$\phi48\times3$ 脚手管焊接骨架，下方拉设网眼不大于 50mm 的水平兜网，上方固定网眼不大于 20mm 的钢丝网。外挑网上下设置两道，间隔三层，外挑宽度 3m，安装时外高内低，水平夹角控制在 10°～15°，该技术应用效果如图 19.2-8 所示。

图 19.2-8 外挑网防护实施效果

3）工具化吊装平台

（1）焊机房

为了解决钢结构焊接量大，需要焊机多而又无法存放的问题，用成品集装箱改造而成，内部设计有分配箱、开关箱、引出把线孔、储物柜等，配电箱至焊机线路穿管保护，在桌面板下设置电缆暗槽，采用安全电压照明，地面铺设绝缘橡胶垫，焊机房外部设置重复接地措施、通风措施，配置二氧化碳干粉灭火器以及标识牌。焊机房应由专人管理，未使用时加锁关闭。

（2）屯料平台

为避免高空物料散放掉落，设置高空屯放工机具、气瓶、材料平台。屯料平台底座采用 14 号工字钢，制作尺寸 2400mm × 6000mm，底板用 3mm 花纹板，围栏用 40mm × 3mm 角钢，有踢脚板、钢网片，遮阳盖用 1.2mm 镀锌薄钢板制作，屯料平台与焊机房、水平通道联通，确保人员进出便利。

（3）气瓶吊笼

气瓶垂直运输吊装，设置气瓶专用吊笼，采用 75mm × 6mm 角钢、40mm × 3mm 角钢焊接而成，底部用 3mm 钢板，经技术人员验算，受力满足使用要求。验收及使用过程中，应重点检查各结构组件有无严重变形、锈蚀等现象发生，如有发现脱焊、腐蚀、断裂纹，应进行维修。

3. 小结

防护设施工序前移，将无防护的高处作业转化为地面安装作业，大幅提升作业的安全系数。构建工具化、定型化、立体化的防护设施，使安全钢丝绳、立面防护和水平防护全方位立体设置到位，重点部位防护无死角，进而使工人作业环境更加安全。利用工具化吊装平台，解决了钢结构施工作业面无法储存物料及垂直运输中的难题。此项安全技术措施适用于超高层钢结构的施工，且定型化、工具化防护及物料平台可周转使用，使用过程中安全可靠、安拆方便。

19.3 核心筒外混凝土结构安全防护

1. 技术难点

核心筒外混凝土结构施工时，水平楼板混凝土施工速度大于劲性柱施工速度，高区水平楼板混凝土浇筑过程易产生混凝土散落现象，给项目周围带来安全隐患。浇筑完成后楼层临边的安全防护受风荷载影响较大。且工程结构收缩变形较大，外框劲性柱不规则上升，给施工操作平台及外围防护技术带来较大挑战。多道施工工序在同一立面上交叉施工，结构施工对幕墙工程施工、成品保护存在着较大的风险和安全隐患。工程处于城市的繁华核心区域，工程结构施工对周边环境存在着高处物体打击的风险，若塔楼外框搭设悬挑防护，还需考虑对吊装的影响，因此对悬挑防护的要求非常高。因此，筒外混凝土结构的防护关键在于外框防护及悬挑防护的设计施工。

2. 采取措施

1）外框临边防护

项目地处沿海，且随着高度增加，风力也逐渐增大，需针对不同高度、不同施工部位采取不同的安全防护。1 ~ 30 层采用 1.2m 定型护栏进行防护，护栏采用膨胀螺栓进行固定，如图 19.3-1 所示；30 层以上外框临边采用 1.8m 网格式定型防护，1.8m 的定型护栏专门设计，在防护外侧设置螺栓孔，供外框作业人员挂设安全带使用，如图 19.3-2 所示。

图 19.3-1　1 ~ 30 层外框定型防护

图 19.3-2　30 层以上外框临边防护

400m 及以上建筑施工时除安装防护栏杆外，在楼层周边采用密目式安全网进行全封闭。安全网在每层混凝土楼板浇筑之前挂设，从浇筑楼层拉设钢丝绳进行固定，既防止浇筑不当导致混凝土散落现象。同时，为加强对混凝土、防火涂料施工产生的小型建筑垃圾的管控，钢结构施工阶段在外圈安装封边板，板的高度大于混凝土浇筑面高度，如图 19.3-3、图 19.3-4 所示，有效防止了临边防护以外的小型材料被风吹落，引发安全事故。

图 19.3-3　400m 以上临边防护情况

图 19.3-4　外框封边板防护

2）外框柱施工安全防护

52～88 层外框柱为劲性柱，劲性柱钢筋绑扎、模板支设及混凝土浇筑的施工需要操作平台以及外围防护。由于结构收缩对工程施工的影响，角部劲性柱施工采用悬挑脚手架的方式，四面劲性柱采用爬架防护，两种防护形式相结合达到了安全施工的要求，如图 19.3-5 所示。

图 19.3-5 外框柱安全防护效果图

悬挑脚手架施工层采用脚手板铺设，最底层采用脚手板与模板全封闭，防止混凝土浇筑时混凝土外溢，对周围造成污染与危害。同时，为避免钢筋、模板工序施工对防护网产生破坏，悬挑脚手架外侧使用密目网与铁丝网双重防护（图 19.3-6），防护高度覆盖悬挑架体。塔楼四面劲性柱施工爬架，外侧采用钢板冲孔网，保证防护强度满足安全要求。为解决结构收缩带来爬架与主体间缝隙过大的影响，爬架操作层采用翻板进行防护，翻板缝隙使用橡胶皮进行封闭，有效防止施工材料或垃圾高空掉落（图 19.3-7）。

图 19.3-6 悬挑脚手架防护网

图 19.3-7 爬架底部防护

3）装配式悬挑硬防护技术

创新设计了一种可周转、装配式的悬挑钢质硬防护平台。悬挑防护分别安装在 15、30、45、60、75、90 层。

外悬挑型钢梁采用 10 号双槽钢，槽钢与槽钢之间预留 25mm 的缝隙，采用 ϕ25 的钢筋按照间距 600mm 进行焊接，使两个槽钢完成连接，形成悬挑硬防护单元，详见图 19.3-8。防护平台板制作成 1.5m × 4m，采用 50mm × 50mm × 4mm 的方管作为龙骨，上部铺设 3mm 厚花纹钢板，外悬挑型钢与防护平台板采用特制螺栓 + 钢板压条的形式进行连接，详见图 19.3-9。

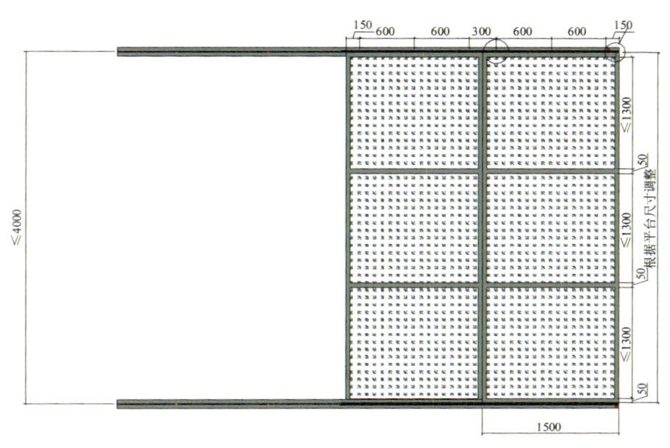

图 19.3-8　悬挑硬防护平台单元平面示意图

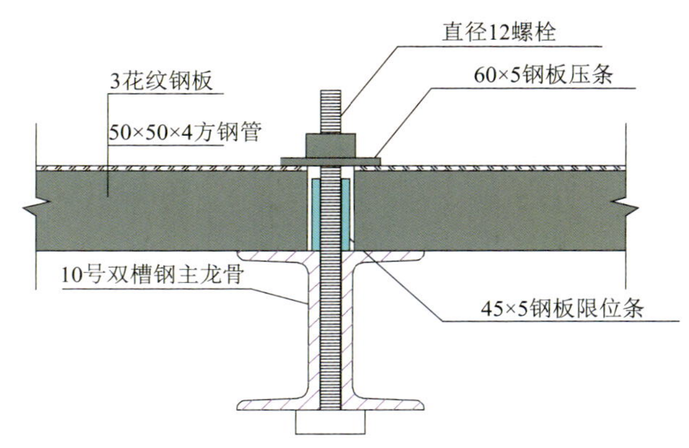

图 19.3-9　悬挑硬防护平台板与悬挑型钢固定示意图

悬挑硬防护设置斜拉钢丝绳，斜拉钢丝绳与外框钢梁连接采用特制钢板固定装置，快速完成斜拉钢丝绳与外框钢梁的连接。外悬挑型钢与结构面连接：在结构施工前根据固定点的位置精确定位，预留直径 25mm 的孔洞，采用特制 U 形圆钢丝杆穿过楼层板，在楼板下部加设钢垫板用螺栓固定牢固。

悬挑硬防护平台伸出结构外边缘 3m，对现场垂直运输设备在物料垂直运输吊装时，容易出现刮碰，特别是在夜间，由于司索信号工及塔式起重机司机受夜间视线限制，更是容易发生碰撞风险。在悬挑硬防护的边缘挂设红色警示灯带，夜间红色灯带开启，能有效地防止塔式起重机吊运物料发生碰撞（图 19.3-10）。

图 19.3-10　悬挑硬防护平台实施效果

3. 小结

筒外混凝土结构施工，防护的重点在于临边及对塔楼周边的防护。高区的临边防护采用 1.8m 定型护栏，有效控制了大风天气材料被风吹落的风险。外框劲性柱施工采用悬挑脚手架与爬架相结合的方式，适应了结构收缩带来的影响，保证了外框柱施工过程的安全性。在塔楼周转安装装配式悬挑硬防护，对小型碎块进行高空拦截，避免了对周围带来的物体打击危险，外框施工过程未出现物体掉落导致的人员受伤或车辆受损事故。

19.4　楼内预留洞口安全防护

1. 技术难点

核心筒施工过程中电梯井道贯穿楼层多，井道周围作业内容多、人员流动性较大，因此电梯井道的安全防护极其重要。管道、风管等的预留洞口通常是上下贯通的，且楼层内预留洞口多、位置不一。传统的洞口防护与规范要求做法使用盖板、钢管网格等，但随着工程施工的推进，防护经常被拆除，防护强度越来越低，达不到防护要求，这给预留洞口的防护提出了更高的要求。

2. 采取措施

1）电梯井道安全防护

为避免零星材料及建筑垃圾随电梯井道掉落，防止人员坠落，电梯井道内每隔5层安装一道硬防护，硬防护采用型钢龙骨及花纹钢板面板组成，型钢采用18号工字钢，固定方式采用圆钢钢筋抱箍，钢筋抱箍共采用两道，第一道用单根钢筋，第二道用双根钢筋。硬防护面板采用3mm厚花纹钢板，与型钢龙骨进行焊接。同时，为方便垃圾清理，花纹钢板安装时向核心筒通道一侧倾斜（图19.4-1）。

硬防护以上每两层安装一道水平网，在剪力墙穿墙螺栓孔中插入直径32mm以上的钢筋以固定钢管，将安全网固定在钢管上（图19.4-2）。安全网与硬防护组成井道的双重防护，保证了电梯井道的施工安全。

图19.4-1 电梯井硬防护应用效果

图19.4-2 电梯井道水平安全网应用效果

电梯井竖向洞口采用1.8m网片式定型护栏，护栏使用铰链与混凝土结构进行固定，方便井道内施工开启。同时，为避免杂物沿井道壁或井道水平防护反弹伤人，护栏内部使用密目网将井道全部封闭，保证施工安全（图19.4-3）。

图19.4-3 电梯井道竖向洞口防护

2）水平洞口防护

在结构施工阶段预留洞口处楼板钢筋不断开，混凝土浇筑前将洞口采用收口网分割，浇筑完成并拆除楼板模板后在洞口上铺设硬防护（图19.4-4）。此做法即使上方硬防护缺失的情况下，也能确保施工人员不会从洞口掉落。塔楼贯穿的洞口每10层浇筑一层混凝土，保证竖向安全。

图19.4-4 楼板水平洞口预留钢筋防护效果

楼层内测量洞口、管道预留洞口等小型洞口，定型制作带铰链的钢板防护，防护可随时开启，如图19.4-5所示，避免了施工过程多次拆除，降低防护强度或造成防护缺失。

图19.4-5 可开启式洞口防护应用效果

3. 小结

针对超高层预留洞口贯穿楼层过多的特点，对电梯井采用硬防护与水平网防护相结合的安全防护技术，竖向采用可开启定型护栏与密目网相结合的方式，较大的水平预留洞口采用预留钢筋网片技术，小型洞口采用可开启钢板封闭，有效避免了材料沿洞口坠落或人员踩踏洞口防护造成高空坠落的风险，确保了水平结构的安全施工。

第 20 章　超高层建筑施工测量关键技术

由于工程超高的结构高度、复杂多变的结构设计，独特的施工工艺以及高精度定位要求等特点，传统的测量方法、仪器与技术已无法满足其施工测量的需要。因此，针对本工程的特点以及测量施工过程中遇到的难点，根据以往超高层施工中总结出的经验，参考国内、外已有的超高层施工测量技术与方法，对涉及的关键施工测量技术进行研究并加以改进和创新，形成了多种施工测量关键技术，其主要包括：超高层场区平面控制网布设与检核技术、超高层轴线控制网的引测与检核技术、超高层核心筒墙体施工测量定位技术、超高层异形组合钢柱精确定位技术、测量放线机器人技术应用。多种先进技术的合理应用，解决了施工测量中遇到的多项难题。

20.1　超高层场区平面控制网引测与检核技术

1. 技术概况

本项目基坑面积大、开挖深度深，基坑变形影响范围大，周围高耸建筑物比较多，对卫星信号遮挡严重，所以无法在场区周围采用 GPS 测量布设控制点。考虑以上多种客观因素，测绘单位在场区外提供了三个坐标点，布点位置见图 20.1-1 所示。

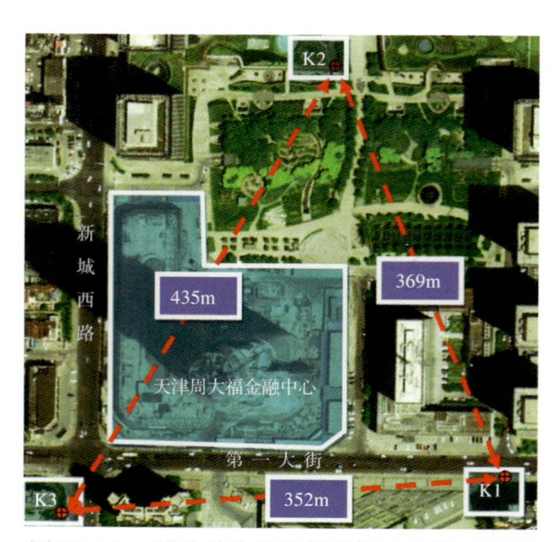

图 20.1-1　测绘单位提供的坐标点布设示意图

如何克服多种困难，依据测绘单位提供的平面坐标点，将平面坐标系统引测到场区内，形成便于施工测量使用的场区控制网，并在发现点位变动时对其进行检核是关键。

2. 技术难点

1）测量基准点的校核

测绘单位提供的坐标点位须校核其精度后方可使用。由于相邻点间不能通视，所以无法通过全站仪测量的方法进行校核。坐标点周围无其他已知控制点，所以无法采用 GPS 静态测量法进行校核。

2）控制网的引测

向场区内引测控制网时，受高耸建筑物阻挡，卫星信号接收强度弱，无法采用 GPS 测量的方法进行引测；相邻的坐标点间不通视，没有可以作为导线测量的起始边，无法采用导线测量的方法进行引测。

3）控制网的布设

为便于施工放样，场区控制网应在场区内环绕建筑物布设，但是受基坑变形影响，场区控制点的位置容易发生变动，如何采用已知点对场区控制网进行校核也是一个难题。

3. 采取措施

1）采用一步法对测绘单位提供的坐标点进行校核

采用动态测量的方法在测绘单位提供的坐标点位上进行测量数据采集，将三个已知点的地方坐标与 GPS 测量出的 RTK 的 WGS84 坐标进行坐标匹配，在观测手簿上可以直观地显示出三个点位的平面坐标偏差值。

2）采用 GPS 三角网加密测量与全站仪导线测量相结合的方法向场区内引测控制网

（1）选点

①首级平面控制网的选点

在场区外 MSD 办公楼顶上的加密 K4、K5 点，与原有点位联测形成首级平面控制网。办公楼顶卫星信号接收情况良好，且 K4 ~ K1 点距离，与 K5 ~ K2 点距离大致相等，点位间可以通视，可以用作附合导线测量的起始边和终止边向场区内引测控制网。首级平面控制网的布设情况见图 20.1-2 所示。

②二级平面控制网的选点

为确保场区控制点的稳定性，保证相邻控制点间通视良好，并且与首级控制网点进行导线联测时，视线不受场区围墙阻挡，在场区围墙的四个拐点处埋设半永久性观测台作为二级平面网控制点；二级平面控制网的布设情况见图 20.1-3 所示。

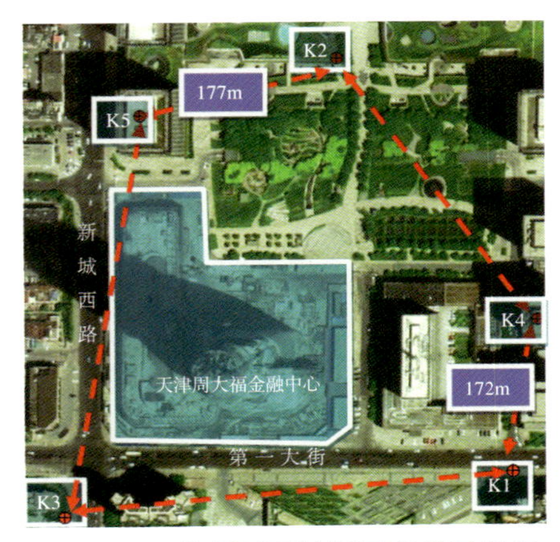

图 20.1-2　首级平面控制网布设示意图

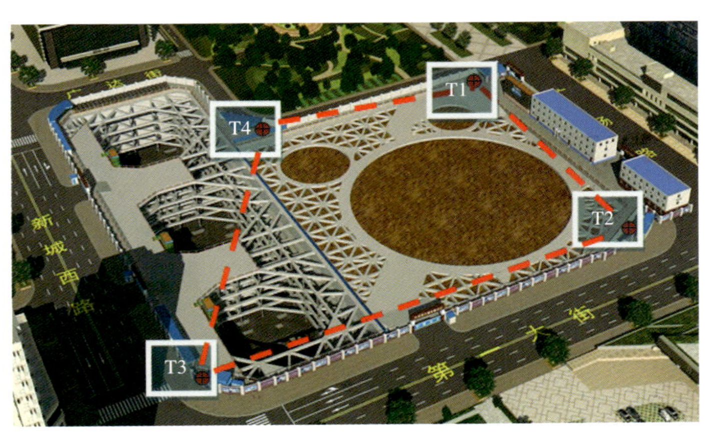

图 20.1-3　二级平面控制网布设示意图

（2）引测

①首级控制网加密点的引测

为了保证 GPS 控制网的精度不随约束数据的影响而显著降低，采用三角网将加密点与已知坐标点进行联测，根据 GPS 作业调度表的安排，采取静态相对定位进行观测。观测时用三台接收机同步观测一个三角形，直至测完所有三角形（图 20.1-4、图 20.1-5）。

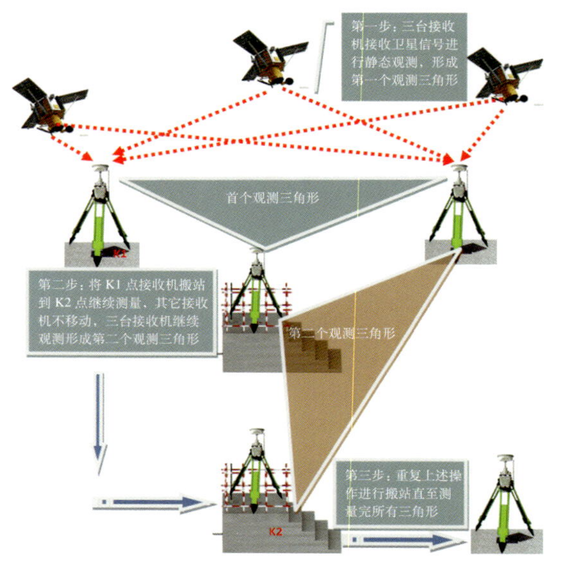

图 20.1-4 GPS 静态三角网联测操作示意图

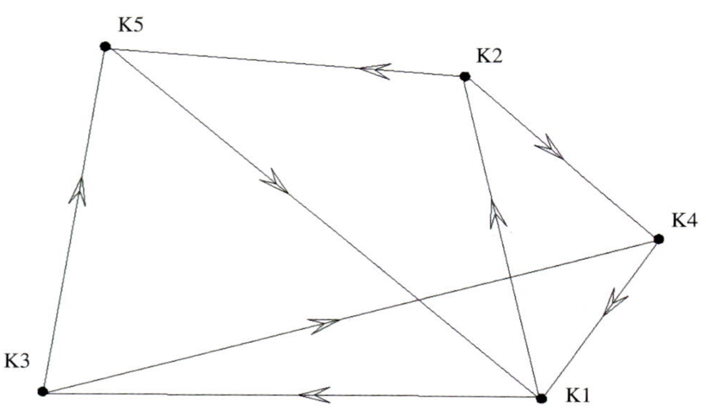

图 20.1-5 GPS 静态三角网观测路线示意图

②二级控制网点的引测

二级平面控制网采用附合导线测量方法，按照《工程测量规范》GB 50026—2007 中规定的三等导线测量精度及观测要求进行引测。以首级控制网的 K2、K5 点作为附合导线的起始边联测场区内观测台的 T1-T4-T3-T2 四个二级控制网点，最后联测到首级控制网的 K1、K4 点作为终止边，完成附合导线测量。

3）场区控制网的检核

采用多余观测的方法检核二级控制点位是否变动。在二级控制点进行设站定向后，测量第三个控制点的坐标作为多余观测数据，若发现观测值偏差较大（超出 5mm），则需要进行检核，检核与引测方法一致。需要注意的是，采用导线测量法进行检核之前，须先检核首级控制网的导线起算边，以保证起算数据的准确性，其检核方法与首级网加密测量的方法一致。

4. 小结

GPS 静态测量与导线测量的结合，解决了环境因素等原因使控制点无法布设与检核的问题，既能满足现场控制网施工测量放线需求，又能保证平面控制网的定位精度，成功克服了复杂条件下场区平面控制网无法准确定位的问题，为超高层建筑施工测量场区控制网的布设提供了成功的实践经验。

20.2　超高层塔楼轴线控制网的引测与检核技术

1. 技术概况

超高层施工测量中平面轴线系统统一是控制超高层建筑平面和竖向结构施工的关键，是各工序精确衔接的平面基准。自然环境和施工环境的扰动、引测误差的累计对轴系精度影响很大。为保证楼层间轴线统一，须根据楼层高度采用科学的引测及合理的检核方法。

2. 技术难点

1）控制网的引测高度难选择

超高层建筑竖向高度较高、建设周期长，竖向划分多个工作面，所以轴线控制网要阶段性地向上传递，如果引测高度过高，铅垂仪发射的光斑会变大、变暗，难以捕捉真实点位；若引测高度过低，则增加了测量累积误差。

2）引测过程中仪器稳定性难保证

超高层建筑受强风、大型机械扰动等影响，结构本身会出现自振现象，架设在楼板上的铅垂仪受结构振动影响，难保持仪器精确整平，而且引测的激光点在接收靶上快速摆动，无法进行标定。

3）引测的轴线控制网点位偏差难检核

引测的控制网可以通过全站仪用测角、量边的方法检核其几何形状是否发生扭转，但如果控制网整体朝某一方向偏移则很难发现，无法检核引测的控制点是否位于同一铅垂面上。

3. 采取措施

1）合理选择引测高度

由于超高层测量要求精度较高，设计要求墙体定位误差允许值为 3mm，取 2 倍中误差为允许限差，则单次传递点位中误差应不大于 ±1.5mm。本工程采用拉特 EZ20 高精度激光铅垂仪，向上一测回垂直度测量标准偏差 1/200000，铅锤精度不大于 3"，按照误差传播理论中和差函数计算投点中误差，当投点距离不大于 100m 时满足此要求，在实际施工过程中引测高度在 100m 时，仪器投射的光斑直径不到 1mm，旋转一周四次投点偏差小于 2mm，投点大小及点位偏差如图 20.2-1 所示。

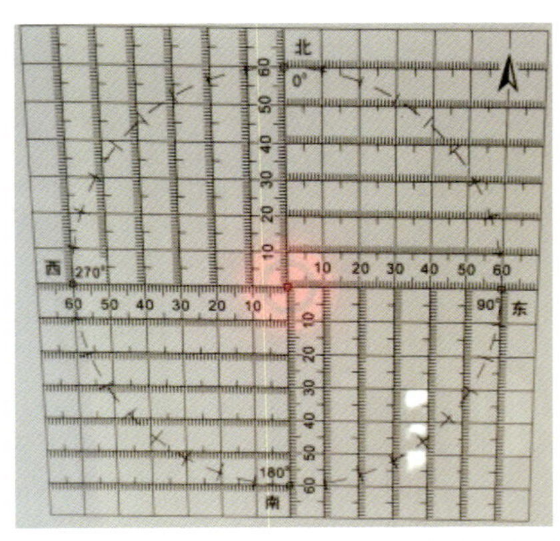

图 20.2-1　激光铅垂仪四次投点示意图

2）采取有效措施确保引测轴线时仪器的稳定性

(1) 搭建防风棚

在控制点的点位处搭建测量防风防护棚，以减少风力对测量仪器稳定性的影响。防风棚四角与楼板固定，四边及顶部预留引测窗口，以便引测时保证通视条件。

（2）设计测量工具搭载平台

为克服超高层施工阶段，结构振动对仪器稳定性的影响，将铅垂仪和接收靶通过多功能测量工具搭载平台，安置在核心筒墙体上，尽量保证上下层引测点位的摆动频率相同。

（3）利用数显激光接收靶控制点位精度

超高层施工阶段，受外界不利因素影响，接收靶上的点位摆动剧烈无法标定时，采用数显激光接收靶对点位晃动的轨迹及摆幅进行标注，选取中间较密集的点位取其中间位置为最终点位。

3）根据结构高度采用不同测量方法对引测的测量控制点进行检核

（1）高层施工阶段控制点的检核

在结构高度200m以下进行施工测量时，仪器架设过程中未明显感受到结构自振对稳定性的影响，但是由于超高层建筑物周围有大型建筑阻挡卫星信号，所以在楼层较低时，在塔楼边缘结构架设GPS接收机无法接收到卫星信号，不适宜采用GPS检核。可以根据首级控制网布设在MSD办公楼顶上的两个控制点，采用后方交会的方法检核轴线内控点坐标，达到检核目的。操作过程如下：

仪器设站：

将全站仪架设在引测完的测量控制点上，采用后方交会的方法依次照准并观测布设在办公楼顶部的两个控制点，利用仪器自带程序计算出该点坐标，并设站定向，操作方法见图20.2-2、图20.2-3所示。

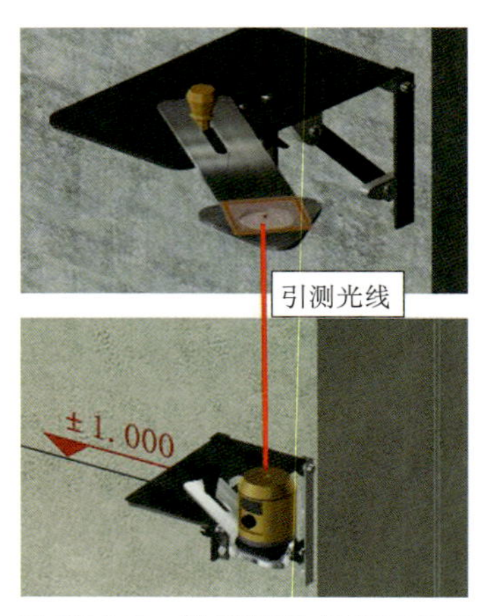

图20.2-2 仪器架设方法示意图

图20.2-3 后方交会测量示意图

引测坐标：

采用全站仪极坐标测量法依次测量引测的各轴线控制网点坐标，与引测层对应的该点坐标进行比对，确定点位是否偏移。引测操作方法如图20.2-4所示。

（2）超高层施工阶段控制点的检核

建筑高度达到200m以上时，主体结构受风力及大型机械扰动等影响存在自振现象，严重影响仪器架设的稳定性，对于全站仪测量精度无法把控，而且采用常规GPS静态测量无法解算点位坐标，因此该施工阶段采用GPS动态后处理的方法对引测的控制网进行校核，其操作流程如下：

GPS接收机的安装，在楼层结构边缘安置强制对中装置，将GPS接收机安置在强制对中装置上，并整平。

动态后处理外业数据采集，在外业数据进行采集时，以引测层与检核层相对应的两个接收机为一组进行观测，观测人员实时沟通，观察基准站与流动站卫星数据变化。

动态后处理内业数据处理：

采用 Leica Geo 7.0G 数据后处理软件进行精度估算及计算点位坐标，操作方法如图 20.2-5 所示。

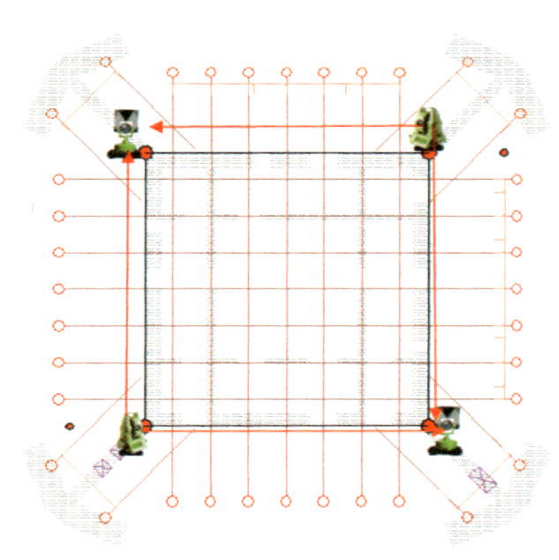

图 20.2-4　极坐标测量操作示意图

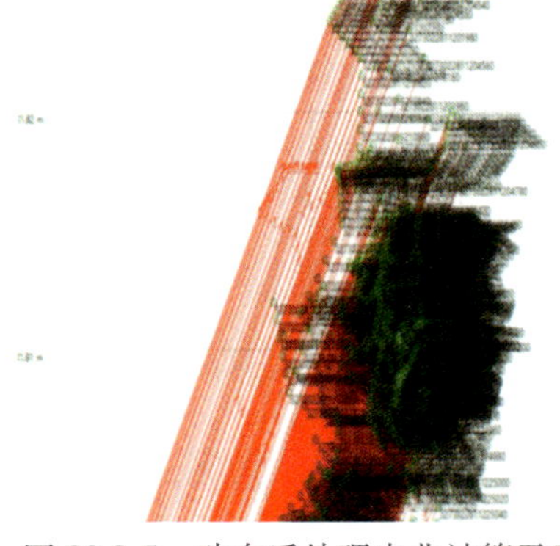

图 20.2-5　动态后处理内业计算示意图

采用 Leica Robot 60 型测量机器人进行一站式设站：

解算出楼层边缘观测点的坐标后，在强制对中装置上安装观测棱镜组，使用 Leica Robot 60 型测量机器人内置的一站式设站程序，用后方交会法设站定向。

用极坐标测量法检验各引测点坐标：

根据架设的全站仪，采用极坐标测量法依次测量各楼层控制网的坐标，测量完毕后将基准层和引测层对应的点位坐标进行逐一比对，检核点位误差。当坐标差值不大于 3mm 时控制网引测精度满足要求，否则重新引测，直至精度达到要求。

4. 小结

轴线控制网在竖向引测时，合理地选择引测高度，满足引测精度的同时减少测量累积误差；通过防风、减振和先进的点位标识方法，克服外界不利因素在引测过程中对测量仪器稳定性的影响；采用全站仪后方交会与 GPS 动态后处理相结合的方法，检核引测的轴线点精度，保证了超高层施工在各个阶段引测的轴线控制网引测的精度。

20.3　超高层施工中高程的引测与检核技术

1. 技术概况

高程是控制超高层建筑平面及竖向结构施工的关键，是施工安全的保障，是各工序交接的基准。需采取合适措施实现超高层施工过程中高程的引测与检核，确保土建结构竖向施工的安全性，以及钢结构和后续的幕墙安装等分部工程的顺利进行。

2. 技术难点

1）高程引测困难

随着超高层建筑高度不断增加，高程的竖向传递高度也随之增加，常规高程引测方法引测距离短，多次传递会增加误差累积值。而且观测过程中受风力、光照和大型机械扰动等因素影响明显，读数不准确，影响测量精度。

2）结构变形影响引测成果

伴随施工进度进展，受结构自重荷载变化、混凝土徐变、收缩、结构自身沉降变化等因素影响，竖向结构产生不规则的形变，对高程引测成果造成一定的影响。

3. 采取措施

1）采用全站仪天顶测距法引测标高

此种方法的原理主要是依靠全站仪采用电子测距测程长、精度高的优势，在楼层板施工测量预留口处安置反射棱镜组通过天顶测距计算高差，不需要多次转站测量，减少了累积误差影响，而且全站仪本身自带自动补偿系统，当仪器稳定性受到干扰时可以作出倾斜补偿，减少外界不利因素对观测精度的影响。具体操作过程如下。

（1）仪器设置

在标高基准层内控点上安置全站仪，取掉仪器提手，测量前对全站仪的气温、气压进行改正，将反射棱镜常数输入仪器中。操作如图 20.3-1 所示。

（2）获取仪器高程值

核心筒墙面 +1.000m 标高基准线处放置塔尺，调整全站仪观测视线照准塔尺，全站仪竖直角置为 0° 0′ 0″之后读取塔尺读数，推算出到仪器高度值。观测方法见图 20.3-2。

图 20.3-1　天顶测距法基准层测量仪器架设示意图

图 20.3-2　全站仪照准 +1.000m 标高线

（3）设置高程接收装置

在待引测标高楼层的楼板预留洞口上安置反射棱镜组，为保证棱镜观测砧板水平，在上面安装一个水平圆气泡作为调平装置，接收棱镜安置方法见图 20.3-3 所示。

（4）仪器向上传递高程

旋转全站仪照准部直至竖直角显示 90° 00′ 00″时，指挥上层调整棱镜中心对准仪器望远镜的十字丝测量距离。观测方法如图 20.3-4 所示。

图 20.3-3　引测层棱镜组接收装置安装示意图

图 20.3-4　全站仪测量到仪器反射棱镜组垂直距离示意图

（5）楼层引测标高控制线

测得的垂直距离为仪器到反射棱镜的高差，带入通过第二步操作所得的仪器高计算得出反射棱镜位置的标高，在接收装置上安置激光标线仪，通过引测水平线将棱镜的标高引测到核心筒外墙上的结构 +1.000m 线处，用米尺丈量检核。操作方法见图 20.3-5 所示。

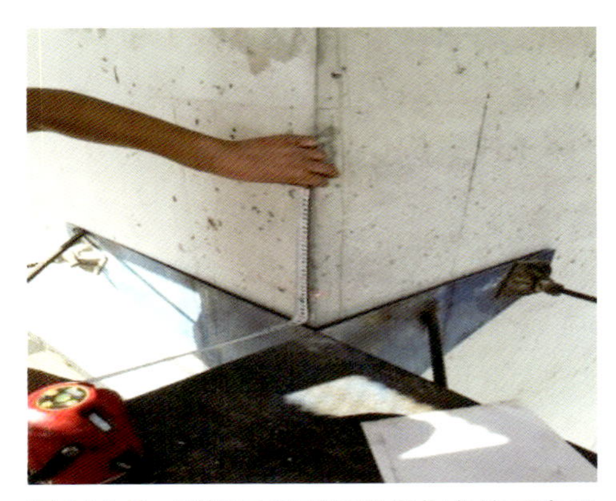

图 20.3-5　引测层标高标定操作方法示意图

2）采用三维坐标测量法检核高程

全站仪三维坐标测量是指设站时带入点位高程进行测量，测量出未知点的三维坐标（X、Y、Z），Z 即为该点带棱镜高的高程。此种方法在设站时要输入仪器高和棱镜高，若观测过程中棱镜高保持不变可以忽略该因素的影响，但是仪器高是通过米尺进行丈量所得，尺长系统误差、读数误差、丈量误差等多种误差的带入，使观测精度只能达到厘米级。

为提高测量精度，不测量单点的绝对高程，采用假定坐标系测量相对坐标差的方法计算点位间高差，同时采用 360° 小棱镜作为反射介质，利用 LeicaTS30 棱镜自动搜索功能减少照准误差，实践证明此种方法的测量精度可以满足超高层施工中高程检核的标准，其操作方法如下。

（1）测量下层检核层标高控制线高程

①在检核层楼板上与楼层上方测量放线孔对应的位置架设全站仪，架设完成后取下仪器把手；

②仪器照准结构 1m 线处的小棱镜 A 后测量三维坐标值，并记录 A 点高程坐标值 $Z1$。

（2）测量高程传递点高程

①全站仪安装弯管目镜，向上转动望远镜，大致照准洞口处小棱镜 B；

②开启全站仪棱镜自动搜索功能，仪器自动精确照准小棱镜 B 的中心，并通过弯管目镜检查是否照准棱镜中心；

③精确照准 B 后测量 B 点三维坐标值，并记录高程坐标 *Z*2。可得 B 点高程值。

（3）测量上层检核层标高控制线高程值

检核层全站仪分别照准结构 1m 线处小棱镜 C 和洞口小棱镜 B，测量三维坐标并记录高程坐标值 *Z*3、*Z*4。操作方法见图 20.3-6、图 20.3-7 所示。

图 20.3-6 全站仪竖向测量引测洞口棱镜操作示意图

图 20.3-7 全站仪检核层操作示意图

4. 小结

本工程采用高精度的 LeicaTS30 进行标高的引测和检核，该仪器采用激光对点，电子精平系统，最大限度地减少了仪器对中误差，仪器的棱镜自动搜索功能减少了照准误差。三维坐标法检核高程，仪器任意架站，采用假定坐标系，测量基准层和检核层相对于引测洞口处棱镜的三维坐标相对高程坐标差值，不带入仪器和棱镜高测量误差。该仪器的测距误差为 1mm+1 × *D*mm，（*D* 为距离，单位为 km），半测回角度归零差为 0.5″，所以不考虑对中和照准误差的影响，假设引测距离为 100m，则测量中误差小于 ±1.5mm，取 2 倍中误差为限差，其误差不会大于 3mm，二者相结合有效地保证了高程定位精度。

20.4 超高层核心筒墙体施工测量定位技术

1. 技术概况

本工程核心筒墙体采用智能顶升平台按照“不等高同步攀升”的原则施工，钢结构先行、土建跟随；核心筒墙体先行，水平结构紧随。墙体定位精度要求高，单层墙体模板定位偏差要求小于 3mm。单层墙体施工周期为三天，施工进度快。所以，针对该项目的施工特点，研发一种超高层核心筒施工测量定位技术，确保核心筒墙体施工定位的及时、准确。

2. 技术难点

（1）墙体模板定位困难。由于核心筒墙体竖向施工进度领先水平结构，当核心筒墙体要支模时，水平楼板并没有铺设，没有水平载体接收墙体控制点，对于墙体控制线的引测及模板定位线的测放都有困难。

（2）墙体水平截面几何形状难控制。核心筒墙体截面的几何形状是由测放的墙体控制线来控制，因无法在楼板上标记出控制线，采用测量仪器对引测的墙体控制线网形进行检核。

（3）墙体大角垂直度难控制。墙体控制线随施工进度逐层引测，由于引测误差、施工偏差、混凝土徐变等影响，墙体大角的垂直度很难控制。

3. 技术措施

1）墙体模板的定位方法

墙体模板定位主要为三个步骤：引测墙体测量控制点→通过控制点引测模板定位控制线→利用模板控制线进行模板定位，具体操作方法如下。

墙体测量控制点的引测与接收方法

（1）安装点位接收装置

核心筒墙体施工时没有水平楼板作为载体接收点位，所以要在核心筒墙体上安装一个点位接收装置，接收装置自行设计，其主要构造及安装方法如图 20.4-1、图 20.4-2 所示。

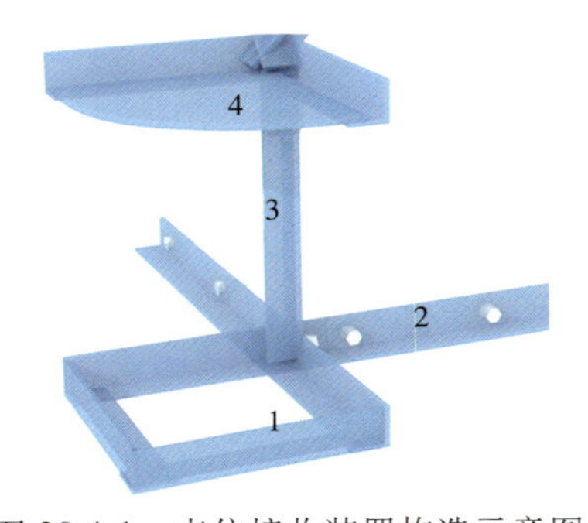

图 20.4-1　点位接收装置构造示意图

1—激光接收靶安装装置；2—核心筒墙体连接杆；3—上下连接杆；4—承载测量设备基座固定装置

图 20.4-2　点位接收装置安装示意图

（2）引测墙体测量控制点

仪器架设塔楼基准层控制点，顶升平台依据控制点的位置开设预留孔洞，将点位接收装置安装在核心筒墙体上，接收点位，操作方法如图 20.4-3 所示。

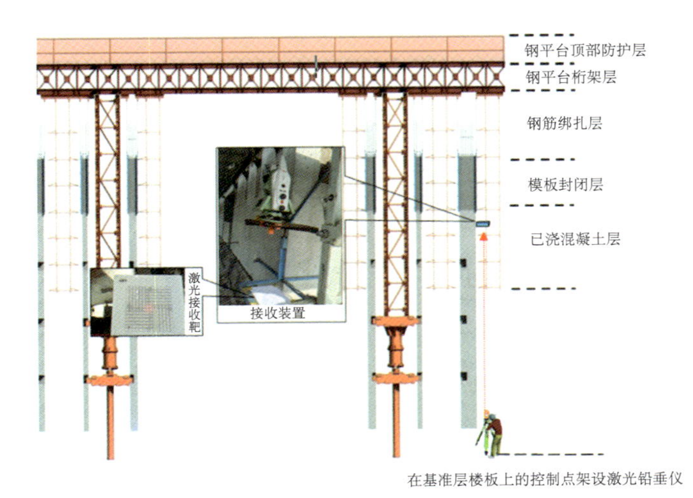

图 20.4-3　墙体测量控制点引测示意图

（3）引测模板定位控制线

根据引测的墙体测量控制点，在点位接收装置上安置经纬仪，定向后用米尺量距将模板定位线引测到侧墙上，操作方法见图 20.4-4 所示。

图 20.4-4 墙体模板控制线引测示意图

（4）墙体模板定位

根据引测的模板控制线，在模板合模时采用卷尺丈量距离控制模板大角的下口位置，并采用挂线坠的方法控制模板垂直度以控制模板上口位置，操作方法如图 20.4-5 所示。

图 20.4-5 墙体模板定位操作方法示意图

2）核心筒墙体几何形状的控制

核心筒墙体的几何形状由墙体控制点控制。为确保墙体几何形状不发生扭曲，要对由墙体控制点形成的网形进行严格校核。

校核时在点位接收装置上安置全站仪及棱镜组，测量相邻控制点间的角度和边长，与引测层测量的数据按照几何图形闭合条件进行检核，角度测量差不大于 4″，边长校核差不大于 3mm。操作方法如图 20.4-6 所示。网形比对结果如图 20.4-7 所示。

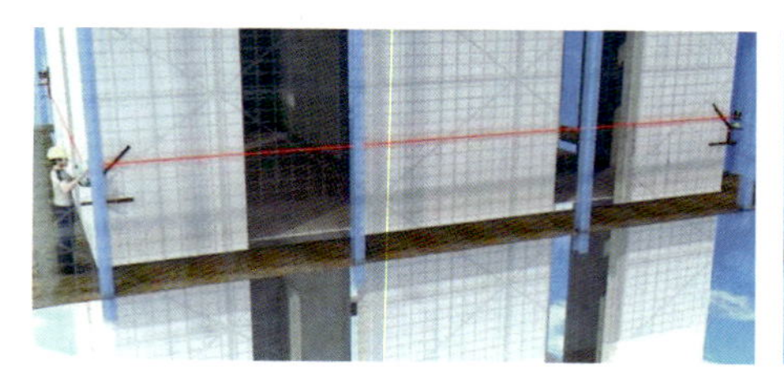

图 20.4-6 控制网校核示意图

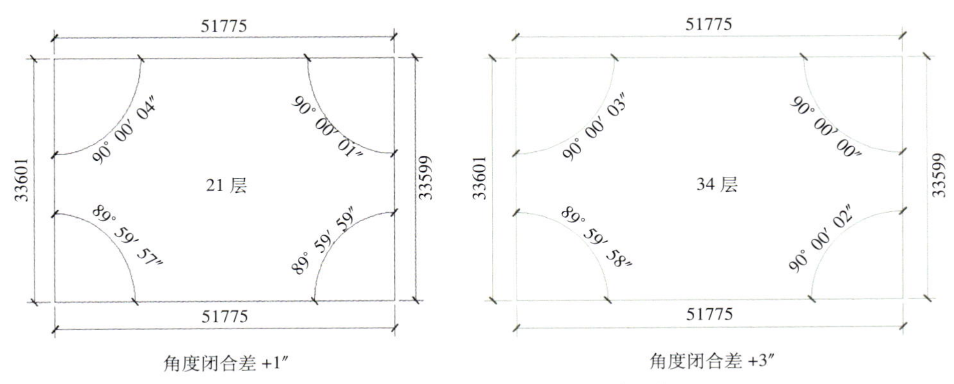

图 20.4-7　控制网形校核结果比对示意图

3）墙体垂直度的控制

核心筒的四个外阳角墙体施工时，采用激光标线仪将下层墙体的模板定位控制线引测到上层墙体的侧墙上；

根据上层接收装置上引测的墙体测量控制点，采用挂线的方法将外阳角两端的控制点连接形成一条墙体控制线，用米尺丈量下层模板控制线到该直线的距离检核大角垂直度；

若实测距离与理论偏差大于 3mm，则垂直度存在偏差，需重新引测墙体控制点。

4. 小结

核心筒是超高层建筑施工的关键，墙体定位的准确性是安全施工和质量保证的基准，采用超高层核心筒墙体施工测量定位技术，解决智能顶升平台施工时墙体的模板定位、几何形状、垂直度等难题，保证了核心筒墙体施工速度，为本项目的顺利完工，提供了重要的技术保障。

20.5　超高层异形组合钢柱精确定位技术

1. 技术概况

超高层设计结构越来越复杂，人们的审美观念亦随之升高，各类新型结构类型应运而生，异形组合钢柱就是其中的一种。异形组合钢柱定位精度要求极高，本工程采用 BIM 技术和高精度测量仪器相结合，并且在焊接过程中通过千分表实时监测焊接变形，保证超高层异形组合钢柱在安装过程中的精确定位。

2. 技术难点

1）异形钢柱测量定位坐标难计算

本工程钢柱及外框均为曲面，曲线变化较大，竖向结构柱及支撑截面位置变化多样，超高层钢结构异形组合钢柱因结构形式和空间位置变化大，倾斜、交汇、扭曲等情况普遍存在。对于安装测量定位坐标计算存在很大困难。

2）吊装测量观测仪器难架设

核心筒墙体截面随结构高度升高不断内缩，不同高度层竖向结构不在同一铅垂面上，没有视野开阔的附着区域，使得用以指导结构件吊装定位的测量控制平台的设置有较大困难。

3）钢柱焊接质量难控制

钢柱在焊接过程中，会出现一定的收缩变形，难以保证焊接质量。

3. 技术措施

1）采用三维模型提取钢柱定位坐标

钢柱测量前，做好充分的内业工作，通过构件 BIM 模型解算出构件关键位置的精确空间坐标，钢柱校正时，精确控制钢柱的柱顶中心三维坐标和扭转度。如图 20.5-1 所示。

2）自制平台架设仪器，精确定位异形柱

外框柱钢柱的校正测量按照先调整标高，再调整轴线，最后复核钢柱牛腿轴线的顺序进行，外框柱测量时需在钢柱或钢梁顶部的自制工装上架设全站仪。如图 20.5-2 所示。

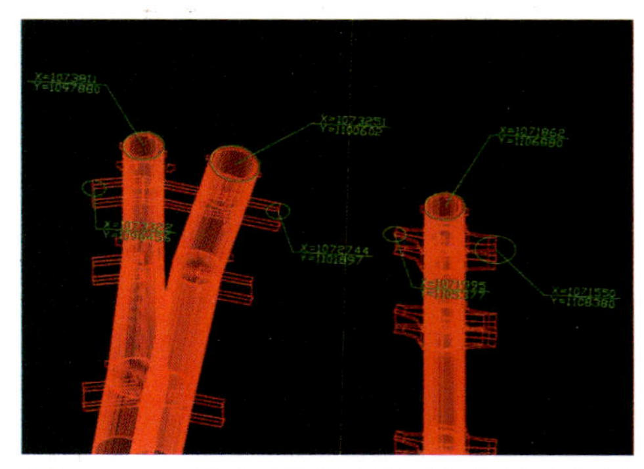

图 20.5-1 通过三维模型解算钢柱精确坐标

图 20.5-2 通过自制工装架设全站仪

通过量取上下钢柱标高控制线的距离进行标高的调节。钢柱标高校正完成后，使用全站仪测出柱顶十字轴线坐标，与理论坐标进行对比，钢柱柱顶中心坐标调整完成后，再对钢柱牛腿进行复核，确保钢柱扭转角度符合规范要求，复核无误后进行焊接。见图 20.5-3。

3）焊接变形控制

钢柱焊接过程中，为了更加实时地了解钢柱焊接收缩情况，在钢柱四个面各焊接一块码板，对称安装千分表，调节千分表钨钢针与上面的码板顶紧，记下此时千分表的初始读数，即可开始焊接。在焊接过程中定时观察千分表盘的读数，比较两表盘读数差值，套用相应的计算公式即可知钢柱由于焊接所造成的焊接变形。

正常情况下钢柱对称焊接所造成的柱顶位移一般小于等于 2.5mm，根据位移公式可知，在对钢柱进行焊接变形监测时，两表盘读数不超过 0.25mm（千分表测量精度 0.001mm）。当读数差超过这一范围时即表示焊接变形过大，需安排焊接操作人员重新调整焊接顺序，从而达到对焊接变形实时监测的目的。如图 20.5-4 所示。

图 20.5-3 钢柱轴线坐标与牛腿位置校正

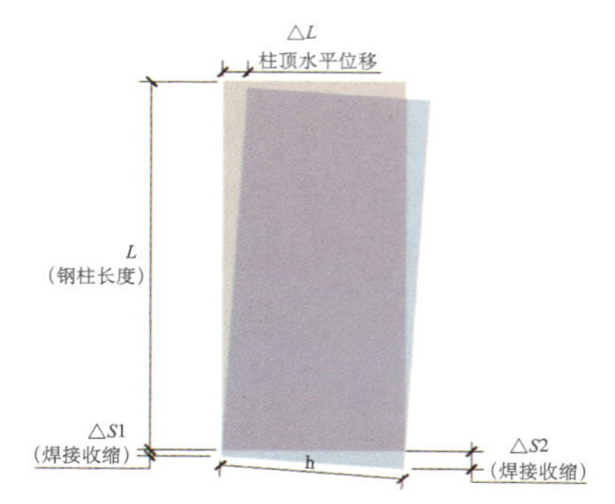

图 20.5-4 焊接对钢柱的影响示意图

4. 小结

本技术得到成功应用，解决了超高层异形组合钢柱无法准确定位的难题，经实践应用证明，BIM 模型提取理论坐标值，高精度测量仪器进行定位放样，千分表实时监测焊接，满足超高层异形组合钢柱高精度的定位要求，保证了钢结构异形组合钢柱的安装施工质量。

20.6 测量放线机器人技术应用

1. 技术概况

测量放线机器人是新一代基于 BIM 技术研发的智能型建筑测量全站仪，在超高层建筑施工测量中，测量放线机器人与多种 BIM 软件相结合，将模型导入到仪器测量手簿中，实现可视化放样。将 BIM 中的设计数据高效快速地标定到施工现场，为施工员提供更加准确、直观的施工指导。在放样结束后，测量机器人将已放样的点位信息与 BIM 特征点信息进行比对，生成放样点位成果报告，分析出放样有误差的点位，提高了测量放样的效率和精度。测量机器人还可以采集已完成结构的特征点信息与 BIM 模型进行碰撞分析，以此来检测施工成果是否符合要求，保证工程施工质量。

2. 技术重点

1）测量放线机器人对复杂结构边缘幕墙埋件的定位放样技术

本工程幕墙埋件沿楼板外边线布设，楼板边缘呈非规则曲线结构，在楼板绑扎完钢筋后要及时埋设幕墙埋件，结构边缘形状及幕墙埋件布置见图 20.6-1 所示。

图 20.6-1 楼板结构外边线形状及幕墙埋件布置示意图

由于幕墙埋件随结构边缘的弧度不规则布设，导致无法采用常规的 Auto CAD 软件调取埋件定位的二维坐标，为保证幕墙定位的及时、准确，所以采用 BIM 测量放线机器人对结构边缘、幕墙预留预埋件等精度要求较高的点位进行放样。将放样完成的坐标，通过 BIM 测量放线机器人自动测量功能检核结构边缘的误差，保证幕墙施工测量精度。具体操作流程如下：

（1）将已有控制点信息输入操作手簿，从模型中提取控制点用于现场设站。

（2）通过 Leica Building Link 插件，在 Auto Revit 软件中提取出各个节点的三维坐标值，并导入到 LeicaCON 手簿中进行放样工作，将选取的放样点位以三维坐标形式导出并储存，根据点位特征分类整理放样数据。操作方法如图 20.6-2 所示。

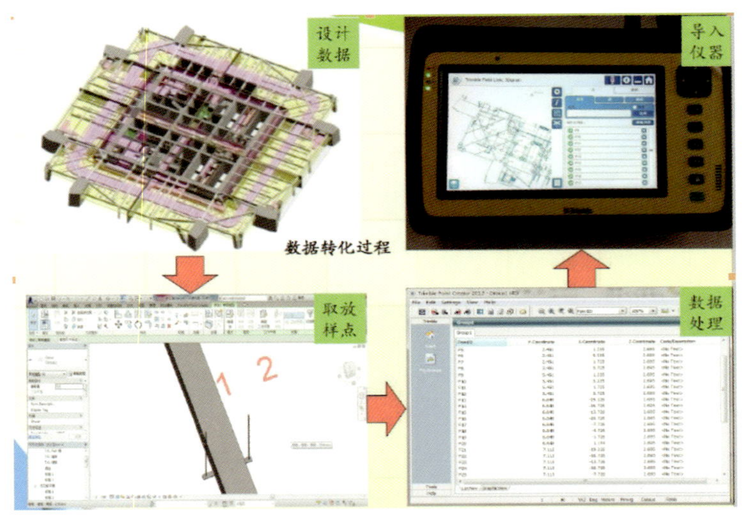

图 20.6-2 测量机器人通过 BIM 导入放样点坐标操作示意图

（3）选取放样点，通过观察手簿显示器中待放样点的位置及被跟踪棱镜的实时动态位置，进行可视化放样测量，操作方法如图 20.6-3 所示。

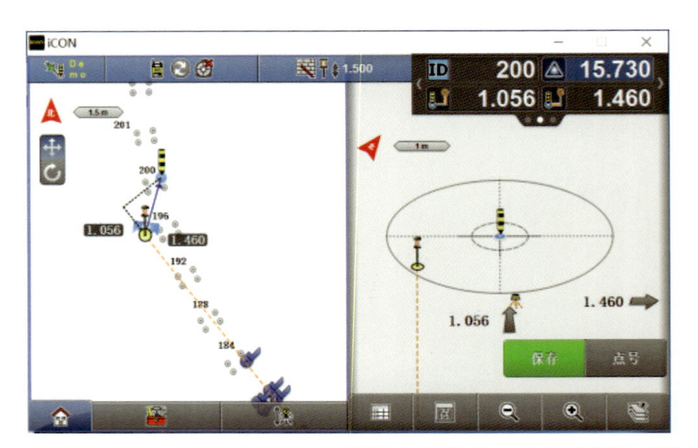

图 20.6-3 测量放线机器人根据手簿显示进行可视化放样操作方法示意图

（4）放样结束后，导出测量放样报告，查看放样点位精度；对于放样偏差大的点位进行重新测放，确保幕墙埋件定位精度。

2）测量放线机器人在机电管线安装中的定位技术

BIM 测量放线机器人对机电管线安装进行定位放样工作，可以为施工人员提供更加直观、准确的施工指导，提高施工效率；测量机器人对现场实物进行实测实量，将现场测绘得到的实际建造结构信息与模型汇总的数据对比，核对现场与模型之间的偏差，为机电专业的深化设计提供依据，具体操作流程如下：

（1）选取机电管线 BIM 平台内的管线支架布置模型导入到仪器手簿，选取待放样点位进行管线支架放样。

（2）通过放样三维坐标直接标定在楼板顶部，工人采用记号笔直接标定，完成施工放样，操作方法如图 20.6-4 所示。

图 20.6-4　机电管线支架现场放样标定示意图

（3）采用测量机器人观测已完成的机电管线，将数据导入 BIM 中进行碰撞分析，检查施工质量，同时为机电管线深化设计提供依据，操作方法如图 20.6-5 所示。

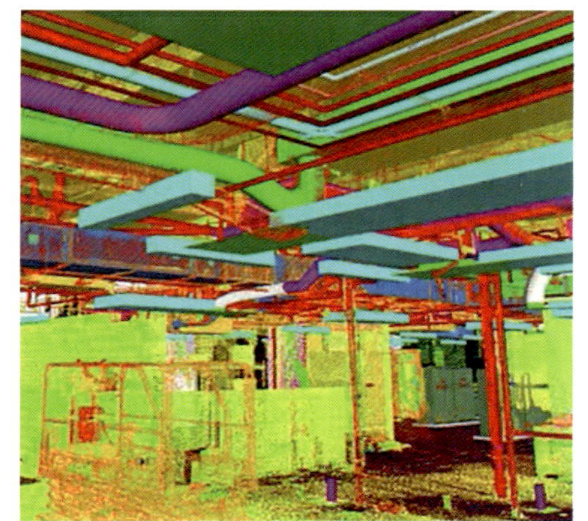

图 20.6-5　机电管线 BIM 实测图数据导入 BIM 进行碰撞分析示意图

3. 小结

测量放线机器人技术在本项目的应用，实现了 BIM 平台内的现场施工和设计模型的三维数字信息交互（比对、判断、修正、优化），达到了其对施工的指导作用，解决了复杂工况下测量定位无法提取点位坐标、高效率工作条件下无法满足定位精度的难题。为幕墙埋件定位及机电安装施工提供了一种新型的高精度的测量定位方法，提高了测点的工作效率和精度，减少了测量人员的投入，取得了良好的经济效益与社会效益。

20.7　高空超大钢构件实时测控技术

1. 技术概况

本工程钢结构构件形式多变、节点繁多、空间感强，对于构件的测量精度有极高的要求，传统人工逐点测量的方法需要从不同的角度多次转站才能完整地反映出构件的整体空间位置，而施工现场条件复杂，有时无法满足每个角度都能有架设仪器观测的条件，导致效率大大降低。传统的全站仪测量需要人工立反射棱镜，在超高层建筑钢结构施工过程中构件安装均为高空作业，人工作业的危险性较大。

采用高空超大钢构件施工实时测控技术良好解决了测量效率低、精度差、危险性高的问题。该技术是由自动锁定目标的电机驱动全站仪（测量机器人）和针对钢构件现场安装需要所设计的软件Dacs两大部分组成的自动跟踪测量系统，通过自动测量机器人实时跟踪锁定多个棱镜的三维坐标，结合构件BIM模型，以动态模型的形式呈现出整个构件在调整过程中的动作及位置信息。为复杂构件的测量校正提供了一种更加高效、准确的技术手段。全站仪循环锁定观测的三个棱镜的坐标通过WIFI连接实时地发送到软件中，通过三点定位空间位置的原理确定构件的整体位置，再通过软件对构件BIM模型的计算可实现对构件上任意一点的坐标的实时呈现，因此相对于传统的逐点观测校正，自动跟踪测量系统实现了钢结构测量从静态到动态、从局部到整体的革命性技术突破。

2. 采取措施

钢结构安装自动跟踪测量系统包含硬件部分和软件部分。硬件部分由厂家解码定制的全自动跟踪测量机器人和360°强磁吸附棱镜组成，负责构件安装过程中的动态三维坐标数据采集。软件部分由PC端和移动端两部分组成，其中移动端负责现场仪器的操作指挥与数据处理，PC端则可通过远程数据连接实现对现场的实时监控。测量机器人软件操作界面如图20.7-1所示。

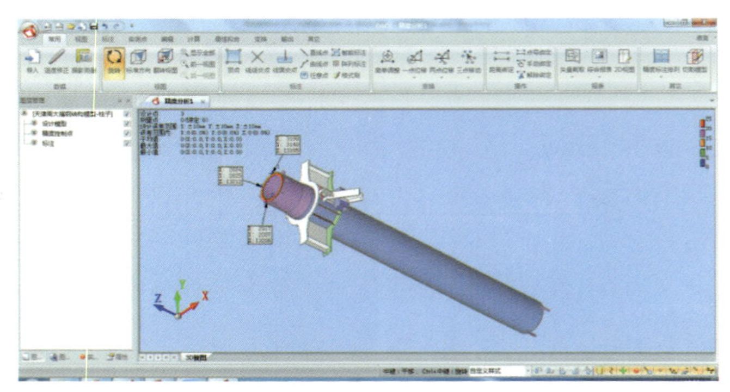

图20.7-1 软件操作界面

3. 实施过程

构件吊装前提前在构件上方摆放三个吸附式棱镜，测量机器人同时追踪三个棱镜，棱镜摆放位置没有特殊限制，在能被仪器观测到的位置任意布置即可，棱镜布置完成后，先对三个棱镜逐个瞄准识别，然后对构件的特征点进行瞄准识别，Dacs软件通过构件BIM模型上的特征点和棱镜的相对空间位置关系计算出棱镜在构件上的位置。之后的校正过程仅需要仪器自动跟踪三个棱镜即可反算出构件上任意一点的位置坐标（图20.7-2、图20.7-3）。

图20.7-2 棱镜摆放示意

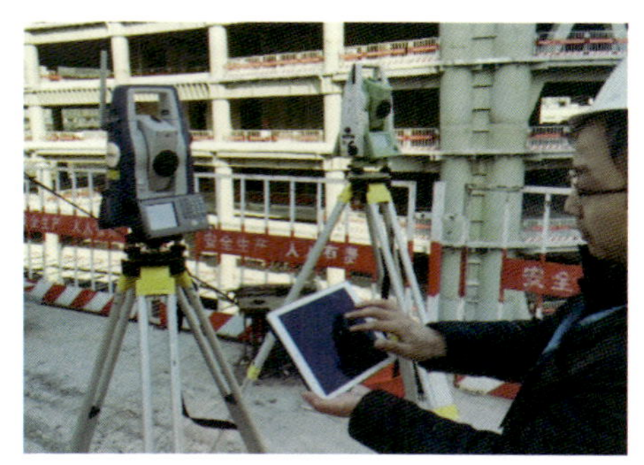

图20.7-3 钢结构自动跟踪测量

吊装校正过程中可以在软件上实时观测构件的空间动态位置变化，并且可以任意选择想要关注的部位显示实时坐标，给出构件调整至设计位置需要移动的方向和距离，在构件逐步就位的过程中通过不同的颜色变化更加直观地反映出构件的偏差大小，如图 20.7-4 所示。

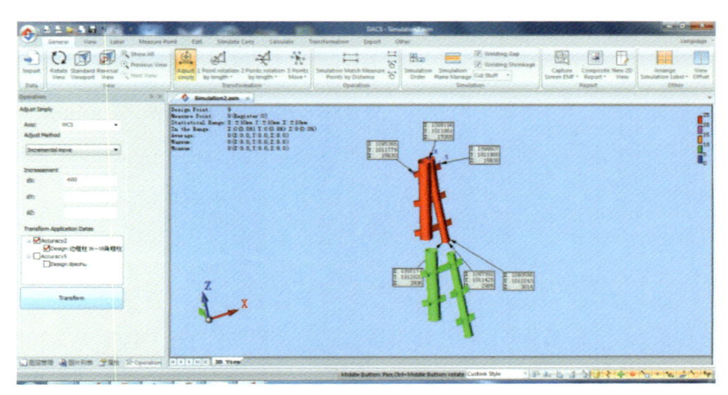

图 20.7-4 测量偏差实时反馈

4. 小结

通过对超高大钢结构施工实时测控技术的应用，实时自动跟踪构件的实际位置，提升了构件安装校正时的效率，极大地加快了构件的安装进度。并且通过软件对三维模型的动态显示，可以随时看到所有关键部位的位置变化，提升了复杂节点校正时的精度。同时，采取吸附式棱镜，减少了作业人员的高空作业时间，提升了安全性，也节约了人工。

第 21 章　机电管线、设备吊运及调试技术

本章详细介绍了超高层机电专业垂直运输综合技术、消防联动调试技术及空调调试系统，针对本工程业态多、划分交叉混乱的特点，协调错综复杂的系统、设备及线路，优化消防联动调试及空调系统调试。

21.1　超高层机电专业垂直运输综合技术

1. 技术概况

本工程包含四类业态，每一类业态设置独立运行的水、电、空调等机电系统，以便于后期运维管理。但此种设计思路导致机电系统繁多，设备层分布密集，管线异常复杂，大型设备管材数量多，规格大。

2. 技术难点

（1）所有大型设备需要依据 BIM 模型进行设备参数的重新计算，报审审批周期长，且大型设备众多；幕墙板块为骑缝单元式，无法预留吊装口，所有大型设备需要在幕墙安装之前完成进场并吊运至相应楼层，设备的报审、采购、进场组织，尤为重要。

（2）工程机电系统多、设备层多、大型设备多。图 21.1-1 所示为大型设备分布。工程结构施工工期紧，造成塔式起重机使用时间异常紧张，每天仅提供 1 ~ 2h 供机电专业吊运大型设备，而传统的塔式起重机 + 接料平台吊运方式，每次安拆接料平台的时间需要 4h。

（3）机电系统 *DN*150 以下管道总长约为 35 万 m，每根管道尺寸约为 6m，普通的施工电梯尺寸不满足运输要求，若依靠塔式起重机运输此部分管材，将占用大量塔式起重机时间，结构施工工期不允许，若每根管道切割为 3m 后，采用施工电梯运输，则大大增加管道连接管件数量，增加管道焊接工作量，影响管道系统质量及稳定性，造成施工成本及施工工期增加。

*DN*200 以上大型管道数量众多，特别是焊接钢管，以 *DN*300 焊接管道为例，单根长度约为 6m，重量约为 250kg，整根管道无法使用施工电梯运输，若切割后运输，则成本与工期大幅增加，而且，在结构抢工期间，塔式起重机主要供核心筒结构施工使用，以保障结构施工进度，整个大厦的大型管道运输面临较大挑战。

（4）中型设备众多，包括 2000 台高低压柜、100 台水泵、各类风机 1000 余台，此部分设备运输工作量巨大。受各种因素制约，机电专业需要在三个月时间内完成上述所有设备的运输就位及安装，中型设备垂直运输压力巨大。

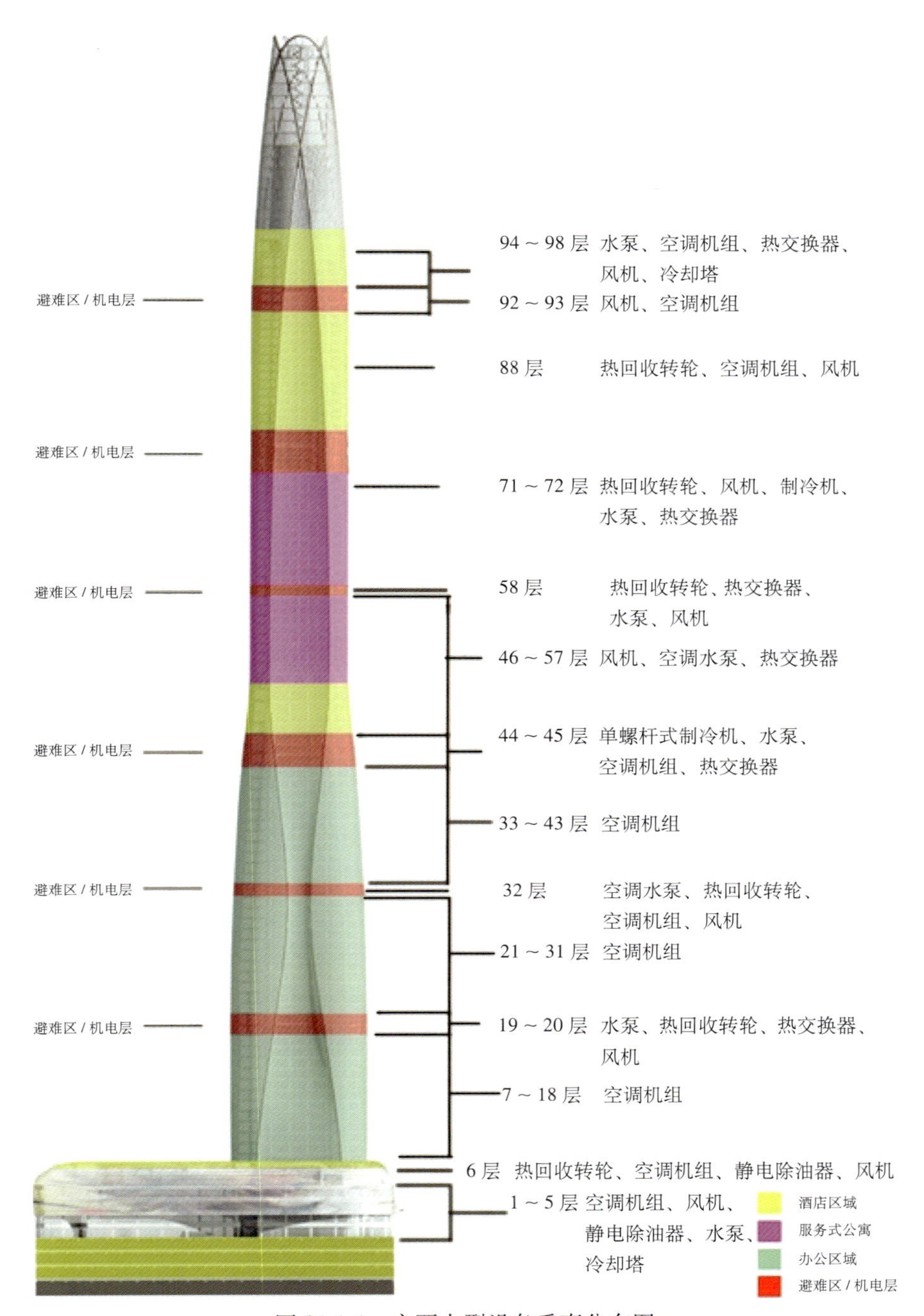

图 21.1-1　主要大型设备垂直分布图

（5）因幕墙施工进度需要，项目需要在特定截止时间拆除施工电梯，此时，机电专业正在进行办公区二次管线施工，43 层以上区域的管线安装。高峰时期机电安装人数达到 3000 名，如何保证在抢工期间，施工电梯拆除后的机电材料及人员运输，挑战巨大。

（6）消防电梯机房位于 97 层核心筒内，曳引机重量为 14t，尺寸大，96 层外筒没有水平楼板，核心筒四周没有通道可以进入机房内，如图 21.1-2 所示，利用塔式起重机 + 接料平台或吊笼法，都无法进行 96 层曳引机吊运。图 21.1-3 所示为电梯曳引机与帽桁架的相对位置示意图，红色区域为曳引机安装位置。96 层消防电梯曳引机吊装成为一大难题。

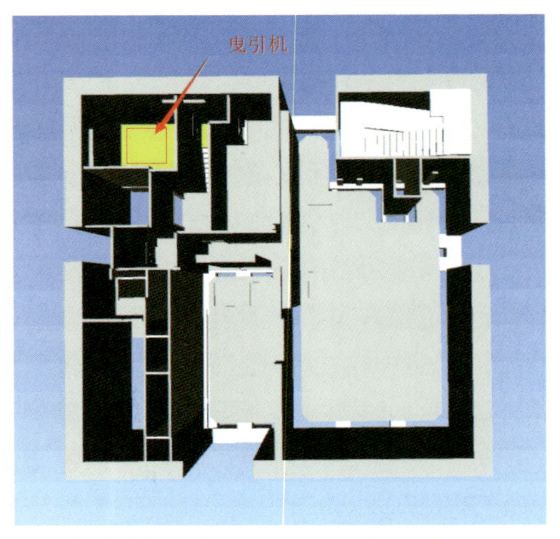

图 21.1-2 96 层核心筒结构平面图

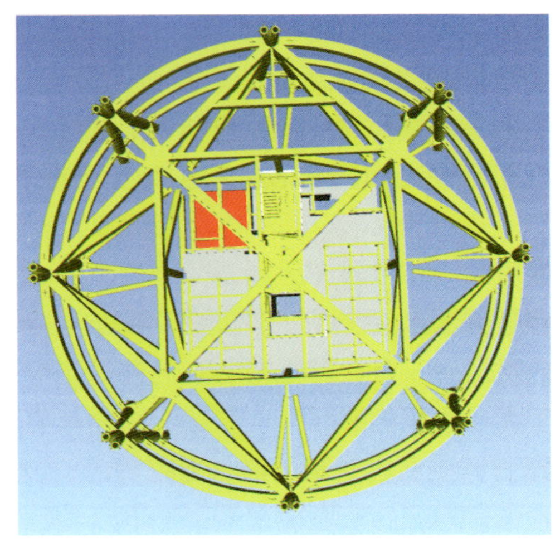

图 21.1-3 曳引机与 98 层帽桁架相对位置

3. 采取措施

（1）依据幕墙板块安装计划，编制所有需塔式起重机吊运的大型设备报审，采购及进场计划，把控大型设备的报审、采购及进场，以保证相关大型设备在幕墙封闭前，吊运至相应楼层。

（2）采用塔式起重机＋吊笼法，进行设备层大型设备吊运，取代传统的塔式起重机＋接料平台法，吊笼法减少了接料平台的安拆时间，每一个楼层节约塔式起重机吊运时间约 4h，极大地缩减了机电专业大型设备吊运对塔式起重机使用时间的需求。

（3）机电专业在垂直运输方案编制阶段，依据中型设备尺寸、重量以及 *DN*150 以下管道的尺寸及数量，提资施工电梯轿厢尺寸。动力部门提供两部载重为 3.2t，轿厢尺寸为 4800mm × 1500mm × 2500mm 的施工电梯，且轿厢顶部设置尺寸为 1200mm × 800mm 的可开启天窗，用以运输机电专业 30 万 m *DN*150 以下管道及尺寸小于 4800mm × 1500mm × 2500mm 的中型设备，如图 21.1-4 所示。极大地缩减了机电专业对塔式起重机的使用时间，提高了整个大厦设备运输的效率，满足了机电专业三个月内完成 3000 余台设备运输就位的需求。

图 21.1-4 6m 镀锌钢管施工电梯运输图

(4) 在施工电梯拆除前，机电专业按照工程的业态分布，针对塔楼办公区（7～43层）、酒店公寓区（44～70层）、酒店区（70层以上），提前进行不同业态功能的正式电梯验收，保证了在电梯拆除后，各业态正式电梯提前投入运营，解决了施工电梯拆除后的大厦垂直运输问题。

(5) 选择一处尺寸为3000mm×2500mm的风管井，此风管井暂时不进行风管安装，在相应设备层，风管井顶端，设置管道承重及提升装置，利用卷扬机+导向滑轮将大型管道集中从首层倒运至设备层。

待管道倒运至相应设备层后，以设备层为起始点，进行大型水管井管道的倒装。先将管道由捯链悬挂临时固定好，待固定好后再依次吊装下一节管道，并与先前临时固定好的管道对口焊接，连接完成并检查合格后，将整条管道向上提升一层，做好临时固定，依照前法吊装下节管道，按照由上到下的施工顺序安装管井内的管道。

(6) 针对96层消防电梯曳引机吊装，在核心筒封顶后，进行顶升平台及兜底防护拆除，待水平楼板施工至96层底板后，再进行曳引机承重梁安装，同时向钢结构专业提资帽桁架预留吊装口，如图21.1-5所示，黑色钢梁部位为吊装孔，此部分钢梁暂不安装，待曳引机吊装就位完毕后，再进行施工。

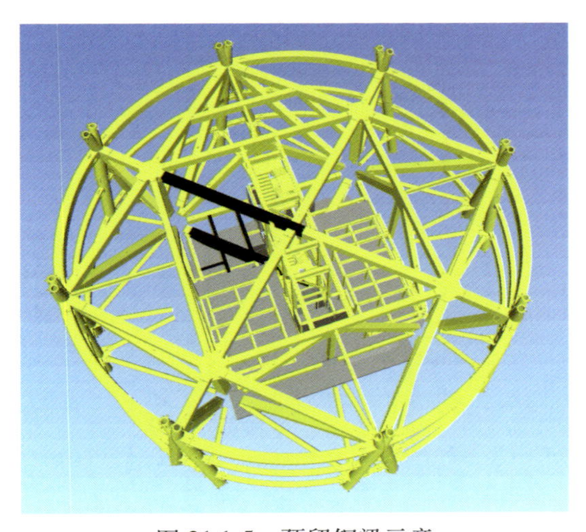

图21.1-5 预留钢梁示意

4. 小结

通过以上措施的执行，本项目机电专业所有大型设备在幕墙封闭前全部吊运就位，充分利用施工电梯的三个月时间，将所有中型设备、数十万米*DN*200以上大型管道运输完毕，保障了施工节点的完成，且在整个垂直运输过程中，没有出现安全事故。

21.2 超高层消防联动调试技术

1. 技术概况

本项目设计为商场、办公、酒店、酒店公寓四大业态，针对每类业态都设置有独立的消防报警主机作为相应业态火灾联动的枢纽。而大厦地下1、2层以及1、5、47、48等楼层，多种使用业态交叉，楼层内的报警设备及回路分属不同主机控制。整个项目拥有247个防火分区，45000个火灾报警设备及13000个联动模块。机电专业分别划分为电气、给水排水、暖通、燃气、高压、厨房、智能化、电梯等由不同单位进行施工，使得整个项目联动关系复杂，联动期间各单位间沟通协调困难。以上因素，造成本工程的消防联动调试面临巨大挑战。

2. 技术难点

（1）业态众多，每类业态设置独立的报警系统，由独立的消防主机控制，而部分楼层存在多业态交叉情况，一些走道及公共区域业态划分不明确，导致消防报警系统穿线容易出错，影响现场联动关系的准确性。

（2）参与联动的专业多，分包单位多，且系统复杂，调试过程中，消防联动的相关机电系统故障率高，严重影响联动调试进度。

（3）本项目建设周期长，建设过程中，相关消防规范出现变更，造成部分施工内容依据不明确，从而影响消防联动调试。例如：针对消火栓报警按钮接线，原规范要求不止要有联动功能，也要具备直接启动功能，要穿直启线。而新规范要求消火栓报警按钮要通过联动关系启泵，不需要直接启动，故只需要穿报警信号线，不需要穿直接启动线。

（4）塔楼一层大堂、裙房三层宴会厅、机电层19、71、71夹、46层等层高大于12m，施工及调试难度巨大。

3. 采取措施

（1）参建单位讨论对多业态交叉的楼层以及业态不明确的区域，进行业态的划分及确认，如图21.2-1所示。

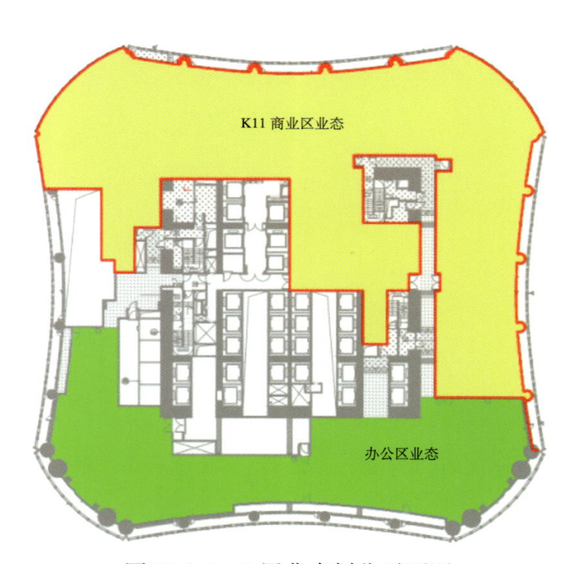

图 21.2-1　6层业态划分平面图

在各楼层业态划分明确之后，组织各机电专业编制单个专业联动关系表，以提供消防专业进行消防联动关系表的编制。制定防排烟单系统联动关系表，明确相关区域的火灾报警与防火阀、防排烟风机联动开启的关系。

在各个专业联动关系表编制完毕后，上报消防及机电顾问审核，审批同意后，由消防专业编制整个消防联动系统的联动关系表，以指导联动编程工作，为消防联动的准确性、规范性、合规性提供保障。

业态的划分及明确，联动关系表的编制及审批，保障了消防联动编程及调试的准确性、规范性，为联动调试打下了技术基础。

（2）编写详细的调试计划，且调试计划应满足三点要求：

①因一台消防主机不可能同时进行多个防火分区联动，联动调试计划应充分了解每台主机所属业态，以及每台主机所带回路，所负责防火分区范围。

②计划细化到每一层、每一个防火分区，以供各单位及时追踪、调偏。

③调试计划应充分考虑调试人员的分配与流动。通过详细、精确的计划编制，合理的人员分配与流水组织，以及每天一次的联动计划推进协调会，在最短时间内完成整个大厦的联动调试，满足了消防验收节点要求。

（3）针对系统多、参建分包多、相关的机电系统复杂、联动故障率高的问题，统筹梳理所有参与联动的系统清单，督促各机电专业在联动开始前，完成各个单系统调试，以保障联动的顺利、快速开展。表 21.2-1 所示，为各个机电专业相关消防联动系统在联动调试前应达到的前提条件。

消防联动相关系统需求条件 **表 21.2-1**

序号	所属专业	联动内容	需求条件
1	消防专业	感烟探测器	所有点位调试完毕
2		感温探测器	所有点位调试完毕
3		手动报警按钮	所有点位调试完毕
4		声光报警器	所有点位调试完毕
5		楼层显示器	所有点位调试完毕
6		消防广播	系统调试完毕
7		防火门监控系统	系统调试完毕
8		异形防火卷帘门	所有卷帘门调试完毕
9	暖通专业	排烟系统	系统调试完毕（风机调试、风阀调试、风管检测、风量风速检测完毕）
10		正压送风系统	系统调试完毕（风机调试、风阀调试、风管检测、风量风速检测完毕，楼梯间及各个前室压差达到要求）
11		非消防 LMCP 控制箱	安装完毕，通电运行
12	电气专业	应急配电箱	安装完毕，完成调试并通电
13		普通配电箱	安装完毕，完成调试并通电
14		应急照明系统	应急末端安装完毕，灯具开启
15		普通照明系统	应急末端安装完毕，灯具开启
16		智能疏散系统	主机、末端设备安装完毕，单系统调试完毕
17	智能化专业	门磁门禁系统	门禁系统安装调试完毕
18	电梯专业	电梯系统	所有电梯安装、调试、验收完毕
19	燃气专业	燃气系统	燃气报警系统安装并调试完毕

（4）在首层大堂、3层宴会厅等层高超过12m的楼层，采用移动式升降车进行消防联动调试，快速、便捷、安全。

（5）在施工电梯拆除后，总包单位依据现场实际情况，提前组织验收了17部正式电梯，以供整个大厦垂直运输使用。在这期间，充分考虑到后期超高层消防联动调试的沟通困难问题，提前组织电梯单位，投入运行一部速度为10m/s、载重2t的消防电梯，专门供大厦消防联动调试使用，有效地解决了调试人员上下沟通问题，保障了故障排除的速率，保障了联动调试的进度。

（6）针对新老规范不一致等情况，积极组织建筑、机电、消防顾问，针对新老规范不一致情况进行认定，有争议的情况下，向消防主管部门咨询，并寻求解决方案。

4. 小结

通过以上措施的执行，机电专业顺利完成了消防联动调试作业，并达到联动准确、无误的理想效果，保障了消防验收的顺利进行。

21.3 VAV变风量空调系统调试

1. 技术概况

本工程7～43层为办公区，空调系统为VAV变风量全空气空调系统，该系统主要由室内变风量温控器、变风量末端（VAV-BOX）、风道静压测量装置、变风量空调机（带有变频器）以及空气输送系统组成。新风通过竖井经定风量控制箱分送至各层的AHU空气处理机组，AHU空调机组对新风及回风进行处理后，通过送风管道及变风量末端装置VAV-BOX将处理后的空气送入各个房间。

2. 技术难点

（1）VAV系统控制方式一般有三种，分别为定静压控制、变静压控制、总风量控制。每一种控制方式都存在一些优缺点，如何选择系统的控制方式，是整个调试开展的前提以及系统调试成功与否的关键所在。

（2）VAV系统调试，多专业交叉，逻辑控制关系复杂，调试步骤非常重要。

（3）VAV空调系统调试对整个系统的严密性要求极高，图21.3-1所示为办公区标准层空调风系统平面图，办公区空调系统风管路由长度较长，弯头、三通较多，每一个楼层设计有240多个变风量末端VAV-BOX，风管接口多，以上因素造成了VAV系统严密性难以控制。若系统的严密性控制不好，将造成系统管道内漏风，变频风机一直处于高频率运行，系统末端风量达不到使用要求，整个系统的能耗增大。

（4）办公区域的顶棚净空要求为3.15m，结构层高为4.7m，架空地台的高度为200mm，机电设备管线在局限的顶棚内部，管线密集、综合排布困难，末端设备众多，导致VAV-BOX末端一次风管侧长度无法全部保证大于3倍的风管直径，造成风速流动不稳定，流量计测量数据不准确，影响系统调试。

（5）甲级办公楼，对噪声控制较严格，VAV系统的噪声控制直接影响到整个办公区的噪声控制是否满足声学设计要求。

（6）VAV系统风量平衡的调试，直接关系到VAV系统能否高效、节能运行，使空调系统的运行工况与设计相吻合，并满足使用要求，所以空调系统的风平衡调试非常重要。

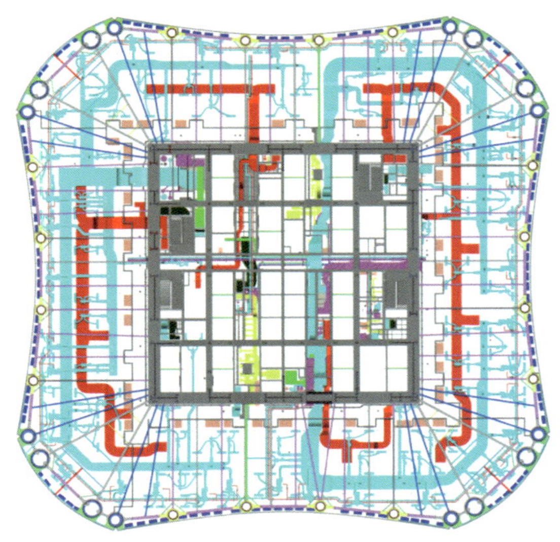

图 21.3-1 办公区标准层空调风系统平面图

（7）DDC 是整个系统控制的大脑，每一个控制点位的数据收集、对比、修正，动作是否良好，直接决定着 DDC 控制能否正确控制整个 VAV 系统。

3. 采取措施

（1）充分了解 VAV 系统三种控制方式的控制原理，了解各类控制方式的优缺点，选择总风量 + 定风量控制为本工程 VAV 空调系统的控制方式。

①定静压控制方式。VAV 系统定静压控制，是在送风系统管网风压最不利位置（国标规定在离风机 2/3 处）设置静压传感器，在保持该点静压为一定值的前提下（一般在 250 ~ 375Pa 之间），通过调节风机转速来改变空调系统的送风量（图 21.3-2）。定静压法，风机频率改变与末端设备无直接关系，故此方法较简单，运行可靠。其不足之处是静压传感器的位置和数量很难确定，而且节能效果相对较差。

②变静压控制方式。VAV 系统变静压控制，是在使风阀尽可能全开和使风管中静压尽可能减小的前提下，通过调节风机转速来改变空调系统的送风量。在调节过程中，风道内的静压根据变风量末端机组的风门开度（或送风量）进行调整。自动控制系统测量每个变风量末端机组的风门开度（或送风量），风道内的静压应使最大开度（或送风量）的风门（或送风量）接近全开位置（或最大送风量）。当最大开度的变风量末端机组的风门开度小于某一下限值时（如 70%），则减少风道的静压设定值，反之，当最大开度的变风量末端机组的风门开度大于某一上限值时（如 90%），则加大风道的静压设定值（图 21.3-3）。变静压控制方法解决了静压设置（定静压系统中）过高或过低的弊端，噪声更小，节能效果更好，但控制方式复杂，调试难度大。

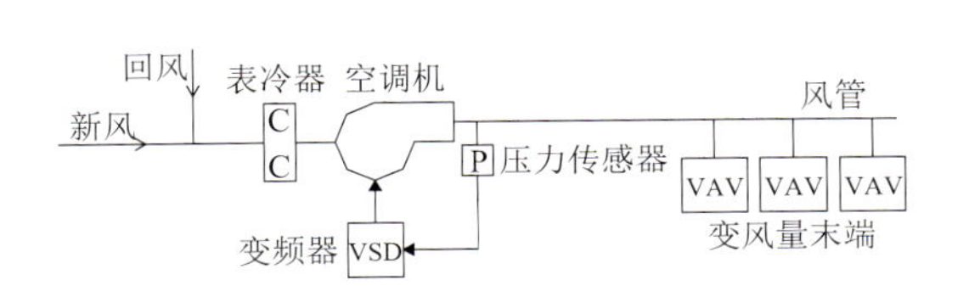

图 21.3-2 定静压控制法原理图

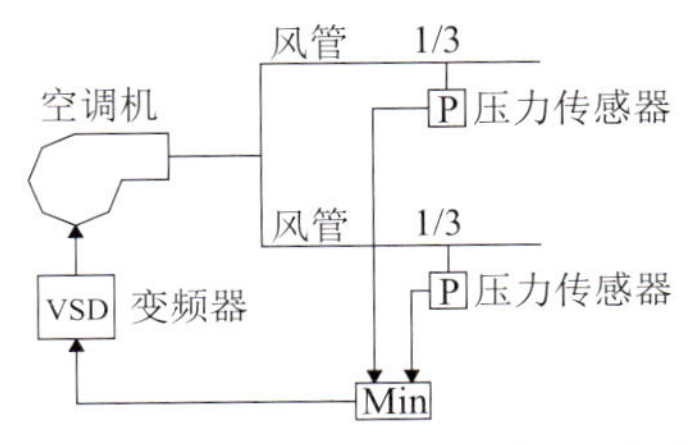

图 21.3-3 变静压控制法原理图

③总风量控制方式。VAV 系统总风量控制，是将各末端设备需求风量反馈至 DDC 控制器上，由 DDC 计算末端需求风量之和并依据风量和频率的曲线，来控制风机运行频率。总风量控制法，直接从末端装置需求风量求取风机转速，系统更加简单、快速、稳定，调试较容易，但此种方式风量在累计的时候，易产生误差，且一旦系统漏风，则控制完全失效（图 21.3-4）。

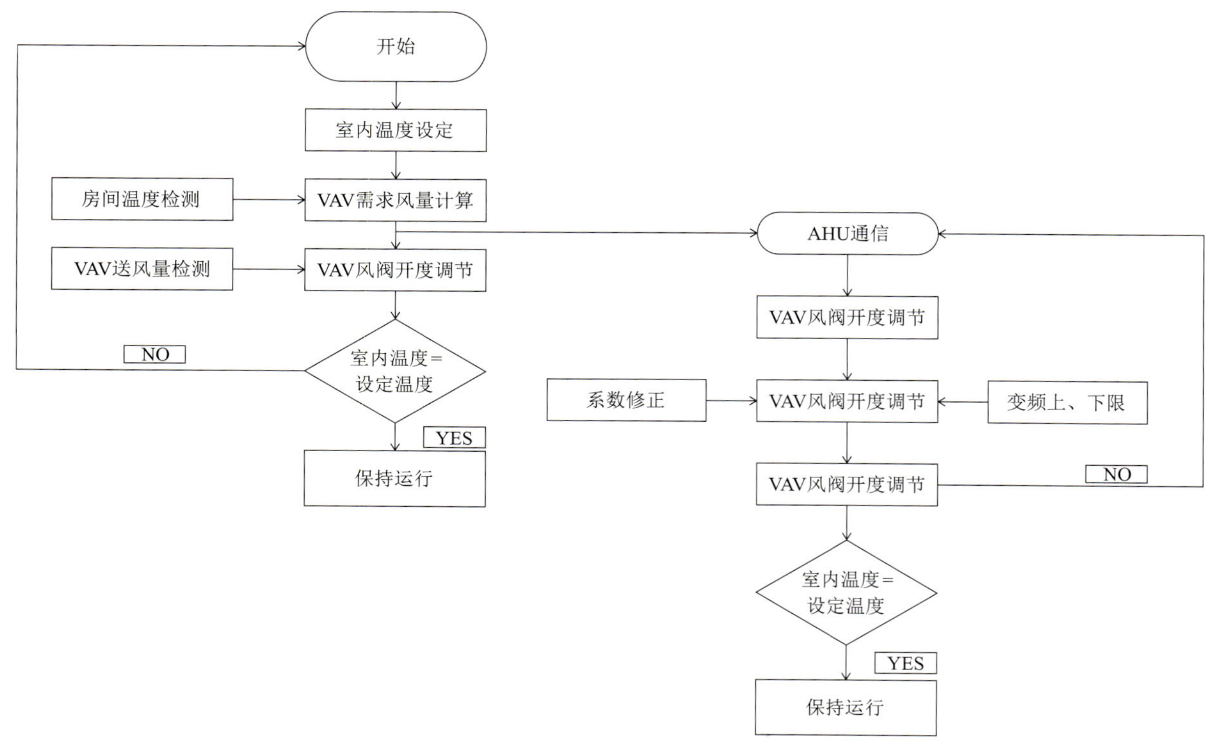

图 21.3-4 总风量控制法原理图

通过分析可知，三种控制方式都具有一定的优缺点，项目结合上述三种控制方式，采用总风量法作为主要控制方式，变风量法作为备用控制方式，以保障调试成功。

（2）制订调试流程，指导复杂的系统调试工作。

（3）严格控制整个 VAV 系统，从空调机组、风管、风阀、末端设备到末端风口安装质量，做好过程安装质量把控。系统安装完毕后，要严格进行漏风量的检测，为最大限度地减少系统漏风，保障系统调试的精确性，针对 VAV 变风量系统，进行全系统的漏风量检测，严格把控管道的严密性。

（4）利用 BIM 进行办公区顶棚内部管线及设备综合排布，解决管线设备之间的碰撞，管线标高与顶棚的碰撞，合理进行 VAV-BOX 设备的排布，确保一次进风直管段长度不小于 3 倍风管直径，且尽量避免一次风进风段的翻弯，解决风管与喷淋等管线的碰撞问题，以此来确保一次风进风侧的气流稳定，风速传感器数据测量准确，如图 21.3-5 所示，末端设备与主管道连接的直管长度均大于风管直径的 3 ~ 5 倍，且与其余管线零碰撞。

（5）VAV 系统的噪声来源，主要分为两部分：第一，空调处理机及末端设备产生的噪声。第二，风阀、风口、弯头处产生的再生噪声。需要做好以下几点：

①严格把控 AHU 空调机组的选型及噪声计算。要求供应商提供设备详细参数，特别是风机的运行曲线图、叶轮的形式、转速及传动方式，并把控设备噪声，需要满足机电顾问的噪声要求。

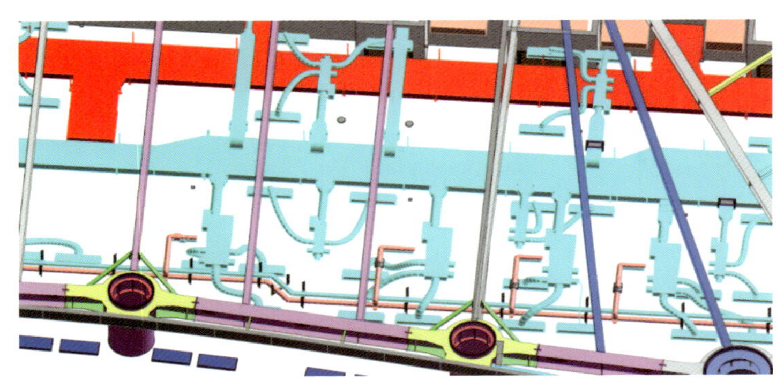

图 21.3-5　办公区 VAV 系统模型

②把控好管道系统的消声。在送风管道、回风管道均选用阻抗复合式消声器，对低、中频率噪声处理效果好（图 21.3-6）。

③把控变风量末端 VAV-BOX 的消声，在变风量末端出口增加一个出风口段，同时作为消声段，内贴有 25mm 超细玻璃棉，这样冷风通过该段消声后，再经过带保温的柔性软风管至风口处，噪声已经很小。

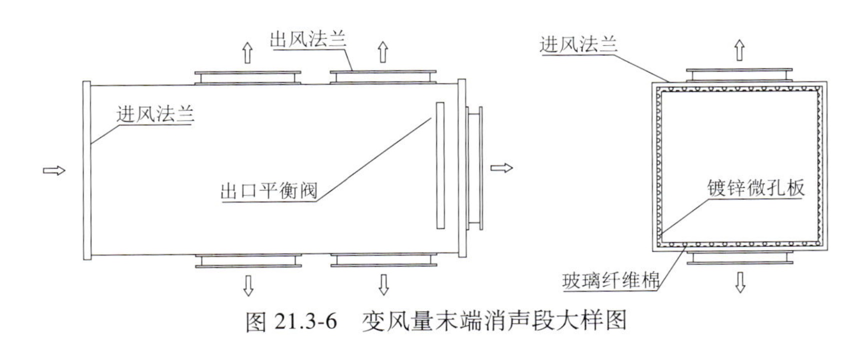

图 21.3-6　变风量末端消声段大样图

④把控好空调机房的降噪。空调处理机房内设备众多，包括加压水泵、新风机、空调处理机等，空调机房采用双层夹面墙体，内填满 50mm 厚的超细玻璃棉毡，机房孔洞四周的缝隙采用弹性材料填充密实。

（6）变风量系统中空调风系统的平衡是 VAV 系统调试成功的重要前提，完成风系统平衡的关键是一次风系统平衡，以满足系统中每个变风量末端的最大、最小风量符合设计参数要求。

VAV 系统变风量末端 VAV-BOX，因其各风口的支管长度、走向不同，且安装过程中，支管弯曲、破损、长度过长等现象较多，因此，在一次风系统平衡完成之后，对 VAV-BOX 末端风口进行风量平衡调试也同样重要。

（7）对每一个自控点位进行精确调试，制定每一个自控点位调试的原则与方法（表 21.3-1）。

自控点位调试步骤及方法　　表 21.3-1

序号	模拟 / 数字	调试内容	调试步骤及方法
1	AI	送风回风温湿度	DDC 控制器检测安装在送风风道、回风风道上的温湿度传感器信号，经过 DDC 控制器内程序运算转变为实际温度数值显示。并检查与仪表测量到的是否一致，如有偏差，需作修正，并记录

续表

序号	模拟/数字	调试内容	调试步骤及方法
2	AI	风管压力	DDC控制器检测安装在送风风道上的压力传感器（0～10VDC）电压信号，经过DDC控制器转变为实际风道压力数值显示（0～1000Pa），并检查与仪表测量到的是否一致，如有偏差，需作修正，并记录
3	AI	变频反馈信号	DDC控制器检测设备反馈信号（0～10VDC或4～20mA），经过DDC控制器内程序运算分别转变为频率和风量信号。并检查与仪表测量到或观察到的是否一致，如有偏差，需作修正，并记录
4	AI	回风CO_2	DDC控制器检测安装在回风风道上的CO_2传感器信号，经过DDC控制器内程序运算转变为实际浓度数值显示。并检查与仪表测量到的是否一致，如有偏差，需作修正，并记录
5	AI	回风电动阀开度反馈	DDC控制器检测回风调节阀的阀位信号，经过DDC控制器内程序运算转变为阀位数值显示。并检查与仪表测量到的是否一致，如有偏差，需作修正，并记录
6	AO	冷冻水阀开关控制	DDC控制器发出0～10VDC电压信号给水阀执行器控制水阀的开度（0～100%）。并检查与观察到的是否一致，如有偏差，需作调整，并记录
7	AO	回风电动阀开关控制	DDC控制器发出0～10VDC电压信号给回风阀执行器控制回风阀的开度（0～100%）。并检查与观察到的是否一致，如有偏差，需作调整，并记录
8	AO	变频器速度控制	DDC控制器发出0～10VDC电压信号给变频器，使变频器的变频输出在30～50Hz。并检查与观察到的是否一致，如有偏差，需作调整，并记录
9	DI	空调机运行状态	当风机启动后，接触器辅助触点变为闭合状态为开机信号。当风机停止后，接触器辅助触点变为断开状态为关机信号。将检查结果记录
10	DI	过滤网压差报警	在空调机组的初效过滤网两端安装有检测压力变化的压差开关。利用压差原理，当空气过滤器有阻塞时，压差开关触点变为闭合状态为阻塞报警信号，DDC控制器检测压差开关状态。记录检查结果
11	DI	变频器故障报警	当变频器发生故障后，变频器给出一报警状态点，接点闭合为报警，接点断开为正常。DDC控制器检测该接点状态。记录检查结果
12	DI	风机手动/自动状态	DDC控制器检测空调电控箱（手/自动）转换开关位置状态。记录检查结果
13	DO	空调机启停控制	DDC控制器通过控制空调电控箱内中间继电器动作，控制风机启动或停止。记录检查结果
14	DO	电动阀开关控制	DDC控制器通过控制空调电控箱内继电器动作，控制电动阀动作。记录检查结果

4. 小结

经过上述措施的执行，顺利完成办公区VAV系统调试，噪声控制在45dB以下，温度、湿度满足要求。

第5篇　纯净之钻——超高层建筑绿色施工技术

贯彻全生命周期绿色建造理念，探索、实践高效节能、节水、节地、节材新技术，让“绿”行于整个建筑，纯净之钻晶莹剔透。

项目以“绿色建筑二星、LEED金级认证”为目标，秉承实体绿色、本质绿色的理念，精心策划，深入研究，从施工重难点入手，创新研发了一系列绿色建造关键技术。

本篇对本工程在资源节约、环境保护、幕墙性能提升、隔声减振等多方面的绿色施工技术进行了详细的介绍，形成了从设计、施工到后期运营的绿色建筑闭环式良性循环，为解决高密度城市绿色、生态、节能等关键问题提供参考，为超高层建设资源节约与环境保护专项技术的发展提供了宝贵经验，积极响应建设美丽中国的国家战略。

第 22 章　超高层建筑施工资源节约技术

针对超高层建筑建造特点与施工难点，依托技术研发、攻关与创新。原创溜管法快速浇筑底板大体积混凝土技术、超高层重型动臂塔式起重机附属提升装置用于吊装爬带及支撑体系与次钢梁技术、超高层施工电梯滑触线供电技术、塔式起重机吊笼吊运超高层大中型设备与大宗物料入作业楼层技术、穿墙与穿楼板机电套管全部进行直埋技术、超高层核心筒遥控智能喷淋养护与降尘技术、深基坑首道支撑优化兼作栈桥技术、基于 BIM 信息技术实现超高层现场物料技术。以上诸多创新技术从源头上节约施工资源、降低能源消耗，减少建筑垃圾产生，减少 CO_2 排放，实现超高层建筑的绿色建造。

22.1　超高层建筑施工节能技术

1. 溜管法浇筑底板大体积混凝土技术

1）技术概况

（1）技术原理

用钢质溜管代替传统的拖泵或汽车泵浇筑底板大体积混凝土。混凝土借助底板与基坑顶部的高差，依靠自身良好的流动性，实现在溜管中的快速流动，直接输送至浇筑点位。设置多道分支溜管，末端可 360° 旋转，便携式溜槽配合辅助布料，从中心向四周推移浇筑，从而实现底板全覆盖、无盲区浇筑。

（2）溜管浇筑系统构成

溜管浇筑系统由卸料槽、下料斗、竖向溜管、缓冲弯头、斜向溜管、分支溜管、便携式溜槽、集束串筒等构成，见图 22.1-1。

（3）溜管浇筑系统布置

依据基础底板浇筑方量、计划浇筑时间确定溜管需用数量，依据现场场地条件、基坑形状等确定溜管浇筑平面布置位置，见图 22.1-2。

（4）溜管浇筑系统设计

需结合底板距坑顶的高度、底板平面尺寸，合理确定溜管的最佳倾斜角度。依据倾斜角度，确定竖向、斜向溜管长度。以此确定斜向溜管分段位置、分支溜管与支撑格构柱位置，需避开墙、柱插筋位置，避开集水井、电梯井位置。

（5）溜管浇筑系统安拆

溜管及支撑格构柱合理分段，采用模块化制作、模块化安装、模块化拆除，安拆方便、快捷。拆除后的溜管用于项目垃圾垂直运输管道制作，实现材料的全部回收再利用。

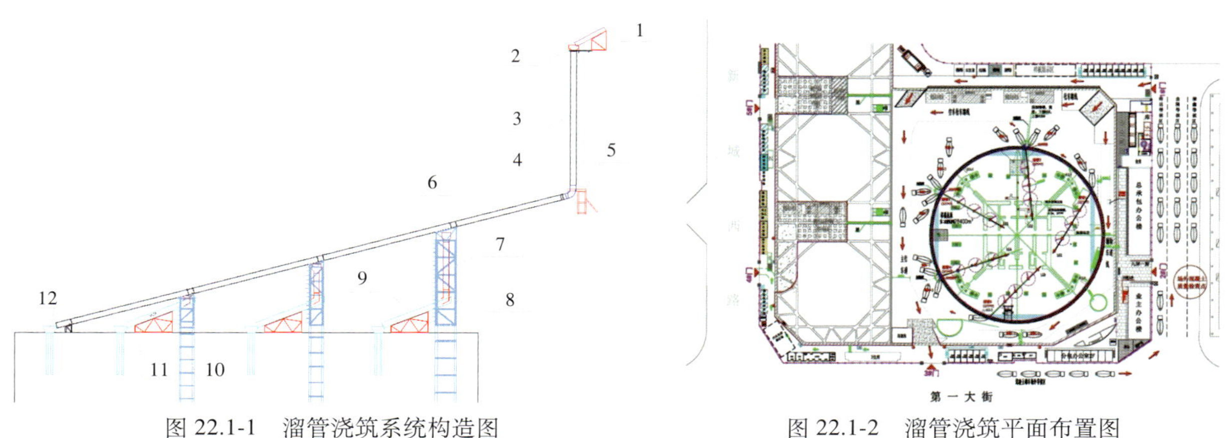

图 22.1-1　溜管浇筑系统构造图

1—混凝土卸料槽及支架；2—下料斗；3—竖管；4—缓冲弯头；5—缓冲弯头支架；6—斜向溜管管身；7—分支溜管；8—360° 旋转弯头；9—木质溜槽；10—型钢格构柱；11—溜槽支架；12—集束串筒

图 22.1-2　溜管浇筑平面布置图

2）技术指标

溜管均采用 $\phi377\times7$ 大口径钢管，采用法兰盘螺栓连接，型钢格构柱作支撑。斜向溜管倾斜角度宜为 12° ～ 30°，分节长度宜为 6 ～ 10m。

3）小结

采用 5 道溜管、3 双 2 单卸料槽浇筑，布置实景见图 22.1-3。创造了 38h 完成 3.1 万 m^3 混凝土浇筑的新纪录，平均浇筑速度 $815m^3/h$，最快浇筑速度近 $1000m^3/h$。

图 22.1-3　溜管浇筑现场布置全景

（1）经济效果分析

施工速度快，单道溜管每小时浇筑混凝土 140 ～ $200m^3$，约是单台拖泵的 4 倍、汽车泵的 3 倍；施工费用低，约是单台拖泵的 1/4、汽车泵的 1/5。

（2）环境效果分析

本技术低噪声，无油耗，节能率近 100%；与拖泵浇筑相比，每万方混凝土节能 8.05tce，减排约 $20tCO_2$。溜管、型钢格构柱安拆便捷，可全部回收利用；占用场地小，能有效化解施工场地狭小带来的不利影响。

2. 超高层重型动臂塔式起重机附属提升装置

1）技术概况

（1）技术原理

在重型动臂塔式起重机塔身顶部安装附属提升装置，用于塔式起重机爬升时自行倒运爬带及支撑体系，吊装外挂塔式起重机下部的次钢梁等小型钢构件。附属提升装置能与塔式起重机起重臂同时独立吊装作业，且相互之间不受影响。

（2）提升装置构成

塔式起重机附属提升装置由型钢承载机构、卷扬动力系统与滑轮系统构成，如图 22.1-4 所示。

（3）提升装置安装

①提升承载机构的 H 形钢梁安装固定在动臂塔式起重机塔身顶部标准节上，在型钢梁的中间上部和两端上下通过耳板安装定向滑轮，满足塔式起重机两侧均能吊装构件的需求。

②卷扬动力系统根据吊装构件的种类、重量进行卷扬机与钢丝绳的选型，卷扬机的 H 形支撑钢梁通过抱箍固定在塔式起重机标准节上。卷扬机与顶部滑轮支架须保持不小于三个标准节的高度，以保证卷扬机顺利盘绳（图 22.1-5）。

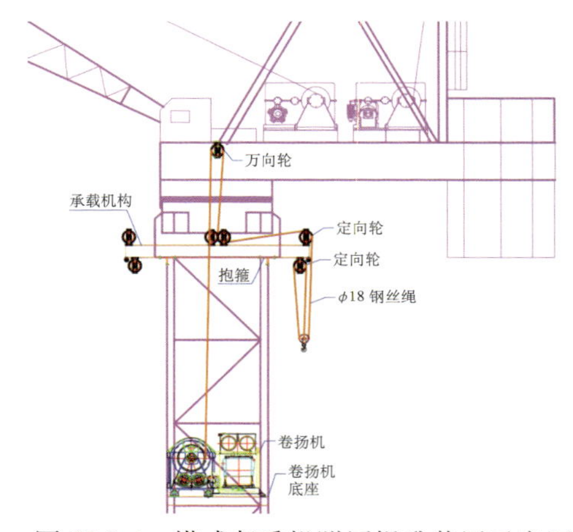

图 22.1-4 塔式起重机附属提升装置示意图

图 22.1-5 卷扬机整体布置图

③滑轮系统的选型应满足不同方向、不同重量构件的吊装需求，且能够根据实际的吊装重量实现不同倍率的吊装转换，以提高构件吊装工效。

2）技术指标

附属提升装置选取 3t 卷扬机作为动力装置，吊装选用 6×37 型号钢丝绳（直径 18mm），承载钢梁采用 HW350×350×12×19Q345 型钢。

3）小结

（1）经济效果分析

重型动臂塔式起重机安装附属提升装置独立吊装作业，解决了塔式起重机爬升时需占用其他塔式起重机配合安拆支撑体系的难题，以及外挂塔式起重机下外框次钢梁的吊装难题，解放了塔式起重机吊次，提高了安装工效。4 台动臂塔式起重机每爬升 1 次，可减少单台塔式起重机 3 个台班投入。

（2）环境效果分析

节省动臂塔式起重机吊次，节省柴油油耗，降低 CO_2 排放。

3. 超高层施工电梯滑触线供电应用技术

超高层建筑施工电梯采用传统电缆供电，电缆超长且自重大，长期上下拖拉和高频率运行，加之风吹、日晒、雨淋的影响，极易造成电缆断芯、绝缘破损等故障，给施工电梯高效运行带来极大的安全隐患。

1）技术概况

（1）技术原理

空气绝缘母线槽采用专用对接件接长，采用专用卡具安装固定在施工电梯标准节上。集电器安装在梯笼上，随梯笼同步上下运行。集电器的电刷在绝缘母线槽内闭合滑移接触取电，持续向施工电梯供电。

（2）滑触线供电装置构成

滑触线供电装置由母线槽（含绝缘护套和导体）、受电器（带电刷）三个主要部件及一些辅助组件构成，见图 22.1-6。

图 22.1-6　施工电梯滑触线供电装置

（3）滑触线供电装置安装与使用

在每个梯笼上安装 2 组集电器，防止由于电刷故障引起的电梯断电，见图 22.1-7。绝缘母线槽垂直敷设在标准节的中间，顶端加设护帽以防止雨水流入槽内。滑触线供电装置安装效果见图 22.1-8。日常使用需重点检查紧固件有无松动，绝缘母线槽有无破损。

图 22.1-7　梯笼安装 2 组集电器供电

图 22.1-8　滑触线供电装置安装效果

2）技术指标

滑触线母线槽采用PVC阻燃、绝缘材料，内部导电条采用铝条压钢带制作。电刷由具有高导电性能、高耐磨性能的金属石墨材料制成。受电器移动灵活，定向性能好，能有效控制接触电弧和串弧现象。

3）小结

（1）经济效果分析

与传统电缆供电相比，见表22.1-1。滑触线供电更加安全、可靠，从根本上避免了电缆损坏坠落等安全隐患的发生，能够保证施工电梯的安全运行，提高施工电梯的使用效率。滑触线装拆、调整、维修亦十分方便，随着标准节的增高可随意增高加节，大大缩短了施工电梯的顶升加节时间。滑触线受外部环境影响较小，滑触线可重复使用5年以上，使用寿命是传统电缆的2～3倍，长期使用可以节约大量成本。

滑触线供电与电缆供电效果对比分析 表22.1-1

供电方式	安拆与更换	受环境影响	损坏风险	使用寿命	损坏后更换	安全性
电缆供电	不方便	大	容易损坏	1～2年	成本大	安全隐患大
滑触线供电	十分方便	小	不易损坏	5年以上	成本小	安全可靠

（2）环境效果分析

超高层滑触线供电，可省掉几百米的超长电缆自重，减轻施工电梯梯笼的运行负荷，大大降低运行能耗。能够有效控制超高电压降，减小线路电量损失，可节电6%左右。

4. 超高层物料运输吊笼创新技术

超高层中大型机电设备在结构楼板施工完成后、外幕墙封闭前须吊装进入相应楼层，传统采用外挂卸料平台来辅助完成吊运，卸料平台安装与拆除耗时较长，占用大量塔式起重机资源。墙体砌块等大宗物料采用施工电梯运输、人工倒运至作业楼层，倒运效率低下，既耗费垂直运输资源，又无法满足施工进度需求。

1）技术概况

（1）技术原理

空调机组、水泵机组、电梯曳引机等机电设备与大型水暖管道制作单轨式运输吊笼，墙体砌块等大宗物料制作双轨式运输吊笼，机电设备或物料放置在吊笼内的带轮运输小车上，用塔式起重机将吊笼吊运至楼层结构外檐作辅助固定后，机电设备直接用牵引绳或捯链沿吊笼滑轨拖拽进楼层，物料用牵引绳沿吊笼滑轨拖拽至结构边缘，由楼内小叉车整盘倒运进楼层。

（2）轨道式运输吊笼构成

包括吊笼承载框架、围护结构、带轮运输小车、吊耳与限位等辅助装置。双滑轨运输吊笼构造如图22.1-9所示。

（3）轨道式运输吊笼设计与制作

依据机电大型设备及管道尺寸、大宗物料的单次吊运量设计运输吊笼的外形尺寸，承载框架结构、吊耳的设计需作受力安全验算。

图 22.1-9　双滑轨运输吊笼构造示意图

承载框架结构必须满焊，并作焊缝探伤检测。在承载主钢梁上布设滑轨，需保证滑轨布设的平整、顺直。制作专用六轮设备运输小车或物料运输小车，车轮选用承载力大的坦克轮。为防止吊笼倾斜时设备与物料滑出，设备吊笼内侧设置两道可开启挡梁；物料吊笼底座及侧面全封闭防护，内侧设置双扇开启门。

（4）单滑轨（双轨）运输吊笼吊运设备

单滑轨吊笼布置单台或双台运输小车，单次吊运 1 台或 2 台机电设备。因单台机电设备重量较大，单台或双台设备需尽量放置在吊笼重心位置，见图 22.1-10。塔式起重机将吊笼吊运至楼层结构外檐后，用捯链将吊笼临时固定到附近的外框柱上进行限位，防止吊笼向楼层外倾斜。在楼层上顺滑轨方向设置带坡道的钢板，便于牵引绳或捯链直接将运输小车拖拽进楼层，见图 22.1-11。

图 22.1-10　设备放置在单轨吊笼重心位置

图 22.1-11　单滑轨吊笼吊运至楼层就位

（5）双滑轨（四轨）运输吊笼吊运物料

双滑轨吊笼布置 6 台运输小车，每条滑轨各布置 3 台运输小车，单次吊运 6 盘物料。塔式起重机将吊笼吊运至楼层结构外檐后，用捯链将吊笼临时固定到附近的外框柱上进行限位，防止吊笼向楼层外倾斜。用牵引绳将载物小车沿滑轨逐个拖拽至结构边缘位置，再用楼内小叉车将整盘物料倒运进楼层。

2）技术指标

运输吊笼承载力应满足安全要求。单滑轨运输吊笼外形尺寸 6.0m × 2.4m × 2.4m，承载力不小于 15t。双滑轨运输吊笼外形尺寸 5.0m × 3.8m × 2.0m，承载力不小于 18t。布设滑轨的主钢梁采用工字钢，外伸长度不小于 1.5m。

3）小结

（1）经济效果分析

提高了大型设备与大宗物料的运输效率，保证了施工进度需求。节省倒运人工，降低倒运成本。以吊笼倒运砌块为例，耗用时间 0.8h/（m^3·人），提高倒运效率 80% 以上，节约倒运成本 20% 以上。

（2）环境效果分析

减少塔式起重机及施工电梯的占用，节省了能耗。降低了物料倒运过程中的损耗，减少了建筑垃圾产生。

5. 超高层建筑远程能耗管理系统

目前，随着国家对建筑工程绿色施工的大力推进，国家和地方先后制定了一系列的绿色施工标准和规范，施工企业推广应用的绿色施工的节能技术措施也越来越多。但项目能耗管理面临能耗支持数据统计薄弱、统计不及时不准确、统计耗费大量人力物力等问题，需用远程能耗管理系统实时统计监测、对比分析能耗。

1）技术概况

（1）远程能耗管理系统原理

根据监控点的不同需求，采用固定视频监控设备 + 无线系统连接相结合的配置方式，发挥远程智能管理系统实时、精准、稳定的数字流传输等特点。远程能耗管理系统监测流程图如图 22.1-12 所示。

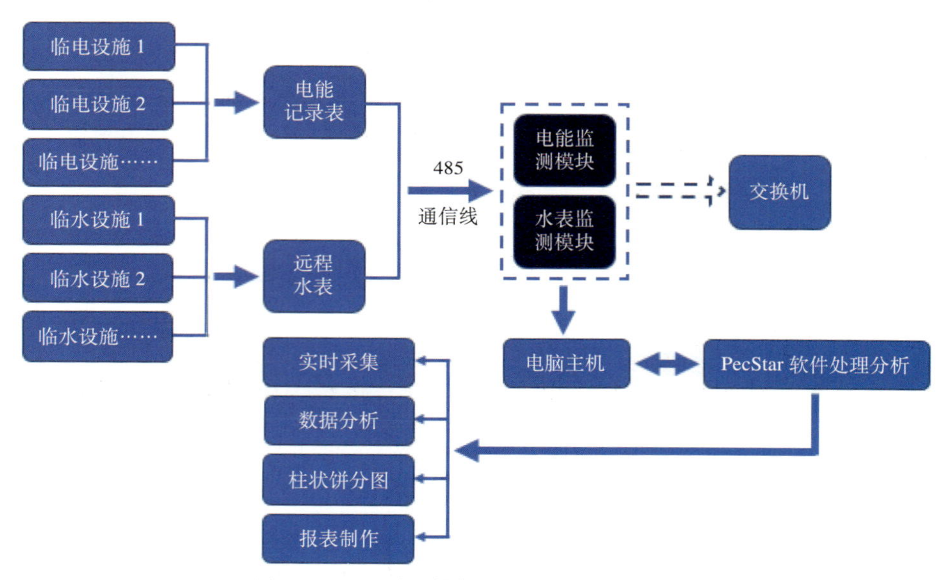

图 22.1-12 远程能耗管理系统监测流程图

（2）远程能耗管理系统实施情况

远程能耗管理系统平台如图 22.1-13 所示。

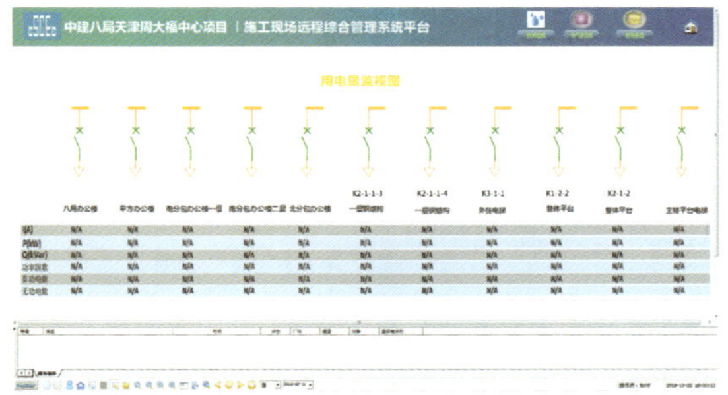

图 22.1-13　远程能耗管理系统平台

远程能耗管理系统现场监测设备如图 22.1-14 所示。

图 22.1-14　远程能耗管理系统现场监测设备

（3）远程能耗管理系统应用功能

①数据采集与处理：对现场节水、节电情况实时精准统计，为绿色施工效果评价提供可靠数据支撑。

②报警功能：剖析每时每刻临水临电实际用量，针对消耗量较大的设施或系统制订相应的解决方案，以管控能耗、降低成本。

③曲线报表：对能耗高峰阶段不正常能耗曲线和峰值进行监测分析，有效监控临水跑冒滴漏、临电偷电漏电以及大功率用电设备使用。见图 22.1-15。

（4）加装低压动态无功补偿装置

在整个临电系统、施工电梯与焊机房等大型用电设备安装低压动态无功补偿装置，见图 22.1-16。提高临电系统用电功率因子，降低无功用电损耗。

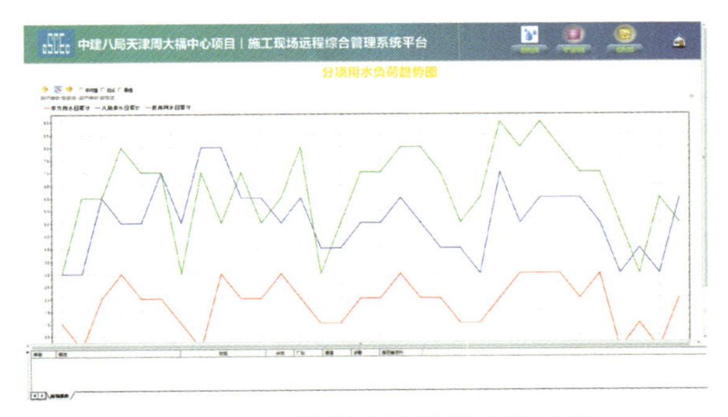

图 22.1-15　远程能耗监测系统日报

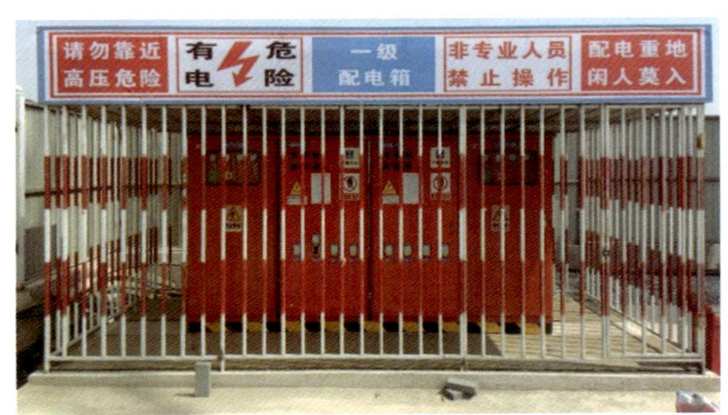

图 22.1-16　低压动态无功补偿装置

（5）建立超高层施工能耗数据库

通过项目能耗监测信息化数据的采集，建立数据库，分析出同类超高层项目整体施工阶段临水、临电系统的用量情况。

2）技术指标

可以实时、精确反馈现场临水临电耗用动态值，有效监控现场临水临电。

3）小结

（1）经济效果分析

利用远程能耗管理系统反馈的数据，优化临电系统配置，节约电能、提高供电质量，降低施工用电成本投入。

（2）环境效果分析

通过能耗监控系统及时发现现场临水临电偷漏跑冒现象，并采取相应解决措施，避免水电资源浪费现象发生，从而达到节水节电效果。

22.2 超高层建筑施工节水技术

1. 超高层核心筒遥控智能喷淋养护与降尘技术

1）技术概况

（1）技术原理

在超高层核心筒顶升平台四周设置喷淋降尘系统，在核心筒养护层设置喷淋养护系统，通过遥控器智能控制喷淋系统的开关，实时进行现场降尘与核心筒养护，达到高效节约用水的目的。

（2）喷淋养护与降尘系统构成

主要包括供水系统（含水箱、给水管）、喷淋系统（含系统支管、顶升平台周圈喷淋设备、核心筒墙体养护喷淋设备）、无线智能控制系统（含无线信号接收器、无线信号转化控制系统、远程遥控器）等，如图 22.2-1 所示。

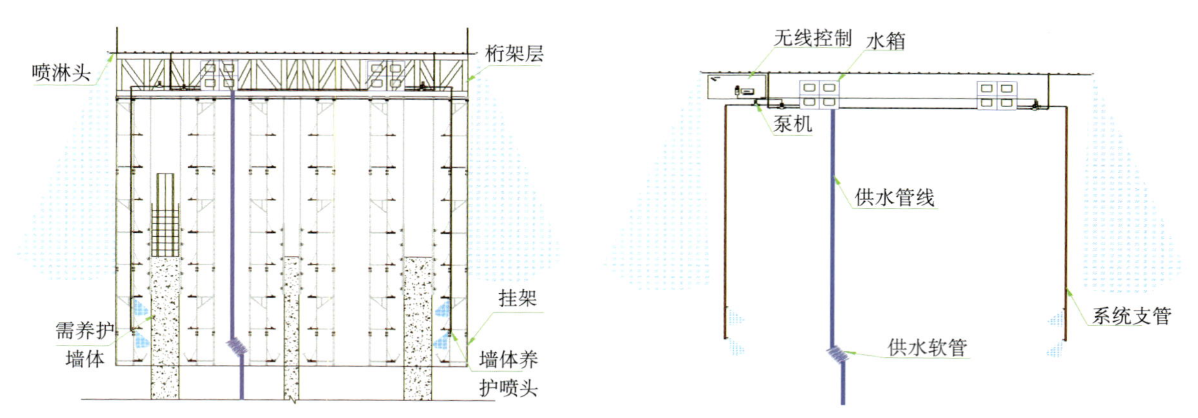

图 22.2-1 无线遥控喷淋养护与降尘系统示意图

（3）供水系统

水箱布置在顶升平台桁架层内，上水管从首层沿核心筒墙体附着布置至桁架层水箱，由高压泵泵送水源至水箱内供水。

（4）喷淋系统

在顶升平台的桁架层四周布置的喷淋头，喷洒水雾用于现场降温、降尘。将桁架层内的支管沿平台挂架立杆直接引至核心筒墙体养护层的两步挂架上，沿挂架内侧四周布置喷淋头，专门用于墙体保湿养护。

（5）无线智能控制系统

在顶升平台上设置控制开关、无线信号接收器，可根据现场的实际工况，通过遥控器控制，开关喷淋养护系统或降尘系统。

2）技术指标

喷淋养护系统与降尘系统均采用 *DN*15 喷淋支管与喷淋头，喷淋头间距 0.5m。

3）小结

（1）经济效果分析

遥控智能喷淋，不仅养护与降尘效果良好，还能够大量节约用水，节水率约 70%。

（2）环境效果分析

喷淋降尘系统从顶升平台高空喷洒水雾，现场能够有效降温、降尘，且为工人施工作业提供了健康、舒适的环境。喷淋养护系统为核心筒剪力墙创造了良好的保湿养护条件。遥控智能喷淋节水效果显著。

2. 施工现场插卡智能计量用水技术

施工现场用水点多、用水量大，加之分包单位多，现场用水较难管理到位，现场时常发生过量用水、“长流水”现象，造成较大的用水浪费。

1）技术概况

（1）技术原理

在施工现场临时用水点全部加装 IC 卡智能节水表，总承包依据各家分包每月报审的计划用水量给 IC 水卡充值，各家分包现场插卡智能计量取水、用水，实现现场限量用水、节约用水。

（2）IC 水卡充值计量管理

IC 水卡由总包统一管理、发放及充值。每张水卡都有相对应的编号，通过无线传导功能，可以在电脑终端实现对单张水卡某一时间在某一编号水表上用水量的实时监测。水卡具体充值数值以各家分包的专业用水量预算及每月提交的临时用水申请量为依据，经审核确认后予以充值。每月对各个取水点、各参建单位的用水量进行统计分析，确保限量用水。

（3）现场插卡用水管理

现场插卡智能节水表均加装保护壳，用水时仅需将 IC 水卡插入预留插槽内即可取水。每个接水点设置接水盘，防止取水、用水时四处溢流。现场插卡取水装置安装见图 22.2-2。

图 22.2-2　现场插卡取水装置安装效果图

2）技术指标

IC卡智能节水表额定功率2.3W、待机功率0.3W，工作频率13.56MHz，工作电压12VDC。采用4′接口，标准*DN*15水表，长度180mm。

3）小结

现场取水点安装IC卡智能节水表，分包插卡智能计量取水、用水，“长流水”、过度用水现象得到有效根治，限量用水、节约用水效果明显，节水率约10%。

22.3 超高层建筑施工节材技术

1. 格构式十字梁钢平台塔式起重机基础施工技术

1）技术概况

（1）技术原理

塔式起重机安装在钢平台基础上，钢平台设置4根钢格构柱支撑，钢格构柱下插入钻孔灌注桩基础内，最终将塔式起重机荷载传递给基底土层。

（2）钢平台塔式起重机基础构成

钢平台塔式起重机基础由钻孔灌注桩、钢格构柱、钢梁、钢平台、格构柱间斜撑与横撑、水平剪刀撑、垫板、加劲板等组成。

（3）钢平台塔式起重机基础制安

钢格构柱、钢平台在工厂加工制作，格构柱间的斜撑、横撑与水平剪刀撑等在现场加工。钢平台与格构柱间采用焊接，需严格控制柱顶垫板的安装标高。塔式起重机与钢平台采用螺栓固定，需严格控制斜向十字梁上螺栓的开孔精度。钢平台塔式起重机基础安装效果见图22.3-1。

图22.3-1 钢平台塔式起重机基础安装效果

2）技术指标

钢平台基础外形尺寸3700mm×3700mm×700mm，格构柱截面尺寸600mm×600mm，钻孔灌注桩直径1000mm。平台承载钢梁、钢格构柱、钻孔灌注桩基础需依据塔式起重机选型进行设计受力验算。

3）小结

（1）经济效果分析

与混凝土基础相比，钢平台基础安拆方便，可提前投入使用，有利于保证工期进度，减少人工与材料浪费。

（2）环境效果分析

钢筋混凝土塔式起重机基础拆除，需破碎混凝土，会产生大量的建筑垃圾。钢平台基础、钢格构柱拆除，可多次重复利用，且报废后可以回收再利用。

2. 超高层钢管柱混凝土顶升周转接口装置

1）技术概况

（1）顶升孔设置

为方便泵管与钢管柱连接，并防止泵管碰撞混凝土楼板，顶升孔设置在距离结构楼面以上 300mm 处，开在钢管柱面对核心筒一侧。各层顶升孔开设位置见图 22.3-2。

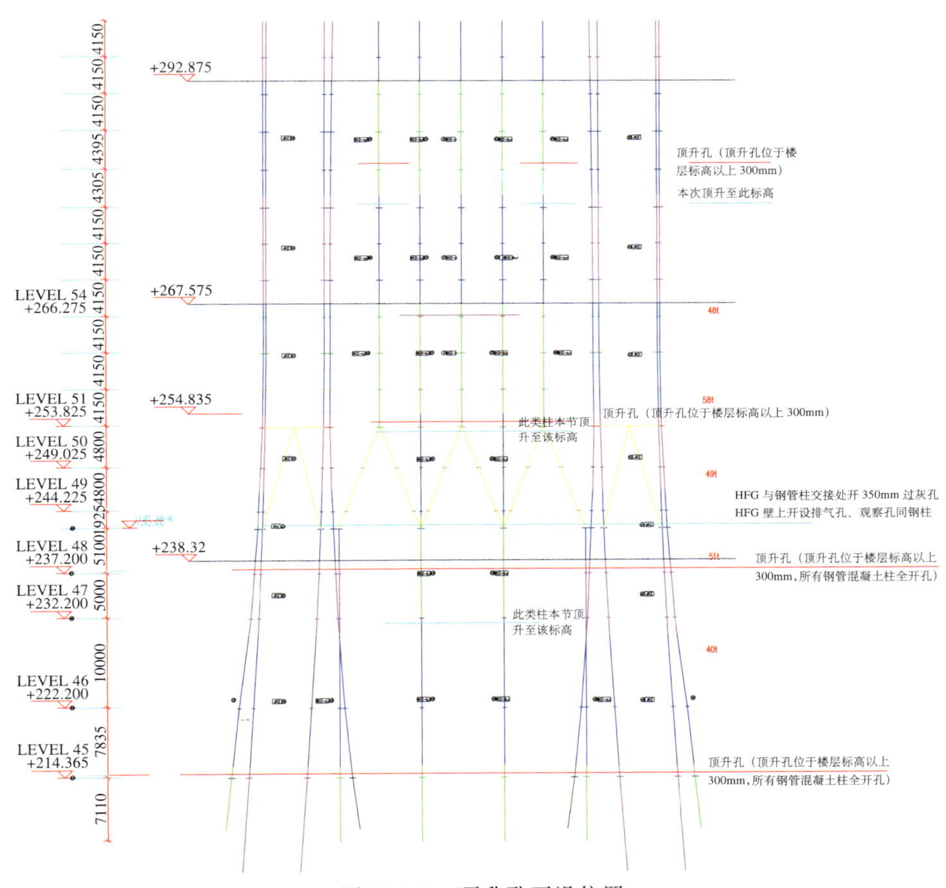

图 22.3-2　顶升孔开设位置

（2）技术原理

钢管柱顶升接口开孔、柱内顶升管焊接、接口装置连接螺栓焊接等工序前移至钢构加工厂，与钢管柱加工制作一道完成。顶升接口装置通过螺栓与钢管柱连接固定，之间设置橡胶垫圈防止顶升混凝土时漏浆。

(3) 周转接口装置构成

包括钢管柱内圆弧顶升管、可焊接螺栓及配套螺母、橡胶垫圈、接口垫板、混凝土截止阀系统，如图 22.3-3 所示。

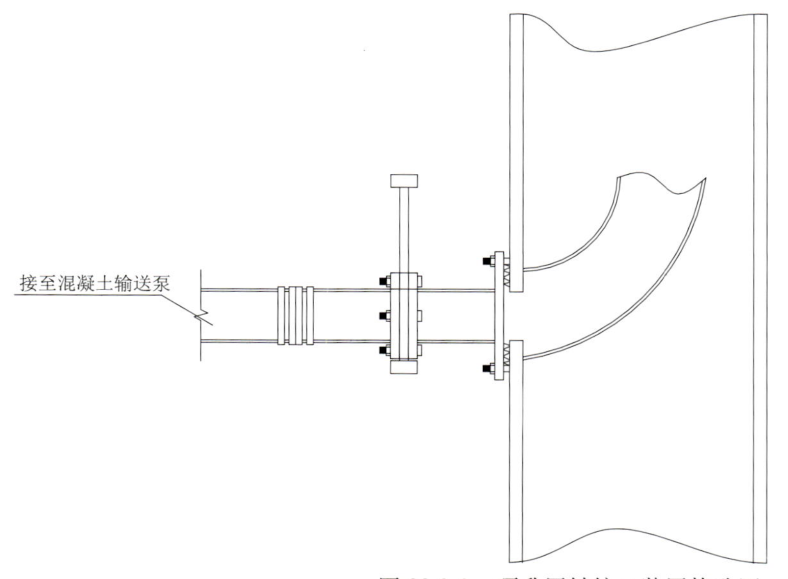

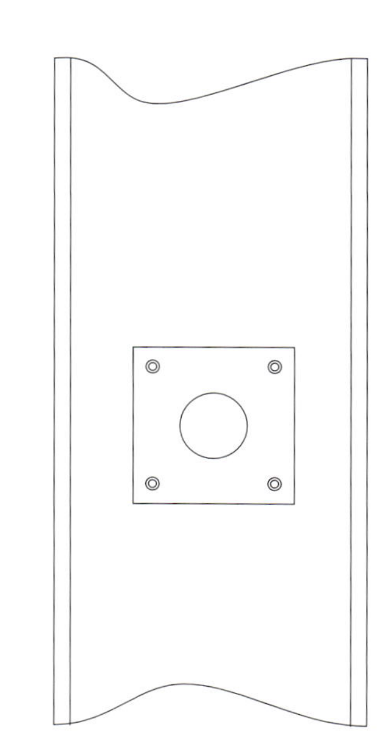

图 22.3-3 顶升周转接口装置构造图

(4) 周转接口装置制安

在钢结构加工厂内，预先开设混凝土顶升孔，并将开孔割下的钢板就近点焊于钢管柱上。钢管柱内圆弧顶升管采用钢焊管，与钢管柱内壁焊接连接。连接固定顶升孔接口垫板的螺栓根据定位直接焊接在钢管柱上。

接口垫板与混凝土截止阀系统焊接成一体，利用钢管柱上的焊接螺栓，加设橡胶垫圈，将混凝土截止阀系统与钢管柱进行连接紧固，然后将混凝土截止阀系统的另一端与混凝土输送泵管进行连接，安装效果见图 22.3-4。

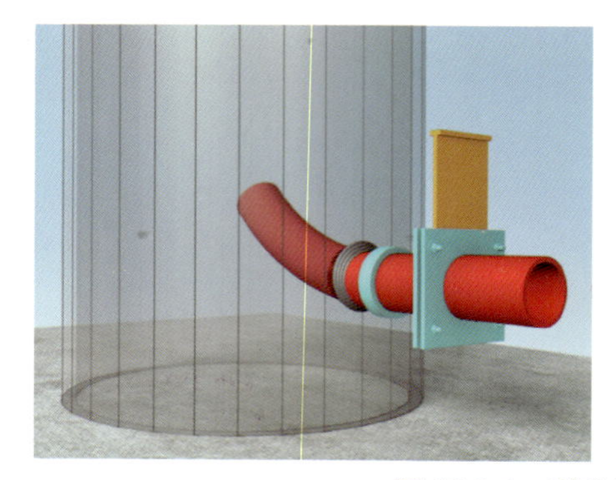

图 22.3-4 顶升周转接口装置安装图

(5) 周转接口装置拆卸

钢管柱混凝土顶升浇筑完成且达到一定强度后，卸掉紧固螺母，将周转接口装置拆下重复使用。

拆除后，将顶升孔口钢管柱壁范围内的混凝土剔除，将原开孔割下的钢板补焊于顶升孔口处。

2）技术指标

钢管柱内圆弧顶升管采用比顶升孔直径大 80 ~ 100mm 的钢焊管，周转装置接口垫板采用 10mm 厚钢板，混凝土截止阀系统与泵管匹配。

3）小结

（1）经济效果分析

钢管柱混凝土顶升周转接口装置，现场安装、拆卸方便快捷，提高了施工工效，降低了施工难度，消除了火焰割除顶升接口泵管对管内混凝土及钢板焊接质量的不利影响。

（2）环境效果分析

周转接口装置拆卸后，将装置内的混凝土清理干净即可进行周转使用，与传统接口装置相比，减少了接口泵管的一次性浪费，又规避了接口泵管需割除、口部打磨等工序。

22.4　超高层建筑施工节地技术

1. 深基坑首道支撑优化技术

工程地处天津滨海软土地区，基坑面积大，基坑开挖采取“整体支护，分仓实施”方案。在一区与二区裙楼之间设置 800mm 厚临时地连墙进行分隔，先行开挖二区裙楼与塔楼基坑土方，一区裙楼暂不施工，作为被动土，有效控制基坑变形，见图 22.4-1。

塔楼周边的一区裙楼首道支撑原设计为格构梁支撑，现场施工场地狭小问题无法解决，严重制约了塔楼基坑土方与地下结构的施工进度，见图 22.4-2。

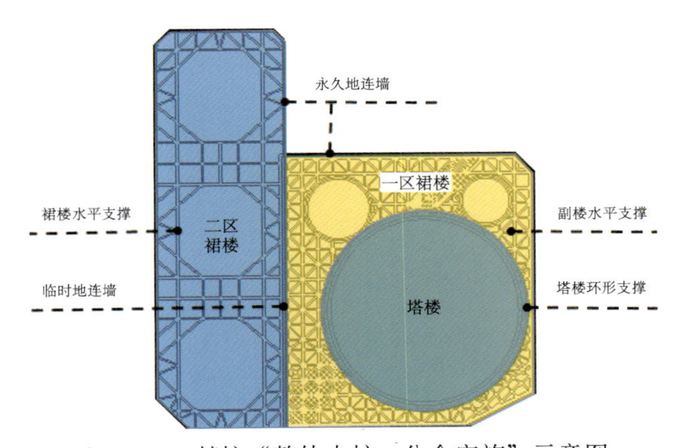

图 22.4-1　基坑“整体支护、分仓实施”示意图

图 22.4-2　一区裙楼首道支撑原设计模型图

1）技术概况

（1）首道支撑增做封板

将塔楼周边的一区裙楼首道支撑全部增做封板，整体兼作栈桥，见图 22.4-3。解决场内交通行车、土方堆放、材料加工与堆放等场地问题，确保塔楼能够优先、顺利实施。增强基坑整体的支护刚度，缩短一区裙楼基坑土方的无撑时间及暴露时间，有效地降低软土地区的“时空效应”，从而控制住基坑变形。

图 22.4-3 一区裙楼首道支撑全部增做封板模型与实景图

（2）封板增设出土口

首道支撑封板在原设计北侧两个大的出土口的基础上，在南侧增设两个小的出土口，见图22.4-4。实现多点同时开挖出土，以加快一区裙楼基坑土方的开挖进度。

图 22.4-4 南侧封板增设 2 个出土口实景图

2）技术指标

首道支撑上封板厚度 250mm，双层双向配筋 ϕ16@200。结合支撑竖向及水平结构，对封板的行车、堆土、堆放钢筋等荷载情况进行三维有限元分析，确保其结构变形、结构受压、立柱压应力等均在可控范围内。

3）小结

（1）经济效果分析

首道支撑封板兼作栈桥，满足了塔楼土方开挖与地下结构施工的场地与进度需求，减少了现场材料的二次倒运及劳动力损耗。同时，南侧封板增设两个出土口，一区裙楼土方提高施工效率近一倍，为其地下结构施工赢得了时间。

（2）环境效果分析

首道支撑全部封板，解决了塔楼及一区裙楼地下施工阶段场地狭小的问题，现场增加可使用场地近 7000m^2。

2. 基于信息技术的超高层现场物料“零存储”技术

超高层建筑具有工程体量大、施工跨度长、施工工序繁杂、专业物资众多等特点，加之施工场地狭窄，垂直运输能力随高度上升而逐步降效，如何利用有限的施工场地和垂直运输资源，将各个专业的物料按计划有序组织进场，使各个专业施工有序衔接，从而保证超高层建筑施工的整体进度需求，显得至关重要。

1）技术概况

（1）基于 BIM 技术的施工平面布置动态跟踪调整

根据不同阶段、不同专业的施工需求，结合施工现场平面变化，应用 BIM 技术动态模拟、调整施工平面布置规划，最大限度地节省、利用有限的空间场地资源。还应根据施工内容的变化，对物料堆放场地进行微调，以尽可能避免物料二次倒运、场地搬迁为前提，使现场平面布置能够满足各个专业的施工需求。主体施工阶段平面布置 BIM 模型见图 22.4-5。

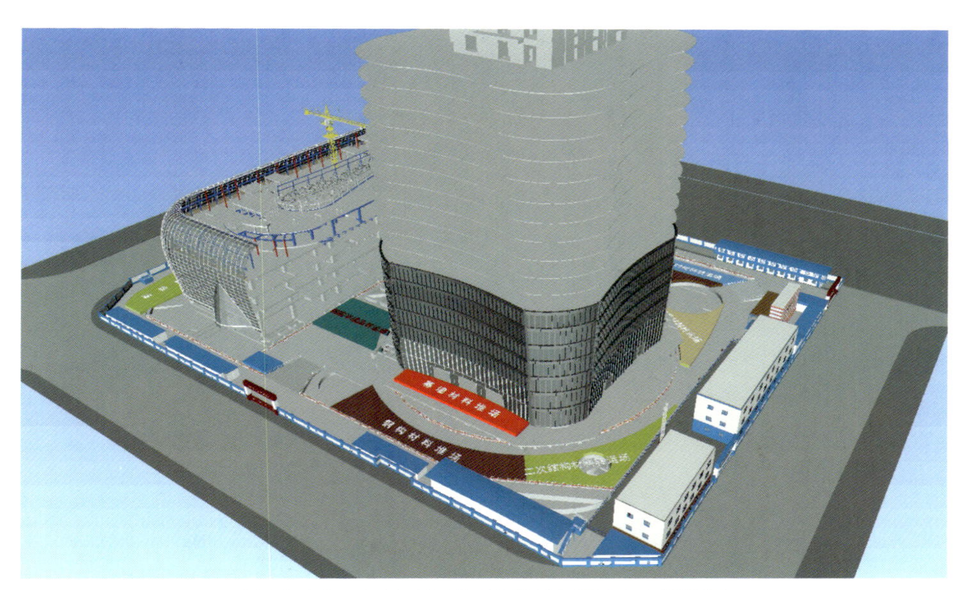

图 22.4-5　主体施工阶段平面布置 BIM 模型图

（2）“BIM+ 物联网”物料全过程动态跟踪管控

以二维码技术为手段，串接物料从订货加工到进场安装到完成验收的全过程，将实际进度信息反映在 BIM3D 模型上，利用 BIM3D 模型的直观性、可视化特点，能够高效追踪、查询物料的物流信息状态，为物料申请进场、使用场地提供依据。

利用 EBIM 管理平台，依托高精度 BIM 模型生成唯一身份识别、一一对应的二维码，进场物料打码粘贴，录入物料的相关资料信息。通过现场扫码就能够更新和追踪物料出厂运输、进场验收、现场安装、分部分项验收全过程的实时信息，就能够轻松定位、查询物料信息和进度状态。

设置不同的颜色加以区分物料的不同进度状态，入场物料状态刷新后，在 BIM 模型中会以相应的颜色直观显示其进度状态，使得物料过程跟踪管控一目了然。机电构件进度状态显示模型如图 22.4-6 所示。

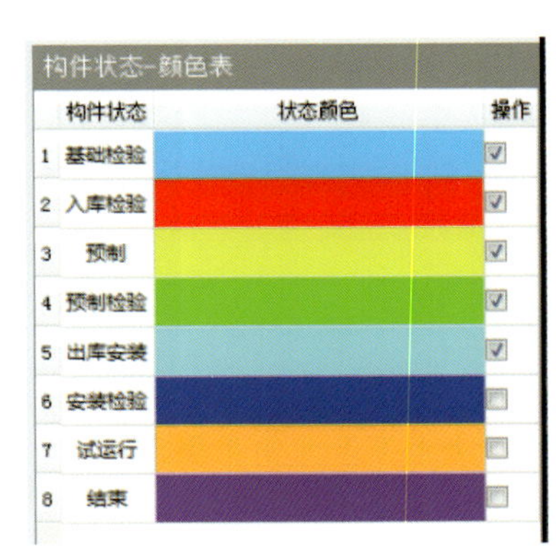

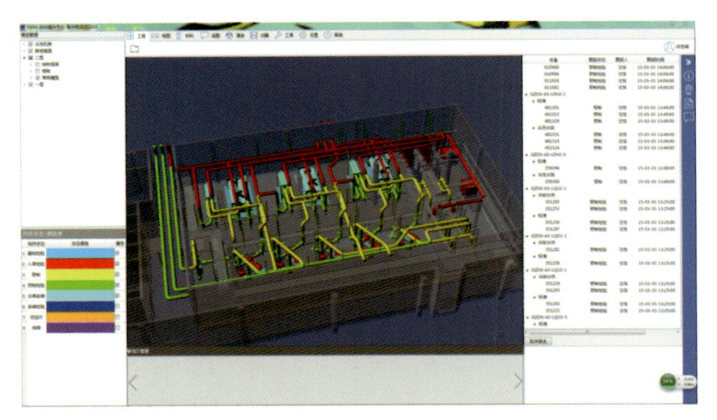

图 22.4-6 机电构件进度状态显示 BIM 模型图

（3）基于 BIM4D 工期计划管理的物料前置技术

依据 BIM4D 工期计划管理，派生各个专业物料进场计划，按照计划按期采购物料进场。执行施工场地使用日申请审批制度，物料堆放场地按照审批时间限时使用指定场地，须在规定时间内用于施工或倒运至作业面，严禁长时间占用场地资源。

大中型机电设备、砌块等大宗物料受垂直运输的制约，其采购、进场计划需前置，须在动臂塔式起重机未拆除、幕墙未封闭前，提前采购进场，提前运输到楼层作业面存贮。前置设备、物料作业层存贮，也需合理规划、分区堆放，物料堆场应对后续工程施工，特别是楼层的顶棚机电管线安装影响最小。

2）技术指标

基于 BIM 技术，动态规划、调整施工平面布置。利用 EBIM 管理平台、4D 工期计划管理、物料前置技术等，实现现场物料“零贮存”。

3）小结

（1）经济效果分析

动态调整施工平面布置，适应不同阶段的施工需求，使有限的施工场地得以高效利用，提高场地利用率约 20%。对物料实施全过程跟踪管控与前置技术，进场物料及时施工使用，提前或及时倒运至作业面贮存，很大程度减小了现场物料积压，减少了物料长时间占用场地资源。

（2）环境效果分析

基于 BIM 等信息化技术手段，实现现场物料“零贮存”，大大缩减了场内外物料堆场，从根本上极大地节约了用地。

第23章　超高层施工环境保护技术

本章介绍超高层建筑施工的环境保护技术，含固态建筑垃圾减排和回用、水污分离、生态厕所等综合环境保护技术。

为解决超高层泵送系统的剩余混凝土余量巨大的难题，成功采用洗泵污水泥浆分离器应用技术，将所有混凝土余料全部分解成石子和砂，再次重复利用。针对工程建筑固态垃圾，创新性地设置固废分离式建筑垃圾运输系统，将各个楼层的建筑垃圾一次性运输到位，大幅减少人力财力，缩短工期，节约大量垂直运输资源。针对现场可用面积小且建筑垃圾数量过多的难题，自主设计智能封闭式垃圾池，最大限度地提高垃圾池的使用率；为解决超高层楼层内施工人员的日常排泄处理难题，引用微生物生态厕所，利用微生物分解功能，将排泄物全数分解成水和二氧化碳。

通过一系列绿色建造核心技术，充分保证施工环境的绿色环保可控，保证项目的实体绿色和本质绿色。

23.1　洗泵污水泥浆分离器应用技术

1. 技术概况

超高层建筑泵送系统中泵管布置长、泵管清洗次数多，传统超高层建筑混凝土泵送系统清洗多采用水洗＋水气联洗的方式进行，清洗泵管产生的废水及混凝土余料多用混凝土罐车运输至场外进行处理，对周围环境影响不可控制，且运输车辆将消耗大量的燃油并产生尾气排放，每次清洗形成的废水、废渣较大，水资源浪费严重。

通过对国内类似超高层建筑混凝土泵送系统清洗方法及余料资源化研究，结合超高层工程泵送次数多、清洗管路长、产生余料废水多的特点，创新思路，自行设计一套由废料收集池、砂石分离机、一级沉淀池、二级沉淀池、三级沉淀池、清水储存池组成的超高层混凝土泵送余料处理系统，有效地解决了清洗的废水对周围环境污染、废水外运等问题；清洗的废渣水通过处理、沉淀，使砂、石、水都能进行重复利用。

2. 技术重点

超高层混凝土泵送余料、废水处理技术，主要由废水收集池、砂石分离机、三级沉淀池、清水储存池等组成；在废水收集池中安装搅拌装置，防止混凝土余料、水泥浆等杂物沉淀，通过管道与砂石分离机相连；砂石分离机将混凝土余料分离成砂、石和水泥浆，砂、石分离出后装入容器用作其他工序施工，水泥浆通过管道流入一级沉淀池，在一级沉淀池初步沉淀后采用水泵将沉淀池中上部的水抽入二级沉淀池内继续进行沉淀，将二级沉淀池中沉淀完成的水采用水泵抽至三级沉淀池，三级沉淀池沉淀完成的水通过水泵抽至靠近混凝土泵的清水储存池中，以备混凝土泵送系统清洗重复使用。

混凝土泵送余料处理系统工作原理如图 23.1-1 所示。

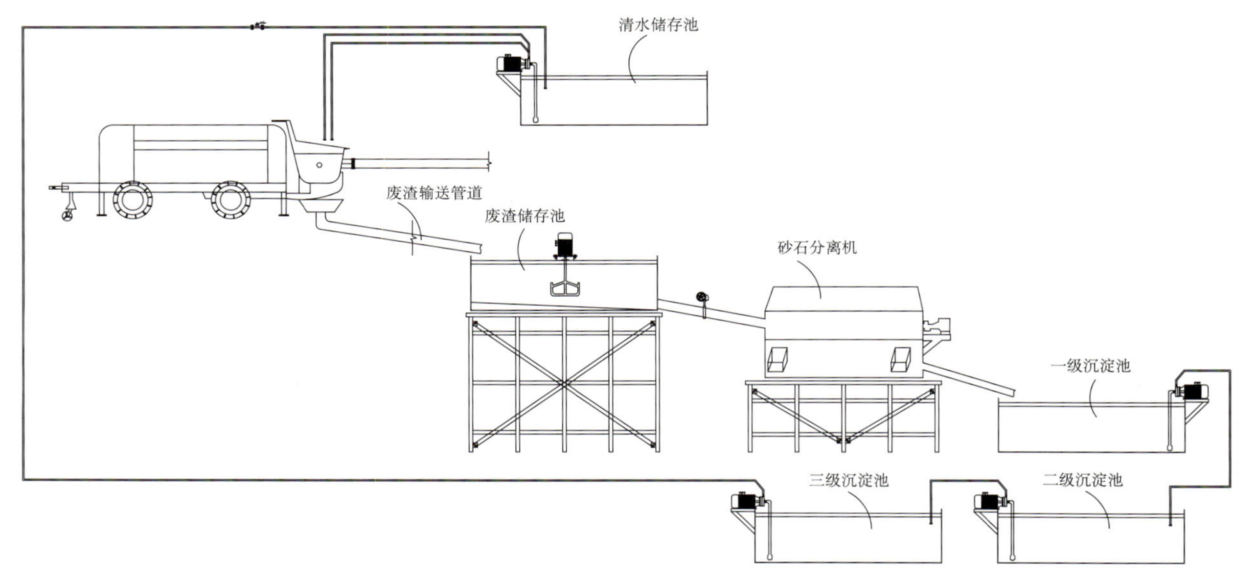

图 23.1-1 混凝土泵送余料处理系统工作原理图

1）泥水收集池

泵送余料反泵至混凝土泵车斗内，通过输送管道进入泥水收集池。为防止废料收集池中的沉淀，在收集池内安装搅拌装置，搅拌装置的位置、数量根据废水收集池的面积及容积进行确定，确保搅拌装置工作时能充分带动收集池内的废水、废渣。

2）砂石分离机

地面安装，无需倒车台，结构紧凑，落料点高，无需开凿地面储存物料，占地空间小；自动启动程序，无需人员操作；整机倾斜设计，能有效保证物料的固液分离彻底；轴承高于液面布置，避免污水进入，解决密封难题；设置冬季防结冰程序，有效地保护分离机冬季正常使用；单设直线振动筛分机，筛网外置，清理更方便；搅拌器叶片为可拆式高锰耐磨叶片，便于安装和维护；水池采用液位计自动补排水设计，使用更方便，管路系统集成，布局更合理。整个系统具有运行可靠，故障率低，维护量少等特点。

3）沉淀池

混凝土余料处理系统中共设置三个沉淀池，三个沉淀池高度顺序为一级沉淀池高于二级沉淀池，二级沉淀池高于三级沉淀池，沉淀池之间的高差为半个沉淀池的高度。沉淀池之间采用直径 300mm 的钢管进行联通，钢管中间位置设置涡轮蝶阀。

各沉淀池内设置潜水泵，潜水泵输水能力不小于 15m^3/h，为防止水泥等沉淀物对潜水泵造成损坏，在潜水泵上设置一漂浮装置，漂浮装置设置于潜水泵的上部，确保潜水泵漂浮于水面上，减小沉淀物对潜水泵堵塞的风险（图 23.1-2、图 23.1-3）。

4）清水存储池

清水存储池是用于存储经过三级沉淀的水，用于循环洗泵。在清水存储池内置潜水泵，潜水泵设置的数量及功率要与洗泵过程中的用水速率相匹配。

图 23.1-2　泥水收集池

图 23.1-3　三级沉淀池

3. 采取措施

1）余料收集

将混凝土泵车料斗底部打开，靠浆水的自重将管道内的水排入泥水收集池中，实行混凝土泵送系统的第一次清洗。

关闭混凝土泵车料斗底部，再次向混凝土泵车料斗内注水，打开液压截止阀，将清水顶升至最高处，当布料机出口出水后即停止顶升并关闭液压截止阀。再次将混凝土泵车料斗底部打开，开启液压截止阀，将降水排入泥水收集池，从而完成混凝土泵送系统的全部清洗工作。

将平台上储存顶升余料的料斗，利用塔式起重机吊运至地面并排入泥水收集池中。

2）泥水分离

启动泥水收集池的搅拌器，防止沉淀，将泥浆排入泥水分离器中，进行砂石分离，分离出的骨料和砂，排出剩余的泥浆，排入三级沉淀池。

3）沉淀分离

泥浆进入三级沉淀池的第一级沉淀池，静置沉淀，在上一级沉淀池的废水初步沉淀后，打开涡轮蝶阀，依靠废水的自身重力通过输水管道流入下一沉淀池中继续进行沉淀，待两个沉淀池中的水达到统一平面时，关闭涡轮蝶阀。设置涡轮蝶阀输水装置能有效地降低沉淀池之间倒水所用水泵时间，节约能源、提高工效。

4）清水池回泵

第三级沉淀池内的清水达到指定水位后，打开水泵，通过水泵，泵送至泵车附近的集水池中，用于泵送系统清理。

4. 小结

在混凝土泵送系统清洗实施过程中，解决了传统水洗 + 水气联洗的方法在清洗过程中易出现堵管、混凝土余料产生多、废水废渣量大等问题，减少了废水、余料通过混凝土罐车外运而产生的能源消耗及环境污染并减少了废料运输费用的投入；通过混凝土余料处理系统的处理，分离出的砂石可用作其他工序，废水经过三级沉淀后存储至清水池，用于重复清洗泵送系统，效果明显，有明显的社会效益和经济效益。

混凝土泵送余料分离回收系统可操作性强、占地小、环保节材、成本低，与传统的车辆运出施工现场方法比较，节省大量的车辆运输费用。

23.2 分离式建筑垃圾运输系统

1. 技术概况

常规超高层建筑楼层垃圾，只能使用塔式起重机或者施工电梯进行运输，但由于垂直运输资源有限，往往首先服务于施工生产，只有在夜间或者空隙时间进行垃圾运输，因此造成了在施工阶段建筑物内部每层必须设置多处垃圾堆放点，既影响现场施工，又不利于现场环境维护，频繁地运输建筑垃圾又会造成垂直运输资源的大量占用，从而间接地影响整个施工生产进度。

经多次调研讨论，采用分离式垃圾处理系统，解决超高层建筑垃圾运输难题。

2. 技术重点

分离式垃圾处理系统通过在建筑物结构楼板上设置贯通垃圾管道，所有建筑垃圾经粉碎机粉碎后经过管道运输至指定位置，装箱集中运走。垃圾管道内设置缓冲节用于缓冲垃圾在降落过程中对管壁造成的损伤，垃圾管道外侧包裹隔声降噪材料，降低垃圾运输过程中形成的巨大噪声，垃圾出料口设置混凝土弧形缓冲装置缓解垃圾对正式楼板的磨损，垃圾外运时设置专用垃圾运输箱，便于整体装车外运，最终实现建筑物在建造过程中垃圾集中处理，大量节约塔式起重机与电梯对垃圾运输的投入，从而提升整个工程的施工效率。

1）垃圾粉碎机

根据建造施工进度，在相应主要施工楼层内设置垃圾粉碎机，用于粉碎处理建筑垃圾，像木材类、包装纸类、砌块砂浆类等硬度较低的建筑垃圾，所有经处理后的垃圾碎片粒径小于 10cm，从而确保顺利通过垃圾管道而不发生堵塞现象，其余硬度较大的垃圾，例如钢筋、钢管等，禁止通过垃圾管道运输（图 23.2-1）。

2）进料口

垃圾管道在每个施工楼层设置倾倒口，高出楼板 300mm，与楼板面成 45° 夹角，并设置过滤网，过滤网孔径为 10cm，在过滤网外侧设置可抽插盖板，垃圾倾倒时将盖板打开，倾倒完毕后将盖板关闭，如图 23.2-2 所示。

图 23.2-1 垃圾粉碎机

图 23.2-2 进料口

3）运输管道

若垃圾通道管径过大，则占用面积大，且过多的硬质废弃物及软质废弃物混杂会造成封堵；若管径过小，建筑垃圾运输量有限，运输效率低，运输废弃物种类不能完全涵盖整个工程需求，项目经过多次实验论证，最终将垃圾管道直径设计为 377mm，沿外框楼板布置，从地下二层开始，连续贯通布置到 94 层，布置高度达 455.75m，每个楼层设置过滤式下料。

垃圾管道均采用法兰连接，模块化安拆，便于工厂化加工及现场组装，施工后期拆除后，可继续周转至下一工地使用。垃圾通道布置位置需纵向贯穿所有正式工程结构楼板，选择位置宜避开其他专业施工空间，以不影响或最小程度影响剩余专业正常施工为宜，为确保垃圾利用重力势能顺利通过管道，管道宜通高垂直设置，不设转弯。每层垃圾管道端部焊接三角形耳板，兼作安装吊耳。耳板底部固定于 10 号槽钢上，槽钢与耳板间设置石棉橡胶垫，起到隔振作用。然后将槽钢固定于混凝土楼板上（图 23.2-3）。

图 23.2-3　垃圾运输管道

4）缓冲装置设置

垃圾管道竖向每隔 20m 设置一个直段缓冲节，用于缓解垃圾在降落过程中对管壁造成的冲击影响。缓冲节设计为长方体形状，横截面尺寸为 500mm × 500mm，长 1000mm。在缓冲节内设置单片或交叉式双片缓冲弹板，缓冲弹片顶部灵活连接于矩形缓冲节侧壁，底部与弹簧连接，用来“中和”建筑垃圾降落过程中的重力势能。并在缓冲弹板上表面固定橡胶片，减轻“中和”过程中产生的巨大噪声，缓冲段立面示意图如 23.2-4 所示。

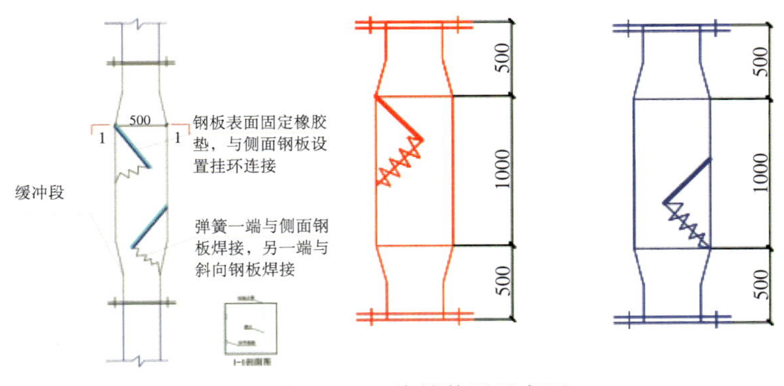

图 23.2-4　换撑装置示意图

5）垃圾管道底部缓冲段

垃圾运输通道出料口可设置在地下室负2层封闭房间内，在垃圾通道底部设置缓冲段，下部设置内弧混凝土墩，混凝土强度等级为C30，尺寸为2m×2m，用于避免建筑垃圾在下落过程中对永久楼板造成损伤。楼板与混凝土墩交界部位铺设50mm厚钢板，作为储存垃圾场所，如图23.2-5所示。

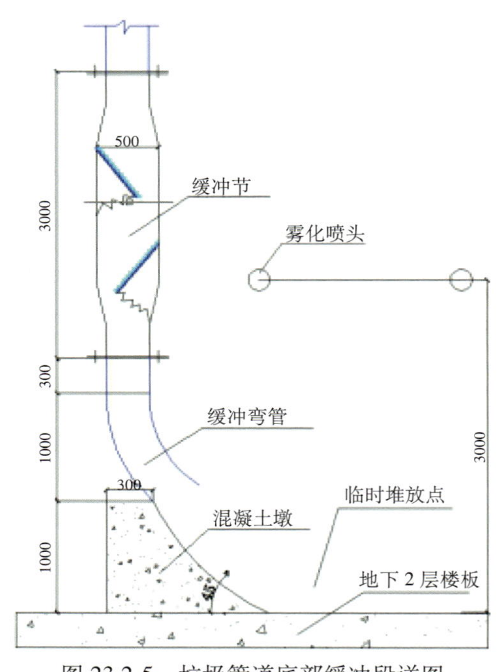

图23.2-5 垃圾管道底部缓冲段详图

当固体垃圾由高处下落至底层时，先由缓冲节进行缓冲减速，最后经混凝土斜坡滑落至钢板上，便于集中装箱运输。垃圾出料口上方设置雾化喷头，用于控制垃圾排出时造成的扬尘污染。

3. 小结

此垃圾处理系统，采用模块化分离式垃圾处理系统，分类有序地运输、处理建筑垃圾，节约垂直运输压力，且封闭运输，扬尘治理效果显著，绿色环保无污染。运输管道采用模块化小口径过滤式垃圾管道，所用材料完全实现100%周转。

23.3 智能封闭式垃圾池

1. 技术概况

工程建筑垃圾主要包括混凝土块、碎砌块、砂浆、废旧模板、木方及精装修废弃物，种类繁多且数量大。

结合项目狭窄的可使用场地工况，如何利用最小的位置，存储最大量的垃圾，成了一项难题，项目前期采用常规的单层分类回收式垃圾箱。

正式投入使用后，发现垃圾无法往高处堆积，主要原因是由于所有建筑垃圾的运输工具均为手推车，手推车本身高度有限，轮胎前方一旦堆上30cm以上的垃圾便很难前进，只能停车倾倒，导致建筑垃圾堆放高度很少超过50cm，场地利用利率低，若采用大型机械堆放垃圾如小勾机、推土机等，则长时间投入人员、机械等，成本较高。

2. 技术重点

提高垃圾站的场地利用率，项目改进传统工程垃圾池设计，在垃圾池四周增设运输坡道与动力提升设备，可将垃圾运输车通过手动或电动两种方式直接运至垃圾池顶部，由顶部将垃圾倒入池内，顶部四周设置水平运输通道，方便垃圾倒入池内任一部位，从而最大限度达到垃圾池额定容量，同时在垃圾池顶部设计可滑动式封盖，垃圾倾倒时，将顶部封盖开启；日常状态下将封盖闭合，可有效防止在大风等恶劣天气下，池内垃圾被吹散至现场其他部位，造成现场文明施工及扬尘污染。

根据现场平面布置规划，将垃圾池整体划分为两部分，一部分用于存储材料外包装、废塑料等轻质垃圾，另一部分用于存储碎砖、废弃混凝土、砂浆等重质材料，方便垃圾分类管理。垃圾池侧壁利用钢板制作，确保侧压力满足要求，底部铺设钢板，厚度需满足装载车辆额定满载压力，池顶标高为地面以上 2.5 ~ 3m。

1）运输坡道

在垃圾池两侧设置垃圾运输坡道。坡道宽度宜根据现场垃圾池实际占用场地规划，宜为 1.5m 宽左右，坡度自地面起约 15° 铺至垃圾池顶部高度。顶部设计水平走道与两侧坡道相连，宽度同坡道宽度，方便垃圾车在池顶部运输，坡道及走道均可采用角钢或方钢做背楞与立柱，表面用花纹钢板铺设（图 23.3-1）。

图 23.3-1 智能封闭式垃圾池俯视图

坡道两侧与水平走道外侧需设置 1.2m 高防护栏杆，可采用标准化定型防护栏杆固定完成，防止垃圾运输过程中人员及车辆发生坠落事故。如图 23.3-2 所示。

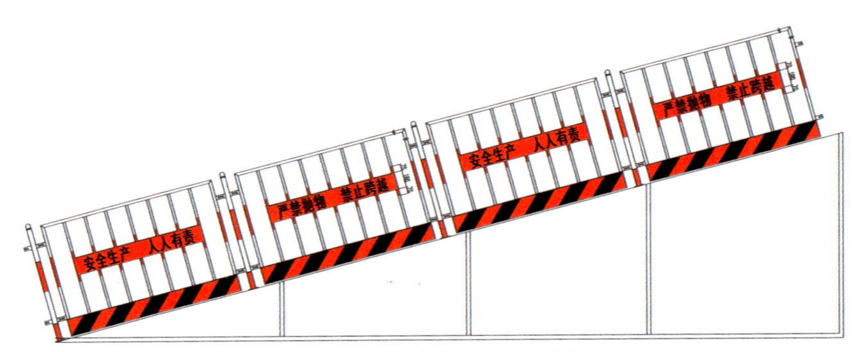

图 23.3-2 斜坡道布置防护栏杆

垃圾池顶部水平走道边缘用方钢设置 150mm 高防护栏杆，防止垃圾倾倒时因操作不当，导致运输车落入垃圾池内等意外情况，防护栏杆采用 25mm×25mm×2.5mm 的方管焊接，固定在水平走道的边缘（图 23.3-3）。

图 23.3-3 水平走道边缘布置防护

2）运输车竖向提升设备布置

在垃圾池运输坡道边缘，布置垃圾运输车竖向提升设备，由运输平台、动力设备、操作平台、运输通道四部分组成，如图 23.3-4 所示。

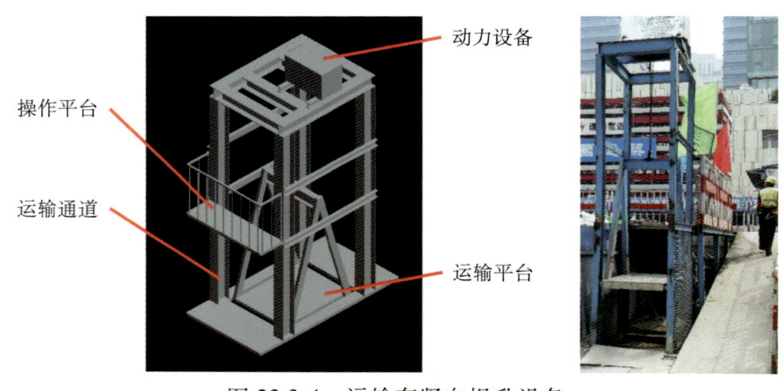

图 23.3-4 运输车竖向提升设备

动力设备布置在运输通道顶部，由卷扬机与控制设备构成，通过钢丝绳与运输装置连接，用于提升与降落垃圾运输车，卷扬机设置防风遮雨措施，控制设备由电箱与手持控制器组成，布置在运输通道一侧，同样需做好防风遮雨措施。

运输平台由运输平台与竖向骨架构成，与卷扬机连接，用于放置与提升、降落垃圾运输车辆，平台尺寸只考虑小车存放的空间，不可上人。

运输通道分为两层，首层标高与地面平齐，二层标高同垃圾池顶部标高，在首层设置开启门，垃圾运输时将门关闭。二层设置操作平台与临边防护，操作人员可在平台上将垃圾车推出运输通道，进入池顶水平走道。垃圾运输完成后，小车可经运输通道或坡道返回。

3）垃圾池顶部封盖

为防止池内垃圾在大风等恶劣天气下被吹散，对垃圾池顶部设计封盖装置，具体做法为在垃圾池顶部两侧用槽钢设置轨道，轨道宽度宜为 50mm 左右，另采用方钢设置水平龙骨，间距

50 ~ 60cm，上铺设帆布，用钢丝与龙骨连接，方钢龙骨两段在轨道内设置定向滑轮，用于龙骨在轨道内前后移动，最外侧龙骨中间设置 U 形卡环，连接拉绳，方便操作人员移动遮盖帆布。如图 23.3-5 所示。

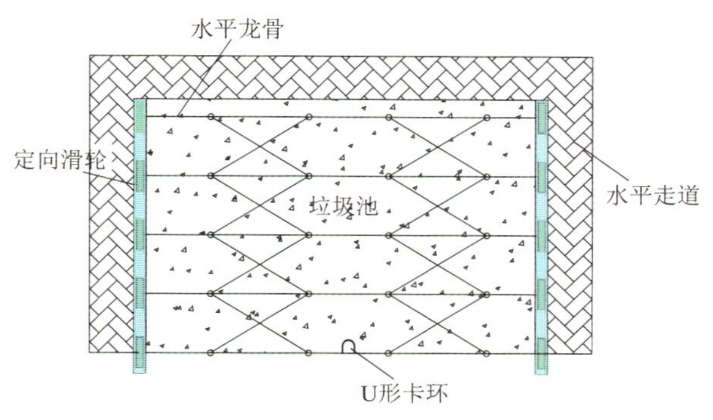

图 23.3-5　封盖装置设计示意图

4）垃圾池智能喷淋降尘系统

近年来，施工现场环保监督力度日益加大，现场施工环保要求越来越高，垃圾池部位是现场最容易产生扬尘的位置，粉尘类、渣土类垃圾倾倒时，极容易产生 2m 高的扬尘。为了保证垃圾池部位扬尘可控，启用了垃圾池智能洒水喷淋系统。

喷淋管道沿着垃圾池周圈布置，布置高度不宜过低，若紧贴 2 层水平走道边界布置，无法将已腾空的扬尘完全覆盖，现场所有喷淋管道沿 2 层水平走道临边防护顶部布置，绕垃圾池边界布置，喷淋位置及喷淋半径必须保证覆盖整个垃圾池，喷淋高度要求能够覆盖垃圾池上空 2m 高。

紧贴垃圾池的上部临边防护角部安装扬尘检测器，扬尘超过平台走道 0.5m 以上时，会自动发送警报消息至项目管理人员手机，管理人员可以立即通过手机端操作或者打开开关箱手操开启喷淋系统，降尘结束后停止喷淋（图 23.3-6）。

图 23.3-6　垃圾池智能喷淋系统启用

3. 小结

垃圾喷淋系统及可控苫盖系统，具有显著的治理扬尘的效果，环保效益可观，且所有设备、材料拆除后均可周转使用。

垃圾池高度约 2m，垃圾堆放高度平均可以达 1.5m，存储量约等于同样占地面积常规类型垃圾池的 3 倍，常规垃圾池清理 3 次的量，与此垃圾池清理 1 次的量一致。原垃圾池每 3d 必须清理，否则垃圾将溢出，启用新垃圾池后，每 7d 清理一次。

23.4 微生物型生态厕所

1. 技术概况

本项目塔主体结构完成后，施工工人总数最高峰达到 3000 人，平均每个楼层约 30 人，为了解决现场农民工的大小便排泄难题，项目投入使用微生物生态厕所。

微生物生态厕所，是一种利用微生物降解排泄物的环保厕所，微生物在反应器中将粪尿原位处理，分解成水和二氧化碳。日常运维需要接入 220V 交流电，功率为 50Hz，日耗电量不到 3kWh，对外界的环境温度无特殊要求，-40～-50℃均能正常使用（图 23.4-1）。

图 23.4-1 微生物生态厕所实拍

2. 技术原理

微生物厕所的原理是，将排泄物冲入固液分离装置。固体进入曝气槽，搅拌，与生物菌种充分混合，在微生物菌的作用下分解，生成水和二氧化碳，降解率不小于 99%，降解生成的水，与小便一同汇入液体综合处理系统，经脱色等工序将其处理成中水，再用水泵抽至贮水池内储存，用于冲洗厕所，形成如图 23.4-2 所示循环。

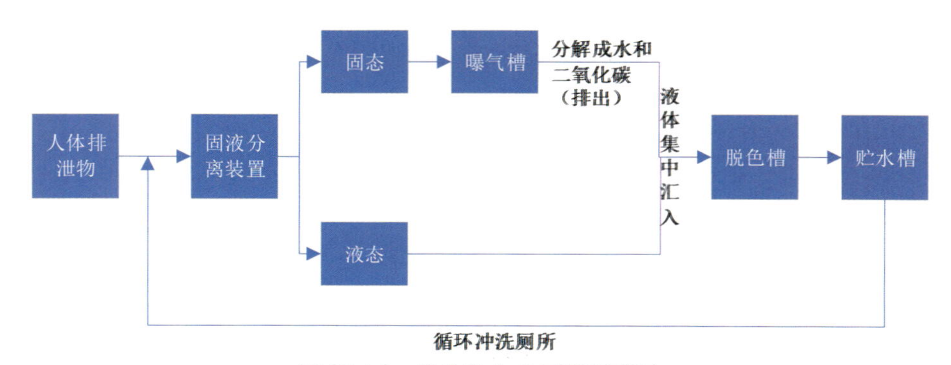

图 23.4-2 微生物生态厕所原理图

微生物生态厕所由以下几个部分组成：集尿槽、曝气槽、脱色槽、贮水槽。

其中，曝气槽是除去粪便异味和消化分解的关键，有效微生物均生活在曝气槽内。经曝气后，微生物将污物吞噬，粪尿就可以分解成水和二氧化碳。曝气的泡泡与将要沉淀在下部的排泄物形成对流，同时还对微生物供应氧气，促进微生物的分解能力，达到基本无沉淀生成。

曝气槽也是微生物培养和繁殖的空间，为了保证微生物的生存环境，防止冬天温度过低时，微生物受冻死亡，厕所还设计有防冻系统，为设备正常运转提供自动加热，无需人为操作。供电电压为交流 220V，加热设备为电暖气，功率 700W；控制温度范围为 5 ~ 10℃之间；每厕位加热面积 1.5m^2；利用空气对流加热厕具空间内的空气，维持在 5℃以上，保证了微生物的生存条件满足要求，同时也保证厕具空间内的管道箱体不会结冻，这样设计的好处是温度分布均匀，避免了局部结冻，温升效果快。

微生物生态厕所的优点，主要是如下几条：

（1）环保节水，排泄物、污水经处理后，水质达标，可循环冲洗厕所；

（2）无需修建给水排水管道及化粪池，布置后即可使用，简单、易操作；

（3）卫生安全、无臭无味，没有排泄垃圾产生，平时无需专人维护清理；

（4）厕所与处理系统占地面积小，可拆卸组装，可进入电梯，移动方便；

（5）菌种源于自然，不含化学药物，对人、环境无任何影响；

（6）易拆卸、易组装，可经施工电梯运送至所有指定楼层。

从五层开始，每 5 层设置一处微生物生态厕所，共计布置 19 个，满足巅峰期 3000 工人的使用需求，保证了项目生产的正常进行。

3. 小结

常规单体式厕所，必须安排专人定期频繁清理，19 个厕所至少配备 10 人团队维护，且所有排泄物必须经施工电梯或者塔式起重机吊运，耗费大量的垂直运输资源。

本项目使用的微生物降解厕所可周转使用 10 余年，只需配备 2 名清洁维护人员，每年只需更换一次活性炭等材料。综合比较而言，微生物生态厕所具有可观的经济效益。

第 24 章　超高层建筑玻璃幕墙关键施工技术

塔楼幕墙为 530m 超高复杂双曲面骑缝单元式玻璃幕墙，面积 11 万 m^2。337m 高空设置隐藏式擦窗机电动开启单元，主入口设置 22m 跨度悬挑悬索结构弧形超大雨棚、泛光照明系统，包含 28 个场景 1.5 万个独立控制点位。裙楼幕墙为框架式幕墙，面积 4 万 m^2。包含 435m 长多曲面“米”字形网格状彩釉玻璃幕墙、108m 长异形双曲面“米”字形网格状采光顶等。幕墙形式多样、造型复杂多变，施工运维难度大。

施工中，积极推广应用新材料、新工艺特别重视性能要求，根据专业工程特点创新施工方法，提高施工质量和施工效率；对普遍存在的概率问题进行专题研究解决，对施工中和完工后运维深入思考优化设计方案。形成了隔热毯在幕墙中的应用、曲面单元体幕墙弧形高适应双环形轨道吊装技术、玻璃幕墙降低自爆率技术、超高层建筑幕墙清洗技术等诸多创新技术应用，提高了施工质量、保证了施工安全、实现了工期目标、降低了运维难度和运维成本。

24.1　隔热毯在幕墙节能中的应用

1. 技术概况

隔热毯全称为二氧化硅气凝胶保温隔热毯，是一种采用传统保温材料做基材，结合二氧化硅气凝胶，通过复杂工艺复合而成的新型保温隔热材料。

其主要特点有：①导热系数低：仅为传统材料的 1/4 ~ 1/3。②防火等级高：建筑材料不燃性测试 A 级（《建筑材料及制品燃烧性能分级》GB/T 8624—2012）。③极强的防水性：憎水率不小于 99.5%；体积吸湿率不大于 0.5%；质量吸湿率不大于 0.5%；吸水率（全浸）不大于 5.0%。④绿色环保：无毒、无害、无污染、无腐蚀。⑤使用寿命长：加速老化试验表明寿命达 20 年以上。⑥施工方便：使用厚度薄，抗拉抗压；密度低，重量轻。

2. 幕墙节能设计

本工程塔楼幕墙，根据《公共建筑节能设计标准》GB 50189—2015、《民用建筑热工设计规范》GB 50176—2016、《天津市公共建筑节能设计标准》DB-29-153-2014 等标准规范进行节能设计。招标图阶段与施工图阶段设计因对项目具体信息掌握程度不同设计深度也不尽相同。

招标图阶段与施工图阶段节能设计对比

（1）在招标图阶段，主要考虑在幕墙板块外露型材部位采用隔热毯进行包裹，用量为最低值，但存在冷桥和结露风险。

（2）在施工图阶段，根据深化设计反馈问题结合项目实际，从层间玻璃热工效果差、上下单元板块插接有漏孔、大 V 铝板造型保温需求等方面综合考虑，分别在层间玻璃中横梁和上横梁扣盖位置增加隔热毯包裹范围，同时将单独包裹的半圆灯槽改为实际有效的包裹单元立柱，并在大 V 铝板造型外侧增加隔热毯。

节点一招标图，如图 24.1-1 所示；节点一施工图，如图 24.1-2 所示。

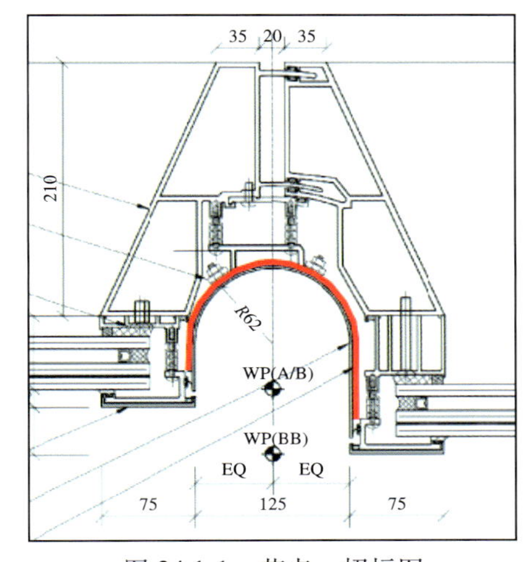

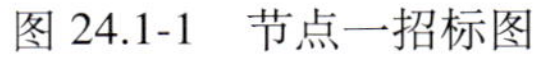
图 24.1-1　节点一招标图

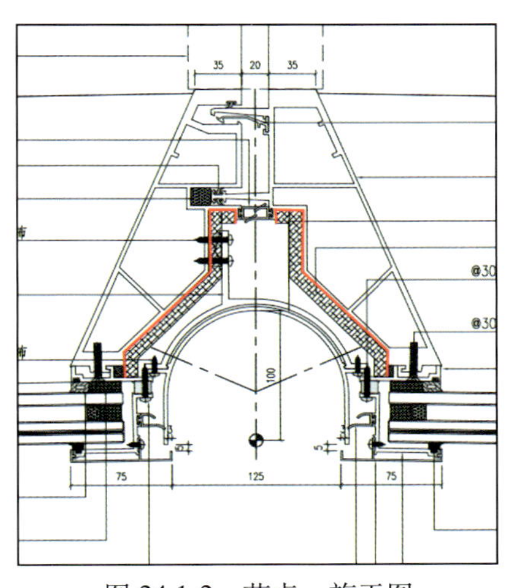

图 24.1-2　节点一施工图

节点二招标图，如图 24.1-3 所示；节点二施工图，如图 24.1-4 所示。

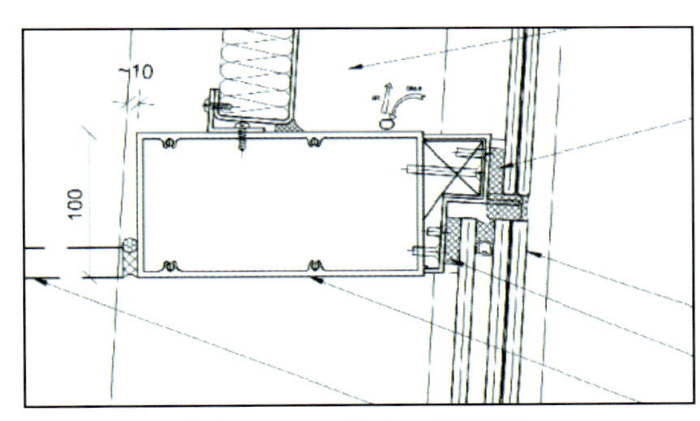

图 24.1-3　节点二招标图

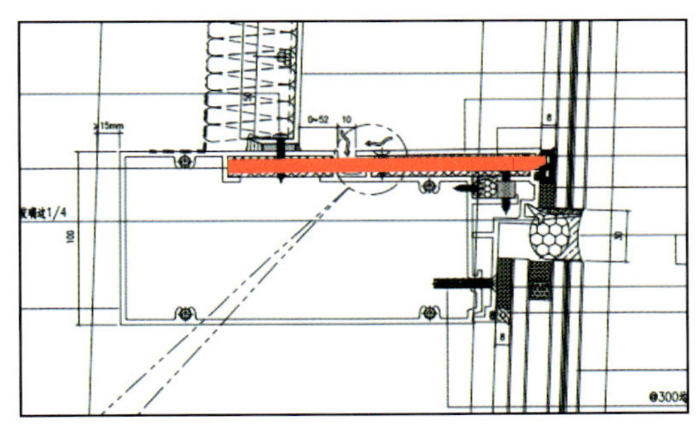

图 24.1-4　节点二施工图

节点三招标图，如图 24.1-5 所示；节点三施工图，如图 24.1-6 所示。

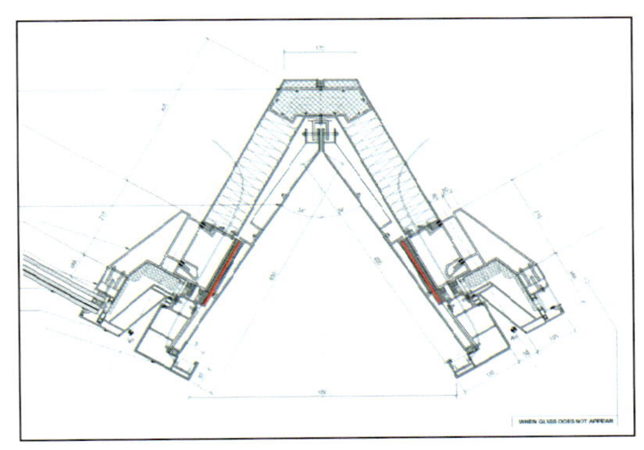

图 24.1-5　节点三招标图

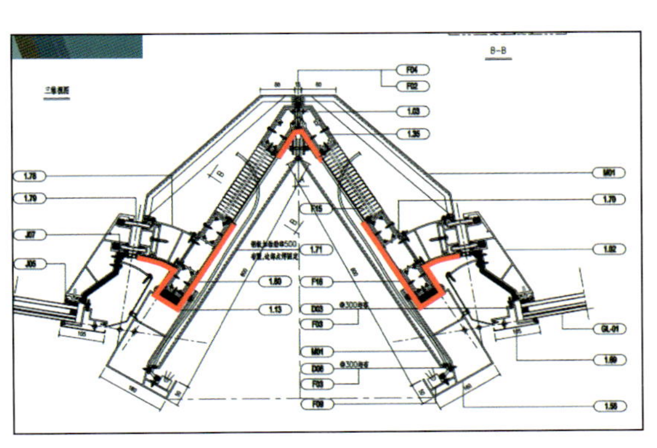

图 24.1-6　节点三施工图

3. 幕墙传热系数计算

1）节点一传热系数计算

节点一计算结果，如图 24.1-7 所示。

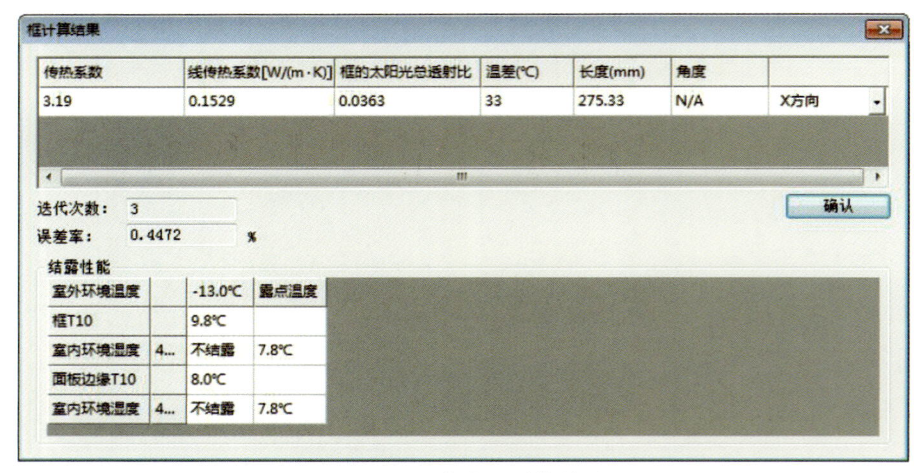

图 24.1-7　节点一计算结果

$$U_{f1}=3.19\frac{\mathrm{W}}{\mathrm{m}^2\cdot\mathrm{K}}\qquad 框传热系数$$

$$\varphi_{g1}=0.1529\frac{\mathrm{W}}{\mathrm{m}\cdot\mathrm{K}}\qquad 框与面板接缝的线传热系数$$

$$g_{f1}=0.0363\qquad 框的太阳光总透射比$$

2）节点二传热系数计算

$$U_{f2}=1.16\frac{\mathrm{W}}{\mathrm{m}^2\cdot\mathrm{K}}\qquad 框传热系数$$

$$\varphi_{g2}=0\frac{\mathrm{W}}{\mathrm{m}\cdot\mathrm{K}}\qquad 框与面板接缝的线传热系数$$

$$g_{f2}=0.2492\qquad 框的太阳光总透射比$$

节点二计算结果，如图 24.1-8 所示。

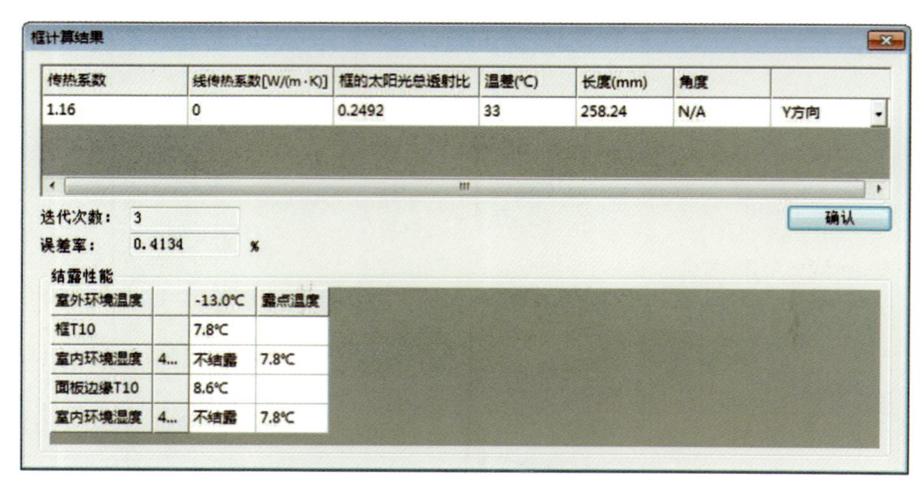

图 24.1-8　节点二计算结果

3）节点三传热系数计算

节点三计算结果，如图 24.1-9 所示。

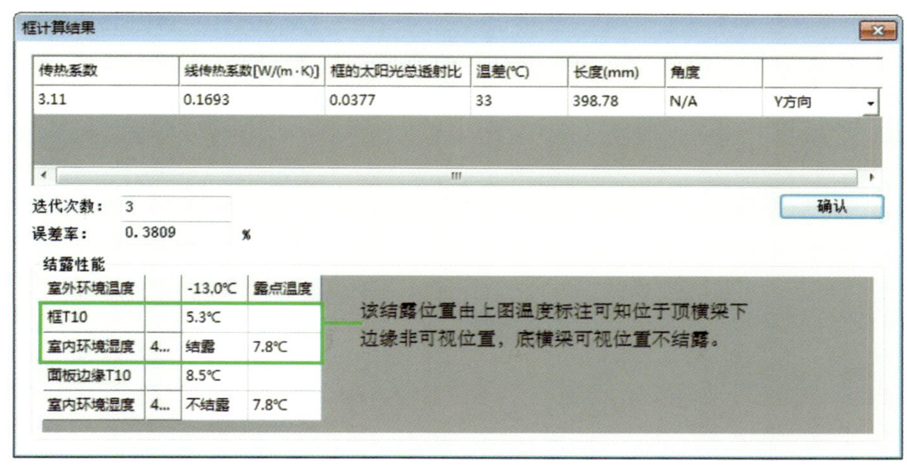

图 24.1-9　节点三计算结果

$$U_{f3}=3.11\frac{\mathrm{W}}{\mathrm{m^2\cdot K}}$$　框传热系数

$$\varphi_{g3}=0.1693\frac{\mathrm{W}}{\mathrm{m\cdot K}}$$　框与面板接缝的线传热系数

$$g_{f3}=0.0377$$　框的太阳光总透射比

根据《建筑门窗玻璃幕墙热工计算规程》JGJ/T 151—2008 的规定，单幅幕墙的传热系数按下式计算：

$$U_{cw}=\frac{\Sigma U_g A_g+\Sigma U_f A_f+\Sigma\phi_g l_g}{\Sigma A_g+\Sigma A_f}$$

$$面板总=5.9914\frac{\mathrm{W}}{\mathrm{K}}$$

$$框总=3.818\frac{\mathrm{W}}{\mathrm{K}}$$

$$线总=1.3598\frac{\mathrm{W}}{\mathrm{K}}$$

$$S_{总}=1497\mathrm{mm}\times3770\mathrm{mm}=5.6437\mathrm{m^2}$$

$$U_{cw}=（面板总+框总+线总）/S_{总}=1.9791\mathrm{W}/（\mathrm{m^2\cdot K}）$$

本工程幕墙传热限值为：

$$U_{lim\_1}=2.0\frac{\mathrm{W}}{\mathrm{m\cdot K}}$$

经计算，传热性能满足要求。

4. 小结

使用隔热毯对幕墙进行节能设计，结合深化设计与实际情况反馈问题，对后期需求综合考虑，计算幕墙传热系数、结露性能指标，有效降低幕墙的能耗。

24.2 曲面单元体幕墙弧形高适应双环形轨道吊装技术

1. 技术难点

（1）幕墙板块安装持续时间较长，现场塔式起重机受钢结构和其他专业使用影响，无法单独供幕墙专业使用，需要采取相应的吊装措施。

（2）项目现场场地狭小，垂直作业单位较多，且结构外形为异形复杂曲面造型，在一定程度上增加了施工作业难度和危险系数。

2. 采取措施

1）轨道设置

弧形双环轨道标准分格为 3m，环塔楼布置在外挂施工电梯处断开。由 150mm × 150mm × 10mm 宽翼 H 型钢作为悬挑支臂，轨道支臂长度 3m，前段采用 400mm × 300mm × 10mm 钢板作为连接板，20 号工字钢轨道通过钢连接板与悬挑支臂螺栓连接，后端使用 M16T 形螺栓与预埋件固定。

2）安全措施

轨道前段设置两道钢丝绳（直径 19mm）与上层水平结构连接，环形轨道悬挑 2000mm；配合电动行走车主要负责塔楼单元体的室外水平运输和吊装（环形轨道布置，如图 24.2-1、图 24.2-2 所示）。所有轨道部件均由工厂加工完成现场进行拼装，既能保证加工质量也能保证安装速度。运行轨道工字钢在弯弧处进行拉弯处理，半径根据实际情况计算得出。两段工字钢相接处高低差必须控制在 2mm 以内，轨道需要经过调平后再安装行进小车。

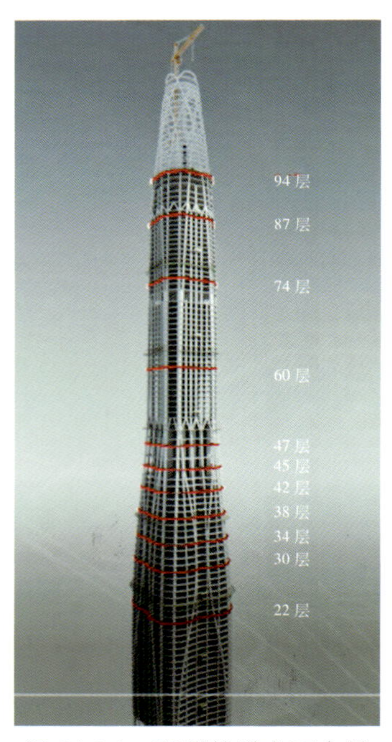

图 24.2-1 环形轨道立面布置

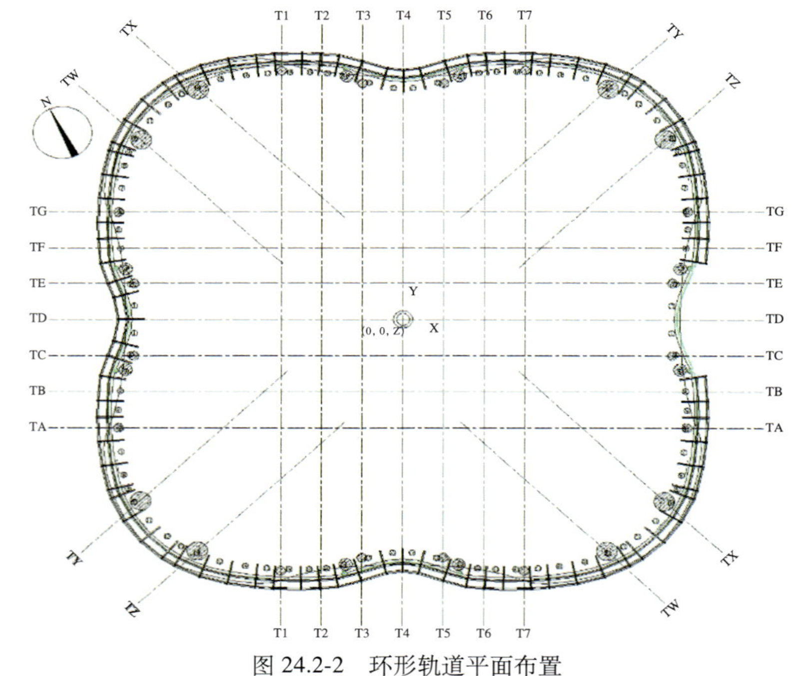

图 24.2-2 环形轨道平面布置

3. 工艺流程

构件加工制作→测量放线→支臂安装→行走轨道安装→斜拉钢丝绳安装→电气设备安装→吊装作业。

操作要点

1）轨道支臂加工

环形轨道支臂长度 3m，采用 150mm × 150mm × 10mm 宽翼 H 型钢加工而成，前段使用 400mm × 300mm × 10mm 钢连接板连接行走轨道（图 24.2-3）。支臂前段设置两个 20mm 厚拉结耳板用于安装斜拉钢丝绳。

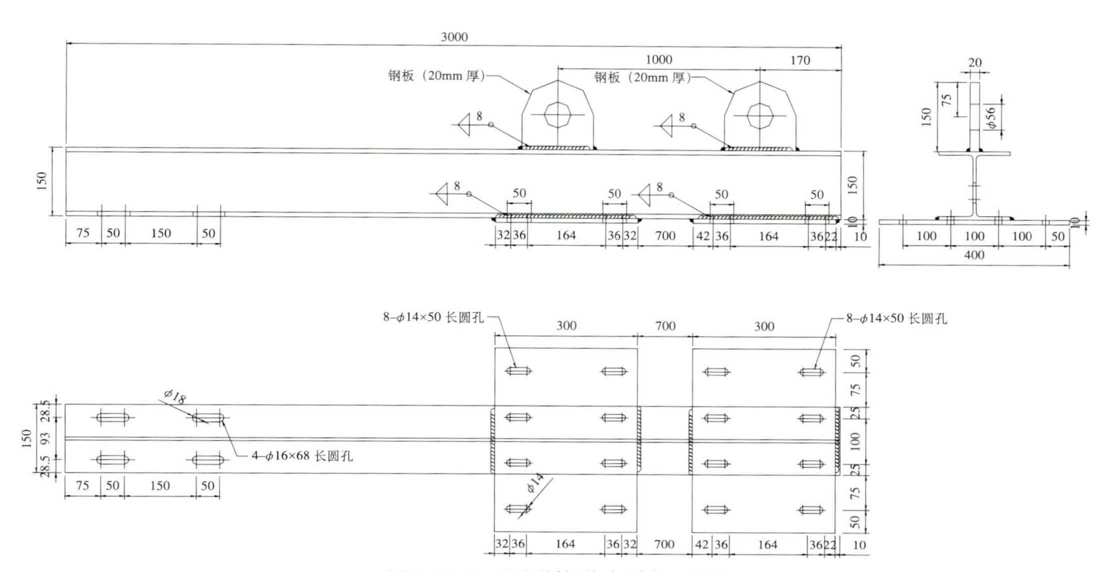

图 24.2-3 环形轨道支臂加工图

2）行走轨道加工

行走轨道使用 20 号工字钢。工字钢两端使用 300mm × 200mm × 10mm 钢连接板与轨道支臂固定（图 24.2-4）。

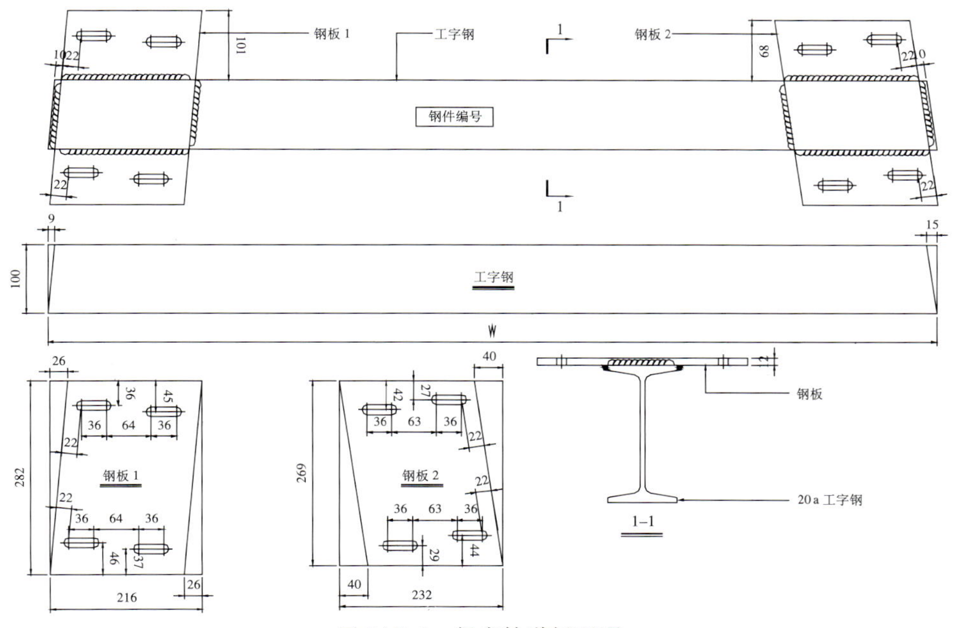

图 24.2-4 行走轨道加工图

3）斜拉钢丝绳组装固定

斜拉钢丝绳根据计算选用直径 19mm 钢丝绳，并在两端设置 4 组钢丝绳夹，绳卡间距 A 等于 6 ~ 7 倍钢丝绳直径（114 ~ 133mm）（图 24.2-5）。钢丝绳与上层楼板通过固定支座连接（图 24.2-6）。

4）测量放线

根据环形轨道布置方案进行三维激光逆向扫描，经 BIM 模型综合处理后进行测量放线，确定支臂固定端位置，弹出行走钢梁螺栓位置线。

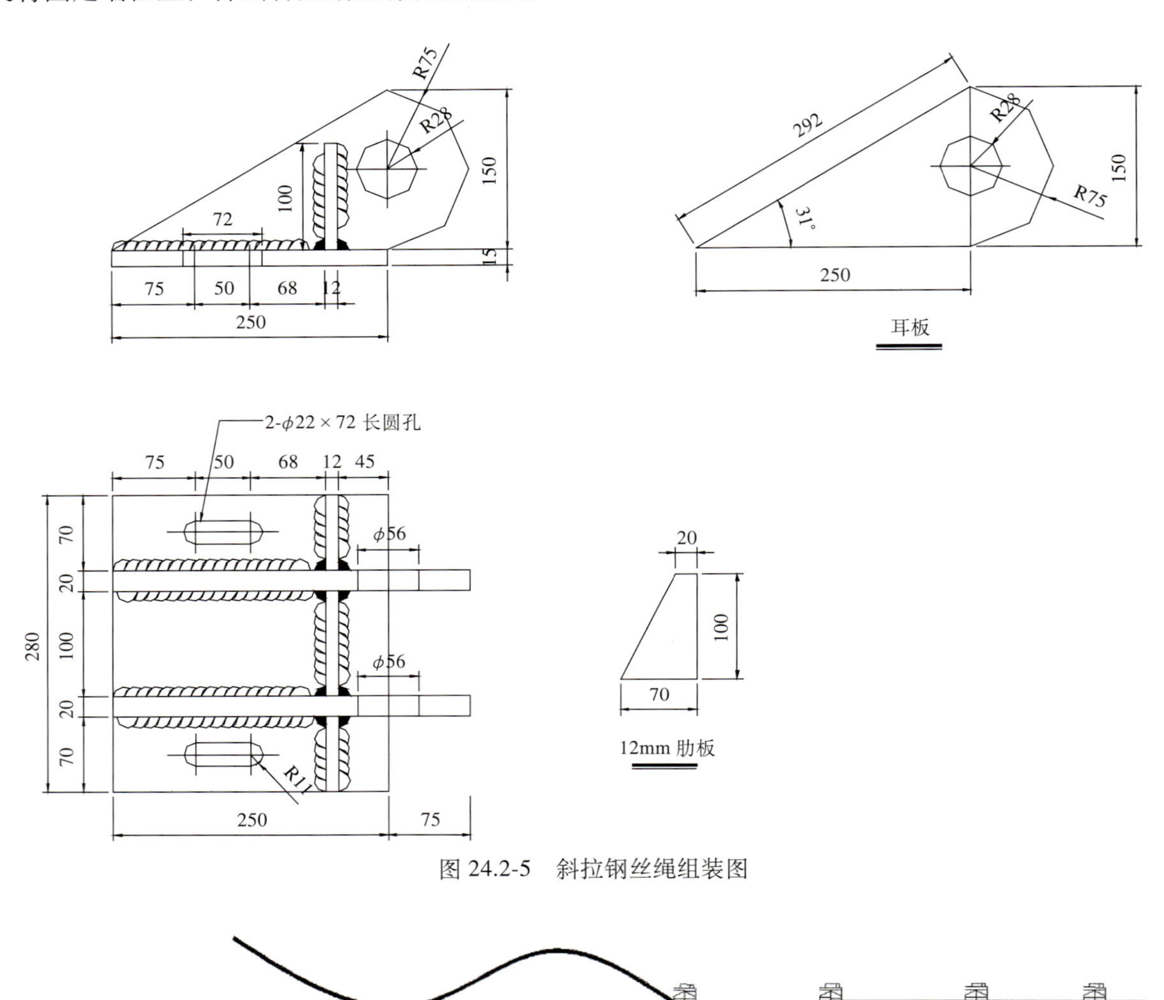

图 24.2-5 斜拉钢丝绳组装图

图 24.2-6 斜拉钢丝绳固定图

5）安装顺序

用 T 形螺栓连接卸荷钢丝绳顶部挂耳与槽式埋件→钢丝绳上端与挂耳固定→钢丝绳下端与悬挑工字钢前端耳板固定→从结构中伸出工字钢④到合适位置→用 T 形螺栓⑤固定工字钢后端头与结构预埋的槽式埋件→从结构内到外依次安装内⑥、外⑦侧环形轨道→调节钢丝绳上预先安装的挂钩组合花篮螺栓装置⑧→电动遥控轨道车⑨→环形轨道验收（图 24.2-7）。

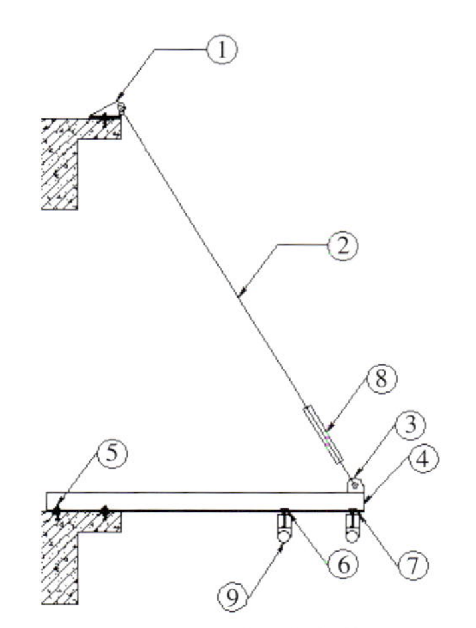

图 24.2-7　环形轨道安装顺序图

6）支臂安装

根据轨道平面布置图测量放线，定位支臂边线。根据支臂编号图初步固定支臂。调节支臂到位后，完全固定支臂。

支臂连接方式：轨道支臂末端使用 4 个 M16 螺栓与预埋件固定，其中螺栓计算时考虑两个受力，其余两个作为备用螺栓考虑（图 24.2-8、图 24.2-9）。

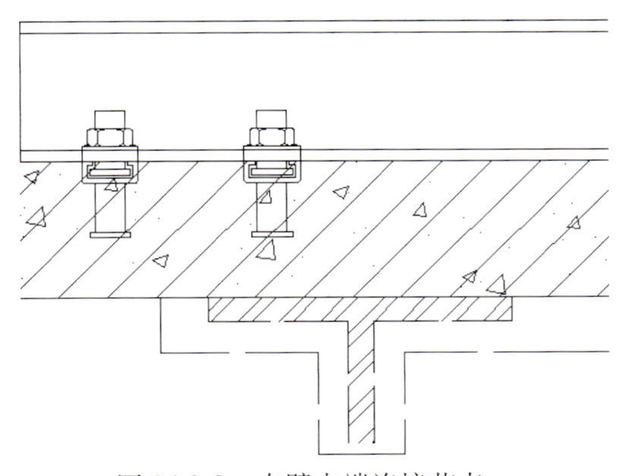

图 24.2-8　支臂末端连接节点一

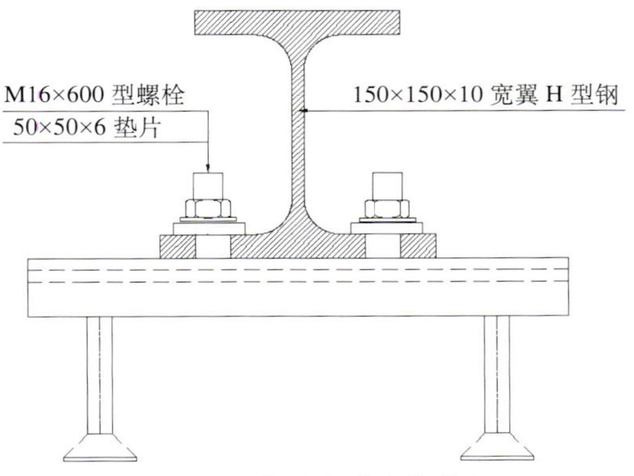

图 24.2-9　支臂末端连接节点二

7）行走轨道安装

待支臂安装完成后开始安装弧形工字钢双轨道（图 24.2-10）。

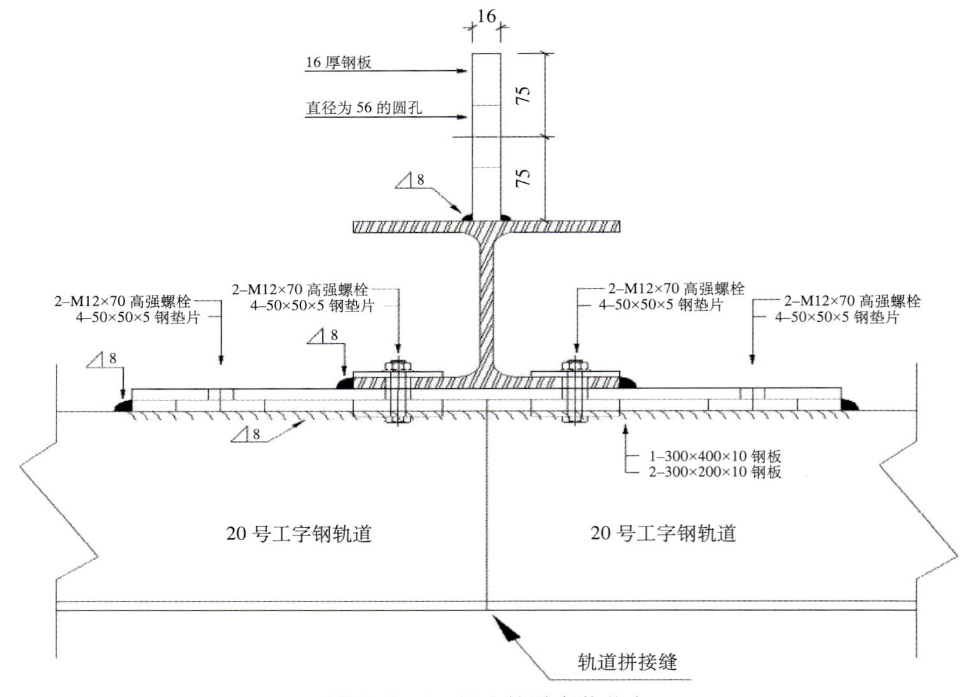

图 24.2-10 行走轨道安装节点

8）斜拉钢丝绳安装

两道斜拉钢丝绳，其中一道作为受力钢丝绳，一道作为二次保护措施，正在吊装的轨道正上方的钢丝绳为受力钢丝绳，安装时必须拉紧（图 24.2-11、图 24.2-12）。

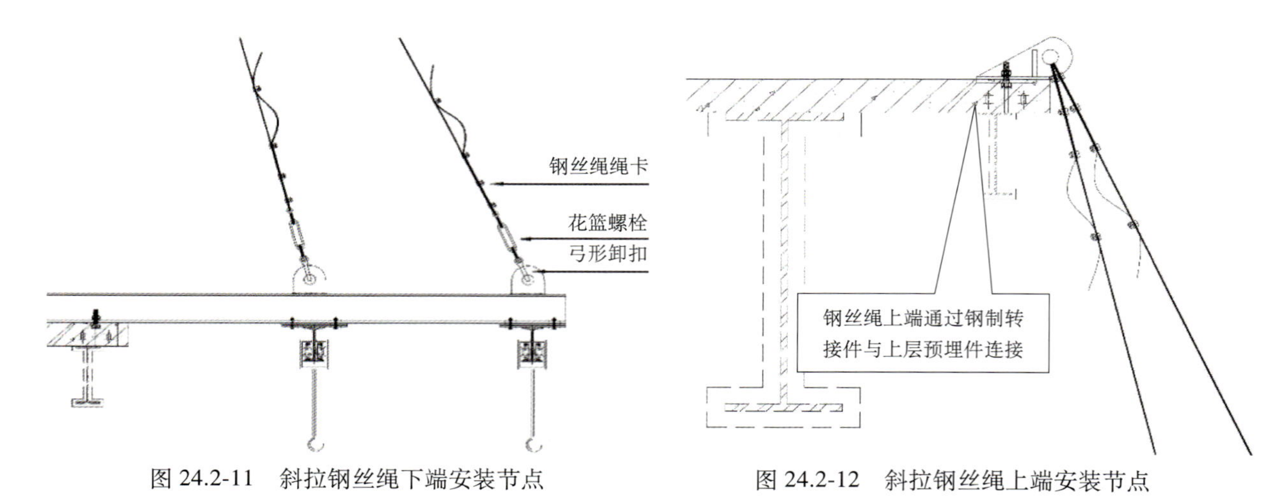

图 24.2-11 斜拉钢丝绳下端安装节点

图 24.2-12 斜拉钢丝绳上端安装节点

9）安装效果

环形轨道安装完成效果如图 24.2-13 所示。悬臂构件上设置可调节螺栓孔，可通过改变罗山的位置调节悬挑长度，适应吊装进出位的不同尺寸，每天可吊装标准板块 30 块。

图 24.2-13　环形轨道安装图

10）单元体安装

幕墙单元体安装流程如图 24.2-14 所示。

(*a*)　(*b*)　(*c*)　(*d*)

(*e*)　(*f*)　(*g*)　(*h*)

图 24.2-14　单元体安装流程

(*a*) 测量放线；(*b*) 地台码安装；(*c*) 起底料安装；(*d*) 打胶；(*e*) 闭水试验；(*f*) 单元体起吊；(*g*) 吊运换钩；(*h*) 安装就位

4. 小结

(1) 采用电动机械化施工，安装、拆除方便快捷，施工作业时操作方便，节约大量劳动力，缩短工期。

（2）通过双环形轨道悬臂构件上设置可调节螺栓孔调节悬挑长度，可更为方便、灵活地根据现场安装工况，适应吊装进出位的不同尺寸，提高工效。

（3）采用双环形轨道吊装单元板块及幕墙专业其他材料，可降低场地、塔式起重机资源的占用，降低工程整体平面管理和资源调度的压力和难度。

（4）环形轨道材料均可多次周转施工及回收，节约成本，绿色环保。

（5）塔楼幕墙通过楼层悬臂塔式起重机、吊装环形轨道等设备，实现“楼层悬臂塔式起重机吊运单元体板块到卸料平台→单元板块转运进楼层→单元板块楼层内水平运输→环形轨道吊装单元板块”的吊运安装模式。其中，采用的弧形高适应双环形轨道（图 24.2-15），在场地及作业环境受限的情况下安全高效地完成了大量运输及危险性较大的吊装作业，降低了因场地狭小、多专业交叉作业的工期和安全影响，有效提高了施工效率，缩短了施工间歇等待时间。

图 24.2-15 弧形高适应环形轨道现场照片

24.3 幕墙玻璃降低自爆率技术

1. 技术难点

1）钢化玻璃自爆定义

根据《建筑门窗幕墙用钢化玻璃》JG/T 455—2014 规定：钢化玻璃只有在无载荷作用下发生的自发性炸裂才称为钢化玻璃的自爆。实际工程中，对于没有外力冲击、正常使用条件下具有典型自爆裂纹的钢化玻璃破裂也归结为钢化玻璃自爆。

2）钢化玻璃自爆概率

钢化玻璃自爆率与玻璃原片质量息息相关，各个厂家甚至同一厂家的不同批次钢化玻璃自爆率均有不同，一般从 1‰ ~ 3‰。单按片数为单位计算，未考虑单片玻璃的面积大小和玻璃厚度，不够准确也无法进行深入比较。行业内统一测算自爆率假设条件：每 5 ~ 8t 玻璃含有一个足以引发自爆的异质颗粒，每片钢化玻璃面积平均为 1.8m^2，异质颗粒均匀分布，计算得出 6mm 厚钢化玻璃自爆率为 3‰ ~ 5‰。

3）钢化玻璃自爆原因分析

（1）钢化过度导致应力加大；

（2）缺陷杂质导致应力不均；

（3）局部应力集中是自爆的直接原因。

2. 采取措施

本工程塔楼玻璃幕墙共 110000m^2。统筹考虑结构安全及运维难度，控制降低玻璃自爆至关重要。主要采取了如下措施：

（1）采用超白玻璃原片，从源头控制减少玻璃原片自身缺陷。

（2）采用半钢化玻璃，减小玻璃应力。采用 PVB 夹胶形式，玻璃破损后不脱落。

（3）按照欧洲标准 EN 14179-1-2016 及国家标准《建筑用安全玻璃 第 4 部分：均质钢化玻璃》GB 15763.4—2009 的要求进行钢化玻璃均质处理，使问题玻璃提前引爆。

（4）玻璃周边与铝合金框，预留足够的间隙尺寸（7mm，如图 24.3-1 所示），防止变形过程、热应力过程挤压玻璃边部，减小自爆风险。

（5）按《玻璃缺陷检测方法光弹扫描法》GB/T 30020—2013 方法，对钢化玻璃进行光弹扫描，检测玻璃内部缺陷，并剔除有缺陷的玻璃。

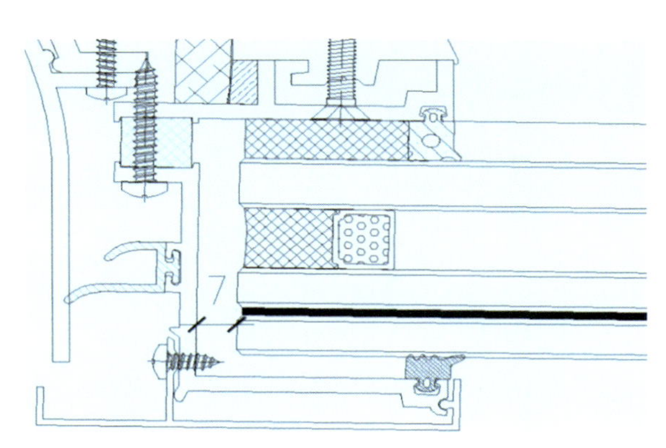

图 24.3-1　板块预留玻璃变形空间

3. 技术检测

玻璃是一种典型的光弹性材料，可通过光弹设备检测到玻璃内部的应力存在。钢化玻璃自爆源附近有应力集中，且具备光弹效应。通过光弹设备能够发现自爆源附近因应力集中导致的应力光斑（图 24.3-2），从而为检测自爆源提供了一种间接手段。

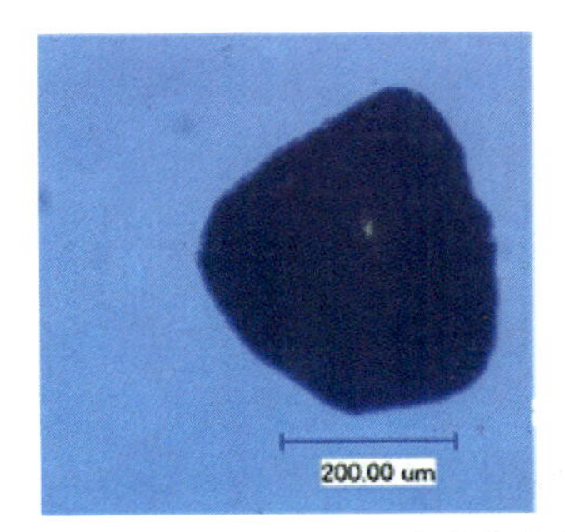

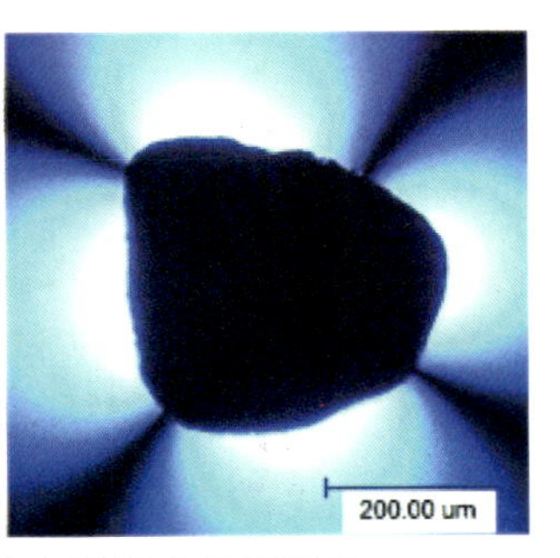

图 24.3-2　玻璃应力集中显微光弹斑图像

用于现场检测钢化玻璃自爆源的光弹装置可以分别设计成透射式和反射式（图 24.3-3、图 24.3-4）。

光弹扫描装置可实现现场对钢化玻璃自动扫描，当发现自爆源应力光斑时，配套的软件可对自爆源及其自爆源光斑的位置、形貌、大小、明亮程度进行分析，从而预测钢化玻璃自爆源的自爆风险程度。图 24.3-5 为采用检测装置检测到的幕墙玻璃自爆源应力光斑。

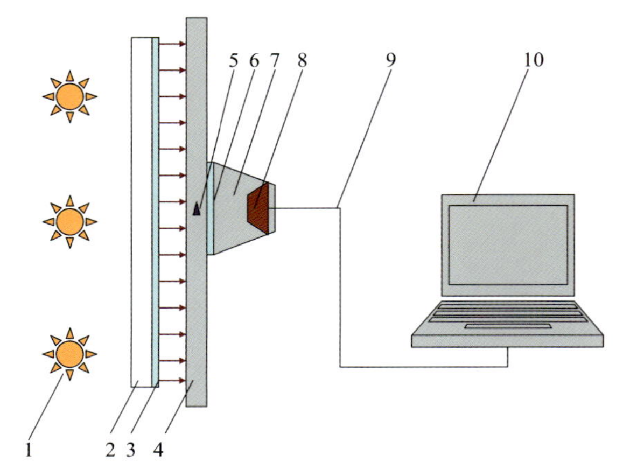

图 24.3-3 透射式光弹装置示意图

1—光源；2—有机玻璃平板；3—起偏片；4—玻璃检测样品；5—缺陷或杂质；6—检偏片；7—暗箱；8—工业相机；9—数据连接线；10—计算机

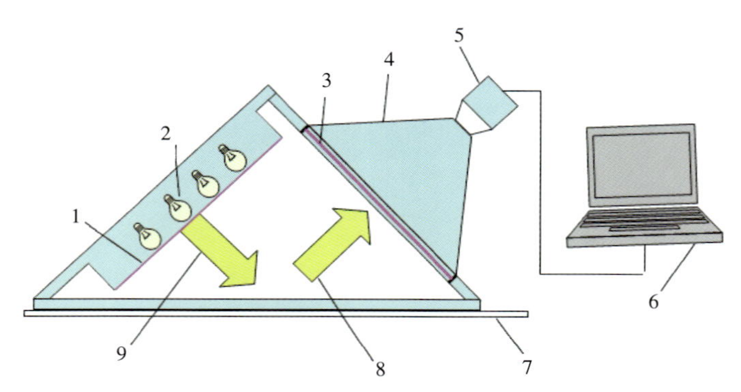

图 24.3-4 反射式光弹装置示意图

1—起偏片；2—光源；3—检偏片；4—暗箱；5—工业相机；6—计算机；7—玻璃；8—偏振光；9—偏振光

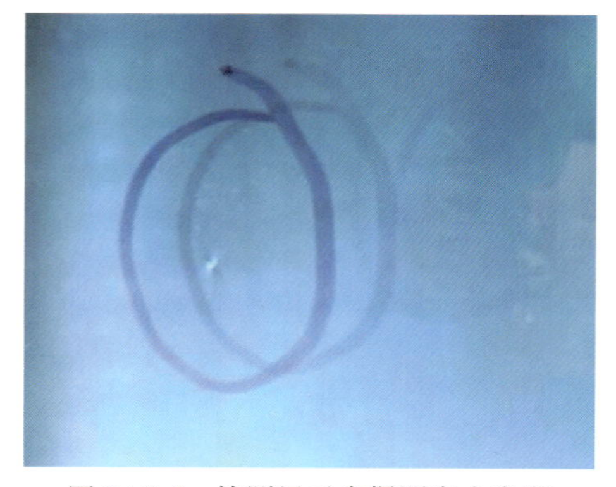

图 24.3-5 检测显示自爆源应力光斑

《玻璃缺陷检测方法 光弹扫描法》GB/T 30020—2013，规范了钢化玻璃自爆风险检测的操作流程、检测设备及参数、图像处理与分析等。该方法可用于建筑幕墙的自爆风险检测和预测，也可用于钢化玻璃生产质量的检测和幕墙玻璃安装之前的可靠性检测。

4. 小结

通过对玻璃幕墙自爆原因及影响的分析，结合工程实际针对性地提出降低自爆率的技术措施，并采用钢化玻璃自爆检测光弹扫描法进行可靠性检测，降低了运维成本，提高了工程安全性。（本节技术图片由广州安德信幕墙有限公司提供）

24.4　超高层建筑幕墙清洗技术

1. 技术概况

近年来，国内一些城市针对建筑物外立面清洁相继制定出台了相应的规定。2012 年，天津市经济技术开发区就专门出台了《关于加强建筑物外立面清洗粉饰工作的通知》。《通知》中明确指出，外立面玻璃幕墙的建筑物应当每半年清洗一次。

幕墙清洗一般有两种方法：物理方法和化学方法。物理方法主要是通过外力使污垢脱离建筑幕墙，具体方法是用水冲洗（或水喷淋），使污垢疏软、剥离、溶化，最后再用水冲洗干净。化学清洗法是利用化学试剂对污垢进行溶解、分离、降解等化学反应，使幕墙达到去垢、去锈、去污、脱脂等目的。

2. 污染物分类及清洗剂选择

1）污染物分类及粘附形式

（1）污染物分类

幕墙污染物主要包含空气污染物和幕墙表面污染物。空气污染物由气态污染物、液态污染物和固态污染物混合形成。幕墙表面污染物从轻到重分为灰尘、污渍和污垢，还包含另外一种污垢形式，就是金属与水、空气中的某些物质发生化学反应造成的表面变色。

（2）污染物粘附形式

污染物与建筑幕墙表面的粘附能力，因表面材质、污染物性能的不同而不同，一般可分为机械性粘附、物理性粘附和化学性粘附（表 24.4-1）。

不同污染物粘附差异　　表 24.4-1

特征	机械性粘附	物理性粘附	化学性粘附
吸附力	摩擦力	范德华力	化学键力
选择性	有	无	有
吸附热	无	近似于液化热（0 ~ 20kJ/mol）	近似于反应热（80 ~ 400kJ/mol）
吸附速度	快，易平衡，不需要活化能	快，易平衡，不需要活化能	较慢，难平衡，需要活化能
吸附层	单分子层或多分子层	单分子层或多分子层	单分子层
可逆性	可逆	可逆	不可逆

2）清洗剂分类

工业清洗剂按其 pH 值可分为酸性清洗剂、碱性清洗剂、中性清洗剂。

3）清洗剂选择

（1）玻璃幕墙污染物主要有粉尘、胶渍、玻璃风化物等（图 24.4-1）。玻璃表面的灰尘、胶渍通常选用普通的玻璃幕墙清洗剂，配合刮子进行清除；玻璃风化物是玻璃与大气中的水分相互产生作用，受水分侵蚀后形成的风化产物，对于污染程度严重的可选择酸性清洗剂或中性清洗剂。

（2）铝质材料和酸、碱等物质接触会发生溶解，清洗剂选择不当会腐蚀或污染铝板幕墙（图 24.4-2），清洗剂与铝质材料表面介质发生化学反应易导致材料表面变色。铝板幕墙清理宜选择中性清洗剂，可有效去除污渍，避免对幕墙表面造成损伤。

图 24.4-1 玻璃幕墙污染

图 24.4-2 铝板幕墙污染

3. 清洗方案选择

高层建筑幕墙清洗一般采用空中蜘蛛人吊板清洗、吊篮清洗和机器人清洗三种方式，本工程幕墙在建造过程中采用空中蜘蛛人吊板清洗，完工后采用擦窗机系统进行清洗。

1）吊板清洗

吊板清洗套装工具包括：工作绳、安全绳、吊板（座板）、安全带、自锁器、U 形卡、工作桶等（图 24.4-3）。单人吊绳作业应符合《座板式单人吊具悬吊作业安全技术规范》GB 23525—2009 的相关要求。

图 24.4-3 吊板清洗

图 24.4-4 擦窗机清洗

2）擦窗机清洗

本工程玻璃幕墙造型以曲面为主，复杂多变，擦窗机按照“结构变化特点、分区、分系统”进行设计。建筑低区（1 ~ 70 层）设计 4 台独立的擦窗机，采用平行双轨道运行模式进行作业；建筑高区（71 ~ 99 层）设计 1 台独立的擦窗机，采用圆弧形轨道运行模式进行作业；通过高、低区 2 套系统结合使用，实现对塔楼玻璃幕墙全覆盖清洗及维护功能（图 24.4-4）。

擦窗机按安装方式分为：轮载式、屋面轨道式、悬挂轨道式、插杆式、滑梯式等。本工程主要采用屋面轨道式和悬挂轨道式相结合的方式进行安装。

（1）塔楼 71 层擦窗机系统设计

①清洁周期计算

清洁周期，根据以往类似工程经验取值，结合本工程实际、使用方需求计算如下：

塔楼 1 ~ 70 层擦窗机所需清洗幕墙总面积约 79000m^2。

每名清洁工清洁速度 50m^2/h。

每天清洗时间为 5h（除去设备开启、升降、停放等操作时间）。每年只有约 60% 的天数可用于清洁作业。主要由于恶劣天气、大风，法定假日，擦窗机的维保以及设备用于维护建筑的外立面等因素所导致。

通过计算，塔楼 71 层以下幕墙每年可以清洁 5 次。

②作业范围

根据擦窗机所处楼层空间布局、清洗周期、作业范围等需求，确定在塔楼 71 层（设备层）建筑 4 个大角部位分别布置 1 台擦窗机，共 4 台。在开启不同区域幕墙自动门后，擦窗机沿轨道移动至门口处，利用大臂回转、前吊臂回转、前吊臂伸缩、臂头回转等功能和操作步骤，实现对 71 层以下幕墙全方位清洁维护及破损玻璃更换（图 24.4-5）。

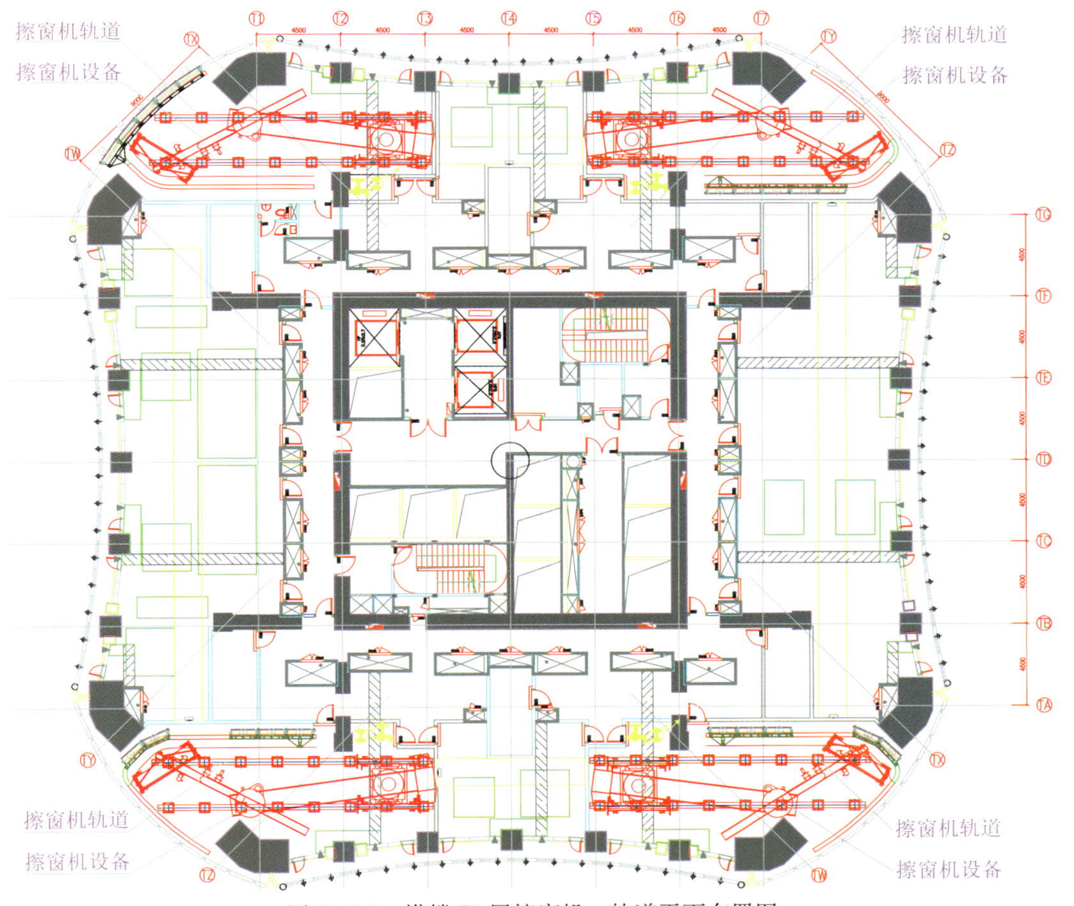

图 24.4-5　塔楼 71 层擦窗机、轨道平面布置图

塔楼 71 层擦窗机系统负责塔楼 71 层以下建筑外立面幕墙的清洗维护作业，这就要求 4 台擦窗机作业范围必须保证对建筑 71 层以下全方位覆盖（图 24.4-6）。

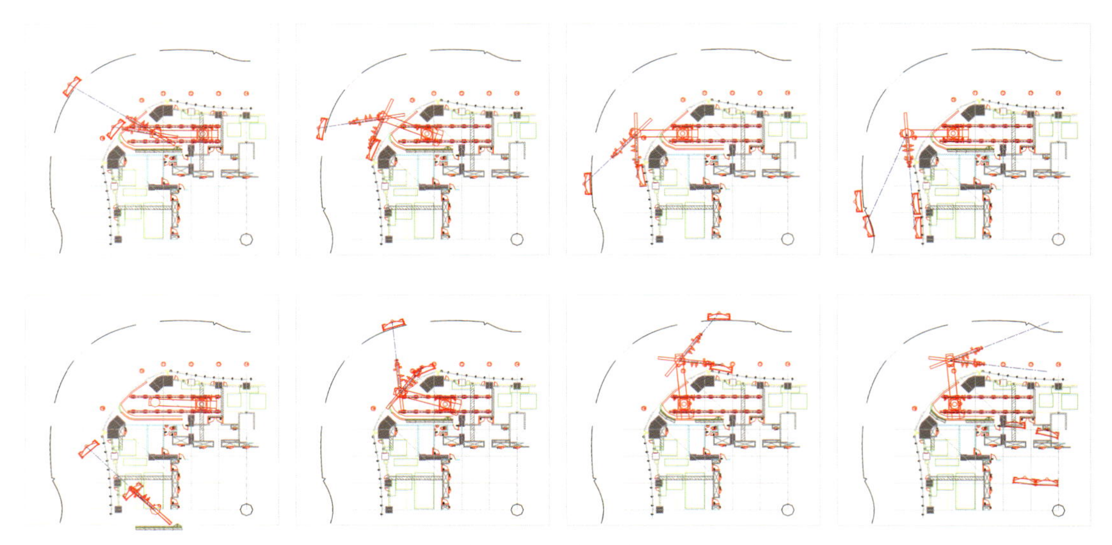

图 24.4-6 塔楼 71 层擦窗机作业范围示意图

（2）塔楼 99 层擦窗机系统设计

①清洁周期计算

清洁周期，根据以往类似工程经验取值结合本工程实际、使用方需求计算如下：塔楼 71 ~ 99 层擦窗机所需清洗幕墙总面积约 31000m^2。每名清洁工清洁速度 50m^2/h。每天清洗时间同上。通过计算，塔楼 71 ~ 99 层幕墙每年可以清洁 3.5 次。

②作业范围

塔楼 99 层擦窗机设计，主要考虑满足 71 ~ 99 层建筑外立面幕墙的清洗和维护、清洗周期、结构空间、设备停放、安全性、经济性等因素，采用一台伸缩关节臂式擦窗机，铺设一圈圆形轨道，通过 6 个幕墙开启门，以达到擦窗机对建筑外立面幕墙 360° 全覆盖清洗功能（图 24.4-7）。

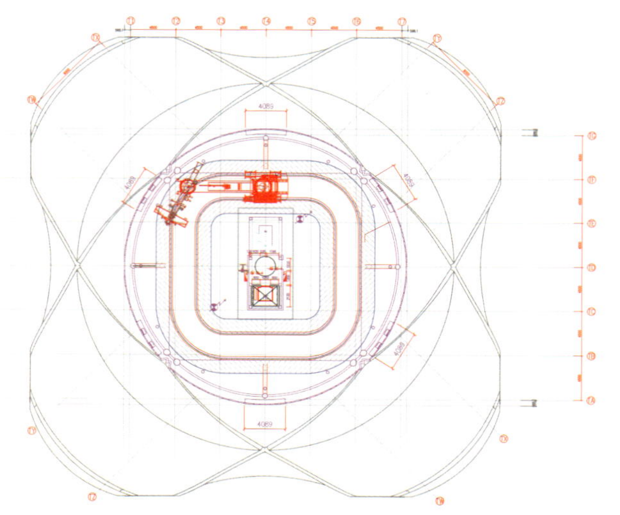

图 24.4-7 塔楼 99 层擦窗机、轨道平面布置及作业范围示意图

4. 清洗作业

幕墙清洗一般从上到下，清洗外墙所用水温一般为常温，对于镀膜玻璃应着重保护，清洗前应仔细检查清洗设备是否清洁，避免粘带杂物对玻璃膜层产生划伤等破坏。事先应用小块样作清洗检测，确定清洗液是否对膜层有影响。

幕墙清洗前，应做到：

(1) 对现场工作人员的“特种作业操作证”“意外保险单”姓名、“身份证件”进行核实，无误后，方可进行外墙清洗作业，同时填写《幕墙清洗安全检查记录表》，将当天安全检查情况进行详细记录，做好存档；

(2) 检查外墙清洗公司在外墙清洗区域楼顶及楼下是否有安全员；

(3) 检查作业区域是否进行安全隔离，并放置“高空作业提示牌”。

5. 擦窗机系统辅助设计

1）避雷保护

在雷雨期间如设备部分从建筑物凸出，设备上装有防雷保护装置。防雷保护为铜编织带引线，安装在设备的 3 个回转机构：吊篮臂，关节臂及主回转轴承上。

2）防碰撞措施

在每节吊臂组两侧各安装电子眼碰撞感应器，以确保设备主机在回转或者行进通过建筑物以及幕墙门时可以避开障碍物。一旦防碰撞感应器被触发，擦窗机只被允许向相反方向回转或行进。联锁机制由负责擦窗机所有功能的 PLC 控制。

3）维修和紧急通道

发生紧急情况（如操作人员被困 99 层吊篮中无法作业)，可按以下步骤采取措施：

(1) 被困操作人员由建筑高区（99 层）手动释放吊篮到低区（71 层)。

(2) 将 71 层擦窗机吊篮停靠在 71 层楼层旁。

(3) 由 71 层擦窗机操作人员将受困人员从 99 层擦窗机吊篮营救至 71 层吊篮。操作时，不允许超过吊篮设计承重荷载，同时提前备好安全带确保整个营救过程安全有保障。

6. 清洗作业安全监管要求

(1) 楼顶、地面应有专职安全员在操作过程中进行不间断巡视；

(2) 擦窗机由专业技术人员操作，专职安全人员全程旁站监督；

(3) 高空作业使用的所有工具必须系工具安全绳，以防跌落伤人；

(4) 高空作业人员严禁带病、酒后操作，如出现身体不适症状严禁高空作业；

(5) 上下班时间严禁在主要出入口作业；

(6) 对外围绿化带及草坪做好相应保护工作（在有设备设施、绿地处进行遮盖)。

7. 小结

通过对污染物、清洗剂的分类分析及对清洗方案的择优选择，制订针对本项目幕墙变化幅度、收缩次数多所带来的清洁难题的清洗方案，确保清洗工作各环节安全、高效，有效地保证了建筑外立面的美观。

第 25 章　超高层建筑隔声减振施工技术

超高层建筑声源的种类较为繁多，振动传播方式较多。如何利用合理安装方式与隔声减振施工技术来降低机电设备带来的振动和噪声污染是一项重要内容。本章介绍项目所运用的多项隔声减振施工技术，有针对性地减弱噪声振动带来的负面影响，使室内声环境更加舒适，防止噪声及振动影响建筑的运营。

25.1　超高层建筑隔声技术

建筑隔声是为改善建筑物室内声环境、隔离噪声等干扰而采取的措施，包括空气声隔声和结构隔声两个方面。空气声指经空气传播或透过建筑构件传至室内的声音；结构声是指机电设备、地面或地下车辆以及打桩、楼板上的走动等所造成的振动，经地面或建筑构件传至室内而辐射出的声音。

1. 室内墙面及顶面隔声技术

1）技术难点

（1）噪声源点分散，降噪控制难度大。

超高层建筑空间含多个机电设备转换楼层，设备运行时产生噪声值大于 100dB，但其临近上下楼层多为办公、居住等功能房间，对室内噪声要求不大于 40dB。

机房与机电设备对外排放噪声应满足《社会生活环境噪声排放标准》GB 22337 的要求。

（2）管道设备密集，施工难度大。

机电系统体量大，排布空间小，造成管道密集排布。隔声墙（顶）施工时既要满足相应规范要求，又要避免与设备管道碰撞，操作空间小，施工难度极大。

（3）专业众多，工序穿插繁杂。

因超高层项目要求高，由众多专业公司单独负责相应工序，包括强电、弱电、暖通、高压、给水排水、装饰等十余家专业公司同时穿插作业，如何有效协调工序，是非常大的考验。

2）采取措施

（1）“隔声 + 吸声”搭配，全面增强房间隔声性能。

常规设备机房根据设计需求安装隔声或吸声装饰面，系统如下：

设备房间隔声墙（顶）做法采用“隔声挂码 / 悬吊隔离器 + 高密度吸声棉”配装两层石膏板，提升空气及撞击隔声量，见图 25.1-1、图 25.1-2。

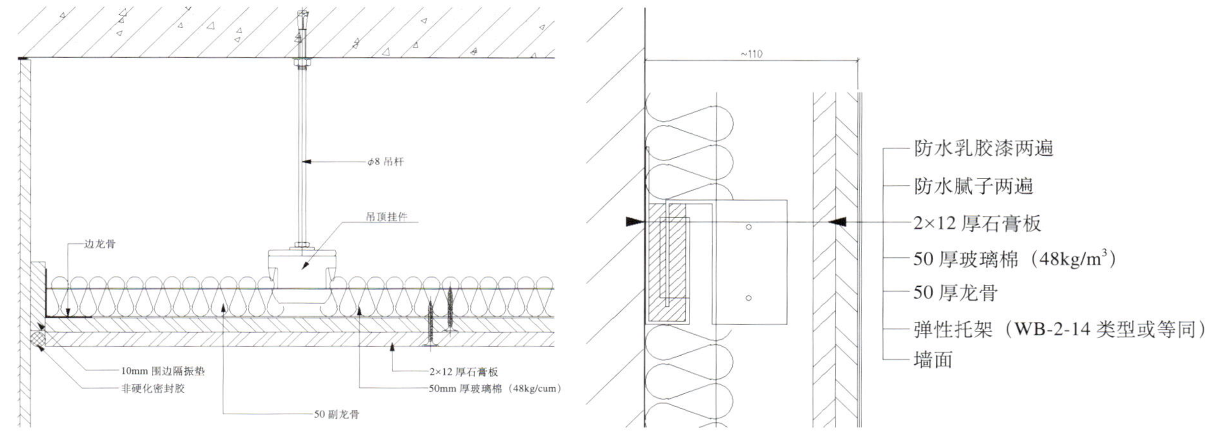

图 25.1-1　隔声墙（顶）系统构造图

图 25.1-2　隔声墙（顶）系统实景

（2）设备房间吸声墙（顶）面采用“穿孔钢板 + 黑玻璃棉布 + 吸声棉”连环降噪减振措施，确保设备房间内的噪声和高频被最大限度地吸收，降低对周围空间以及楼板上下功能房间的影响，见图 25.1-3。

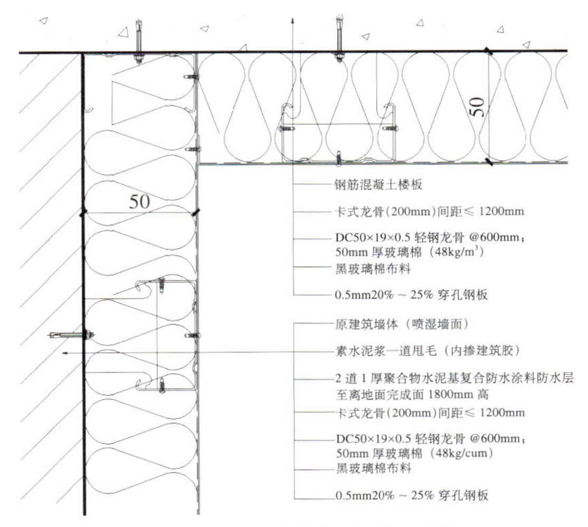

图 25.1-3　吸声墙（顶）系统

（3）特殊房间（如大型发电机房），因其噪声和振动幅度大，采用“隔声+吸声”组合形式，最大限度地降低对周围空间的影响，见图 25.1-4。

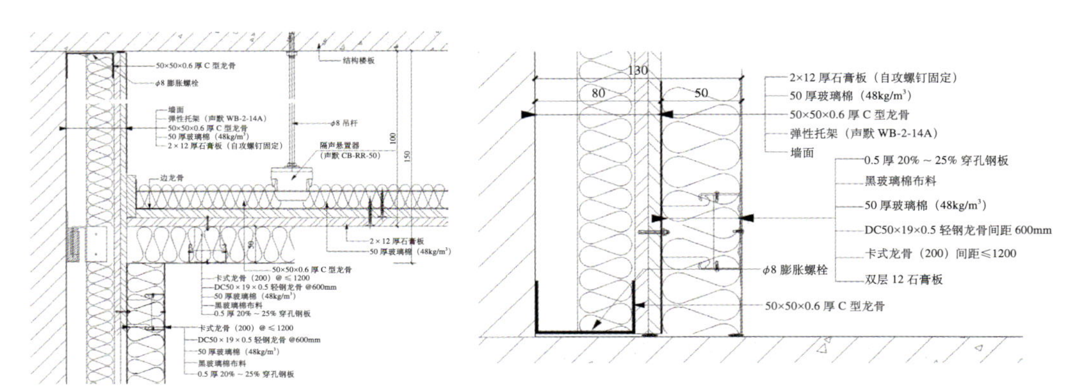

图 25.1-4 “隔声+吸声”系统

（4）“BIM 综合模拟”，确保隔声系统完整性。

运用 BIM 模型模拟施工，将各专业的排布安装空间提前规划，提前解决碰撞问题；同时，各专业进行提资，将隔声系统预留洞空间一次成优，做好封堵措施，从而保证隔声系统的完整性，见图 25.1-5。

图 25.1-5 BIM 综合模拟

（5）“合理穿插施工”，从细节把控施工质量和进度。

系统分析各专业施工工序和主要控制点，将十余家专业工序打散重组，流水施工，加大过程监控力度，确保不发生施工中的二次破坏，从而影响隔声质量，见图 25.1-6。

图 25.1-6 穿插施工现场

3）小结

经业主、设计单位、监理及第三方专业检测机构验收评估，机房噪声排放均达到 30 ~ 45dB 区间值，符合超高层声学设计及国家标准，见图 25.1-7。

图 25.1-7　墙面吸声实景

2. 幕墙与隔墙缝隙隔声技术

1）技术难点

（1）空间小，操作难。

当超高层造型导致楼板边线不断收缩时，隔声砌筑墙体无法达到完全密闭状态，此时墙体与悬挂幕墙单元体之间约有 100mm 空隙，该部位（竖向隔声封堵）空间小，不满足基本操作空间需求，增加了施工难度。

（2）需与幕墙间柔性连接。

根据设计要求，幕墙竖框不允许有硬性外部连接件，因此既要考虑到竖向隔声封堵的隔声性能，又要充分考虑其牢固性，见图 25.1-8。

图 25.1-8　现场分析

2）采取措施

（1）预制安装。

常规的隔声做法无法实现狭小空间的安装，但可以通过加工成品金属板组装施工，具体做法见图 25.1-9。

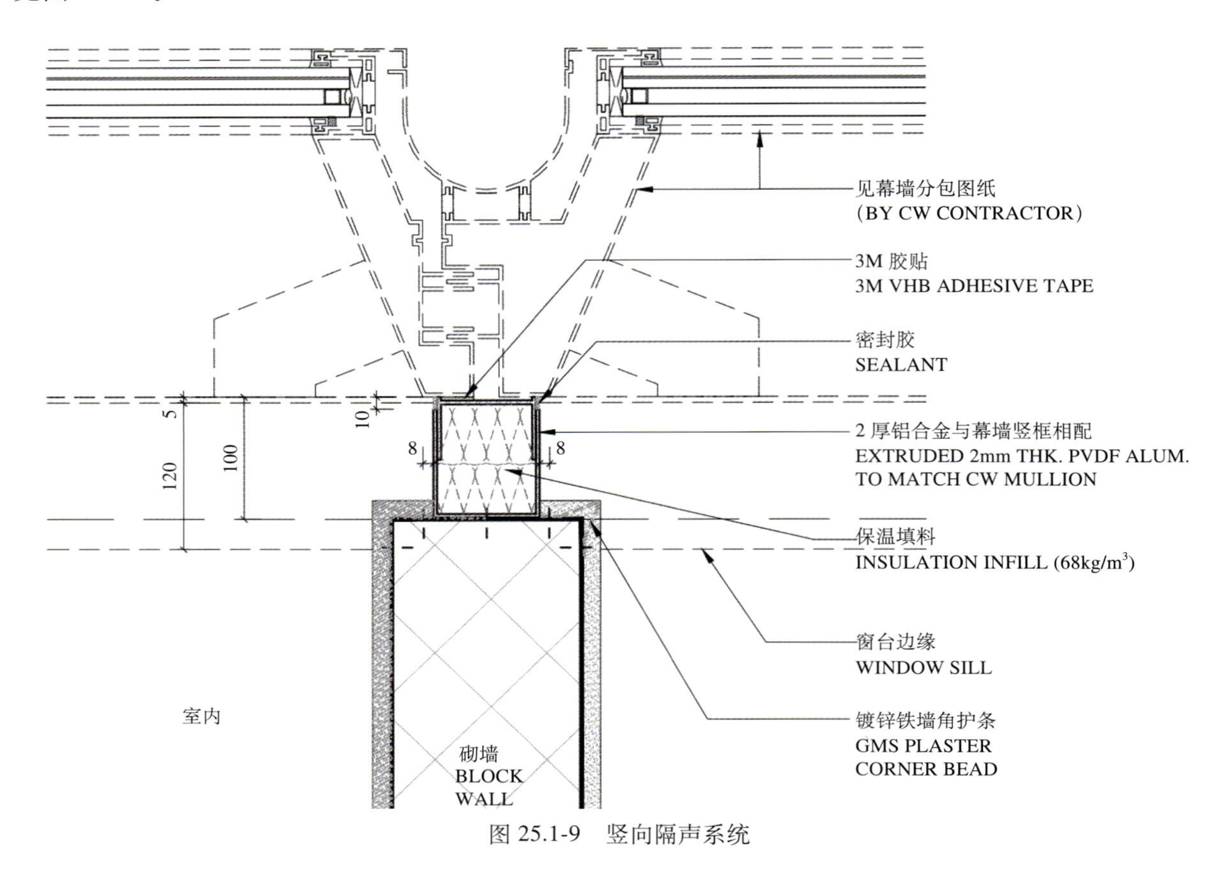

图 25.1-9 竖向隔声系统

（2）内外支撑，柔性连接。

采用 3M 胶贴将金属板框架与幕墙龙骨连接，内满填吸声棉后，以密封胶收口。

3）小结

幕墙与隔墙竖向缝隙隔声技术实现狭小空间的安装，有效阻隔声音在相邻房间中的水平传递。

3. 幕墙与楼板水平缝隙隔声技术

1）技术难点

（1）异形楼板边，缝隙宽窄不一。

受造型影响，楼板与幕墙悬挂单元体之间的水平缝隙在 80 ~ 150mm，操作空间有限。

（2）柔性连接且同时需满足防火挡烟功能。

除与幕墙竖框之间需要柔性连接，满足隔声性能的同时，还要满足防火和挡烟作用，对系统要求高。

2）解决措施

（1）考虑到安装空间的局限性，改为上面固定的方式，以“之”字金属板作为承托结构，灵活处理异形边缘问题，具体构造见图 25.1-10。

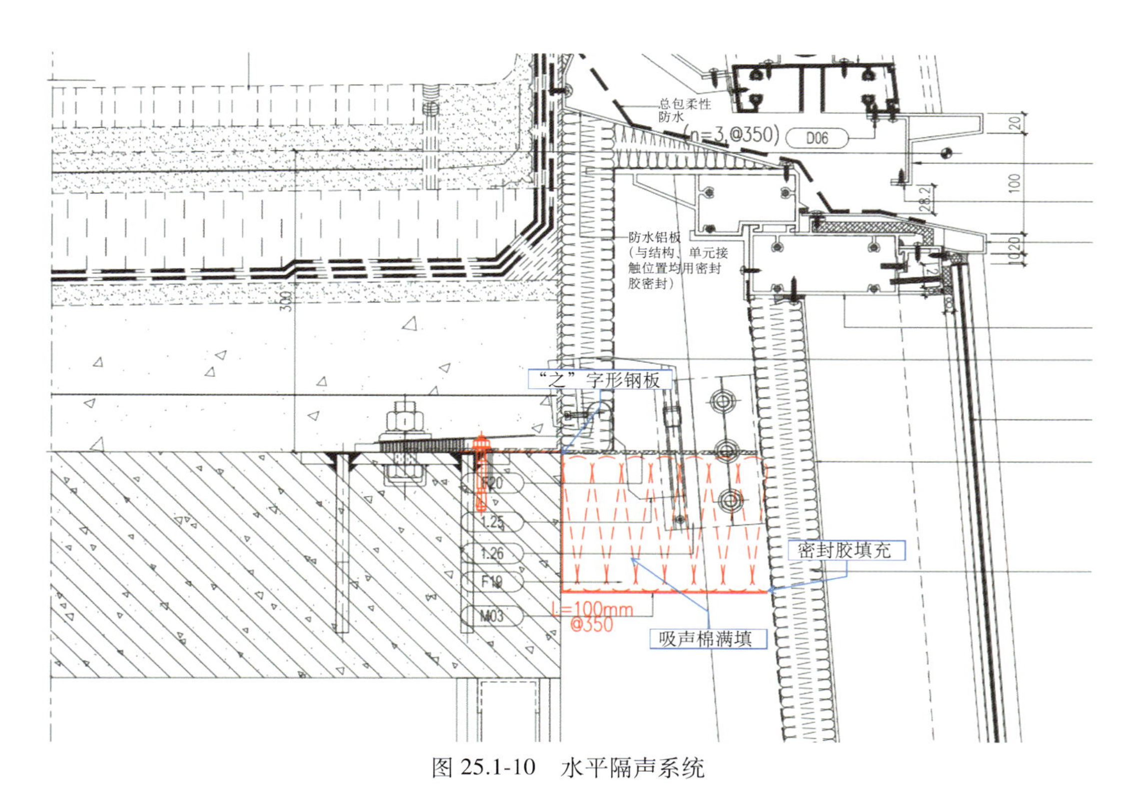

图 25.1-10　水平隔声系统

（2）金属板与幕墙竖框之间以胶贴固定，同时在楼板下方（下层顶）采用竖向防火挡烟墙体和水平防火隔声墙，使之形成密闭空间，有效地阻隔声音在上下楼层之间的传递，同时满足消防排烟要求，具体构造见图 25.1-11。

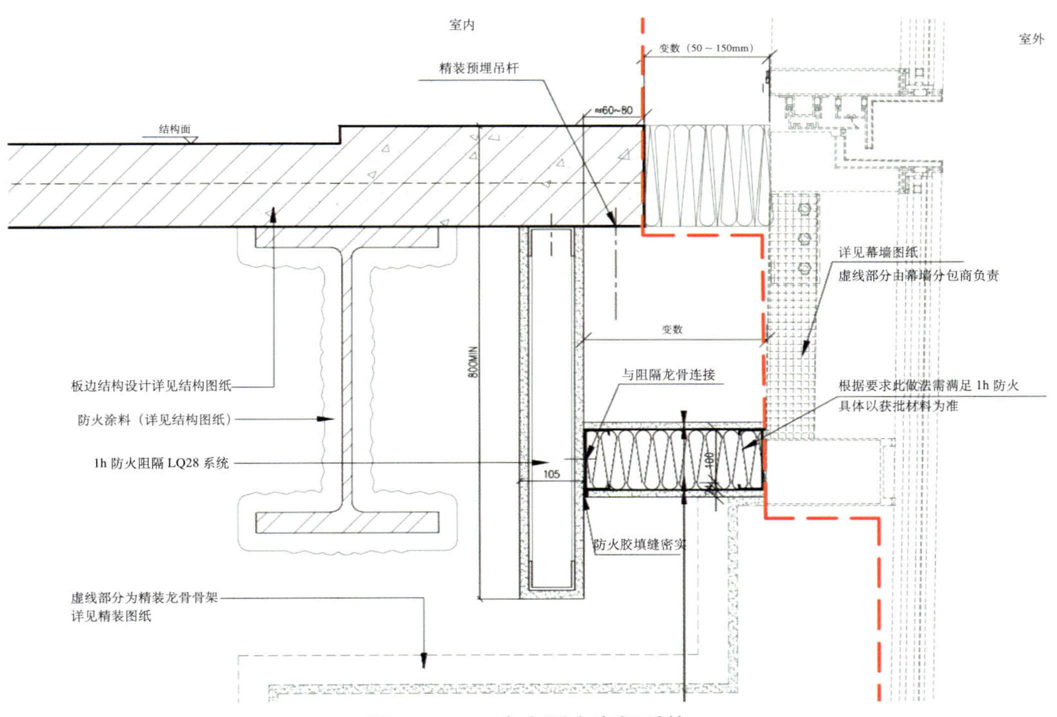

图 25.1-11　防火隔声密闭系统

3）小结

经检测，本项技术措施很好地保证了上下楼层之间的声音阻隔，同时达到国家对消防排烟等方面的需求（图 25.1-12）。

图 25.1-12 效果检查

25.2 超高层建筑设备减振施工技术

1. 技术概况

超高层建筑为多封闭结构，楼内机电设备如水泵、风机、制冷机组、发电机等在运行过程中会产生振动和低频噪声由设备房向上下层传递，使邻近楼层噪声超过敏感建筑物或区域的噪声限值，影响人们正常的工作、生活和学习，设备运转中的振动还会通过与设备连接的管道传递，且管道中的流体产生的振动也会向外传递，时间长后也会造成管道的损伤以及管道所穿越的墙体开裂。

常规的设备减振降噪技术包括：浮动地台、减振地台、弹簧减振和隔振胶垫减振等四种方式。

2. 浮动地台施工技术

浮动地台施工技术是从设备基础的角度出发，通过优化设计基础做法，达到设备隔振的目的。其原理是通过设置弹性层将设备基础及其上设备与原有结构板隔离，设备振动传导至弹性层时，弹性层对振动进行消化和吸收，可有效降低设备运行过程中对原有结构的振动，适用于大中型机电设备隔振处理。

1）浮动地台组成

浮动地台由结构楼板上的弹性层及浮筑层构成。浮筑层一般由钢筋混凝土浇筑而成，能够有效增强楼板的隔声量和振动撞击楼板的声音等级，可为下层房间提供舒适、安静的声环境。浮动地台的组成如图 25.2-1 所示，其中 125mm 厚混凝土层为浮筑层；弹性层采用规格为 50mm × 50mm × 50mm 的隔振胶垫，浮筑层周边粘贴 10mm 厚围边胶垫。

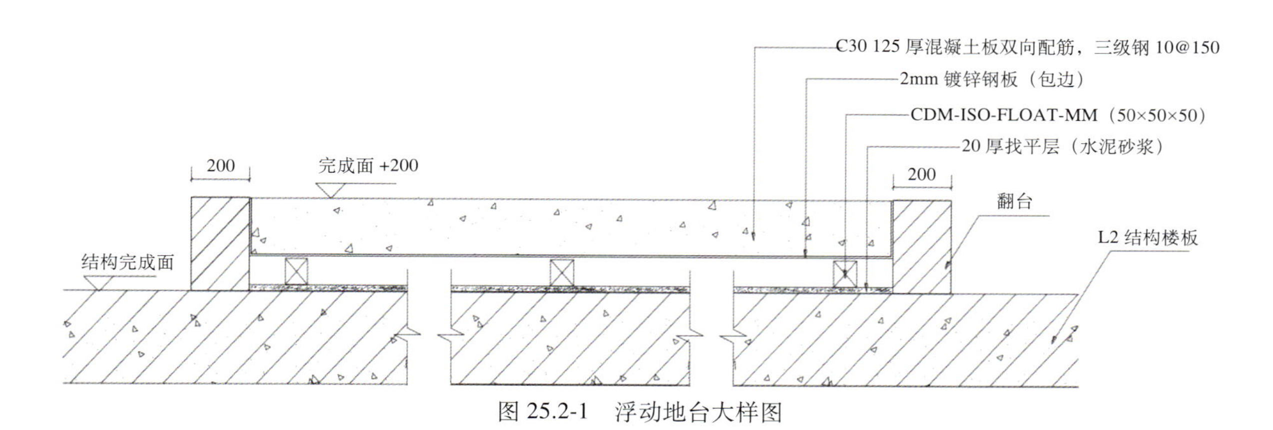

图 25.2-1 浮动地台大样图

2）浮动地台施工方法

（1）工艺流程：

基层清理→混凝土底座制作→放置 CDM 隔振胶垫→安装限位槽钢→铺设木板→板配筋及混凝土浇筑→基础验收→设备安装。

（2）施工注意事项：

①浮动地台施工区域原结构楼板应清理干净，表面应平整、干燥。

②围边胶应使用胶粘剂粘贴在围边混凝土上，围边胶高度要大于浮筑层 15mm，上口高出浮筑层顶标高 5mm，下口较浮筑层底标高低 10mm，防止浇筑浮筑层时围边胶上浮或浮筑层与围边混凝土硬性接触，影响浮动地台效果。

③安装 CDM 减振垫时应采用少量万能胶水粘贴固定，CDM 有油漆面必须向上。

④限位槽钢必须整条安装，中间不能有截断。

⑤木模板铺排时应注意采用错搭法安装，木模板用螺钉钉在限位槽钢上，螺钉一定不能穿过木板接碰到底下的 CDM 减振垫。

⑥在模板上铺设一层防水胶膜，防止混凝土在未干时渗水，所有防水胶膜的接驳位置以胶布粘牢。

⑦当混凝土凝固 7d 及以上时，方能将重型机器放置在浮动地台上，并将高出完成面的围边隔振胶清除。

⑧浮动地台安装工艺要求非常高，每一步都必须严格按照施工工艺施工，否则若中间任一步出现问题都将影响减振降噪效果。

3. 惯性地台施工技术

惯性地台的施工技术与浮动地台类似，同样是从设备基础角度出发，通过优化设备基础做法，以达到设备减振的目的。其原理为借助弹簧减振器将设备基础及其上部设备与原有结构板隔离，设备振动传导至弹性减振器时，弹簧减振器对振动进行消化和吸收，以达到减小设备振动冲击原有结构楼板，进而减低对下部和周围房间标准撞击声级和隔声量，保证下部和周边房间的安静、舒适。适用于振动量大、须要设备基础尺寸较小的小型机电设备隔振处理，如卧式水泵等。

1）惯性地台组成

惯性地台由基础底座、弹簧支座及浮筑层组成，以给水泵房卧式水泵惯性地台为例，见图 25.2-2。

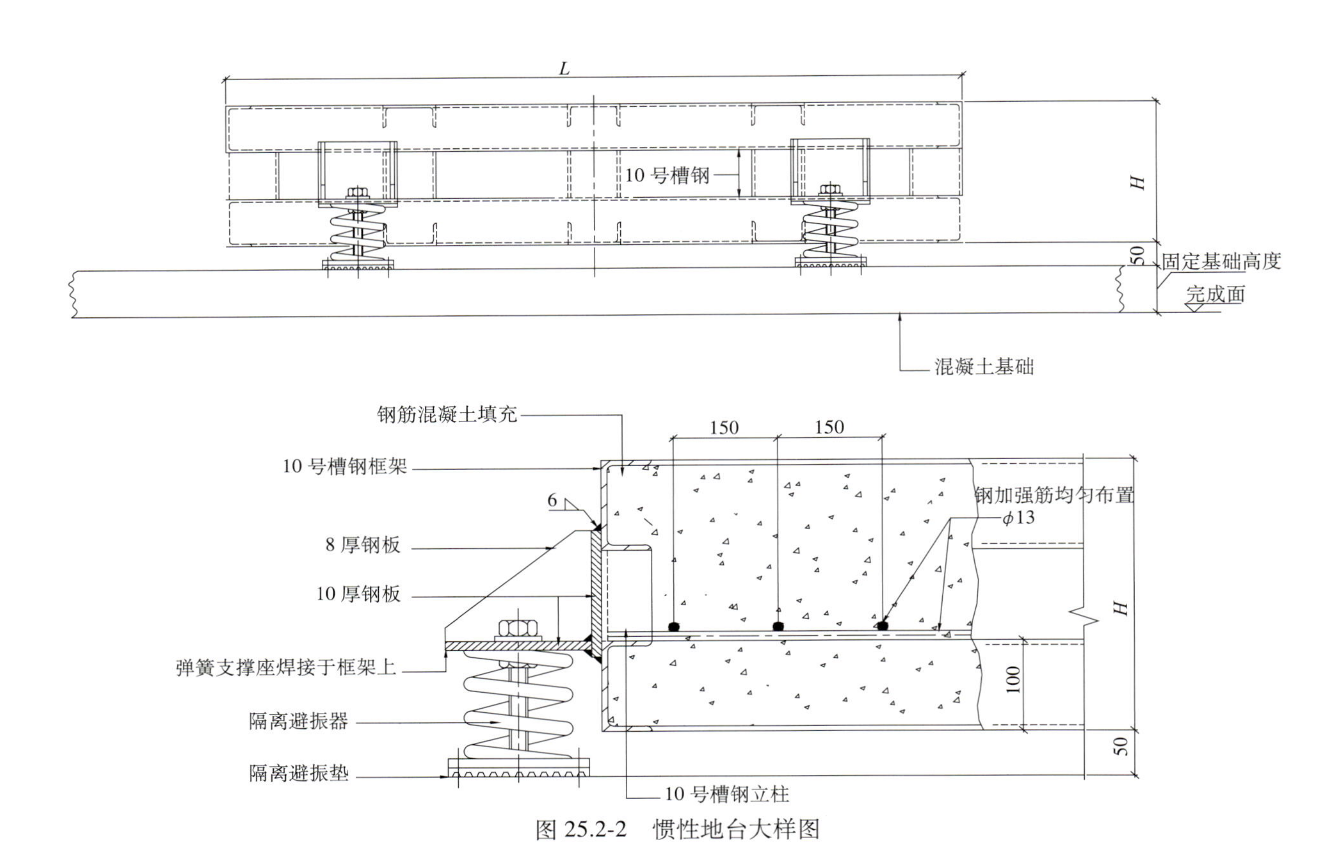

图 25.2-2 惯性地台大样图

2）惯性地台施工方法

（1）施工工艺

外框钢模板焊接→惰性块减振器钢牛腿安装→钢模板内钢筋绑扎→混凝土浇筑与养护→惯性块移至预定位置→弹簧减振器安装及调节→浮筑层周边设置限位装置→基础验收→设备安装。

（2）施工注意事项

①外框钢模板焊接的接缝做好防水处理，钢模板不得挤压变形，且应做好防腐稳定化处理，并定期维护。

②利用钢板制作钢牛腿，与弹簧减振器之间采用螺栓连接，钢牛腿采用钢板双面焊接在外框钢模板上。

③钢模板内钢筋绑扎牢靠。

④混凝土强度不低于 C18（一般为 C25），最外层钢筋的混凝土保护层厚度为 25mm，混凝土表面应平整，并采用 1∶2 水泥砂浆抹面。

4. 弹簧减振器减振施工技术

机电工程常用的弹簧减振器包括可调节水平弹簧减振器、吊杆式弹簧减振器。其中，可调节水平弹簧减振器配备有高度调节螺栓，可以调节被隔振设备的水平；吊杆式弹簧减振器在弹簧减振的基础上还配有橡胶隔振，增强减振效果，其下部连接螺栓可作 15° ～30° 旋转，更有效保证隔振效率，防止造成振动传递短路，安装更方便。

弹簧减振器施工方法：

弹簧减振器安装之前，应进行减振弹簧安装位置的调整与检测，使机电设备重量均衡分布在每个减振器上，主要检查内容包括以下几点：

（1）减振器安装的平衡度，包括减振器的水平度和垂直度；

（2）减振器的压缩量符合设计要求；

（3）各减振器压缩量一致；

（4）根据试运行的减振效果，对个别弹簧进行微调。

5. 隔振胶垫减振施工技术

在实际施工中，存在部分不适合或不要求做整体式减振基础的设备，如变压器、锅炉、热交换机等，可采用在设备底部加隔振胶垫技术，也可达到较好的减振效果。

隔振胶垫减振方法组成简单，施工方便，只需在设备基础底部设置 20 ~ 50mm 厚隔振胶垫即可，如图 25.2-3 所示。

图 25.2-3　隔振胶垫安装示意图

隔振胶垫减振施工方法：

隔振胶垫应铺设在设备与结构板接触传力部位。隔振胶垫厚度与铺设范围由其动态刚度、变形量、设备荷载决定，选择的变形量在设备要求的最大变形量范围内即可。

6. 小结

超高层建筑中大量的机电设备在运行过程中产生的振动及噪声会通过结构楼板向上下层传递，使得邻近楼层噪声超过噪声限值，根据设备的不同类型，运行时的振动情况，合理地选择浮动地台、惯性减振地台、弹簧减振或隔振胶垫减振等措施可以有效地降低设备运行时的振动噪声传播，为下层房间提供舒适、安静的声环境。

25.3　超高层建筑管道隔声减振技术

1. 技术概况

液体在管道中的流动情况，由管径、液体密度、黏度及流速决定，当流速不高、管道形状变化不大、管内壁无突出障碍物时，液体为层流，所产生的声音不高，可以忽略不计。当液体流速较高，管内壁有突变物或管道截面突变、液流方向急剧转向时，流体受到约束而产生湍流，从而产生噪声。当流体冲击阀门阀芯时，引起阀芯振动也会产生噪声，液体流速越高，噪声也越高，阀门噪声沿管路传播，当遇到刚性连接时，能产生结构噪声。

2. 管道隔声施工方法

（1）管线穿墙、楼板、顶棚的密封措施如表 25.3-1 所示。

管道穿墙、顶棚密封措施 **表 25.3-1**

序号	隔声部位	主要隔声措施
1	管道穿墙	硬质不保温管道穿墙时，预留套管与管道之间采用玻璃棉填充密实，外边用防火密封胶封堵，保温管道过墙处采用硬质保温材料后用密封胶密封
2	风管穿墙	风管过墙处采用玻璃棉填塞缝隙后，以密封胶或阻燃泡沫密封剂封堵过墙孔洞
3	机房墙面及机房门的保护	机房内外墙面不得随意开槽、开孔，不得损坏墙体围护结构。机房门采用密封门关闭要严密
4	管道、风口等穿顶棚	管线、风口、灯具等穿顶棚的位置宜提前配合进行顶棚深化，并在施工时对洞口用密封胶进行密封处理

（2）常规的管道穿墙隔声措施如表 25.3-2 所示。

管道穿越（噪声敏感区域）墙体、楼板和顶棚做法 **表 25.3-2**

管道穿楼板隔声处理	1 2 3 4 5 6 7 水管或风管	符号说明： 1—泡沫圆棒 2—水泥砂浆 3—岩棉 4—套管 5—非硬化密封胶 6—泡沫圆棒 7—岩棉
管道穿墙体隔声处理	1 2 4 水管/风管 重叠部分不低于100 5 3	符号说明： 1—岩棉 2—钢板或石膏板 3—非硬化密封胶 4—不大于 50mm 间隙 5—不大于 10mm 间隙

3. 管道减振施工方法

（1）常见的管道减振方法如表 25.3-3 所示。

常见的管道减振方法 表 25.3-3

项目	内容	减振措施
管道减振	水泵整体减振	水泵整体减振，设置减振台座的同时在进出水管设置减振支吊架，在设备与管道之间配置软连接装置
	竖井内水管隔振	竖井立管的消声，可在固定支架处设置橡胶减振垫，以减少水管的噪声
	水平管道隔振	设备机房内水平管道的隔振，可在管道支架上设置橡胶隔振垫
风管减振	风管隔振	设备机房与主要用房相邻，风管直接进入主要相邻用房，则风管出机房须作隔振处理。风管外贴阻尼隔声毡，外敷带铝箔的离心玻璃棉保温层等，同时在风管吊架上设置弹簧吊装减振器

（2）常见的管道减振示例如表 25.3-4 所示。

常见的管道减振方法 表 25.3-4

<table>
<tr><th colspan="3">管道减振方式</th></tr>
<tr><td rowspan="4">支架减振处理</td><td colspan="2">安装在机房的管道支架采用弹性减振支架，垂直管道每隔 8m 安装弹性减振支架，使管道振动时与结构隔离</td></tr>
<tr><td> 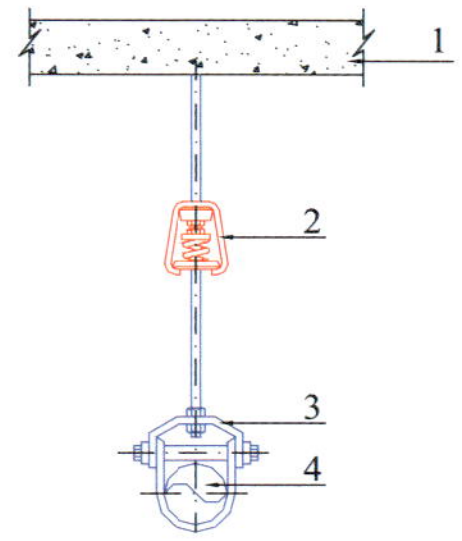悬吊管道弹性支架安装节点图</td><td>符号说明：
1—楼板
2—弹簧
3—吊架
4—管道</td></tr>
<tr><td> 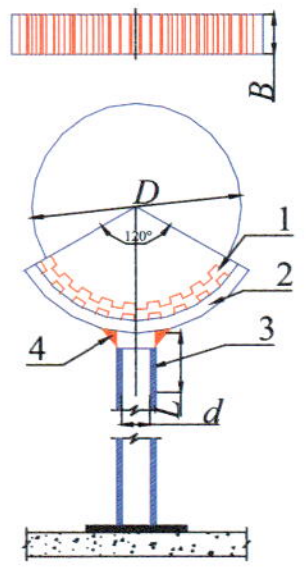落地管道弹性支架安装节点图</td><td>符号说明：
1—橡胶
2—钢托座
3—支撑
4—焊接点</td></tr>
<tr><td> 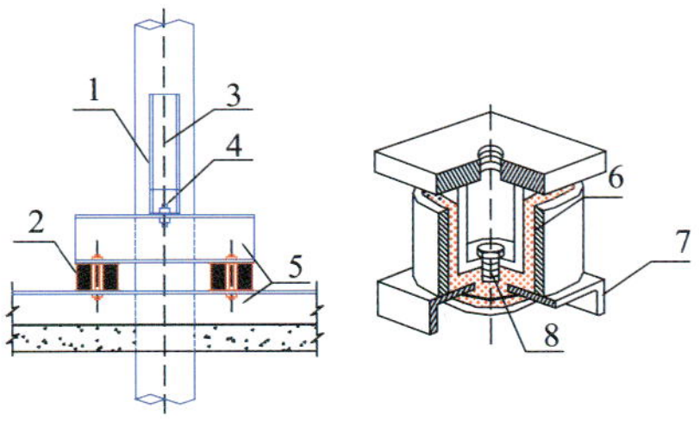垂直管道弹性支架安装节点图</td><td>符号说明：
1—焊接
2—减振座
3—槽钢
4—镀锌螺栓
5—槽钢
6—橡胶
7—槽钢
8—螺母</td></tr>
</table>

4. 小结

管道穿墙、穿越噪声敏感区域的楼板处采用预留套管，套管与管道之间采用玻璃棉填充密实，外边用防火密封胶封堵；管道穿顶棚处宜提前预留洞口，施工时对洞口采用密封胶进行密封处理；机房内管道与设备宜采用柔性连接，连接设备的进出管道宜采用弹簧减振支架，其他竖井内管道和水平管道可以在固定支架处设置弹簧减振垫。通过这些方法，可以有效地避免因设备运行和流体输送过程产生的振动通过管道与结构接触传播，有效地降低噪声，效果显著。

第6篇 服务之钻——超高层建筑工程总承包管理

工程项目全寿命期包括决策、设计、施工和运营四个阶段，四阶段息息相关，传统割裂式的承包模式可对工程进行局部优化，管理模式整体呈碎片化。而高品质、高效率工程总承包模式，具有集大成的管理系统，提供“全过程、全方位、全专业”的可视化协作平台，有效促进建筑业层级提升，充分利用产业资源，构筑施工全程服务一体化，打造服务之钻。

本篇介绍超高层建筑的总承包管理模式，实现智能管理，精细施工组织，阐述项目管理团队的管理方案、理念、模式，确保超高层建筑的安全及质量，推动超高层研发管理的发展，确保工程顺利进行，最终实现“零返工、零剔凿、零封堵、零垃圾”的智能化总承包管理目标。

第 26 章　总承包智能组织与管理模式

传统的承包模式缺少系统规划和优化设计，设计与施工严重脱节，最终工程总体效果常不尽人意。近年来，随着智慧技术的应用，工程管理模式趋向于智能化工程总承包管理，对管理中的各环节都提出了新的思路和方法。

本章从混凝土工程、钢结构工程、机电安装工程、装饰装修工程四方面重点介绍总承包施工组织与管理技术的应用，并总结可视化智能总承包管理模式的技术与经验。

26.1　超高层建筑可视化智能总承包管理模式

1. 技术概况

可视化智能总承包管理模式，即借助于互联网与信息化技术，以全专业高精度 BIM 模型为基础，搭建设计平台对工程项目进行精确设计和施工模拟，建立以计划为主线、以设计为龙头、以采购为保障、以信息化为平台、以专业施工为抓手，深化组织架构管理、量化责任目标考核，强化动态协调管控，最终实现设计、施工、运营一体化的工程总承包管理模式（图 26.1-1）。

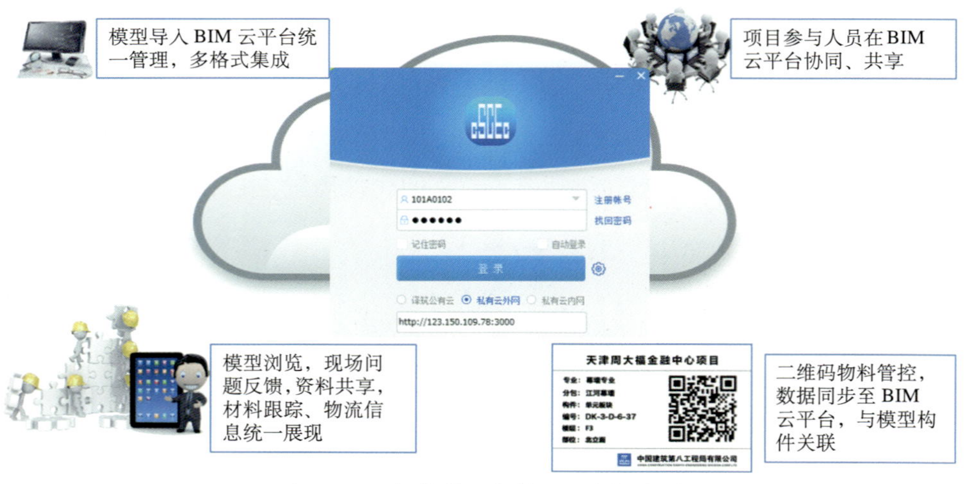

图 26.1-1　智能总承包管理平台概念图

2. 技术重点

本工程图纸管理难度极为复杂；施工方面，超深、超高、超重、大体量垂直运输管理等均为国内施工难度之最，高峰期有 40 余家专业分包同时交叉作业，协调管理难度较大；从采购方面讲，面临涉及分包数量众多、涉及专业众多、材料设备采购种类繁多、材料设备参数要求苛刻、材料设备采购周期长等特点。因此，采用传统的项目管理模式已经无法满足实际需求，有必要开发与创新采用新型可视化智能总承包管理模式。

本工程项目可视化智能总承包管理平台应用主要可分为以下七个方面。

1）基于深化设计图的全专业设计协同管理

为了更加方便有效地解决各专业在设计阶段的相互交叉问题，总包单位组织进场所有参建单位成立 BIM 设计团队，各专业在统一平台中协同进行设计工作，形成综合 BIM 模型，统一上传并进行多方综合漫游检查，将原设计中的弊端全部优化，最后直接生成施工图进行现场施工，全专业建立“无 BIM 不施工”的管理理念，减少返工，一次成优（图 26.1-2）。

图 26.1-2　模型上传

2）基于构件级的全过程材料跟踪管理

根据各专业材料设备特点，将所有设备进行分类，然后在设计模型中对所有材料设备进行编码，使之具备唯一的 ID，最后通过二维码将模型与实物进行关联管理，借助于物联网技术，实现材料设备从设计、深化、加工、运输、就位到运维全过程的跟踪管理（图 26.1-3）。

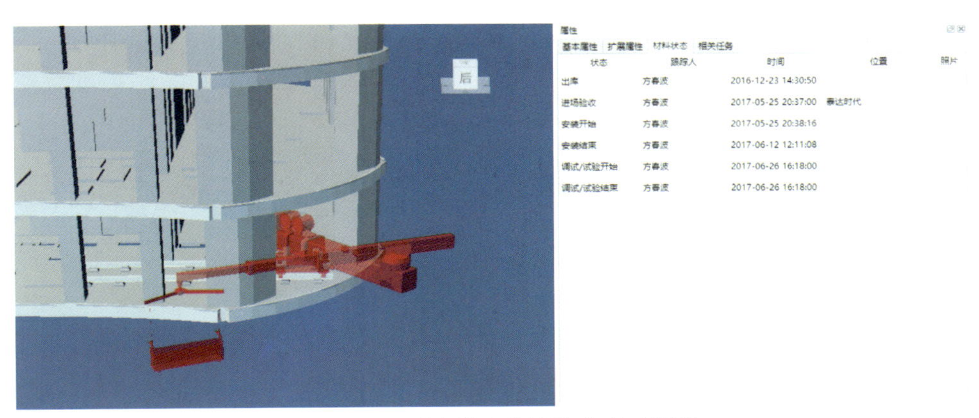

图 26.1-3　平台设备物流状态实时跟踪

3）基于模块化的节点跟踪进度管理

根据项目特点，梳理出从项目立项开始直至项目竣工移交所有的关键时间节点，明确开始与完成时间，再导入至平台计划管理模块中，可实现节点自动考核，实时预警项目各专业工作进展情况，并将所有节点与模型相关联，通过模型中不同的颜色标记，直观反映工程进展情况（图 26.1-4）。

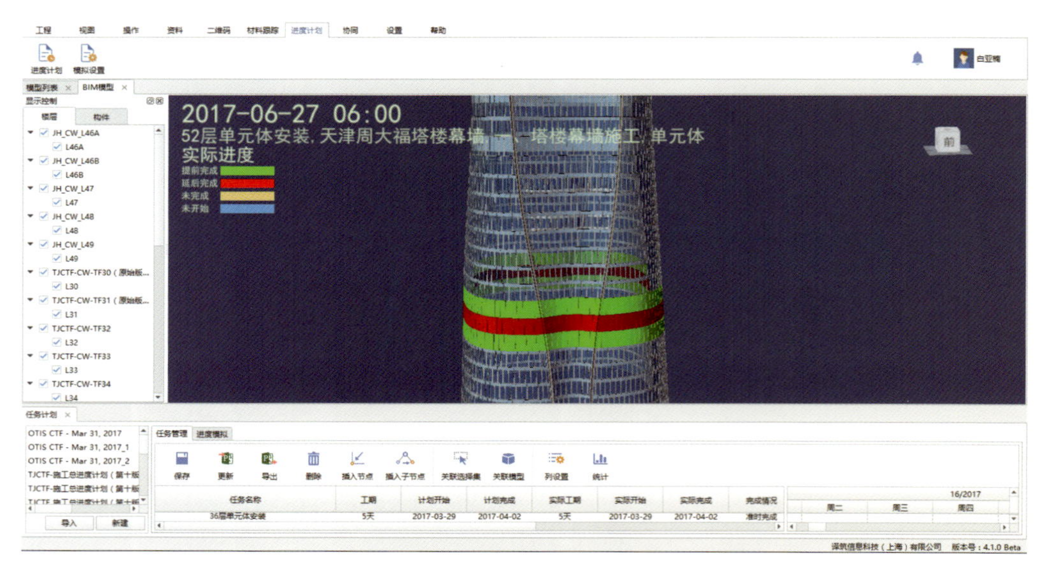

图 26.1-4 模型自动显示工程进度完成状态

4）基于运输平衡的水平、垂直运输综合管理

经过智能平台对所有材料设备进行定位，结合超高层项目实际的垂直运输能力，再根据现场实际施工进度，平台可实现自动生成物料运输计划，经现场垂直运输管理人员复核后，作为指导现场垂直运输管理的依据，使各单位材料有序进场、有序运输就位，减少不必要的二次搬运，最终实现现场材料设备零存储的目标。

5）以工序接口为核心的专业施工协调把控

智能管理平台提供各专业协同交流窗口，参建单位可在 BIM 模型中明确需协调部位，并将问题原因阐明，由相关单位进行回复，实用便捷，尤其针对超高层项目接口管理而言，涉及专业众多，接口管理复杂，利用基于 BIM 模型的问题创建与交流，可直接提取附于模型中的各种相关信息，提高解决问题的效率与准确性，为项目管理增值（图 26.1-5）。

图 26.1-5 基于 BIM 模型的问题创建与回复

6）以工料规范为标准的采购保障体系建立

根据设计模型对材料设备的选型与要求，在项目初期对各专业拟使用的材料设备进行参数化，从而为后续采购保障提供数据支持，明确所有材料设备的规范及设计要求，优化材料设备的规格型号，选用性价比最优的材料设备，使项目采购成本降至最低（图 26.1-6）。

图 26.1-6　模型设备参数显示窗口

7）以目标管理为方向的卓越绩效考核管理

根据工程实际计划，对所有参建单位与各管理部门进行考核指标量化，建立绩效管理体系，由总承包单位定期对指标完成情况进行分析考核，加强过程管理，最终实现项目的全面履约。

3. 小结

智能总承包管理平台搭建的目的是为了更好地提升工程项目管理能力，借助于 BIM 技术将所有与建筑体相关联的信息综合到一起，再进行科学分析与数据处理，用于项目的复杂机电管线安装、套管直埋、平面布置、垂直运输分配等一系列的管理行为。通过对构件上粘贴二维码，随时随地了解构件所有属性，同时为后期整栋建筑运维打下坚实基础。

26.2　超高层建筑混凝土结构工程施工组织与管理

1. 技术概况

目前，全球超过 300m 的超高层建筑结构形式以钢筋混凝土核心筒 + 外框钢框架组合楼板为主。混凝土结构作为超高层建筑的核心承重体系，是结构安全之本，其施工组织与管理也是项目总承包管理的基础。

2. 超深基坑超厚混凝土底板施工组织与管理

1）底板分级施工

本工程基坑开挖最深达 -32.3m，距离第二承压水层仅 8m，开挖面以砂性土层为主，虽然在土方开挖阶段在坑中坑部位采取了注浆封底等加固措施，也还是存在一定的安全风险，为了加快底板结构施工，经设计院复核同意坑中坑区域底板采用分层浇筑法施工，如图 26.2-1 所示。第一次

浇筑完成 -27.4m 以下部位，浇筑界面设置抗剪筋和抗剪槽并按施工缝要求凿毛处理，保证底板混凝土结构整体稳定性。土方开挖完成后第 10d 完成了深坑混凝土的浇筑工作，化解基坑渗漏和突涌风险，为快速完成基础底板施工创造了条件。

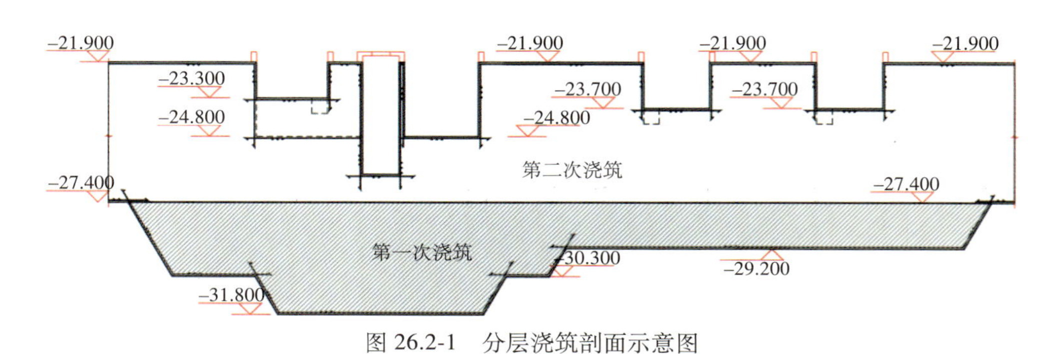

图 26.2-1 分层浇筑剖面示意图

2）多排大直径底板钢筋安装

本工程基础底板钢筋多为 $\phi36$、$\phi40$ 的大直径高强钢筋，底部钢筋最多部位到 18 层、顶部钢筋多达 6 层，需要设置大量钢筋支架，为了节约措施钢材用量，坑中坑区域钢筋分两次设置，第一次浇筑区域只需要设置简易钢筋支架满足中间抗剪钢筋网片安装和混凝土浇筑需要即可，待第一层底板混凝土浇筑、养护结束后，在浇筑面上设置型钢支架，支撑上部钢筋荷载和施工荷载。

3）大体积混凝土施工组织

底板最深 9.9m 深，大面 5.5m，第二次混凝土浇筑体量达 3.1 万 m^3，由于现场条件限制，仅有优化后的裙楼首道支撑可以作为临时场地使用，不具备支设多台泵车进行混凝土浇筑条件，经过多方案比选，最终选用了经济合理的溜管浇筑法，经过前期精心策划，最终用时 38h 完成 3.1 万 m^3 混凝土浇筑工作。

4）大体积混凝土无线测温管理

为有效指导大体积混凝土的养护工作，采用 JDC-2 建筑电子测温仪和 HYTM 大体积混凝土测温仪（智能无线式）相结合的测温系统进行底板混凝土温度监测，原则上以无线测温仪为主，以电子测温仪为辅。在混凝土浇筑前严格按照规范要求设置温度监测点，混凝土浇筑完毕后，将预埋式测温线与数据采集传输模块连接，通过无线传输的方式，直接将数据传输至数据接收终端上，在数据接收终端上通过 USB 数据线将数据提取至计算机上，经过混凝土无线测温软件处理后，可以全天候电脑自动记录监测数据，并可以生成数据报表及曲线报表。若温差超过设定值，自动测温系统将会发出警告，根据温度变化情况及时调整保温保湿养护措施，有效控制了混凝土结构裂缝。

3. 地下室结构施工

1）结构概况

塔楼地下结构呈 64m × 64m 近似方形布置，中心位置设置有 33m × 33m 核心筒，四角设置有 T 形组合墙柱，四周设置有钢管混凝土柱外包钢筋混凝土柱；核心筒负 2 ~ 负 1 层及 T 形组合墙负 4 ~ 负 1 层均设置有钢板墙。

2）现场平面规划

根据工程总体部署，塔楼地下结构施工期间，一期裙楼正在进行土方及支撑施工，现场场地极为狭窄。塔楼区施工只能将一期裙楼首道支撑作为临时施工场地，为保证两个施工区安全、快速施工，对现场平面布置进行详细的规划，在支撑施工阶段已将裙楼首道支撑优化成梁板结构，塔楼首道支撑加固作为钢筋车、混凝土罐车、钢结构运输车等重型车辆环形道路，最大限度地减小两个施工区的施工干扰，如图 26.2-2 所示。

3）施工部署

综合分析各分项工程量，结合现场实际工况，为最大限度地实现均衡施工，以核心筒走廊结合门洞过梁位置，将塔楼地下结构按层分为四个施工段进行流水施工，施工顺序为 B1-1 段→ B1-2 段→ B1-3 段→ B1-4 段。施工段划分如图 26.2-3 所示。

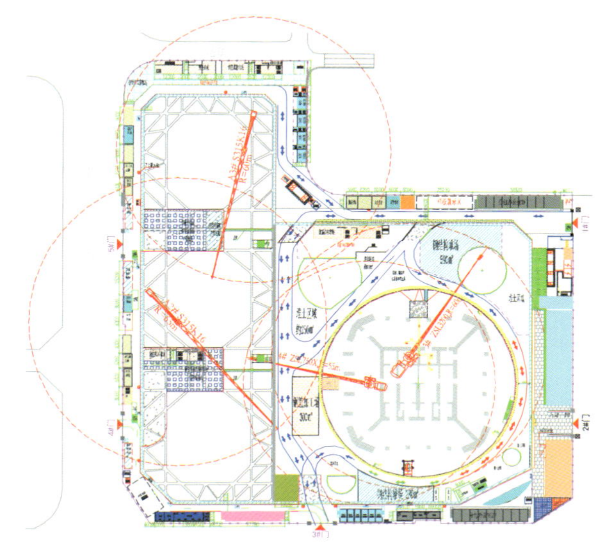

图 26.2-2　塔楼地下结构施工阶段现场平面布置

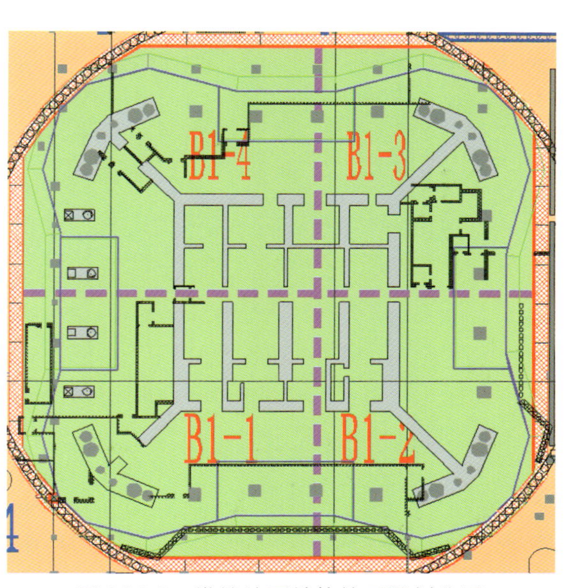

图 26.2-3　塔楼地下结构施工段划分图

4. 地上结构施工

1）结构设计概况

主塔楼结构体系为“钢筋混凝土核心筒 + 钢框架”结构体系，塔楼中心为“钢骨—劲性混凝土”核心筒，筒内水平结构为钢筋混凝土结构，外框结构由角框柱、边框柱、斜撑柱、钢梁、3 道带状桁架、帽桁架、塔冠钢结构和筒外压型钢板组合楼面组成。地上核心筒结构经过五次缩变，由 33m × 33m 的 12 宫格缩变成 18m × 18m 的两宫格，混凝土结构屋顶高度为 471.15m。地上混凝土结构主要包括核心筒竖向墙体、核心筒水平楼板、外框柱、外框水平楼板四大部分。

2）地上结构施工总体部署

塔楼地上结构施工组织按照“钢结构先行，混凝土结构紧跟”“核心筒墙体先行，水平结构紧随”的原则，核心筒钢结构领先核心筒竖向混凝土结构 2 ~ 3 层，核心筒竖向混凝土结构领先筒内水平结构 4 ~ 6 层，领先外框钢结构 6 ~ 10 层，外框钢结构领先压型钢板混凝土组合楼板 3 ~ 4 层，按照“不等高同步攀升”向上施工。

3）核心筒竖向结构施工组织

经过多方案比选，最终选择自主研发的智能化整体顶升平台进行核心筒竖向结构施工，整体顶升平台系统覆盖四个标准作业楼层，即钢结构安装、钢筋绑扎、模板安装及混凝土浇筑、拆模及混凝土养护四大工序可以同时在整体顶升平台内完成。为最大限度减少整体顶升平台内施工荷载和一次性人员、设备投入，经综合分析将核心筒竖向结构以中心走廊为界划分为两个施工段实现了核心筒竖向结构施工流水作业，最终实现核心筒竖向最快 2d 一层的超高层结构施工新速度，如图 26.2-4 所示。

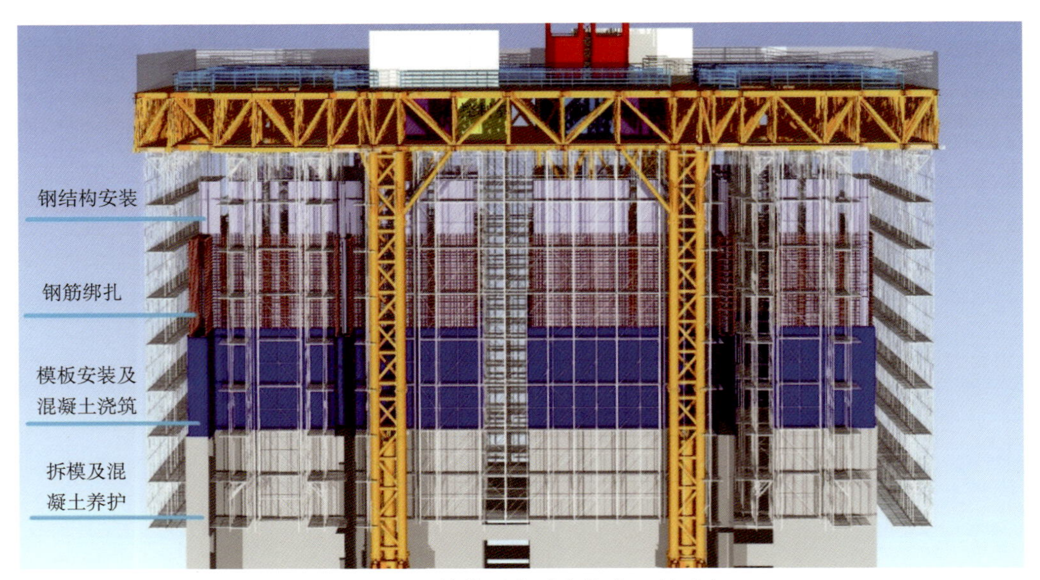

图 26.2-4 整体顶升平台作业工况示意

4）核心筒水平结构施工组织

在主体结构施工阶段，四台大型动臂塔式起重机全部附着在核心筒竖向墙体上，随着结构施工同步自爬升，为了确保结构安全和满足整体顶升平台安全疏散要求，筒内水平结构需要紧跟竖向结构施工进度，滞后竖向结构不超过 6 层。筒内水平结构为现浇钢筋混凝土结构，采用插扣架支撑体系 + 定型铝框木模施工。为了最大限度减小塔式起重机垂直运输压力，在核心筒竖向墙体上安装了液压自爬升卸料平台用于钢筋吊运。其他钢管、模板等三大工具全部采用在顶升平台大梁下挂倒料平台进行运输，通过悬挂于顶升平台大梁上的捯链进行模板及支架的倒运，下挂平台在核心筒正式电梯井道内运行。同时，下挂平台在施工倒运层起到井道及洞口安全防护的作用，全方位确保了水平结构平均三天一层的施工速度。

5）外框水平结构施工组织

本工程外框水平结构为压型钢板组合楼板，其施工进度也直接关系到核心筒结构安全和外框钢结构施工安全。外框面积从办公区最大的 3800m^2 逐步缩减到酒店区 1500m^2，逐层变化。结构施工整体策划时就结合外框水平结构钢筋用量大、结构边缘变化复杂、工期紧等特点，要求钢结构外框钢梁及压型钢板安装时预留吊装孔。便于大量钢筋的倒运，减少卸料平台的拆卸次数，提高垂直运输效率，有效保障了外框水平结构施工能紧随外框钢结构安装进度，也从本质上减小了高空坠物的风险。

6）外框柱施工组织

本工程地上结构外框柱分成三部分：1 ~ 51 层钢管混凝土柱；52 ~ 88 层 SRC 柱；88 ~ 100 层钢管柱。涉及混凝土结构施工的集中在 1 ~ 88 层，其中钢管混凝土柱全部采用顶升浇筑法。待外框水平楼板混凝土浇筑养护完成后在楼板上进行，无需单独搭设操作架及防护架，钢管柱最大直径 2300mm，安装两节顶升一次，每次顶升高度约为 30m；L52 层以上劲性柱截面形状多变，而且四个角部劲性柱随结构外檐逐层向内倾斜，自爬升架体无法适应结构形式变化，最终选择了中部自爬升 + 角部分段悬挑的架体组合。由于 SRC 柱钢筋构造复杂、形状多变，随外框水平结构同步施工将会严重影响外框整体进度，而且施工过程安全风险较大，经设计复核外框 SRC 柱允许滞后外框水平混凝土结构 5 层，调整常规施工部署将 SRC 柱钢筋混凝土施工安排在外框水平混凝土结构施工后进行，确保了外框整体施工进度和施工安全。

5. 小结

攻克超深基坑超厚混凝土底板施工的管理难关，合理把控施工技术与流程，保证底板混凝土结构整体稳定性，化解施工风险；从地下到地上在混凝土超高层建筑施工中应从各个方面严把施工质量关，有的放矢地进行施工部署，同时灵活地将建筑与结构统一，以确保整个超高层建筑的质量。

26.3 超高层建筑钢结构工程施工组织与管理

1. 工程概况

本工程塔楼结构为框架—核心筒形式，裙楼为框架形式。帽桁架之间形成复杂的空间交汇体系，各类结构的转变形成了不同的复杂节点。工程地处闹市，钢结构工程深化设计、加工、运输、存储与安装都面临挑战。

2. 总体组织思路与管理要点

基于总承包动态矩阵式管理体系，钢结构协调部作为其中的专业管理与协调部门，配置计划部、设计部等 70 人的专业协调管理团队。按照“业态独立、工序交叉、专业综合、运输平衡”的原则，建立钢结构专业关键节点跟踪考核计划管理体系，派生钢结构专业资源类、实施类、验收类计划，通过二维码与模型关联，动态追踪、自动分析对比计划完成情况，考核系统自动评价，辅助动态计划调整，全面实现 4D 工期管理，关键节点完成率 100%。

组建钢结构专业设计工作室，细化管控流程，依托高精度 BIM 模型，严控图纸会审、专业提资、漫游审查等环节，超前策划，实现钢结构“一件一图”精细设计，预制加工精准率 100%、实体与模型吻合率 100%，无拆改、零返工。

基于 EBIM 协同管理平台，扫码创建构件“身份识别系统”，实现“快速定位”“自动更新物流状态”“自动创建协同话题”等智能操作，极大地提高数据录入的准确性和协同效率，实现物流状态、质量管控、进度预警的可视化；文档信息附加在模型中，模型与资料可双向定位查看，实现总包实时发布，专业精准跟进，总包协调管理全面受控。

3. 深化设计流程组织与管理

本工程深化设计主要包括塔楼钢柱、桁架、剪力墙钢板、钢雨棚、塔冠、裙楼钢柱、钢梁、天幕、屋面钢构架等。基于 BIM 三维建模软件进行钢结构深化设计工作。

塔楼外框钢柱为深化设计的最大难点，其截面形式复杂多变，多次在圆形、箱形、组合型截面之间相互转换；节点复杂，节点尺寸大。其他部位钢结构体量大，构件数量多，类型复杂。主要包括圆形、箱形、T 形、H 形、十字形及其相应的组合形式截面，众多节点形状相似但均不相同，要综合考虑各个构件制作、安装及焊接工艺，确保深化设计质量。深化设计人员还需与现场安装人员加强沟通，明确大型构件（如桁架层、外框柱）具体分节、钢板墙分段、典型结构施工工艺及单元划分，确保按图制作至现场的构件符合现场施工要求。

另外，剪力墙钢板、钢柱钢梁涉及与土建钢筋工程交叉设计，如钢筋开孔、接驳器设置，过灰孔、观察孔及混凝土顶升孔的提前交叉设计等；钢梁还涉及与机电安装交叉设计，如钢梁洞口预留等（图26.3-1）。

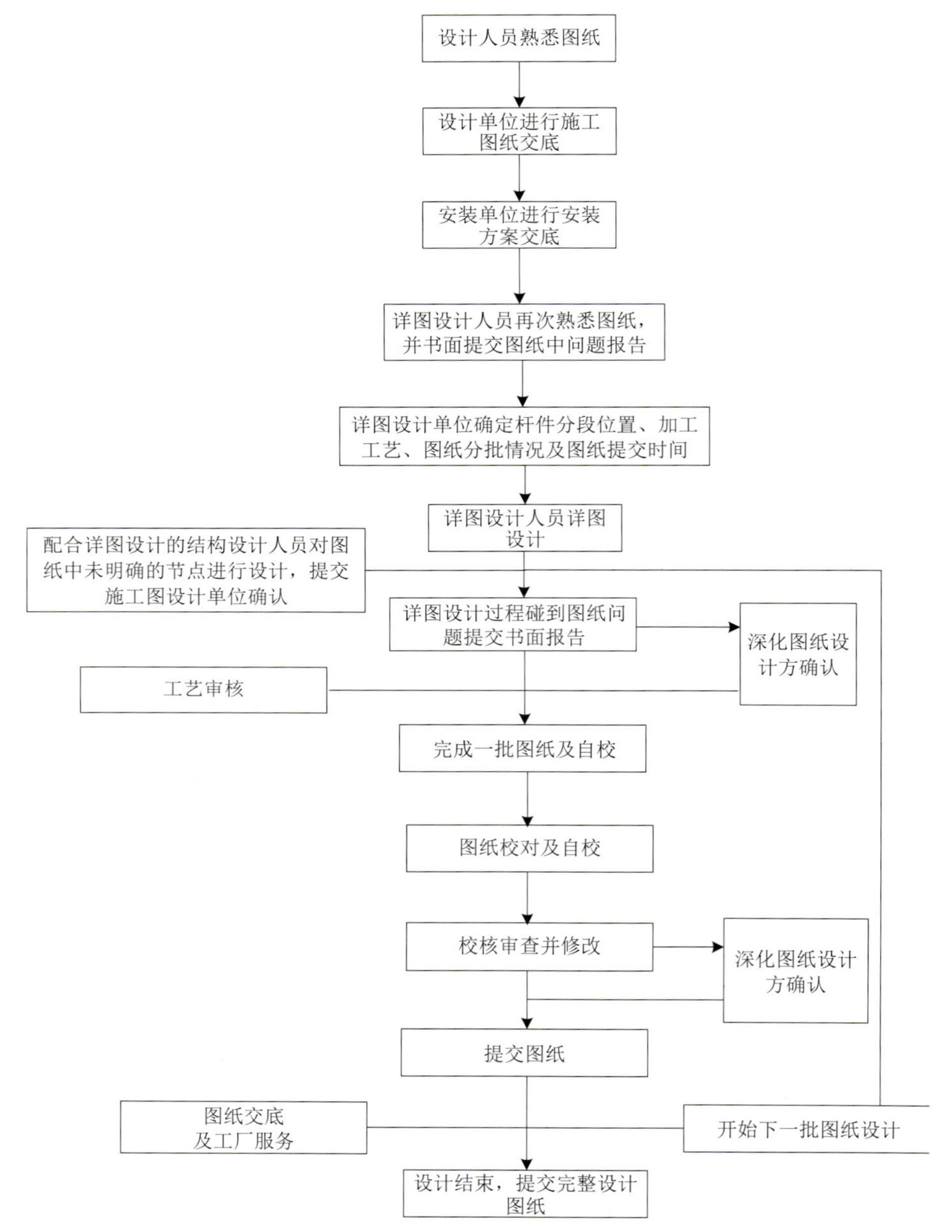

图 26.3-1 钢结构深化设计流程图

4. 基于 EBIM 平台的物料追踪管理

基于 EBIM 协同管理平台，为钢结构构件创建“身份识别系统”，实现“扫码快速定位”“扫码自动更新物流状态”“扫码自动创建协同话题”等智能化操作，极大地提高数据录入的准确性和协同效率。将计划任务与对应 BIM 模型关联，通过调取物流状态实际时间自动对比，自动发布进度预警提示，为工期纠偏提供可视化依据。大量文档资料以信息属性形式附加在模型中，实现模型与资料的双向定位查看。

5. 施工组织流水

通过多种方案对比，经过专家论证，塔楼施工阶段根据规划采取自下而上的螺旋状流水施工方案。其优点是：在保证工期满足的前提之下，可有效降低组织管理强度，降低制作厂的压力，降低成本。

6. 制作与安装管理

外框钢柱合理分节，有效较少塔式起重机吊次，除转换桁架层为一层一节外，其余均为两至三层一节，单节最重 47t。

针对 8m 高度内扭曲 90°的双管弯扭汇交椭圆截面钢管柱、圆转方过渡节点、异形组合截面柱、转换桁架、塔冠铸钢节点等复杂构件，依托节点优化、三维激光扫描仪复核、模拟预拼装等技术创新，确保了制作安装精度。48 夹层至 51 层的环带转换桁架最为复杂，共分为 112 个安装单元，仅用 25d 顺利完成安装。

通过能自动锁定目标的电机驱动全站仪循环锁定观测的三个棱镜的坐标，通过 WIFI 连接实时发送到 DACS（尺寸与精度控制系统）软件中，软件通过构件 BIM 模型上特征点和棱镜的相对空间位置关系计算出棱镜在构件上的位置。之后的校正过程只需要仪器自动跟踪三个棱镜即可反算出构件上任意一点的位置坐标。结合放线机器人及焊接机器人，实现智能加工、定位与安装，一次成优。

7. 小结

总承包动态矩阵式管理体系及专业协调管理团队，全面实现 4D 工期管理；钢结构专业设计工作室实现无拆改、零返工；EBIM 协同管理平台达到总包协调管理全面受控；诸多管控技术使得超高层钢结构错综复杂施工过程带来的管理难题迎刃而解，并做到周密计划、系统安排、协调灵活，更接近实际需求，施工顺利、高效完成。

26.4　超高层建筑机电安装工程施工组织与管理

1. 工程概况

机电工程包含给水排水、暖通、电气等八大专业，14 个机电层，近 100 个独立运行的机电系统，近 1000 个设备机房，设备机房众多，空间狭小，机电管线密集。

2. 机电专业流程组织与管理

设置机电专业协调部，作为总包智能部门与分包沟通协调的纽带，建立三类制度：资源管理类、施工行为类、控制分包类。具体细分如下：

（1）资源类制度包括：分包管理手册、人员进场审批制度、材料进场申请制度、临水临电申请制度、平面使用申请制度、塔式起重机使用申请制度、电梯使用申请制度等；

（2）施工行为约束类制度包括：材料进场验收制度、工作面交接制度、隐蔽会签制度、工序交接制度、安全考核制度、质量考核制度、进度考核制度等；

（3）分包控制类制度包括：物资报审审核制度、深化设计审核制度、施工方案审核制度、材料封样制度等。

3. 计划组织与管理

计划编制包括：资源类、实施类、验收类计划。具体细分如下：

（1）资源类计划包括：材料设备类计划、深化图纸类计划、方案类计划、劳动力计划、工作面需求计划等；

（2）实施类计划包括：总进度计划、机电专业总进度计划、机电专业年度计划、机电专业月度计划、机电专业周计划等；

（3）验收类计划包括：人防验收计划、规划计划、电气监测计划、消防验收计划、防雷监测计划、节能验收计划、工程预验收计划、竣工验收计划等。

4. 深化设计组织与管理

总包利用 BIM 技术，架起机电扩初设计至施工图设计的桥梁，承担起设计院施工图设计职责。利用云端服务器，建立实时协同的机电 BIM 工作室，以中心文件为基础，分配工作集，多专业实时作业，实现机电专业间综合，全专业间协调，加快虚拟建造协同效率。

采取"总包主导，统筹分包，辐射相关方"的 BIM 应用模式。推行和围绕"三全 BIM 应用"思路（全员、全专业、全过程），从模型精度、应用维度两方面进行同步发展，以满足工程不同阶段的 BIM 应用需求。

通过 50000 余个剖切面方案优化、40 万处碰撞调整、提资定位 1100 个设备基础，修正一次结构留洞 2300 余处，修正幕墙板块留洞 360 余处，设计定位金属检修平台 2600m^2，3000 多次业主及顾问漫游确认，形成了符合设计要求、可检修、易施工、满足后期运维需求的 LOD 400 精度模型。累计完成模型 2051 个，模型导出施工图 60000 余张。

5. 接口工序管理

工序识别包括：机电与土建工序、机电与幕墙工序、机电专业间工序、机电与市政管网工序等。

（1）机电与土建工序识别包括：预留预埋施工配合工序、管井套管直埋配合工序、二次墙体套管直埋配合工序、大型设备运输与二次墙体配合工序、管线安装与二次墙体砌筑配合工序、地下室管线安装与顶棚涂料配合工序、管井管线施工与墙体砌筑工序、管线安装与压型钢板防火喷涂配合工序、开槽配管与抹灰见白配合工序、屋面设备管线安装工序、防水部位的机电土建配合工序、市政外网管道安装与土建配合工序、各类机房设备管线安装与土建配合工序等。

（2）机电与装饰装修工序识别包括：管线安装与顶棚龙骨施工配合、消防喷淋追位与顶棚施工配合、墙面配管与装饰装修施工配合、地面管线安装与装饰装修施工配合、卫生间洁具设备安装施工配合、机电与轻质隔墙施工配合、设备层隔热顶棚与管线安装配合、后勤区顶棚与管线安装配合、设备机房隔声墙隔声顶棚施工配合、管线穿幕墙施工配合等。

（3）机电专业间工序识别包括：复杂多层管线安装、受电与机电系统调试、消防与机电系统联动、BMS 与机电各系统联动、机电各系统与室外园林施工配合等。

（4）机电与市政管网工序识别包括：给水排水与自来水公司施工配合、给水排水与市政排污施工配合、给水排水与市政雨水施工配合、高压施工与电力公司施工配合、智能化与运营商施工配合、开挖埋管与路政交警的配合等。

6. 机电安装组织与管理

1）机电安装施工区段划分

根据机电工程系统设计及功能分区情况，结合结构工程验收竖向分区，将整个机电工程主要划分为九个施工区：①地下室施工区；②塔楼 1 ~ 6 层施工区；③塔楼 7 ~ 20 层施工区；④塔楼 21 ~ 32 层施工区；⑤塔楼 33 ~ 45 层施工区；⑥塔楼 46 ~ 58 层施工区；⑦塔楼 59 ~ 72 层施工区；⑧塔楼 73 ~ 主体顶层施工区；⑨裙楼施工区。机电安装施工竖向分区情况与结构验收区段划分基本一致。

2）机电安装施工流程

根据招标文件总工期和节点工期的要求，将整个机电安装工程的施工进程划分为施工准备阶段、土建预留预埋阶段、主体安装阶段、配合装修施工阶段、调试阶段和竣工验收阶段，总体施工顺序为自下而上、分区插入、区内分层流水施工。

3）机电安装施工组织

根据本工程建筑功能分区和施工总进度计划的安排，机电安装的整体施工依据“分区分层施工、交叉循环搭接、分区分段调试、整体联动”的原则来进行部署。

结构施工阶段，机电专业配合结构施工做好预留预埋，及时穿插施工，保证预留预埋和土建结构同步施工。

地下结构验收完后，首先进行地下室机电系统的变电站、配电房、空调机房、消防泵房及给水排水系统的施工，确保后续工程的用电、通风和用水的需要，特别是消火栓系统要优先安排施工，以保证精装修施工阶段的防火安全要求。

管线安装时按照先主干管和管井，后支管及末端设备的顺序施工。吊顶内主干管在吊顶主龙骨之前施工完毕，水平支管安装跟随吊顶次龙骨施工，并进行相应的调整。为加快机电安装的速度，采用分层、分部位、分段位打压的方式。

塔楼机电安装垂直运输方案：

（1）大型设备利用闲暇时的主体结构施工用塔式起重机吊运到机电施工楼层，在楼层外侧安装吊装平台，吊装平台内设轨道式内卸平台，通过捯链将设备从平台上拉至楼层内。

（2）中小型设备、可拆装设备及构配件利用电梯运输至施工楼层。

（3）竖井内水暖管材通过卷扬机或捯链从首层或中转层吊运到机电施工楼层。

工程正式电梯按结构验收情况分阶段插入安装，每个区结构验收完毕后，开始插入安装通向该区的工程正式电梯，优先安装施工拟使用的正式电梯，为后续施工和工程收尾创造良好条件。

机电系统调试先按地下室、塔楼 1 ~ 6 层等九个分区分别进行系统调试，九个分区全部调试完毕，再按地下室、办公区、服务式公寓区、酒店区和裙楼区分五个区进行系统联合调试。

7. 小结

超高层建筑机电安装专业门类繁多、系统复杂、安装实物量大，其安全管理难度同样巨大。认真分析并梳理工程机电安装安全管理的特点、重点与难点，并相应采取针对性的对策措施。满足复杂精密仪器及设备对安装和综合调试的较高要求，通过了管线密集化布置、管线综合排布技术、支吊架体系和管井内管道施工技术的巨大考验，对成本和工期的严格控制以及多种类专业密集交叉作业，大规模采用先进的智能分析和管理系统，具有极高的施工现场管理水平，形成了全面、丰富且不断完善的成套体系，使超高层建筑的建造质量、效率和运营效能得到最大限度的保证。

26.5 超高层建筑幕墙与精装修工程施工组织与管理

1. 技术概况

本工程建筑幕墙与精装修工程由总包与建设单位共同发包组织联合招标。定标后，专业分包与总包签订“专业分包工程合同文件”，由总包统一进行全面组织管理。鉴于本工程业态齐备，专业工程招定标周期较长，标段划分众多，专业分包众多，设计（含 BIM）、采购、施工、技术、运维等环节计划管理要求高，结合建筑幕墙与精装修工程的专业性管理要求及总包整体管控能力提升，量体裁衣精准实施专业分包组织管理至关重要。

2. 组织架构

基于建筑幕墙与精装修工程同属于建筑装饰装修工程范畴，且建筑幕墙与精装修工程施工有较长的间隔时间，在组织架构中专门设置“幕墙精装专业协调部”配置设计（含 BIM）、施工、技术、项目经理、业内专家组成的专业管理团队，统筹建筑幕墙与精装修工程专业分包的施工组织和日常各项管理工作。项目副经理（装饰）在总包组织架构中为协调部分管领导，协调部配置精装项目经理和幕墙项目经理负责各自专业工程的组织管理。建筑幕墙、精装修顾问协助推动各项协调管理工作，主要侧重施工组织和技术协调的全过程督导。现场组织协调根据“业态独立管理”及“建筑结构形式”相结合原则进行区域分段划区管理，设置区域协调经理配置专业责任工程师负责现场具体协调管理工作。独立设置深化设计（含 BIM）经理，配置深化设计工程师（含 BIM）统一负责深化设计及 BIM 工作的日常组织协调管理工作。

3. 基于里程碑节点的模块计划管理

模块节点计划的编制原则之一为逻辑性，即同一类别关键模块之间紧前紧后逻辑关系应清晰、明了；不同类别模块节点之间因果逻辑关系应符合建设流程，与工程建设实际情况相匹配。通过对建筑幕墙、精装修工程相关里程碑节点梳理形成逻辑关系管理要点和逻辑关系图，把控专业工程关键里程碑节点计划实施（表 26.5-1、表 26.5-2、图 26.5-1、图 26.5-2）。

建筑幕墙工程相关节点逻辑关系管理要点 表 26.5-1

序号	建筑幕墙工程相关节点逻辑关系管理要点
1	开工后进行幕墙招标图纸移交，在规定时间完成幕墙施工单位定标
2	幕墙施工单位进场后，须表皮模型（BIM 线模）审批通过，方可展开幕墙视觉、性能样板施工图深化设计。样板施工图报审与材料报审同步进行，样板施工图审批通过，幕墙施工正式展开
3	幕墙施工图深化设计采取“分段、分系统”的方式进行阶段报审。幕墙施工图分段、分系统阶段审批过程中，开始低区幕墙板块吊装（含环轨吊、防护棚搭拆及泛光照明灯具安装）
4	幕墙施工顺序按照低区、高区、塔冠三个阶段划分。低区幕墙板块吊装（含环轨吊、防护棚搭拆及泛光照明灯具安装）、高区幕墙板块吊装（含悬臂吊搭拆及泛光照明灯具安装）、塔冠幕墙板块吊装（含塔式起重机架设拆除及泛光照明灯具安装）三个阶段因结构变化及施工高度不同采取措施不同
5	高区幕墙板块吊装（含塔式起重机架设拆除及泛光照明灯具安装）过程中插入擦窗机安装。施工电梯按节点拆除后进行施工电梯占位处幕墙板块吊装（含塔式起重机架设拆除及泛光照明灯具安装），完成幕墙收口施工

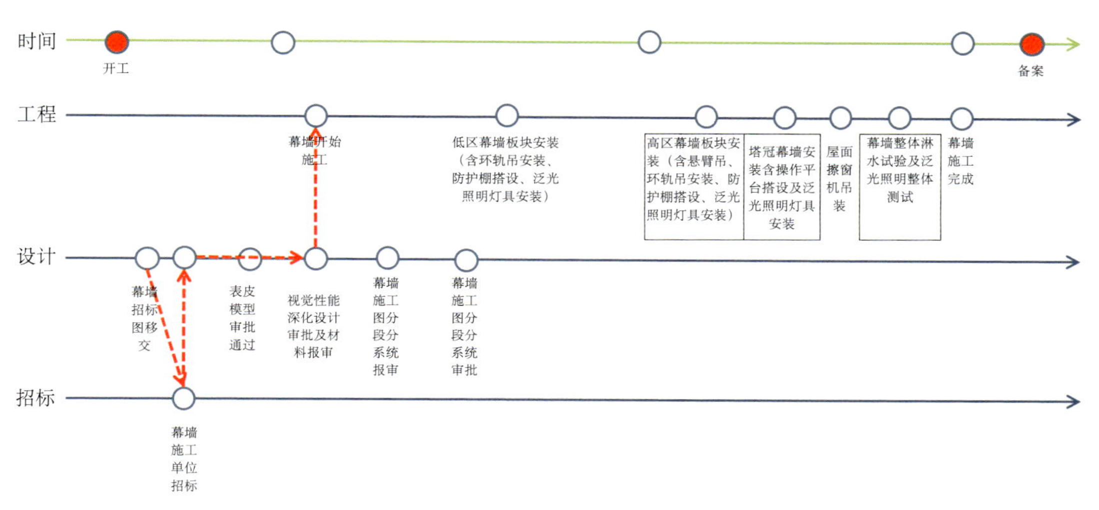

图 26.5-1 建筑幕墙工程里程碑节点逻辑关系

精装修工程相关节点逻辑关系管理要点 **表 26.5-2**

序号	精装修工程相关节点逻辑关系管理要点
1	精装修工程第一条主线为场外精装修样板完成并确认，在土建二次结构砌筑前确定墙体及预留孔洞定位尺寸，避免返工拆改，完成精装修施工标段划分和招标
2	精装修工程第二条主线为精装修单位进场后开始精装修样板深化设计及材料封样报审，通过后组织精装修样板施工，期间精装修样板机电二次管线穿插施工
3	由于超高层材料运输是重点、难点，在精装修深化设计及 BIM 模型审批期间，分批次将精装修大宗基层材料倒运至储存楼层，避免出现材料集中运输导致的运力不足
4	精装修工程第三条主线为结合精装修样板施工、材料封样及机电土建已审批图纸，提交精装修深化设计及 BIM 模型，审批通过后作为精装修正式施工依据，开始精装修施工

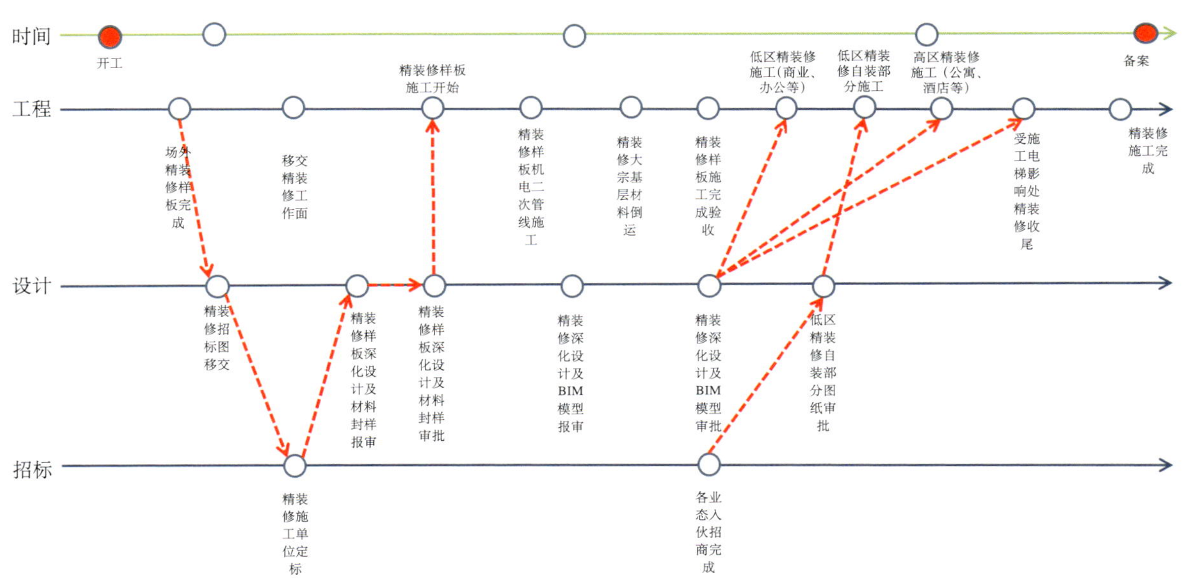

图 26.5-2 精装修工程里程碑节点逻辑关系

4. 基于 BIM 的多专业设计协同管理

总包牵头组建“幕墙精装深化设计 & BIM 工作室”，组织专业分包集中办公、集中巡查。统筹制定幕墙及精装修阶段深化设计流程，梳理细化与相关专业深化设计协同流程，编制多专业深化设计 & BIM 协同计划，秉承“无 BIM 不施工”的管理理念，快速完善解决专业间碰撞和协同施工问题。减少变更杜绝返工，最大限度实现设计效果。

5. 场内材料组织平面规划管理

1）建筑幕墙工程：协调部与总包计划部根据整体施工部署分阶段进行平面规划，并结合现场实际进行有针对性的规划管理：

（1）幕墙板块申请进场时，须提交场地实时照片，保证申请场地能满足进场板块堆放需求。零星材料进场时，按照总包统一要求提交电梯申请审批单，由总包统一调度安排，确保进场材料及时运至作业楼层。

（2）为避免不利天气对幕墙板块吊装影响，确保工期进度要求，根据建筑结构结合施工需求，每隔 4 ~ 6 层设置一个幕墙板块临时储存楼层。储存楼层预留机电设备运输通道，二次结构及机电专业暂缓施工，待幕墙安装至此楼层完成板块消化后再进行专业施工。

2）精装修工程：精装修工程阶段由总包牵头制定楼层内场地平面规划，有效避免多专业交叉作业导致的施工降效，最大限度地利用楼层内有限场地，最大限度地保障施工现场的消防安全、文明施工及职业健康。

6. 幕墙阶段样板组织实施管理

在幕墙正式施工前，分别制作 VMU（视觉样板）、PMU（测试样板）对幕墙的视觉效果、结构性能进行控制，如图 26.5-3、图 26.5-4 所示。

通过对 VMU 及 PMU 设计、加工、施工、测试过程出现问题的处理，同步调整完善深化设计图纸。VMU 及 PMU 验收通过后，顾问及建筑师审批确认幕墙施工图纸，最大限度地减少了由于深化设计的不确定导致样板反复拆改带来的诸多问题。

现场大面积安装幕墙板块前，制作 CMU（质量控制样板）对各道工序施工质量进行控制。经各方联合验收通过后的 CMU，是后期各工序安装及验收的标准。

图 26.5-3 VMU 实景图

图 26.5-4 PMU 实景图

7. 精装修样板层施工组织管理

精装修工程阶段实行全面样板引路制度，专业分包进场后首先组织实施整层全专业无死角实体样板层，同步执行材料进场验收流程、样板施工质量验收流程、施工工序交接及验收流程等管理程序。精装修样板层不仅是专业分包的实体样板，也是总包对专业分包的施工组织管理样板。

精装修工程作为建筑工程最终呈现饰面效果的专业末道工序，涉及交叉施工的专业众多、施工接口多、协调配合多，尤其与机电专业的协调配合非常关键。树立“末道工序统筹前道工序”的组织理念，总包在实体样板层施工前设计多专业协同施工组织流向。在施工组织条件受限的情况下，由精装修专业牵头统筹全专业按照施工组织流向设计组织有序施工。

8. 小结

基于里程碑节点的模块计划管理牢牢把握逻辑性，总包牵头组建“幕墙精装深化设计& BIM 工作室”紧跟深化设计流程，探索协同的奥妙，保证了建筑内外部的实用性与美学性，同时兼顾超高层大型建筑内外部环境的特点，达到理想的建造效果。

第 27 章　超高层建筑综合管理技术

从定性到定量的综合管理技术方法是解决复杂问题的有效方法，针对本超高层的特点进行综合集成管理，即通过对工程建设中的平面规划、垂直运输、绿色建造、工程质量等方面的建设和管理行为在时间和空间上进行集成管理，达到促进项目建设目标实现。对超高层建筑项目综合管理技术进行了详细介绍，为项目参与各方提供一个高效率的信息沟通和协同工作的环境，推动工程的顺利进行。

27.1　平面规划与管理

1. 技术难点

综合分析国内外众多超高层建筑所处地域特点，目前现有超高层一般建设于寸土寸金的城市中心地段，普遍存在施工场地狭窄这一显著难点。更兼超高层项目具有工期紧、材料需求量大、专业分包众多等特点，对总承包平面规划与管理的精细化提出了更高的要求。

本工程地处天津市滨海新区开发区核心地段，项目周圈用地红线距离基坑仅有 3 ～ 4m 空间，场地十分狭窄，如图 27.1-1 所示。项目共计自有分包 21 个，专业分包 60 余个，现场材料储存场地需求极大。

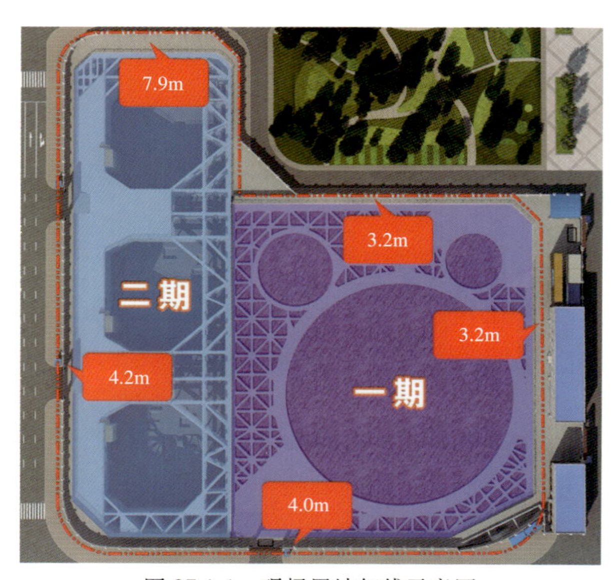

图 27.1-1　现场用地红线示意图

2. 平面规划与管理实施

为保证现场生产有序开展，材料供给满足进度需求，项目专门设立平面管理工程师一职，全权负责现场平面的规划与管理工作，多项创新举措并行，大力开展现场平面精细化管理。

1）首道撑优化

将裙楼首道支撑由纯梁结构优化为梁板结构，作为塔楼施工临时场地，并设置四个出土口。优先进行塔楼地下室施工，该区域施工时将裙楼首道撑作为材料周转场地；待塔楼基础大底板施工完成后，穿插进行裙楼土方施工，做到塔楼、裙楼施工两不误。

2）平面布置动态规划

根据总进度计划，结合 BIM 技术，对项目全周期平面布置进行统筹规划，如图 27.1-2 所示。在保证材料场内周转最小化的同时，针对不同施工阶段现场工况及材料场地需求，并分阶段进行动态调整绘制各阶段现场总平面布置图，如图 27.1-3 所示。

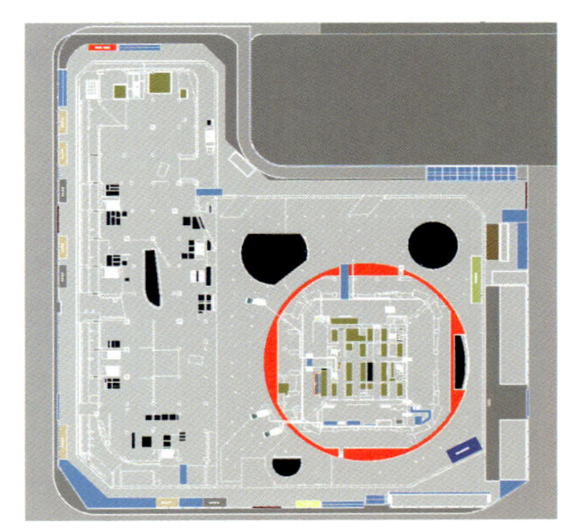
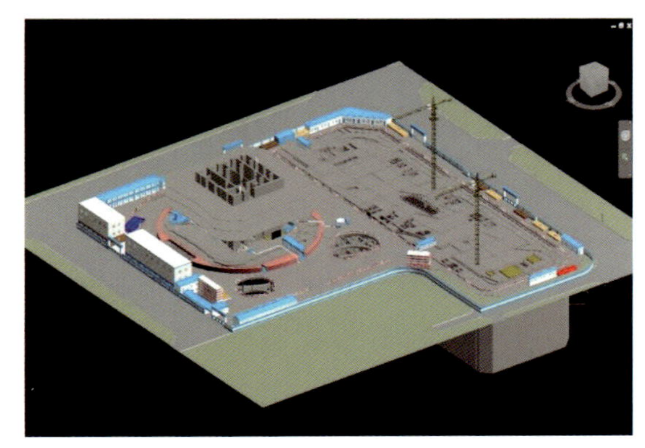

图 27.1-2　结合 BIM 技术进行平面规划

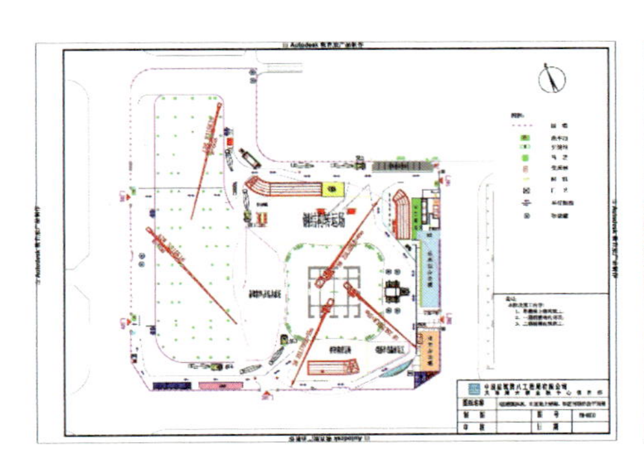
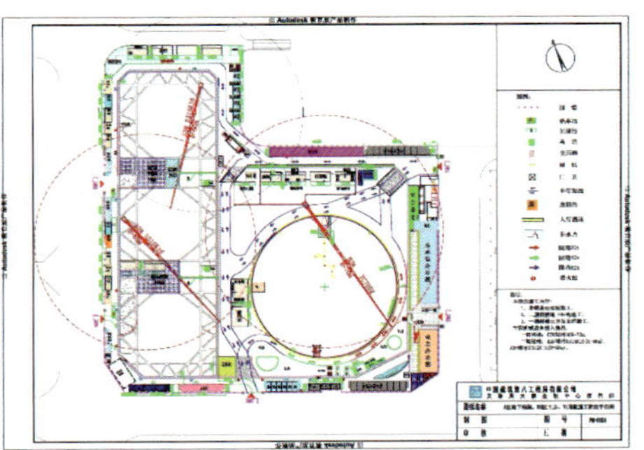
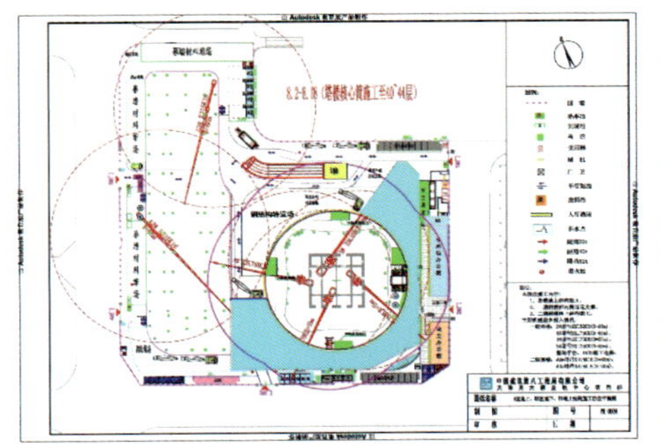
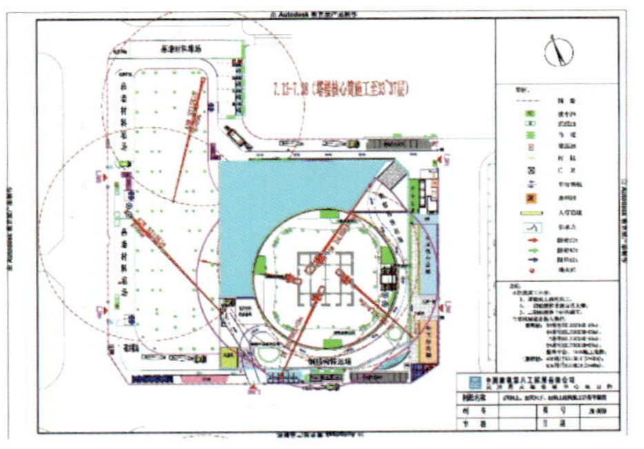

图 27.1-3　不同阶段现场平面布置

3）材料进场控制

根据项目总体施工部署，制订相关材料及设备进场专项控制计划，并下发分包作为材料进场指导依据。各专业分包依据此版计划细化材料进场计划并提前一个月上报总包，由总包协调部审批通过后作为管控依据。按照审批通过的材料进场计划，各分包在材料进场前一周申请使用场地，明确占地面积及使用时间。临时存储场地经平面管理工程师审核、项目经理审批通过后，分包材料员填写材料进场申请，经协调部及总部物资、质量等职能部门批准后方可正式进场，保障临时存储场地高效周转使用。

4）物流管理助力平面管理

项目开工之初自主开发了物流管理系统，对钢结构、幕墙板块等大型构件从出厂、运输、到进场验收实行全过程监控，结合现场实际施工进度合理安排材料、构件进场时间，实现现场大型材料零储存，助力总承包平面管理智能化。

3. 小结

以“零储存”为平面规划及管理目标，通过总进度计划、BIM 技术应用、物流管理系统、现场平面动态布置等措施相结合，实现超高层现场平面精细化管理，助力超高层总承包管理有序开展。

27.2 垂直运输管理

1. 技术概况

公共垂直运输体系主要包含塔式起重机与电梯系统，电梯系统又包含临时施工电梯与提前启用的正式电梯。塔式起重机体系主要负责吊运超重超长构件如钢结构柱梁、钢筋、机电大型设备等，电梯体系主要负责人员、小中型材料设备的运输，整个塔楼的垂直运输体系正常运转非常重要，被誉为超高层施工阶段的生命线，一段出现故障，将严重影响工期与成本等损失。

2. 技术难点

（1）本工程施工阶段塔楼从土方作业开始直至结构全部施工完成，共计需安拆 8 台重型塔式起重机，10 台临时施工电梯，提前启用 28 台正式电梯作为转换，运输体系庞大。

（2）项目因建造周期超长，主体施工阶段合计历时 2 年零 8 个月，垂直运输体系日常运转与设备保养持续整个建造过程，且施工中几乎都是满负荷不间断运行，一旦发生故障将会对现场施工组织及工期造成很大影响，日常管理制度要求高。

（3）本工程共计需吊装钢筋 7.5 万 t，钢结构 6.8 万 t，运输砌块 4.2 万 m^3，幕墙板块 14800 块，如何组织利用有限的垂直运输资源合理运输大体量的材料设备，是一大挑战。

（4）项目垂直运输高峰期出现在结构、砌筑、幕墙、机电、精装修同时立体交叉作业的时候，涉及单位多达 35 个，每一家单位均有不同的垂直运输需求，总包单位需合理协调、均衡安排各专业运输任务，以确保整体工期受控。

（5）除了材料设备的正常运输外，施工人员的运输也是一大难题，高峰期项目施工人数达 3500 多人，如何合理高效安排工人日常运输与错峰上下班是一大挑战。

（6）各专业各楼层施工每日均会产生不同类别的建筑垃圾，在下一道工序施工之前，必须将作业面所有垃圾运输至地面，以完成顺利交接。

3. 采取措施

（1）引进信息化智能辅助系统，通过在塔式起重机塔身与回转臂上安装传感器，自动预警群塔作业时防碰撞情况，降低安全风险。通过在吊钩上安装摄像头，自动捕捉、监控整个吊装过程，解决了因楼层超高造成的塔式起重机司机视线受阻的难题（图 27.2-1）。

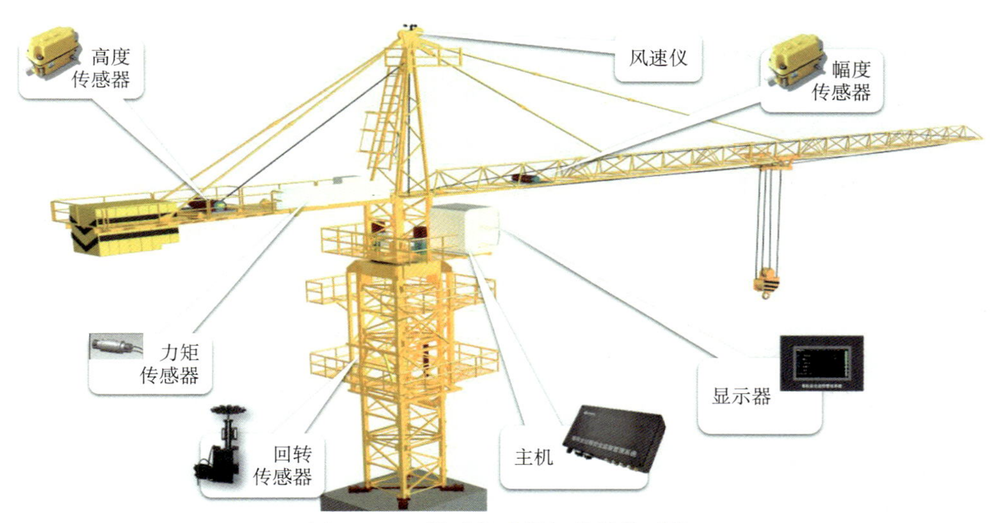

图 27.2-1　塔式起重机智能监控系统

（2）建立单独垃圾运输系统，设置贯穿于塔楼所有楼层的垃圾运输管道，每隔 5 层设置垃圾粉碎机，将宜粉碎材料经过粉碎与粒径较小的垃圾一同通过垃圾管道运输至地下室固定存储位置，最后统一进行集中清理，缓建塔式起重机与电梯运输压力。

（3）幕墙专业板块吊装 45 层以下全部采用环轨吊地面直接起吊安装，45 层以上每隔 20 层左右分别在 51、79、94、100 层安装悬臂吊体系进行幕墙板块安装。不占用重型塔式起重机与电梯资源。见图 27.2-2。

图 27.2-2　幕墙悬臂吊系统

（4）采用自卸式运输吊笼吊运机电大型设备与部分砌筑材料，利用塔式起重机将材料设备直接放置在平台内起吊，到达指定楼层通过捯链将平台临时固定于楼板预埋钢筋环之中，然后采用叉车将材料设备快速运出，最后松开临时固定，利用塔式起重机将平台吊还至地面，完成整个吊装过程，达到快速、高效的目的。见图 27.2-3。

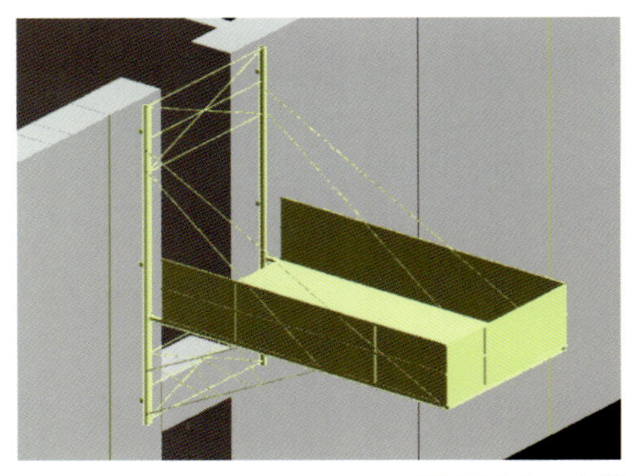

图 27.2-3 自卸式可移动卸料平台

4. 管理措施

（1）建立高峰期工人错峰上下班制度，统计各专业每日施工人数，总包单位合理调整各专业上下班时间，缩短早中晚高峰期所有人员上下楼时间。

（2）为更大程度缓解中午用餐时段拥挤现象，项目在塔楼 46 层设置员工临时封闭式用餐区，配备热水器与桌椅，提前将饭菜由专人运输至相应楼层，工人集中用餐，缓解中午时段人员上下楼运输压力。

（3）总包单位设置动力部，专门负责现场所有垂直运输体系的运营与调度，建立垂直运输管理制度，正式书面下发至各个分包单位，各单位根据总进度计划安排及排产周期，制订本专业材料设备年度运输计划，每月月底上报总包动力部本专业月度垂直运输需求，由动力部根据各单位运输量，统一协调安排月度运输计划。项目动力部每日下午五点组织召开运输协调会，各单位上报书面正式吊装申请表，明确吊装材料的重量、尺寸等具体参数，由分包单位项目经理与总包动力部经理签字确认，就第二天具体运输安排作最终确定，要求各单位必须严格按照日运输计划组织材料进场运输，一旦未在规定时间内完成既定运输量，自行承担后果，剩余材料重新安排其他日期运输，不可占用其他单位当日运输指标，以免发生纠纷。每月召开垂直运输总结考核会，对本月整体吊装任务作整体分析，严格考核月度整体使用情况，对本月整体垂直运输任务完成较好的分包单位予以奖励，较差的进行处罚。

（4）成立每日大型机械巡查小组，动力部与安全部联合专业维保人员每日对所有机械进行检查保养，核查运行机能是否正常，一旦发生故障，及时采取措施。

（5）项目施工电梯运输系统在 46、47 层设置中转层，根据不同专业运输体量，合理规划运输通道与各专业材料堆场。

（6）本工程塔楼合计共有 103 台正式电梯，服务于不同业态楼层，项目合理根据正式电梯占位及覆盖楼层，提前启用 28 台正式电梯替换临时电梯完成剩余精装修等专业施工。

（7）利用大数据管理思路，每月根据塔式起重机及电梯运输实际运输情况，绘制吊次分析类比图，直观反映每台设备在本月对各专业的使用情况，作为下一个月整体运输部署依据。

5. 小结

通过引进智能辅助系统，建立单独垃圾运输系统，自卸式大型运输设备及人员、流程的管理措施解决本工程运输体系庞大、难度高带来的问题，保证整个塔楼的垂直运输体系正常运转。

27.3 工程质量管理

1. 技术难点

项目以确保“鲁班奖”，争创“詹天佑”大奖为质量目标，开展总承包质量管理。项目涉及专业众多，专业性极强，施工技术人员和劳动作业人员数量庞大，伴随着超长的施工周期带来的人员流动性都是项目质量管理的难点。

2. 组织架构

建立矩阵式质量管理组织架构，项目成立质量管理领导小组，设质量总监、质量管理部配备土建、机电、钢结构、幕墙、装修等各专业质量工程师，执行项目对工程质量管理及监督职能。同时，设立土建、机电、钢结构、幕墙、装修协调部负责质量管理行为的执行。

围绕总包质量管理目标，将分包专职质量管理人员纳入到总包质量管理体系中，完善全专业质量管理人员储备，实现“三全”质量管理。

3. 管理实施

1）质量目标分解

围绕“鲁班奖”的质量目标，将质量目标层层分解，编制质量目标分解书。同时，与参建单位签署质量管理协议，在协议中明确总包的管理制度和流程，明确质量目标、细部做法等，并对分包提出具体的管理要求和应承担的质量责任。

2）“人”的管理

秉承全员质量管理的原则，明确各岗位质量管理职责，签订质量管理责任书，将具体职责和责任落实到个人。

统筹分包质量管理人员，实施质量管理人员例行签到考勤制度，将分包质量管理人员纳入到总包质量管理体系中，规范质量管理人员行为，实施质量日巡查日报制度，建立质量员行为考核制度。促进质量管理行为的规范和有效落实。

3）策划先行，“无 BIM 不施工”

执行质量创优策划，质量总监编制整个项目质量管理创优策划，将质量目标层层分解，质量责任落实到人。针对土建、机电、钢结构、幕墙、装修各个专业编制质量控制要点和质量控制措施。每周组织质量创优策划会，依托 BIM 模型细化各专业施工内容。通过漫游模拟施工。检查碰撞优化全专业工序协同，建立全专业综合模型图指导施工。

策划实施一次结构钢筋模拟、二次结构一墙一图、一帘一图（防火卷帘）、钢结构梁柱节点交汇扭曲、精装修末端点位协同、机电机房全专业协同创优综合模型。

4）标准化质量交底和细部节点标准化

质量交底的目的是教作业人员、管理人员、监督人员明确质量要求。根据项目施工技术要求分类编制标准化质量交底，实施质量交底标准化，见图 27.3-1。

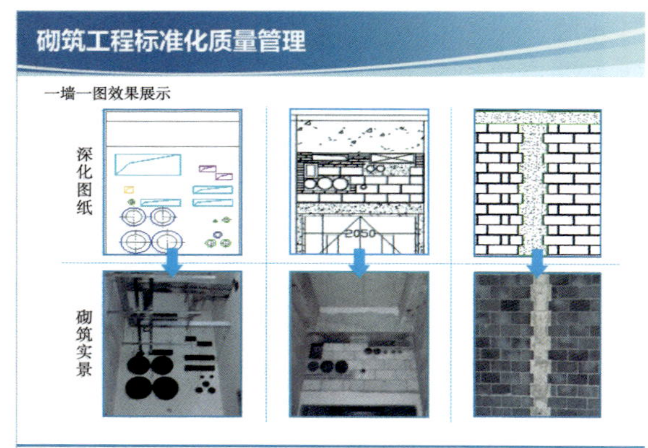

图 27.3-1 砌筑施工质量标准化交底图

将细部节点进行统一策划，形成标准化工艺，实施土建清水墙、机房地漏、屋面支墩、机电开槽配管、明配线管、防火封堵、幕墙防火构造、精装修阳角收口等细部处理标准化。

5）原材及半成品质量管理

建立原材及半成品进场申请和验收制度，经分包、协调部、总包质量部、总包物资部四项验收后，将验收合格单据交由门卫岗亭方可进场。对于预制钢构件、幕墙单元体、重要设备部件派驻专人至加工厂，在出厂前进行严格的出场验收工作。在源头上保证原材及半成品的质量。

6）过程及验收管理

坚持样板验收不通过，不大面积施工的原则，制订全专业工序样板制作和验收计划。制作模型样板、工艺样板、实体样板。通过样板引路，以点带面，全面提高，形成统一操作流程、统一验收标准，为大面积施工提供技术、质量基础。

实施重点施工工序全程旁站制度，严格工序“三检制”和工序交接制度并采取挂牌管控。实施验收联签，使工序衔接和验收更加合理，避免遗漏，使各项施工满足全专业需求。

7）实测实量管理

搭建全专业实测实量评比平台，将土建、机电、钢结构、幕墙、精装全专业纳入到同一平台进行实测实量评比。评比数据由分包自查和总包抽查两项数据组成。对应检查项目分为测量数据和实体质量，按照对应权重分别计算分数形成月度实测实量总分，并将全部分包进行排名评比。

8）信息化管理

使用创新研发的 EBIM 智能平台，将质量问题的发现、跟踪、整改、验收全部阶段在平台协同中完全透明化，实时了解质量问题的状态，做到整改销项率 100%。同时，根据每周或每月质量问题发生类型和频率的统计，分析质量问题发生的原因，制订对应措施，降低质量问题发生频率。用信息化管理办法串联质量多维度把控，造就高质量工程。

9）全专业质量管理考核

以月度为单位进行全专业质量管理考核，形成 3+1 会议制度，即一个月度内召开三次总承包质量管理周例会和一次月度质量考核会议。月度考核会议包含分包质量管理考核和分包质量员行为考核。

分包质量管理考核包括质量管理体系、策划、行为、细部做法、会议落实、实测实量、实体质量、问题整改、EBIM 使用和其他规定的加减分项。

分包质量员行为考核包括签到考勤、日巡查日报、问题自查整改、会议落实、实测实量行为、实体质量行为等日常工作。

总包统筹“三全”质量管理，利用考核机制，有效落实各项管理制度。规范质量管理体系和质量人员管理行为，将制度和人员，总包和分包紧密结合在一起，形成有效的联动机制，实现总承包“全专业、全要素、全过程”的质量管理。

4. 小结

建立“全专业、全要素、全过程”的三全的总承包质量管理体系是总承包开展质量管理工作的基础，建立完善的质量管理制度，从事前、事中、事后三个阶段把控施工质量管理，精心策划打造过程精品。

27.4　安全文明施工与消防管理

1. 技术难点

本工程结构复杂、场地狭小、楼层超高、基坑超深，施工过程的安全管理难度是巨大的：

（1）深基坑开挖过程中的突涌、坍塌风险；

（2）钢结构构件多、吊重大所带来的起重吊装风险；

（3）幕墙单元体高空安装所带来的物体打击与机械伤害；

（4）临边洞口较多，带来坠落风险；

（5）动火作业分散、易燃材料包装带来消防安全隐患；

（6）临时用电需求量大带来的触电隐患；

（7）分包单位多、施工人员多、垂直交叉作业使安全管理难度增大；

（8）高空作业受天气影响大；

（9）垂直运输紧张、协调难度大。因此，项目的安全管理需要考虑一般工程中少见的特殊因素。

2. 采取措施

通过全方位改进、创新，在安全设施与总承包管理方面独创特色，坚持“本质安全”的理念，按“五落实、五到位”的要求，将更规范、更科学的管理方法引入施工现场，维护项目生产的安全运行。

1）门禁与安全教育结合

采用“三辊闸机＋掌纹识别”的门禁系统，只有通过管理人员授权，进行门禁卡与掌纹双向验证之后才能进入施工现场。利用门禁系统，项目充分组织新进工人进行入场安全教育，并且创新安全教育形式，提高工人对安全内容的吸收量。工人进场前，先观看法律法规、安全技术规范以及警示教育的相关视频，然后在安全体验馆内亲身体验各种安全防护用品的使用以及出现危险时的瞬间感受。对安全意识仍然不够的工人，项目设置VR体验馆。根据项目特点设置了不同的VR体验场景，通过高空行走、卸料平台坠落、土方坍塌、火灾事故等虚拟场景给体验者感官冲击，使受教育者深刻体会到各类事故给自身及周围带来的危害，提高自身安全意识。工人经过所有入场安全教育后，经过安全考核，合格后进行门禁卡办理及掌纹权限录入。

2）强化总承包管理

（1）落实责任区移交管理

分包单位进入作业面施工前，与原施工单位及总包单位签订交接单，负责接收楼层的消防安全、临时用电、安全防护、文明施工等安全管理工作，并接受总包责任工程师的监督。总包单位日常巡查发现责任区管理不到位的分包单位，在分包单位安全考核项中进行扣分。

（2）加强分包安全员管理

建立矩阵式垂直安全组织架构，将分包单位安全员纳入总承包安全管理，实行分级管理、分级控制，创建横向到边、竖向到底的管理模式。成立安全监察工作室，实现总承包单位与各分包单位安全员合署办公，工作室组成人员包括总包单位安全工程师、各分包单位安全员，工作室成员每天上午九点前进行签到，由总包单位安全工程师负责考勤，对于无故缺勤的进行通报批评或经济处罚。每天 9:00、17:00，总分包单位安全员在工作室内集合，安排当天的安全任务，解决需要协调处理的安全隐患。

（3）月度安全考核评比

每月月末由总包单位对现场所有分包单位进行同平台下安全考核，根据日巡查、周检查、各类专项检查、季节性检查、节假日检查等各类安全检查，分包单位的责任区管理情况等内容进行分数扣减，并对分包单位进行排名，落实奖惩。统计安全隐患，根据各类隐患数量列出各单位下月安全工作重点，提高分包单位安全管理水平。

（4）制订安全工作计划

根据项目施工进度计划与实际施工情况，制订安全管理的年度工作计划，根据年度计划及现场实际施工情况，编制安全三级工作计划，明确各责任工程师每月的安全监督任务，以及需要协调的部门及分包单位。同时，分包单位每月上报安全工作计划，由总包相关生产协调部门及安全部审核，将每月完成情况记入安全月度考核中。

3）安全管理智能化

（1）研发手机管理平台

为实现对所有工人信息的实时管控，督促现场所有班组每日按要求展开早班会，项目联合软件公司根据管理需求开发了安全管理系统 APP。工人进场前，将基本信息、教育交底情况、劳动合同等内容上传至手机终端并生成二维码，张贴在工人安全帽上，以便对工人实时管理。各分包单位每天早上 9 点之前将早班会开展情况上传至系统，总包单位进行监督检查。

（2）BIM 推演重大危险源

对塔楼大底板溜管法施工、整体顶升平台、动臂塔、物流通道塔等 12 项重大方案进行 BIM 推演，优化方案。在施工前有效地验证各方案的合理性，分析出重大危险源施工的每个施工过程存在的安全隐患，提前消除或制订预防措施，使超高层建筑施工更加科学化、合理化，避免了由于施工经验的短缺造成的管理盲目性。

4）消防管理保障

（1）控制火源入场

在工人入场大门处设置香烟、打火机存放处，并由两名保安使用手持金属探测仪专门进行检查，从源头防止工人现场抽烟现象。现场气割使用电子打火装置，取代打火机点火，大大减少了现场消防隐患。

进场易燃材料，由总包计划部指定各楼层堆放区域。易燃材料进场后立即使用防火布进行苫盖，并配备充足灭火器。分包单位进场易燃包装的施工材料，在塔楼首层将包装拆除并清理至场外后，方可向总包单位提出垂直运输申请，总包同意后可用电梯运输材料。部分材料直接联系生产厂家，使用不燃材料进行包装。

（2）专职消防队伍建设

成立专职义务消防队，共包括 22 名专职义务消防队员，由总包安全部统一管理。其中，3 名进行消防泵的专项管理，负责消防泵房的 24 小时检查及维护工作，确保紧急情况下消防泵能正常启用；17 名专职义务消防队员由总包安全部分成白班、夜班两组巡查，每个义务消防员指定责任楼层，每日进行签到考勤，安全部随时抽查在岗情况；另安排 2 名专职义务消防员负责夜间整个塔楼的消防巡查任务，确保消防安全。

（3）创新灭火设施

每个楼层按照消防规范要求配备足够灭火器：项目使用的干粉灭火器灭火级别为 3A，最大保护范围为 $150m^2$，根据现场平面布置，提前在图纸上标明灭火点以及对应灭火器的保护范围，保证灭火器的保护面积覆盖整个楼层，并且在动火作业场所、库房、易燃材料堆放区单独放置灭火器、灭火球，或设置悬挂式干粉灭火器。

（4）BIM 模拟消防演练

利用 BIM 技术，模拟超高层火灾情况下的应急救援措施。定期组织各专业分包人员根据 BIM 指导，进行模拟消防演练。解决了超高层项目组织全员消防演练耗时间、耗人力的问题，能提前发现超高层救火可能碰到的难题，实现提前预防，提高工人对突发事件的应急处理能力及自救能力。

（5）社会消防联动

因项目管理员缺乏超高层火灾的应急救援经验，故定期联合天津市总队、开发区应急办、公安局及开发区消防中队进行超高层消防演练，项目全体人员参加演练活动，增进了与社会的有效联动，演练过程可以更准确、更专业地发现应急管理的漏洞，切实增强全体施工人员的消防安全意识。

3. 小结

在现代化城市建设过程中，超高层建筑施工过程的安全管理难度越来越大。作为施工总承包单位，必须将安全管理工作科学化、精细化、全面化。项目引进先进的科学技术或方法，如：BIM 技术、VR 技术、管理软件等，将工程建造的各个施工阶段进行一一推演，分析各阶段存在的重要隐患，提前消除或制订方案。将参与工程建设的各专业单位纳入总承包安全管理，充分利用分包单位的人员、设备资源，推动区域责任化安全管理。创建分包单位考核机制，制定奖罚标准，调动分包单位管理的积极性，全面提升整个项目的安全管理水平，实现了安全管理目标。

后 记

天津周大福金融中心工程自 2014 年 3 月开工，2015 年 5 月整体顶升平台第一次顶升，2016 年 12 月 15 日混凝土结构封顶，2017 年 10 月 30 日塔冠结构完成，2018 年 12 月 31 日幕墙完成并实现亮灯。建设过程艰辛备至，周大福团队克服各种困难，进行系列科技攻关，自主创新，成功完成建设任务。纵览中建八局承建的 300m 以上超高层建筑工程案例，本工程的技术水准达到最高，核心技术具有良好的推广应用价值。本工程作为超高层建筑的典型案例，为总结和分析超高层建筑的综合施工技术，特编撰形成本专著，以飨读者。

本工程在施工建设和专著编写过程中得到诸多专家、领导、同仁的大力支持，再次表示衷心的感谢！

本工程主要项目管理人员：邓明胜、赵喜顺、张子良、苏亚武、刘鹏、马春元、周申彬、王宝德、袁广鑫、杨继武、陈学光、周洪涛、裴鸿斌、唐祖锡、孙加齐、齐桂永、秦宾、董继勇、段新华、宋德珩、杨红岩、高辉、鲍冠男、黄联盟、吴立成、杨俊鹏、王宜彬、肖大伟、于海申、柯子平、李亨、张连魁、康晋宇、吕永岭、韩佩、康少杰、王凯峰、高丙山、左宣、李晋柳、魏鑫、王丙泽、鲁健哲、肖天平、曹宇航、汤淼、望欣垚、陈健、王洪彬、张凯、宋达、石桥、唐振、史朝阳、王学洲、许晓飞、徐航、范志强、张仕宇、刘本奎、刘伟、姚健、张亚玲、李辉、李明、李博岩、吴宝朋、韩玉辉、齐磊、王含坤、武飞虎、杨俊升、杜佐龙、杨海龙、贾宇、张建杰、陈刚、韩冰、孙国旭、徐敏、刘文慧、庞珺、王子乙、司崇鲁、姚闯、范少兴、侯天扬、林涛、黄盛钊、李玉林、王代兵、马野、宋启立、姜镇涛、姜智馨、肖林林、杨明涛、蒲保军、刘志勤、孙青亮、常晓强等。

本工程技术方案研讨人员：高克送、王桂玲、亓立刚、于科、李忠卫、程建军、叩殿强、周光毅、万利民、陈新喜、陈俊杰、戈祥林、朱健、丁志强、徐玉飞、冯国军、梁涛、刘永禔、毕磊、张景龙、窦安华等。

本专著主要编写人员：邓明胜、苏亚武、刘鹏、张世武、裴鸿斌、杨红岩、周洪涛、周申彬、齐桂永、张连魁、鲍冠男、黄联盟、唐祖锡、陈功、董继勇、秦宾、韩佩、杨海龙、高辉、王宜彬、于海申、柯子平、李亨、段新华、王凯峰、宋德珩、吴宝朋、唐振等。

天津周大福金融中心工程的参建单位 **附表 1**

类别	单位名称	工作内容
建设单位	天津新世界环渤海房地产开发有限公司	发包方
	新发展策划管理有限公司	项目管理公司

续表

类别	单位名称	工作内容
勘察、设计与咨询单位	Skidmore，Owings&Merrill LLP	概念设计、结构设计
	吕元祥建筑师事务所（国际）有限公司	执行建筑师
	华东建筑设计研究院有限公司	当地建筑师
	栢诚工程技术（北京）有限公司	机电工程师
	奥雅纳工程咨询有限公司	幕墙设计顾问
	艾奕康有限公司	室外景观设计师
	利比有限公司	工料测量师
	Rockwell Group，AB Concept，Dreamtime	酒店室内设计师
	MAKE Architects	办公室内设计师
	中国五洲工程设计集团有限公司	钢结构顾问
	天津市勘察院	勘察单位
	天津华北工程勘察设计有限公司	基坑支护设计
施工单位（较多，不全部列出）	中国建筑第八工程局有限公司（华北分公司实施）	施工总承包
	中建八局钢结构工程公司	钢结构施工
	江苏沪宁钢机股份有限公司	钢结构物流通道
	天津市开创电力工程有限公司	高压电工程
	天津东方雨虹防水工程有限公司	防水工程
	天津安装工程有限公司	燃气工程
	中国市政工程华北设计研究总院有限公司	污水管网及景观
	中建八局装饰工程有限公司	塔楼首层样板
	天津盛达安全科技有限责任公司	消防系统施工
	中建四局安装工程有限公司	给水排水工程施工
	中铁建工集团有限公司	电气工程施工
	奥的斯电梯（中国）有限公司天津分公司	电梯及扶梯工程
	上海力进铝质工程有限公司	裙楼幕墙施工
	北京江河幕墙系统工程有限公司	塔楼幕墙施工
	丰盛机电工程有限公司	暖通空调工程施工
	深圳海外装饰工程有限公司	办公区精装
	神州长城国际工程有限公司	办公区精装
	广州建德机电有限公司	机械车位设计施工
	苏州市绿韵园林工程有限公司	室外硬景及绿化

续表

类别	单位名称	工作内容
部分施工单位	北京北黄自动化设备安装有限公司	厨房及酒店设备
	内乡宇达建设劳务有限公司等	主体结构劳务分包
监理单位	北京帕克国际工程咨询有限公司	工程监理

中建八局承建的300m以上超高层建筑简表 **附表2**

序号	承建单位	工程名称及建筑高度	获奖及建设情况
1	工业设备安装公司	上海环球金融中心电气工程，492m	2008年竣工
2	工业设备安装公司	广州新电视塔机电安装工程，610m	2009年竣工
3	工业设备安装公司	天津津塔项目机电安装工程，337m	2011年竣工
4	中建八局华南公司	广州利通广场大厦，303m	鲁班奖；AAA级安全文明标准化诚信工地；华夏奖三等奖；LEED金奖
5	中建八局东北公司	大连裕景中心，383m	2011年度全国工程建设优秀质量管理小组一等奖；2015年中国施工企协科技创新一等奖；中国钢结构金奖
6	中建八局青岛公司	烟台世贸滨海景区，323m	2012年山东省建筑业技术创新奖一等奖
7	中建八局二公司	河南省广播电视发射塔，388m	获2012年詹天佑奖，国家优质工程奖
8	中建八局华南公司	广州珠江新城J2-2地块项目，308m	2015年竣工
9	中建八局南方公司	深圳深业上城（南区），388m	2015年竣工
10	中建八局一公司	安徽芜湖侨鸿国际滨江世纪广场，318m	2015年竣工
11	中建八局总承包公司	厦门世茂海峡大厦，300m	2016年竣工
12	中建八局二公司	沈阳华强金廊城市广场，330m	山东建设技术创新优秀成果二等奖
13	中建八局华北公司	天津周大福金融中心，530m	2017年AEC全球BIM大赛一等奖； 2017年度中国钢结构金奖杰出工程大奖； 2017年全国现场管理最高荣誉“全国五星级现场”大奖； 2018年全国首批BIM认证荣誉白金级； 2018年美国伊利诺伊结构工程师协会优秀项目奖； 2019年ISA国际安全奖
14	中建八局青岛公司	绿城·青岛深蓝中心项目，328m	建设中
15	中建八局西南公司	重庆来福士，350m	建设中； 2018年AEC全球BIM大赛一等奖
16	中建八局华南公司	马来西亚吉隆坡标志塔，452m	建设中； 2018年度英联邦国际安全杰出管理奖； 2018年马来西亚职业安全与健康白金奖
17	中建八局一公司	济南汉峪金融商务中心，339m	建设中

续表

序号	承建单位	工程名称及建筑高度	获奖及建设情况
18	中建八局南方公司	广州广商中心，376m	建设中
19	中建八局青岛公司	青岛海天中心，369m	建设中
20	中建八局南方公司	南宁华润中心东写字楼，403m	建设中
21	中建八局一公司	济南平安金融中心，360m	建设中
22	中建八局华北公司	天津平安泰达国际金融中心，313m	建设中
23	联合体 中建八局东北公司 上海中建海外发展 中建八局装饰公司 中建新疆建工集团	埃及新行政首都中央商务区（CBD）标志塔工程，385m	建设中
24	中建八局二公司	绿地山东国际金融中心，428m	建设中
25	中建八局三公司	泰国 Soontareeya Residence Project 项目，300m	建设中
26	中建八局一公司	西安绿地中国国际丝路中心，501m	建设中

欢迎扫码观看：

中建八局 微信公众号		天津周大福金融中心 建设过程记录